FASHION DESIGN WITH PHOTOSHOP

Photoshop CS6 时尚服装设计表现技法

温鑫工作室 / 编著

兵器工业出版社

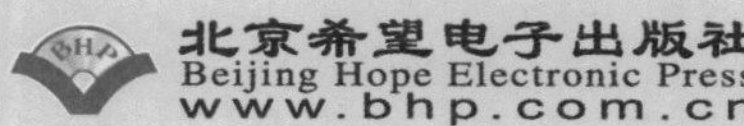

内容简介

本书运用图形图像处理人气软件 Photoshop CS6，全方位表现了服装与配饰效果图的绘制技巧与技法，内容涉及的范围比较广泛，涵盖了服装设计领域的多个门类，呈现出不同风格、不同质地的设计效果，堪称服装效果图绘画技法大全。全书共分 12 章。第 1 章讲解了服装面料的设计；第 2 章讲解了鞋靴的设计；第 3 章讲解了腰带的设计；第 4 章讲解了胸针的设计；第 5 章讲解了青春女装的设计；第 6 章讲解了妩媚女装的设计；第 7 章讲解了性感女装的设计；第 8 章讲解了职场女装的设计；第 9 章讲解了婚纱礼服的设计；第 10 章讲解了晚礼服的设计；第 11 章讲解了舞台服装的设计；第 12 章讲解了男装的设计。

本书案例创意新颖，步骤清晰，内容详尽，理论与实践相辅相成。

本书附赠 1 张 DVD 光盘，内容包括书中案例素材、效果文件，以方便读者参考和练习，并附赠 650 分钟的本书部分教学视频，建议读者书盘配合进行学习，可以达到事半功倍的学习效果，降低学习难度。

本书可以作为服装设计、电脑美术设计人员以及广大服装设计爱好者的指导用书，也可作为艺术院校服装设计和平面设计专业的师生及社会相关领域培训班学员的教材。

图书在版编目（CIP）数据

Photoshop CS6 时尚服装设计表现技法 / 温鑫工作室编著.
—北京：兵器工业出版社，2013.1
ISBN 978-7-80248-592-1

I. ①P… II. ①温… III. ①服装设计－计算机辅助设计－图像处理软件 IV. ①TS941.26

中国版本图书馆 CIP 数据核字（2012）第 297400 号

出版发行：兵器工业出版社 北京希望电子出版社
邮编社址：100089 北京市海淀区车道沟 10 号
100085 北京市海淀区上地 3 街 9 号
金隅嘉华大厦 C 座 610
电　　话：010-62978181（总机）转发行部
010-82702675（邮购）010-82702698（传真）
经　　销：各地新华书店
印　　刷：北京天宇万达印刷有限公司
版　　次：2016 年 1 月第 1 版第 2 次印刷

责任编辑：刘燕丽　李小楠
封面设计：韦　纲
责任校对：刘　伟
开　　本：787mm ×1092mm　1/16
印　　张：22.75
印　　数：3 501-5 000
字　　数：533 千字
定　　价：75.00 元（配 1 张 DVD 光盘）

Preface 前言

服装画是以服装为表现主体，展示人体着装后的效果、气场，也是具有一定艺术性、工艺技术性的一种特殊形式的画种。服装画是一门艺术，它是服装设计的专业基础之一，是衔接服装设计师与工艺师、消费者的桥梁。

在服装设计的过程中，款式设计是一个重要的设计过程，是服装由视觉二度空间到视觉三度空间的变化历程，具有多面造型的特点。服装的款式设计，来自服装造型设计，是表达服装的形象语言，是结合了服装色彩和服装面料的特点，来构成有美感的服装形象；是以人体为基础，运用不同的构成手法和结构组合进行服装的塑造，达到对人体产生美的效果。

本书是着重讲解如何利用Photoshop CS6绘制现代服装效果的专著。作者结合自身多年的实际工作经验，通过大量实例，深入浅出、循序渐进地讲解了服装服饰的制作方法，以及教授读者利用电脑绘制时装设计图的知识和技法。

本书适合服装设计领域的从业人员及服装设计爱好者，以及大专院校服装设计相关专业的学生，希望读者能从中学到更多的知识。

本书是集体智慧的结晶，参加本书的工作人员有徐丽、刘茜、张丹、徐杨、王静、李雪梅、刘海洋、李艳严、于丽丽、李立敏、裴文贺、霍静、骆晶、刘俊红、付宁、方乙晴、陈朗朗、杜弯弯、谷春霞、金海燕、李飞飞、李海英、李雅男、李之龙、梁爽、孙宏、王红岩、王艳、徐吉阳、于蕾、于淑娟和徐影等。

编著者

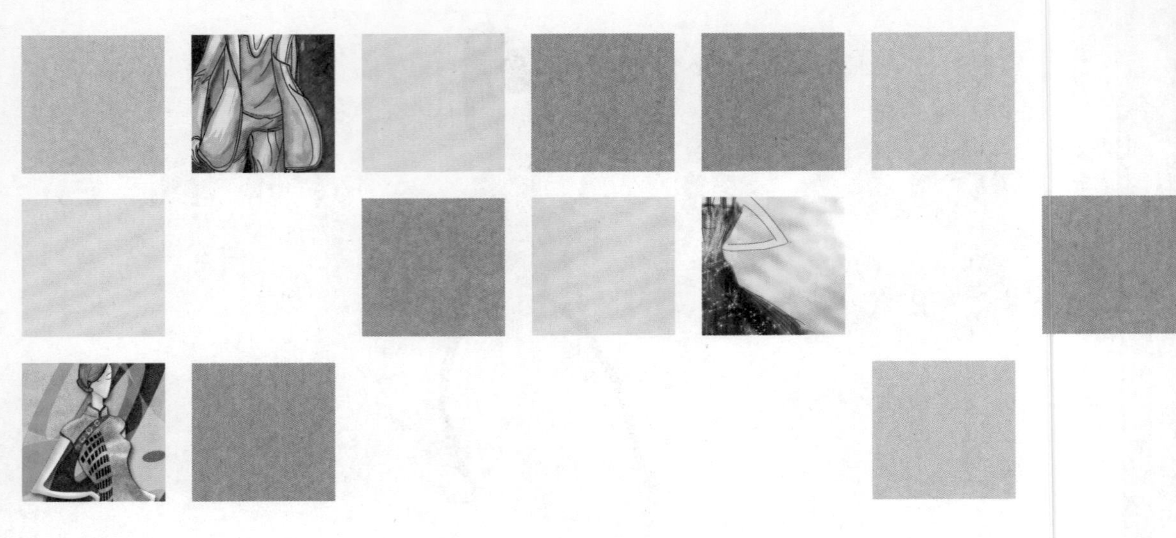

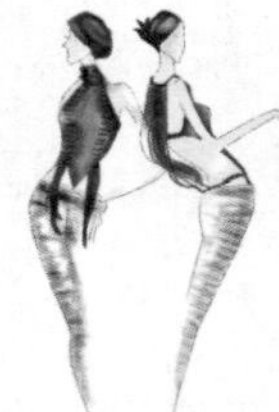

Fashion Design With Photoshop CS6

面料 · 鞋靴 · 腰带 · 胸针 · 女装 · 男装

目 录 Contents

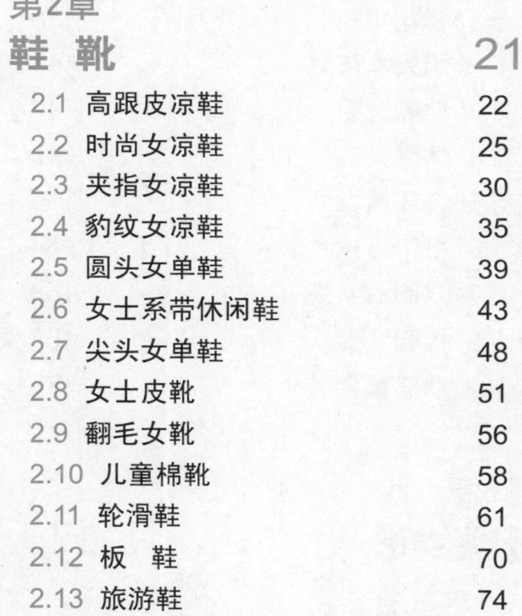

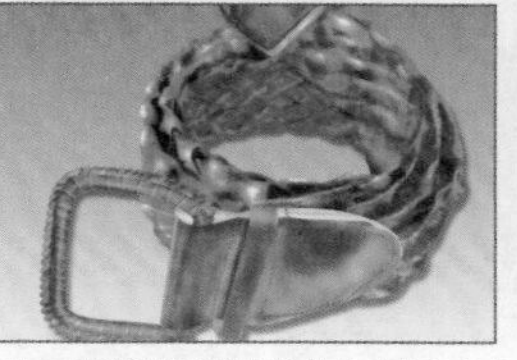

第4章
胸 针 103

第5章
青春女装 137

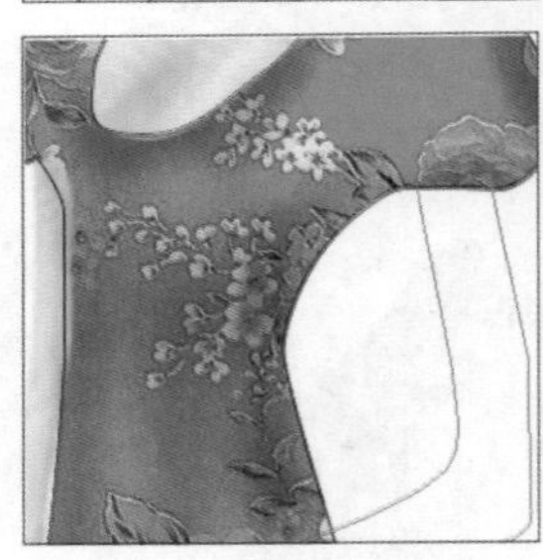

第6章
妩媚女装 179

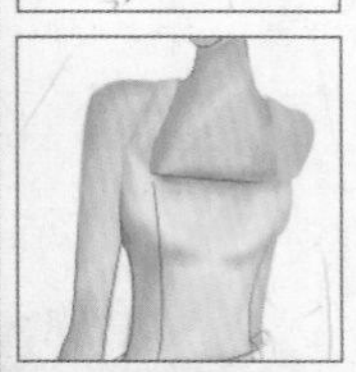

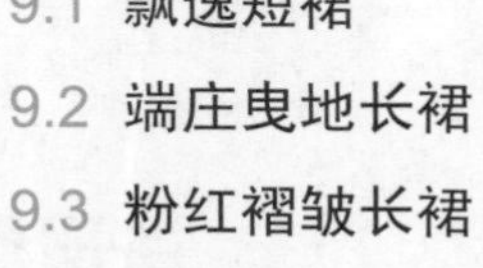
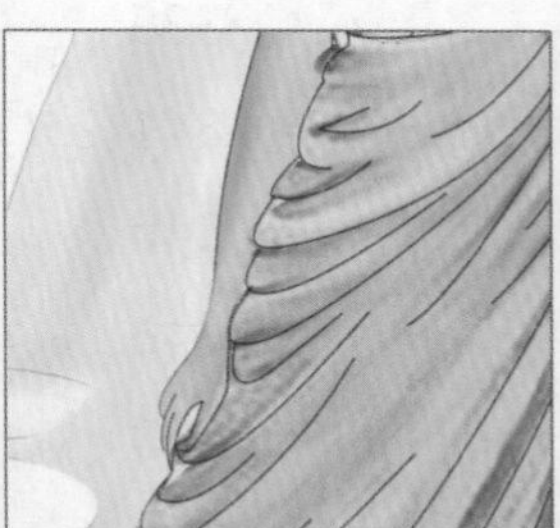
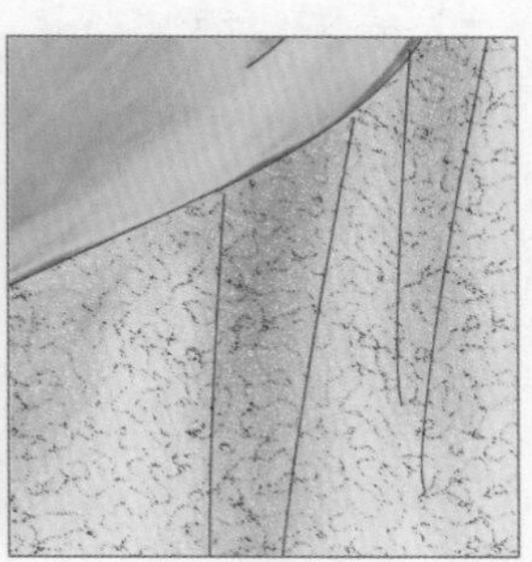

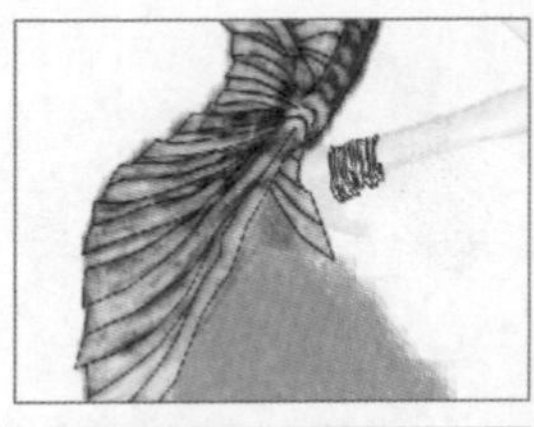
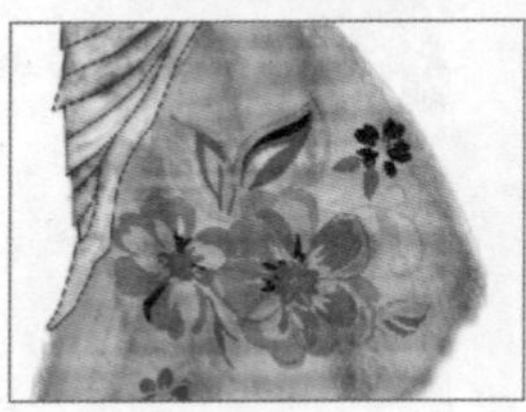

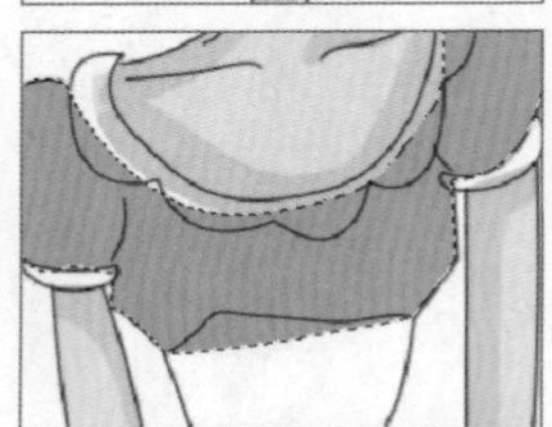
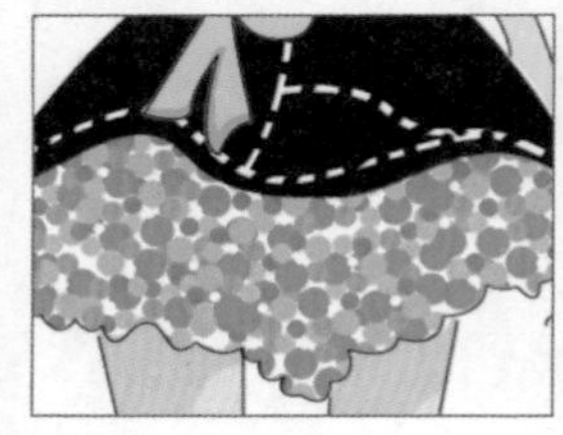

Chapter 01

第1章 面料

Works 1.1 毛呢面料

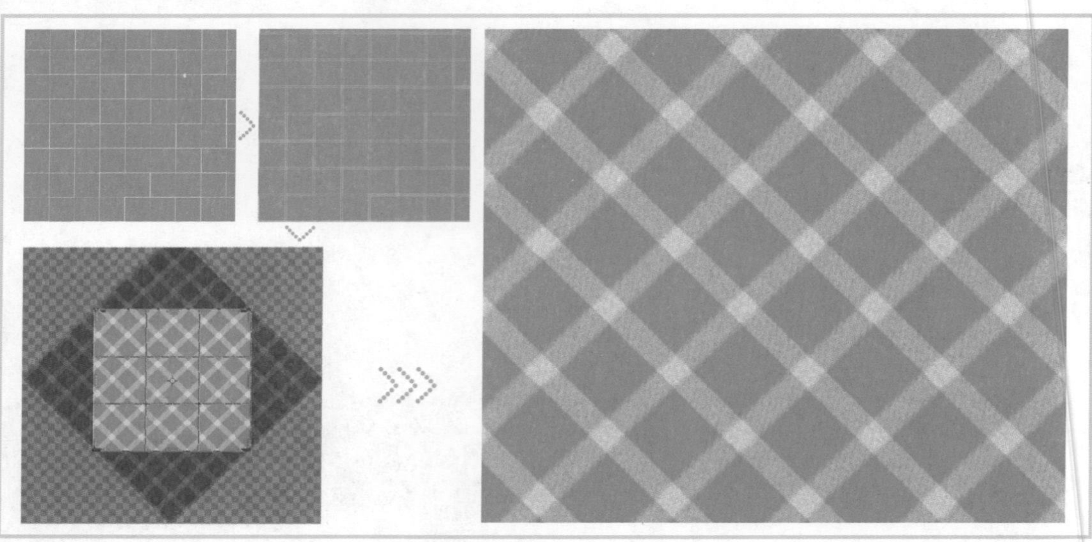

01 按快捷键Ctrl+N新建文件，弹出“新建”对话框并设置参数，如图1-1所示。设置前景色如图1-2所 示。单击“图层”面板底部的“创建新图层”按钮，新建图层，如图1-3所示。按快捷键Alt+Delete进行前景色填充，效果如图1-4所示。

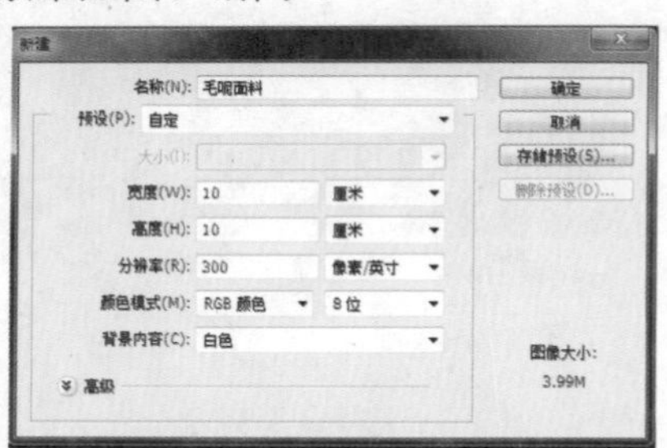

图1-1

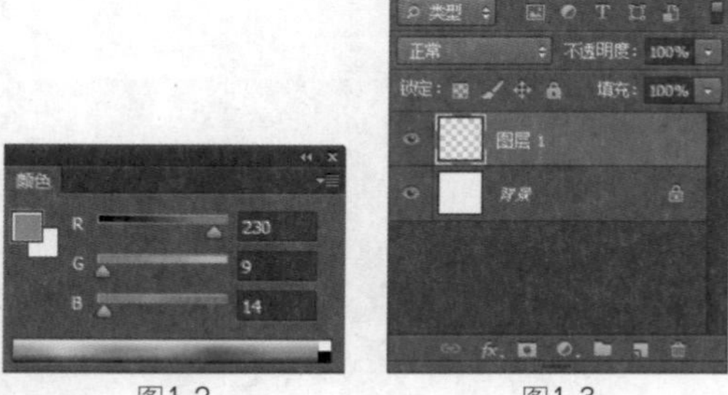

图1-2　　图1-3

02 选择“滤镜”|“风格化”|“拼贴”命令，弹出对话框并设置参数，如图1-5所示，得到的拼贴效果如图1-6所示。选择“滤镜”|“像素化”|“碎片”命令，得到的效果如图1-7所示。

图1-4

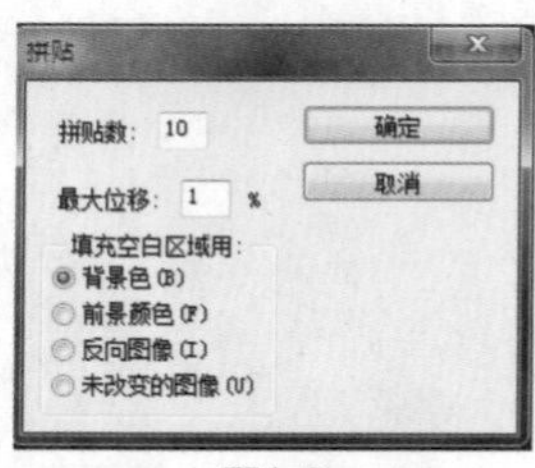

图1-5

03 选择“滤镜”|“其它”|“最大值”命令，弹出对话框并设置参数，如图1-8所示。按快捷键Ctrl+T将图像旋转45°，效果如图1-9所示。选择“裁剪工具”，按住Shift键拖出一个正方形，效果如图1-10所示。

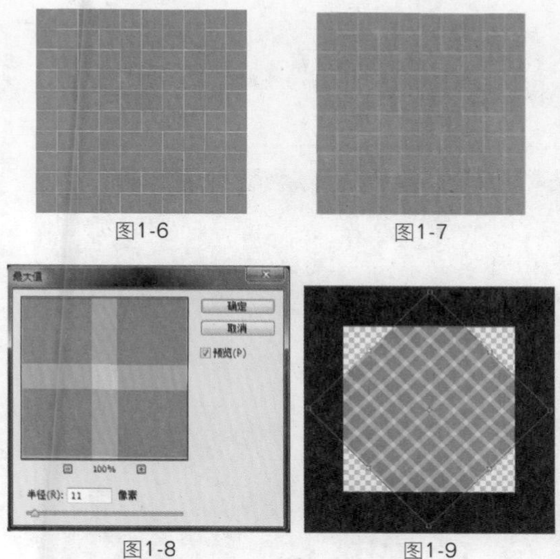

图1-6　图1-7

图1-8　图1-9

04 选择“滤镜”|“杂色”|“添加杂色”命令，弹出对话框并设置参数，如图1-11所示。选择“滤镜”|“模糊”|“动感模糊”命令，弹出对话框并设置参数，如图1-12所示。

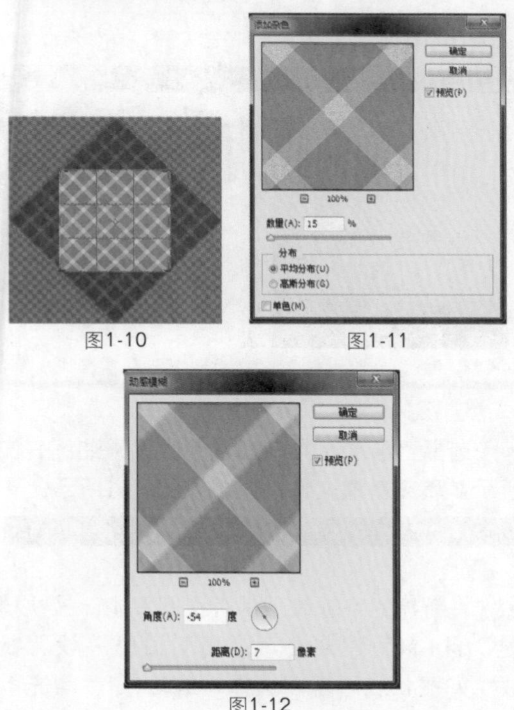

图1-10　图1-11

图1-12

05 再次选择“滤镜”|“杂色”|“添加杂色”命令，弹出对话框并设置参数，如图1-13所示。选择“滤镜”|“模糊”|“高斯模糊”命令，弹出对话框并设置参数，如图1-14所示。

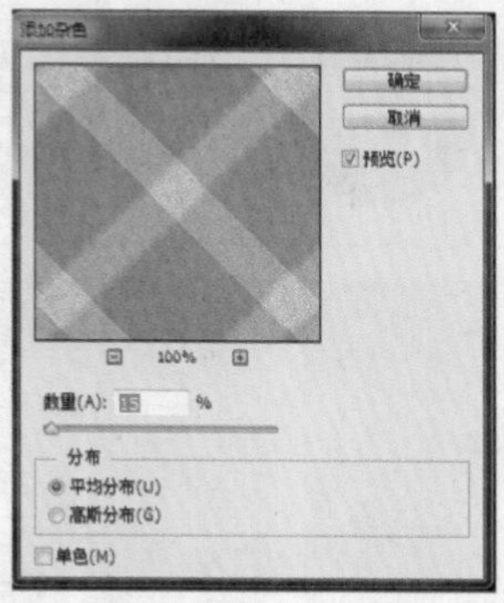

图1-13

图1-14

06 第3次选择“滤镜”|“杂色”|“添加杂色”命令，弹出对话框并设置参数，如图1-15所示，得到的最终效果如图1-16所示。

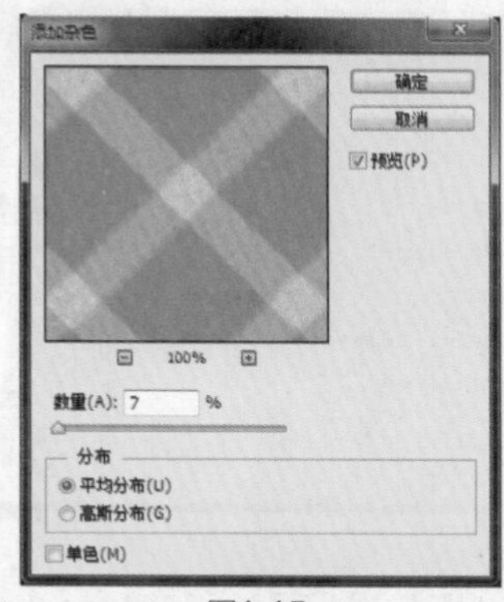

图1-15

图1-16

Works 1.2 条绒面料

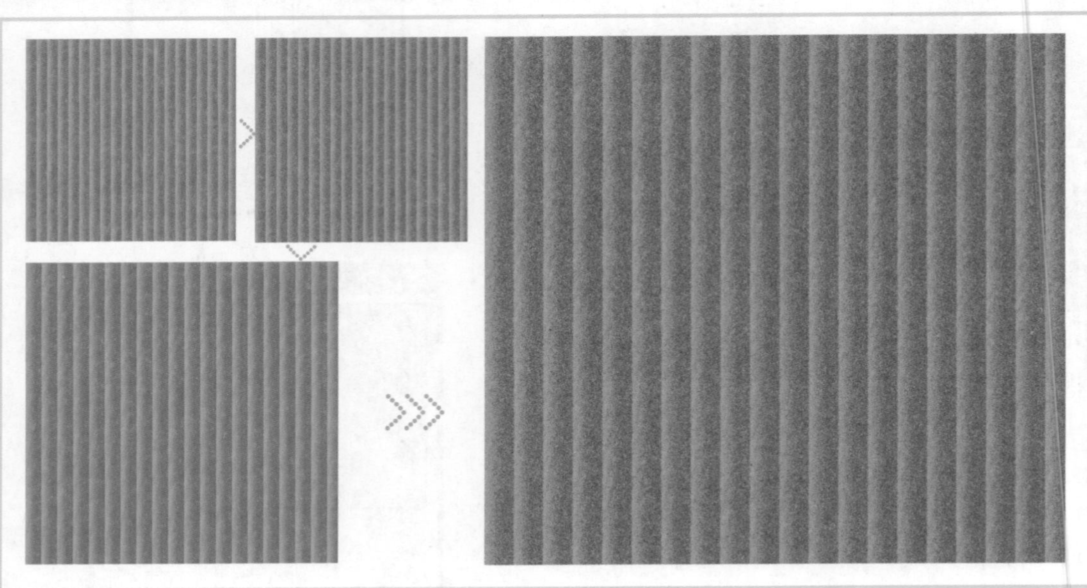

01 按快捷键Ctrl+N新建文件，弹出“新建”对话框并设置参数，如图1-17所示。设置前景色、背景色分别如图1-18、图1-19所示。

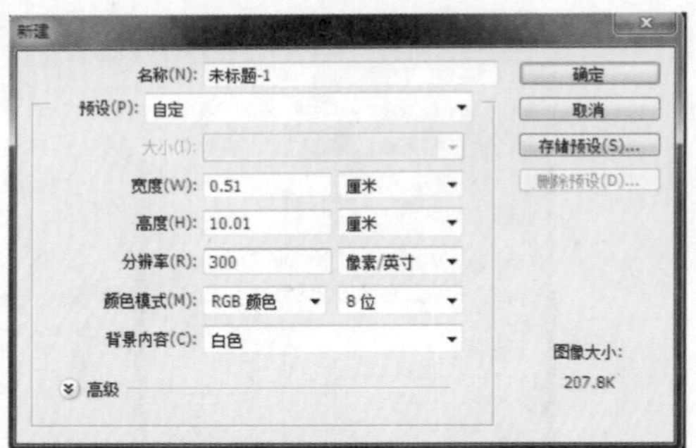

图1-17

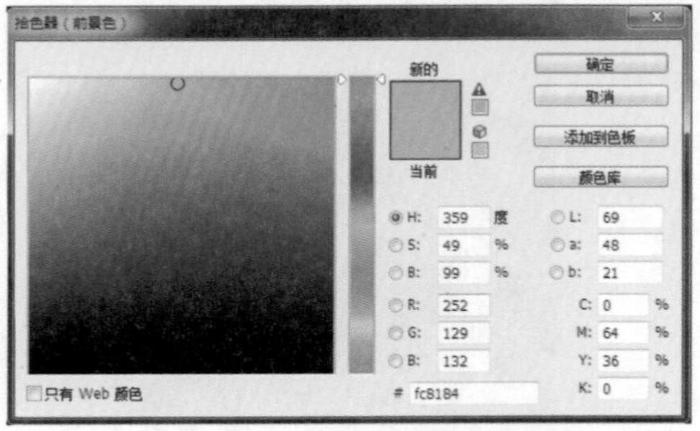

图1-18

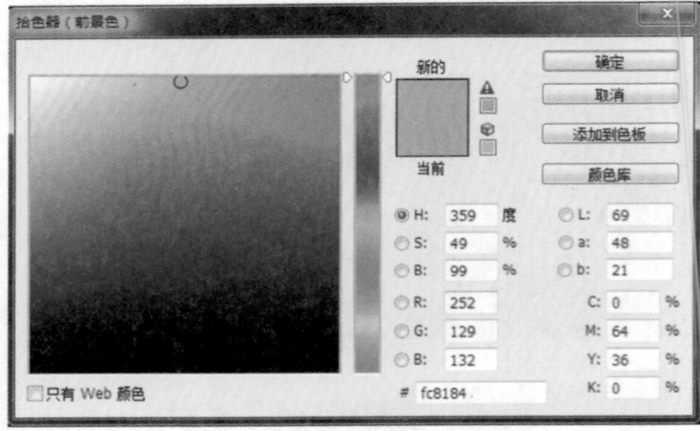

图1-19

02 选择“渐变工具”，参数设置如图1-20所示，填充新建文件，效果如图1-21所示。

图1-20

03 将新建的条绒纹理保存在图案中。按快捷键Ctrl+N新建文件，弹出对话框并设置参数，如图1-22所示。选择“编辑”|“填充”命令，在弹出的对话框中选择自定图案为刚保存的条绒纹理，如图1-23所示，填充效果如图1-24所示。

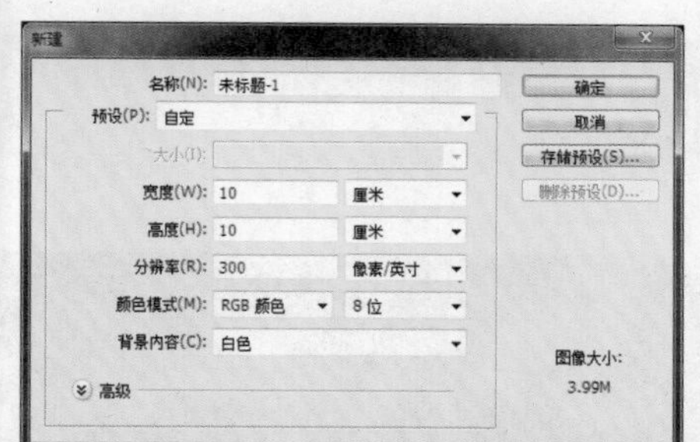

图1-21 图1-22

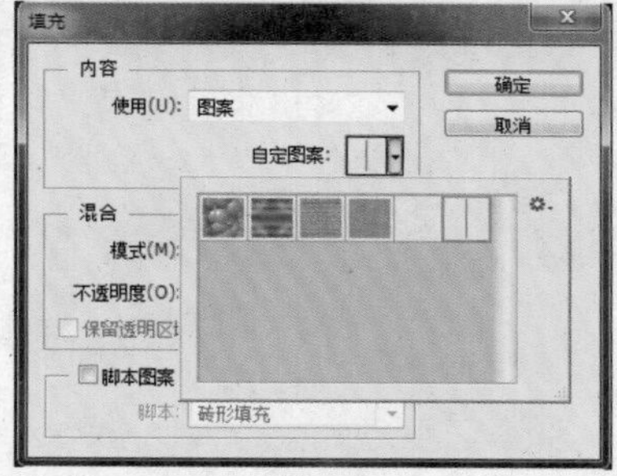

图1-23

图1-24

04 选择“滤镜”|“杂色”|“添加杂色”命令，弹出对话框并设置参数，如图1-25所示，效果如图1-26所示。选择“滤镜”|“模糊”|“高斯模糊”命令，弹出对话框并设置参数，如图1-27所示，效果如图1-28所示。

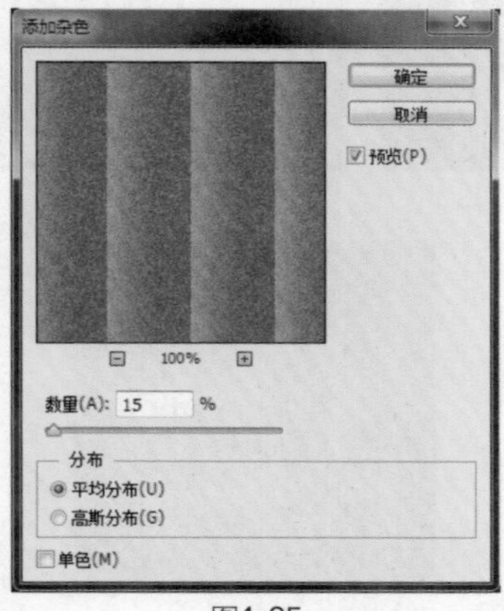

图1-25

图1-26

图1-27 图1-28

05 再次选择“滤镜”|“杂色”|“添加杂色”命令，弹出对话框并设置参数，如图1-29所示，最终效果如图1-30所示。

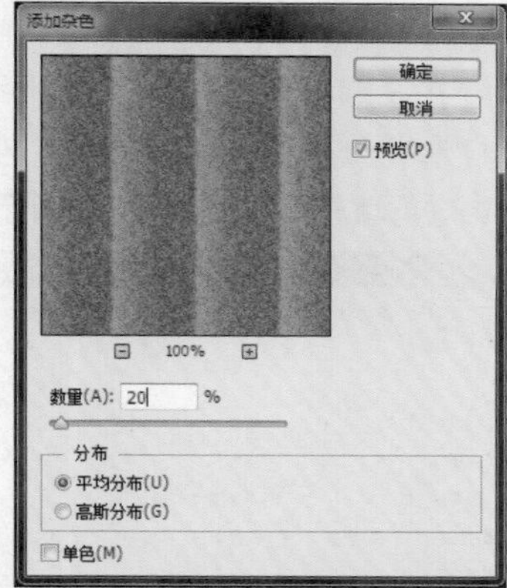

图1-29

图1-30

Works 1.3 迷彩面料

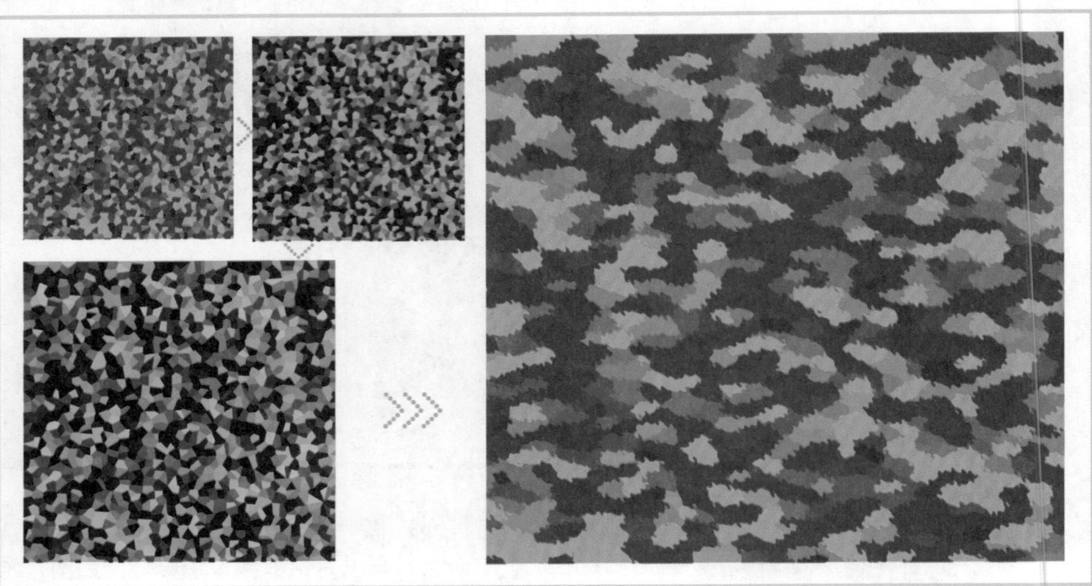

01 按快捷键Ctrl+N新建文件，弹出“新建”对话框并设置参数，如图1-31所示。设置前景色、背景色分别如图1-32所示。按快捷键Alt+Delete进行填充，效果如图1-33所示。

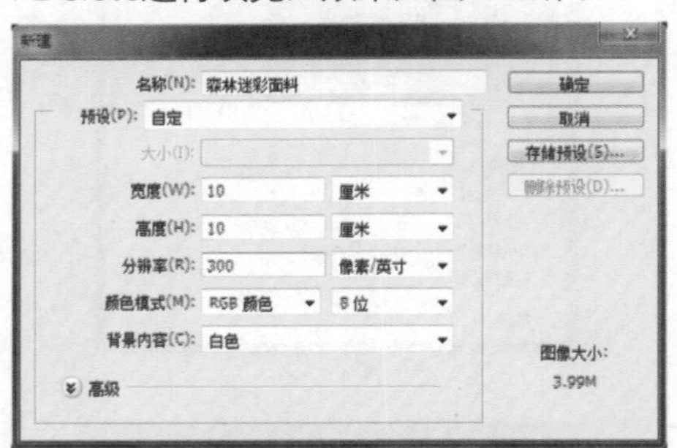

图1-31

H:	116	度	L:	33	H:	62	度	L:	62
S:	82	%	a:	-33	S:	41	%	a:	-8
B:	35	%	b:	33	B:	60	%	b:	32
R:	21		C:	88 %	R:	151		C:	49 %
G:	89		M:	53 %	G:	153		M:	36 %
B:	16		Y:	100 %	B:	91		Y:	73 %
#	155910		K:	24 %	#	97995b		K:	0 %

图1-32

02 选择“滤镜”|“杂色”|“添加杂色”命令，弹出对话框并设置参数，如图1-34所示，效果如图1-35所示。

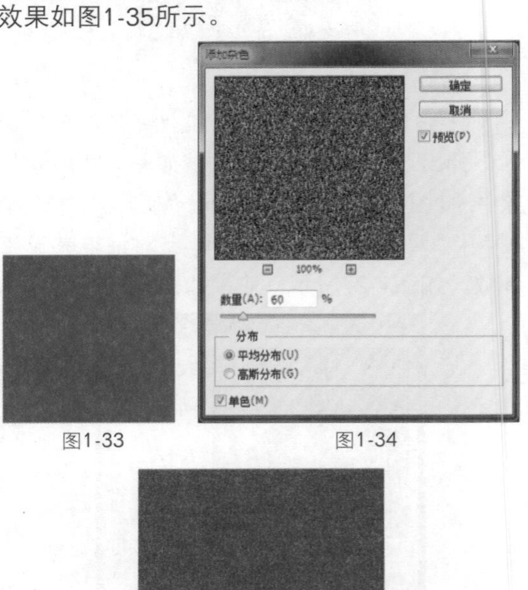

图1-33　图1-34

图1-35

03 选择“滤镜”|“像素化”|“晶格化”命令，弹出对话框并设置参数，如图1-36所示，效果如图1-37所示。

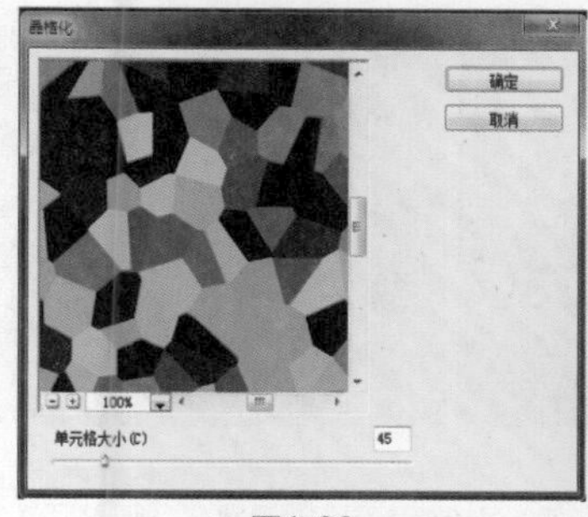

图1-36

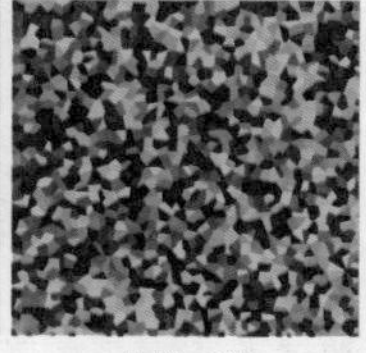

图1-37

04 选择“魔棒工具”，单击选择晶格化效果中的浅绿色几何图形，效果如图1-38所示。选择“选择”|“选取相似”命令，将相似的颜色快速选取出来，效果如图1-39所示。

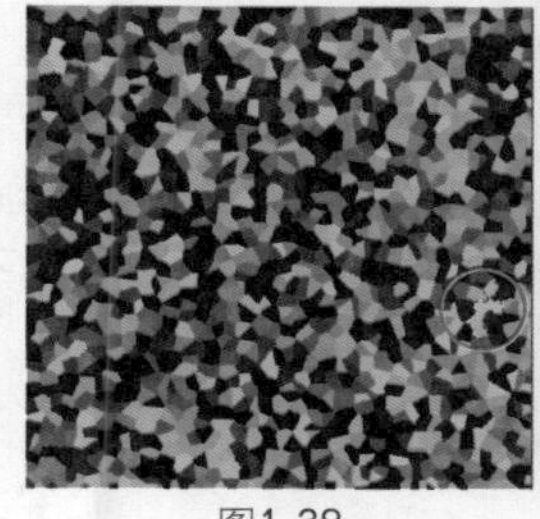

图1-38

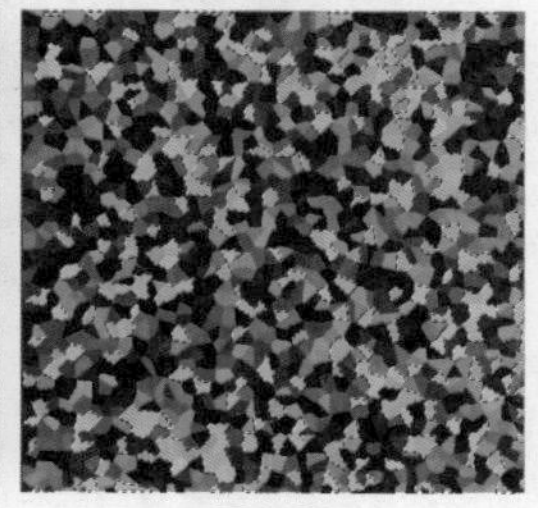

图1-39

05 选择代表森林特征的颜色作为前景色，如图1-40所示，用于替代与森林无关的颜色。单击“图层”面板底部的“创建新图层”按钮新建图层，如图1-41所示，将刚刚选取的前景色填充在“图层1”中，效果如图1-42所示。

06 选择“魔棒工具”，单击选择晶格化效果中的黑色几何图形，效果如图1-43所示。选择“选择”|“选取相似”命令，将相似的颜色快速选取出来，效果如图1-44所示。

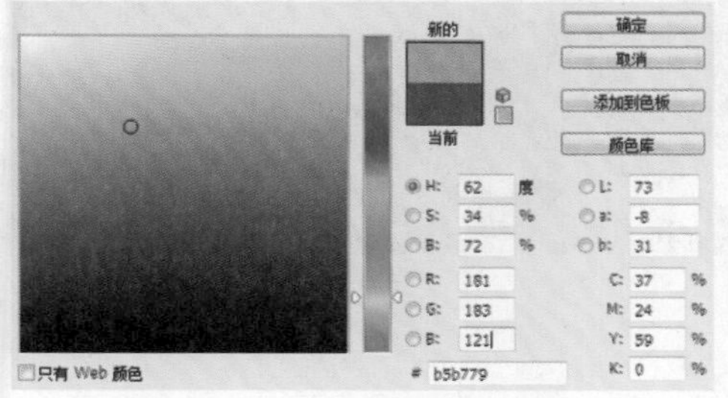

图1-40

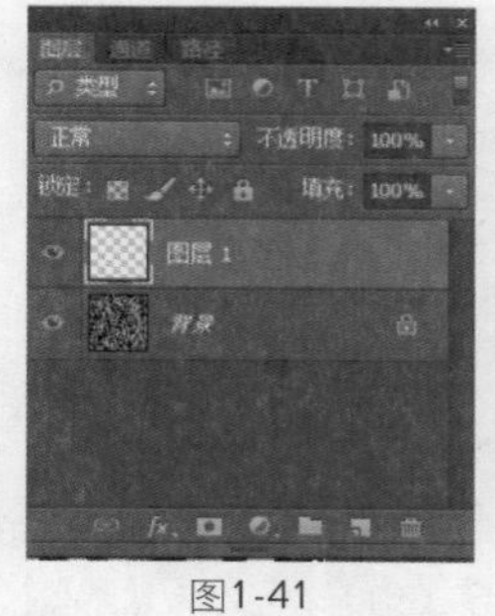

图1-41

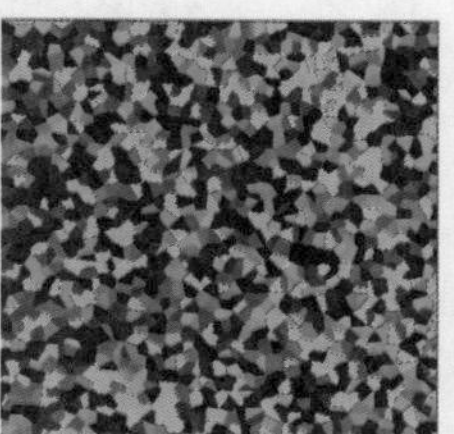

图1-42

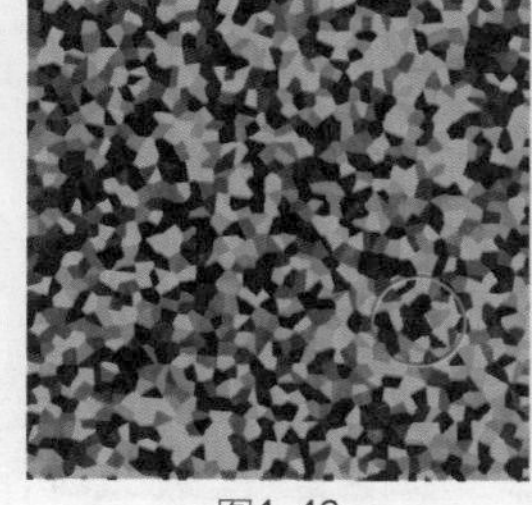

图1-43

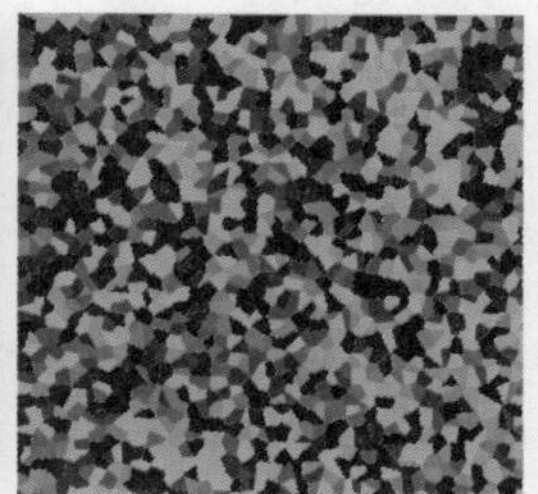

图1-44

07 选取代表森林特色的颜色作为前景色，如图1-45所示，用于替代与森林无关的颜色。单击“图层”面板底部的“创建新图层”按钮，新建“图层2”，将刚刚选取的前景色填充在“图层2”中，效果如图1-46所示。

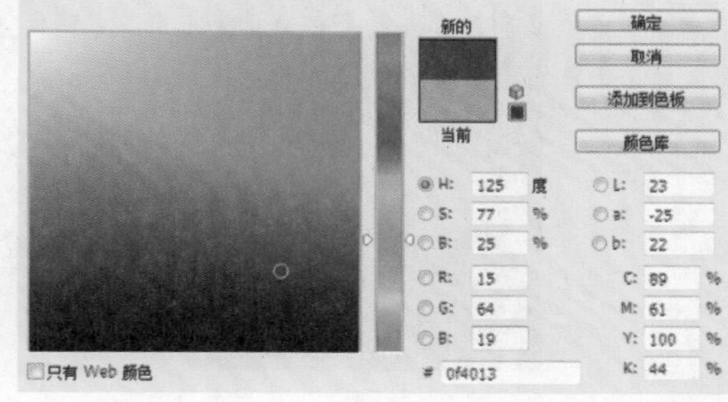

图1-45

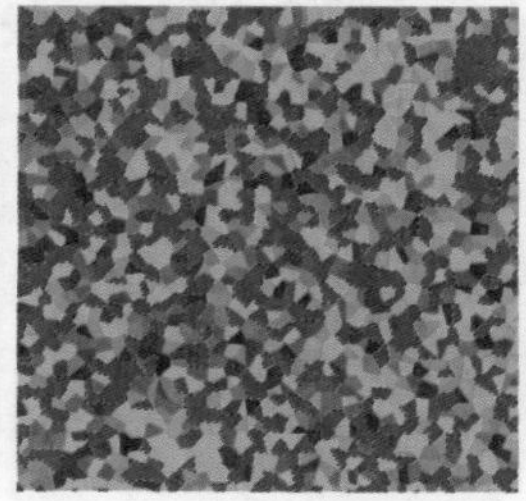

图1-46

08 继续选择与森林颜色无关的颜色，选择“编辑”|“选取相似”命令，效果如图1-47所示。继续选择能够代表森林风貌的颜色，如图1-48所示，使面料更接近森林迷彩的风貌。

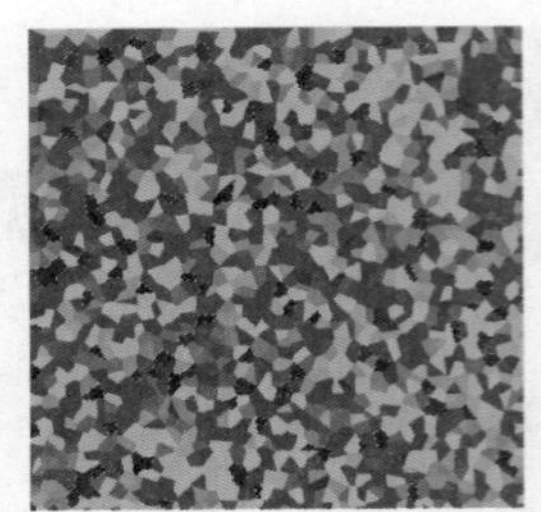
图1-47

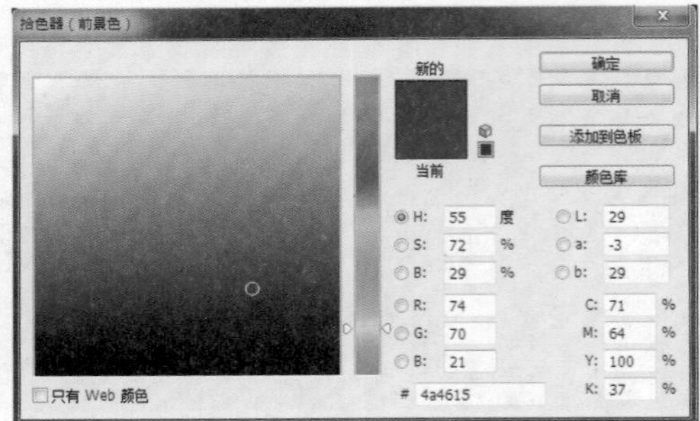

图1-48

09 选择“图层”|“合并可见图层”命令，将所有图层合并在“背景”图层上，如图1-49所示。选择“滤镜”|“杂色”|“中间值”命令，如图1-50所示，效果如图1-51所示。

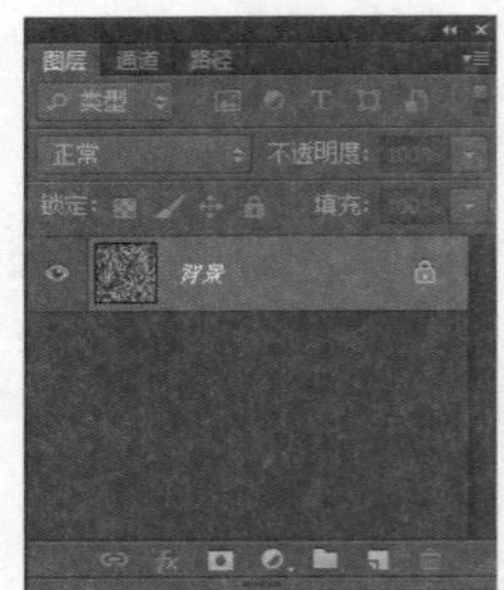

图1-49

图1-50

10 按快捷键Ctrl+A将图像全选，再选择“编辑”|“自由变换”命令，在出现的自由变换控制框中进行水平拖动，效果如图1-52所示。选择“滤镜”|“扭曲”|“波纹”命令，如图1-53所示，最终效果如图1-54所示。

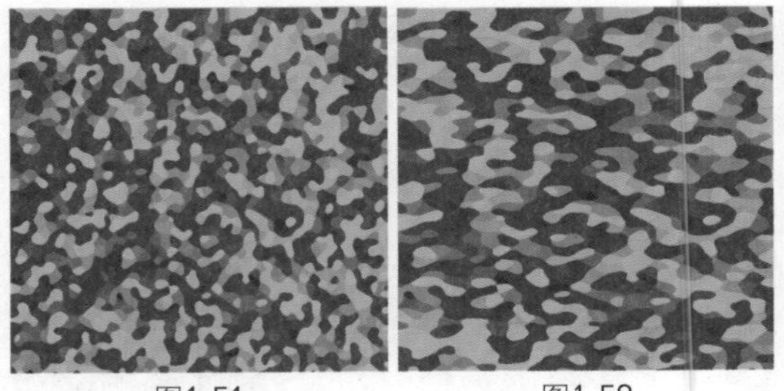
图1-51　图1-52

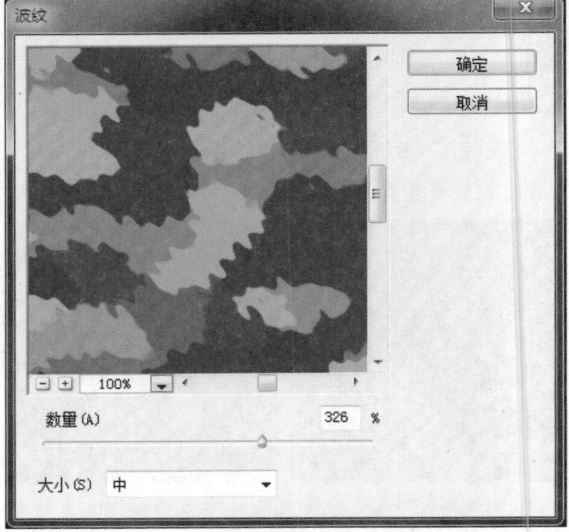

图1-53

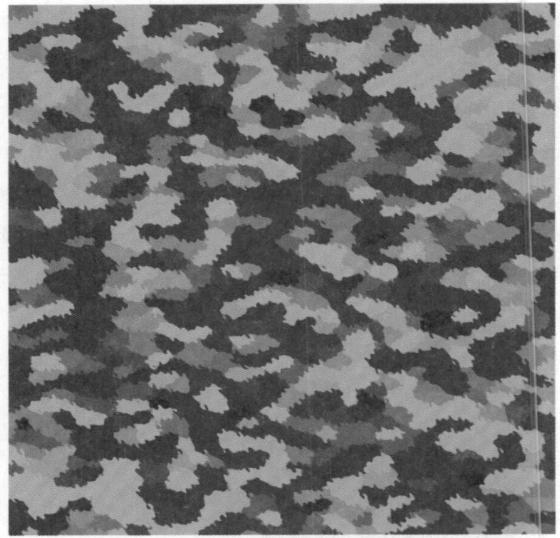
图1-54

书法面料

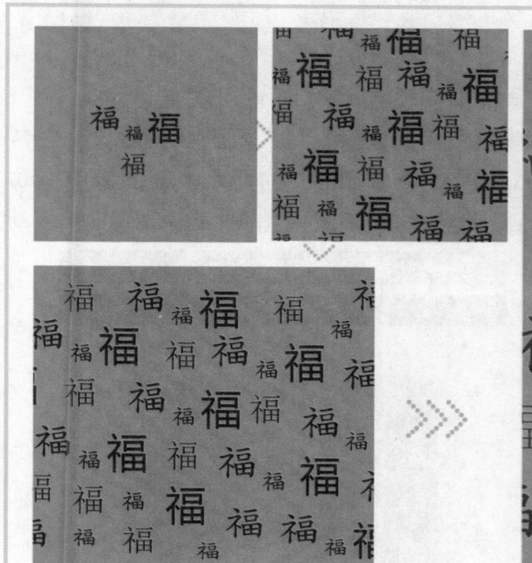

01 按快捷键Ctrl+N新建文件，弹出“新建”对话框并设置参数，如图1-55所示。设置前景色如图1-56所示，按快捷键Alt+ Delete进行前景色填充，效果如图1-57所示。

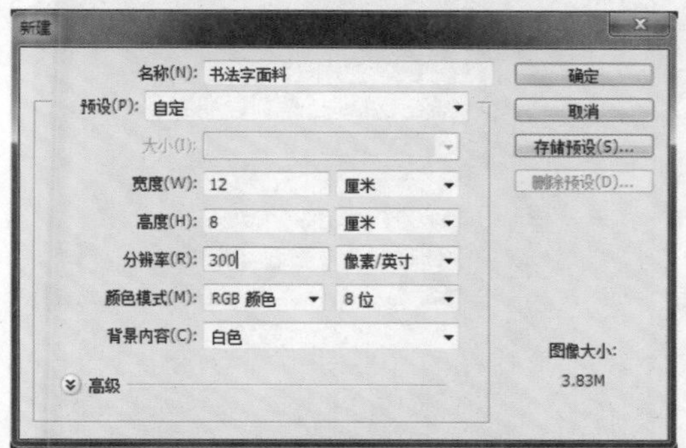

图1-55

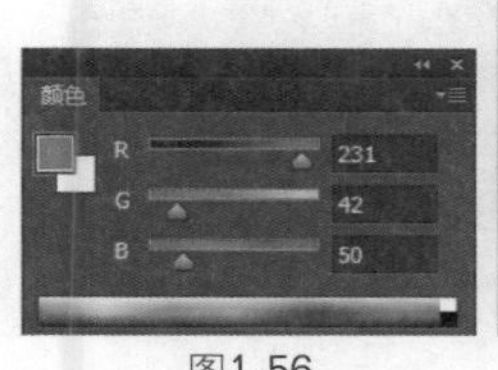

图1-56

图1-57

02 选择“滤镜”|“杂色”|“添加杂色”命令，如图1-58所示。输入不同字体的“福”字，如黑体、隶书、行楷等，如图1-59所示，按住Alt键并使用“移动工具”拖动文字进行复制，再将其调整大小并摆放到合适的位置上，效果如图1-60所示。

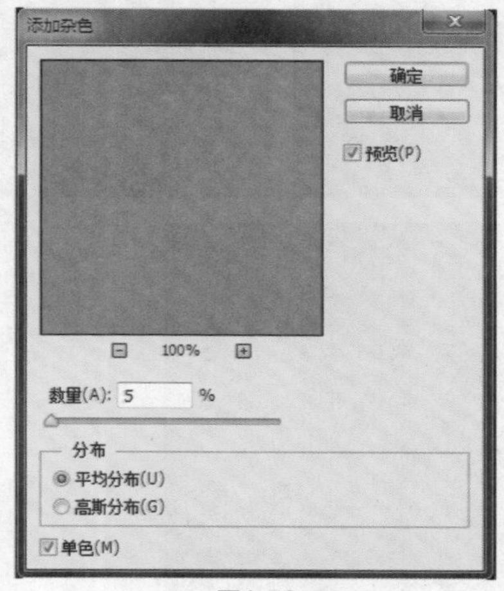

图1-58

03 合并所有的文字图层，单击“图层”面板底部的“添加图层样式”按钮fx，在弹出的菜单中选择“描边”命令，设置参数如图1-61所示，得到的效果如图1-62所示，将此图层的“不透明度”设置为70%，效果如图1-63所示。

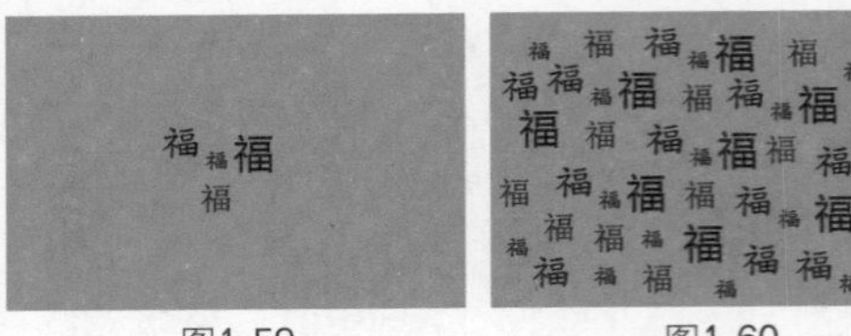

图1-59

图1-60

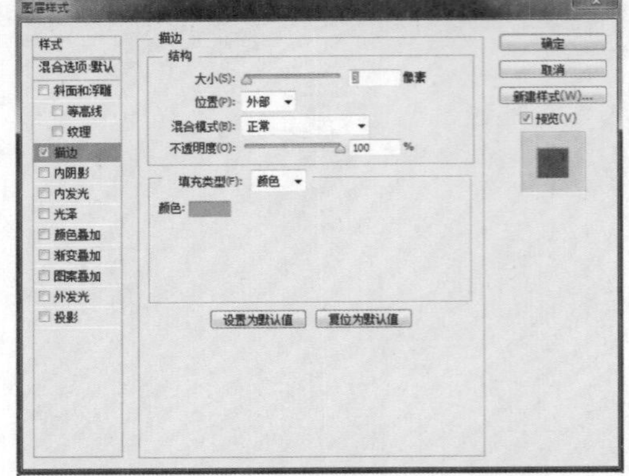

图1-61

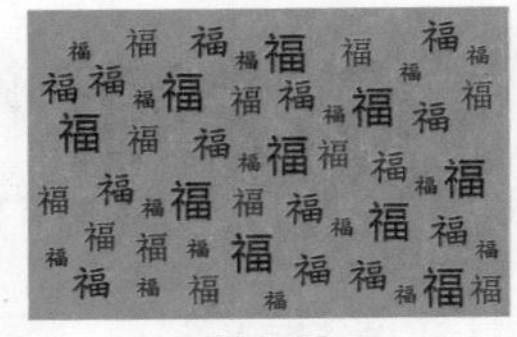

图1-62

图1-63

04 将文字图层和“背景”图层合并，选择“减淡工具”和“加深工具”，设置这两个工具的参数如图1-64所示，在图像中拖动绘制，得到的最终效果如图1-65所示。

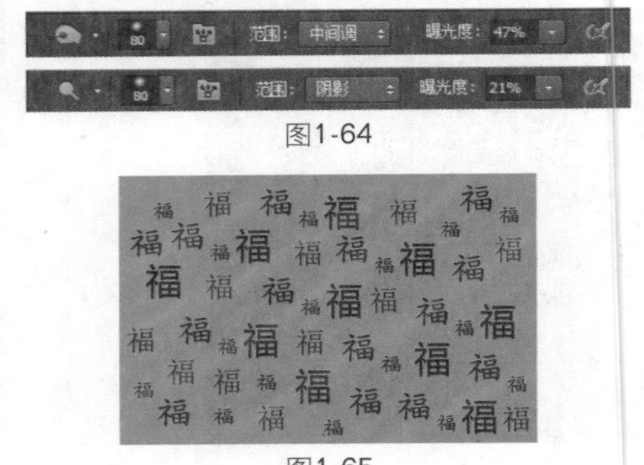

图1-64

图1-65

Works 1.5 蜡染面料

01 按快捷键Ctrl+N新建文件，弹出“新建”对话框并设置参数，如图1-66所示。选择“自定形状工具”，参数设置如图1-67所示，绘制路径图案如图1-68所示。

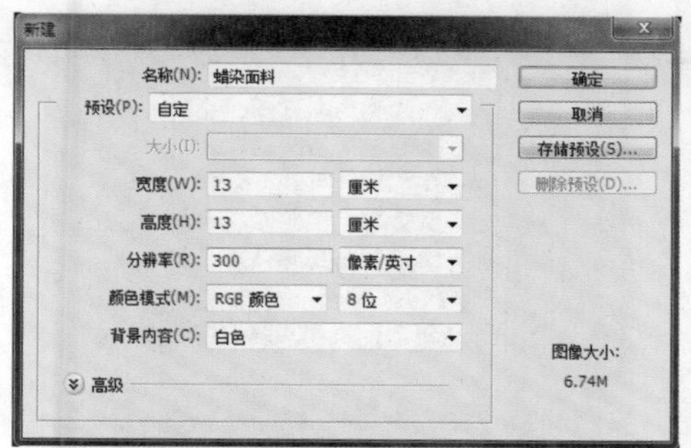

图1-66

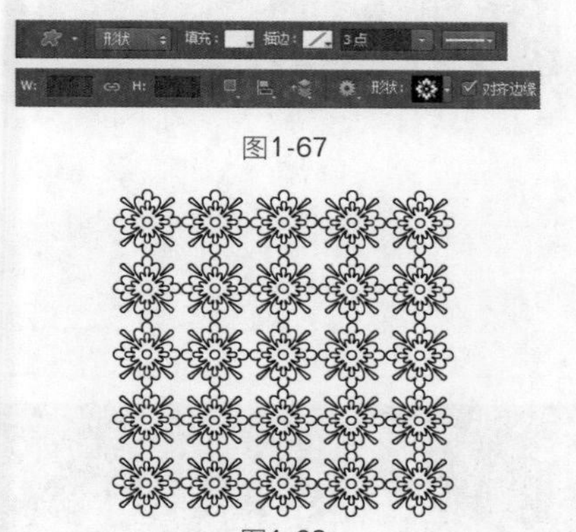
图1-67

图1-68

02 单击“图层”面板底部的“创建新图层”按钮，新建一个图层，设置前景色如图1-69所示，设置背景色为白色。切换到“路径”面板中，单击“路径”面板底部的“用前景色填充路径”按钮，效果如图1-70所示。

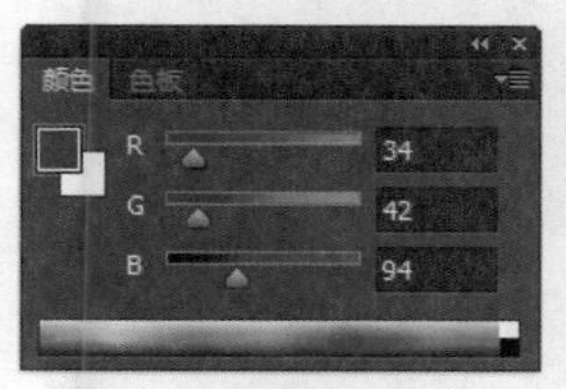

图1-69

图1-70

03 切换到“图层”面板中，单击“图层”面板底部的“创建新的填充或调整图层”按钮，在弹出的菜单中选择“渐变映射”命令，设置参数如图1-71所示，效果如图1-72所示，按快捷键Shift+Ctrl+E合并可见图层。

04 选择“滤镜”|“纹理”|“纹理化”命令，如图1-73所示。复制“背景”图层，得到“背景副本”图层，设置“背景副本”图层的混合模式为“正片叠底”，“不透明度”为70%，如图1-74所示，效果如图1-75所示。

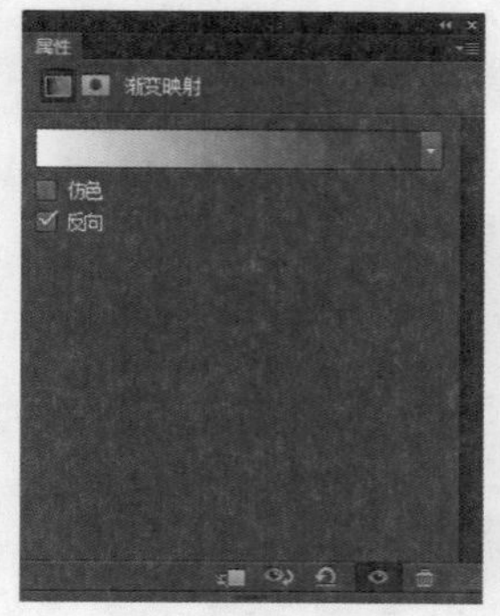

图1-71

图1-72

图1-73

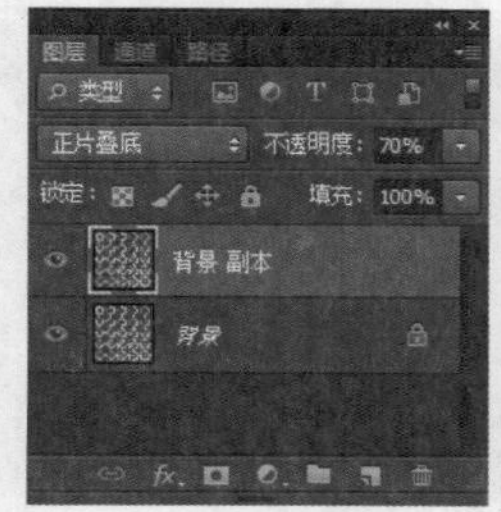

图1-74

图1-75

05 选择“滤镜”|“模糊”|“动感模糊”命令，弹出对话框并设置参数，如图1-76所示，效果如图1-77所示。

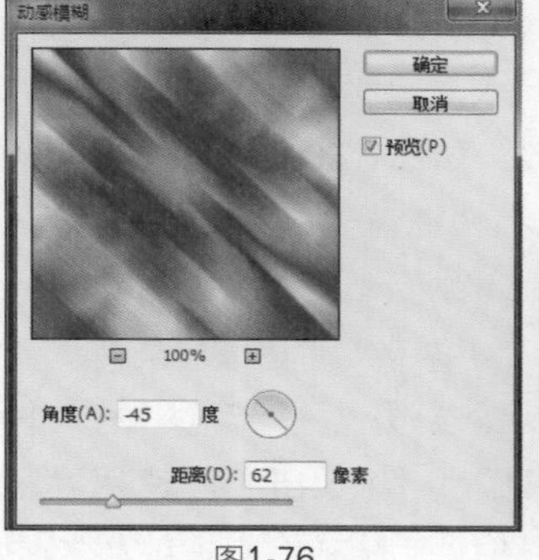

图1-76

图1-77

06 选择“滤镜”|“纹理”|“纹理化”命令，弹出对话框并设置参数，如图1-78所示，最终效果如图1-79所示。

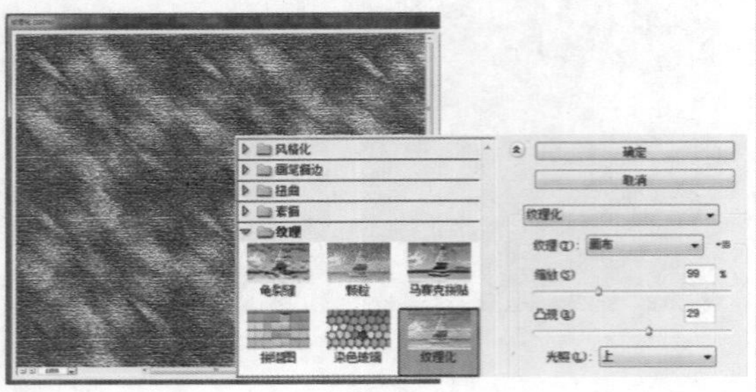

图1-78

图1-79

Works 1.6 丝绸面料

01 按快捷键Ctrl+N新建文件，弹出“新建”对话框并设置参数，如图1-80所示。设置前景色如图1-81所示，按快捷键Alt+Delete进行前景色填充，效果如图1-82所示。

02 选择“滤镜”|“杂色”|“添加杂色”命令，如图1-83所示。打开随书光盘中的文件“素材”\“第1章”\“1.6.tif”，使用“移动工具”将此图像拖入文件中，效果如图1-84所示。按住Alt键，拖动图像进行复制，拼出理想的图案，效果如图1-85所示。

新建
名称(N): 丝绸面料
预设(P): 自定
大小(I):
宽度(W): 12 厘米
高度(H): 8 厘米
分辨率(R): 300 像素/英寸
颜色模式(M): RGB 颜色 8位
背景内容(C): 白色
高级
确定
取消
存储预设(S)...
删除预设(D)...
图像大小:
3.83M

图1-80

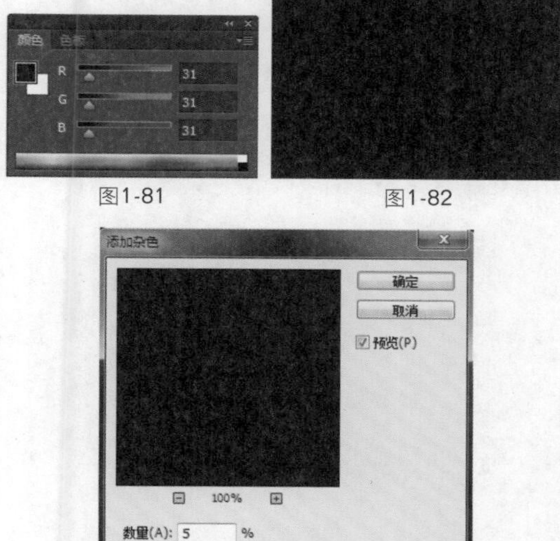

图1-81　图1-82

图1-83

图1-84　图1-85

03 选择“滤镜”|“杂色”|“添加杂色”命令，弹出对话框并设置参数，如图1-86所示，效果如图1-87所示。

图1-86

04 选择“滤镜”|“画笔描边”|“成角的线条”命令，弹出对话框并设置参数，如图1-88所示。将此图层的“不透明度”设置为80%，如图1-89所示。

图1-87

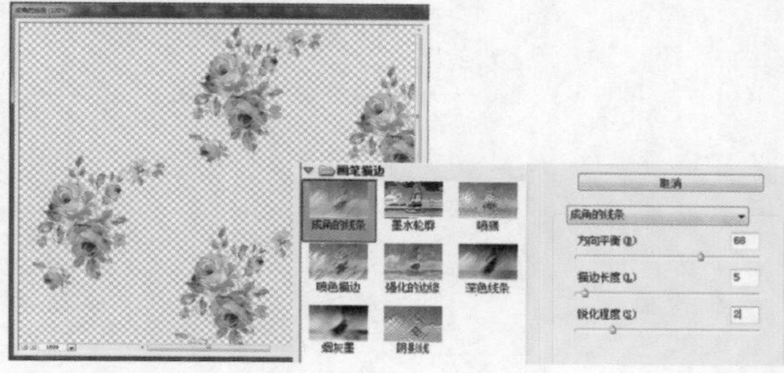

图1-88

图1-89

05 选择“减淡工具”和“加深工具”，在工具选项栏中设置参数如图1-90所示，在图像中拖动绘制，最终效果如图1-91所示。

图1-90

图1-91

Works 1.7 绸缎面料

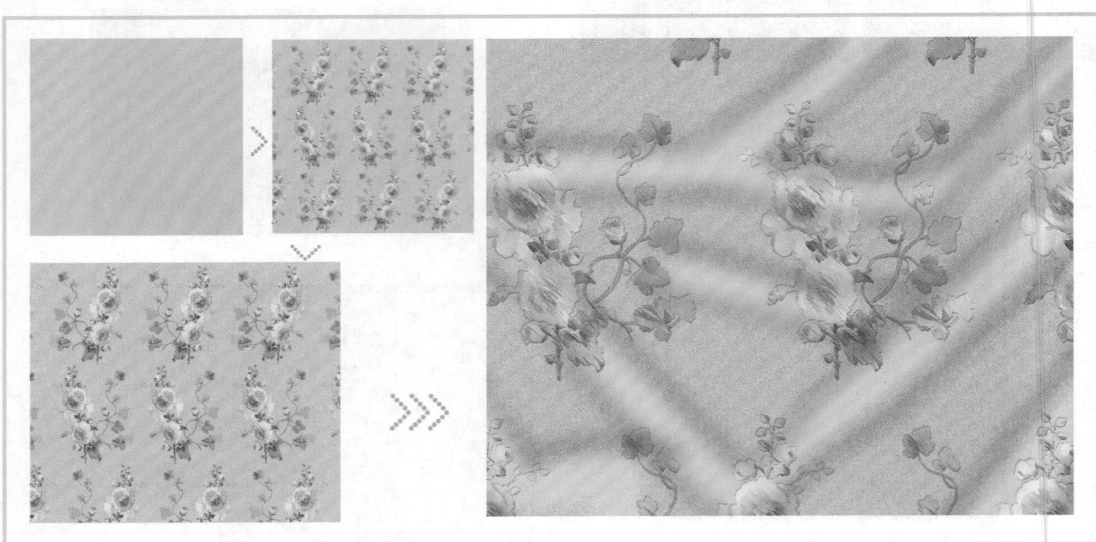

01 按快捷键Ctrl+N新建文件，弹出“新建”对话框并设置参数，如图1-92所示。设置前景色如图1-93所示，按快捷键Alt+Delete进行前景色填充，效果如图1-94所示。

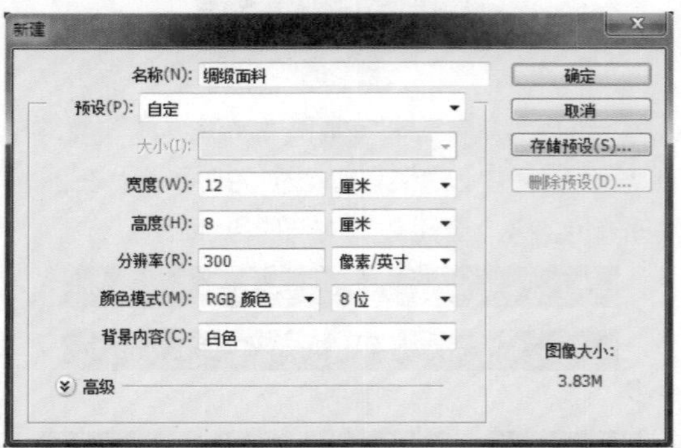

图1-92

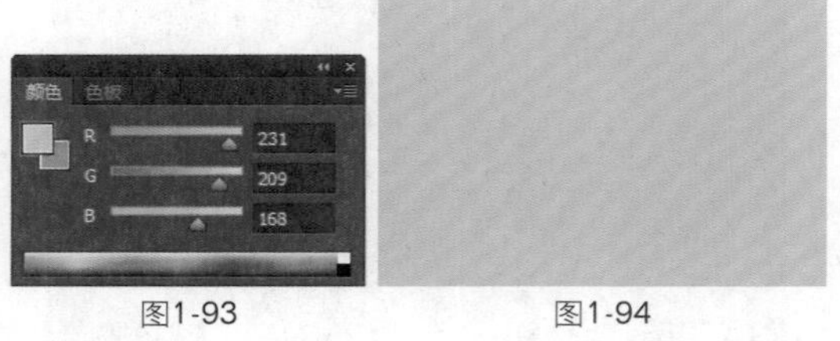

图1-93　　图1-94

02 选择“滤镜”|“杂色”|“添加杂色”命令，弹出对话框并设置参数，如图1-95所示。打开随书光盘中的文件“素材”\“第1章”\“1.7.tif”，使用“移动工具”将素材拖入文件中，并按住Alt键拖动图像进行复制，效果如图1-96所示。

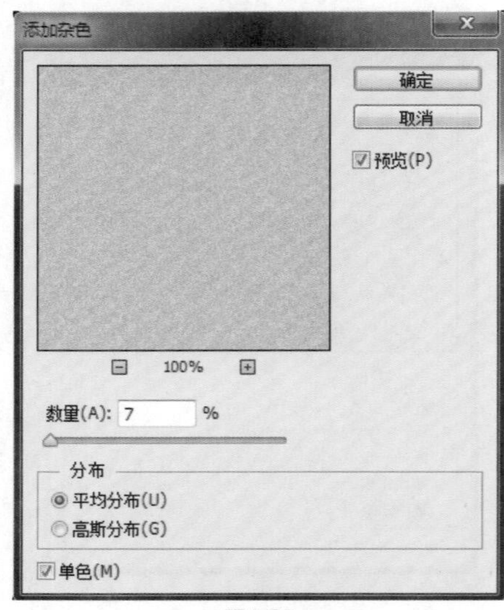

图1-95

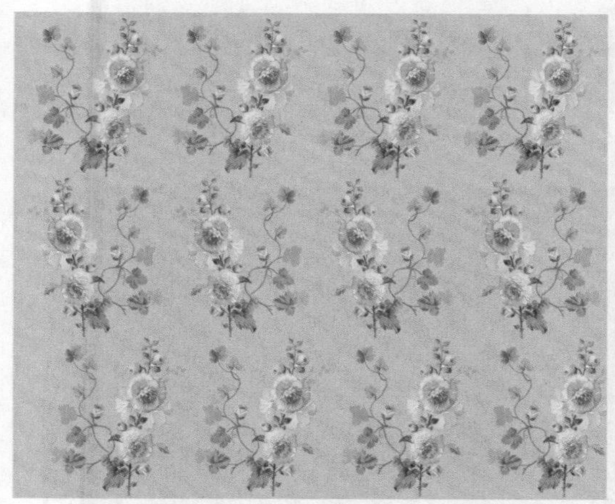

图1-96

03 选择"滤镜"|"画笔描边"|"成角的线条"命令，弹出对话框并设置参数及效果如图1-97所示。

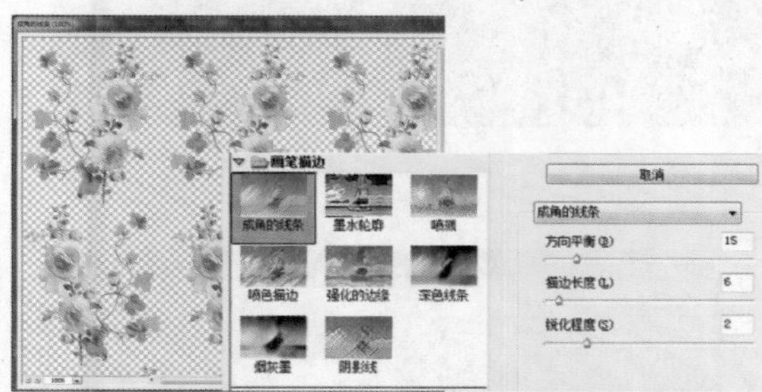

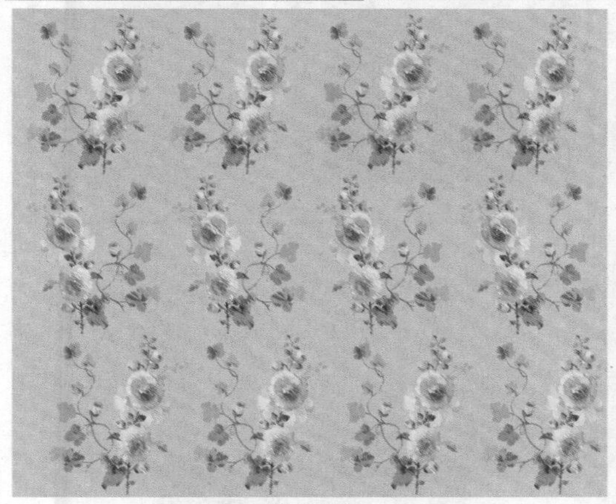

图1-97

04 单击"图层"面板底部的"添加图层样式"按钮fx，在弹出的菜单中选择"斜面和浮雕"命令，然后在弹出的对话框中设置参数如图1-98所示。在"图层"面板中设置此图层的"不透明度"为70%，如图1-99所示。

05 选择"减淡工具"和"加深工具"，在工具选项栏中设置参数如图1-100所示，在图像中拖动绘制，最终效果如图1-101所示。

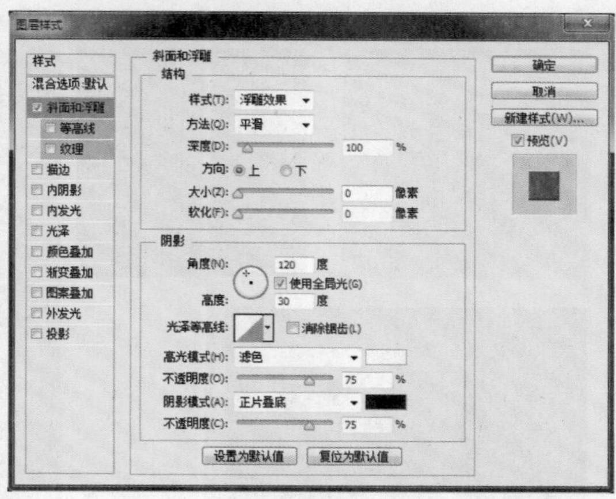

图1-98

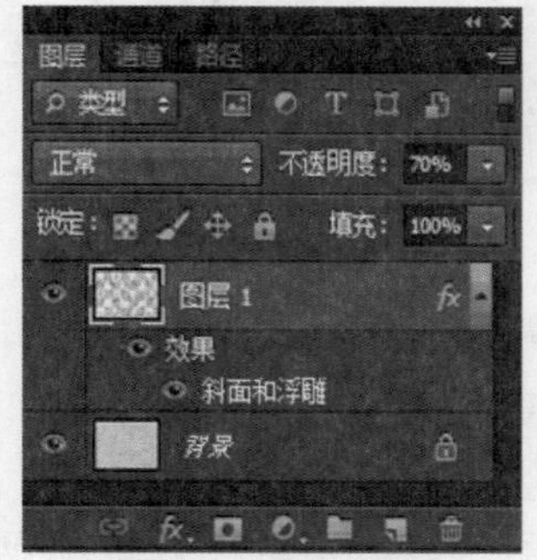

图1-99

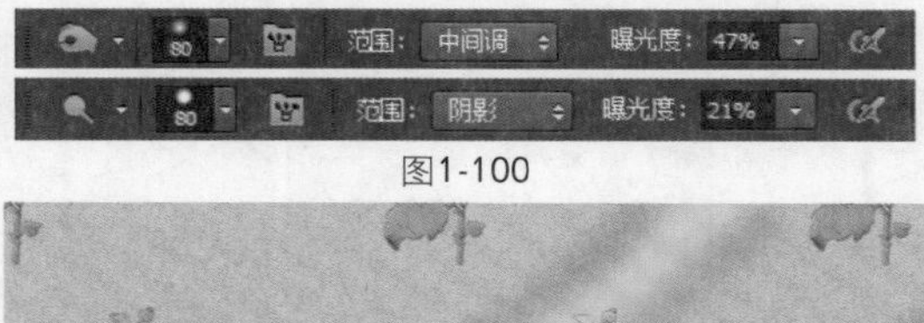

图1-100

图1-101

Works 1.8 蛇皮面料

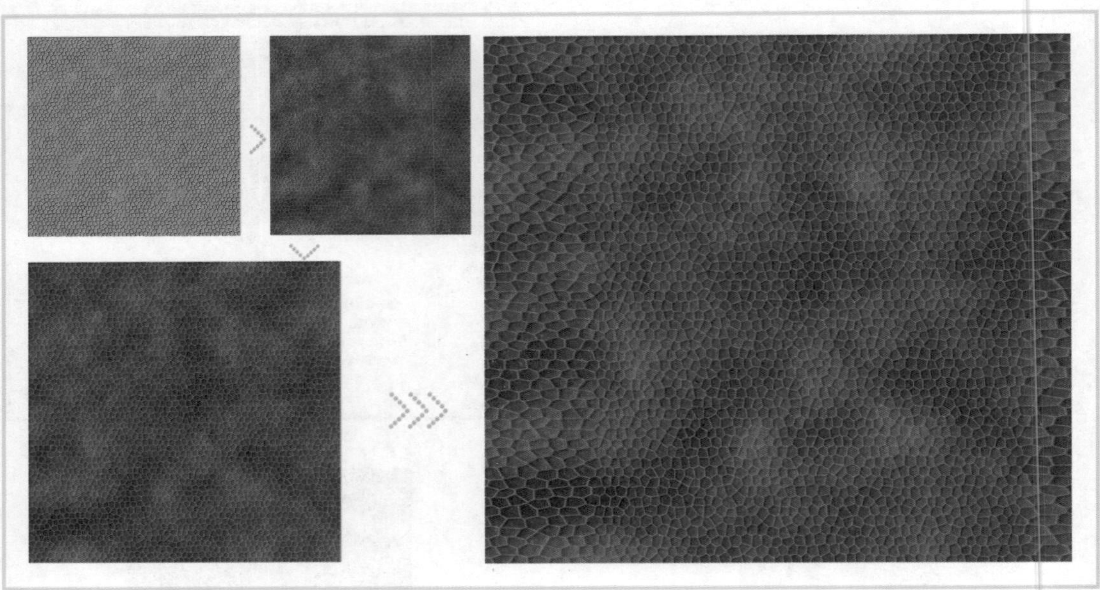

01 按快捷键Ctrl+N新建文件，弹出“新建”对话框并设置参数，如图1-102所示。设置前景色、背景色如图1-103和图1-104所示。

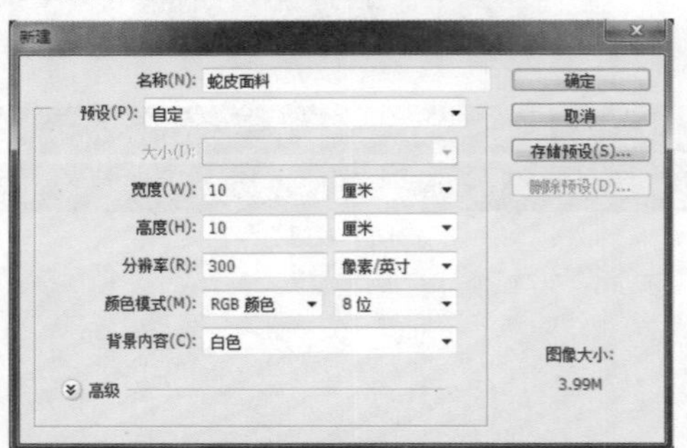

图1-102

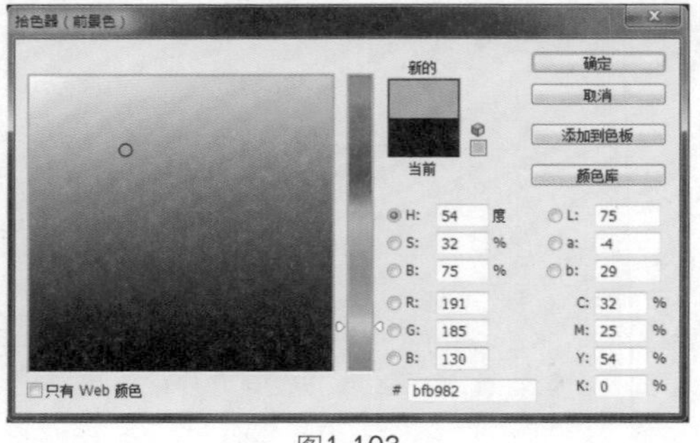

图1-103

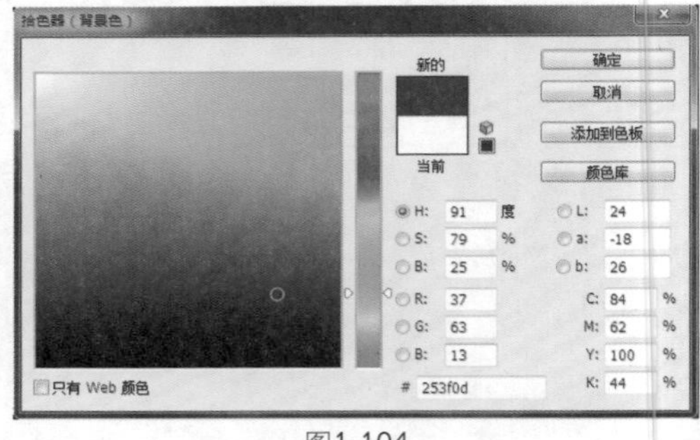

图1-104

02 选择“滤镜”|“渲染”|“云彩”命令，效果如图1-105所示。选择“滤镜”|“纹理”|“染色玻璃”命令，弹出对话框并设置参数，如图1-106所示。

图1-105

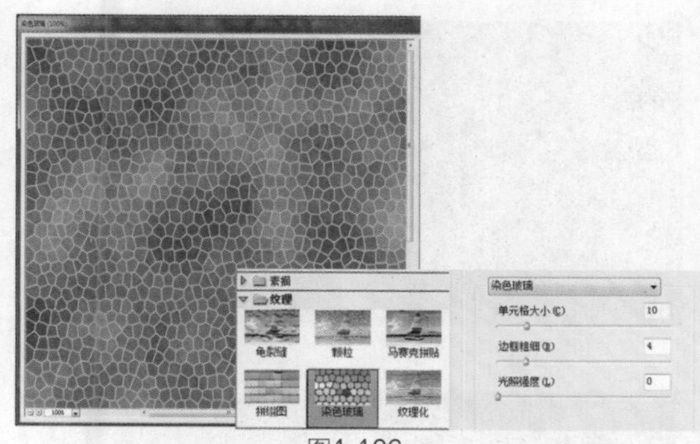

图1-106

03 在“图层”面板中创建“背景副本”图层，如图1-107所示。对“背景副本”图层执行“滤镜”|“风格化”|“浮雕效果”命令，弹出对话框并设置参数，如图1-108所示，效果如图1-109所示。

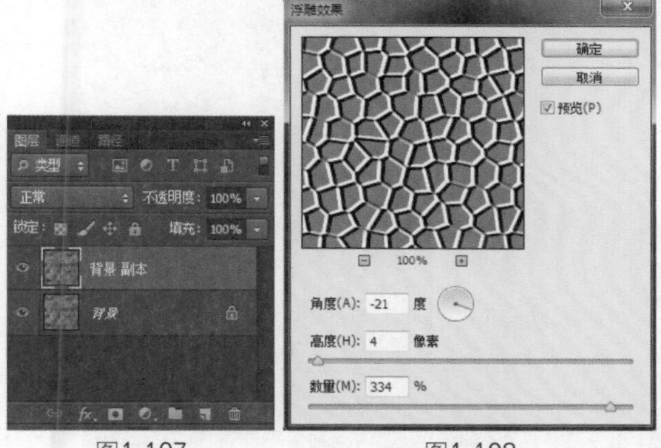

图1-107　　图1-108

图1-109

04 选择“图像”|“调整”|“变化”命令，弹出“变化”对话框，单击“加深红色”、“加深绿色”、“加深青色”各两次，如图1-110所示，效果如图1-111所示。

05 返回到“图层”面板，将图层混合模式设置为“正片叠底”，如图1-112所示，效果如图1-113所示。选择“滤镜”|“模糊”|“高斯模糊”命令，弹出对话框并设置参数，如图1-114所示，效果如图1-115所示。

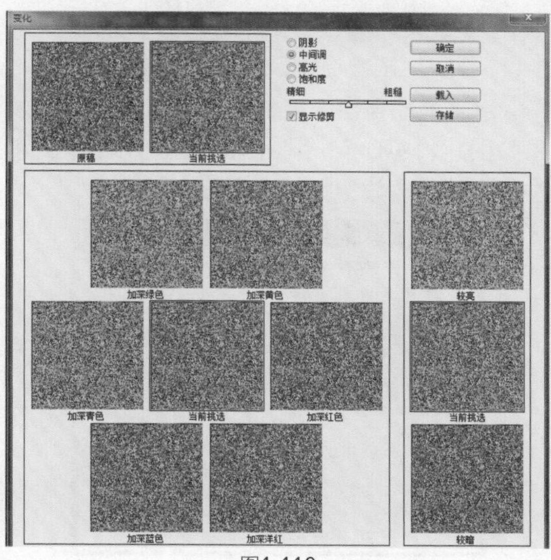

图1-110

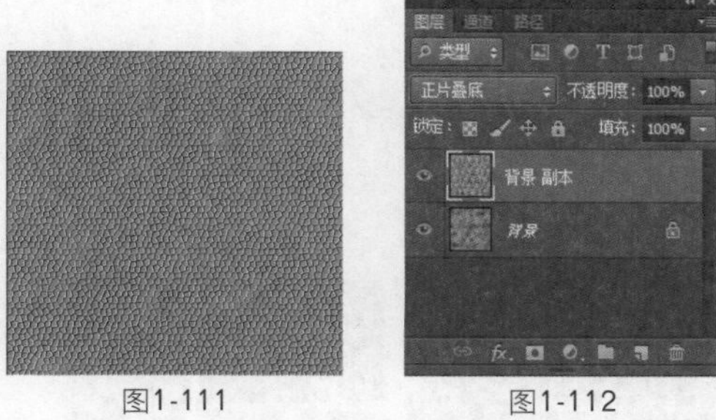

图1-111　　图1-112

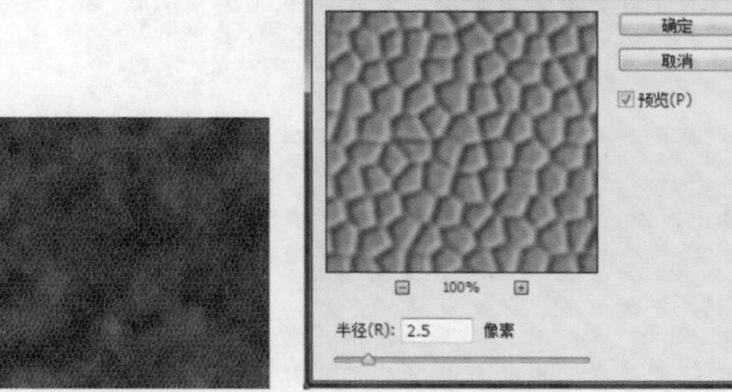

图1-113　　图1-114

图1-115

06 选择“图像”|“画布大小”命令，在弹出的对话框中调整画布数值，如图1-116所示，此时图像效果如图1-117所示。使用“矩形选框工具”选择图案右侧，效果如图1-118所示，按快捷键Ctrl+T进行自由变换。

07 水平拖动自由变换控制框的角控制柄，效果如图1-119所示。采用此方法，制作好图案左侧，其蛇皮效果如图1-120所示。

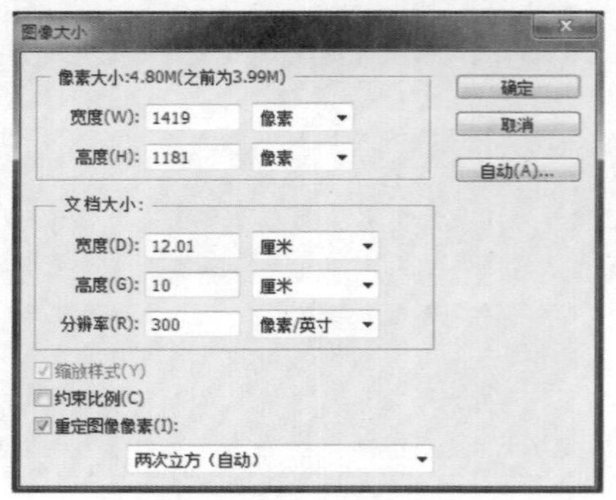

图1-116

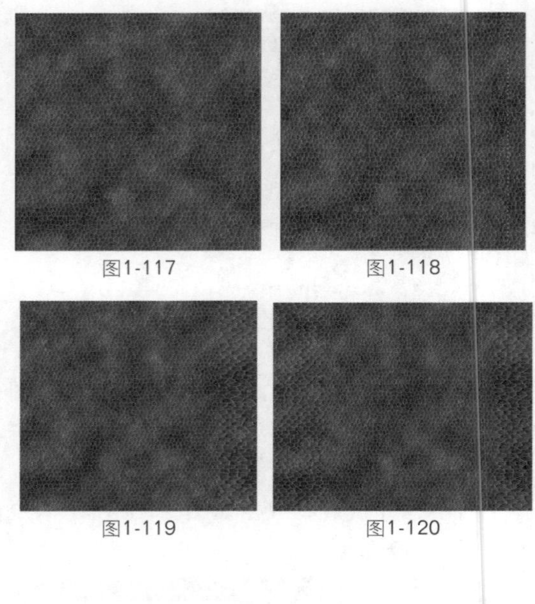
图1-117 图1-118

图1-119 图1-120

Works 1.9 豹纹面料

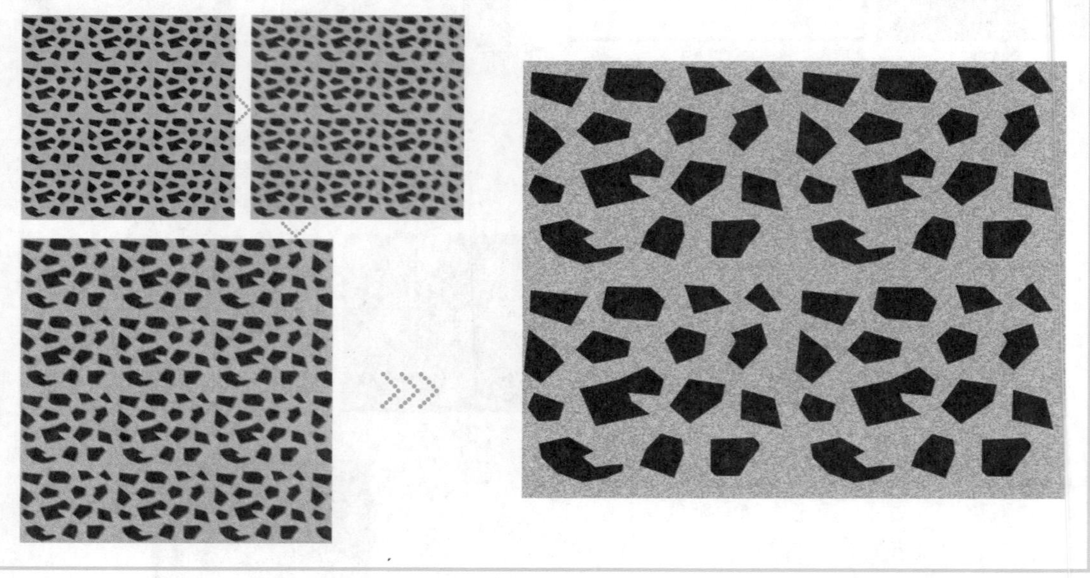

01 按快捷键Ctrl+N新建文件，弹出“新建”对话框并设置参数，如图1-121所示。选择“钢笔工具”绘制豹纹路径，效果如图1-122所示。按快捷键Ctrl+Enter将路径转换为选区，效果如图1-123所示。将前景色设置为黑色，按快捷键Alt+Delet填充前景色，效果如图1-124所示。

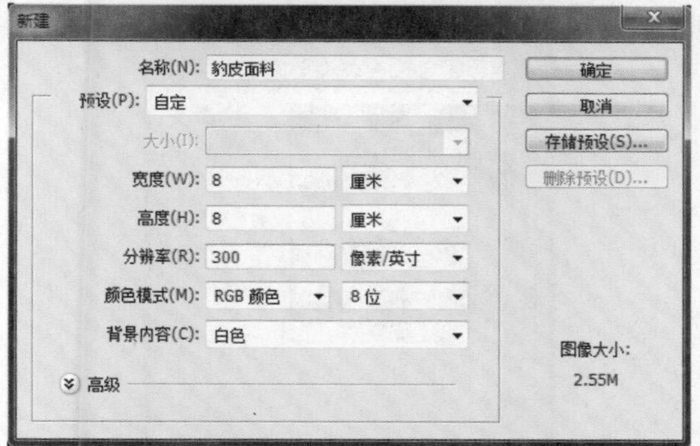

图1-121

图1-122　图1-123　图1-124

02 在“颜色”面板中设置豹皮面料底色，如图1-125所示。按快捷键Ctrl+Shift+I，执行“反选”命令，然后将所选颜色填充在豹皮文件中，如图1-126所示。

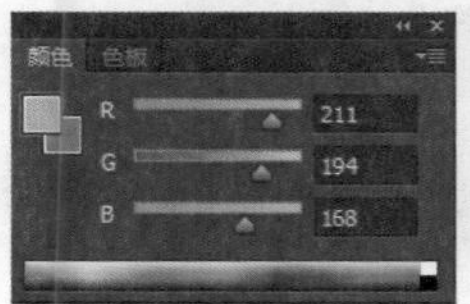

图1-125

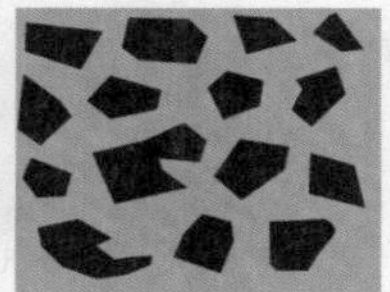

图1-126

03 选择“滤镜”|“杂色”|“添加杂色”命令，弹出对话框并设置参数，如图1-127所示，效果如图1-128所示。选择“滤镜”|“模糊”|“动感模糊”命令，弹出对话框并设置参数，如图1-129所示，效果如图1-130所示。

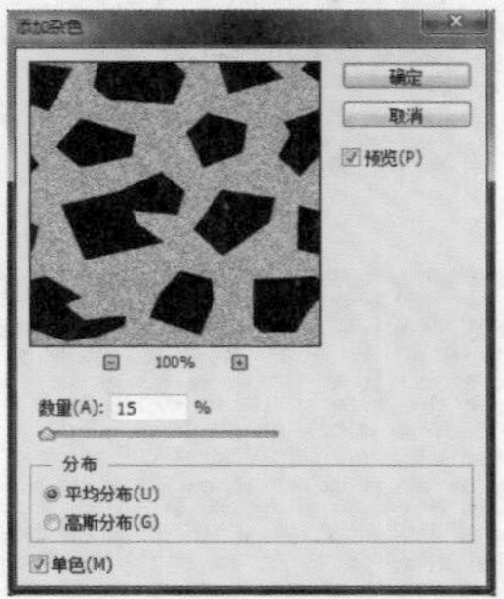

图1-127

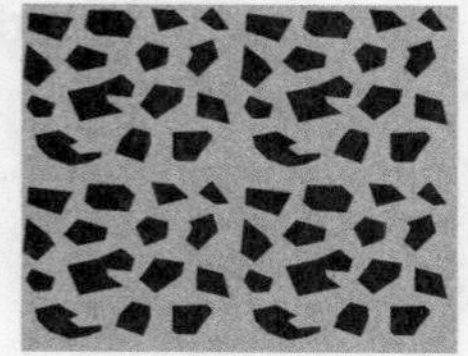

图1-128

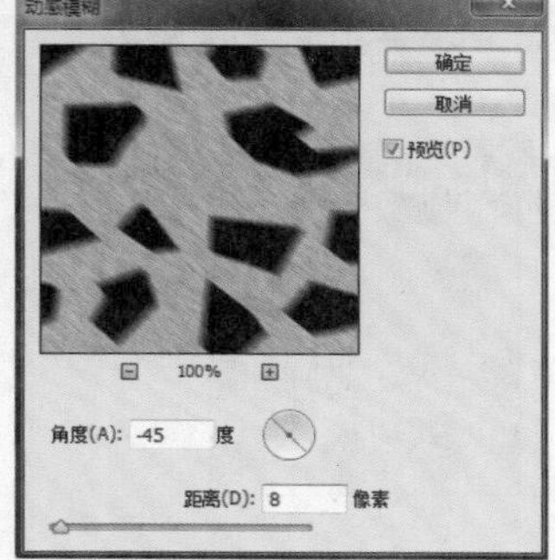

图1-129

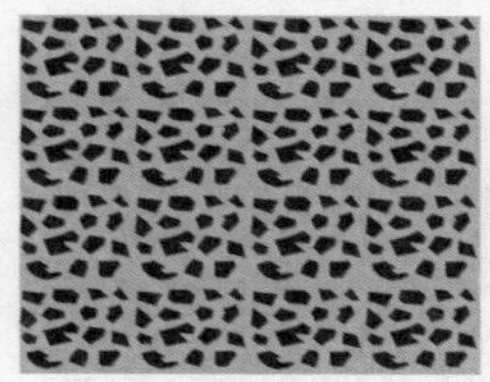

图1-130

04 选择“滤镜”|“杂色”|“添加杂色”命令，弹出对话框并设置参数，如图1-131所示，效果如图1-132所示。选择“滤镜”|“模糊”|“高斯模糊”命令，弹出对话框并设置参数，如图1-133所示，效果如图1-134所示。

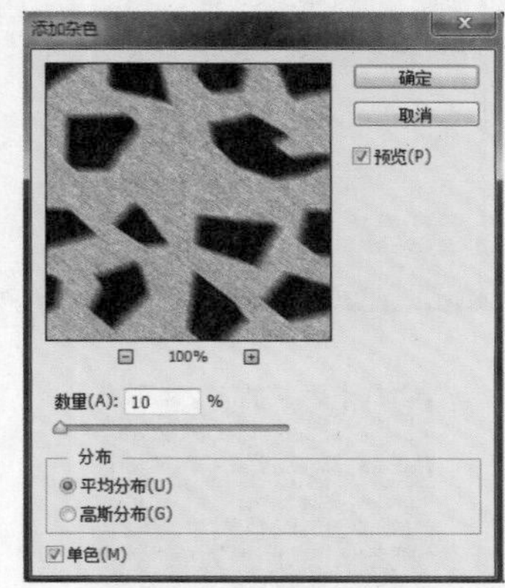

图1-131

05 选择“滤镜”|“杂色”|“添加杂色”命令，弹出对话框并设置参数，如图1-135所示，效果如图1-136所示。选择“滤镜”|“模

糊”|“动感模糊”命令，弹出对话框并设置参数，如图1-137所示，效果如图1-138所示。

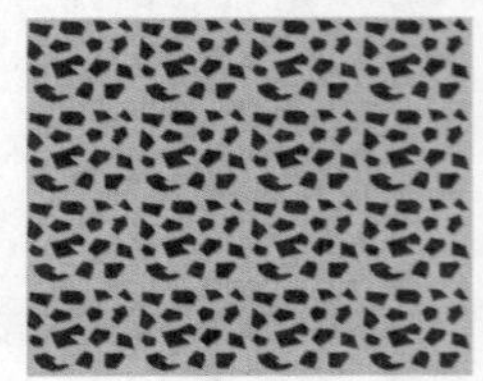
图1-132

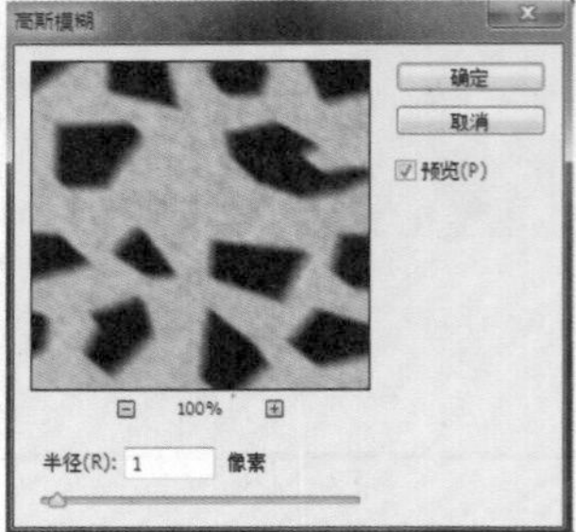

图1-133

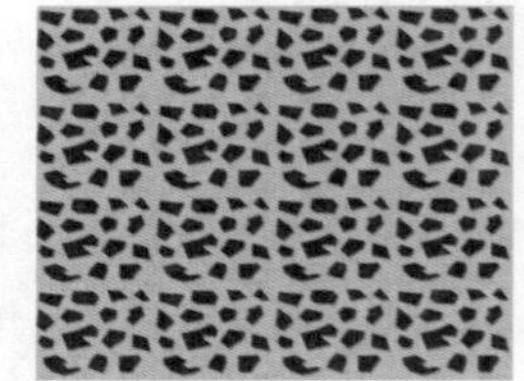
图1-134

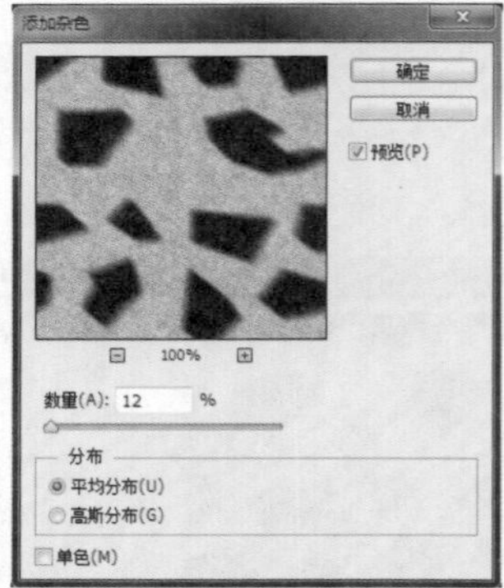

图1-135

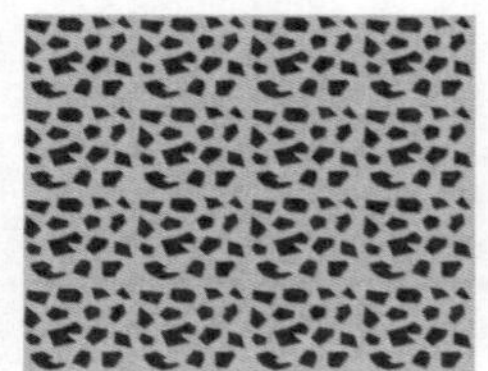
图1-136

06 选择“滤镜”|“杂色”|“添加杂色”命令，弹出对话框并设置参数，如图1-139所示，效果如图1-140所示。反复执行“滤镜”菜单中的“添加杂色”和“高斯模糊”命令，直至得到满意效果，最终效果如图1-141所示。

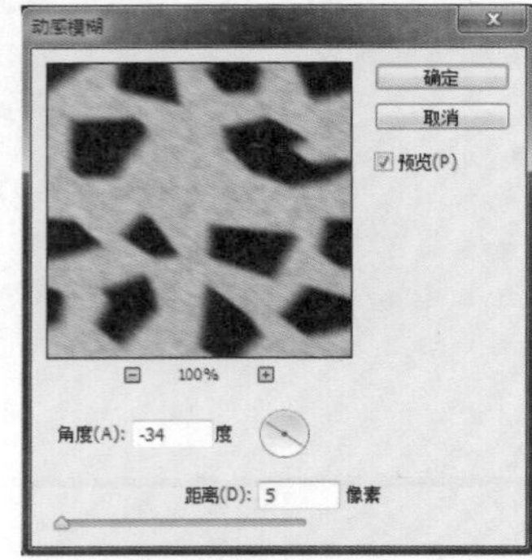

图1-137

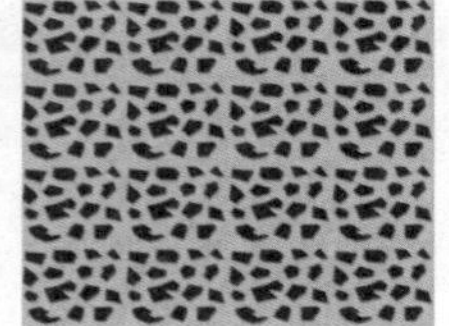
图1-138

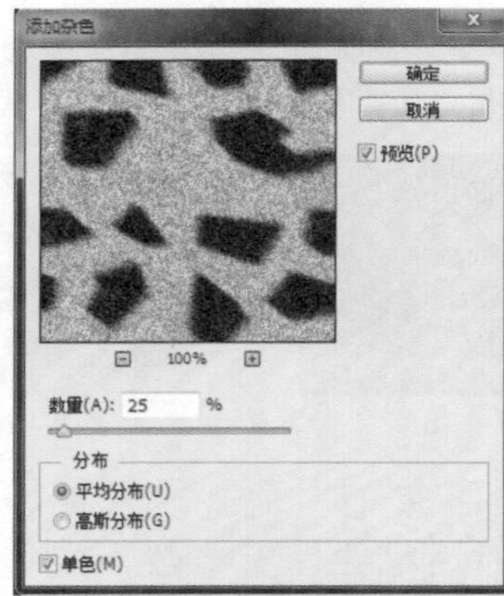

图1-139

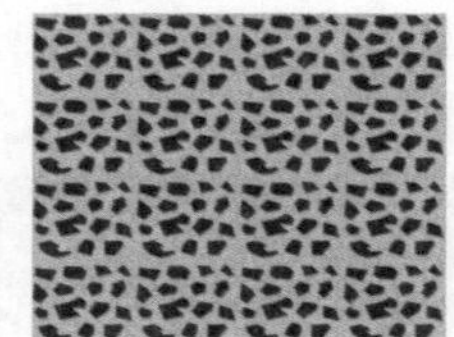
图1-140

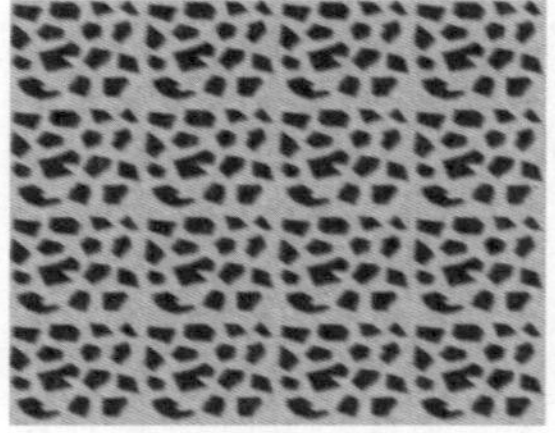
图1-141

Chapter 02

第2章

鞋 靴

Works 2.1 高跟皮凉鞋

01 按快捷键Ctrl+N新建文件，弹出“新建”对话框并设置参数，如图2-1所示。选择“钢笔工具”，参数设置如图2-2所示。在“图层”面板中新建图层组，得到“组1”，在“组1”中新建图层，得到“图层1”。选择“钢笔工具”绘制路径，按快捷键Ctrl+Enter，将路径转换为选区并填充黑色，效果如图2-3、图2-4所示。

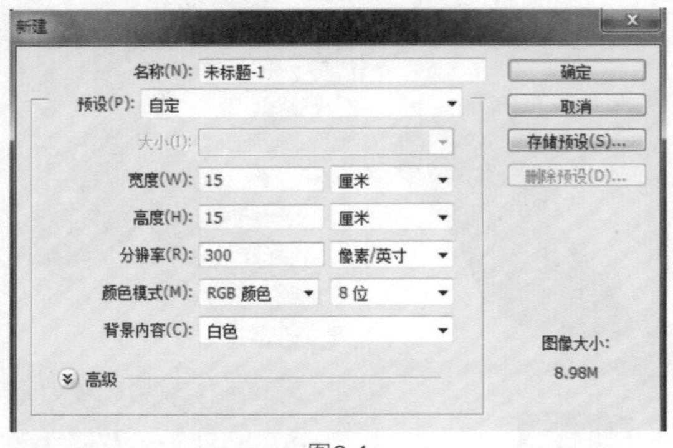

图2-1

图2-2

02 选择“滤镜”|“纹理”|“染色玻璃”命令，弹出“染色玻璃”对话框，参数设置如图2-5所示。选择“图像”|“调整”|“色阶”命令，弹出“色阶”对话框，参数设置如图2-6所示，效果如图2-7所示。

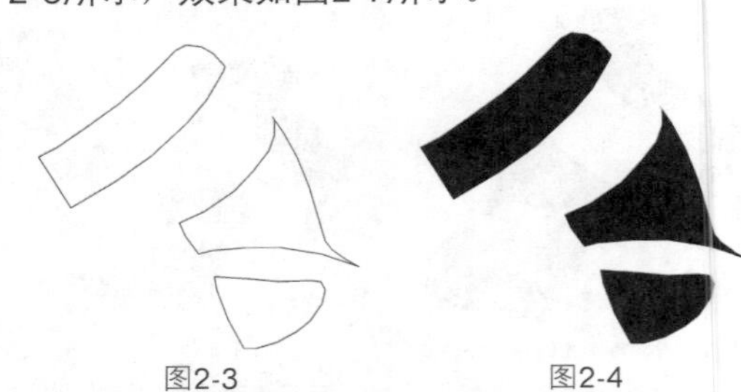

图2-3　　图2-4

图2-5

03 选择“选择”|“色彩范围”命令，弹出“色彩范围”对话框，参数设置如图2-8所示，效果如图2-9所示。

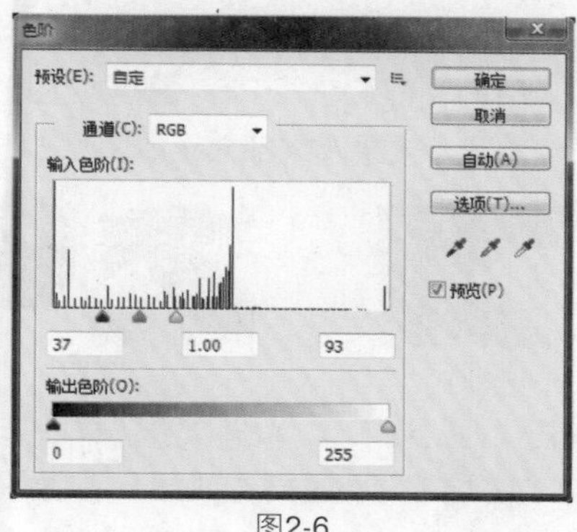

图2-6

图2-7

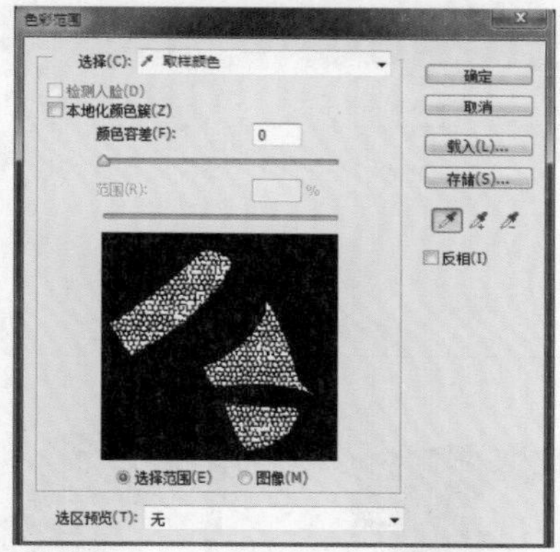

图2-8

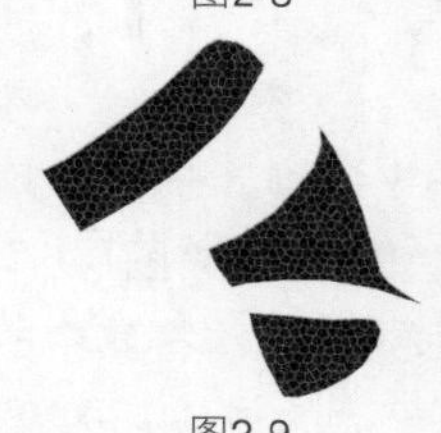

图2-9

04 选择“图层”|“新建”|“通过剪切的图层”命令，得到“图层2”，如图2-10所示，此时图像效果如图2-11所示。双击“图层2”，弹出“图层样式”对话框，添加斜面和浮雕效果，参数设置如图2-12所示，效果如图2-13所示。

05 使用“钢笔工具”绘制路径，将其转换为选区并填充颜色，效果及局部放大效果如图2-14所示。

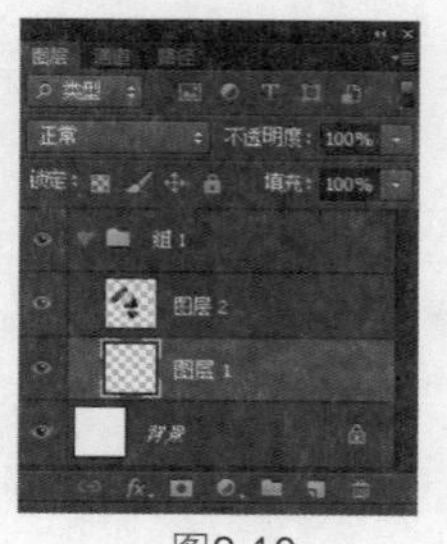

图2-10

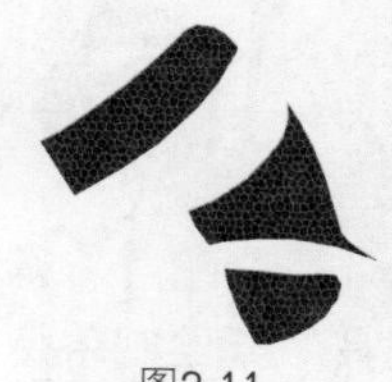

图2-11

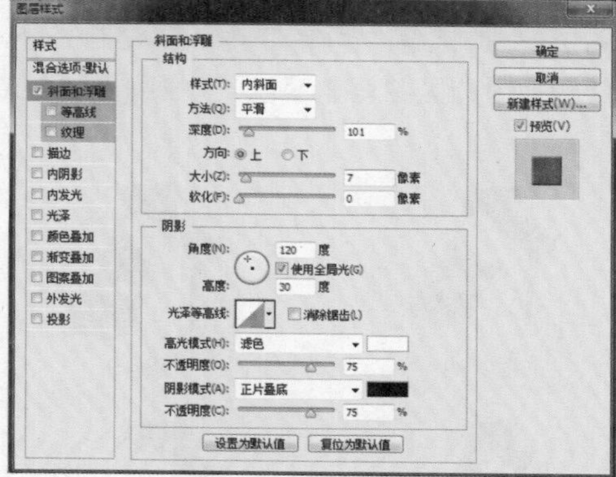

图2-12

图2-13 图2-14

06 继续绘制路径，将其转换为选区并填充颜色。选择“图层”|“图层样式”|“斜面和浮雕”命令，设置“斜面和浮雕”参数，如图2-15所示，效果如图2-16所示。选择“图像”|“调整”|“色阶”命令，将“图层2”加亮，效果如图2-17所示。

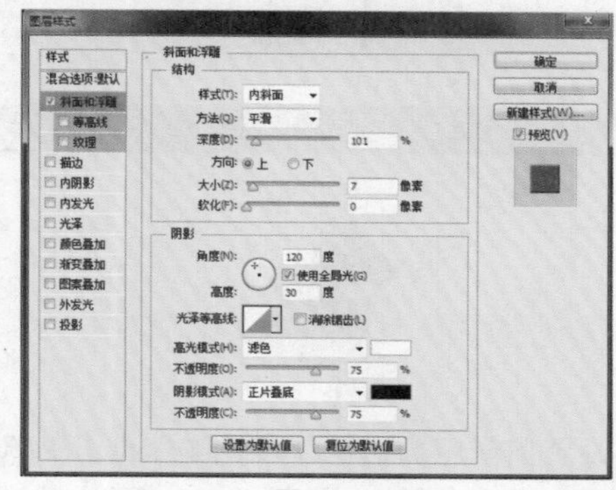

图2-15

图2-16

图2-17

07 新建图层，得到“图层3”，选择“钢笔工具”绘制路径，转换为选区并填充颜色，效果如图2-18、图2-19所示。新建图层，得到“图层4”，选择“钢笔工具”绘制路径，将其转换为选区并填充颜色，效果如图2-20、图2-21所示。

图2-18

图2-19

图2-20

图2-21

08 选择“钢笔工具”绘制鞋扣路径，将其转换为选区填充颜色。选择“减淡工具”，参数设置如图2-22所示，为“图层1”、“图层2”提亮，效果如图2-23所示。选择“减淡工具”，参数设置如图2-24所示，为“图层3”、“图层4”部分提亮，效果如图2-25所示。

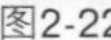

图2-22

图2-23

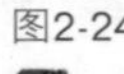

图2-24

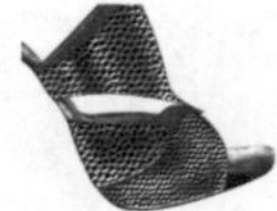
图2-25

09 设置前景色为白色，填充鞋扣部分。选择“加深工具”和“减淡工具”处理鞋扣部分，效果如图2-26所示。新建图层，得到“图层5”，选择“椭圆选框工具”绘制图形并用黑白渐变填充，效果及局部效果如图2-27所示。

图2-26

图2-27

10 双击“图层5”，弹出“图层样式”对话框，为“图层5”添加描边效果，参数设置如图2-28所示，效果如图2-29所示。选择“加深工具”和“减淡工具”，在“图层4”中进行涂抹。新建一个图层，得到“图层6”，选择“钢笔工具”，绘制鞋底部分，效果如图2-30所示。

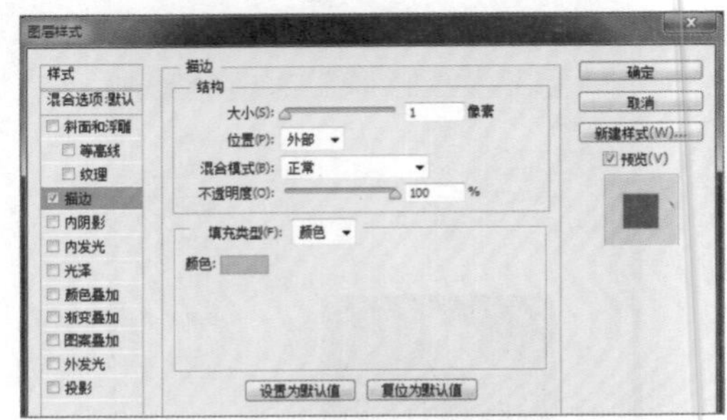

图2-28

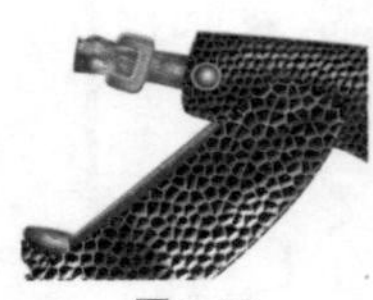
图2-29

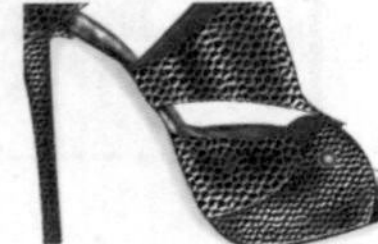
图2-30

11 将“图层6”转换为选区并填充颜色，选择“加深工具”，为“图层6”进行深层次处理。选择“图层5”，将其中的图像复制多个，并摆放到合适的位置，效果如图2-31所示。最后导入随书光盘中的文件“素材”\“第2章”\“2.1.jpg”，放在所有图层的最底层，最终效果如图2-32所示。

图2-31

图2-32

Works 2.2 时尚女凉鞋

01 按快捷键Ctrl+N新建文件，弹出“新建”对话框，设置参数如图2-33所示。新建图层组，得到“组1”，在“组1”中新建图层，得到“图层1”，选择“钢笔工具”绘制路径，效果如图2-34所示。将绘制的路径转换为选区并填充颜色，效果如图2-35所示。

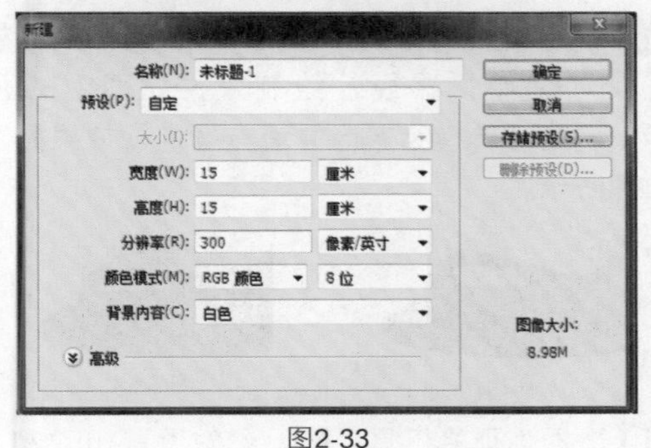

图2-33

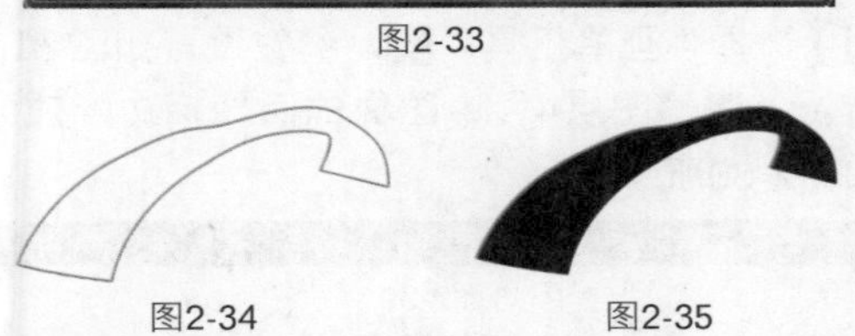

图2-34　　图2-35

02 新建图层，得到“图层2”，选择“钢笔工具”绘制路径，效果如图2-36所示，将路径转换为选区并填充颜色，效果如图2-37所示。新建图层，得到“图层3”，选择“钢笔工具”绘制路径，效果如图2-38所示，将路径转换为选区并为其填充颜色，效果如图2-39所示。

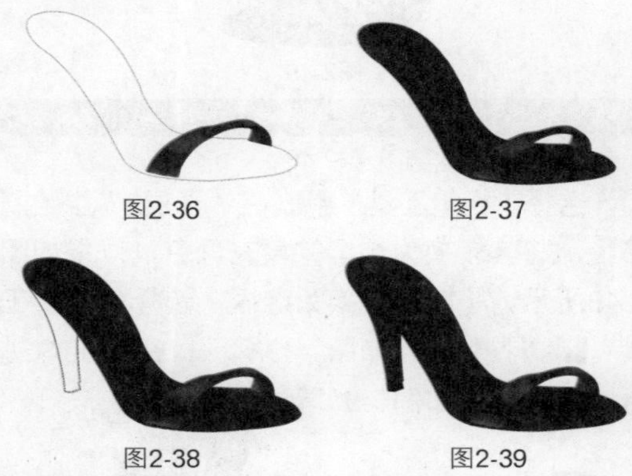

图2-36　　图2-37

图2-38　　图2-39

03 选择“减淡工具”，参数设置如图2-40所示。在“图层1”中涂抹加亮，效果如图2-41所示。选择“钢笔工具”，在“图层2”中绘制路径，效果如图2-42所示。将路径转换为选区，选择“选择”|“修改”|“羽化”命令，弹出对话框并设置参数，如图2-43所示。

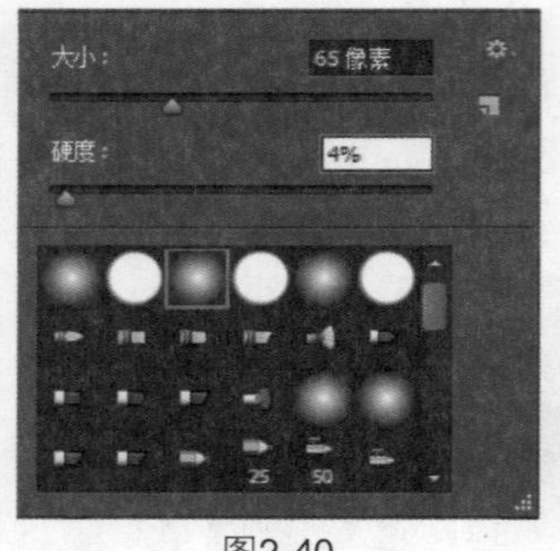

图2-40

图2-41

图2-42

图2-43

04 选择“减淡工具”，参数设置如图2-44所示，在刚刚绘制的选区内进行涂抹加亮处理，效果如图2-45所示。选择“减淡工具”，参数设置如图2-46所示，继续在“图层2”中进行涂抹加亮处理，效果如图2-47所示。

图2-44

图2-45

图2-46

05 选择“钢笔工具”，在“图层2”中绘制路径，将其转换为选区并填充颜色，效果如图2-48所示。将路径转换为选区，选择“减淡工具”，参数设置如图2-49所示，在选区内进行涂抹，效果如图2-50所示。

图2-47

图2-48

图2-49

06 选择“钢笔工具”，继续在“图层2”中绘制路径，将其转换为选区并填充颜色，效果如图2-51所示，将路径转换为选区，选择“减淡工具”，参数设置如图2-52所示，在选区内进行涂抹，效果如图2-53所示。

图2-50　图2-51

图2-52

07 选择“钢笔工具”，在“图层3”中绘制路径，将其转换为选区并填充颜色，效果如图2-54所示，将路径转换为选区，选择“减淡工具”，参数设置如图2-55所示，在选区内进行涂抹，效果如图2-56所示。

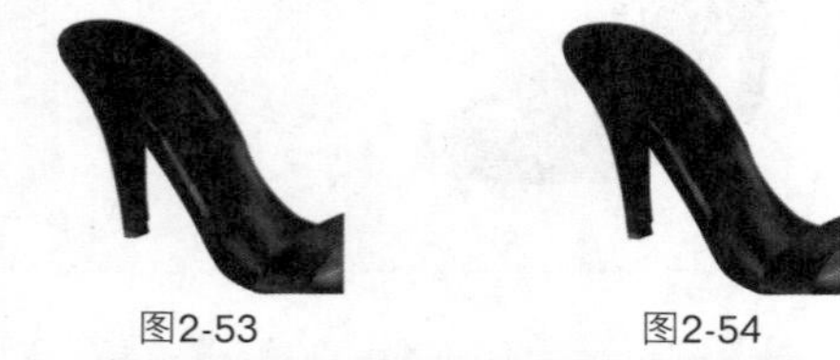

图2-53　图2-54

图2-55

图2-56

08 新建图层，得到“图层4”，选择“钢笔工具”绘制路径，绘制效果如图2-57所示。将路径转换为选区并填充颜色，效果如图2-58所示。

图2-57

图2-58

09 选择“画笔工具”，参数设置如图2-59所示。在“图层4”中图像的四周描边，效果如图2-60所示。

图2-59

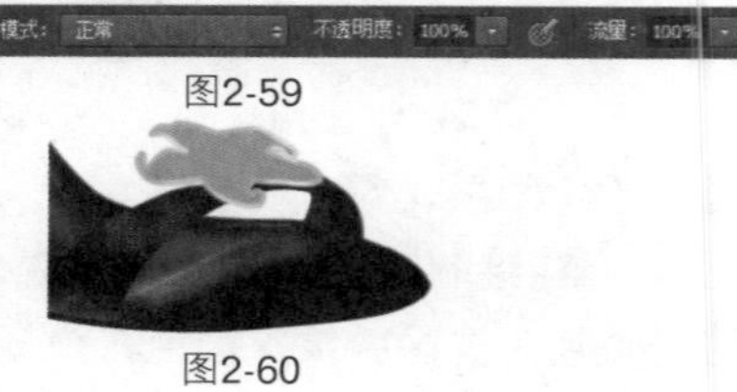

图2-60

10 双击“图层4”，弹出“图层样式”对话框，参数设置如图2-61所示，效果如图2-62所示。

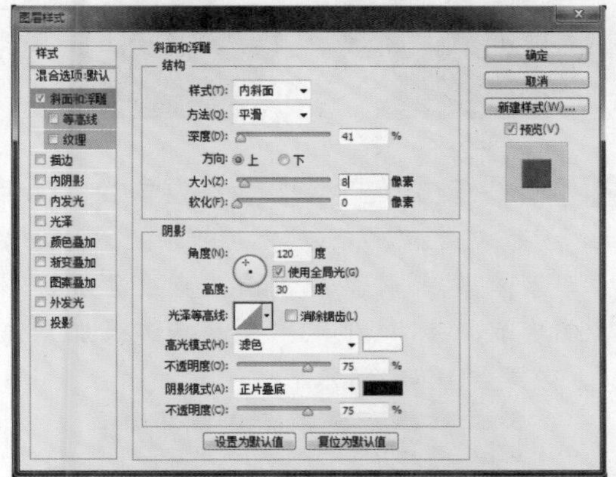

图2-61

图2-62

11 在“图层样式”对话框中选择“纹理”选项，参数设置如图2-63所示，效果如图2-64所示。

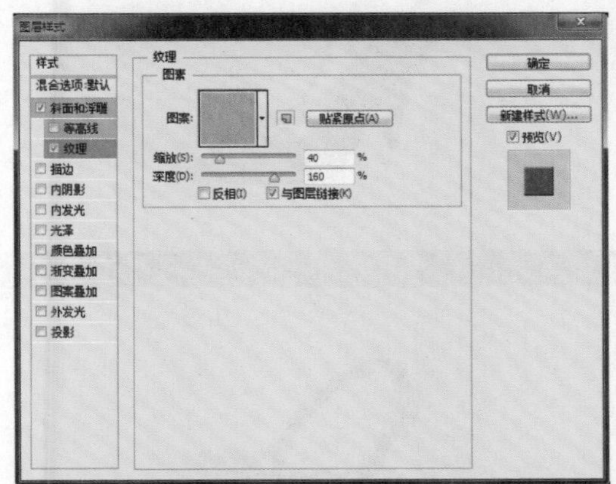

图2-63

图2-64

12 新建图层，得到“图层5”，选择“钢笔工具”绘制路径，如图2-65所示，将其转换为选区并填充深蓝色。选择“加深工具”和“减淡工具”，在“图层5”中进行涂抹处理，效果如图2-66所示。

图2-65　图2-66

13 选择“加深工具”，参数设置如图2-67所示。在“图层4”中进行涂抹加深处理，效果如图2-68、图2-69和图2-70所示。

图2-67

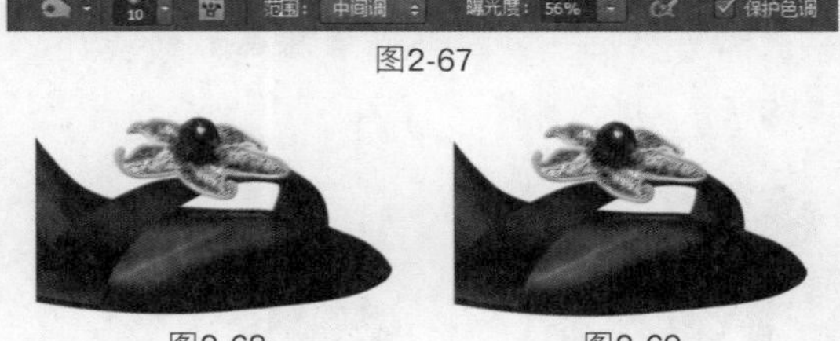

图2-68　图2-69

14 新建一个图层，得到“图层6”，选择“钢笔工具”绘制路径，效果如图2-71所示。选择“画笔工具”，参数设置如图2-72所示。单击“路径”面板底部的“用画笔描边路径”按钮，效果如图2-73所示。

图2-70　图2-71

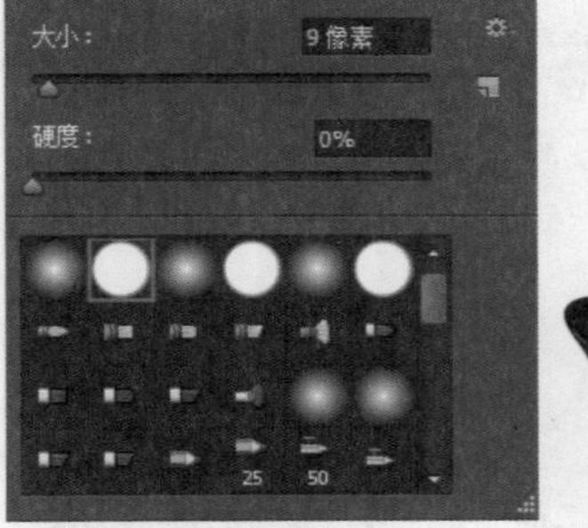

图2-72　图2-73

15 选择“图层5”，将其中的图像复制多个并摆放到合适的位置，效果如图2-74所示。选择“减淡工具”，参数设置如图2-75所示。在“图层6”中进行涂抹加亮，效果如图2-76所示。

图2-74

范围：高光 曝光度：100% 保护色调

图2-75

16 新建一个图层，得到“图层7”，选择“钢笔工具”绘制路径，效果如图2-77所示，将其转换为选区并填充颜色，效果如图2-78所示。

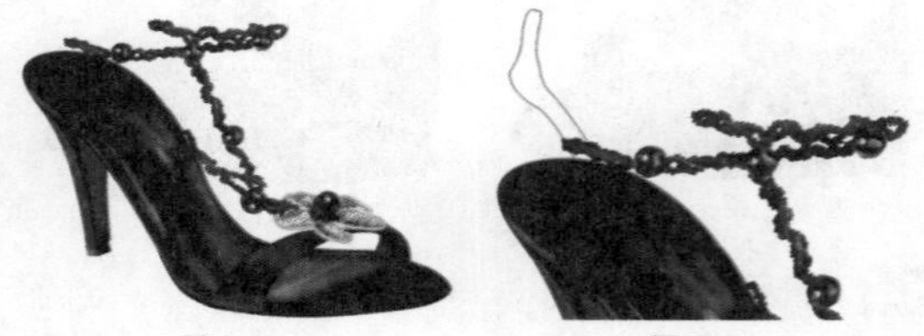

图2-76　图2-77

17 新建图层，得到“图层8”，选择“钢笔工具”绘制路径，效果如图2-79所示，将其转换为选区并填充颜色，如图2-80所示。使用“加深工具”和“减淡工具”进行涂抹处理，效果如图2-81所示。

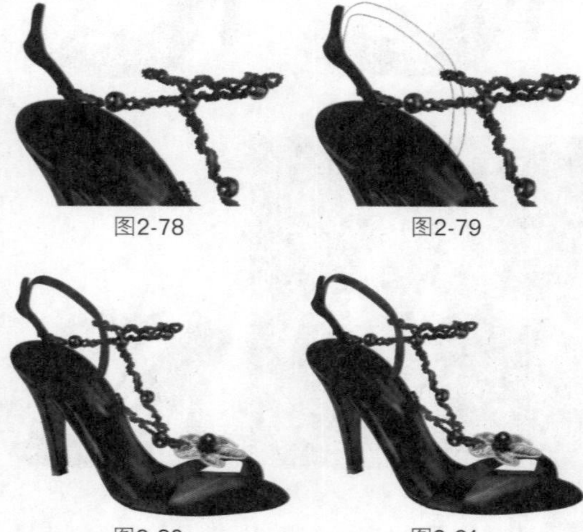

图2-78　图2-79

图2-80　图2-81

18 新建图层，得到“图层9”，选择“钢笔工具”绘制鞋扣路径，效果如图2-82所示，将其转换为选区并填充颜色，效果如图2-83所示。

图2-82　图2-83

19 双击“图层9”，弹出“图层样式”对话框，参数设置如图2-84所示，效果如图2-85所示。选择“减淡工具”，参数设置如图2-86所示，在“图层9”中涂抹进行加亮处理，效果如图2-87所示。

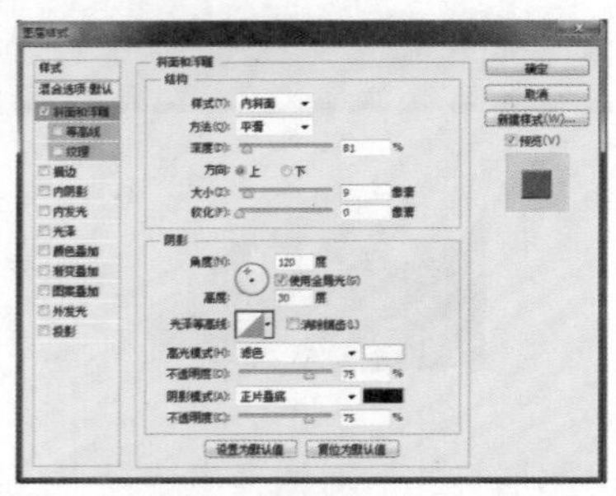

图2-84

图2-85

范围：高光 曝光度：100% 保护色调

图2-86

图2-87

20 选择工具箱中的“横排文字工具”，在图像中单击，输入文字“FERRAGAMO”，效果如图2-88所示。这里的字体读者可以自定义，不用和书中一样，只要符合设计要求即可。确定“横排文字工具”处于被选择状态，单击窗口右上角的“文字变形”按钮，弹出“变形文字”对话框，参数设置如图2-89所示，效果如图2-90所示。

图2-88

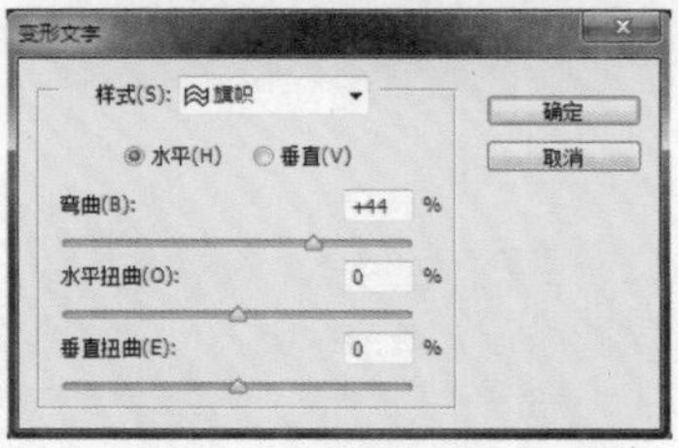

变形文字
样式(S): 旗帜
◉ 水平(H) ○ 垂直(V)
弯曲(B): +44 %
水平扭曲(O): 0 %
垂直扭曲(E): 0 %
确定
取消

图2-89

21 按快捷键Ctrl+T，调出自由变换控制框，调整文字的方向。同时新建图层，得到“图层10”，选择“钢笔工具”绘制路径，效果如图2-91所示，将其转换为选区并填充颜色，效果如图2-92所示，复制该图案并摆放到图中位置，效果如图2-93所示。

图2-90　图2-91　图2-92　图2-93

22 选择“减淡工具”，参数设置如图2-94所示。为文字和“图层10”中的图像进行涂抹处理，在此文字图层需要栅格化（选择文字图层，右键栅格化图层），效果如图2-95所示。

范围：高光　曝光度：75%　保护色调

图2-94

23 新建图层，得到“图层11”，将“图层11”放到所有图层的最底层，选择“钢笔工具”绘制路径，效果如图2-96所示，将其转换为选区，选择“选择”|“修改”|“羽化”命令，参数设置如图2-97所示。设置前景色为深蓝色，按快捷键Alt+Delete，使用前景色填充，效果如图2-98所示。

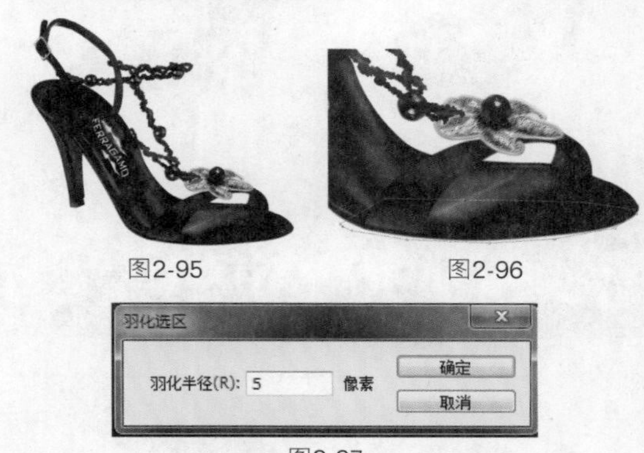

图2-95　图2-96

图2-97

24 新建图层，得到“图层12”，选择“钢笔工具”绘制路径，效果如图2-99所示。在“路径”面板底部单击“用画笔描边路径”按钮，设置画笔直径为2，选择“减淡工具”，参数设置如图2-100所示，在路径中进行涂抹，效果如图2-101所示。

图2-98　图2-99

图2-100

图2-101

25 整体修饰一下，复制图案，变换方向并摆放到合适的位置，效果如图2-102、图2-103所示。最后导入随书光盘中的文件“素材”\“第2章”\“2.2.jpg”，放到所有图层的最底层，最终效果如图2-104所示。

图2-102　　图2-103

图2-104

Works 2.3 夹指女凉鞋

01 按快捷键Ctrl+N新建文件，弹出“新建”对话框并设置参数，如图2-105所示。

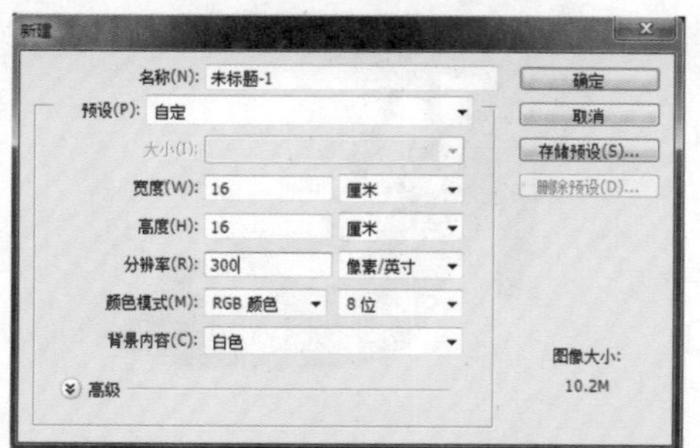

图2-105

02 选择“钢笔工具”绘制路径，效果如图2-106所示。将绘制的路径转换为选区并填充颜色，设置如图2-107所示，效果如图2-108所示。

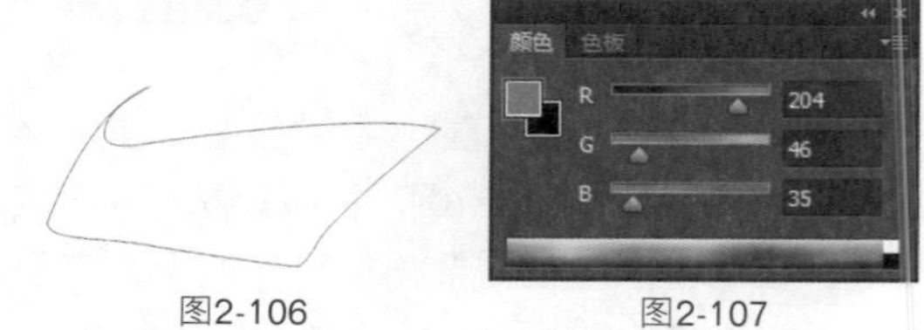

图2-106　　图2-107

03 选择“减淡工具”，参数设置如图2-109所示，涂抹后的效果如图2-110所示。将

“图层1”载入选区，效果如图2-111所示。

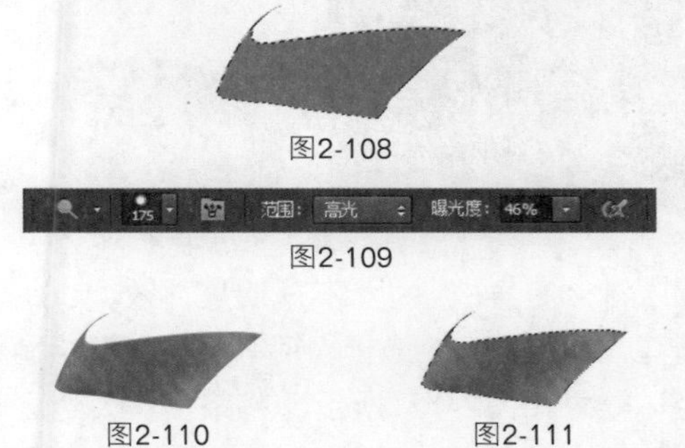

图2-108

图2-109

图2-110　　图2-111

04 新建“图层2”，选择“钢笔工具”，绘制路径如图2-112所示。选择“画笔工具”，设置如图2-113所示。单击“路径”面板底部的“用画笔描边路径”按钮，效果如图2-114所示。

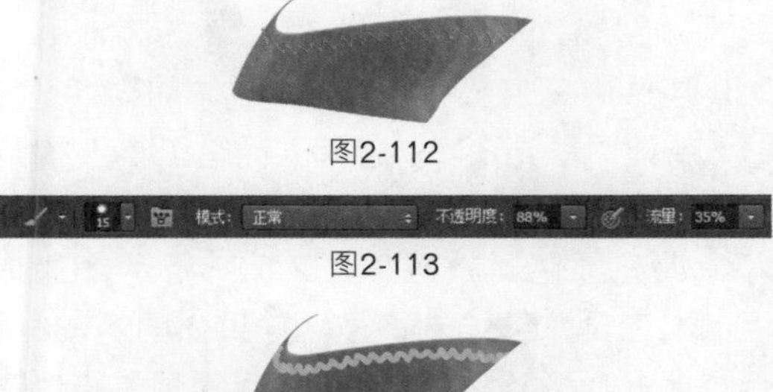

图2-112

图2-113

图2-114

05 新建“图层3”，选择“钢笔工具”，绘制路径如图2-115所示。选择“画笔工具”，设置画笔预设如图2-116所示。单击“路径”面板底部的“用画笔描边路径”按钮，效果如图2-117所示。

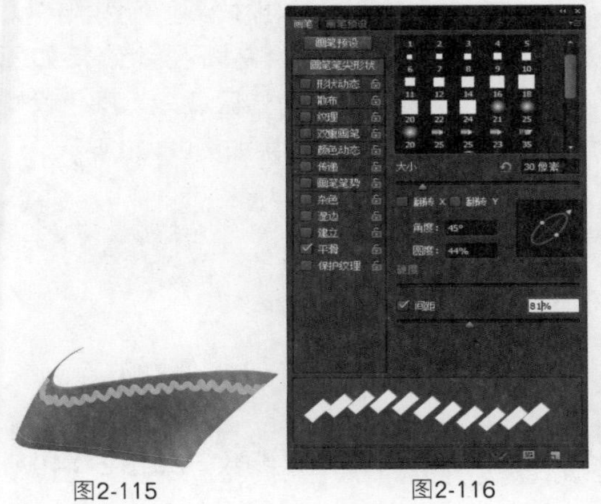

图2-115　　图2-116

图2-117

06 选择“减淡工具”，参数设置如图2-118所示，涂抹后的效果如图2-119所示。单击“图层”面板底部的“添加图层样式”按钮，在弹出的菜单中选择“斜面和浮雕”和“投影”命令，对话框设置如图2-120、2-121所示，应用后的效果如图2-122所示。

图2-118

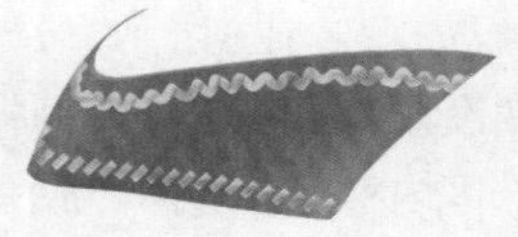

图2-119

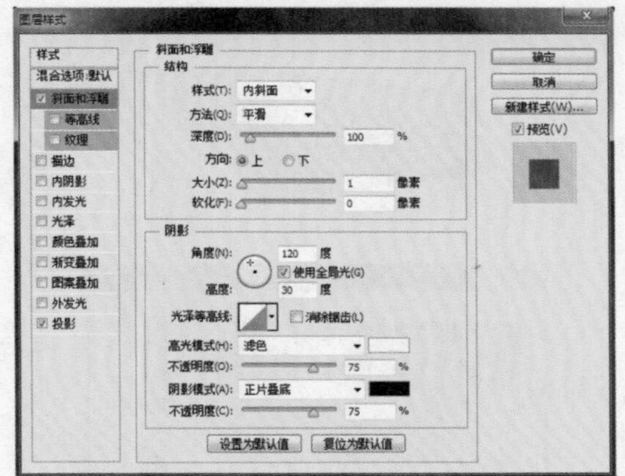

图2-120

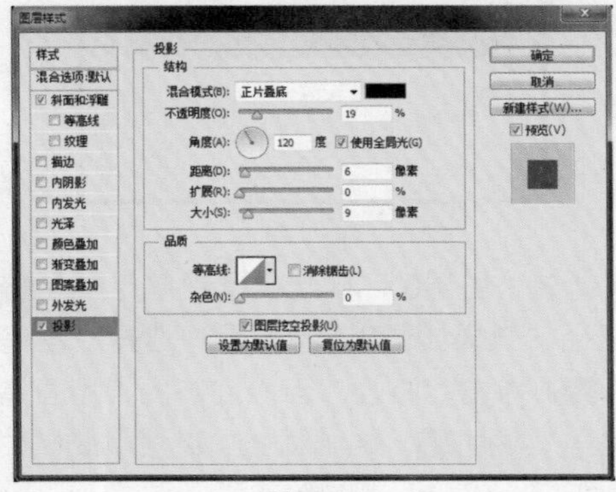

图2-121

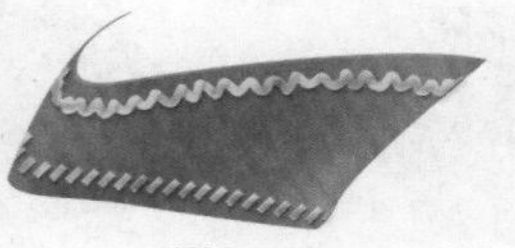

图2-122

07 新建“图层4”，选择“钢笔工具”绘制路径，效果如图2-123所示，将路径转换为选区载入，填充颜色，复制“图层3”的图层样式并粘贴到“图层4”中，再复制“图层4”，效果如图2-124所示。

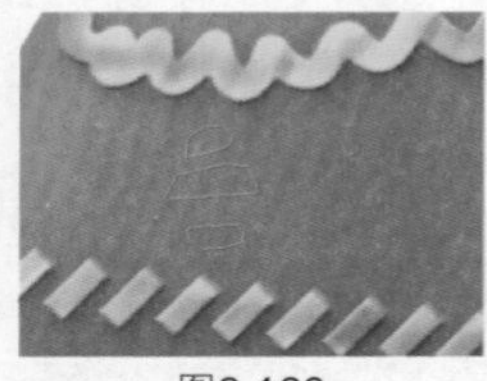
图2-123

图2-124

08 新建“图层5”，选择“钢笔工具”绘制路径，效果如图2-125所示。选择“渐变工具”，渐变设置如图2-126所示，将路径作为选区载入，在选区内拖曳。选择“加深工具”，对选区进行涂抹，效果如图2-127所示。

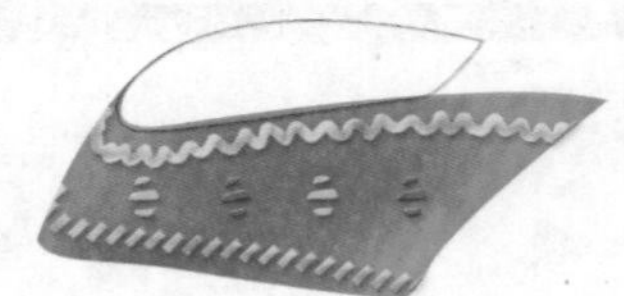
图2-125

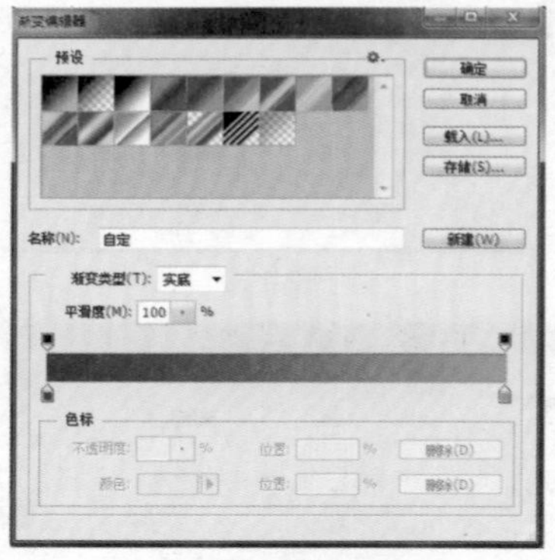

图2-126

09 新建“图层6”，选择“钢笔工具”绘制路径，效果如图2-128所示。选择“画笔工具”，单击“路径”面板底部的“用画笔描边路径”按钮，在“样式”面板中选择如图2-129所示的样式，效果如图2-130所示。

图2-127

图2-128

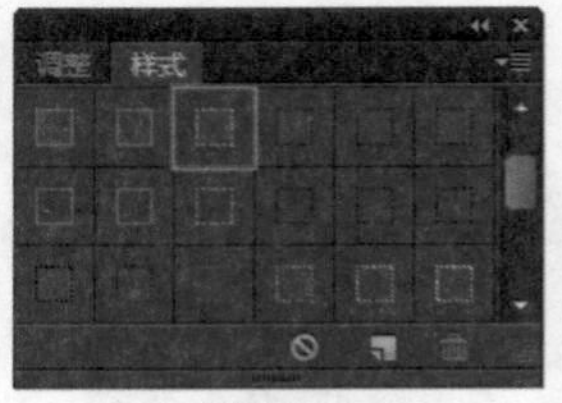

图2-129

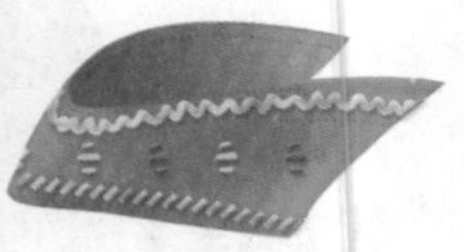
图2-130

10 将“图层6”的“不透明度”改为50%，新建“图层7”，选择“钢笔工具”绘制路径，效果如图2-131所示。将路径作为选区载入，填充颜色，效果如图2-132所示。分别选择“加深工具”和“减淡工具”，涂抹后的效果如图2-133所示。

图2-131

图2-132

图2-133

11 新建“图层8”，选择“钢笔工具”绘制路径，如图2-134所示。将路径作为选区载入，填充颜色，效果如图2-135所示。选择“钢笔工具”绘制路径，效果如图2-136所示。单击“路径”面板底部的“用画笔描边路径”按钮，对路径进行描边。

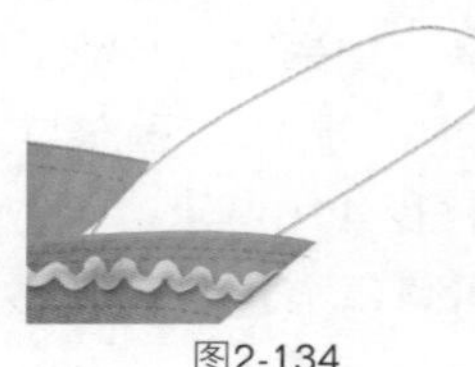
图2-134

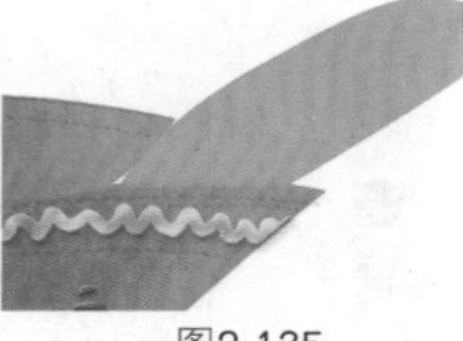
图2-135

12 新建“组2”，在该组中新建“图层9”，选择“钢笔工具”绘制路径，效果如图2-137所示。将路径作为选区载入，颜色设置如图2-138所示，填充效果如图2-139所示。

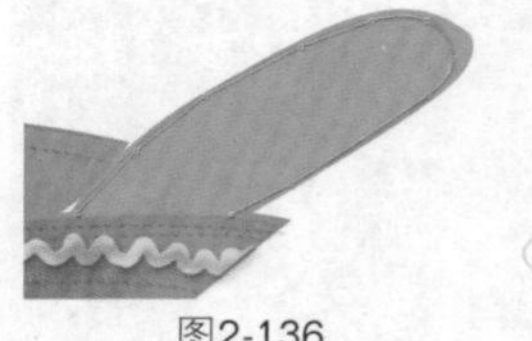
图2-136

图2-137

13 选择“滤镜”|“杂色”|“添加杂色”命令，弹出对话框并设置参数，如图2-140所

示，应用后的效果如图2-141所示。单击“图层”面板底部的“添加图层样式”按钮fx，在弹出的菜单中选择“斜面和浮雕”命令，对话框设置如图2-142所示，效果如图2-143所示。

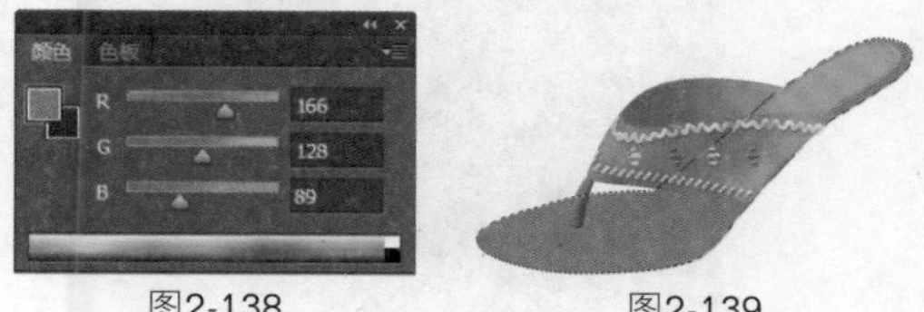

图2-138　　图2-139

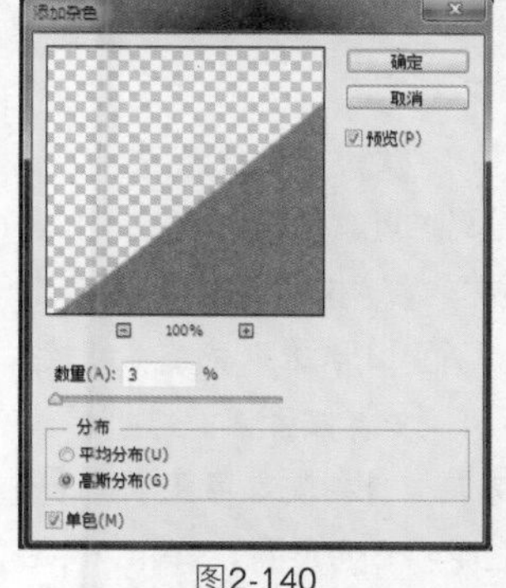

图2-140　　图2-141

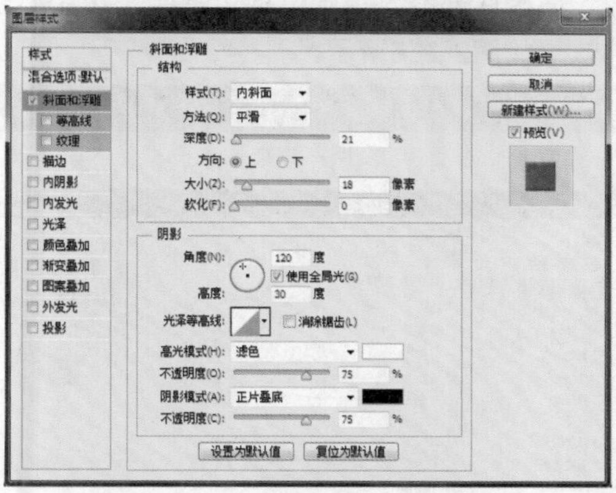

图2-142

图2-143

14 选择“减淡工具”，参数设置如图2-144所示，涂抹后的效果如图2-145所示。新建“图层10”，选择“钢笔工具”绘制路径，效果如图2-146所示，将路径作为选区载入并填充颜色。

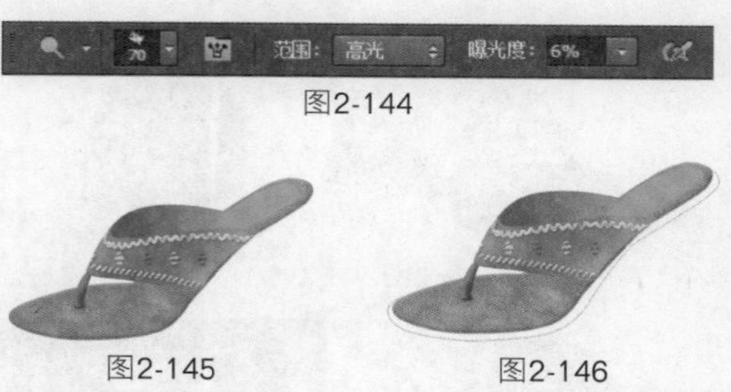

图2-144

图2-145　　图2-146

15 新建“图层11”，选择“钢笔工具”绘制路径，效果如图2-147所示，将路径作为选区载入并填充颜色。新建“图层12”，选择“钢笔工具”绘制路径，如图2-148所示，将路径作为选区载入并填充颜色，颜色设置如图2-149所示，效果如图2-150所示。

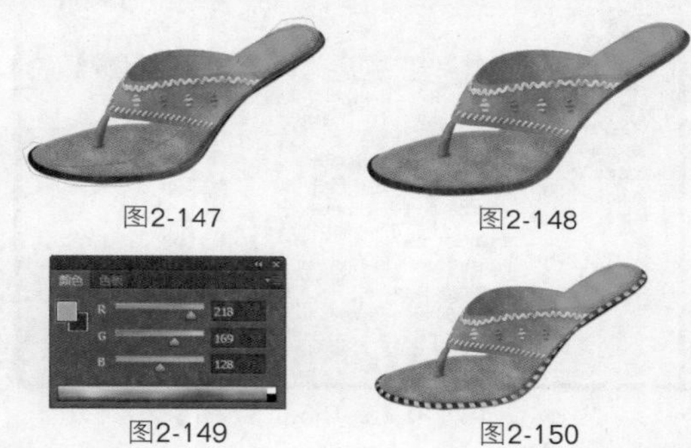

图2-147　　图2-148

图2-149　　图2-150

16 新建“图层13”，选择“钢笔工具”绘制路径，效果如图2-151所示，将路径作为选区载入并填充颜色，效果如图2-152所示。新建“图层14”，选择“钢笔工具”绘制路径，效果及局部效果如图2-153所示。将路径作为选区载入并填充颜色，效果如图2-154所示。单击“图层”面板底部的“添加图层样式”按钮fx，在弹出的菜单中选择“斜面和浮雕”命令，对话框设置如图2-155所示。

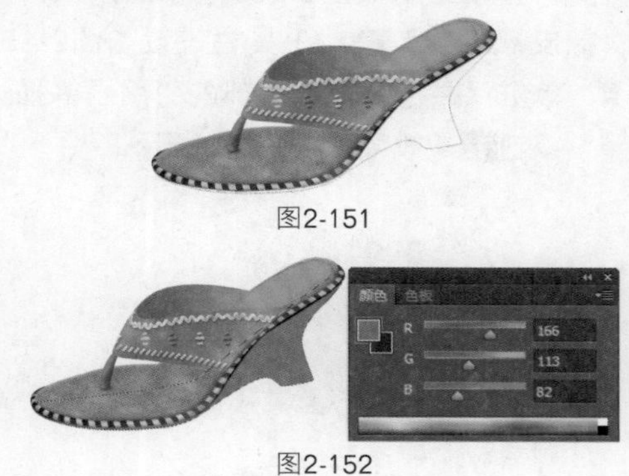

图2-151

图2-152

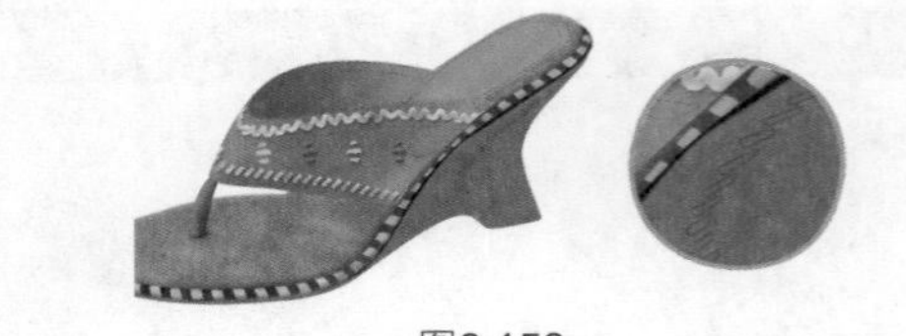

图2-153

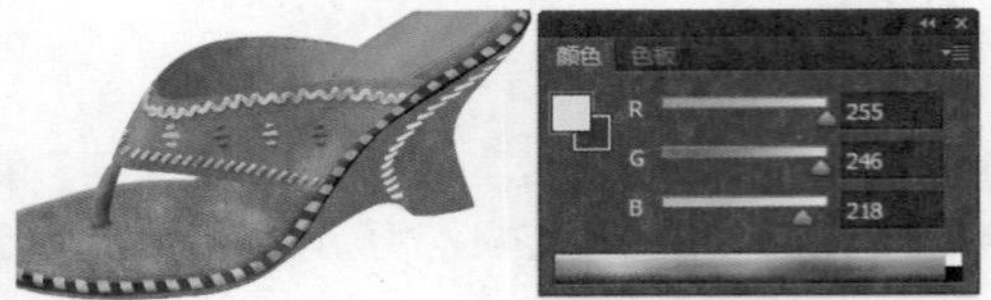

图2-154

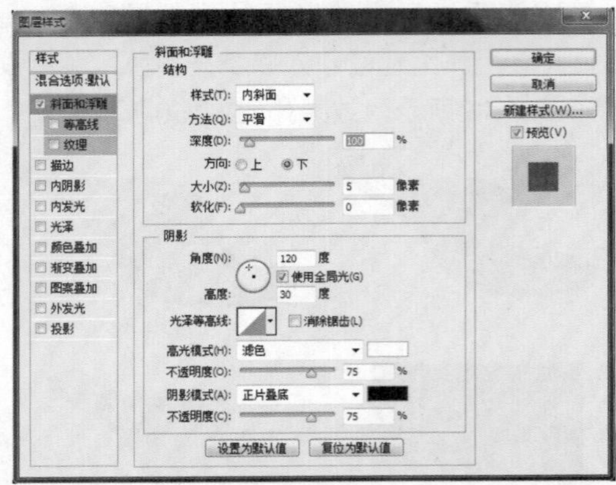

图2-155

17 新建“图层15”，选择“钢笔工具”绘制路径，效果如图2-156所示。将路径作为选区载入并填充颜色，效果如图2-157所示。

图2-156

图2-157

18 使用直线绘制如图2-158所示的效果，选择“橡皮擦工具”，工具栏设置如图2-159所示，单击“路径”面板底部的“用画笔描边路径”按钮，效果如图2-160所示。

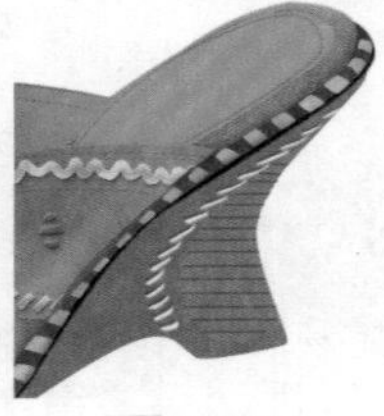

图2-158

图2-159

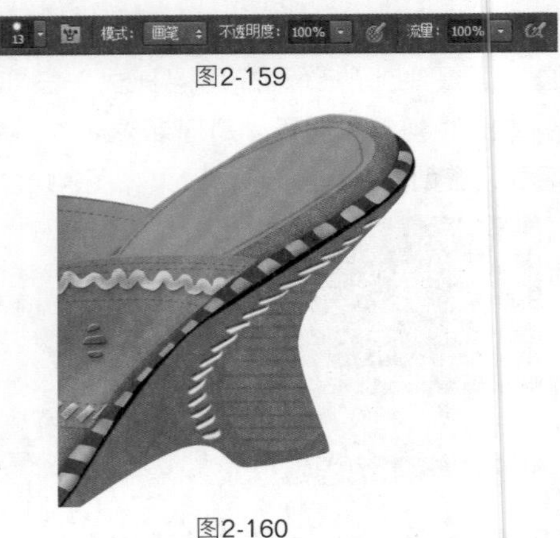

图2-160

19 选择“加深工具”，参数设置如图2-161所示，进行细部处理。单击“图层”面板底部的“添加图层样式”按钮，在弹出的下拉菜单中选择“斜面和浮雕”命令，对话框设置如图2-162所示，效果如图2-163所示。新建“图层16”，选择“横排文字工具”输入文字，效果如图2-164所示。单击“路径”面板底部的“用画笔描边路径”按钮，整体效果如图2-165所示。

图2-161

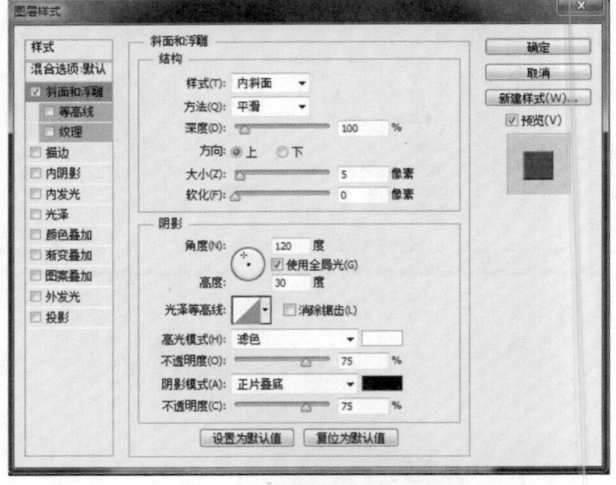

图2-162

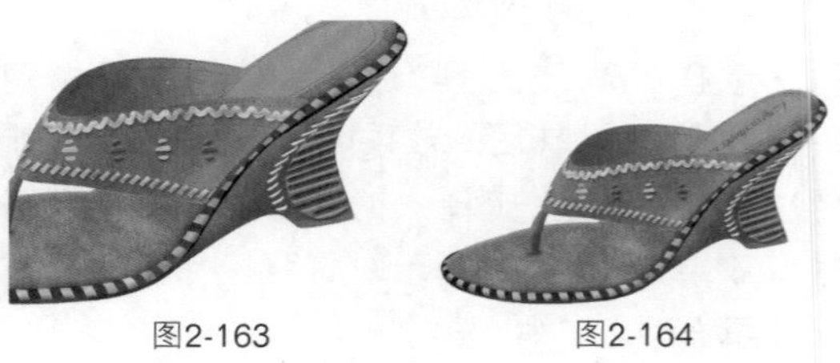

图2-163　图2-164

20 导入随书光盘中的文件“素材”\“第2章”\“2.3.jpg”，最终效果如图2-166所示。

图2-165

图2-166

Works 2.4 豹纹女凉鞋

01 按快捷键Ctrl+N新建文件，弹出“新建”对话框并设置参数，如图2-167所示。选择“钢笔工具”，参数设置如图2-168所示。新建一个组，得到“组1”，新建一个图层，得到“图层1”，使用“钢笔工具”绘制路径，效果如图2-169所示。

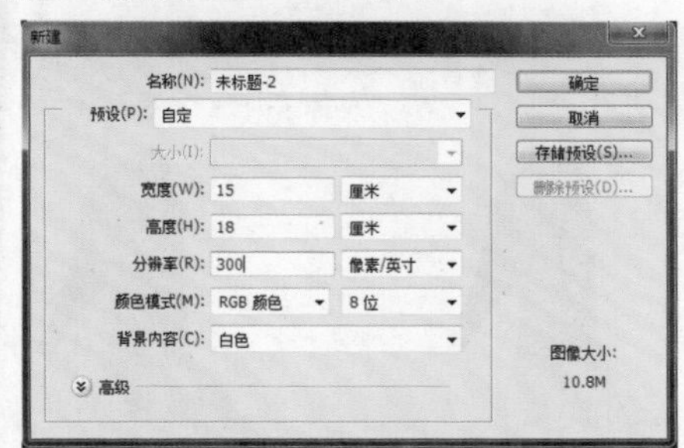

图2-167

图2-168

02 选择“画笔工具”，导入书法画笔，参数设置如图2-170所示。设置前景色为土黄色，在“路径”面板底部单击“用画笔描边路径”按钮，效果如图2-171所示。双击“图层1”，弹出“图层样式”对话框，参数设置如图2-172所示，效果如图2-173所示。

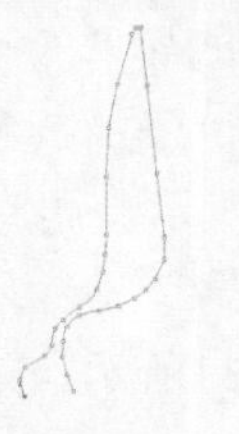

图2-169

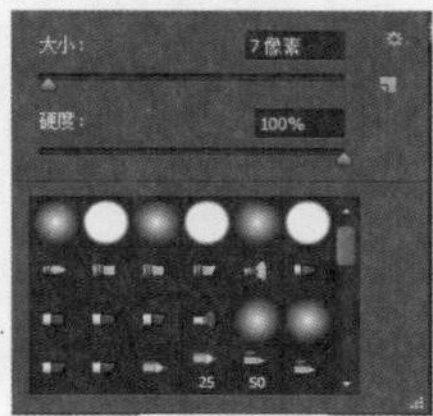

图2-170

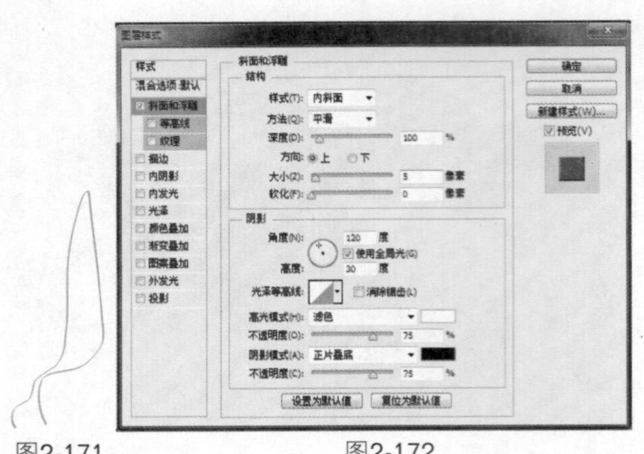

图2-171　　图2-172

03 新建图层，得到“图层2”，放到“图层1”的下面，选择“钢笔工具”绘制路径，如图2-174所示，将其转换为选区并填充颜色，效果如图2-175所示。新建图层，得到“图层3”，选择“钢笔工具”绘制路径，效果如图2-176所示，将其转换为选区并填充颜色，效果如图2-177所示。

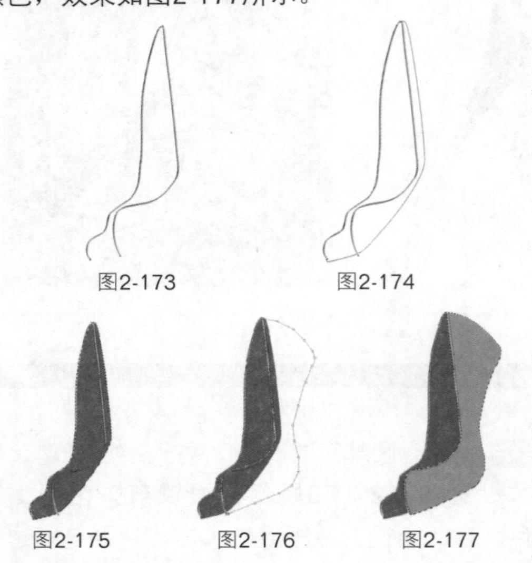

图2-173　　图2-174

图2-175　　图2-176　　图2-177

04 新建图层，得到“图层4”，选择“钢笔工具”绘制路径，效果如图2-178所示，将其转换为选区并填充颜色，效果如图2-179所示。选择“图层3”，选择“滤镜”|“杂色”|“添加杂色”命令，弹出“添加杂色”对话框，参数设置如图2-180所示。再选择“滤镜”|“风格化”|“浮雕效果”命令，弹出对话框并设置参数，如图2-181所示，效果如图2-182所示。

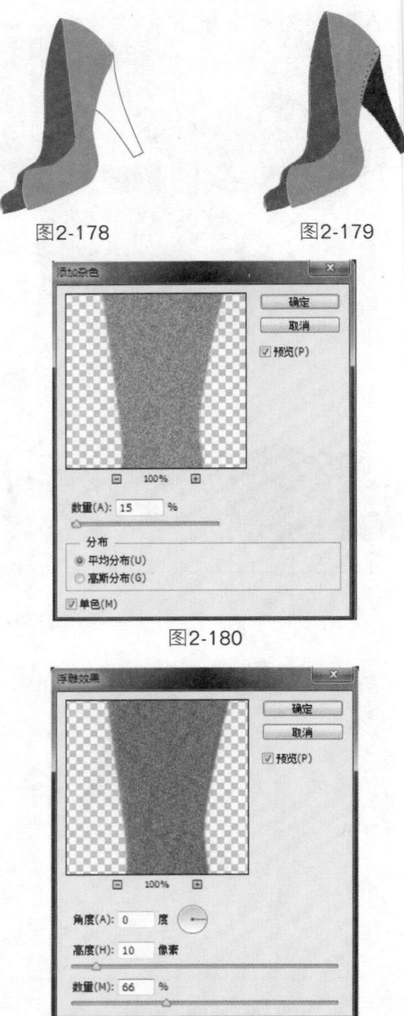

图2-178　　图2-179

图2-180

图2-181

05 选择“图层3”，将“图层3”的混合模式设置为“线性光”，“填充”设置为50%，效果如图2-183所示。选择“减淡工具”，参数设置如图2-184所示，在“图层3”中进行涂抹加亮，效果如图2-185所示。选择“减淡工具”，参数设置如图2-186所示。在“图层3”中进行涂抹提亮，效果如图2-187所示。

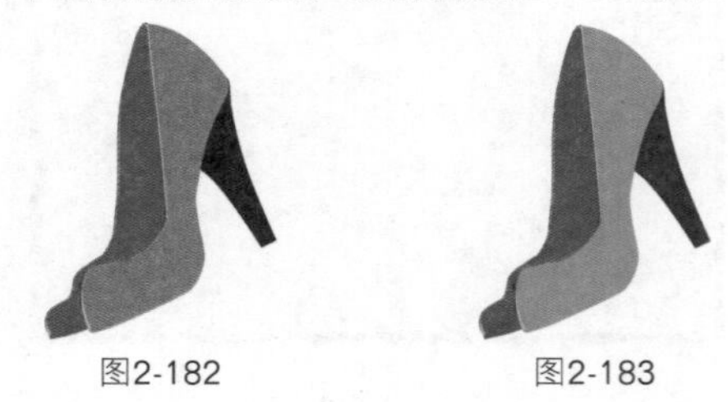

图2-182　　图2-183

图2-184

图2-185

图2-186

06 选择“图层3”，使用“钢笔工具”绘制路径，效果如图2-188所示，将路径转换为选区，选择“选择”|“修改”|“羽化”命令，弹出对话框并设置参数，如图2-189所示，效果如图2-190所示。

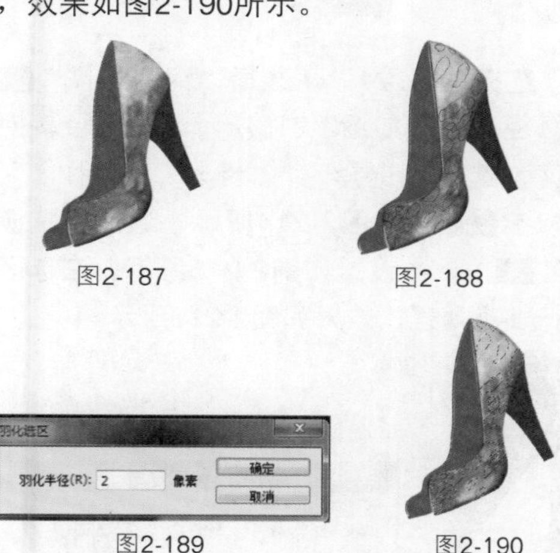

图2-187　图2-188

图2-189　图2-190

07 选择“加深工具”，参数设置如图2-191所示，在选区内进行涂抹，效果如图2-192所示。取消选区，选择“滤镜”|“杂色”|“添加杂色”命令，弹出“添加杂色”对话框，参数设置如图2-193所示，在鞋子的内侧添加杂色，效果如图2-194所示。

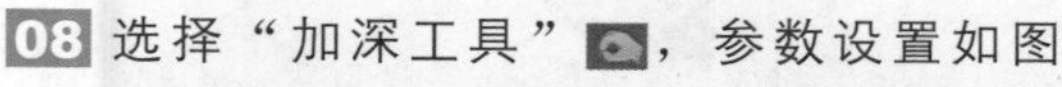

图2-191

08 选择“加深工具”，参数设置如图2-195所示。选择“图层1”，在图层中进行加深处理。选择“钢笔工具”绘制路径，效果如图2-196所示。将路径转换为选区，并选择“选择”|“修改”|“羽化”命令，参数设置如图2-197所示，羽化选区。

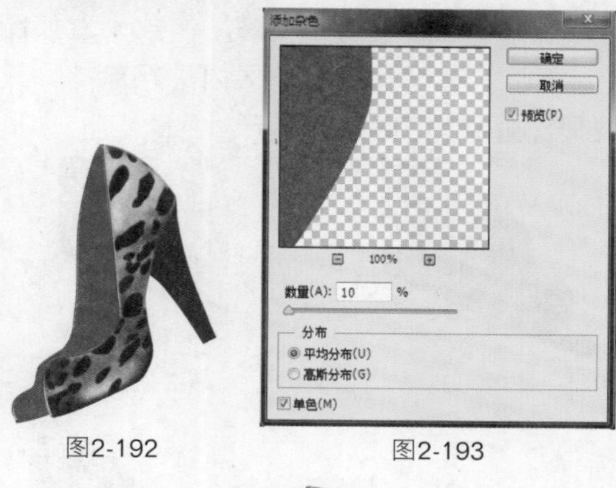

图2-192　图2-193

图2-194

图2-195

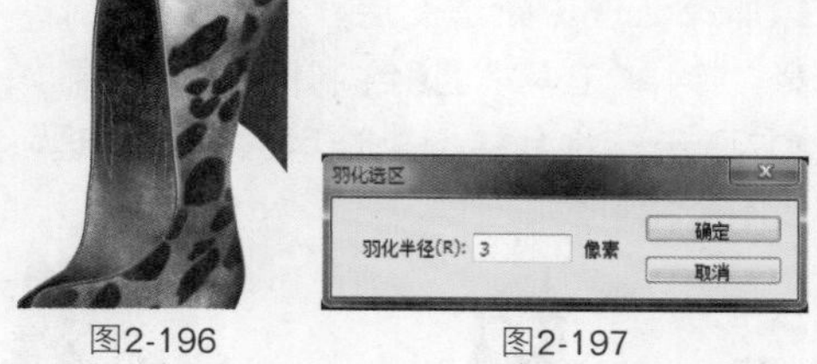

图2-196　图2-197

09 选择“加深工具”，在选区内进行涂抹，效果如图2-198所示。新建图层，得到“图层5”，选择“钢笔工具”绘制路径，效果如图2-199所示，将路径转换成选区并填充颜色，效果如图2-200所示。

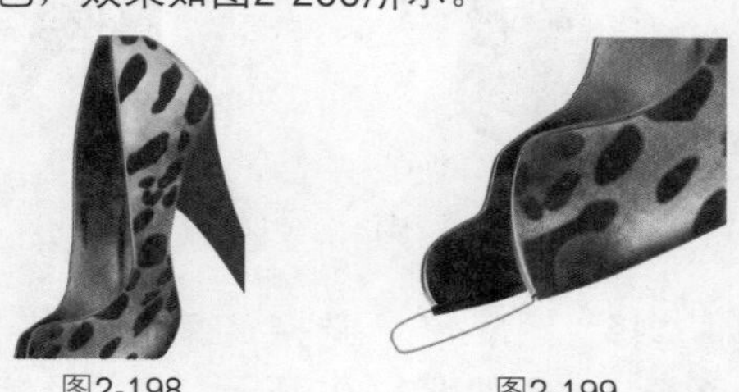

图2-198　图2-199

10 选择“图层5”，选择“钢笔工具”绘制路径，效果如图2-201所示。将路径转换为选区，选择“选择”|“修改”|“羽化”命

令，参数设置如图2-202所示，效果如图2-203所示。选择“减淡工具”，参数设置如图2-204所示，在羽化后的选区内进行涂抹，效果及局部效果如图2-205所示。

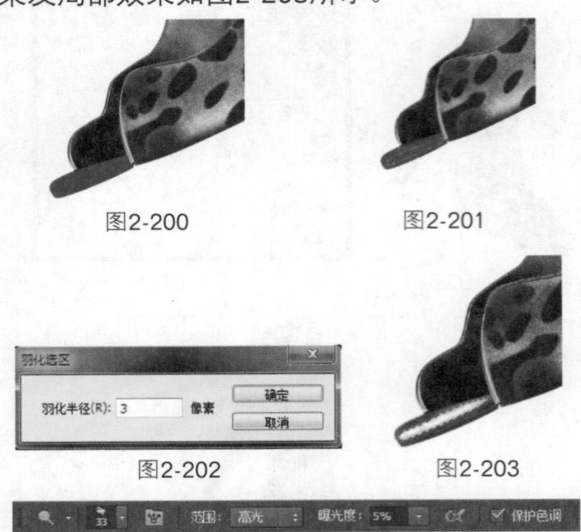

图2-200 图2-201
图2-202 图2-203
图2-204

11 选择“图层3”，使用“钢笔工具”绘制路径，效果如图2-206所示，将路径转换为选区，选择“加深工具”，在选区内进行涂抹加深处理。新建图层，得到“图层6”，选择“钢笔工具”绘制路径，效果如图2-207所示，将其转换为选区并进行处理，效果如图2-208所示。

图2-205 图2-206
图2-207 图2-208

12 选择“图层4”，选择“钢笔工具”绘制路径，效果如图2-209所示。将路径转换为选区，选择“加深工具”、“减淡工具”，分别设置如图2-210、图2-211所示。在选区内进行涂抹，效果如图2-212所示。

图2-209

图2-210
图2-211
图2-212

13 选择“图层4”，选择“钢笔工具”绘制路径，效果如图2-213所示。将路径转换为选区，选择“选择”|“修改”|“羽化”命令，参数设置如图2-214所示。选择“减淡工具”，参数设置如图2-215所示。在选区内进行加亮处理，效果如图2-216所示。

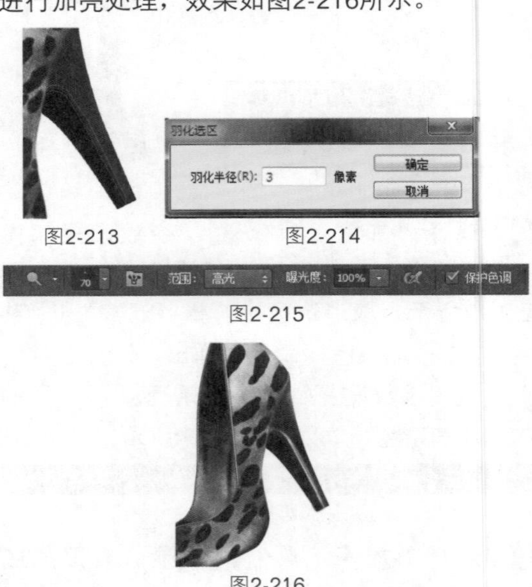

图2-213 图2-214
图2-215
图2-216

14 选择“图层4”，选择“钢笔工具”绘制路径，效果如图2-217所示。将路径转换为选区，选择“加深工具”，在选区内进行加深涂抹处理，效果如图2-218所示。新建图层，得到"图层7"，选择"钢笔工具"绘制鞋面明线的路径，效果及局部效果如图2-219所示。单击"路径"面板中的"用画笔描边路径"按钮，效果如图2-220所示。

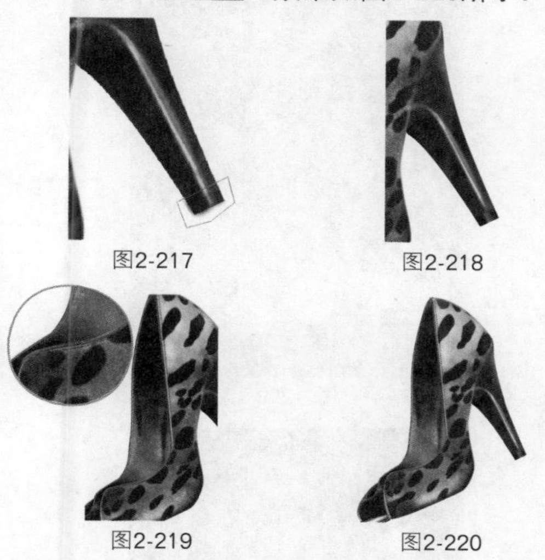
图2-217 图2-218 图2-219 图2-220

15 打开"样式"面板，选择其中的"1磅黑色2磅虚线，有填充"选项（先绘制路径，再根据需要设置画笔直径，在"样式"面板中，需要哪种样式单击即可），如图2-221所示，效果及局部效果如图2-222所示。最后导入随书光盘文件"素材"\"第2章"\"2.4.jpg"，放到所有图层的最底层，最终效果如图2-223所示。

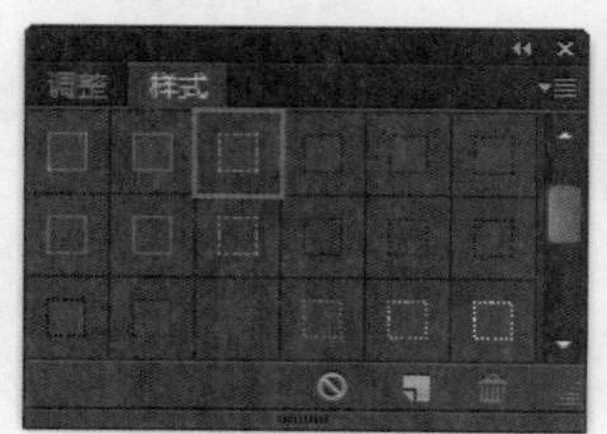

图2-221

图2-222

图2-223

Works 2.5 圆头女单鞋

01 按快捷键Ctrl+N新建文件，弹出"新建"对话框，设置参数如图2-224所示。选择"钢笔

工具”绘制路径，效果如图2-225所示。将绘制的路径转换为选区并填充颜色，参数设置如图2-226所示，效果如图2-227所示。

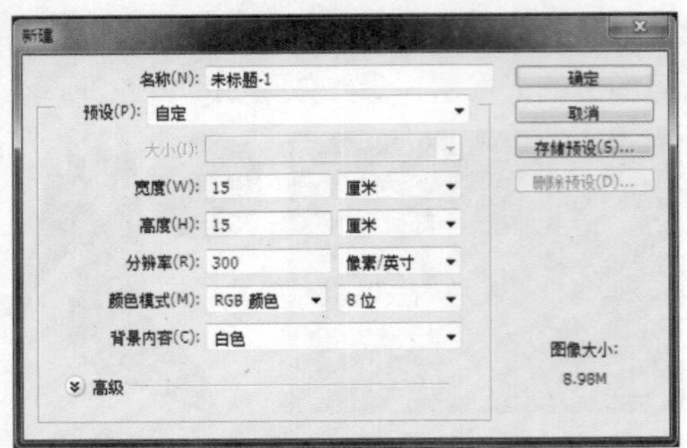

图2-224

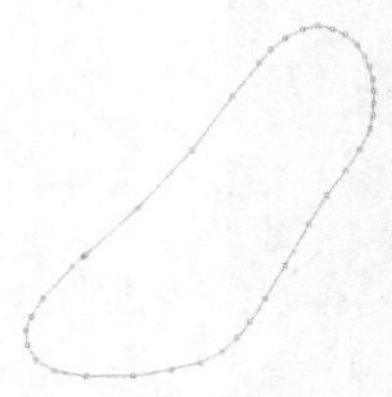
图2-225

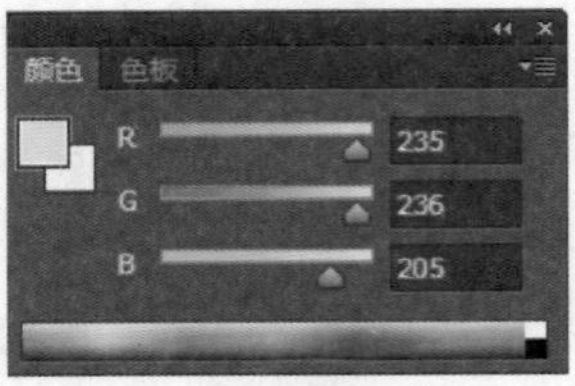

图2-226

02 设置如图2-228所示的笔尖形状，选择“形状动态”，设置如图2-229所示，再选择“颜色动态”，设置如图2-230所示。

图2-227

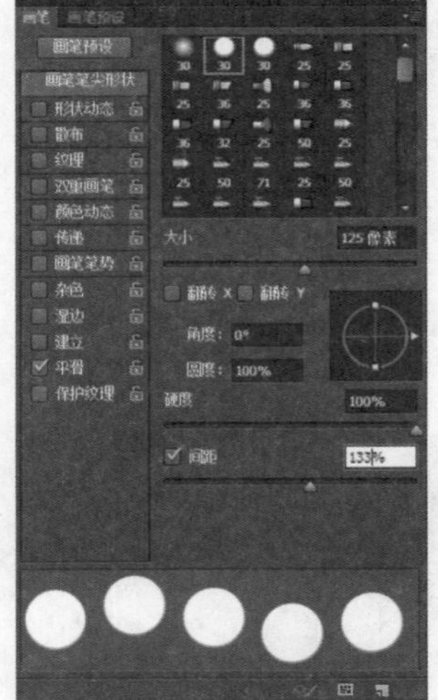

图2-228

03 设置前景色和背景色，如图2-231、图2-232所示。新建“图层2”，使用“画笔工具”进行涂抹。将“图层1”载入选区，选择“图层2”后反选选区，清除选区中的内容，效果如图2-233所示。

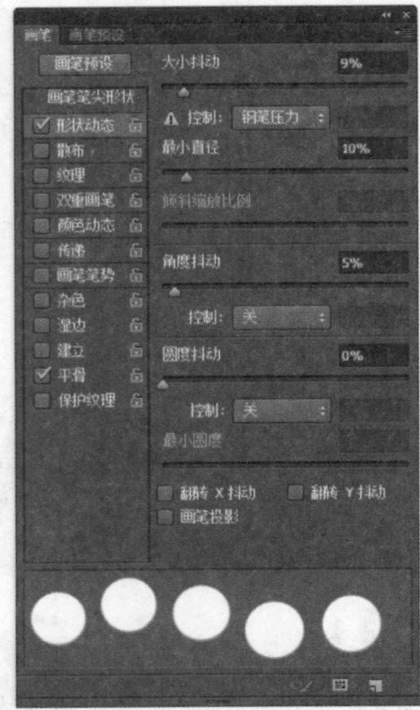

图2-229

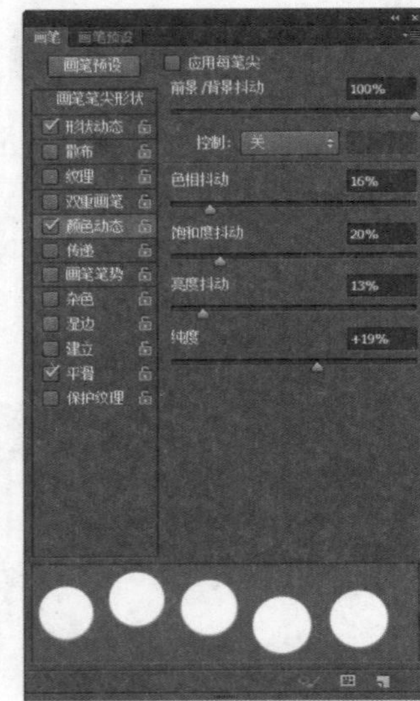

图2-230

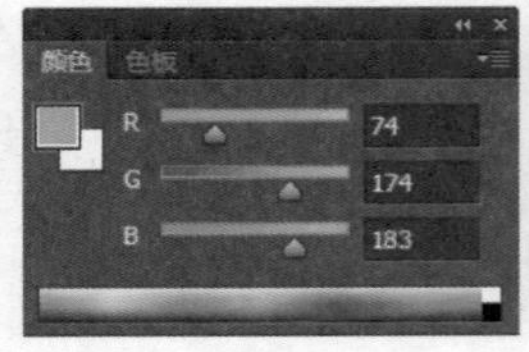

图2-231

图2-232

04 新建“图层3”，选择“钢笔工具”，绘制路径如图2-234所示。将路径转换为选区载入，填充黑色，效果如图2-235所示。新建“图层4”，选择“选择”|“修改”|“扩展”命令，参数设置及效果如图2-236所示。

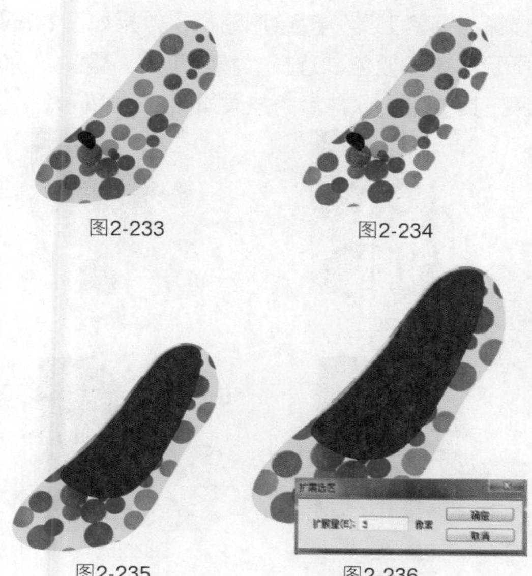

图2-233 图2-234

图2-235 图2-236

05 选择“钢笔工具”绘制路径，效果如图2-237所示，将路径转换为选区载入并填充颜色。选择“图像”|“调整”|“色相/饱和度”命令，对话框设置如图2-238所示，应用后的效果如图2-239所示。

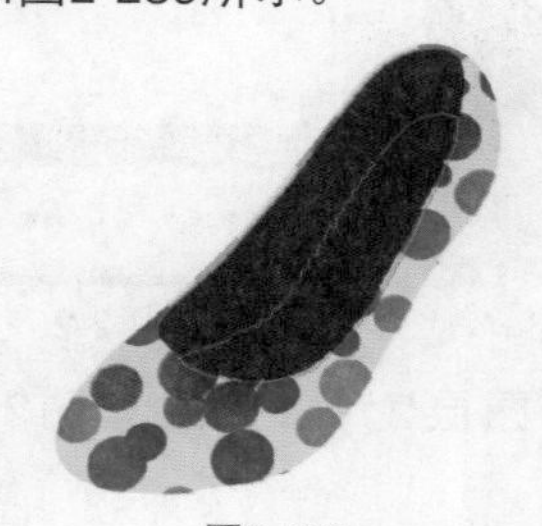

图2-237

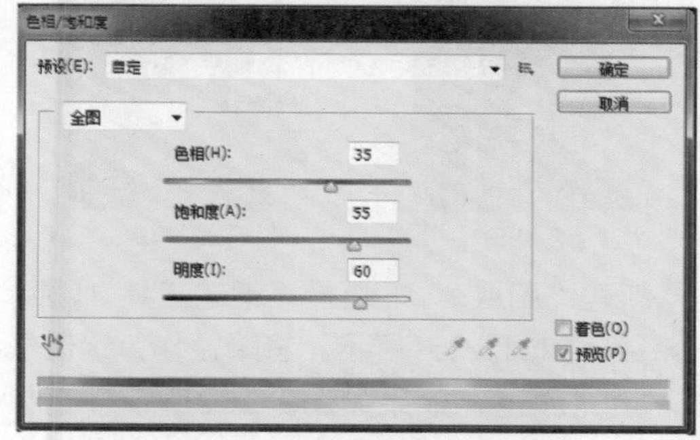

图2-238

06 选择“减淡工具”，设置画笔为浓彩水画笔，其他参数设置如图2-240所示，涂抹后的效果如图2-241所示。单击“图层”面板底部的“添加图层样式”按钮，在弹出的菜单中选择“斜面和浮雕”命令，对话框设置如图2-242所示，应用后的效果如图2-243所示。

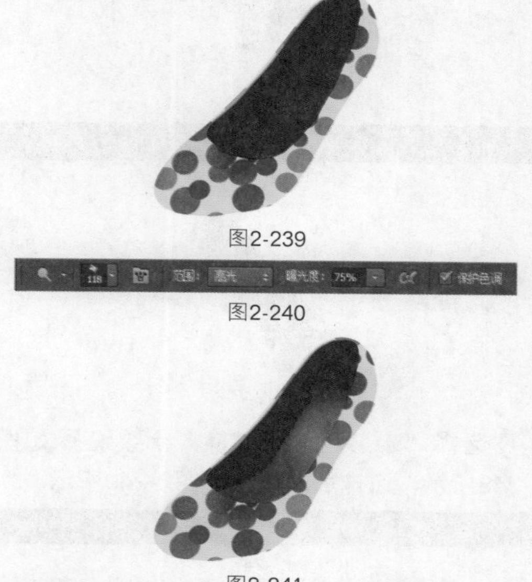

图2-239

图2-240

图2-241

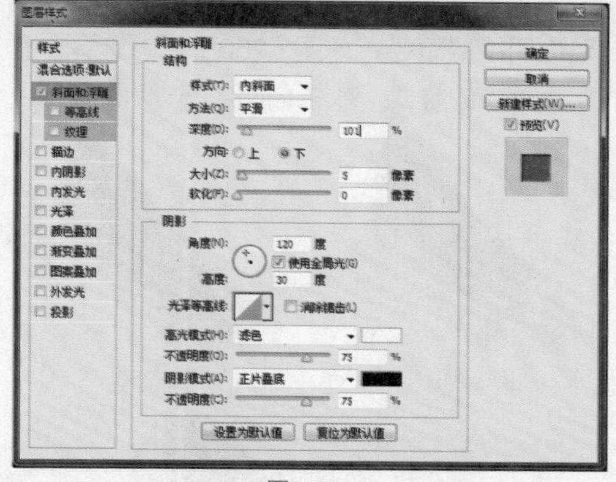

图2-242

07 选择“钢笔工具”，绘制路径如图2-244所示。将路径作为选区载入并填充颜色，效果如图2-245所示。选择“减淡工具”，参数设置如图2-246所示，涂抹后的效果如图2-247所示。

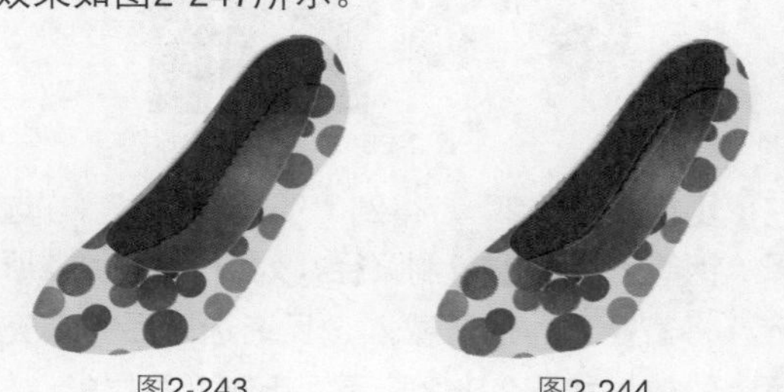

图2-243 图2-244

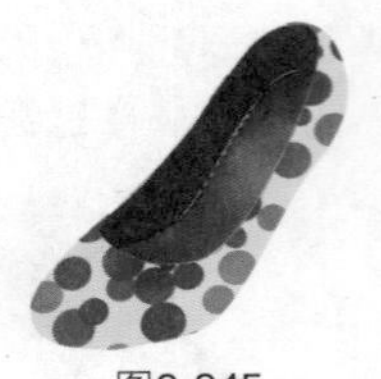
图2-245

图2-246

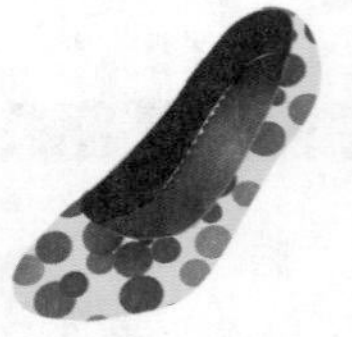
图2-247

08 选择“减淡工具”，参数设置如图2-248所示，涂抹后的效果如图2-249所示。

图2-248

09 新建“图层7”，选择“钢笔工具”，绘制鞋边明线的路径，如图2-250所示。选择“样式”面板中的样式，效果如图2-251所示。

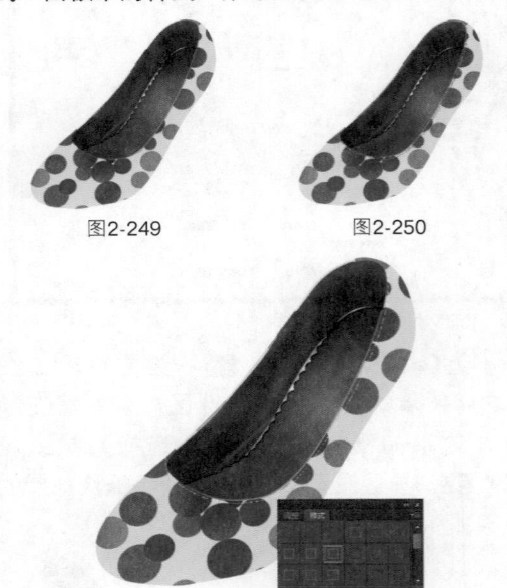
图2-249　图2-250

图2-251

10 复制“图层2”，得到“图层2副本”，选择“钢笔工具”绘制路径，效果如图2-252所示。将路径作为选区载入，反选选区后并填充颜色的效果如图2-253所示。新建“图层8”，选择“钢笔工具”绘制路径，效果如图2-254所示，填充颜色。选择“减淡工具”、“加深工具”，涂抹后的效果如图2-255所示。

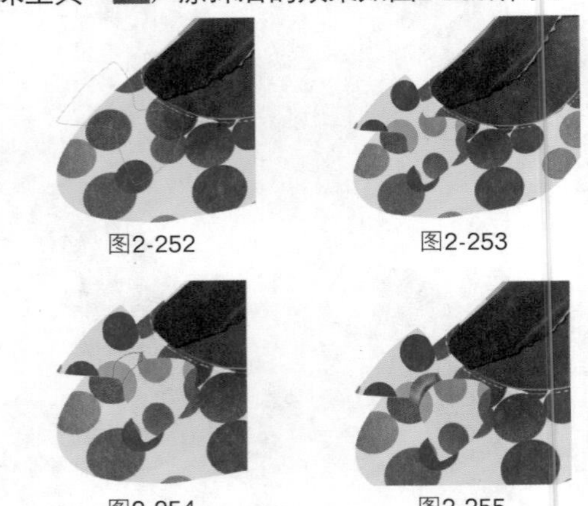
图2-252　图2-253

图2-254　图2-255

11 选择“钢笔工具”绘制路径，效果如图2-256所示。选择“加深工具”进行涂抹，将路径作为选区载入，选择“选择”|“修改”|“羽化”命令，对话框设置如图2-257所示，效果如图2-258所示。

图2-256

图2-257

12 复制“图层2”，效果如图2-259、图2-260所示。

图2-258

图2-259

13 新建“图层9”，选择“钢笔工具”绘制路径，如图2-261所示。将路径作为选区载入，填充颜色，效果如图2-262所示。选择“套索工具”，绘制如图2-263所示的选区。选择“加深工具”，参数设置如图2-264所示，涂抹后的效果如图2-265所示。

14 选择“横排文字工具”，输入如图2-266所示的文字。复制“组1”。最后导入随书光盘中的文件“素材”\“第2章”\“2.5.jpg”，放到所有图层的最底层，最终效果如图2-267所示。

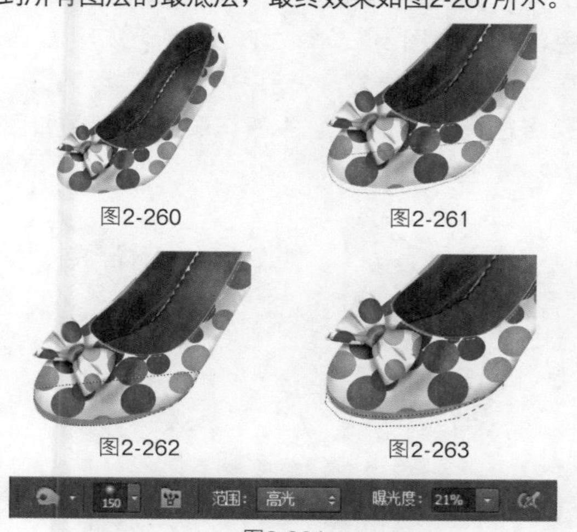

图2-260 图2-261

图2-262 图2-263

图2-264

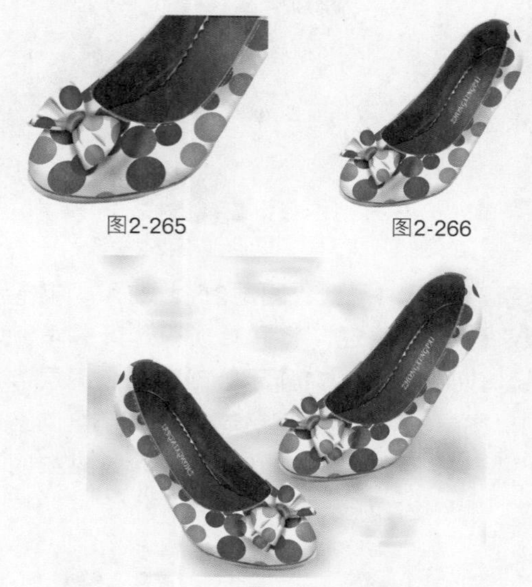

图2-265 图2-266

图2-267

Works 2.6 女士系带休闲鞋

01 按快捷键Ctrl+N新建文件，弹出“新建”对话框并设置参数，如图2-268所示。在“图层”面板中新建图层组，得到“组1”，新建图层，得到“图层1”，使用“钢笔工具”绘制路径，将其转换为选区并填充颜色，效果如图2-269、图2-270所示。

图2-268

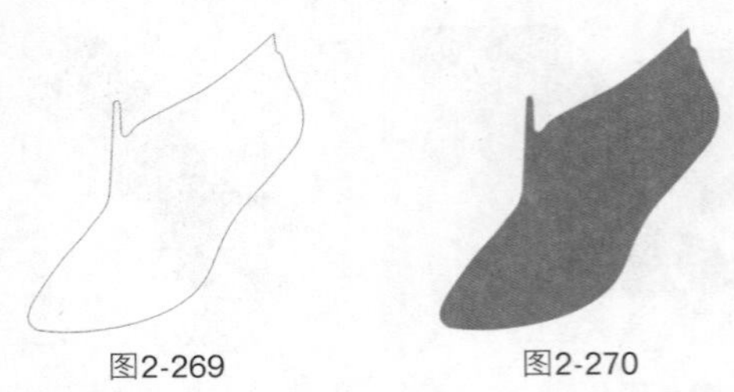

图2-269　　图2-270

02 新建图层，得到“图层2”，使用“钢笔工具”绘制路径，将其转换为选区并填充颜色，效果如图2-271所示。新建一个图层，得到“图层3”，使用“钢笔工具”绘制路径，将其转换为选区并填充颜色，效果如图2-272、图2-273所示。

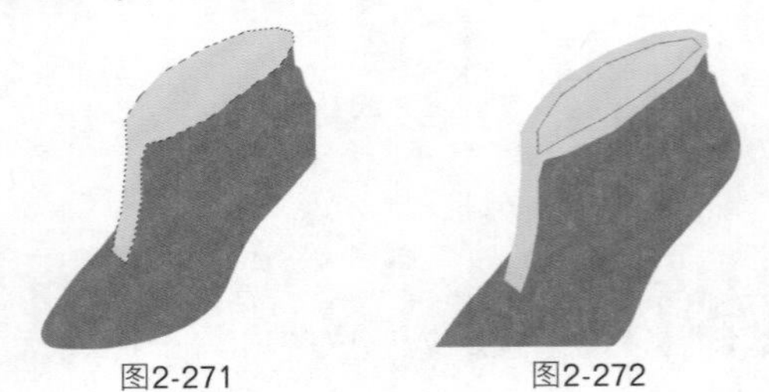

图2-271　　图2-272

03 新建一个图层，得到“图层4”，使用“钢笔工具”绘制路径，转换为选区并填充颜色，效果如图2-274所示。单击“图层”面板底部的“添加图层样式”按钮，参数设置如图2-275所示，效果如图2-276所示。

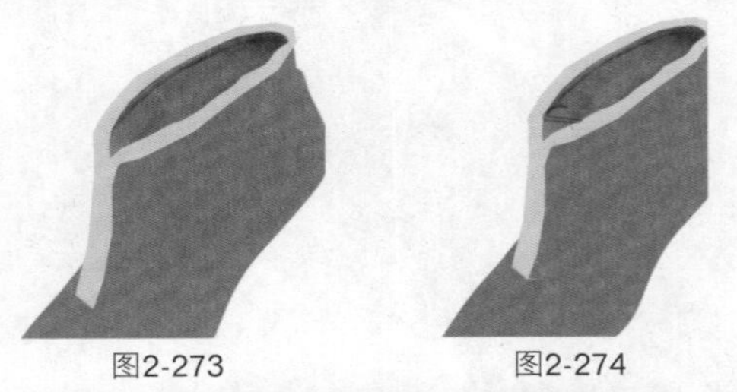

图2-273　　图2-274

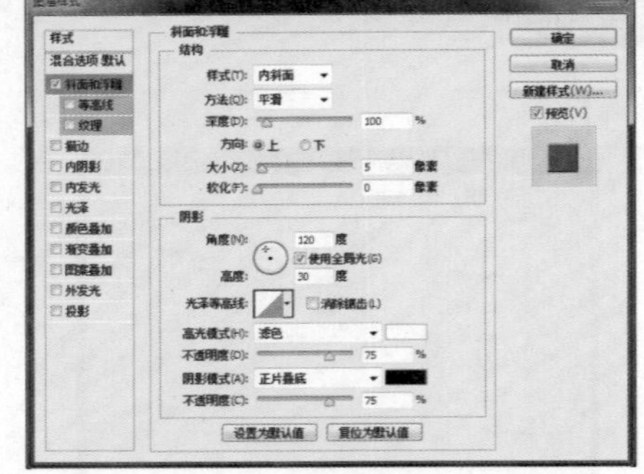

图2-275

04 新建图层，得到“图层5”，使用“钢笔工具”绘制路径，转换为选区并填充颜色，效果如图2-277、图2-278所示。新建图层，得到“图层6”，使用“钢笔工具”绘制路径，转换为选区并填充颜色，效果如图2-279、图2-280所示。

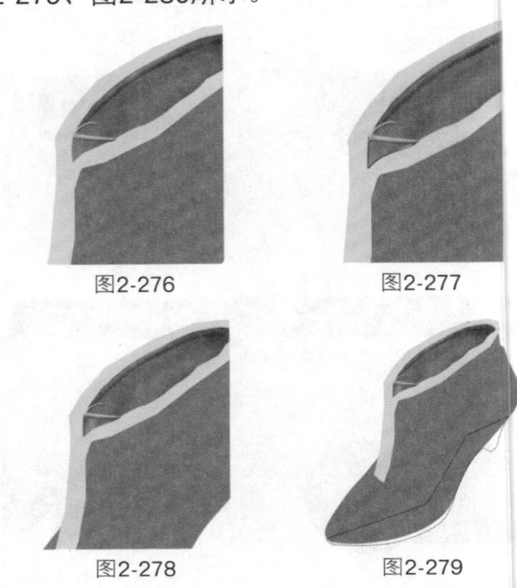

图2-276　　图2-277

图2-278　　图2-279

05 选择“图层1”，使用“钢笔工具”绘制路径，将其转换为选区并填充颜色，效果如图2-281所示。将路径转换为选区，按快捷键Ctrl+J拷贝图层，得到“图层7”，单击“图层”面板底部的“添加图层样式”按钮，参数设置如图2-282所示，效果如图2-283所示。

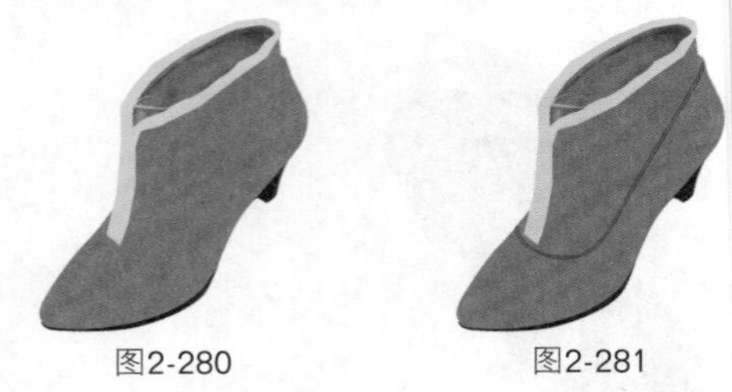

图2-280　　图2-281

06 选择“图层1”，选择“钢笔工具”，参数设置如图2-284所示，在“图层1”中使用“钢笔工具”绘制路径，效果如图2-285所示。将路径转化为选区，选择“选择”|“修改”|“羽化”命令，弹出对话框并设置参数，如图2-286所示。选择“减淡工具”，参数设置如图2-287所示，在选区内进行减淡处理，效果如图2-288所示。

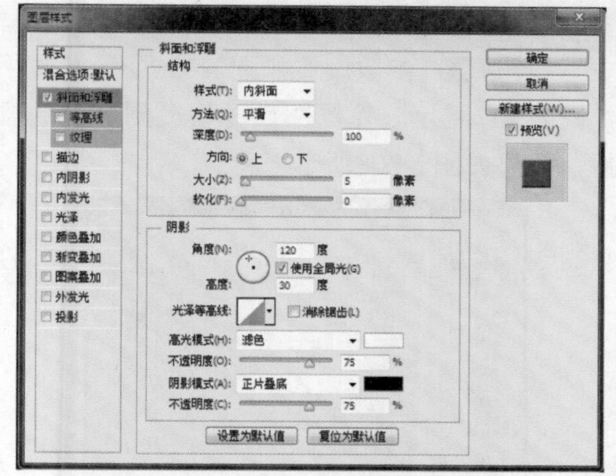

图2-282

图2-283

图2-284

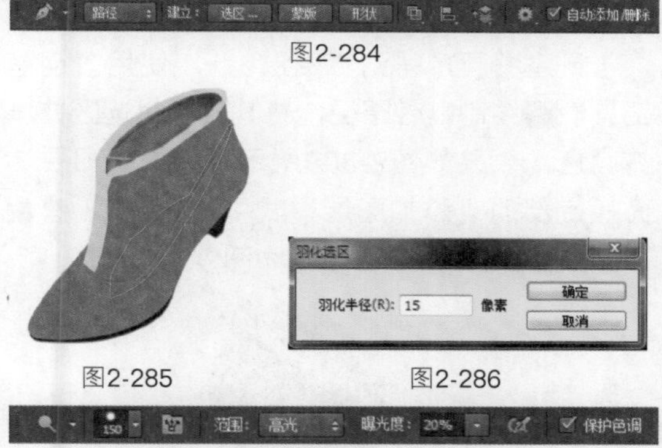

图2-285　图2-286

图2-287

图2-288

07 选择“图层1”，使用“钢笔工具”绘制路径，效果如图2-289所示。将路径转化为选区，选择“选择”|“修改”|“羽化”命令，设置参数如图2-290所示。选择“加深工具”，参数设置如图2-291所示，在选区内进行加深处理，效果如图2-292所示。选择“图层7”，选择“减淡工具”，在“图层7”中进行减淡加亮处理，效果如图2-293所示。

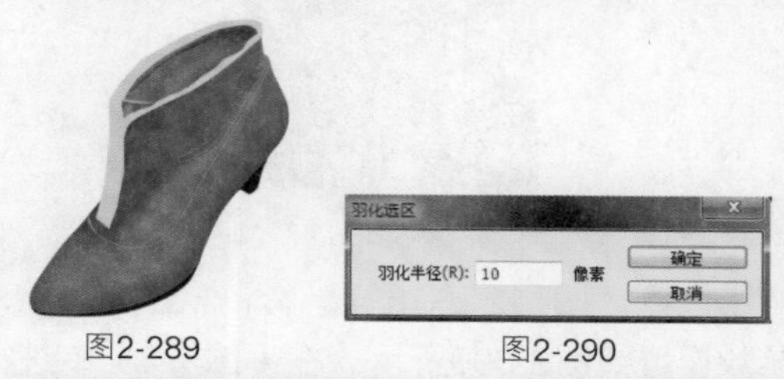

图2-289　图2-290

图2-291

08 选择“图层3”，使用“钢笔工具”绘制路径，效果如图2-294示。选择“选择”|“修改”|“羽化”命令，设置参数如图2-295所示。分别选择“减淡工具”、“加深工具”，在“图层3”中进行涂抹处理，效果如图2-296所示。

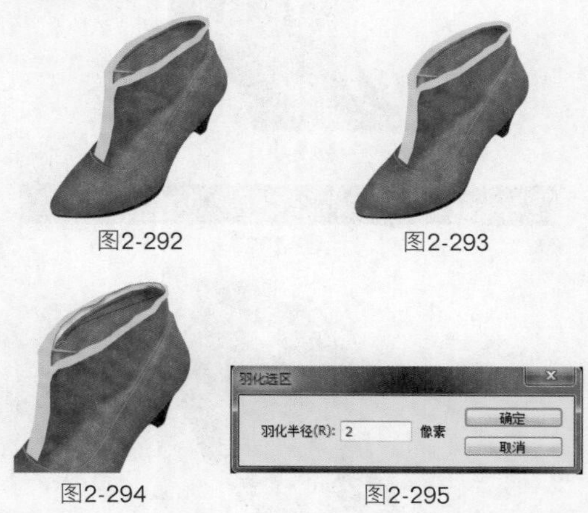

图2-292　图2-293

图2-294　图2-295

09 载入“图层3”的选区，效果如图2-297所示。选择“加深工具”，参数设置如图2-298所示，在选区内进行加深处理，效果如图2-299所示。

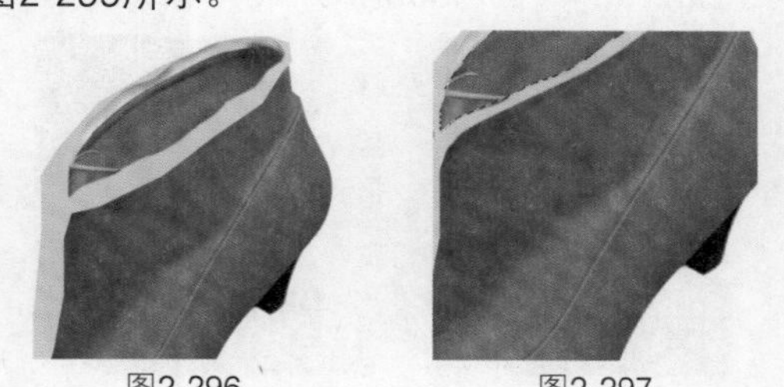

图2-296　图2-297

图2-298

图2-299

10 选择“图层2”，选择“涂抹工具”，参数设置如图2-300所示。在“图层2”中进行涂抹处理，效果如图2-301所示。选择“加深工具”，参数设置如图2-302所示。在“图层2”中进行加深处理，效果如图2-303所示。

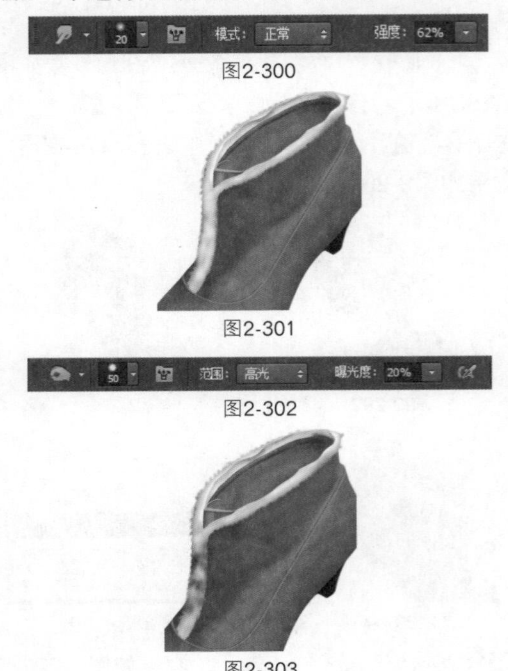

图2-300

图2-301

图2-302

图2-303

11 新建图层，得到“图层8”，使用“钢笔工具”绘制路径，进行描边路径处理，效果如图2-304、图2-305所示。

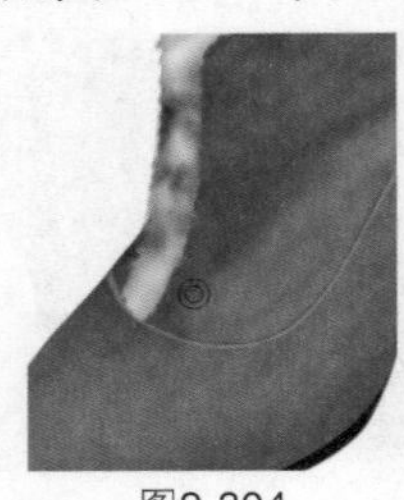
图2-304

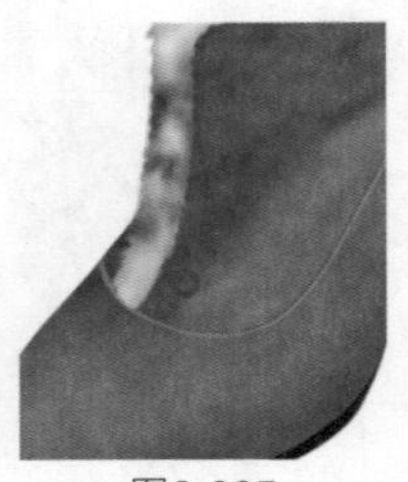
图2-305

12 单击“图层”面板底部的“添加图层样式”按钮，参数设置如图2-306所示，效果如图2-307所示。复制图案并摆放到合适的位置，效果如图2-308所示。

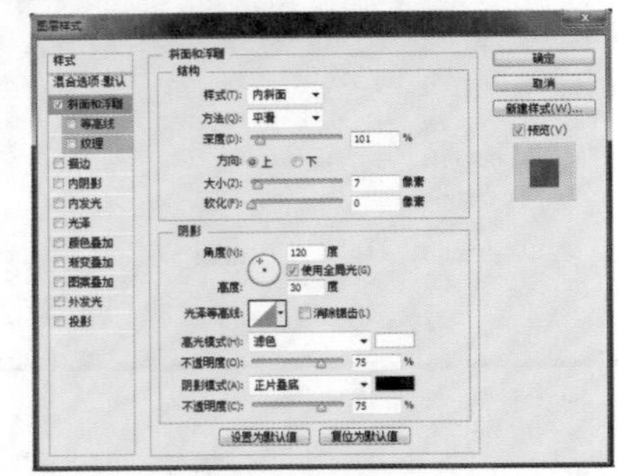
图2-306

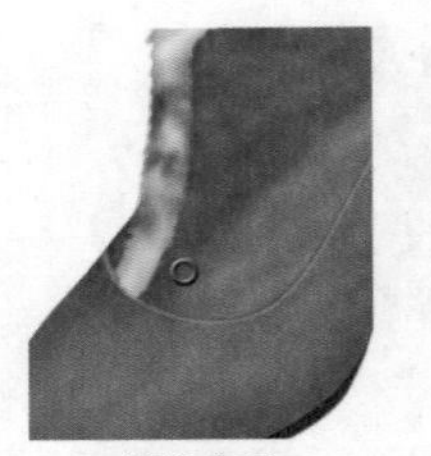
图2-307

图2-308

13 新建图层，得到“图层9”，使用“钢笔工具”绘制鞋带路径，将其转换为选区并填充颜色，效果如图2-309所示。单击“图层”面板底部的“添加图层样式”按钮，参数设置如图2-310所示，效果如图2-311所示。

图2-309

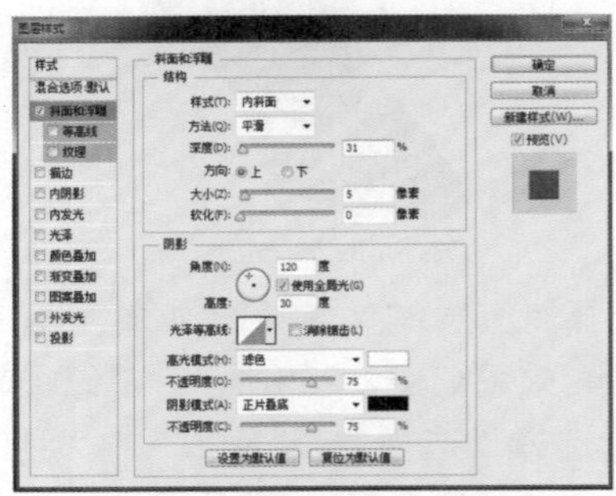
图2-310

14 新建图层，得到“图层10”，使用“钢笔工具”绘制路径，将其转换为选区并填充颜色，效果如图2-312所示，对图像进行加深及减淡处理，效果如图2-313所示。新建图层，得到“图层11”，使用“钢笔工具”绘制路径，转换为选区并填充颜色，然后进行加深处理。复制“图层11”，并摆放到合适的位置，效果如图2-314所示。新建图层，得到“图层12”，使用“钢笔工具”绘制路径，转换为选区并填充颜色，使用“加深工具”进行处理，效果如图2-315所示。新建图层，得到“图层13”，使用“套索工具”绘制图形并填充颜色，使用“加深工具”进行处理，效果如图2-316所示。

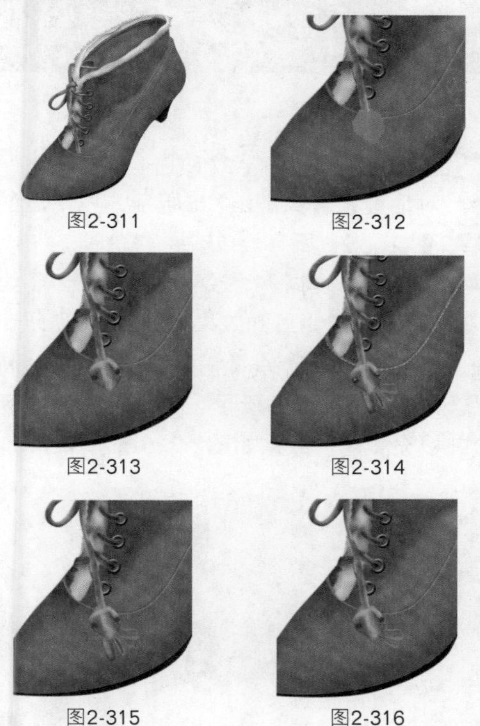
图2-311 图2-312
图2-313 图2-314
图2-315 图2-316

15 选择“图层1”，使用“钢笔工具”绘制路径，将其转换为选区，效果如图2-317所示。按快捷键Ctrl+J拷贝图层，得到“图层14”并填充黑色。分别选择“模糊工具”和“减淡工具”，参数设置如图2-318所示，在“图层14”中进行涂抹，效果如图2-319所示。

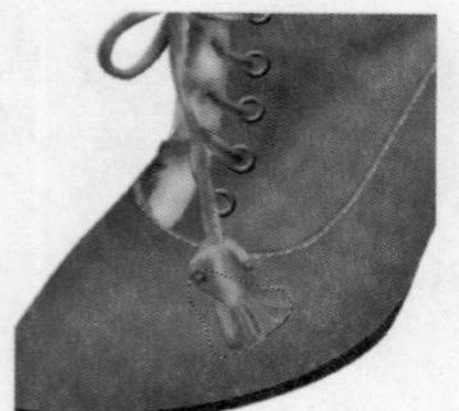
图2-317

模式：正常 强度：50%
范围：高光 曝光度：30%

图2-318

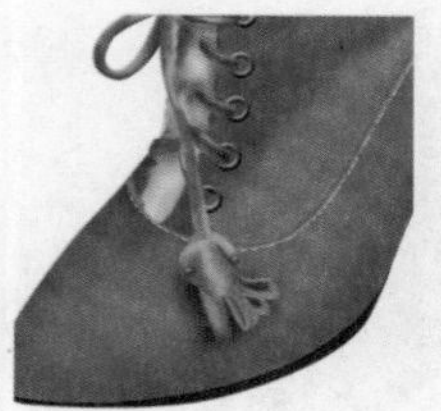
图2-319

16 新建图层，得到“图层15”，使用“钢笔工具”绘制路径。单击“路径”面板底部的“用画笔描边路径”按钮，打开“样式”面板，选择其中的“1磅白色，2磅虚线，无填充”选项，效果如图2-320所示。复制“组1”，并摆放到合适的位置，最后导入随书光盘中的文件“素材”\“第2章”\“2.6.jpg”，放到鞋子后面，最终效果如图2-321所示。

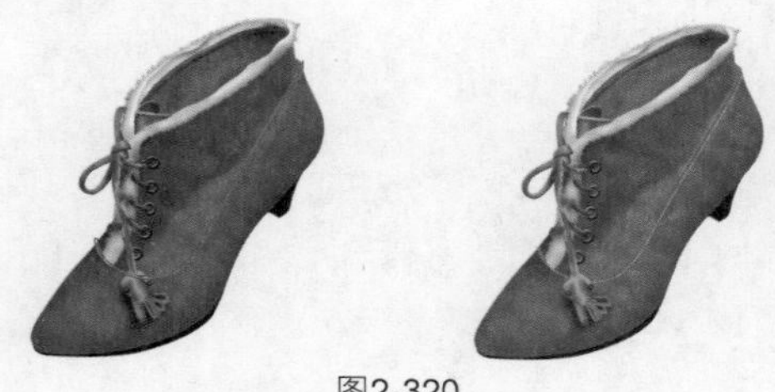
图2-320

图2-321

Works 2.7 尖头女单鞋

01 按快捷键Ctrl+N新建文件，弹出“新建”对话框并设置参数，如图2-322所示。选择“钢笔工具”绘制路径，效果如图2-323所示。将绘制的路径转换为选区并填充颜色，效果如图2-324所示。

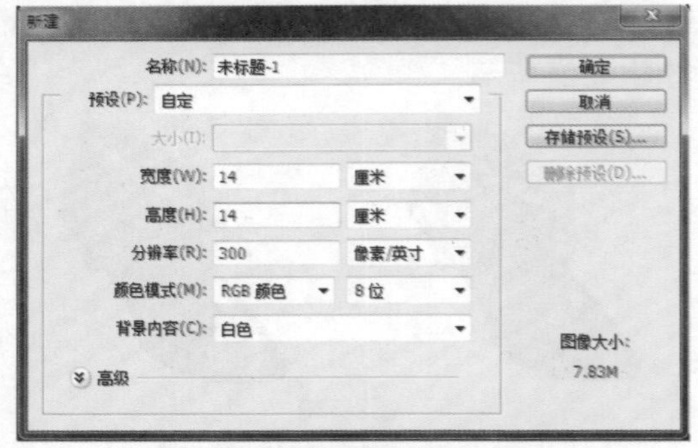

图2-322

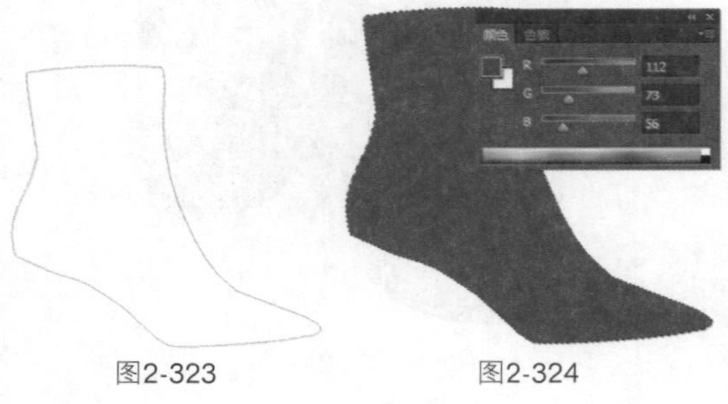

图2-323　图2-324

02 选择“滤镜”|“纹理”|“纹理化”命令，对话框设置如图2-325所示，应用后的效果如图2-326所示。选择“滤镜”|“模糊”|“高斯模糊”命令，对话框设置如图2-327所示，应用后的效果如图2-328所示。新建“图层2”，选择“钢笔工具”绘制路径，效果如图2-329所示。将路径作为选区载入并填充颜色，效果如图2-330所示。

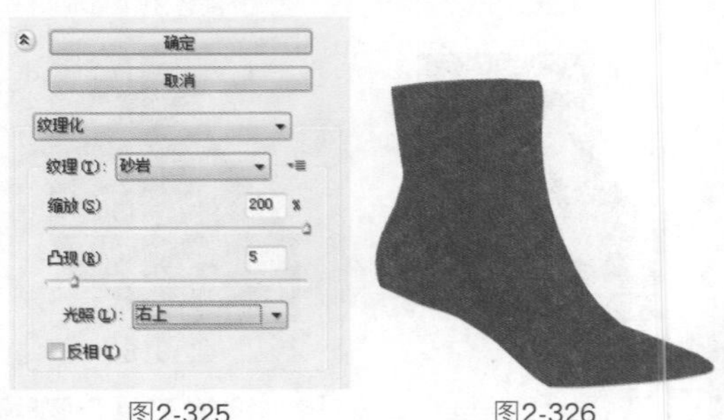

图2-325　图2-326

03 新建“图层3”，选择“钢笔工具”绘制路径，效果如图2-331所示。将路径转换为选区载入并填充颜色，效果如图2-332所示。新建“图层4”，选择“钢笔工具”绘制路径，将路径转换为选区并填充颜色，效果如图2-333所示。选择“选择”|“修改”|“羽

化”命令，对话框设置如图2-334所示。选择“加深工具”，参数设置如图2-335所示，涂抹后的效果如图2-336所示。

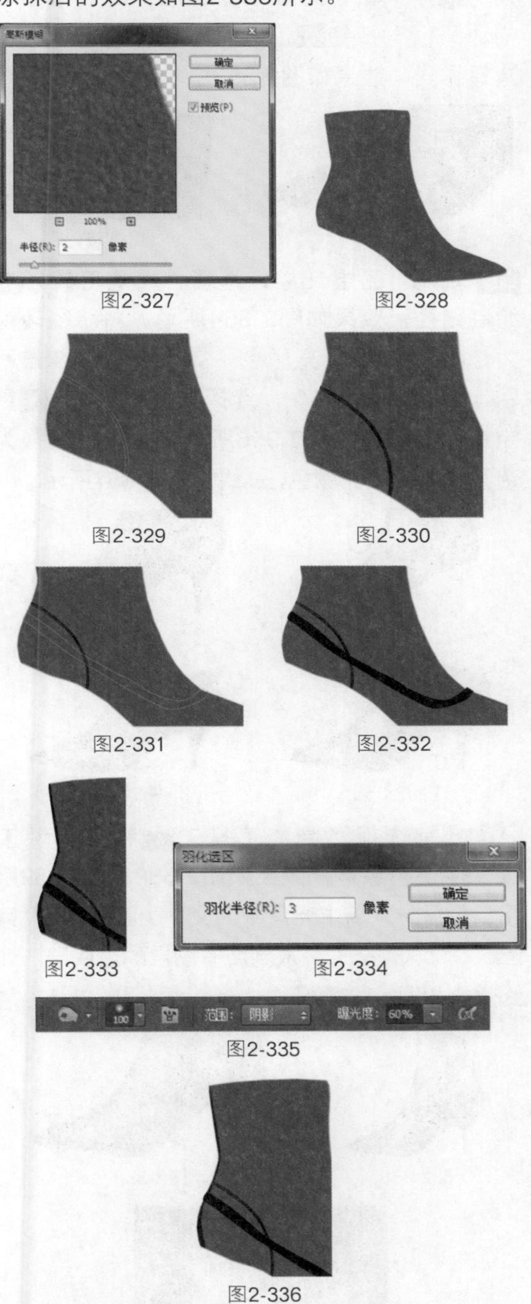
图2-327 图2-328 图2-329 图2-330 图2-331 图2-332 图2-333 图2-334 图2-335 图2-336

04 新建“图层5”，选择“钢笔工具”绘制路径，效果如图2-337所示。将路径转换为选区载入，选择“选择”|“修改”|“羽化”命令，对话框设置如图2-338所示。选择“减淡工具”、“加深工具”进行涂抹，参数设置如图2-339所示、图2-340所示，涂抹后的效果如图2-341所示。

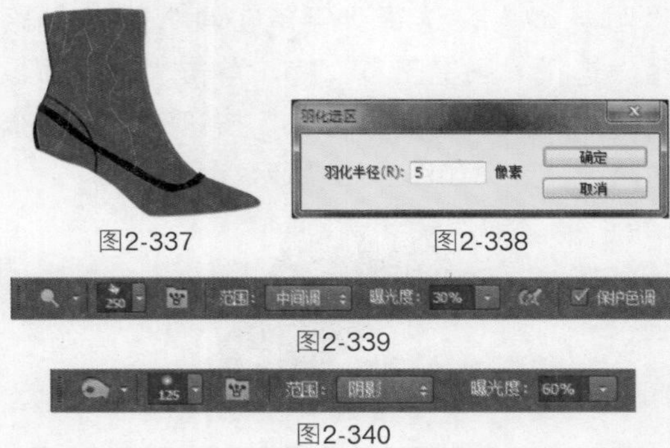
图2-337 图2-338 图2-339 图2-340

05 选择“钢笔工具”绘制路径，效果如图2-342所示。选择“画笔工具”，单击“路径”面板底部的“用画笔描边路径”按钮，效果如图2-343所示。

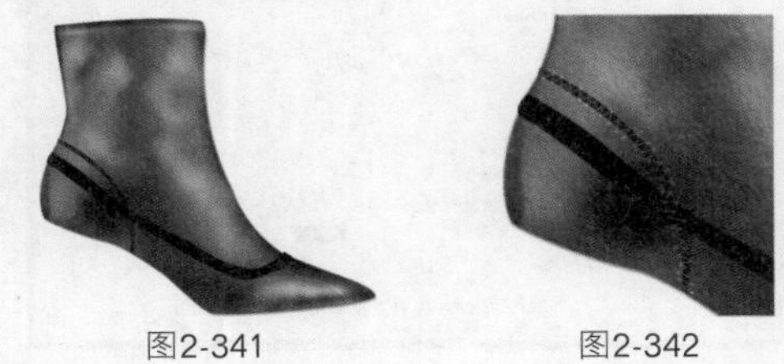
图2-341 图2-342

06 新建“图层7”~“图层9”，选择“钢笔工具”绘制路径，效果如图2-344所示。将路径转换为选区并填充颜色，效果如图2-345所示。单击“图层”面板底部的“添加图层样式”按钮，在弹出的菜单中选择“斜面和浮雕”命令，对话框设置如图2-346所示，效果如图2-347所示。

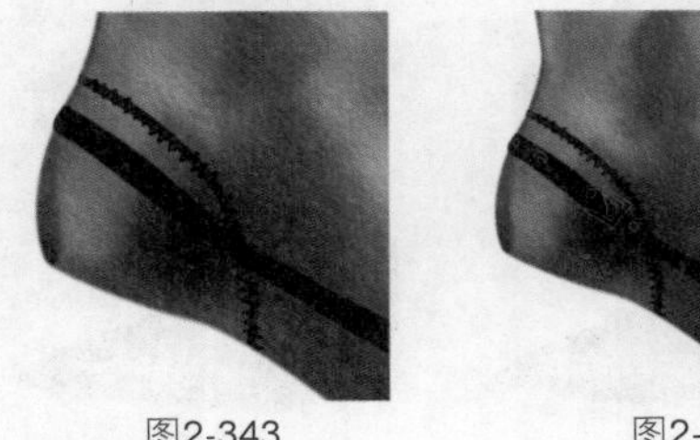
图2-343 图2-344

07 新建“图层10”，选择“钢笔工具”绘制路径，效果如图2-348所示。将路径转换为选区载入并填充颜色，效果如图2-349所示。新建“图层11”，选择“钢笔工具”

绘制路径。选择“画笔工具”，单击“路径”面板底部的“用画笔描边路径”按钮，进行描边路径，效果如图2-350所示。新建“图层12”，选择“钢笔工具”绘制路径。选择“画笔工具”，单击“路径面板底部的“用画笔描边路径”按钮，进行描边路径，效果如图2-351所示。

图2-345

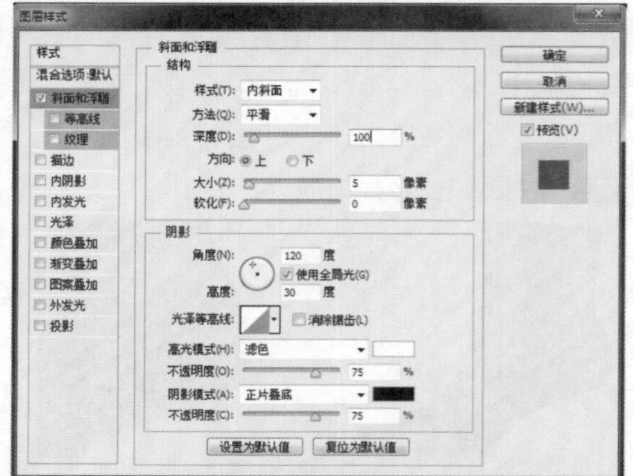

图2-346

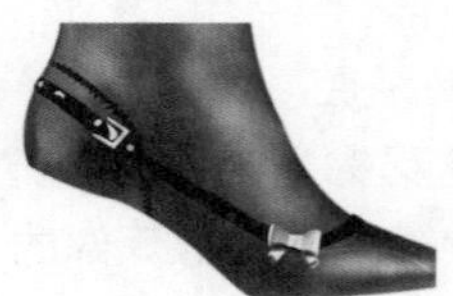

图2-347

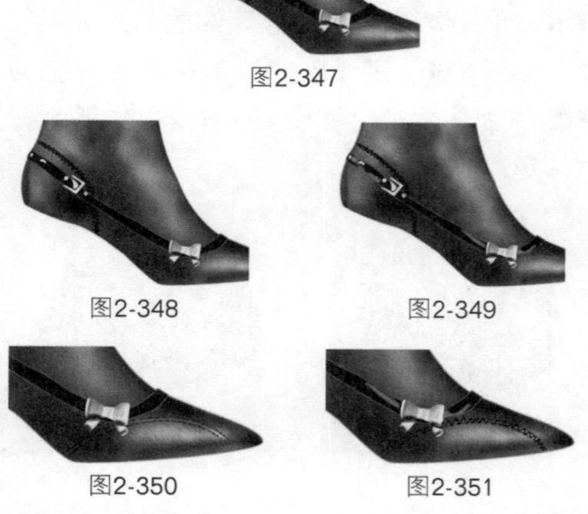

图2-348 图2-349

图2-350 图2-351

08 新建“图层10”，选择“钢笔工具”绘制路径。选择“画笔工具”，单击“路径”面板底部的“用画笔描边路径”按钮，效果如图2-352所示，选择“减淡工具”，对“图层1”进行涂抹。新建“图层10”，选择“钢笔工具”绘制路径，选择“画笔工具”，单击“路径”面板底部的“用画笔描边路径”按钮，然后在“样式”面板中选择样式，效果如图2-353所示。

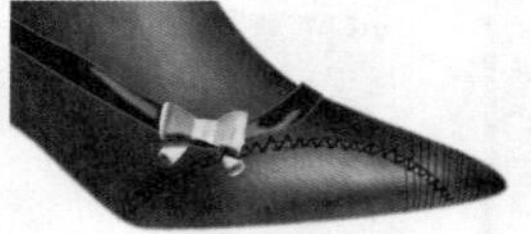

图2-352 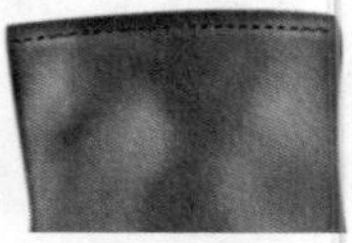 图2-353

09 新建“图层15”，选择“钢笔工具”绘制路径，效果如图2-354所示。将路径转换为选区载入并填充颜色，效果如图2-355所示。新建“图层16”，选择“钢笔工具”绘制路径，效果如图2-356所示。将路径转换为选区载入并填充颜色，效果如图2-357所示。

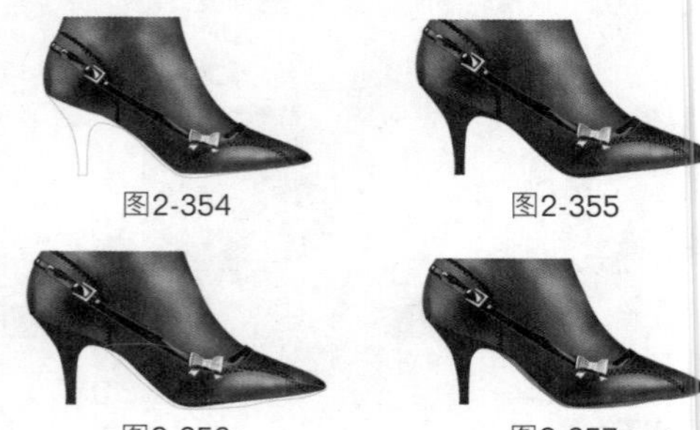

图2-354 图2-355

图2-356 图2-357

10 分别选择“减淡工具”和“加深工具”进行涂抹，效果如图2-358、图2-359所示。最后导入随书光盘中的文件“素材”\“第2章”\“2.7.jpg”，放到所有图层的最底层，最终效果如图2-360所示。

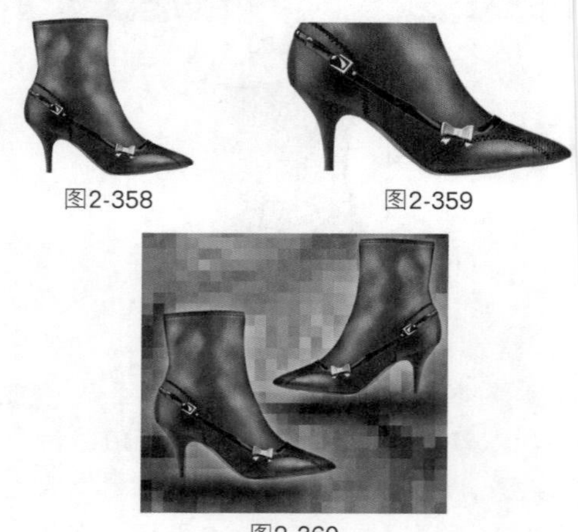

图2-358 图2-359

图2-360

Works 2.8 女士皮靴

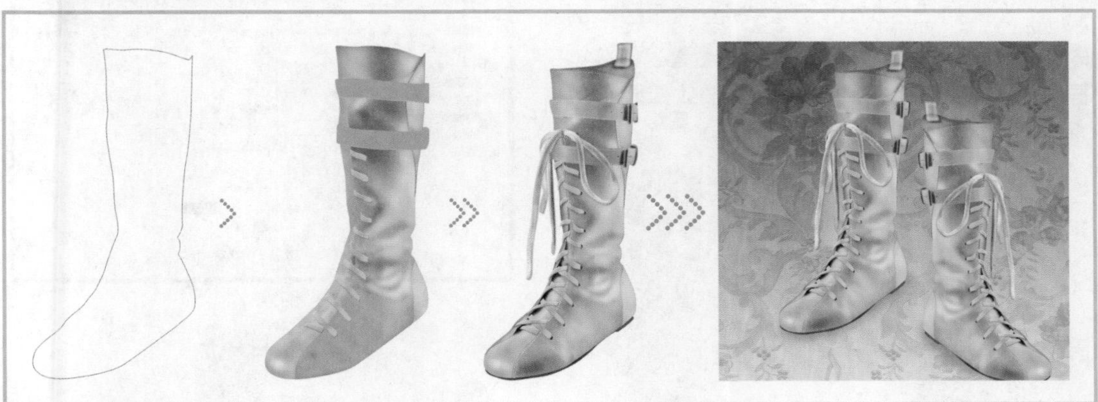

01 按快捷键Ctrl+N新建文件，弹出“新建”对话框并设置参数，效果如图2-361所示。新建一个组，得到“组1”，新建图层，得到“图层1”，使用“钢笔工具”绘制路径，转换为选区并填充颜色，效果如图2-362、图2-363所示。

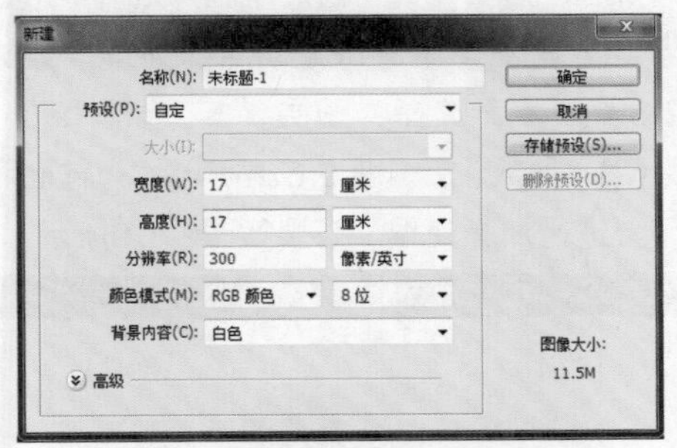

图2-361

02 选择“图层1”，使用“钢笔工具”绘制路径，效果如图2-364所示。将路径转换为选区，按快捷键Ctrl+J拷贝图层，得到“图层2”。单击“图层”面板底部的“添加图层样式”按钮，参数设置如图2-365所示，效果如图2-366所示。

03 新建图层，得到“图层3”，使用“钢笔工具”绘制路径，效果如图2-367所示，将其转换为选区并填充颜色。右击“图层2”，在弹出的菜单中选择“拷贝图层样式”命令。右击“图层3”，在弹出的菜单中选择“粘贴图层样式”命令，效果如图2-368所示。

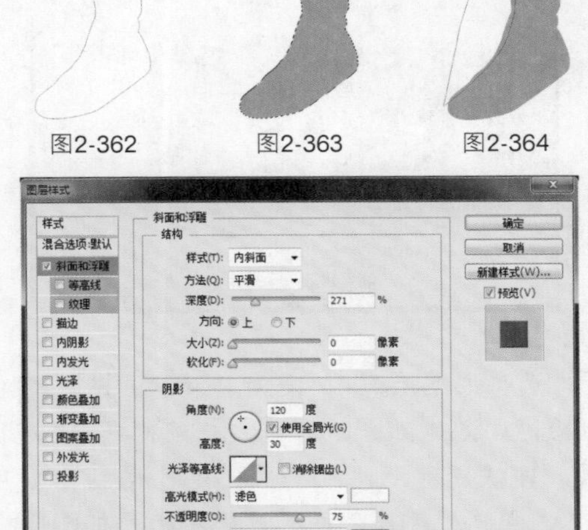

图2-362　图2-363　图2-364

图2-365

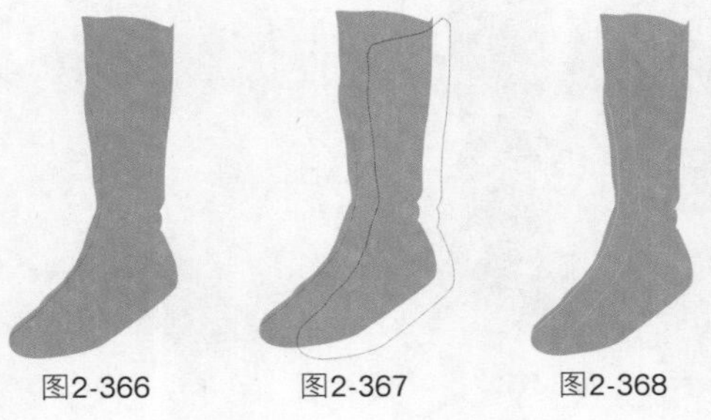

图2-366　图2-367　图2-368

04 选择“图层3”，使用“钢笔工具”绘制路径，效果如图2-369所示。将其转换为选区，按快捷键Ctrl+J拷贝图层，得到“图层4”，效果如图2-370所示。单击“图层”面板底部的“添加图层样式”按钮，在对话框中设置参数，如图2-371所示，效果及局部效果如图2-372所示。

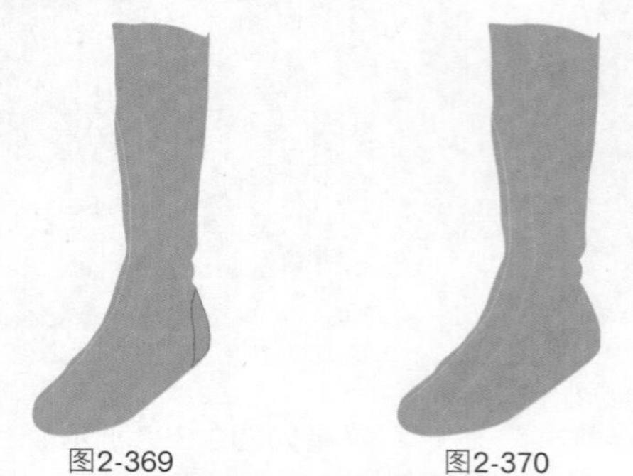

图2-369　　图2-370

图2-371

05 选择“图层4”，使用“钢笔工具”绘制路径，效果如图2-373所示。将其转换为选区，按快捷键Ctrl+J拷贝图层，得到“图层5”。单击“图层”面板底部的“添加图层样式”按钮，在对话框中设置参数，如图2-374所示，效果如图2-375所示。

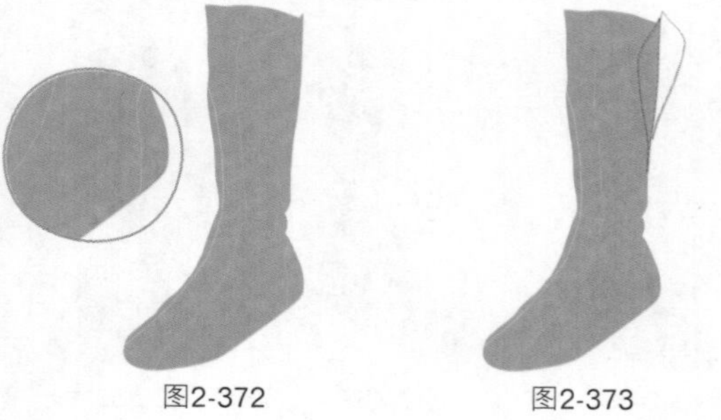

图2-372　　图2-373

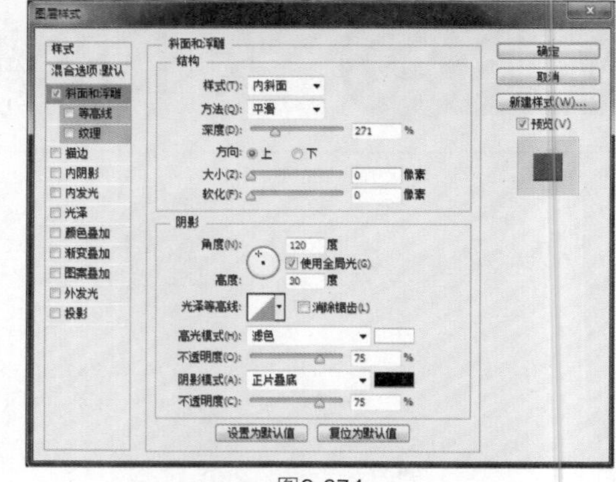

图2-374

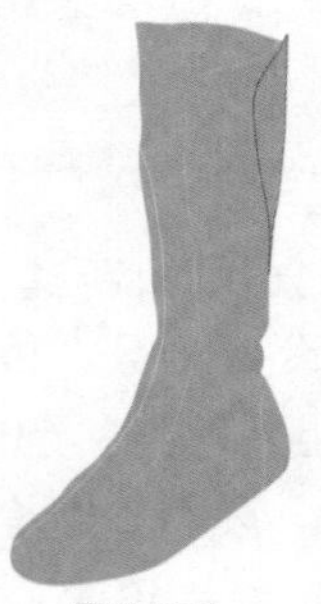

图2-375

06 选择“减淡工具”，参数设置如图2-376所示，为靴子整体进行减淡涂抹处理，效果如图2-377所示。选择“图层1”，选择“减淡工具”，参数设置如图2-378所示，为鞋面和鞋尖部分进行加亮处理，效果如图2-379所示。

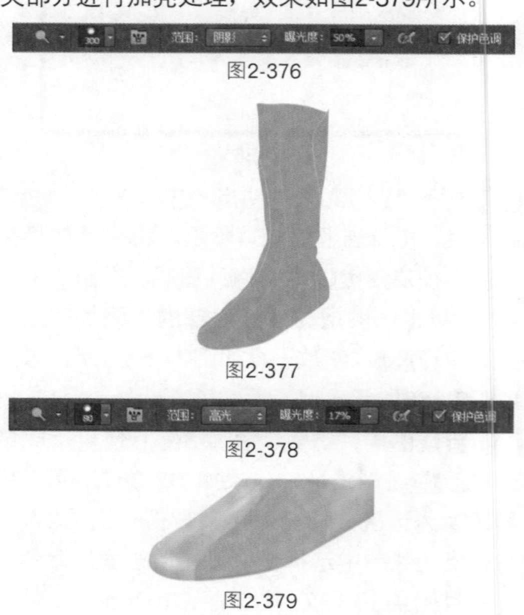

图2-376

图2-377

图2-378

图2-379

07 选择“图层3”，使用“钢笔工具”绘制路径，效果如图2-380所示。将路径转换为选区，选择“选择”|“修改”|“羽化”命令，弹出对话框并设置参数，如图2-381所示。选择“减淡工具”，参数设置如图2-382所示，在“图层3”中进行减淡处理，效果如图2-383所示。

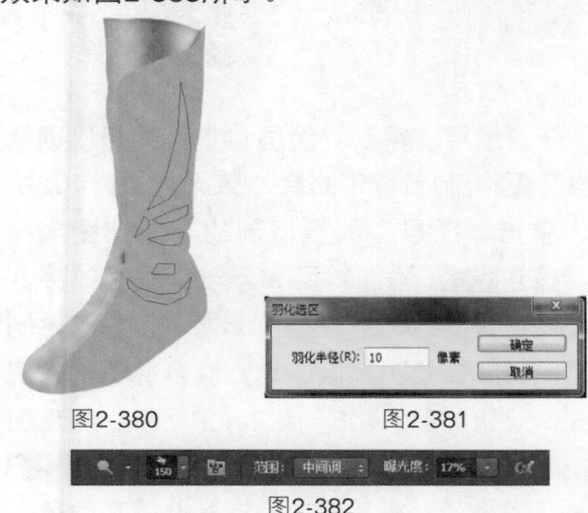

图2-380　图2-381

图2-382

08 新建图层，得到“图层6”，使用“钢笔工具”绘制路径，将其转换为选区并填充颜色，效果如图2-384、图2-385所示。单击“图层”面板底部的“添加图层样式”按钮，参数设置如图2-386所示，效果如图2-387所示。

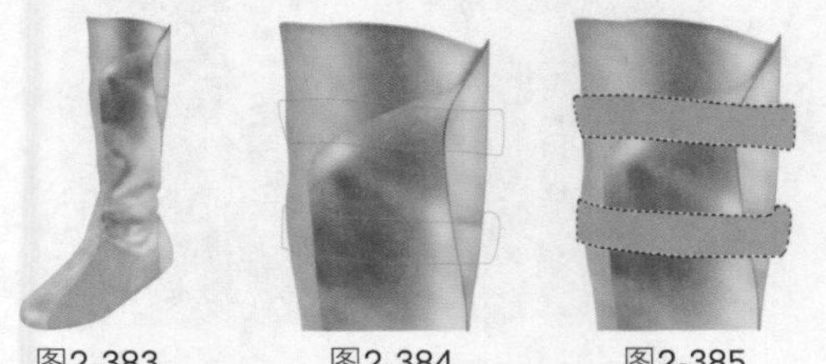

图2-383　图2-384　图2-385

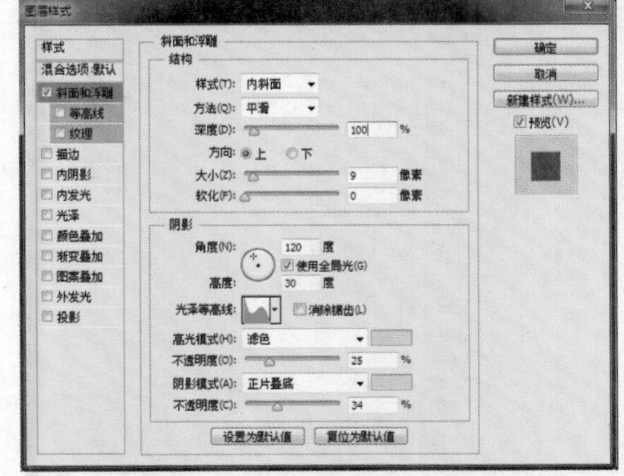

图2-386

09 使用“钢笔工具”绘制鞋带路径，效果如图2-388所示。将路径转换为选区并填充颜色，效果如图2-389所示。

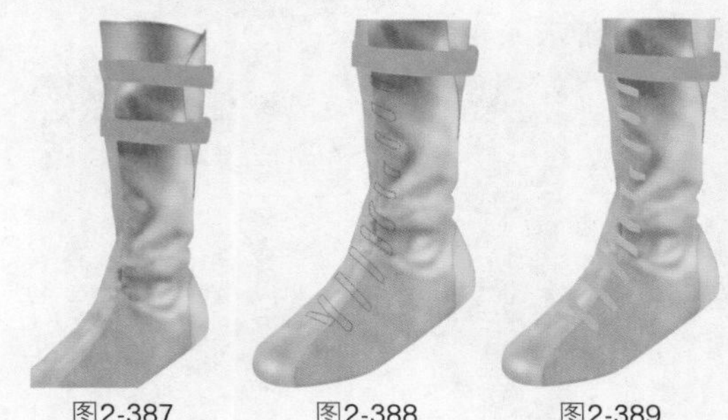

图2-387　图2-388　图2-389

10 单击“图层”面板底部的“添加图层样式”按钮，参数设置如图2-390所示，效果如图2-391所示。新建图层，得到“图层8”，使用“钢笔工具”绘制鞋带路径，效果如图2-392所示。将路径转换为选区并填充颜色，添加斜面和浮雕效果，效果如图2-393所示。

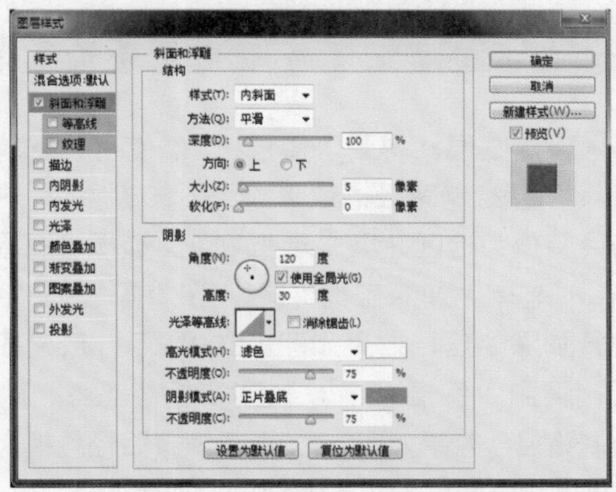

图2-390

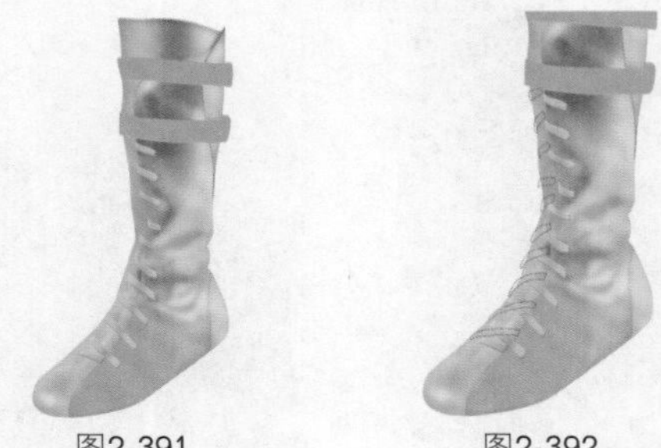

图2-391　图2-392

11 选择“图层2”，使用“钢笔工具”绘制路径，效果如图2-394所示。将路径转换为选区，选择“选择”|“修改”|“羽化”命

令，在弹出的对话框中设置参数，如图2-395所示。选择“加深工具”，参数设置如图2-396所示。在选区内进行加深处理，效果如图2-397所示。

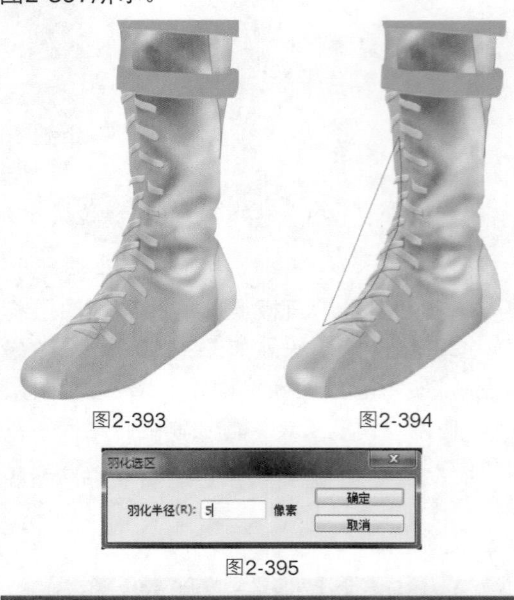

图2-393

图2-394

羽化选区
羽化半径(R): 5
像素
确定
取消
图2-395

范围: 中间调
曝光度: 100%
保护色调
图2-396

12 新建图层，得到“图层9”，使用“钢笔工具”绘制路径，效果如图2-398所示，将路径转换为选区并填充渐变颜色。选择“图层6”，选择“加深工具”，在“图层9”中进行加深处理，效果如图2-399所示。新建图层，得到“图层10”，使用“钢笔工具”绘制路径，效果如图2-400所示。将路径转换为选区并填充颜色，效果如图2-401所示。

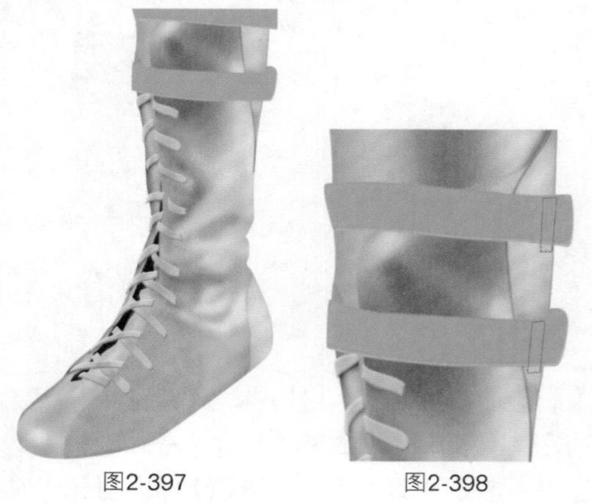

图2-397

图2-398

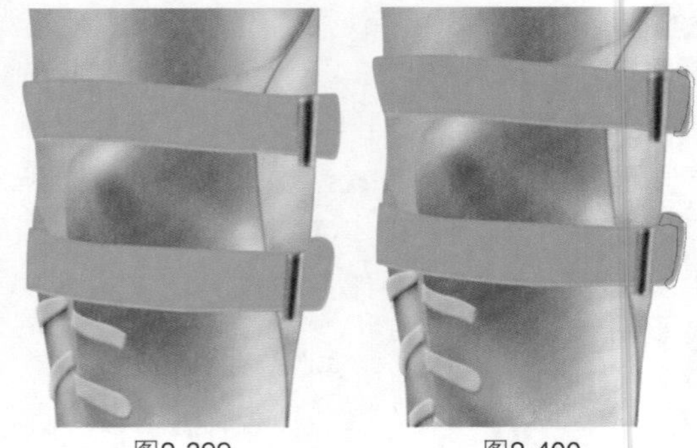

图2-399

图2-400

13 新建图层，得到“图层11”，使用“钢笔工具”绘制出鞋带路径，效果如图2-402所示。单击“图层”面板底部的“添加图层样式”按钮，添加斜面和浮雕、纹理效果，参数设置如图2-403、图2-404所示，继续绘制路径，将其转换为选区、填充颜色并添加图层样式，效果如图2-405、图2-406所示。新建图层，得到“图层12”，使用“钢笔工具”绘制鞋底路径，将其转换为选区并填充颜色，效果如图2-407、图2-408所示。

图2-401

图2-402

图层样式
斜面和浮雕
结构
样式(T): 内斜面
方法(Q): 平滑
阴影
确定
取消
图2-403

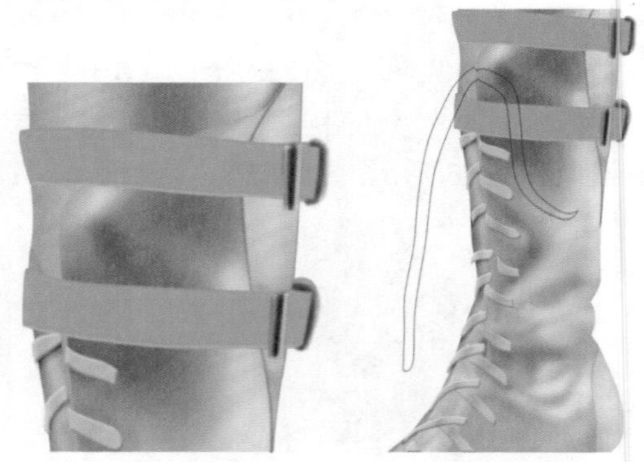

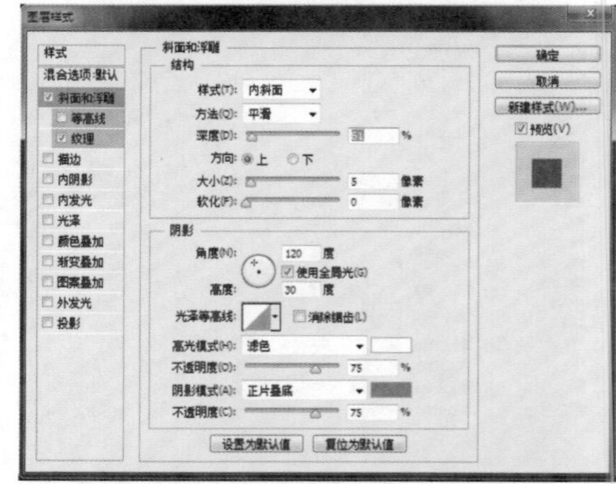

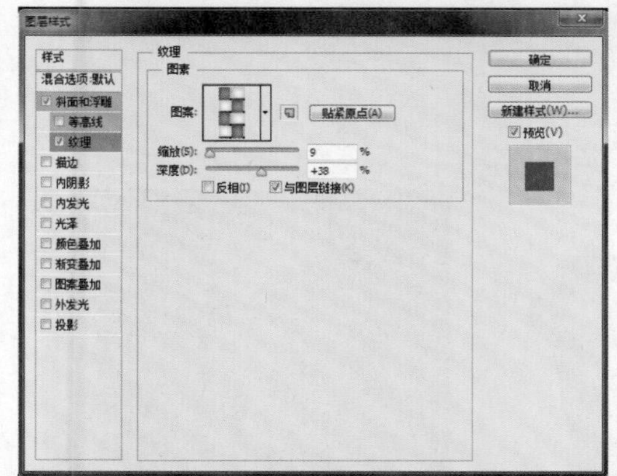

图2-404

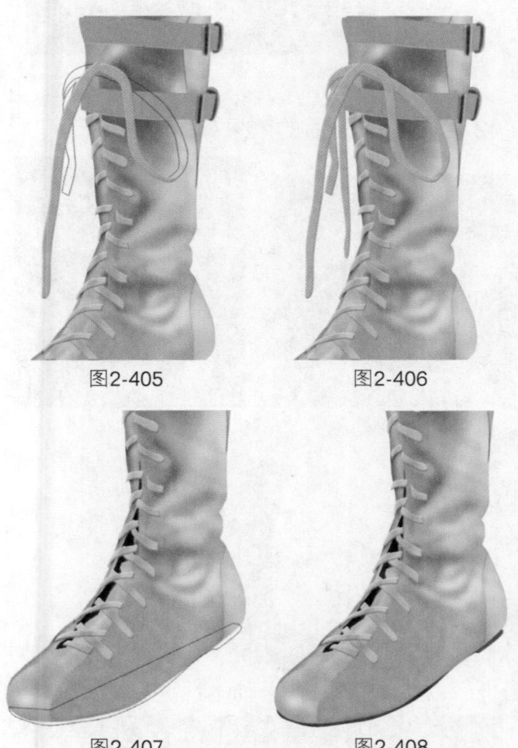

图2-405　图2-406

图2-407　图2-408

14 新建图层，得到“图层13”，使用“钢笔工具”绘制路径，效果如图2-409所示。单击“路径”面板底部的“用画笔描边路径”按钮，打开“样式”面板，选择其中的“1磅白色2磅间隔点线，无填充”选项，如图2-410所示，效果如图2-411所示。

15 新建图层，得到“图层14”，使用“钢笔工具”绘制路径，效果如图2-412所示。打开“样式”面板，选择其中的“1磅白色2磅间隔点线，无填充”选项，效果如图2-413所示。复制“组1”，并摆放到合适的位置，最后导入随书光盘中的文件“素材”\“第2章”\“2.8.jpg”，放到靴子后面，最终效果如图2-414所示。

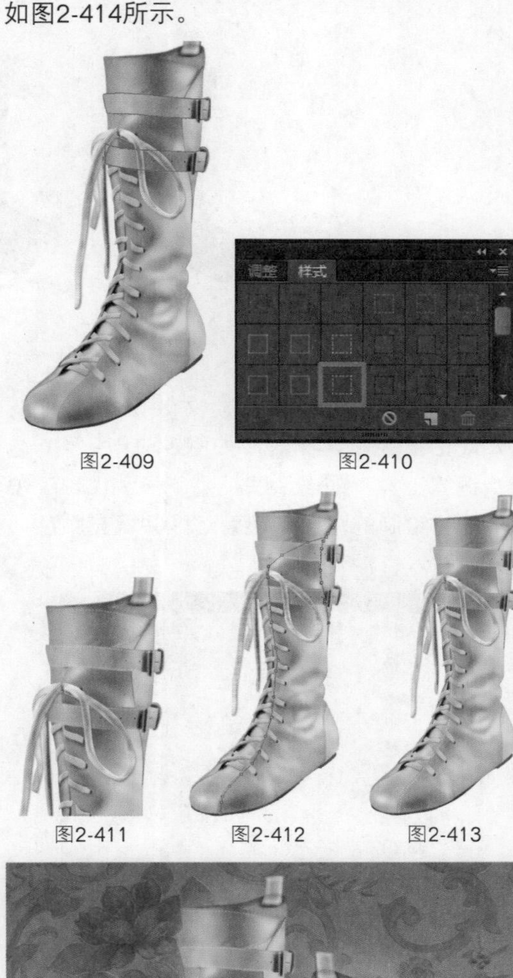

图2-409　图2-410

图2-411　图2-412　图2-413

图2-414

Works 2.9 翻毛女靴

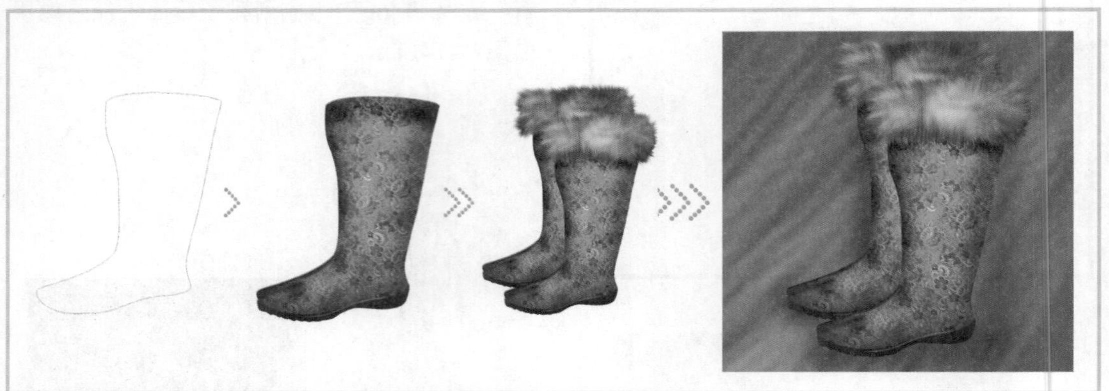

01 按快捷键Ctrl+N新建文件，弹出“新建”对话框并设置参数，如图2-415所示。选择“钢笔工具”绘制路径，效果如图2-416所示。将绘制的路径转换为选区并填充颜色，效果如图2-417所示。

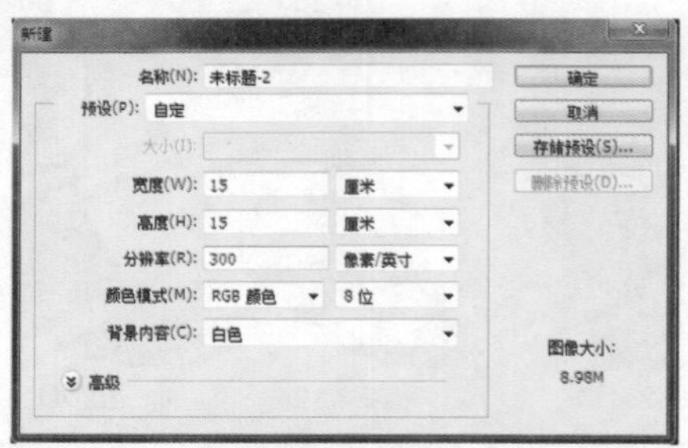

图2-415

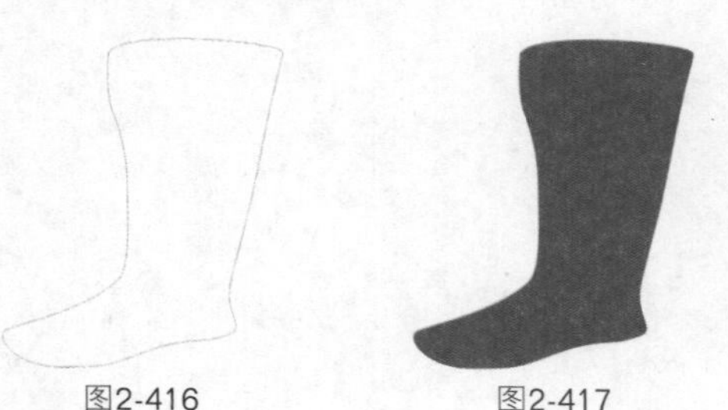

图2-416 图2-417

02 打开随书光盘中的文件“素材”\“第2章”\“2.9-1.tif”，如图2-418所示。拖曳素材到文件中，得到“图层2”，“图层”面板如图2-419所示。单击鼠标右键，在弹出的菜单中选择“创建剪贴蒙版”命令，效果如图2-420所示。选择“加深工具”，参数设置如图2-421所示，涂抹后的效果如图2-422所示。

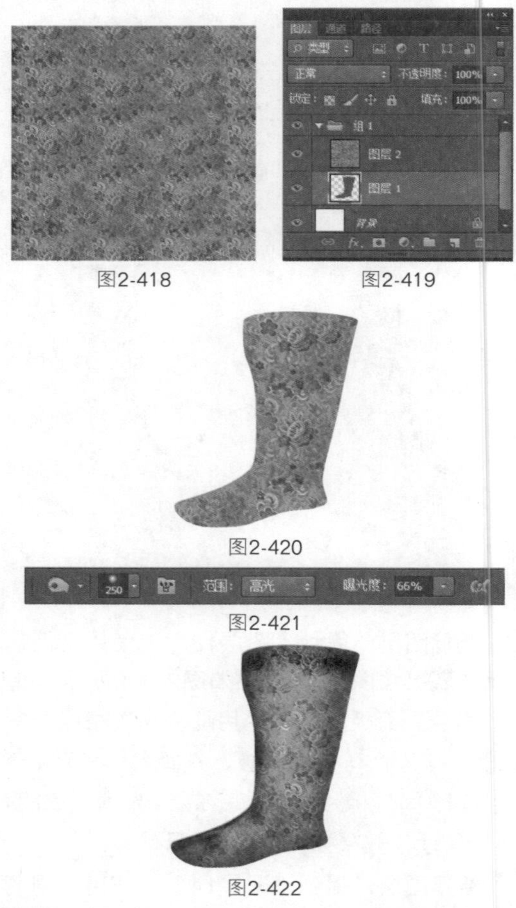

图2-418 图2-419

图2-420

图2-421

图2-422

03 选择“减淡工具”，参数设置如图2-423所示。选择“钢笔工具”绘制路径，

效果如图2-424所示。将路径作为选区载入，选择“选择”|“修改”|“羽化”命令，对话框设置如图2-425所示。选择“加深工具”，涂抹后的效果如图2-426所示。

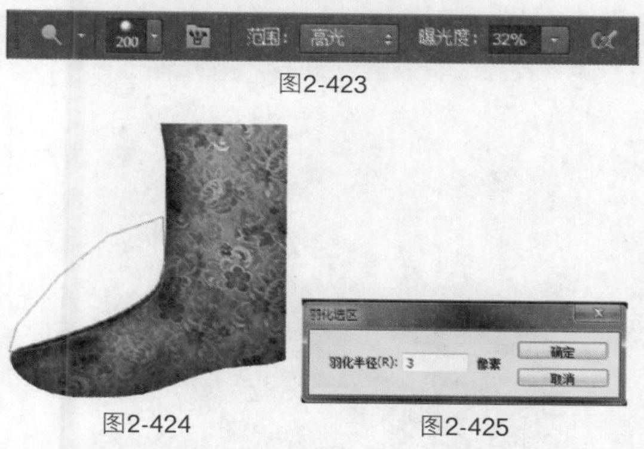

图2-423

图2-424

图2-425

04 新建“图层3”，选择“钢笔工具”绘制路径，效果如图2-427所示。将路径转换为选区，选择“选择”|“修改”|“羽化”命令，对话框设置如图2-428所示，填充后的效果如图2-429所示。选择“减淡工具”，参数设置如图2-430所示，对靴子底部受光区域进行加亮处理，效果如图2-431所示。

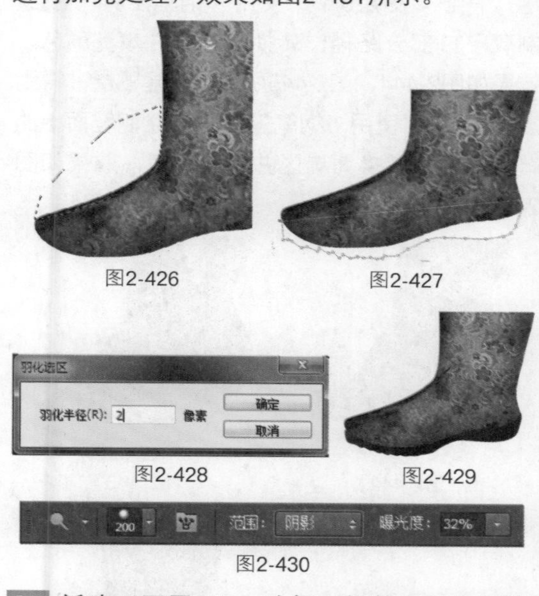

图2-426

图2-427

图2-428

图2-429

图2-430

05 新建“图层4”，选择“钢笔工具”绘制路径，如图2-432所示。将路径转换为选区载入，选择“选择”|“修改”|“羽化”命令，对话框设置如图2-433所示，填充后的效果如图2-434所示。选择“加深工具”，参数设置如图2-435所示，对图像进行加深处理，再选择“涂抹工具”，加深及涂抹后的效果如图2-436所示。

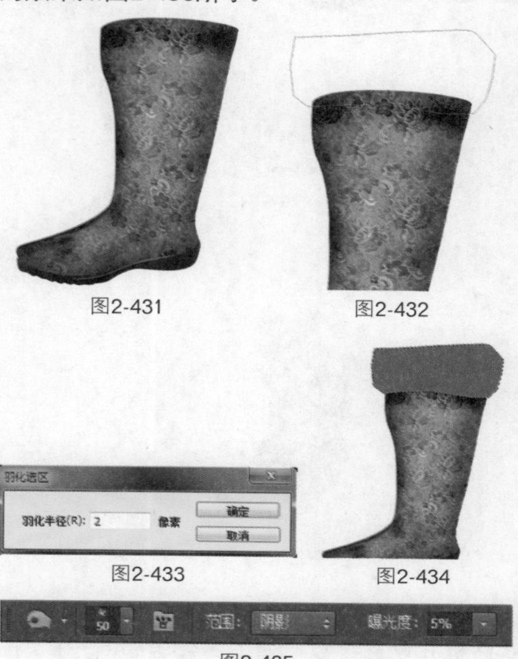

图2-431

图2-432

图2-433

图2-434

图2-435

06 复制“组1”，效果如图2-437所示。最后导入随书光盘中的文件“素材”\“第2章”\“2.9-2.tif”，放到所有图层的最底层，最终效果如图2-438所示。

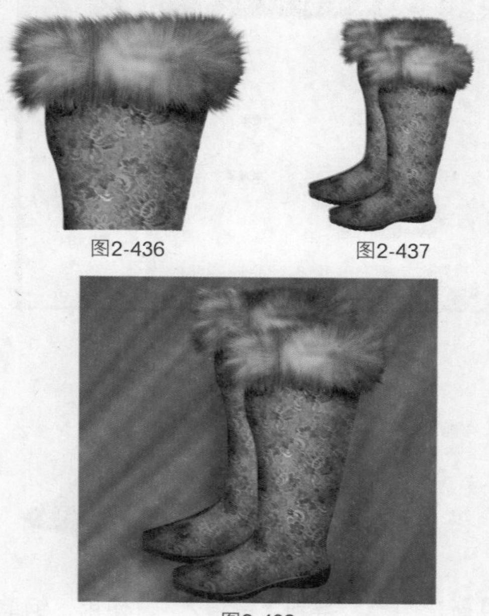

图2-436

图2-437

图2-438

Works 2.10 儿童棉靴

01 按快捷键Ctrl+N新建文件，弹出“新建”对话框并设置参数，如图2-439所示。在“图层”面板中新建图层组，得到“组1”，新建图层，得到“图层1”。使用“钢笔工具”绘制靴子的轮廓路径，转换为选区并填充颜色，效果如图2-440、图2-441所示。

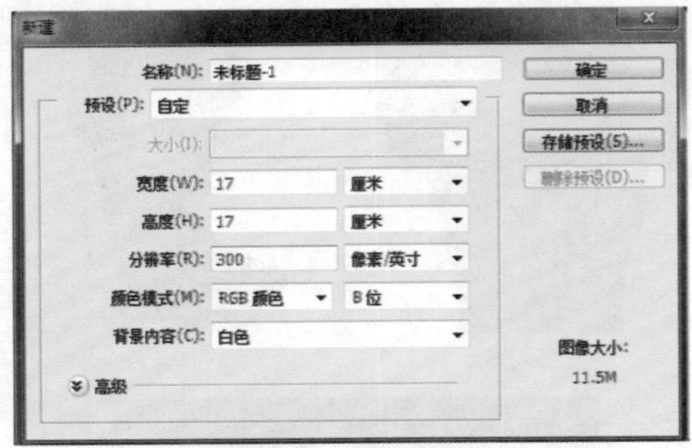

图2-439

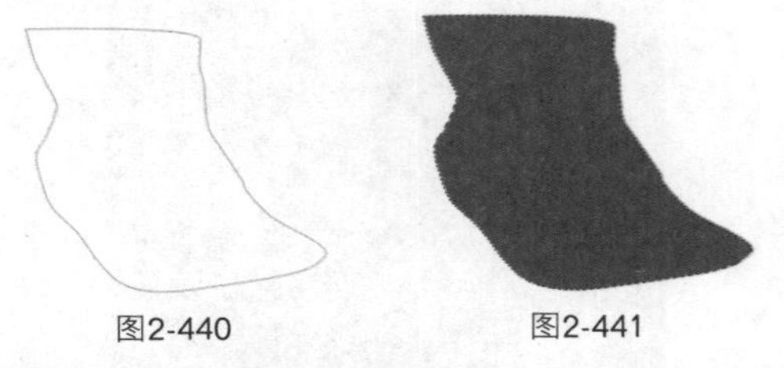

图2-440　　图2-441

02 新建图层，得到“图层2”，使用“钢笔工具”绘制鞋底路径，转换为选区并填充颜色，效果如图2-442、图2-443所示。新建图层，得到“图层3”，使用“钢笔工具”绘制靴子口部分路径，转换为选区并填充颜色，效果如图2-444、图2-445所示。新建图层，得到“图层4”，使用“钢笔工具”绘制鞋面上的鞋带路径，转换为选区并填充颜色，效果如图2-446、图2-447所示。

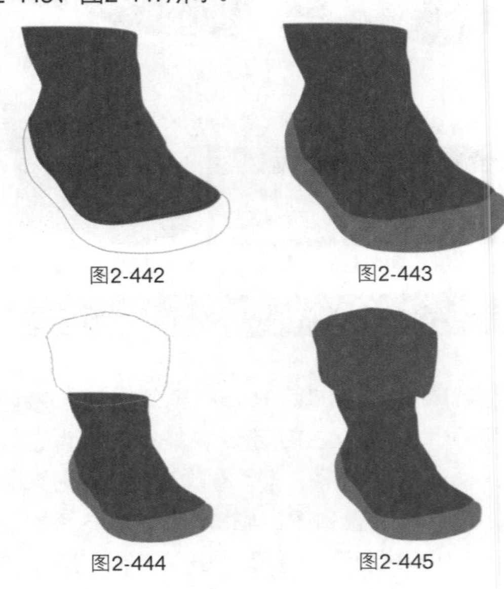

图2-442　　图2-443

图2-444　　图2-445

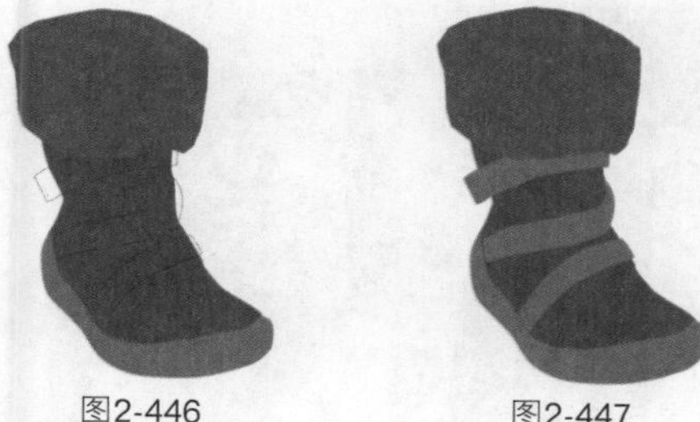
图2-446 图2-447

03 选择“图层4”，单击“图层”面板底部的“添加图层样式”按钮，在弹出的对话框中选择“斜面和浮雕”命令，参数设置如图2-448所示，效果如图2-449所示。同样在“图层4”中再绘制各条短路径，转换为选区并填充颜色，然后添加斜面和浮雕效果，效果如图2-450所示。

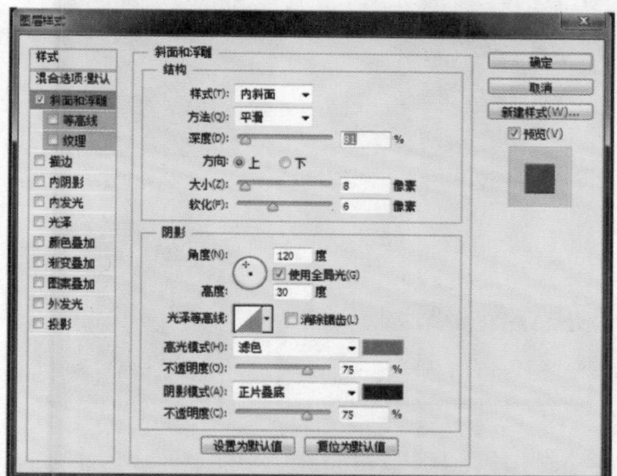
图2-448

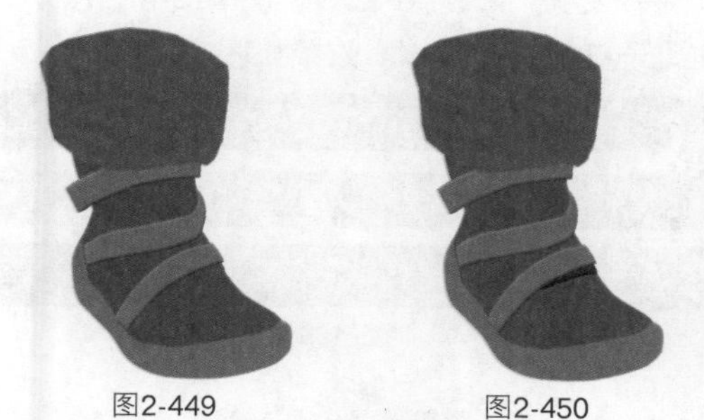
图2-449 图2-450

04 选择“图层4”，选择“加深工具”及“减淡工具”，参数设置如图2-451所示，在鞋带上进行涂抹，效果如图2-452所示。

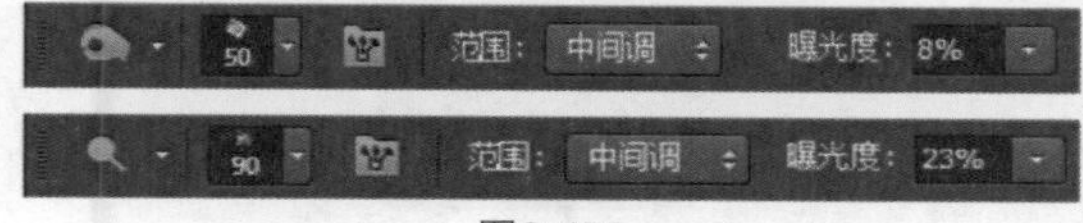

图2-451

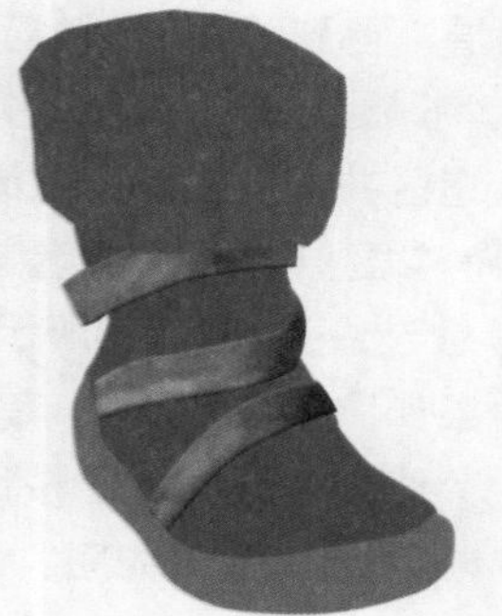
图2-452

05 选择“减淡工具”和“加深工具”，参数设置如图2-253所示。分别在靴面上进行涂抹，效果如图2-254所示。

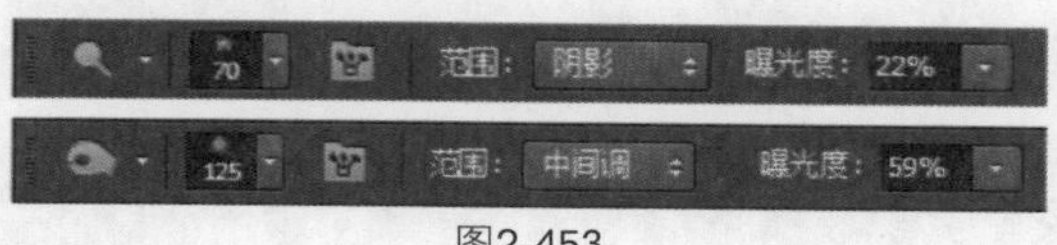

图2-453

06 新建图层，得到“图层5”，使用“钢笔工具”绘制路径，效果如2-455所示。将路径转换为选区并填充颜色，单击“图层”面板底部的“添加图层样式”按钮，参数设置如图2-456所示，效果如图2-457所示。

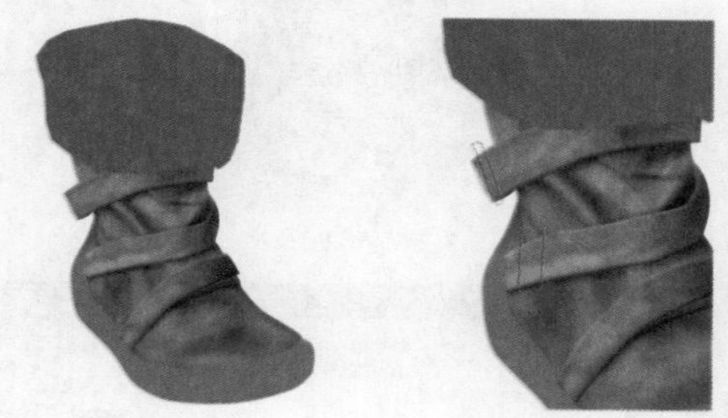
图2-454 图2-455

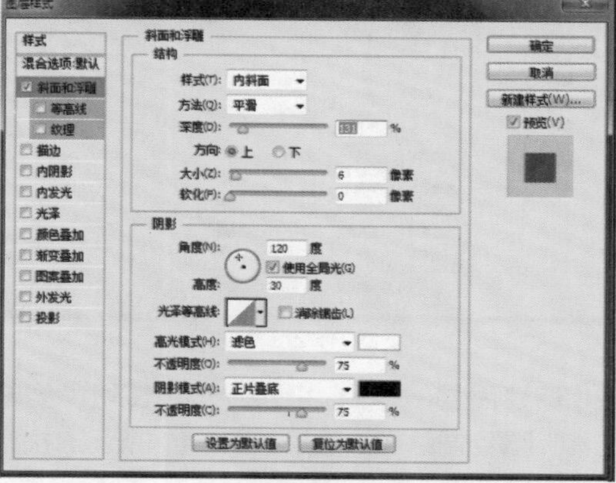
图2-456

07 新建图层，得到“图层6”，使用“钢笔工具”绘制路径，效果如图2-458所示。将路径转换为选区并填充颜色，效果如图2-459所示。选择“图层2”，再选择“减淡工具”，参数设置如图2-460所示。对鞋扣进行涂抹，效果如图2-461所示。单击“图层”面板底部的“添加图层样式”按钮，参数设置如图2-462所示，效果如图2-463所示。

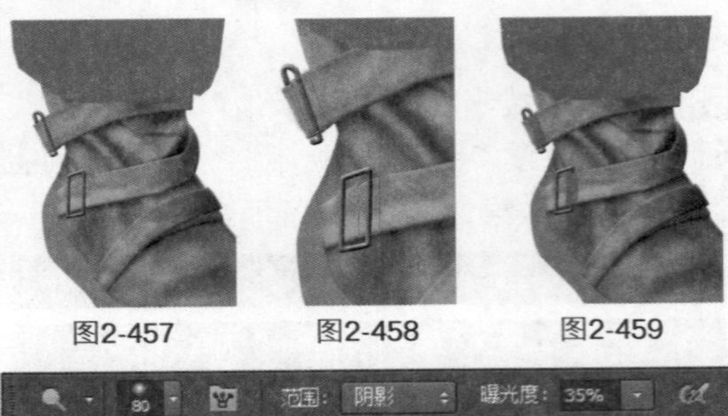

图2-457　图2-458　图2-459

图2-460

图2-461

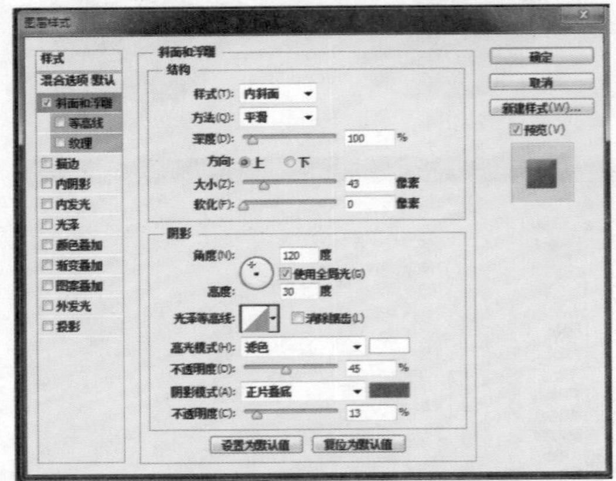

图2-462

08 新建图层，得到“图层7”，使用“钢笔工具”绘制路径，效果如图2-464所示。执行描边路径操作，效果如图2-465所示。

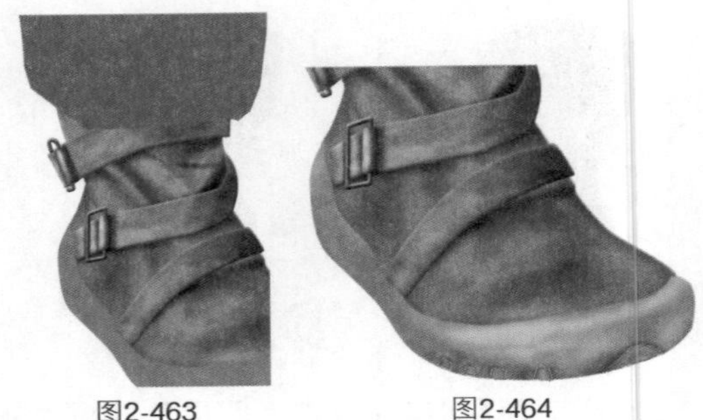

图2-463　图2-464

09 选择“图层3”，使用“钢笔工具”绘制路径，将路径转换为选区，效果如图2-466所示。选择“选择”|“修改”|“羽化”命令，弹出对话框并设置参数，如图2-467所示，效果如图2-468所示。

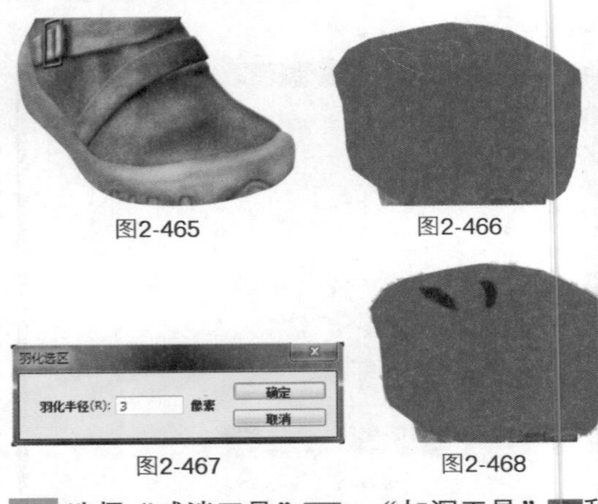

图2-465　图2-466

图2-467　图2-468

10 选择“减淡工具”、“加深工具”和“涂抹工具”，参数设置如图2-469所示，在靴子口处进行涂抹，效果如图2-470所示。

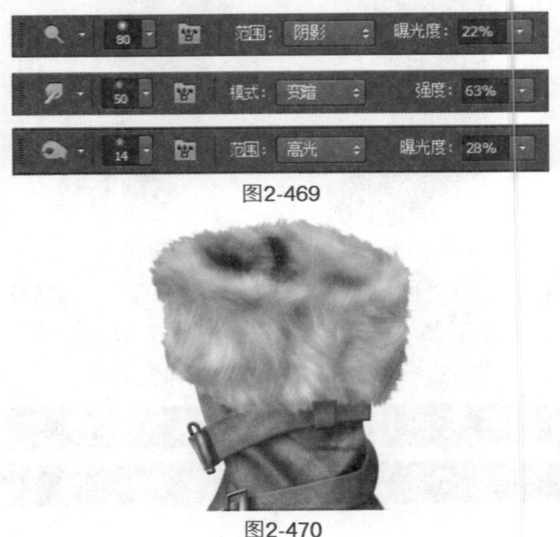

图2-469

图2-470

11 新建图层，得到“图层8”，使用“钢笔工具”绘制路径，进行描边路径操作，效果如图2-471、图2-472所示。

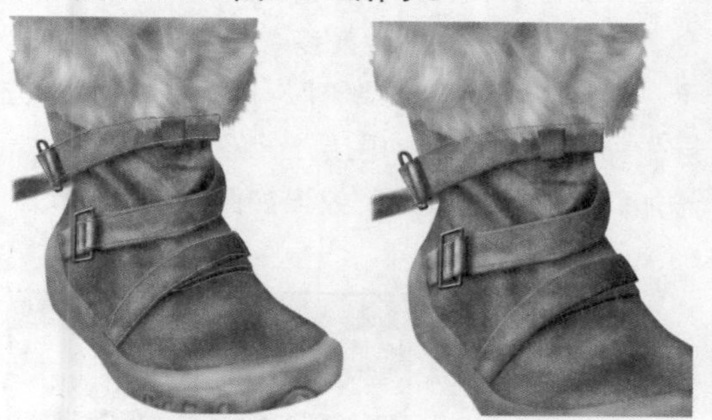

图2-471　图2-472

12 打开“样式”面板，选择其中的“1磅白色2磅虚线，无填充”选项，如图2-473所示，效果如图2-474所示。复制“组1”中的图像并摆放到合适的位置，最后导入随书光盘中的文件“素材”\“第2章”\“2.10.tif”，最终效果如图2-475所示。

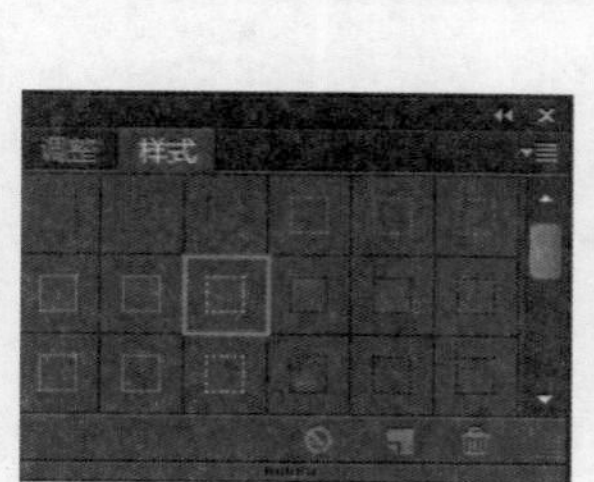

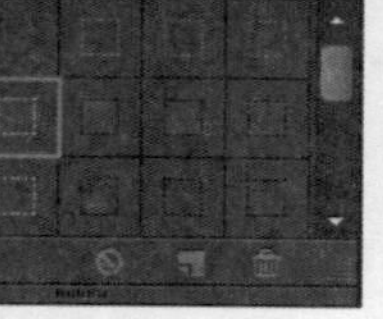

图2-473

图2-474

图2-475

Works 2.11 轮滑鞋

01 按快捷键Ctrl+N新建文件，弹出“新建”对话框并设置参数，如图2-476所示。新建图层组，得到“组1”，新建图层，得到“图层1”。选择“钢笔工具”绘制路径，效果如图2-477所示。将路径转换为选区并填充颜色，效果如图2-478所示。

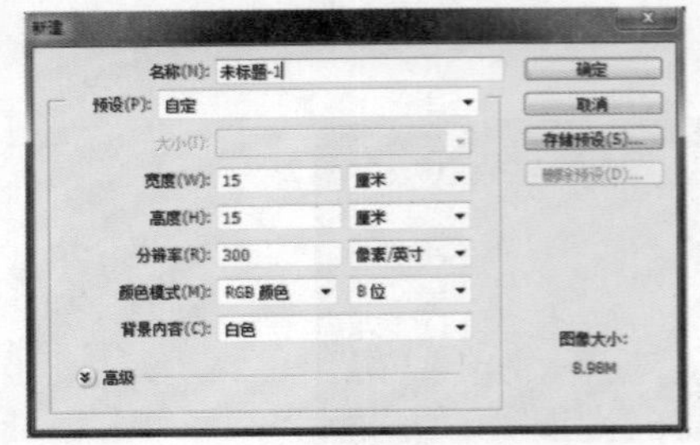

图2-476

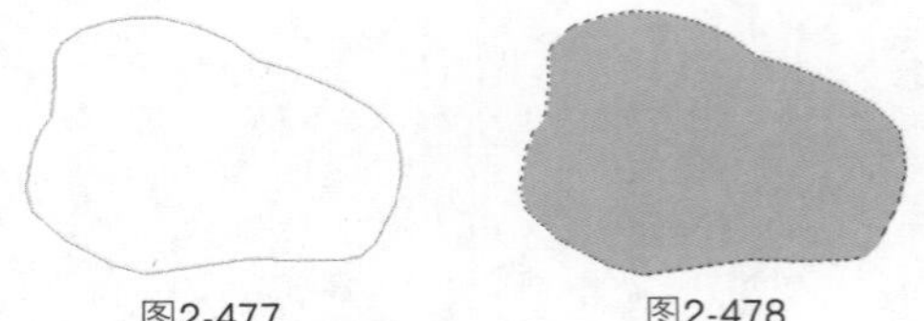
图2-477　　图2-478

02 双击“图层1”，弹出“图层样式”对话框，参数设置如图2-479所示，效果如图2-480所示。选择“图层1”，选择“钢笔工具”绘制路径，效果如图2-481所示。

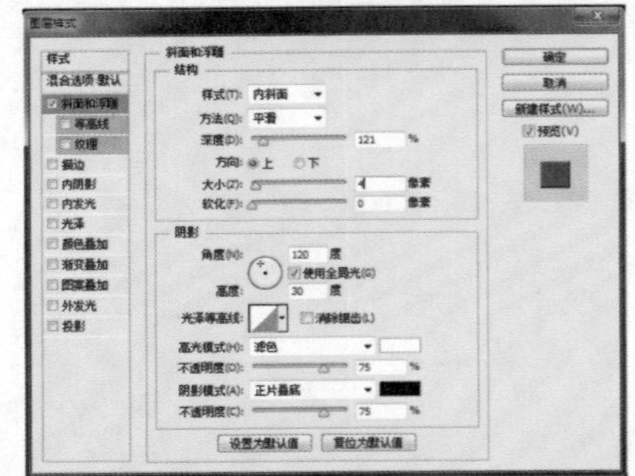
图2-479

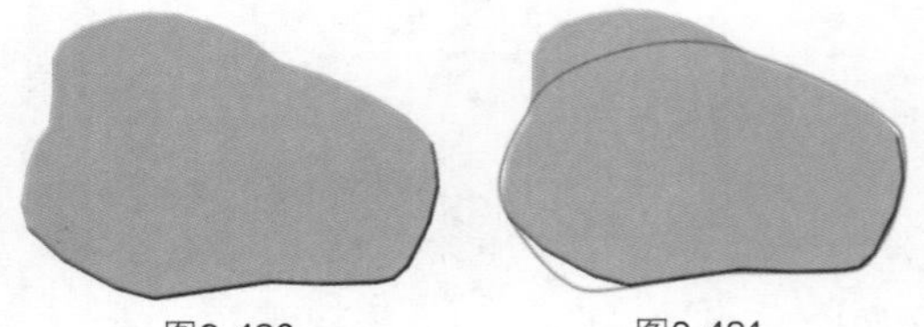
图2-480　　图2-481

03 将路径转换为选区，选择“选择”|“修改”|“羽化”命令，对话框设置如图2-482所示。选择“图层”|“新建”|“通过拷贝的图层”命令，生成新的图层，得到“图层2”，添加斜面和浮雕效果，效果如图2-483所示。

图2-482　　图2-483

04 选择“图层2”，使用“钢笔工具”绘制路径，效果如图2-484所示。将路径转换为选区，选择“选择”|“修改”|“羽化”命令，弹出对话框并设置参数，如图2-485所示。选择“图层”|“新建”|“通过拷贝的图层”命令，生成新的图层，得到“图层3”，添加斜面和浮雕效果，效果如图2-486所示。

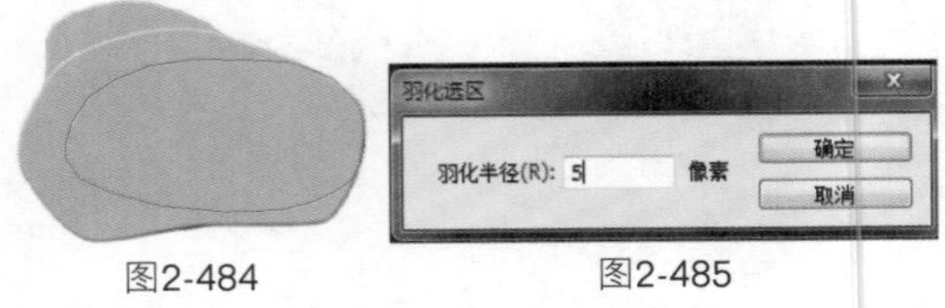

图2-484　　图2-485

05 选择“图层3”，选择“钢笔工具”绘制路径，效果如图2-487所示。双击“图层4”，弹出“图层样式”对话框，参数设置如图2-488所示，效果如图2-489所示。新建图层，得到“图层5”，使用“钢笔工具”绘制路径，效果如图2-490所示。将路径转换为选区并填充颜色，将“图层5”移动到“图层4”的下面，效果如图2-491所示。

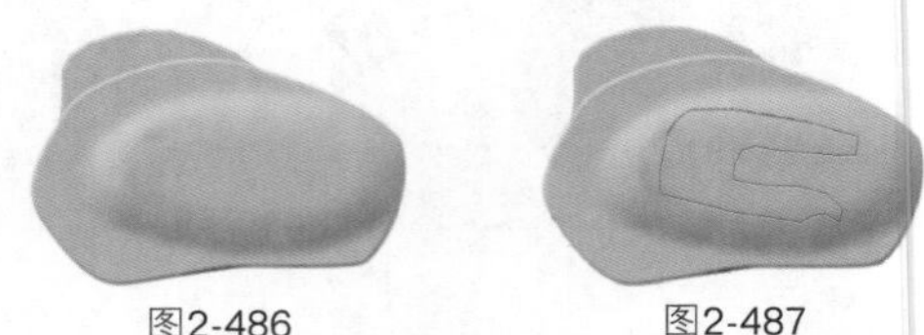
图2-486　　图2-487

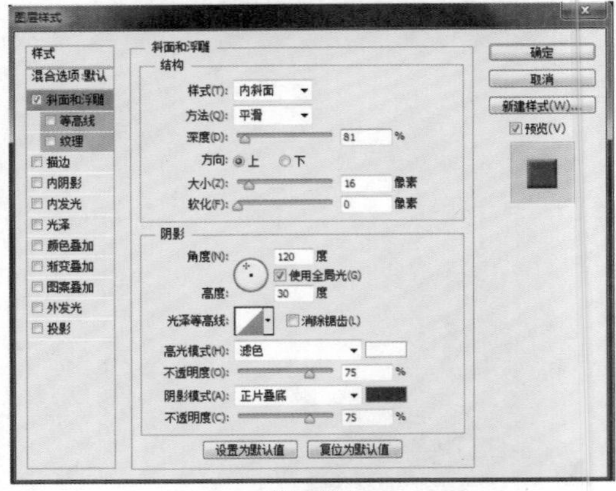
图2-488

图2-489

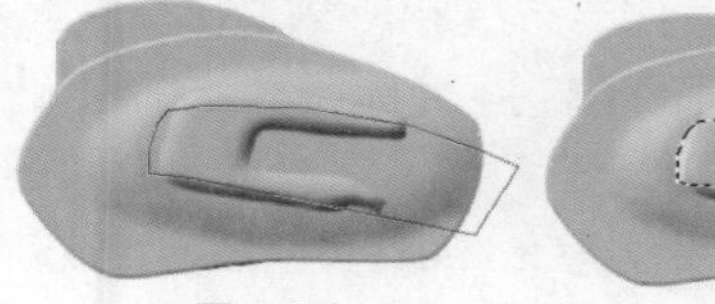

图2-490　　图2-491

06 双击“图层5”，弹出“图层样式”对话框，参数设置如图2-492所示，效果如图2-493所示。

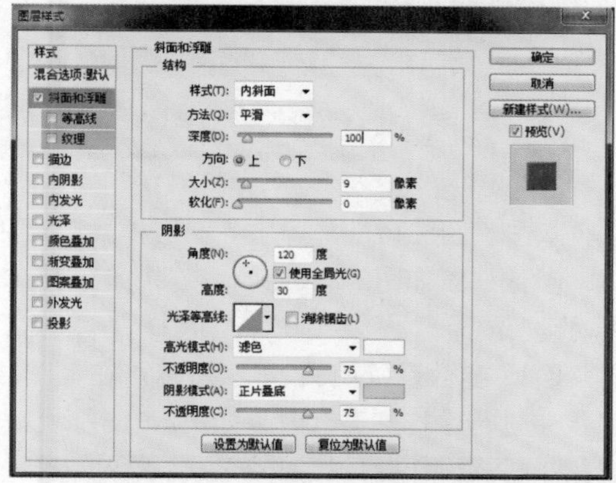

图2-492

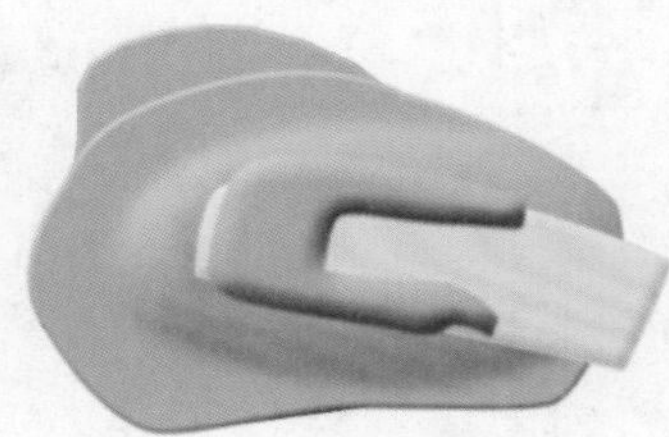

图2-493

07 选择“图层5”，选择“减淡工具”，参数设置如图2-494所示。在“图层5”中进行涂抹加亮，效果如图2-495所示。新建图层，得到“图层6”，使用“钢笔工具”绘制路径，效果如图2-496所示，将路径转换为选区并填充颜色，添加斜面和浮雕效果，效果如图2-497所示。

图2-494

08 新建图层，得到“图层7”，使用“钢笔工具”绘制路径，效果如图2-498所示。将路径转换为选区并填充颜色，效果如图2-499所示，添加斜面和浮雕效果，效果如图2-500所示。

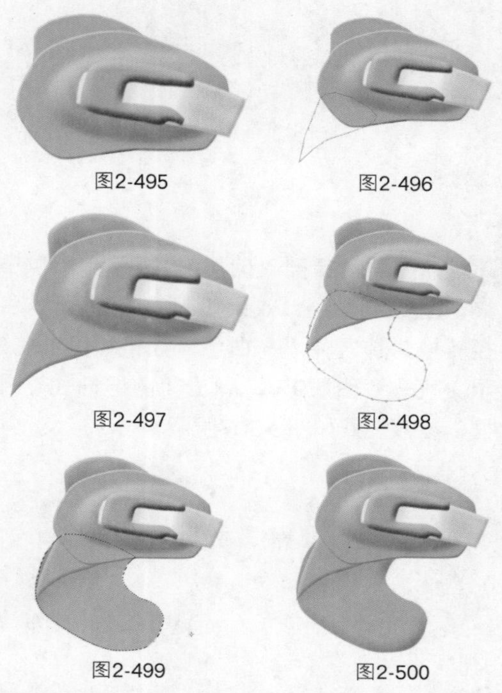

图2-495　　图2-496

图2-497　　图2-498

图2-499　　图2-500

09 选择“图层7”，选择“钢笔工具”绘制路径，效果如图2-501所示。将路径转换为选区，按快捷键Ctrl+J拷贝图层，生成新图层，得到“图层8”。选择“选择”|“修改”|“羽化”命令，设置参数如图2-502所示。双击“图层8”，弹出“图层样式”对话框，参数设置如图2-503所示，效果如图2-504所示。

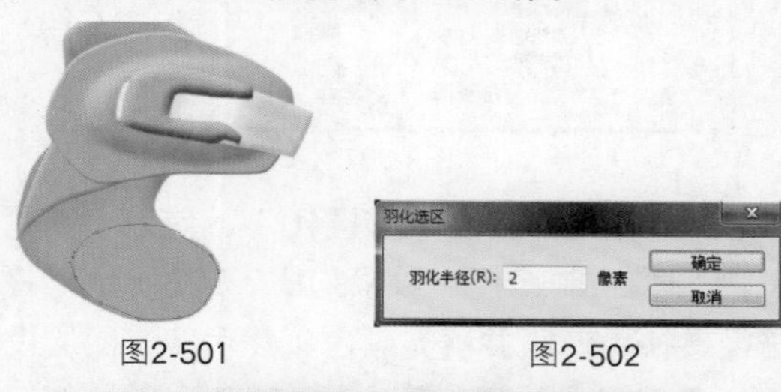

图2-501　　图2-502

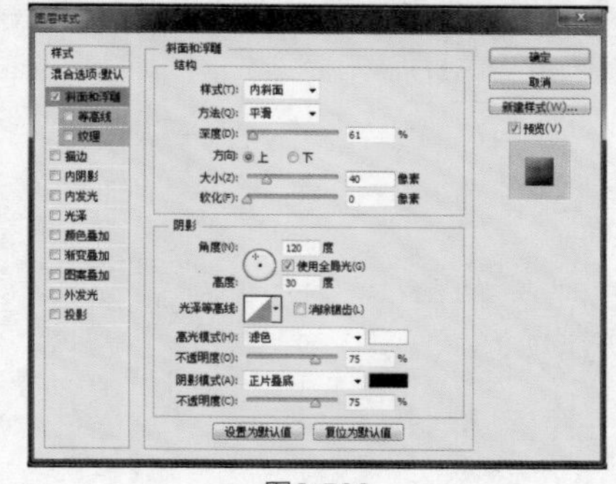

图2-503

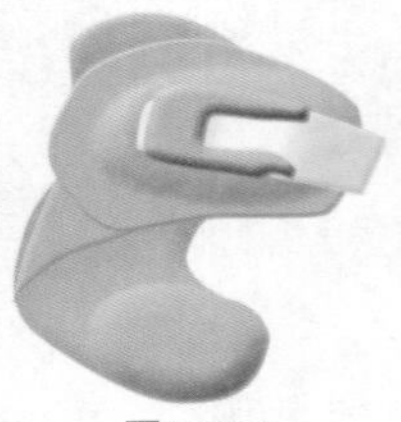

图2-504

10 新建图层，得到“图层9”，使用“钢笔工具”绘制路径，效果如图2-505所示。将路径转换为选区并填充白色，效果如图2-506所示。双击“图层9”，弹出“图层样式”对话框，参数设置如图2-507所示。

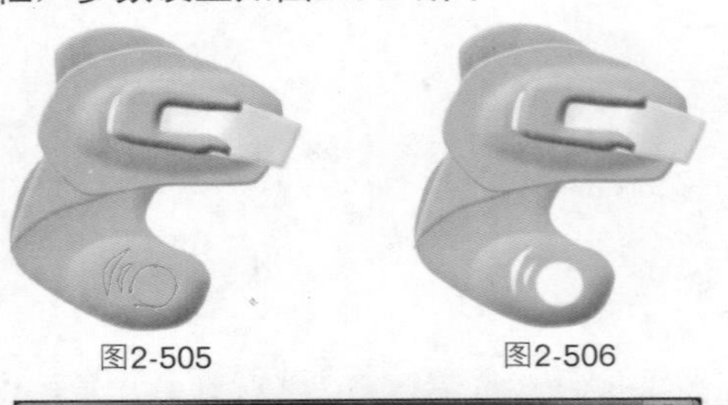

图2-505　　图2-506

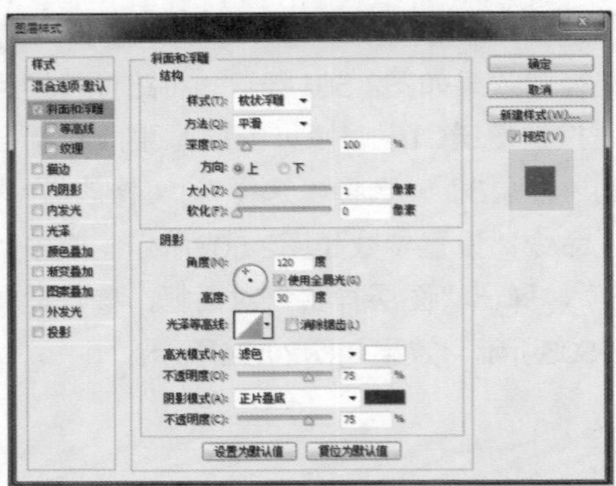

图2-507

11 新建图层，得到“图层10”，使用“钢笔工具”绘制路径，效果如图2-508所示。将路径转换为选区并填充颜色，然后将该图层设置为最底层，效果如图2-509所示，取消选区的效果如图2-510所示。

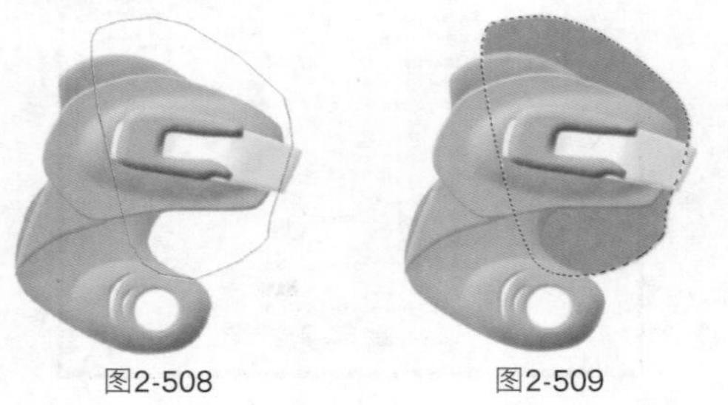

图2-508　　图2-509

12 选择“图层10”，使用“钢笔工具”绘制路径。将路径转换为选区，选择“选择”|“修改”|“羽化”命令，参数设置如图2-511所示。按快捷键Ctrl+J拷贝图层，生成新图层，得到“图层11”。

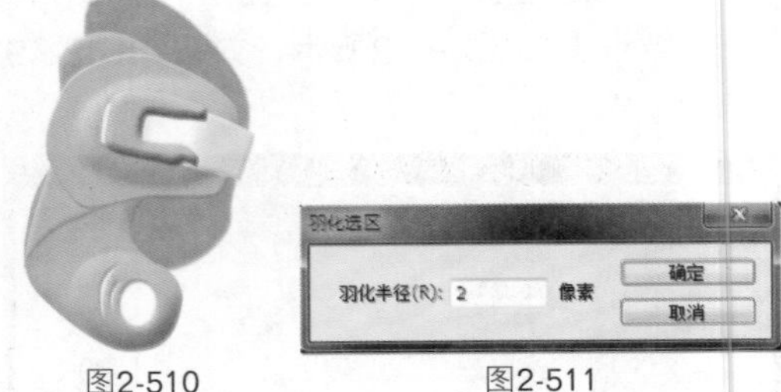

图2-510　　图2-511

13 双击“图层11”，弹出“图层样式”对话框，参数设置如图2-512所示，效果如图2-513所示。选择“图层11”，选择“减淡工具”，参数设置如图2-514所示。在“图层11”中进行涂抹加亮，效果如图2-515所示。

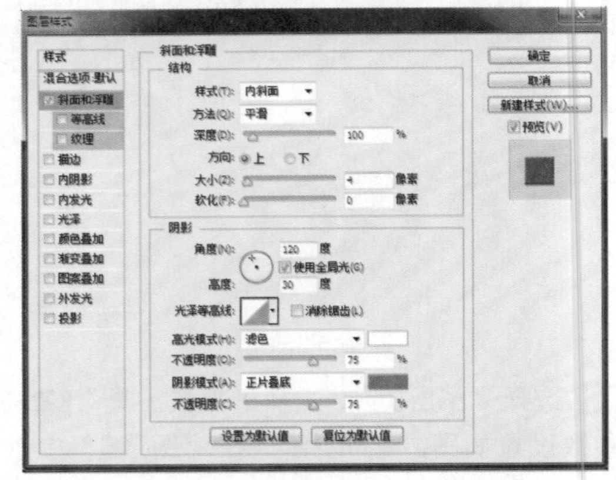

图2-512

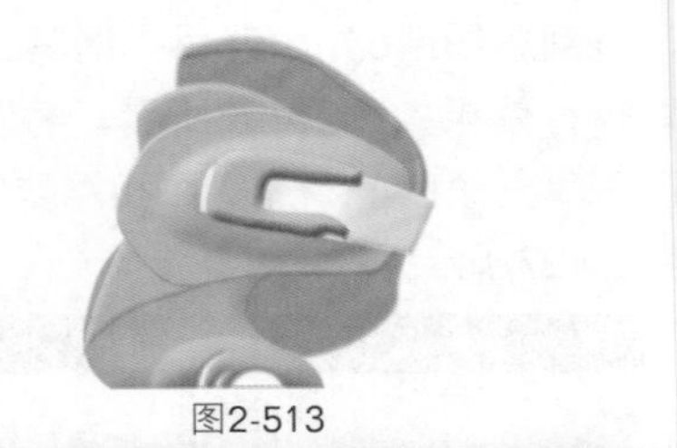

图2-513

图2-514

14 选择“加深工具”，参数设置如图2-516所示，继续在“图层11”中进行涂抹，效果如图2-517所示。新建图层，得到“图层

12”，使用“钢笔工具”绘制路径，效果如图2-518所示。将路径转换为选区并填充颜色，将该图层移动到“图层1”的下面、“图层10”的上面，效果如图2-519所示。

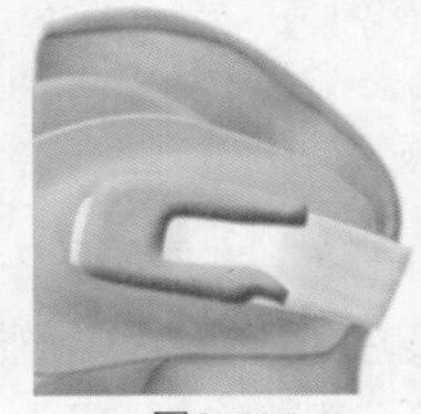
图2-515

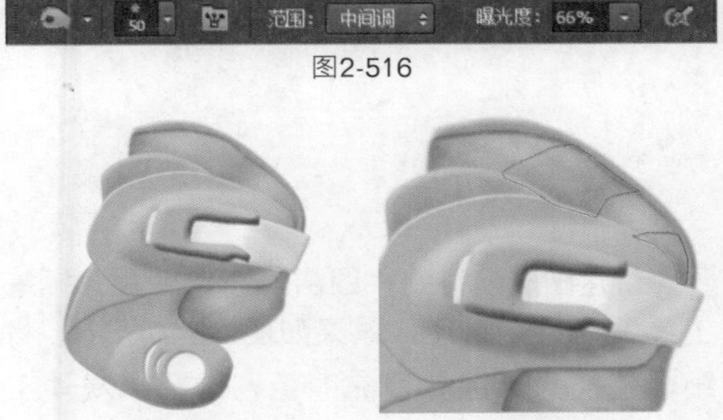

图2-516

图2-517 图2-518

15 新建图层，得到“图层13”，使用“钢笔工具”绘制路径，效果如图2-520所示。将路径转换为选区并填充颜色，效果如图2-521所示。新建图层，得到“图层14”，使用“钢笔工具”绘制路径，转换为选区并填充蓝色，同时添加斜面和浮雕效果，效果如图2-522所示。

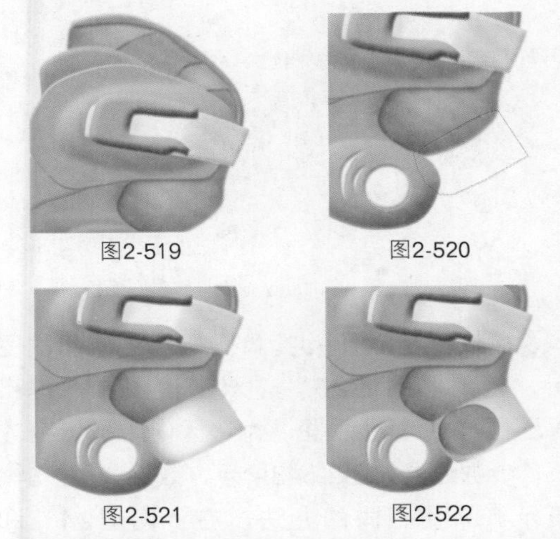
图2-519 图2-520

图2-521 图2-522

16 新建图层，得到“图层15”，使用“钢笔工具”绘制路径，效果如图2-523所示，将“图层15”转换为选区并填充颜色。新建图层，得到“图层16”，使用“钢笔工具”绘制路径，将路径转换为选区并填充颜色，效果如图2-524所示。

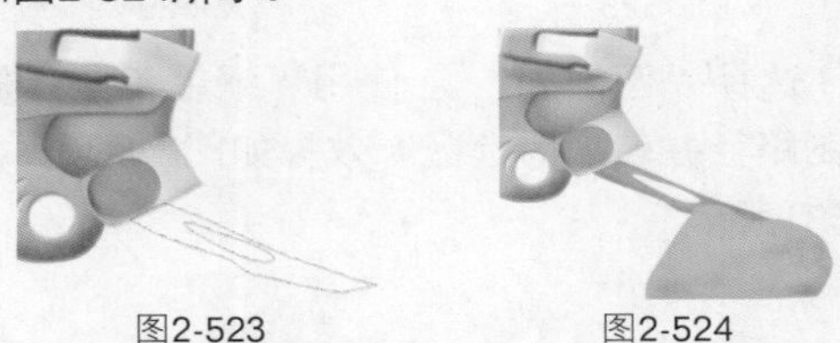
图2-523 图2-524

17 选择“钢笔工具”绘制路径，效果如图2-525所示。将路径转换为选区，按快捷键Ctrl+J拷贝图层，得到“图层17”，为“图层17”添加斜面和浮雕效果。新建图层，得到“图层18”，使用“钢笔工具”绘制路径，转换为选区并填充白色。选择“图层16”，使用“钢笔工具”绘制路径，转换为选区，按快捷键Ctrl+J拷贝图层，得到“图层19”，参照图2-526所示效果，为“图层19”添加斜面和浮雕效果，参数设置如图2-527所示。新建图层，得到“图层20”，使用“钢笔工具”绘制路径，效果如图2-528所示。将路径转换为选区并填充颜色，效果如图2-529所示。

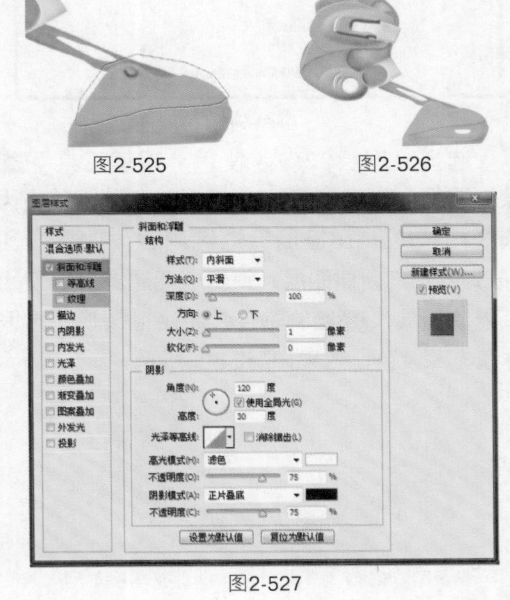

图2-525 图2-526

图2-527

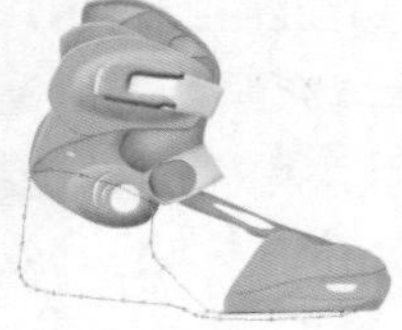
图2-528

图2-529

18 选择“图层21”，使用“钢笔工具”绘制路径并转换为选区，效果如图2-530、图2-531所示。

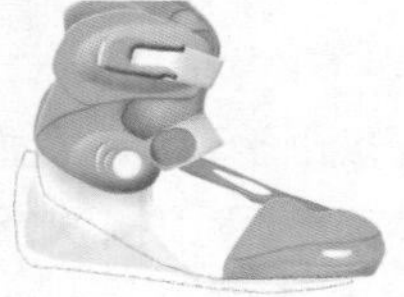
图2-530

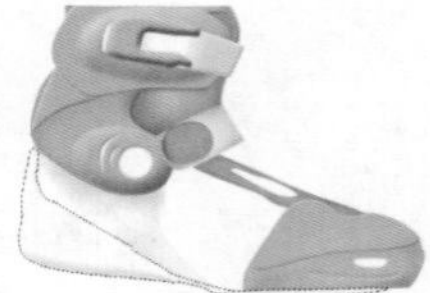
图2-531

19 按快捷键Ctrl+J拷贝图层，生成新图层，得到“图层22”。双击“图层22”，弹出“图层样式”对话框，参数设置如图2-532所示，效果如图2-533所示。

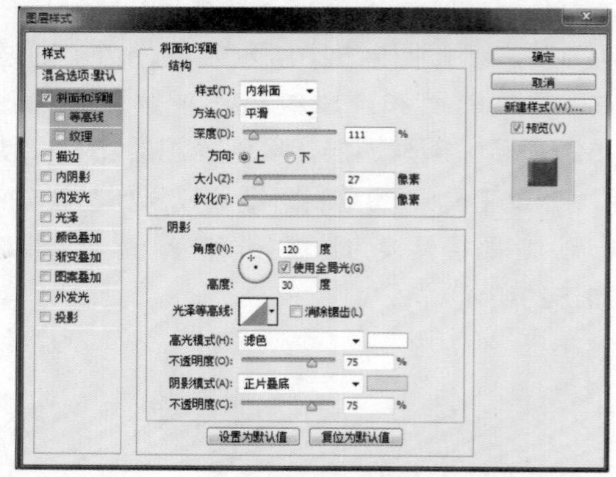

图2-532

20 选择“图层22”，使用“钢笔工具”绘制路径，效果如图2-534所示。将路径转换为选区，按Delete键删除选区内容，效果如图2-535所示。新建图层，得到“图层23”，使用“钢笔工具”绘制路径，将路径转换为选区并填充深紫色，效果如图2-536所示。

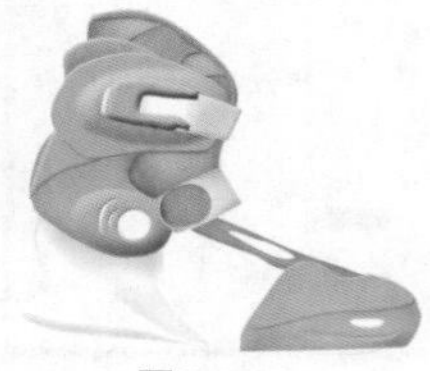
图2-533

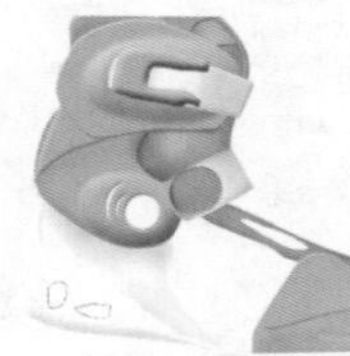
图2-534

图2-535

图2-536

21 新建图层，得到“图层24”，使用“钢笔工具”绘制路径，效果如图2-537所示。将路径转换为选区并填充颜色，删除边缘部分，效果如图2-538、图2-539所示。

图2-537

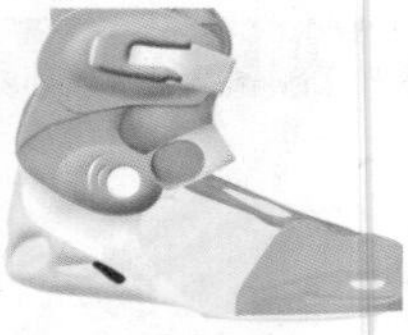

图2-538

22 新建图层，得到“图层25”，使用“钢笔工具”绘制路径，效果如图2-540所示。将路径转换为选区并填充颜色，选择“减淡工具”，在“图层24”中进行涂抹，在“图层25”中图像的边缘涂抹。选择“图层24”，使用“钢笔工具”绘制路径，将路径转换为选区并填充颜色，效果如图2-541、图2-542所示。

图2-539

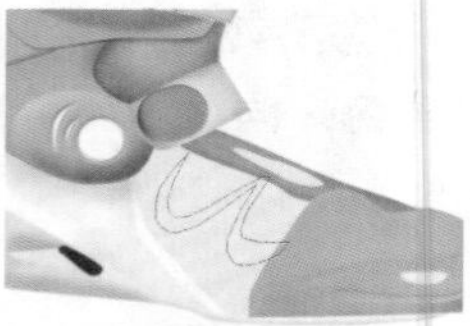

图2-540

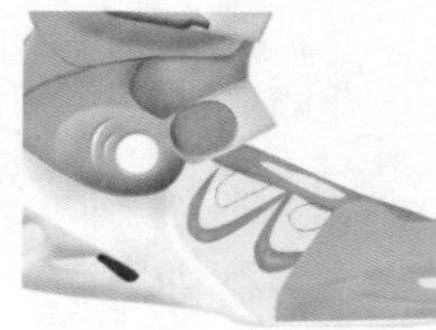
图2-541

图2-542

23 按快捷键Ctrl+J拷贝图层，生成新的图层，得到“图层26”。双击该图层，弹出“图层样式”对话框，为选区内添加渐变效果，参数设置如图2-543所示，效果如图2-544所示。采用相同的办法，在“图层24”和“图层18”中绘制选区并添加渐变效果，生成新的图层，得到“图层27”和“图层28”，效果如图2-545所示。

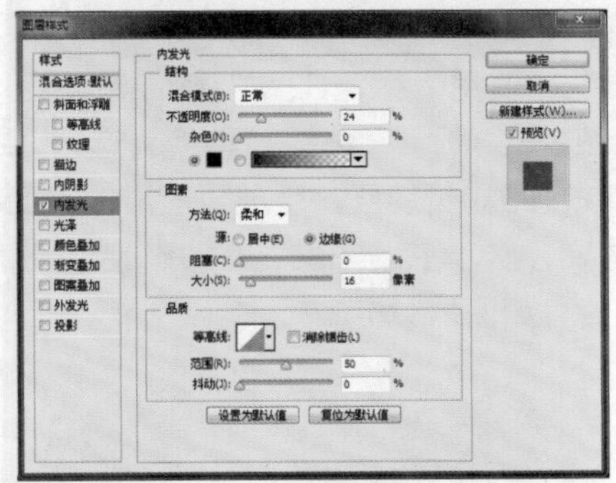

图2-543

图2-544

图2-545

24 新建图层，得到“图层29”，使用“钢笔工具”绘制路径，效果如图2-546所示。将路径转换为选区并填充颜色，效果如图2-547所示。双击“图层29”，添加渐变和斜面浮雕效果，效果及局部效果如图2-548所示。

图2-546

图2-547

25 新建图层组，得到“组2”，在“组2”中新建图层，得到“图层30”。使用“钢笔工具”绘制路径，效果如图2-549所示。将路径转换为选区并填充颜色，效果如图2-550所示。新建图层，得到“图层31”，使用“钢笔工具”绘制路径，将其转换为选区并填充颜色，效果如图2-551、图2-552所示，添加斜面和浮雕效果。

26 选择“减淡工具”，分别在“图层30”、“图层31”中涂抹加亮。新建图层，得到“图层32”，使用“钢笔工具”绘制路径，如图2-553所示，将其转换为选区并填充颜色，效果如图2-554所示。新建图层，得到“图层33”，使用“钢笔工具”绘制路径，将其转换为选区并填充灰色，效果如图2-555所示。

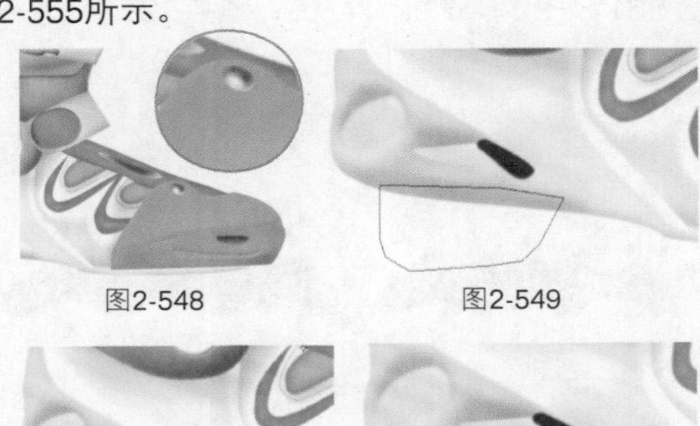

图2-548　图2-549

图2-550　图2-551

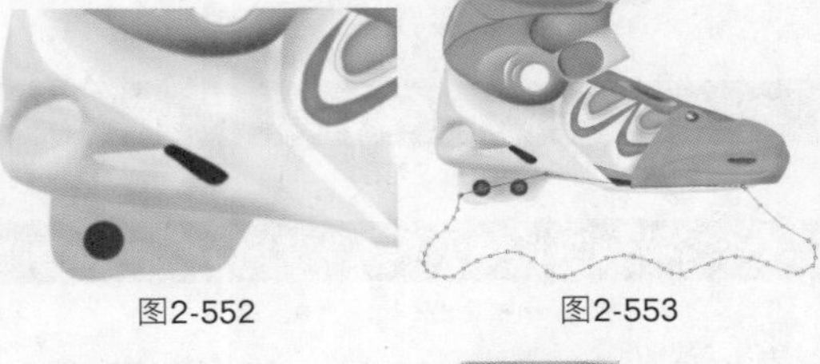

图2-552　图2-553

图2-554

图2-555

27 选择“钢笔工具”，在“图层33”中绘制路径，将其转换为选区并填充灰色，效果如图2-556、图2-557所示。新建图层，得到“图层34”，使用“钢笔工具”绘制路径，将其转换为选区并填充颜色，效果如图2-558、图2-559所示。

图2-556

图2-557

28 选择“图层32”，使用“钢笔工具”绘制路径并转换为选区，按Delete键删除选区内容，效果如图2-560所示。分别选择“减淡工具”和“加深工具”，参数设置如图2-561、图2-562所示。在“图层32”中进行涂抹操作，效果如图2-563所示。

图2-558　图2-559

图2-560

图2-561

图2-562

29 新建图层，得到“图层35”，使用“钢笔工具”绘制路径，将其转换为选区并填充深蓝色，效果如图2-564所示。新建图层，得到“图层36”，使用“钢笔工具”绘制路径，效果如图2-565所示。将路径转换为选区并填充颜色，效果如图2-566所示。

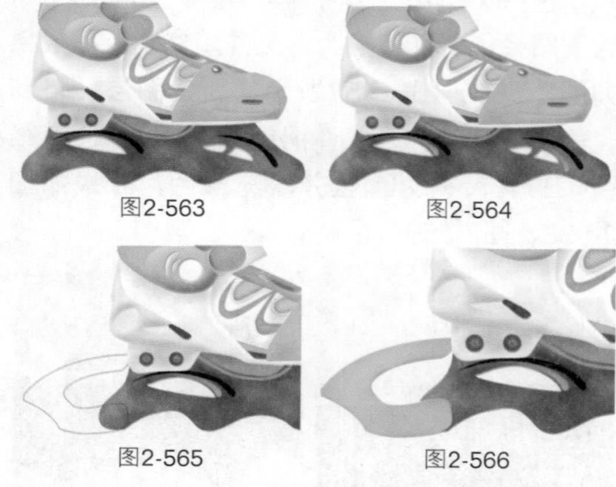

图2-563　图2-564

图2-565　图2-566

30 新建图层，得到“图层37”，使用“钢笔工具”绘制路径，效果如图2-567所示。将路径转换为选区并填充颜色，移动到“图层36”的下面，效果如图2-568所示。选择“图层36”，使用“钢笔工具”绘制路径，效果如图2-569所示。将路径转换为选区，按快捷键Ctrl+J拷贝图层，生成新图层，得到“图层38”，为“图层38”添加斜面和浮雕效果，效果如图2-570所示。

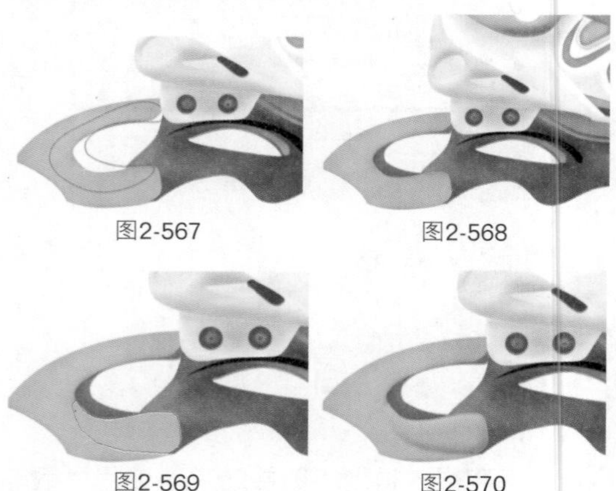

图2-567　图2-568

图2-569　图2-570

31 新建图层，得到“图层39”，使用“钢笔工具”绘制路径，将其转换为选区并填充黑色，效果如图2-571、图2-572所示。新建图层，得到“图层40”，使用“钢笔工具”绘制圆形路径，将其转换为选区并填充黑色，同时为该图层添加斜面和浮雕效果，使用“减淡工具”为局部位置进行加亮处理，复制图案并摆放到合适的位置，效果如图2-573所示。

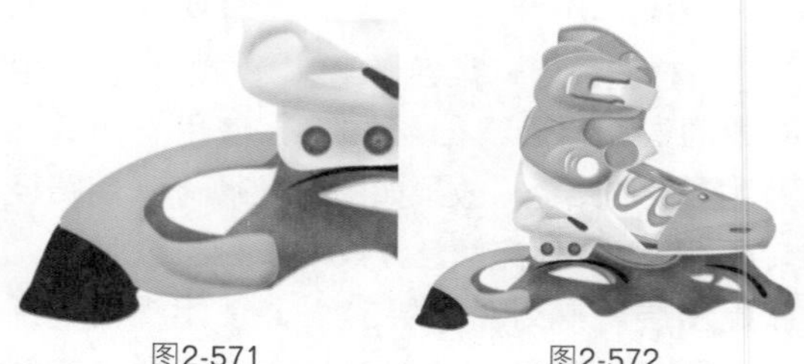

图2-571　图2-572

32 新建图层，得到“图层41”，选择“钢笔工具”绘制圆形路径，效果如图2-574所示。将路径转换为选区并填充颜色，效果如图2-575所示。新建图层，得到“图层42”，使用“钢笔工具”绘制路径，效果如图2-576

所示。将路径转换为选区并填充颜色，效果如图2-577所示。

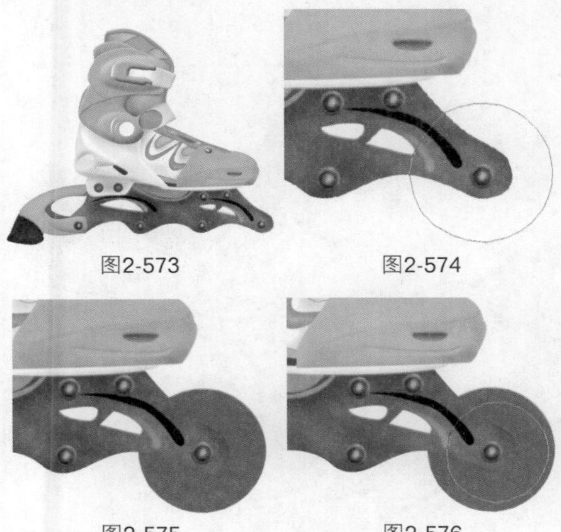

图2-573　图2-574

图2-575　图2-576

33 选择“减淡工具”，为“图层41”、“图层42”中的图像稍微进行加亮处理，效果如图2-578所示。新建图层，得到“图层43”，使用“钢笔工具”绘制路径，效果如图2-579所示。将路径转换为选区并填充颜色，效果如图2-580所示，为该图层添加斜面和浮雕效果。

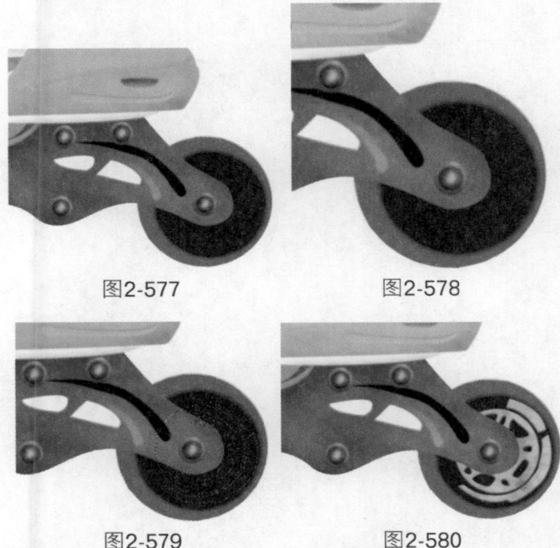

图2-577　图2-578

图2-579　图2-580

34 复制3次“图层43”中的图像，分别摆放到合适的位置，效果如图2-581所示。新建图层，得到“图层44”，使用“钢笔工具”绘制路径，将其转换为选区并填充白色，使用“加深工具”稍微进行加深处理，效果如图2-582所示。新建图层，得到“图层45”，使用“钢笔工具”绘制路径，将路径转换为选区并填充颜色，效果如图2-583所示。

图2-581　图2-582

35 新建图层，得到“图层46”，使用“钢笔工具”绘制路径并填充颜色，将颜色透明度设置为70%左右，效果如图2-584所示。绘制其他颜色斑点并设置透明度，最后合并“组1”和“组2”，复制图案，然后将其调整方向进行摆放，导入随书光盘中的文件“素材”\“第2章”\“2.11.tif”，最终效果如图2-585所示。

图2-583　图2-584

图2-585

Works 2.12 板鞋

01 按快捷键Ctrl+N新建文件，弹出“新建”对话框并设置参数，如图2-586所示。选择“钢笔工具”绘制路径，将绘制的路径转换为选区并填充颜色，效果如图2-587所示。

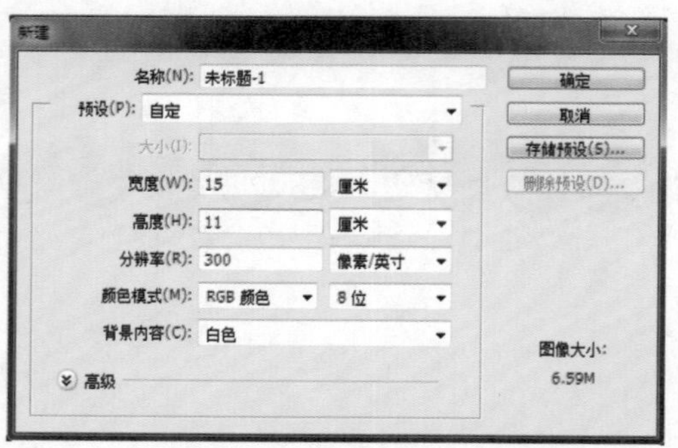

图2-586

02 新建“图层2”，选择“钢笔工具”绘制路径，如图2-588所示。将路径转换为选区载入并填充颜色，效果如图2-589所示。新建“图层3”，选择“钢笔工具”绘制路径，效果如图2-590所示。将路径转换为选区并填充颜色，效果如图2-591所示。

03 新建“图层4”，选择“钢笔工具”绘制路径，效果如图2-592所示。将路径转换为选区并填充颜色，效果如图2-593所示。新建“图层5”，选择“钢笔工具”绘制路径，效果如图2-594所示。将路径转换为选区并填充颜色，效果如图2-595所示。

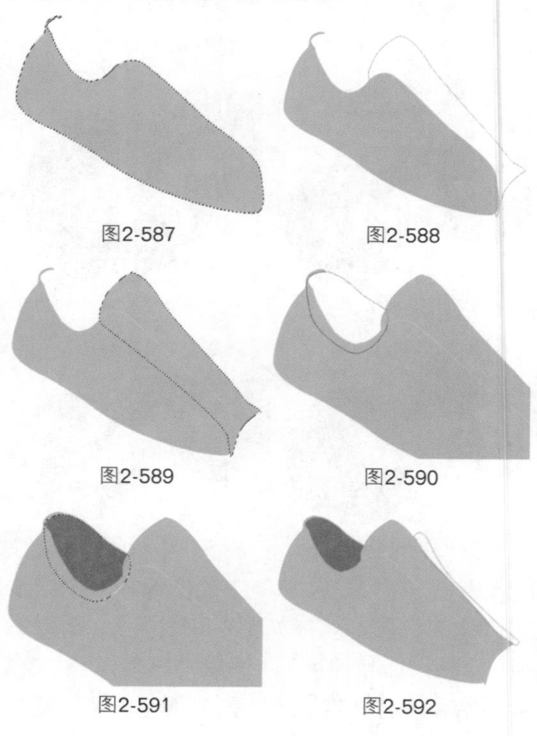

图2-587 图2-588

图2-589 图2-590

图2-591 图2-592

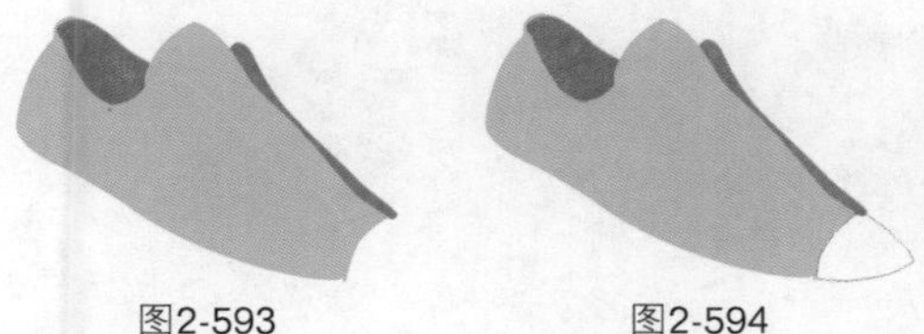

图2-593　　图2-594

04 新建“图层6”，选择“钢笔工具”绘制路径，效果如图2-596所示。将路径转换为选区并填充颜色，效果如图2-597所示。新建“图层7”，选择“钢笔工具”绘制路径，如图2-598所示。将路径转换为选区并填充颜色，效果如图2-599所示。

图2-595　　图2-596

图2-597　　图2-598

05 新建“图层8”，选择“钢笔工具”绘制路径，效果如图2-600所示。将路径转换为选区并填充颜色，效果如图2-601所示。新建“图层9”，选择“钢笔工具”绘制路径，如图2-602所示。将路径转换为选区，选择“选择”|“修改”|“羽化”命令，对话框设置如图2-603所示，填充颜色效果如图2-604所示。

图2-599　　图2-600

图2-601　　图2-602

图2-603　　图2-604

06 单击“图层”面板底部的“添加图层样式”按钮，在弹出的菜单中选择“投影”和“斜面和浮雕”命令，对话框设置如图2-605、图2-606所示，应用后的效果如图2-607所示。新建“图层3”，选择“钢笔工具”绘制路径，效果如图2-608所示，将路径转换为选区并填充颜色，效果如图2-609所示。

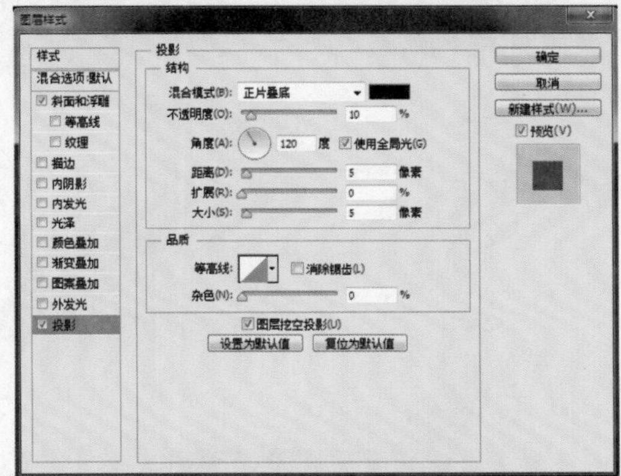

图2-605

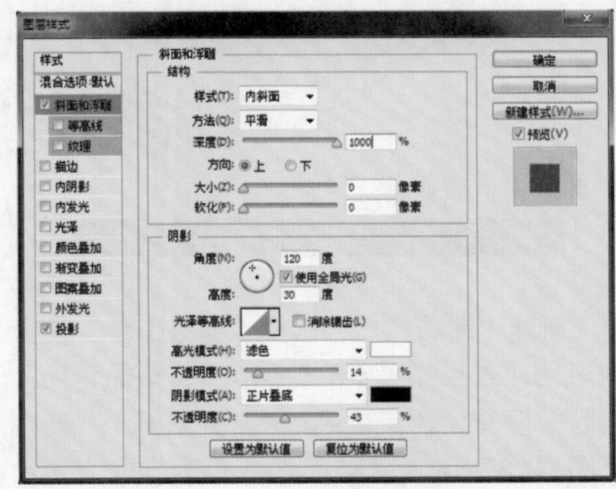

图2-606

图2-607　　图2-608

图2-609

07 新建“图层11”，选择“钢笔工具”绘制路径，效果如图2-610所示。将路径转换为选区并填充颜色，效果如图2-611所示。将“图层11”中的选区载入，选择“选择”|“修改”|“羽化”命令，对话框设置如图2-612所示，羽化选区。选择“加深工具”，参数设置如图2-613所示，涂抹后的效果如图2-614所示。

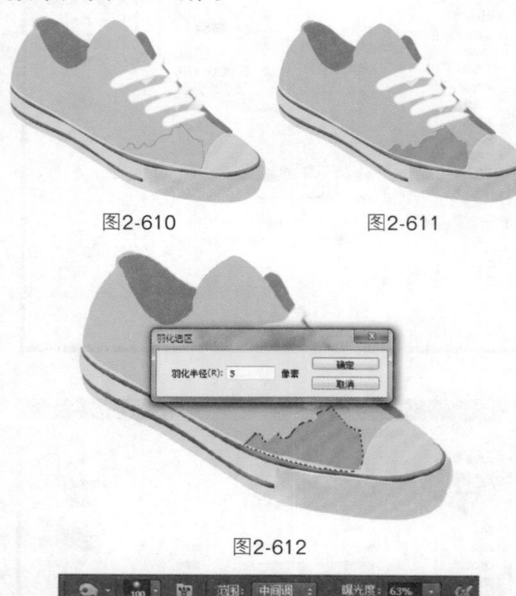

图2-610　　图2-611

图2-612

图2-613

08 新建“图层12”，选择“钢笔工具”绘制路径，效果如图2-615所示。将路径转换为选区并填充颜色，效果如图2-616所示。新建“图层13”、“图层14”，用同样的方法绘制如图2-617、图2-618所示的效果。打开随书光盘中“素材”\“第2章”\“2.12-1.tif”文件，将其拖曳到文件中，效果如图2-619所示。更改图层名称为“素材”，复制“素材”图层，载入“图层2”选区，调整图层中的图像，效果如图2-620所示。

图2-614　　图2-615

图2-616　　图2-617

图2-618　　图2-619

09 选择“加深工具”，涂抹后的效果及局部效果如图2-621所示。载入“图层11”选区，选择“选择”|“修改”|“羽化”命令，对话框设置如图2-622所示。选择“加深工具”，参数设置如图2-623所示，进一步加深处理。新建“图层3”，选择“钢笔工具”绘制路径，将路径转换为选区载入。选择“减淡工具”，参数设置如图2-624所示，涂抹后的效果如图2-625所示。

图2-620　　图2-621

图2-622

图2-623

图2-624

图2-625

10 选择“椭圆工具”绘制路径，效果如图2-626所示。将路径作为选区载入并填充颜色，效果如图2-627所示。

图2-626

图2-627

11 单击“图层”面板底部的“添加图层样式”按钮，在弹出的菜单中选择“斜面和浮雕”命令，对话框设置如图2-628所示，应用后的效果如图2-629所示。复制“图层16”，效果如图2-630所示。

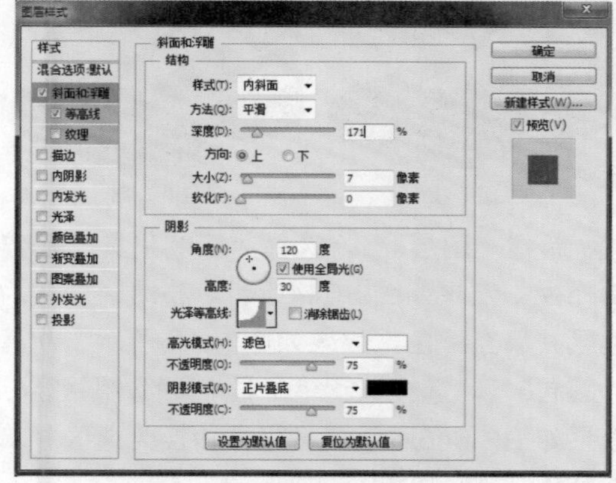

图2-628

图2-629

图2-630

12 分别选择“加深工具”和“减淡工具”，在“图层18”中涂抹，效果如图2-631所示。新建“图层17”，选择“钢笔工具”绘制路径，效果如图2-632所示。单击“路径”面板底部的“用画笔描边路径”按钮，效果及局部效果如图2-633所示。

图2-631

图2-632

图2-633

13 选择“钢笔工具”绘制路径，效果如图2-634所示。选择“画笔工具”，单击“路径”面板底部的“用画笔描边路径”按钮，在“样式”面板中选择样式，效果如图2-635所示。最后导入随书光盘中的文件“素材”\“第2章”\“2.12-2.jpg”，放到所有图层的最底层，最终效果如图2-636所示。

图2-634

图2-635

图2-636

Works 2.13 旅游鞋

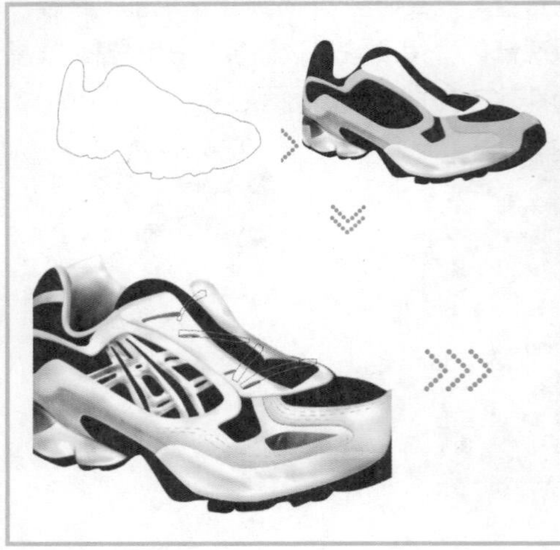

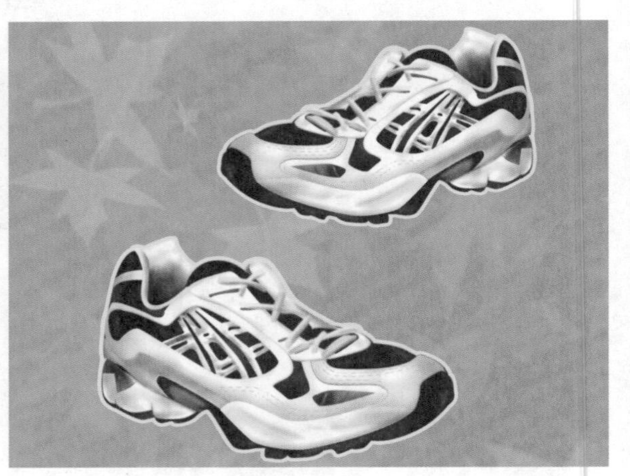

01 按快捷键Ctrl+N新建文件，弹出“新建”对话框并设置参数，如图2-637所示。选择“钢笔工具”绘制路径，效果如图2-638所示。将绘制的路径转换为选区并填充颜色，效果如图2-639所示。

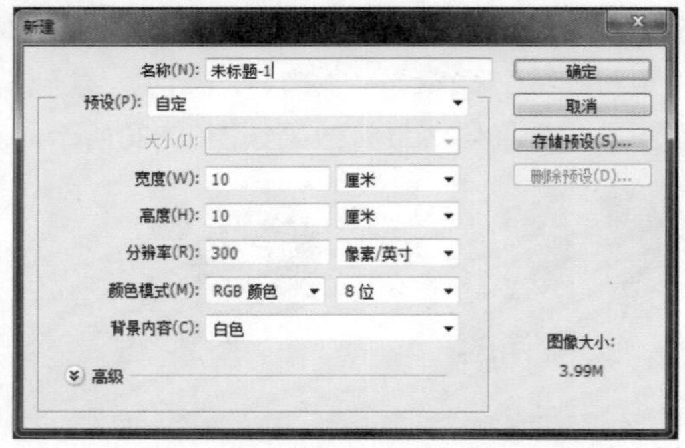

图2-637

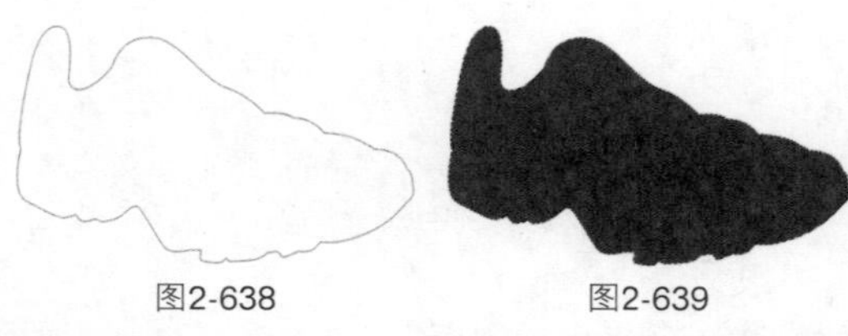

图2-638　　图2-639

02 新建“图层2”，选择“钢笔工具”绘制路径，效果如图2-640所示。将路径转换为选区并填充颜色，效果如图2-641所示。新建“图层3”，选择“钢笔工具”绘制路径，效果如图2-642所示。将路径转换为选区并填充颜色，效果如图2-643所示。

图2-640　　图2-641

图2-642　　图2-643

03 新建“图层4”，选择“钢笔工具”绘制路径，效果如图2-644所示。将路径转换为选区并填充颜色，效果如图2-645所示。新建“图层5”，选择“钢笔工具”绘制路径，效果如图2-646所示。将路径转换为选区并填充颜色，效果如图2-647所示。

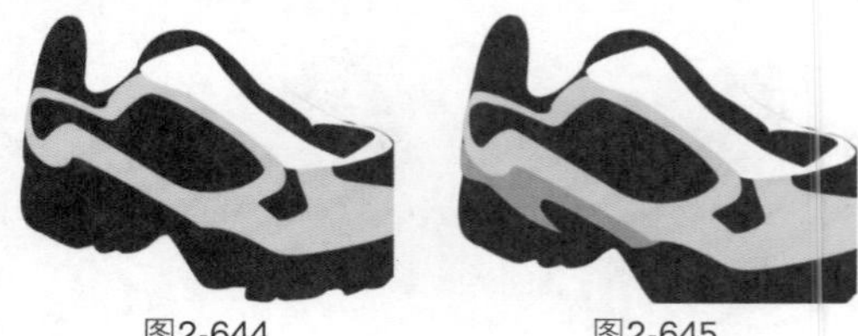

图2-644　　图2-645

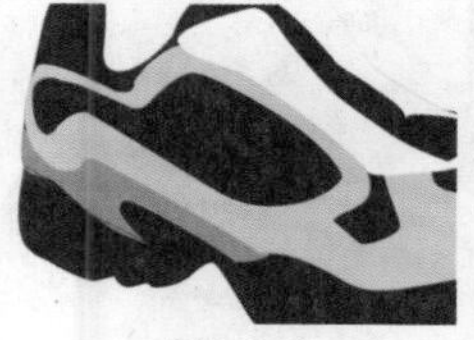
图2-646

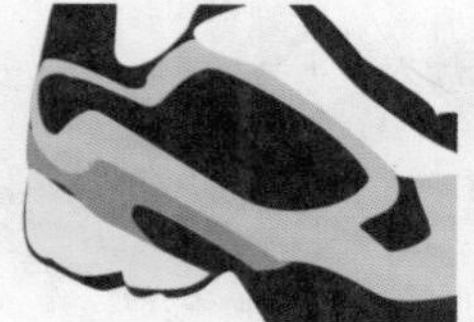
图2-647

04 新建“图层6”，选择“钢笔工具”绘制路径，效果如图2-648所示。将路径转换为选区并填充颜色，效果如图2-649所示。选择“加深工具”和“减淡工具”，参数设置如图2-650所示，涂抹后的效果如图2-651所示。

图2-648

图2-649

图2-650

05 选择“钢笔工具”绘制路径，将路径转换为选区，选择“加深工具”和“减淡工具”，涂抹后的效果如图2-652所示。再选择“加深工具”和“减淡工具”，参数设置如图2-653所示，在“图层5”中进行，涂抹后的效果如图2-654所示。

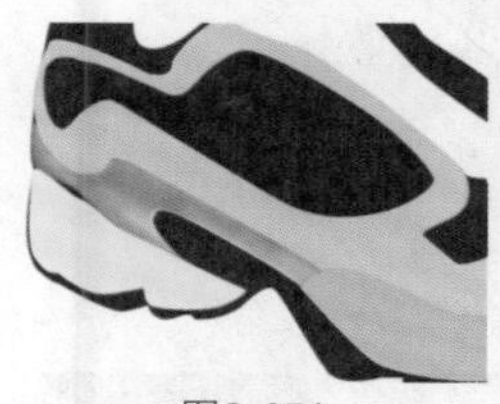
图2-651

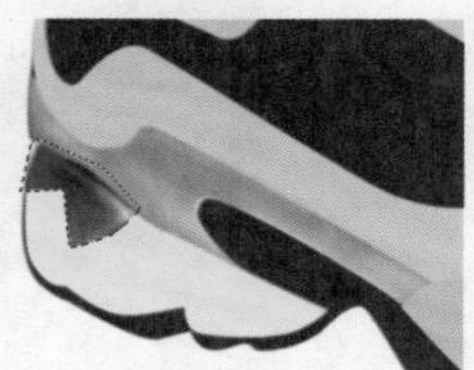
图2-652

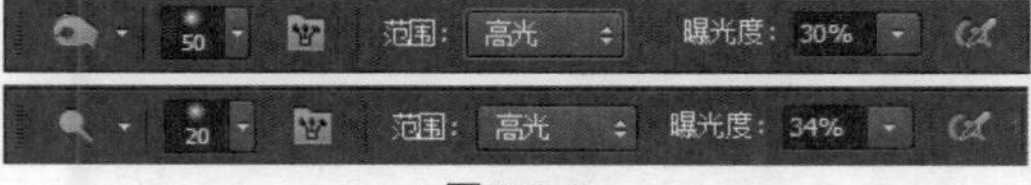

图2-653

06 选择“钢笔工具”绘制路径，将路径作为选区载入，效果如图2-655所示。单击“图层”面板底部的“添加图层样式”按钮，在弹出的菜单中选择“斜面和浮雕”命令，对话框设置如图2-656所示，应用后的效果如图2-657所示。

图2-654

图2-655

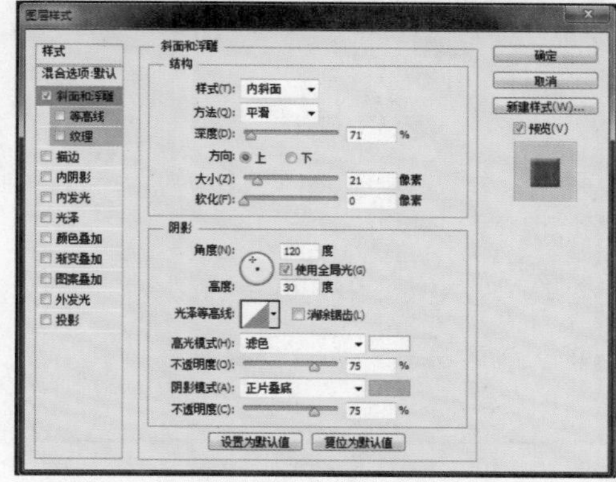

图2-656

图2-657

07 载入“图层3”的选区。单击“图层”面板底部的“添加图层样式”按钮，在弹出的菜单中选择“斜面和浮雕”命令，对话框设置如图2-658所示，应用后的效果如图2-659所示。载入“图层2”的选区，效果如图2-660所示。单击“图层”面板底部的“添加图层样式”按钮，在弹出的菜单中选择“斜面和浮雕”命令，对话框设置如图2-661所示，应用后的效果如图2-662所示。

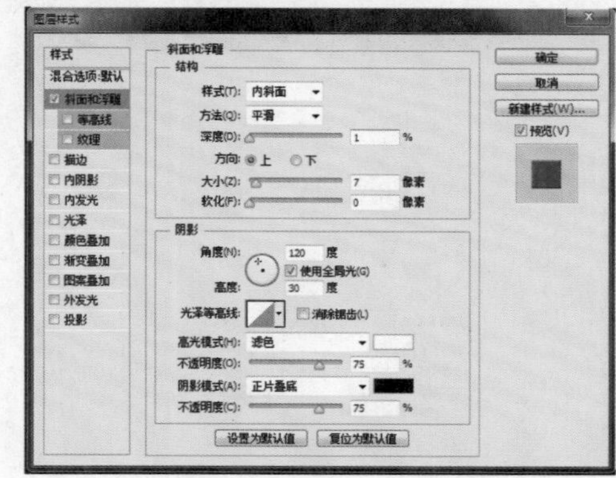

图2-658

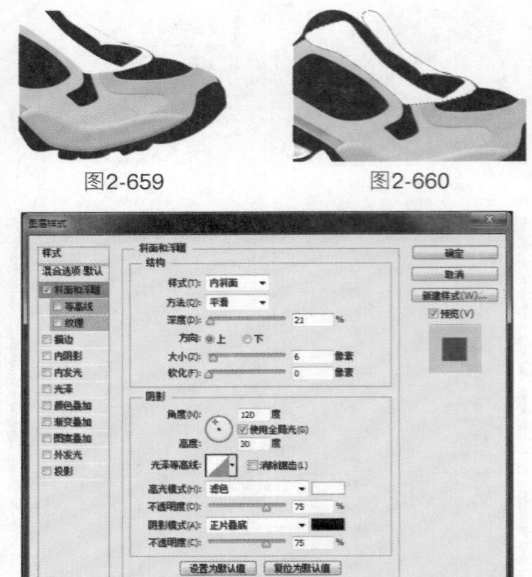

图2-659　图2-660

图2-661

08 载入“图层6”的选区，效果如图2-663所示。单击“图层”面板底部的“添加图层样式”按钮，在弹出的菜单中选择“斜面和浮雕”命令，对话框设置如图2-664所示，应用后的效果如图2-665所示。选择“钢笔工具”绘制路径，效果如图2-666所示。将路径作为选区载入，选择“选择”|“修改”|“羽化”命令，对话框设置如图2-667所示。选择“加深工具”，参数设置如图2-668所示，涂抹后的效果如图2-669所示。

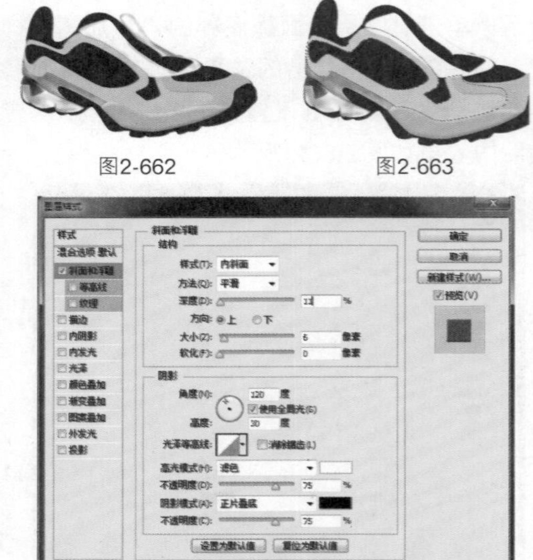

图2-662　图2-663

图2-664

图2-665　图2-666

图2-667

图2-668

09 选择“减淡工具”，涂抹后的效果如图2-670所示。再次选择“加深工具”，参数设置如图2-671所示，涂抹后的效果如图2-672所示。选择“减淡工具”，参数设置如图2-673所示，涂抹后的效果如图2-674所示。

图2-669　图2-670

图2-671

图2-672

图2-673

图2-674

10 选择“钢笔工具”绘制路径，效果如图2-675所示。将路径作为选区载入并填充颜色，效果如图2-676所示。选择“加深工具”和“减淡工具”，参数设置如图2-677所示，涂抹后的效果如图2-678所示。

图2-675　图2-676

图2-677

图2-678

11 新建“图层3”，选择“钢笔工具”绘制路径。选择“画笔工具”，单击“路径”面板底部的“用画笔描边路径”按钮，效果如图2-679所示。在“样式”面板中选择虚线样式，效果如图2-680所示。选择“钢笔工具”绘制路径，将路径作为选区载入并填充颜色，效果如图2-681所示。

图2-679　图2-680

图2-681

12 选择“减淡工具”，参数设置如图2-682所示，涂抹后的效果如图2-683所示。选择“钢笔工具”绘制路径，将路径作为选区载入并填充颜色，效果如图2-684所示。选择“减淡工具”，参数设置如图2-685所示，涂抹后的效果如图2-686所示。

图2-682

图2-683　图2-684

图2-685

13 新建“图层11”，选择“钢笔工具”绘制路径，将路径转换为选区并填充颜色，效果如图2-687所示。选择“加深工具”，参数设置如图2-688所示，涂抹后的效果如图2-689所示。

图2-686

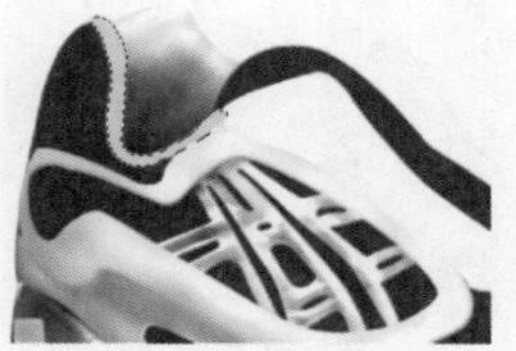

图2-687

图2-688

图2-689

14 选择“钢笔工具”绘制路径，效果如图2-690所示。将路径转换为选区并填充颜色，效果如图2-691所示。新建“图层13”，选择“钢笔工具”绘制路径，效果如图2-692所示，将其转换为选区并填充颜色。最后导入随书光盘中的文件“素材”\“第2章”\“2.13.jpg”，放在所有图层的最底层，最终效果如图2-693所示。

图2-690

图2-691

图2-692

图2-693

Chapter 03

第3章
腰 带

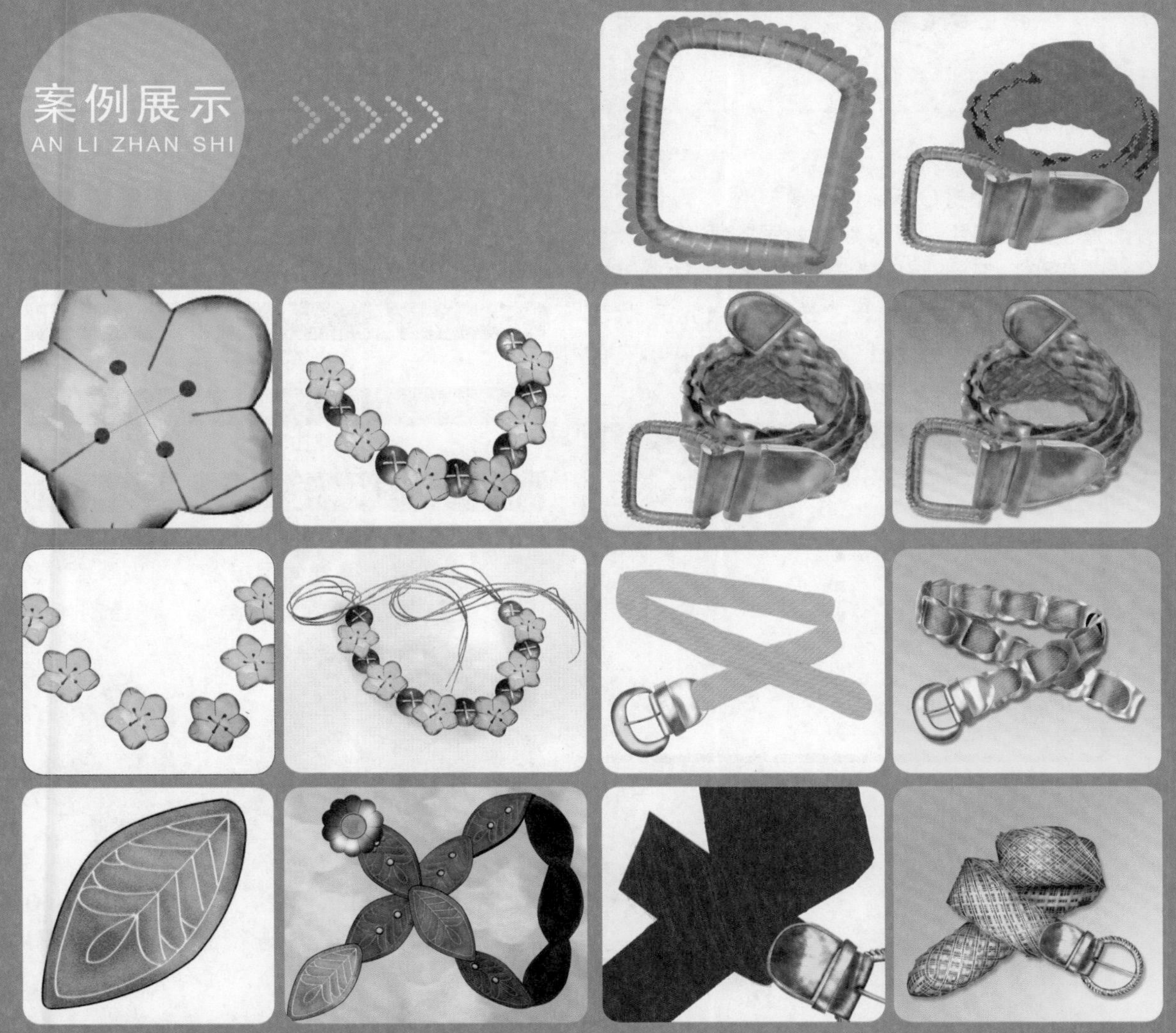

Works 3.1 皮花腰带

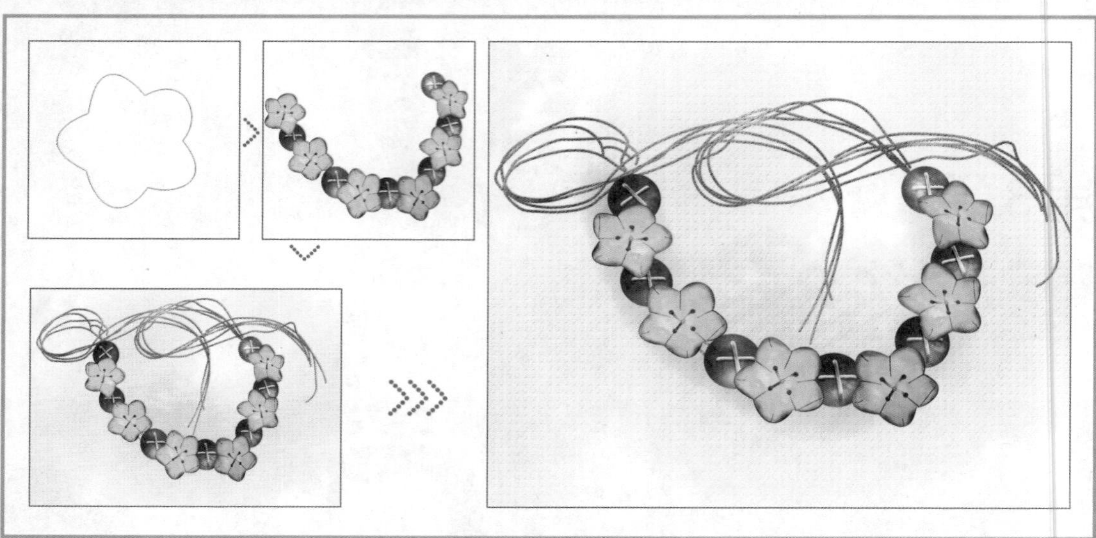

01 按快捷键Ctrl+N新建文件，弹出“新建”对话框并设置参数，如图3-1所示。新建图层组，得到“组1”，在“组1”中新建图层，得到“图层1”。选择“自定形状工具”，在“图层1”中绘制图形并填充颜色，效果如图3-2、图3-3所示。

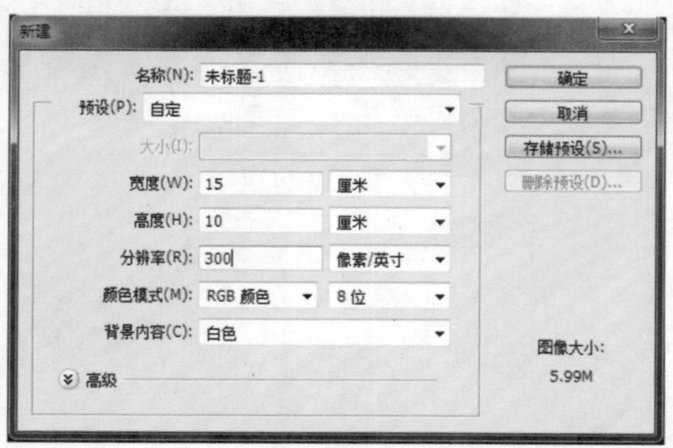

图3-1

图3-2

图3-3

02 选择“加深工具”，在“图层1”中进行涂抹处理，参数设置如图3-4、图3-5、图3-6所示，效果如图3-7所示。

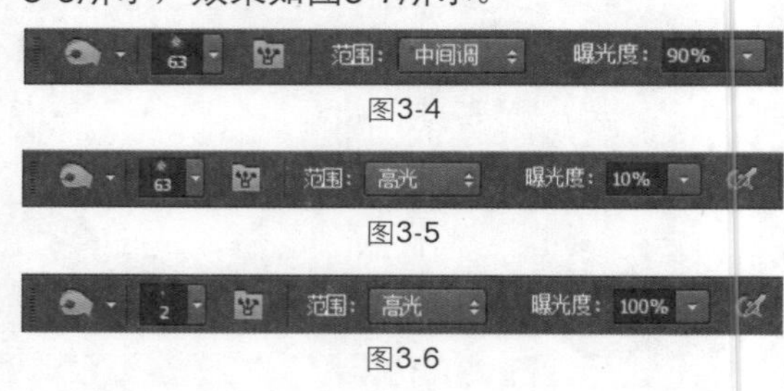

图3-4

图3-5

图3-6

03 新建图层，得到“图层2”。选择“画笔工具”，载入“湿介质画笔”，绘制如图3-8、图3-9所示的线条。

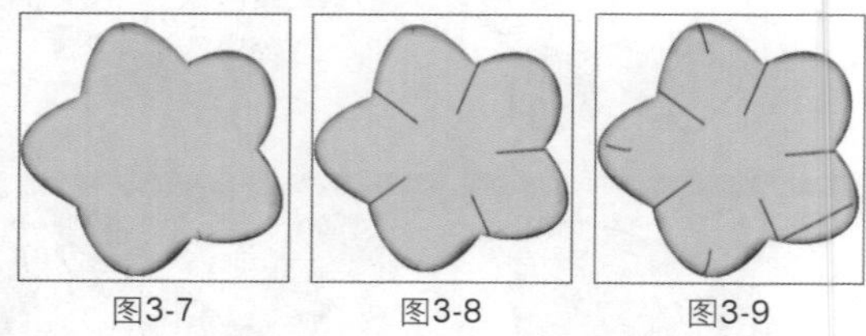

图3-7　图3-8　图3-9

04 选择“加深工具”，参数设置如图3-10所示。在“图层1”中进行涂抹，效果如图3-11所示。

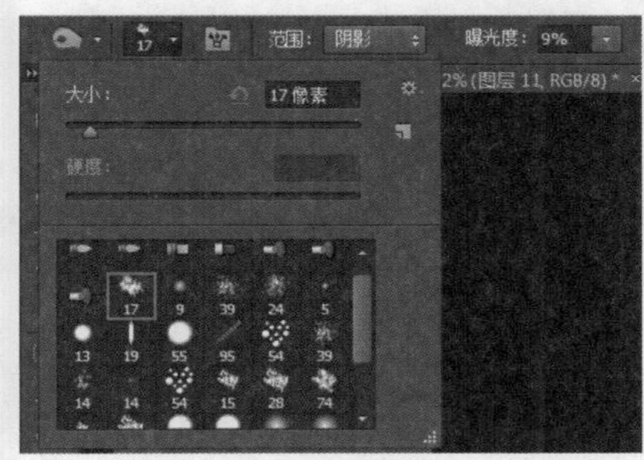

图3-10

图3-11

05 选择“减淡工具”，参数设置如图3-12所示。在“图层1”中进行涂抹，效果如图3-13所示。新建图层，得到“图层3”，选择“椭圆选框工具”，绘制如图3-14所示的选区并填充颜色。选择“加深工具”，参数设置如图3-15所示，在选区内涂抹加深。新建图层，得到“图层4”，使用“钢笔工具”绘制路径，效果如图3-16所示。

图3-12

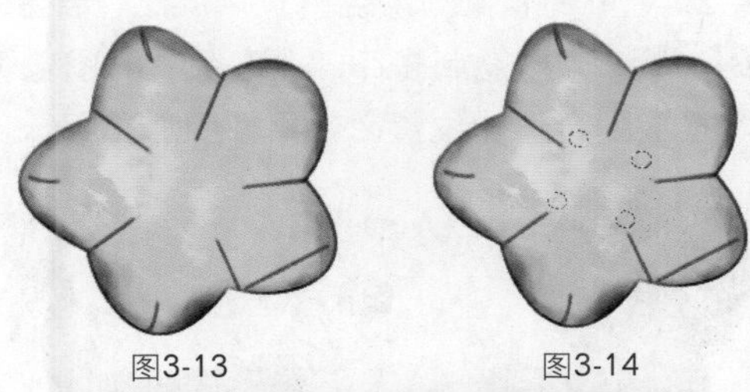

图3-13　　图3-14

图3-15

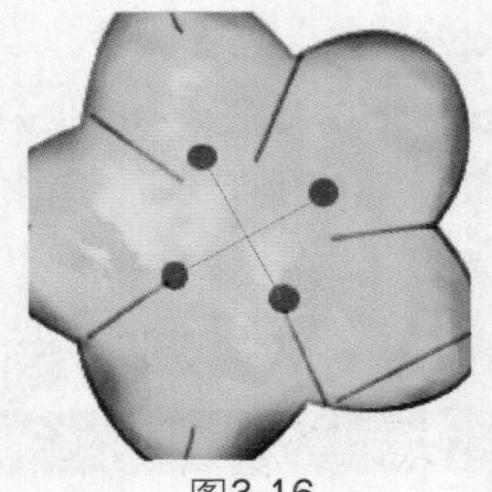

图3-16

06 设置前景色，调整画笔的粗细，单击“路径”面板底部的“用画笔描边路径”按钮，效果如图3-17所示。选择“加深工具”和“减淡工具”，参数设置如图3-18、图3-19所示。在“图层4”中进行涂抹，效果如图3-20所示。

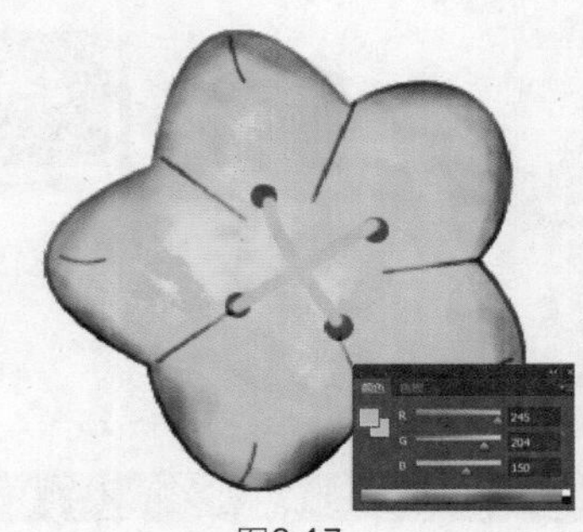

图3-17

图3-18

图3-19

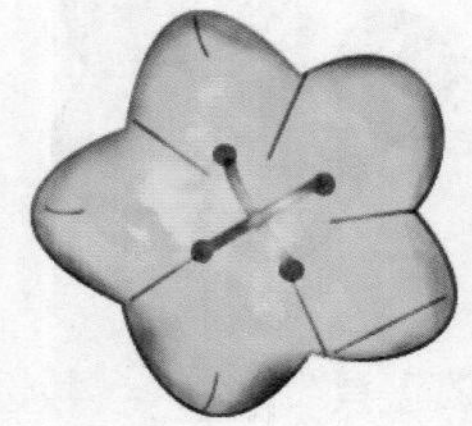

图3-20

07 复制“组1”6次，将其调整大小并摆放到合适的位置，效果如图3-21～图3-23所示。

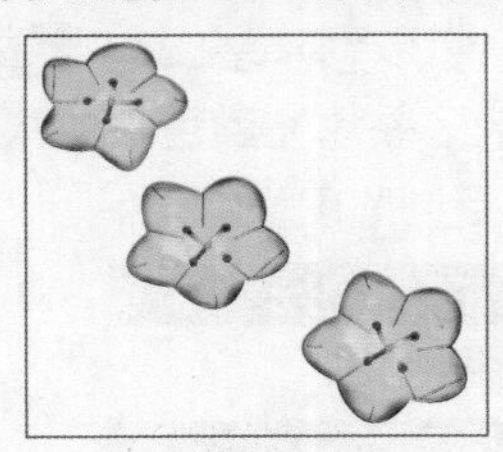

图3-21

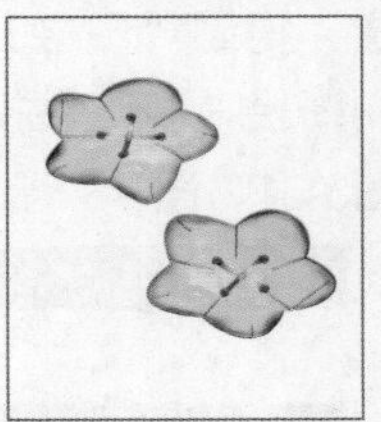

图3-22

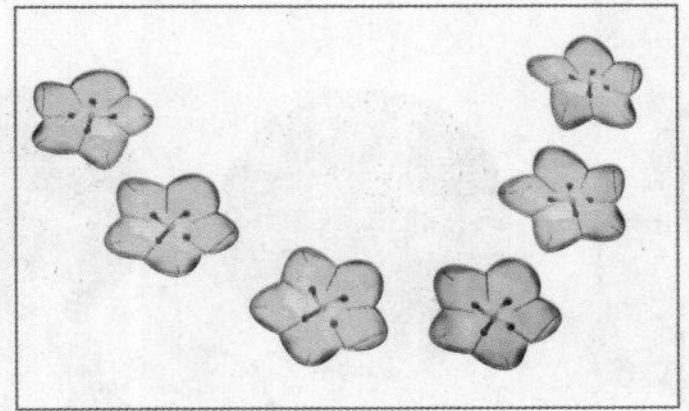

图3-23

08 新建图层组，得到“组2”，在“组2”中新建图层，得到“图层5”。选择“钢笔工具”绘制圆形路径，将其转换为选区并填充颜色，效果如图3-24、图3-25所示。选择“减淡工具”，参数设置如图3-26所示。在“图层5”中进行加亮涂抹，效果如图3-27所示。

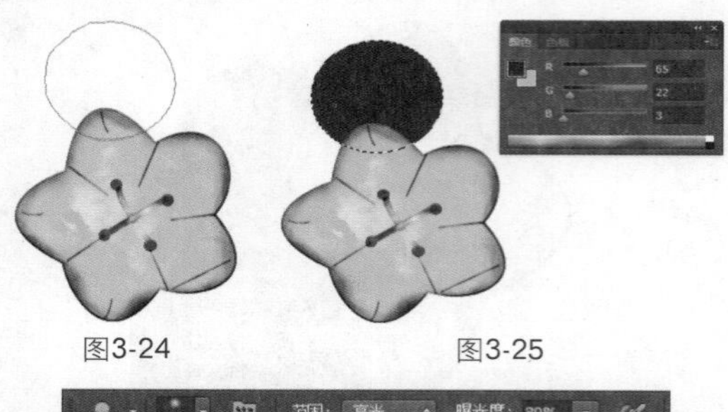

图3-24

图3-25

范围: 高光
曝光度: 80%
图3-26

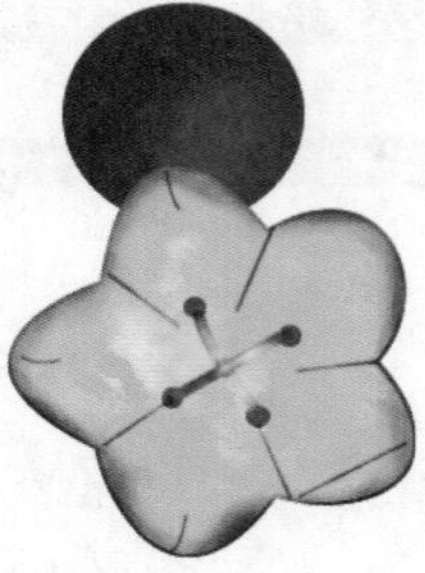

图3-27

09 选择“减淡工具”，参数设置如图3-28所示，在“图层5”中进行涂抹。选择“加深工具”，参数设置如图3-29所示，在“图层5”中进行加深涂抹，效果如图3-30所示。新建图层，得到“图层6”，使用“钢笔工具”绘制路径，将其转换为选区并填充颜色，效果如图3-31、图3-32所示，复制此图像。

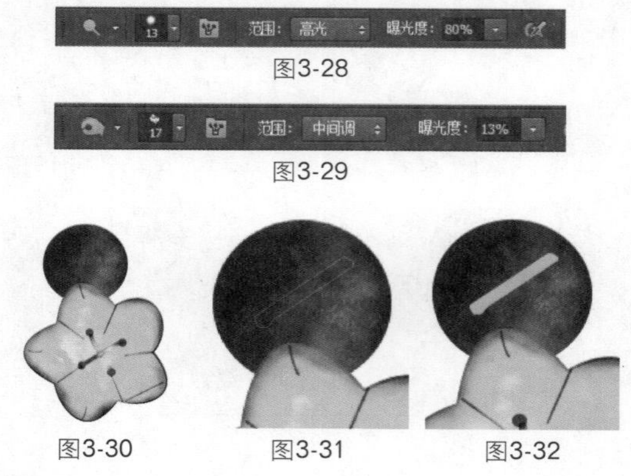

范围: 高光
曝光度: 80%
图3-28

范围: 中间调
曝光度: 13%
图3-29

图3-30

图3-31

图3-32

10 双击“图层6”，弹出“图层样式”对话框，添加投影、斜面和浮雕效果，参数设置如图3-33、图3-34所示，效果如图3-35所示。

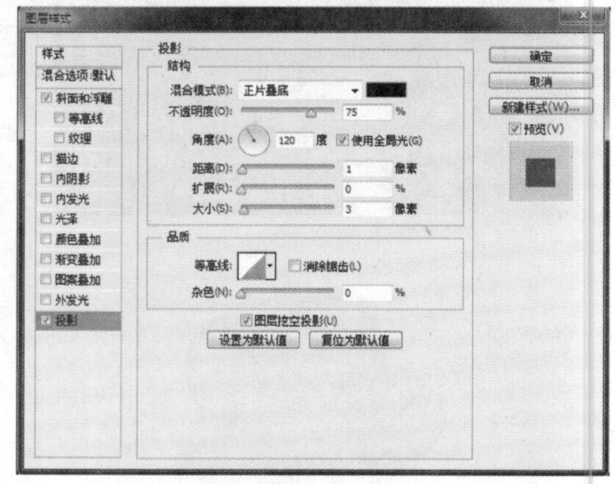

图3-33

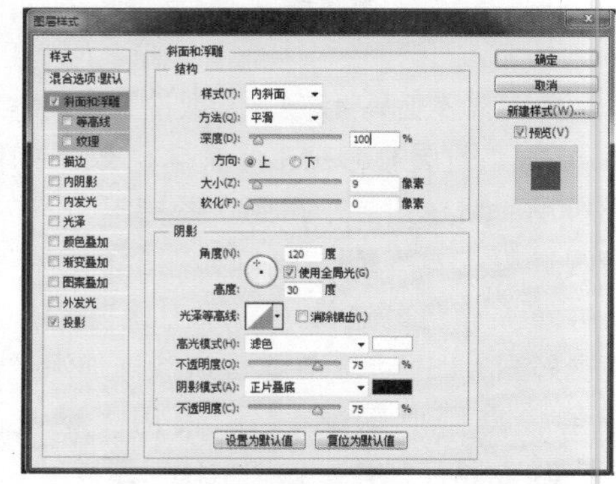

图3-34

11 复制“组1”和“组2”，隐藏原“组1”、“组2”，并将复制的“组1”、“组2”合并，得到“组3”，复制多个“组3”中的图像并将其摆放到合适的位置，效果如图3-36所示。

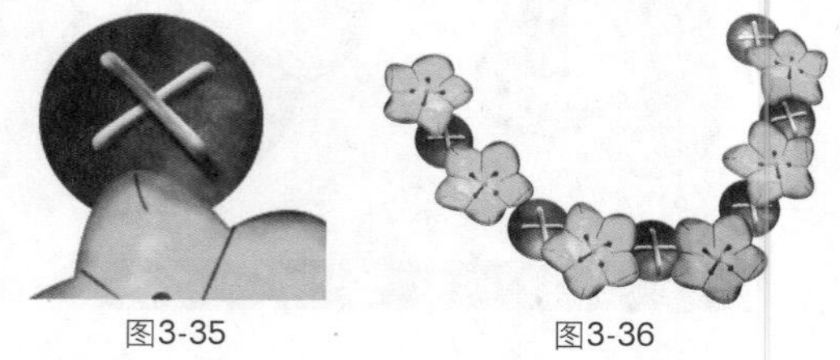

图3-35

图3-36

12 选择“减淡工具”，参数设置如图3-37所示。参照图3-38所示的效果，为图像进行加亮处理。新建图层组，得到“组4”，在“组4”中新建图层，得到“图层7”。使用“钢笔工具”绘制路径，效果如图3-39所示。

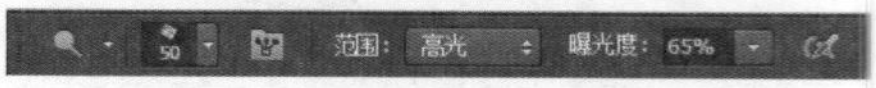

范围: 高光
曝光度: 65%
图3-37

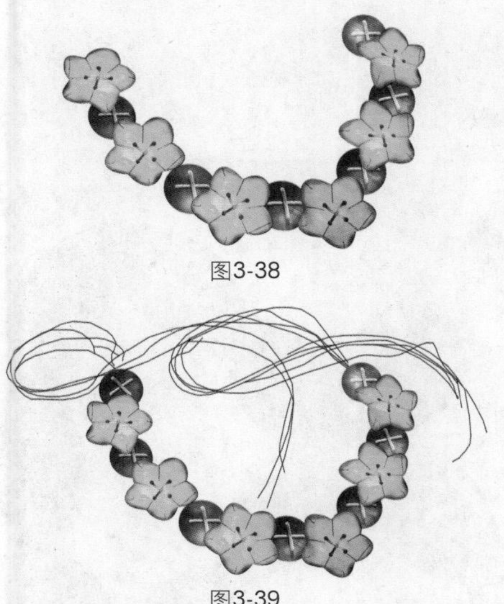
图3-38

图3-39

13 对“图层7”中的路径执行“用画笔描边路径”操作，选择“加深工具”，参数设置如图3-40所示，在“图层7”中进行加深处理，效果如图3-41所示。选择“减淡工具”，参数设置如图3-42所示，在“图层7”中进行加亮处理，效果如图3-43所示。

范围: 中间调 曝光度: 56%

图3-40

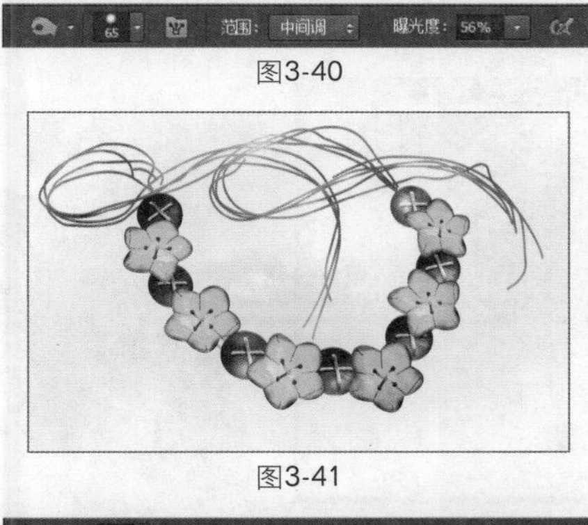
图3-41

范围: 高光 曝光度: 13%

图3-42

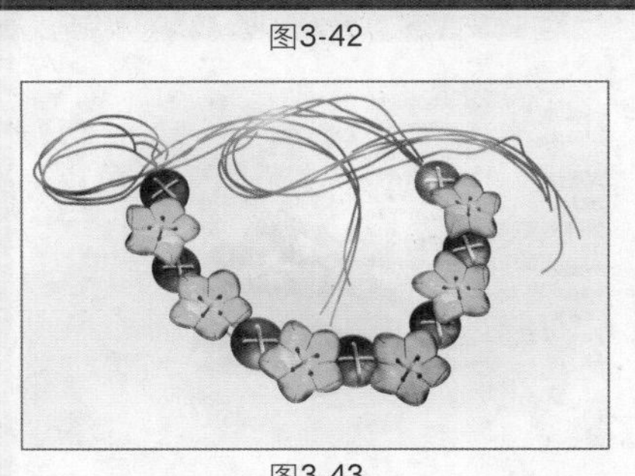
图3-43

14 双击“图层7”，弹出“图层样式”对话框，添加斜面和浮雕、纹理效果，参数设置如图3-44、图3-45所示，效果如图3-46所示。

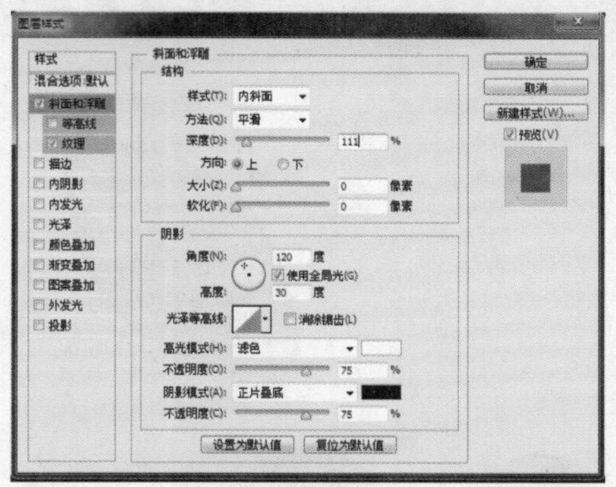

图3-44

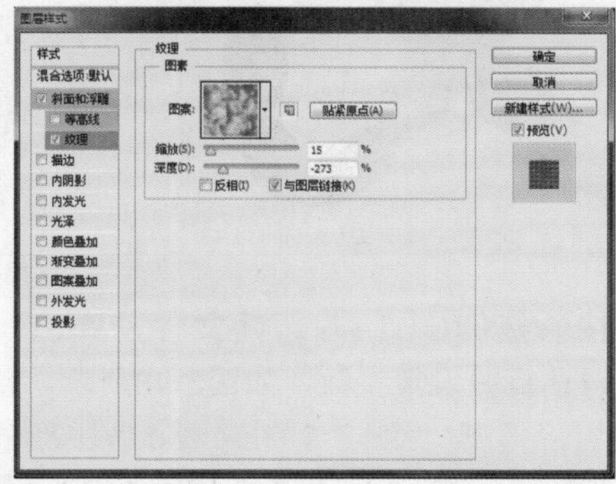

图3-45

图3-46

15 选择“画笔工具”，调整其画笔的不透明度并选择一种笔刷效果，在所有图层的最底层新建一个图层并进行涂抹，用以完善背景，最终效果如图3-47所示。

图3-47

Works 3.2 树叶腰带

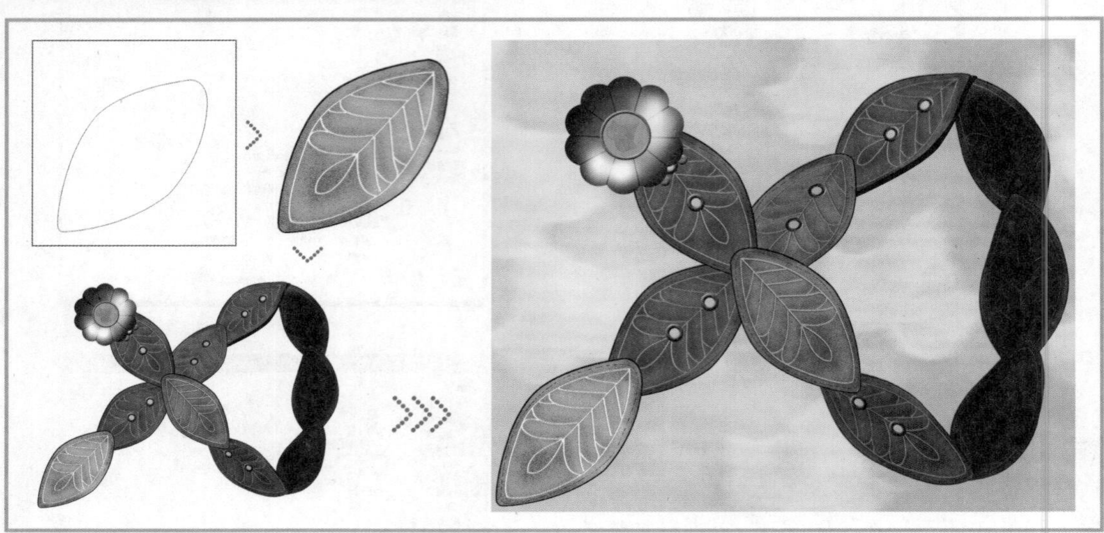

01 按快捷键Ctrl+N新建文件，弹出“新建”对话框并设置参数，如图3-48所示。新建图层组，得到“组1”，在“组1”中新建图层，得到“图层1”。使用“钢笔工具”绘制路径，将其转换为选区并填充颜色，效果如图3-49、图3-50所示。

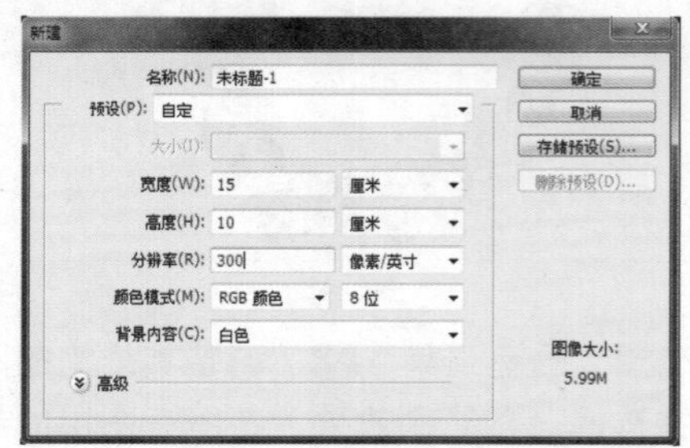

图3-48

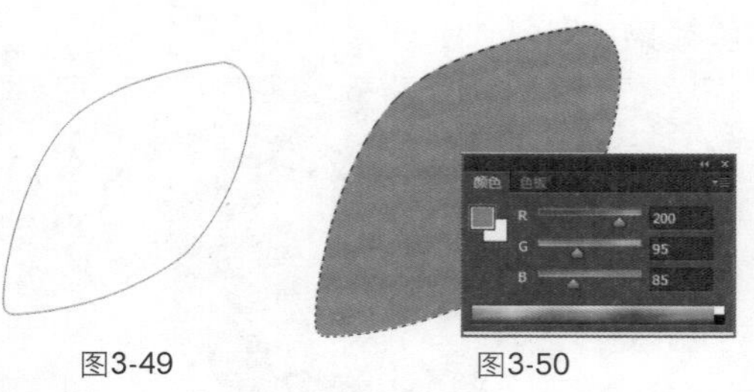

图3-49 图3-50

02 选择“图层1”，选择“滤镜”|“杂色”|“添加杂色”命令，弹出对话框并设置参数，如图3-51所示，效果如图3-52所示。

03 双击“图层1”，弹出“图层样式”对话框，添加描边效果，参数设置如图3-53所示，效果如图3-54所示。

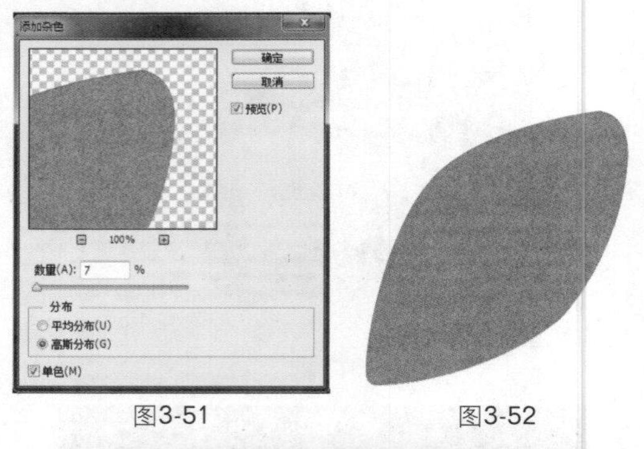

图3-51 图3-52

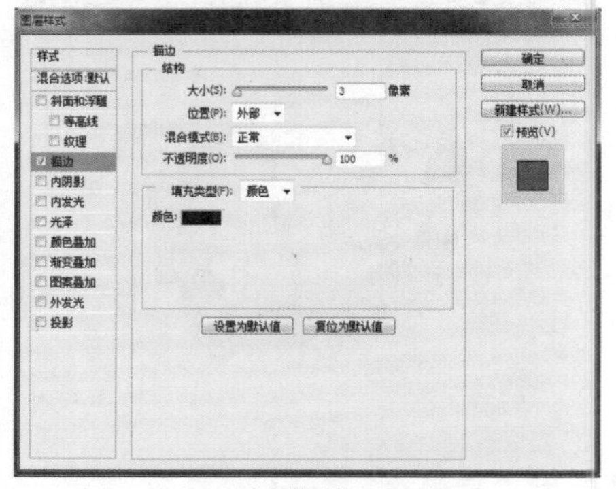

图3-53

04 新建图层，得到“图层2”，使用“钢笔工具”绘制路径，效果如图3-55所示。选择“画笔工具”并进行设置，如图3-56所示。设置前景色为白色，执行“用画笔描边路径”操作，效果如图3-57所示。

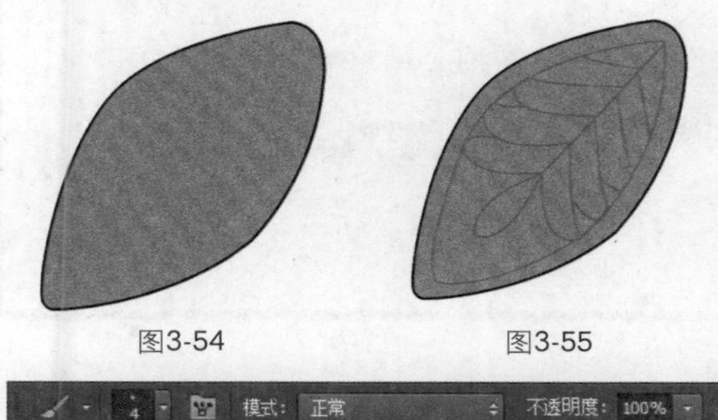
图3-54　图3-55

图3-56

图3-57

05 双击“图层2”，弹出“图层样式”对话框，添加斜面和浮雕效果，参数设置如图3-58所示，效果如图3-59所示。

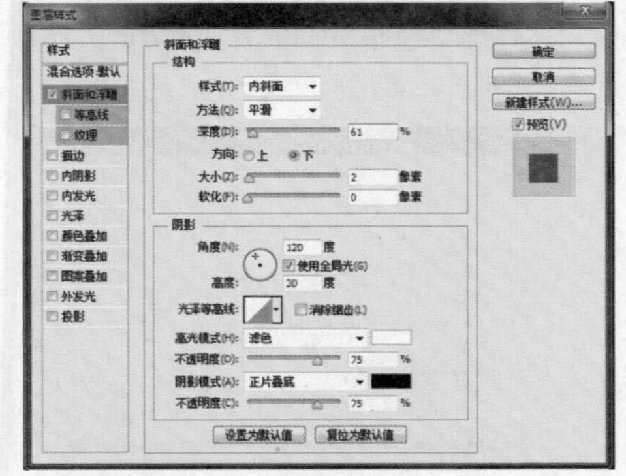

图3-58

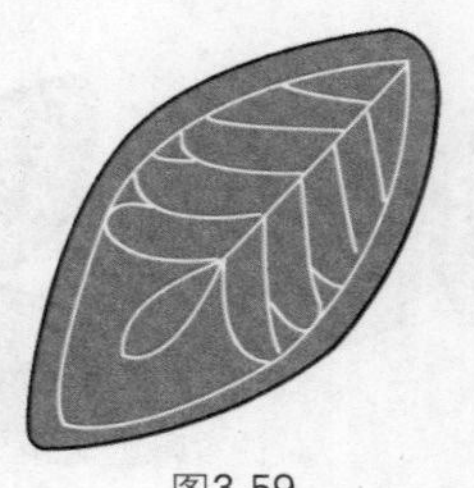
图3-59

06 选择“加深工具”，参数设置如图3-60所示。选择“图层1”，在“图层1”中进行加深处理；选择“减淡工具”，参数设置如图3-61所示，在“图层1”中进行减淡处理，效果如图3-62所示。新建图层，得到“图层3”，使用“钢笔工具”绘制路径，效果如图3-63所示。选择“画笔工具”，参数设置如图3-64所示，执行“用画笔描边路径”操作，效果如图3-65所示。

图3-60

图3-61

图3-62　图3-63

图3-64

图3-65

07 为线条添加样式，样式选择如图3-66所示，效果如图3-67所示。

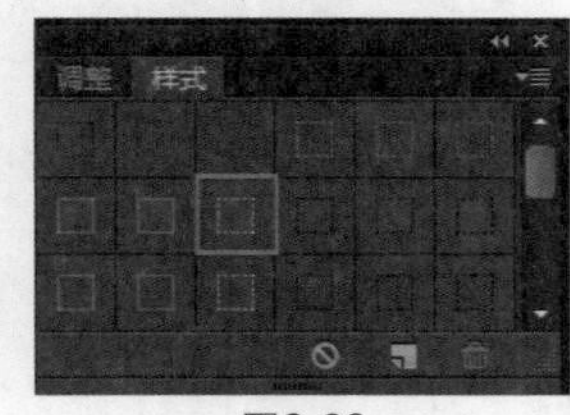

图3-66　图3-67

08 合并“图层1”、“图层2”和“图层3”，生成新的图层，得到“图层4”。复制“图层4”，得到“图层4副本”，按快捷键Ctrl+U，弹出“色相/饱和度”对话框，参数设置如图3-68所示，效果如图3-69所示，将图像摆放到合适的位置。

09 选择“加深工具”，参数设置如图3-70所示，参照图3-71所示，在“图层4副本”中进行加深处理。新建图层，得到“图层5”，调整画笔直径宽度和前景色，执行“用画笔描边路径”操作，效果如图3-72所示。

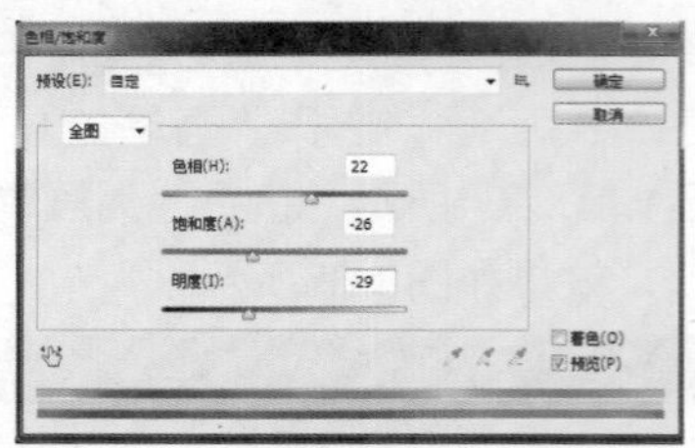

图3-68

图3-69

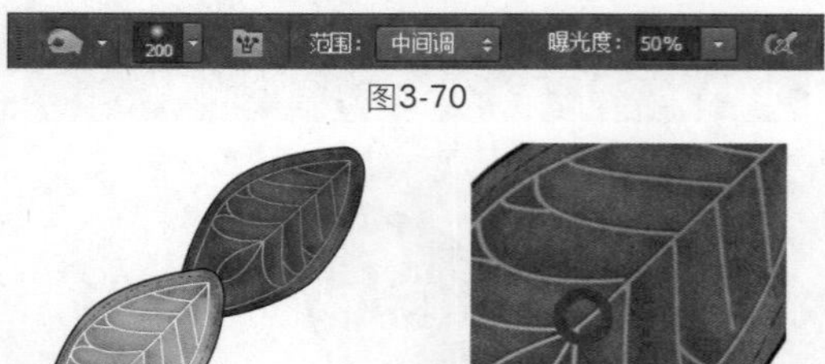

图3-70

图3-71　图3-72

10 双击“图层5”，弹出“图层样式”对话框，添加斜面和浮雕、投影效果，参数设置如图3-73、图3-74所示，效果如图3-75所示。新建图层，得到“图层6”，选择“椭圆选框工具”，绘制圆形选区并填充颜色，效果如图3-76所示。

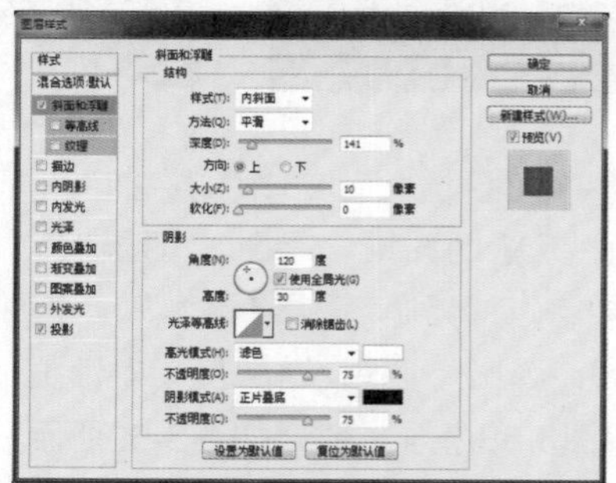
图3-73

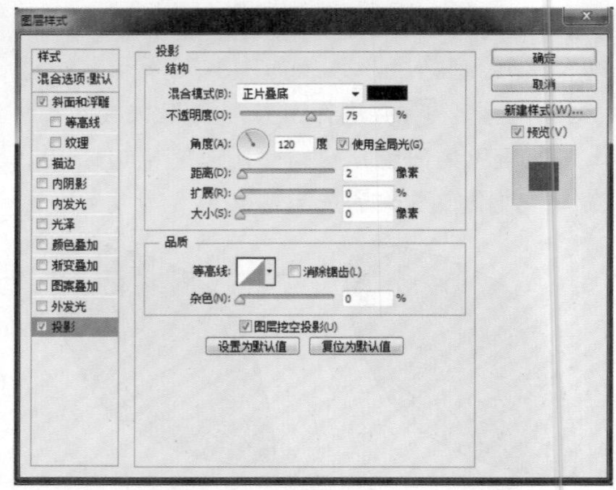

图3-74

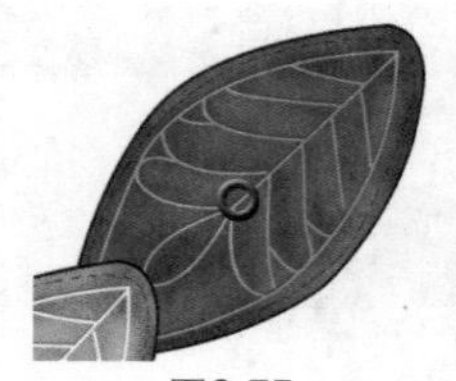
图3-75

图3-76

11 合并“图层4副本”、“图层5”和“图层6”，生成新的图层，得到“图层7”。复制“图层7”两次，生成新的图层，得到“图层7副本”、“图层7副本1”，并将其中的图像摆放到合适的位置。再次复制 “图层7”，生成新的图层，得到“图层7副本2”。按快捷键Ctrl+U，弹出“色相/饱和度”对话框，参数设置如图3-77所示，效果如图3-78、图3-79所示。

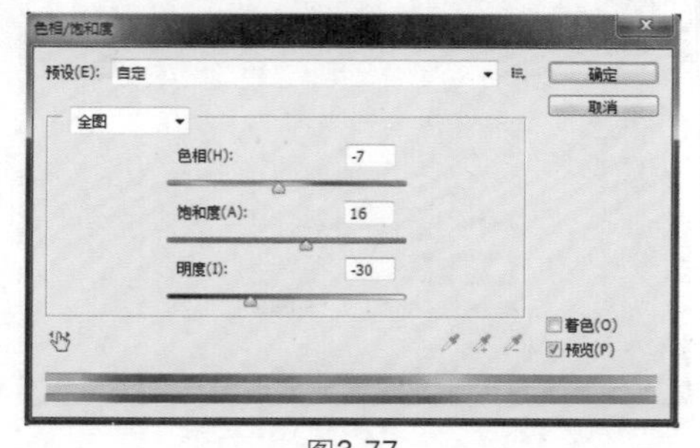

图3-77

图3-78　图3-79

12 选择“图层7副本1”，按快捷键Ctrl+U，弹出“色相/饱和度”对话框，参数设置如图3-80所示，效果如图3-81所示（注意图层之间的摆放层次）。复制“图层7”，得到“图层7副本3”，适当调整图像的形状，效果如图3-82所示。

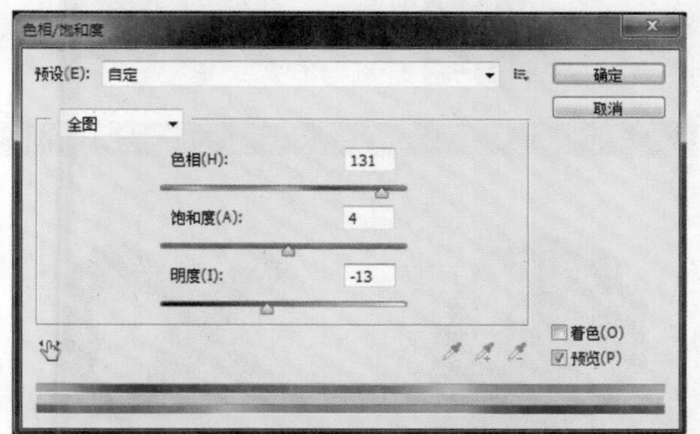

图3-80

图3-81　图3-82

13 新建图层，得到“图层8”，使用“钢笔工具”绘制路径，将其转换为选区并填充黑色，效果如图3-83所示。参照图3-84、图3-85所示复制需要的图层，并摆放到合适的位置。

图3-83　图3-84　图3-85

14 选择“加深工具”，参数设置如图3-86所示。参照图3-87所示，进行加深处理。新建图层，得到“图层9”，选择“自定形状工具”，参数设置如图3-88所示。在画布中绘制图形并填充颜色，效果如图3-89所示。

图3-86

图3-87

图3-88

15 选择“图层9”并右击鼠标，在弹出的菜单中选择“栅格化图层”命令。使用“钢笔工具”绘制路径，效果如图3-90所示。选择“画笔工具”，参数设置如图3-91所示，执行“用画笔描边路径”操作。

图3-89　图3-90

图3-91

16 双击“图层9”，弹出“图层样式”对话框，添加斜面和浮雕、纹理效果，参数设置如图3-92、图3-93所示。

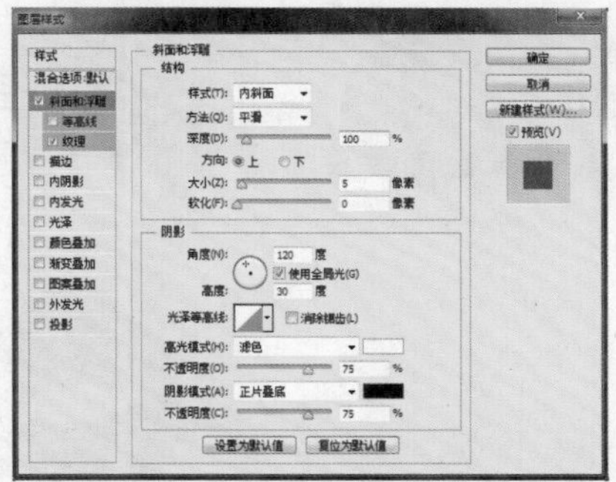
图3-92

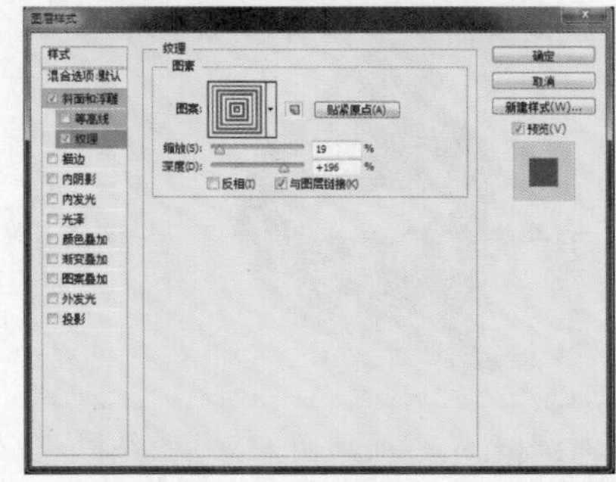
图3-93

17 选择“加深工具”和“减淡工具”，参数设置如图3-94、图3-95所示，在“图层9”中进行涂抹，效果如图3-96所示。

图3-94

图3-95

图3-96

18 选择“图层9”，选择“画笔工具”，参数设置如图3-97所示。在“图层9”中绘制线条，效果如图3-98所示。新建图层，得到“图层10”，选择“椭圆选框工具”，绘制圆形选区并填充颜色，效果如图3-99所示。

图3-97

19 选择“画笔工具”，参数设置如图3-100所示，在“图层10”中进行涂抹，效果如图3-101所示。整体修饰一下，效果如图3-102所示。最后导入随书光盘中的文件“素材”\“第3章”\“3.2.jpg”，最终效果如图3-103所示。

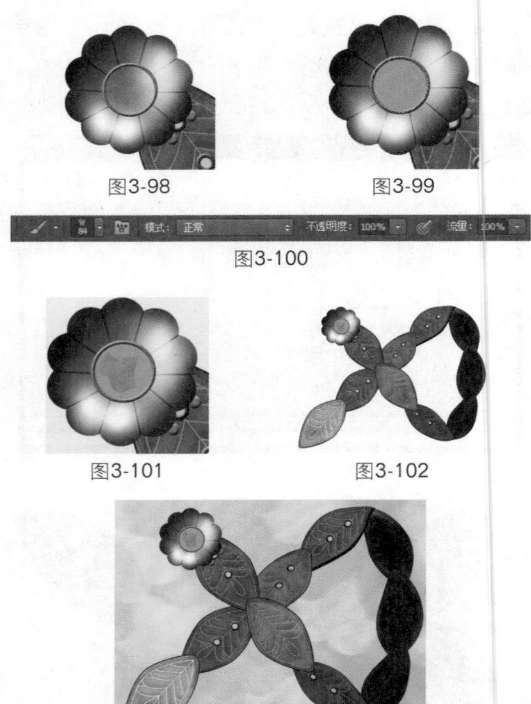

图3-98

图3-99

图3-100

图3-101

图3-102

图3-103

Works 3.3 红色皮革腰带

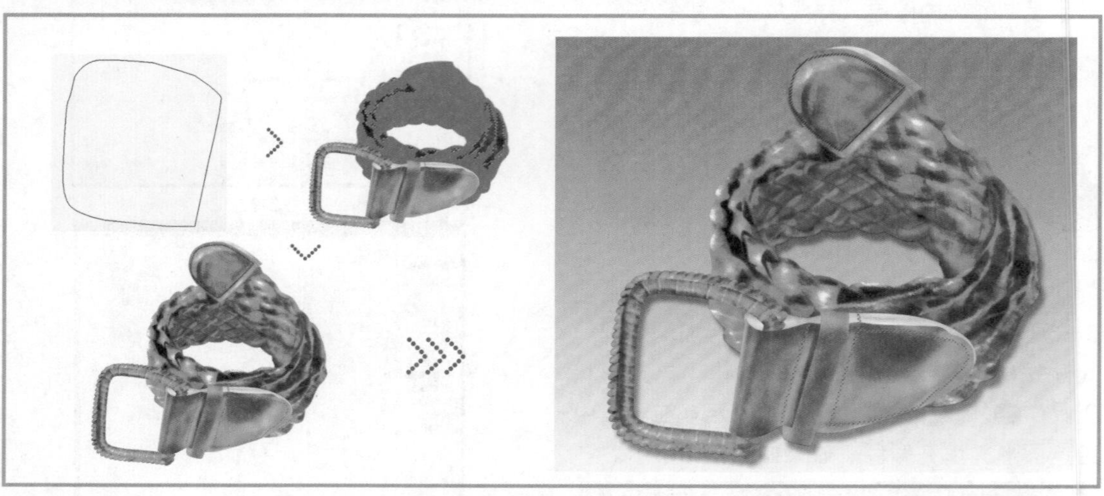

01 按快捷键Ctrl+N新建文件，弹出“新建”对话框并设置参数，如图3-104所示。新建图层组，得到“组1”，新建图层，得到“图层1”。使用“钢笔工具”绘制路径，执行“用画笔描边路径”操作，效果如图3-105、图3-106所示。

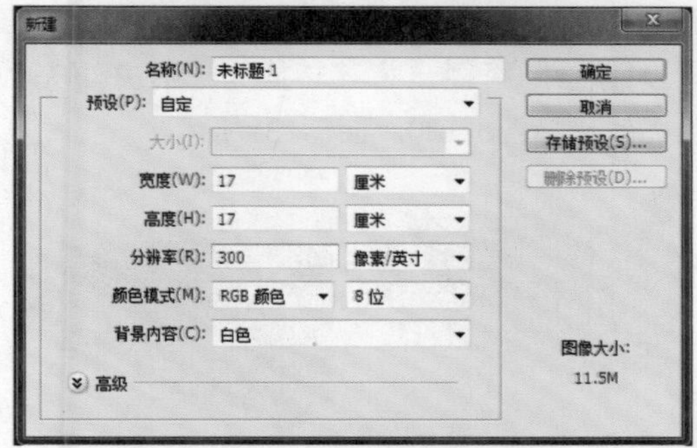

图3-104

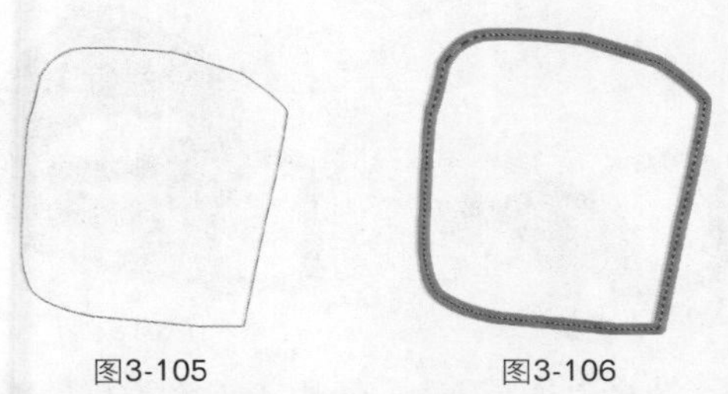
图3-105　　图3-106

02 选择“减淡工具”，参数设置如图3-107所示。在“图层1”中进行减淡处理，效果如图3-108所示。使用“钢笔工具”绘制路径，效果如图3-109所示，执行“用画笔描边路径”操作，并删除多余的部分。选择“加深工具”，参数设置如图3-110所示，在“图层2”中进行加深处理，效果如图3-111所示。

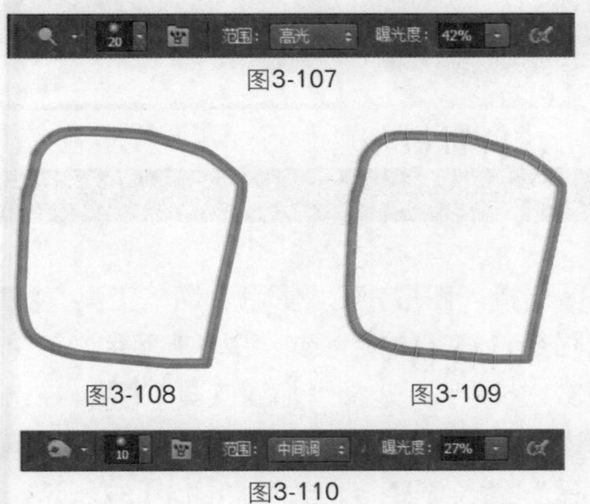

图3-107

图3-108　　图3-109

图3-110

03 选择“加深工具”和“减淡工具”，在“图层1”中进行涂抹处理，效果如图3-112所示。新建图层，得到“图层2”，使用“钢笔工具”绘制路径，效果如图3-113所示。打开“画笔”面板，参数设置如图3-114所示，执行“用画笔描边路径”操作，效果如图3-115所示。

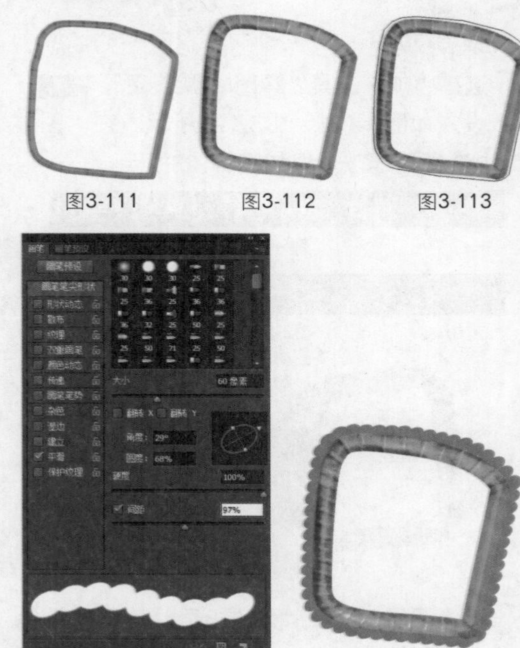
图3-111　　图3-112　　图3-113

图3-114　　图3-115

04 选择“减淡工具”，参数设置如图3-116所示，在“图层2”中进行减淡处理，效果如图3-117所示。选择“加深工具”，在褶皱部分进行加深处理，效果如图3-118所示。

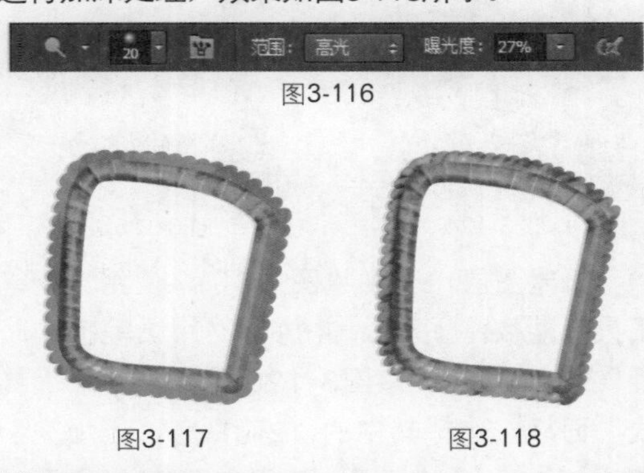

图3-116

图3-117　　图3-118

05 新建图层，得到“图层3”，使用“钢笔工具”绘制路径，转换为选区并填充颜色，效果如图3-119所示。新建一个图层，得到“图层4”，使用“钢笔工具”绘制路径，转换为选区并填充颜色，效果如图3-120所示。

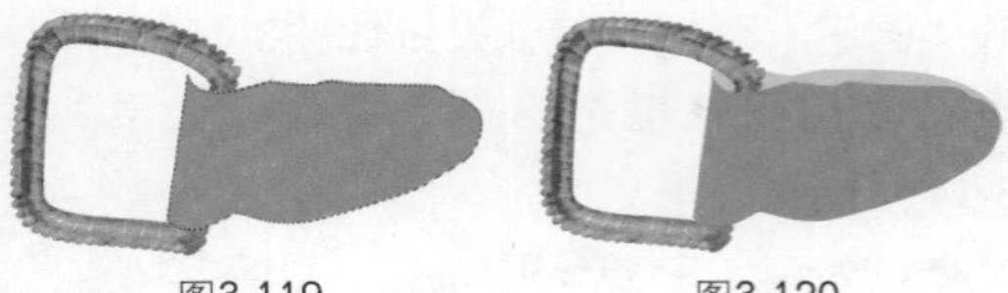

图3-119　　图3-120

06 选择“加深工具”和“减淡工具”，参数设置如图3-121、图3-122所示。在“图层3”中进行处理，效果如图3-123所示。

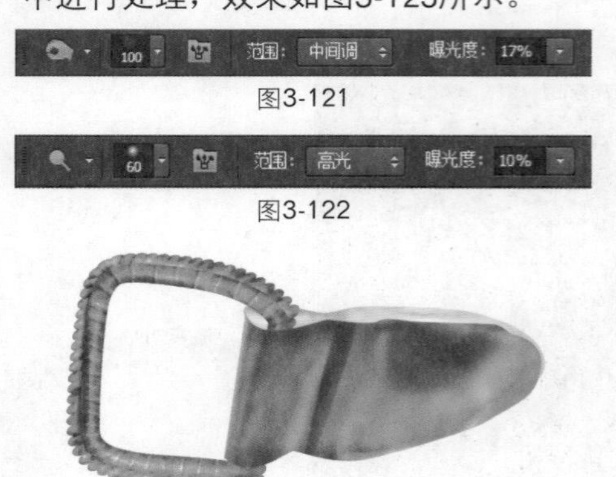

图3-121

图3-122

图3-123

07 新建图层，得到“图层5”，使用“钢笔工具”绘制路径，转换为选区并填充颜色，效果如图3-124所示。选择“减淡工具”，在“图层5”中进行减淡处理，效果如图3-125所示。

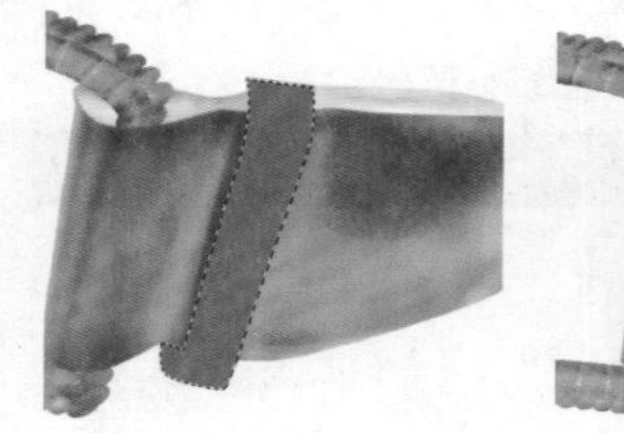

图3-124

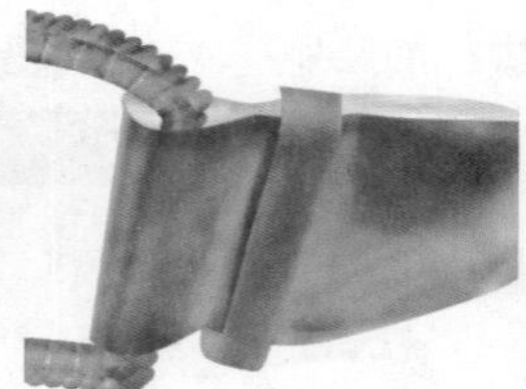

图3-125

08 新建图层，得到“图层6”，使用“钢笔工具”绘制路径，并执行“用画笔描边路径”操作，效果如图3-126所示。打开“样式”面板，选择其中的“2磅白色，无填充”选项，如图3-127所示，效果如图3-128所示。

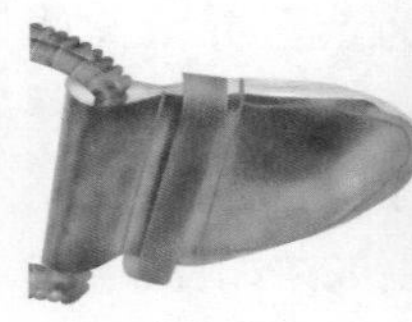

图3-126

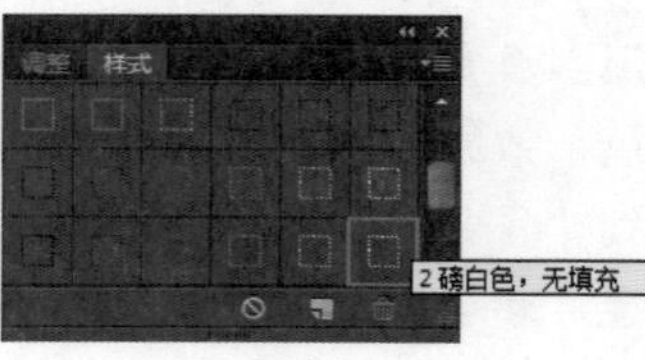

图3-127

09 为描边线条换色，效果如图3-129所示。新建图层，得到“图层7”，使用“钢笔工具”绘制路径，将其转换为选区并填充颜色，效果如图3-130、图3-131所示。

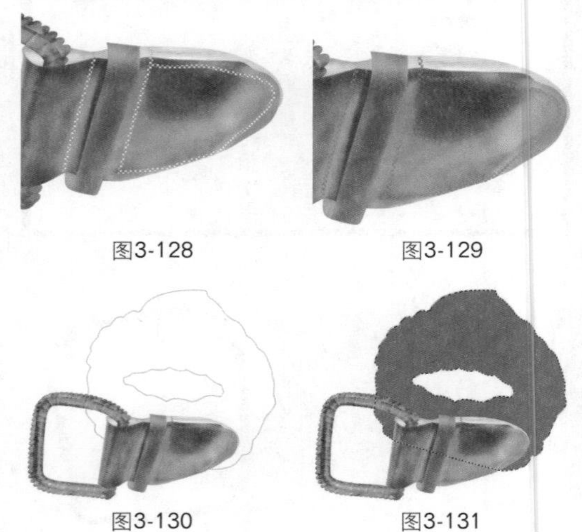

图3-128　　图3-129

图3-130　　图3-131

10 选择“图层7”，使用“钢笔工具”绘制路径，效果如图3-132所示。选择“选择”|“修改”|“羽化”命令，参数设置如图3-133所示。选择“加深工具”，参数设置如图3-134所示。在选区内进行加深处理，效果如图3-135所示。

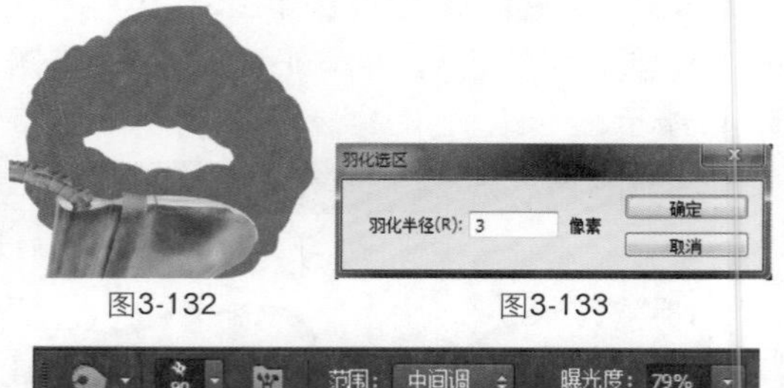

图3-132　　图3-133

图3-134

11 选择“图层7”，使用“钢笔工具”绘制路径，将其转换为选区并填充颜色，效果如图3-136所示。选择“加深工具”，在选区内进行加深处理，选择“图层7”，使用“钢笔工具”绘制路径，效果如图3-137所示。将其转换为选区，选择“选择”|“修改”|“羽化”命令，参数设置如图3-138所示。选择“减淡工具”，参数设置如图3-139所示。在选区内进行减淡处理，效果如图3-140所示。

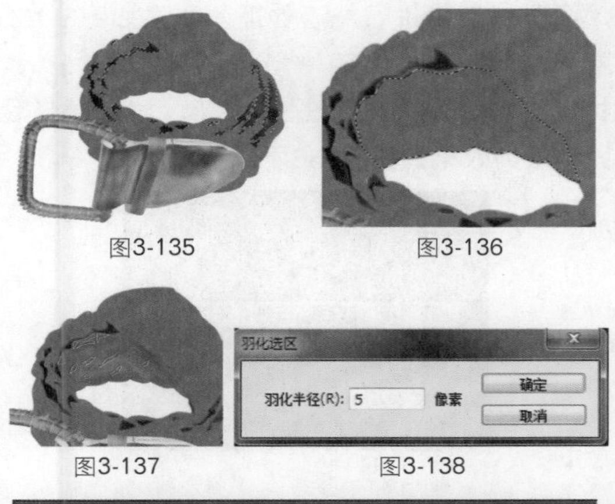

图3-135　图3-136

图3-137　图3-138

图3-139

12 选择“图层7”，使用“钢笔工具”绘制路径，效果如图3-141所示，执行“用画笔描边路径”操作。选择“加深工具”，参数设置如图3-142所示，对图像进行加深处理，效果如图3-143所示。

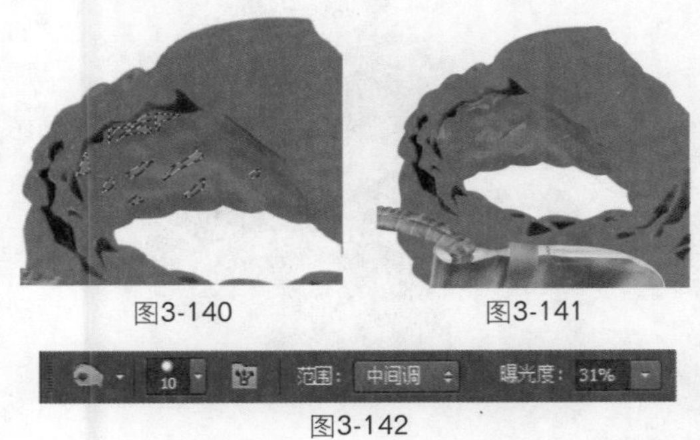

图3-140　图3-141

图3-142

13 新建图层，得到“图层8”，使用“钢笔工具”绘制路径，效果如图3-144所示。选择“减淡工具”，参数设置如图3-145所示，在选区内进行减淡处理，效果如图3-146所示。

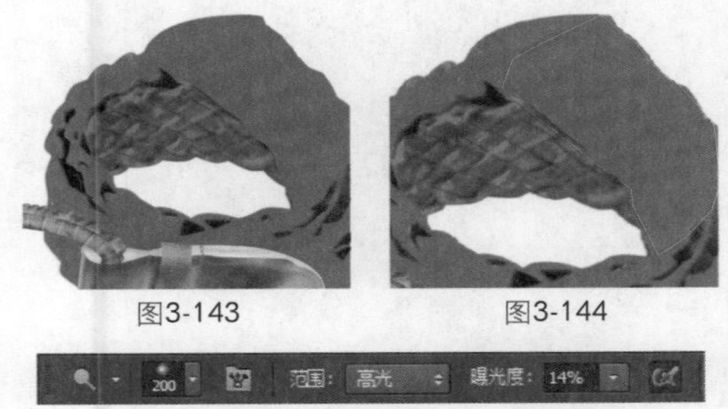

图3-143　图3-144

图3-145

14 使用“钢笔工具”绘制路径，效果如图3-147所示，执行“用画笔描边路径”操作。将其转换为选区，选择“减淡工具”，参数设置如图3-148所示，再选择“加深工具”，进行减淡和加深处理，效果如图3-149所示。

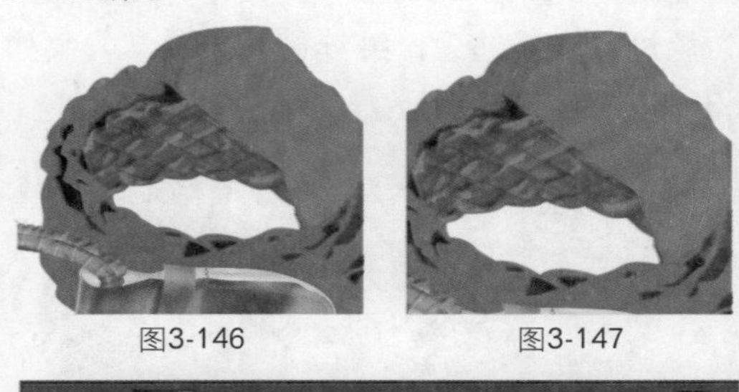

图3-146　图3-147

图3-148

15 使用“钢笔工具”绘制路径，效果如图3-150所示。将其转换为选区，选择“减淡工具”，参数设置如图3-151所示，在选区内进行减淡处理，效果如图3-152、图3-153所示。

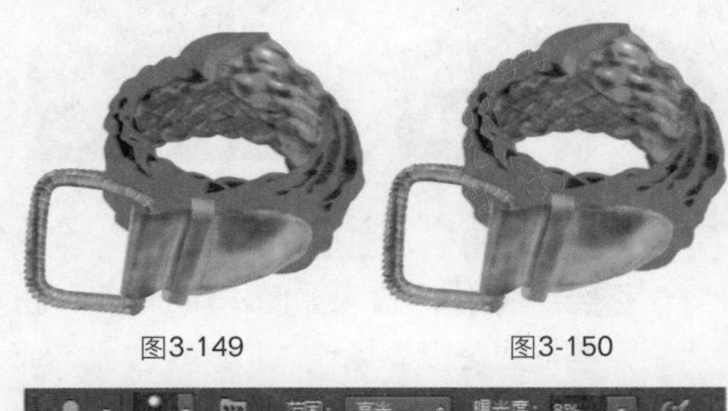

图3-149　图3-150

图3-151

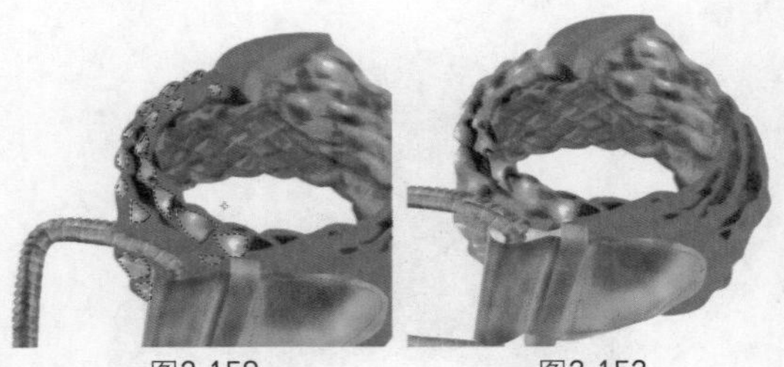

图3-152　图3-153

16 选择“减淡工具”，参数设置如图3-154、图3-155所示，在腰带上进行减淡处理，效果如图3-156所示。

图3-154

图3-155

17 新建图层，得到“图层9”，使用“钢笔工具” 绘制路径，转换为选区并填充颜色，效果如图3-157所示。选择“减淡工具” ，参数设置如图3-158所示，在“图层9”中进行减淡处理，继续进行绘制，效果如图3-159、图3-160所示。

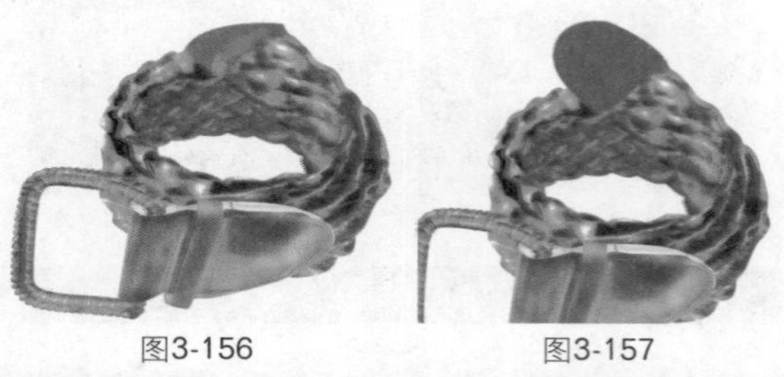

图3-156　　图3-157

图3-158

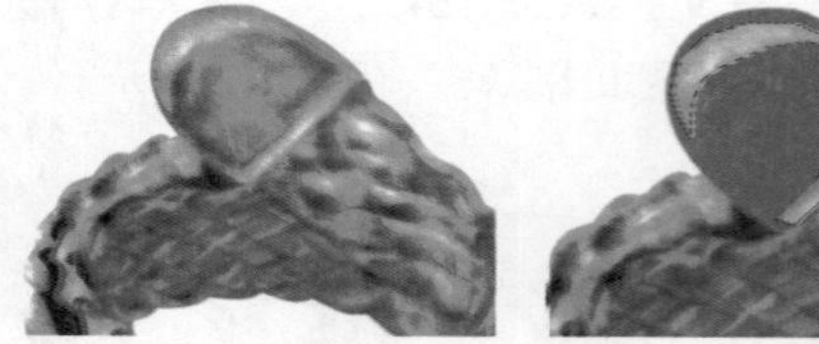

图3-159　　图3-160

18 新建图层，得到“图层10”，使用“钢笔工具” 绘制路径，效果如图3-161所示，执行“用画笔描边路径”操作。打开“样式”面板，选择其中的“1磅黑色2磅间隔点线，无填充”选项，如图3-162所示，效果如图3-163所示。

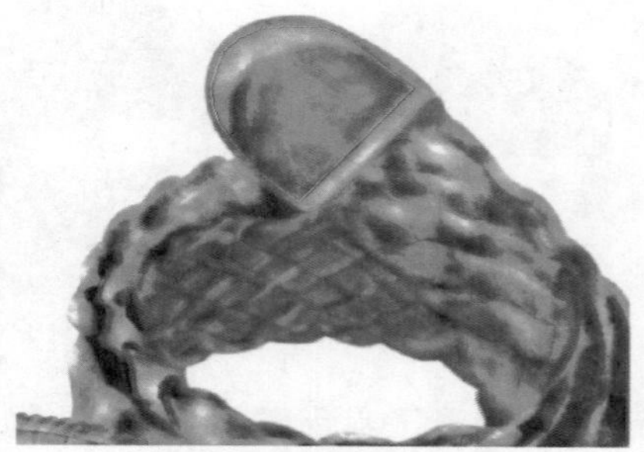

图3-161

19 新建图层，得到“图层11”，使用“钢笔工具” 绘制路径，效果如图3-164所示。将其转换为选区，选择“减淡工具” ，在“图层11”中进行减淡处理，效果如图3-165所示。最后导入随书光盘中的文件“素材”\“第3章”\“3.3.jpg”，放到腰带后面，最终效果如图3-166所示。

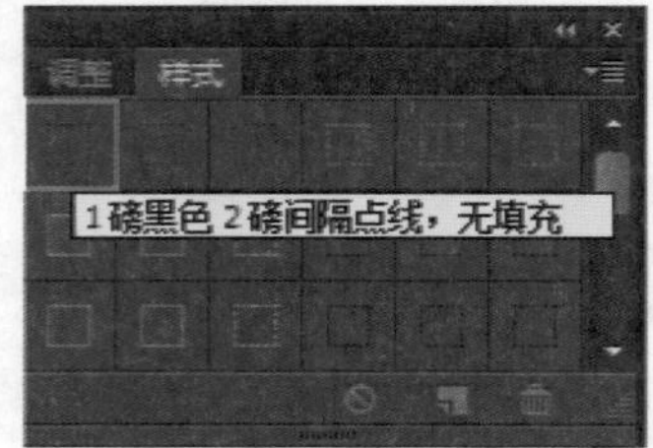

图3-162

图3-163　　图3-164

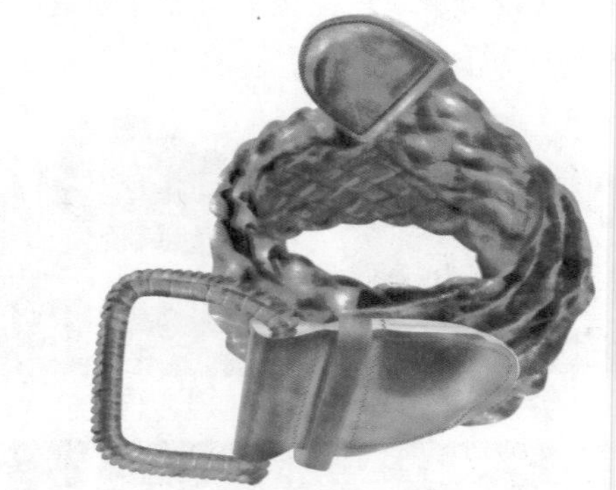

图3-165

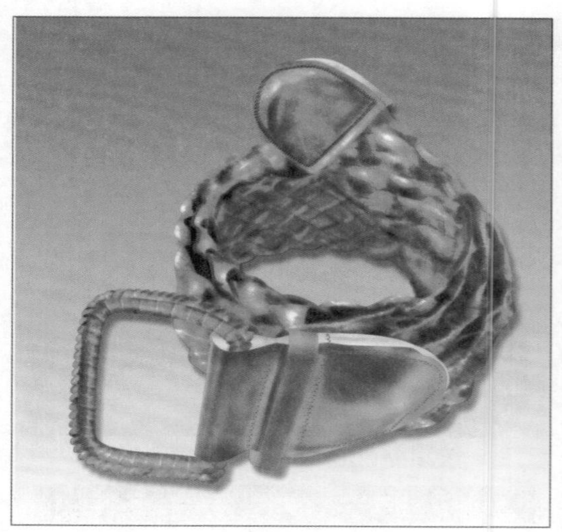

图3-166

Works 3.4 金属扣皮革腰带

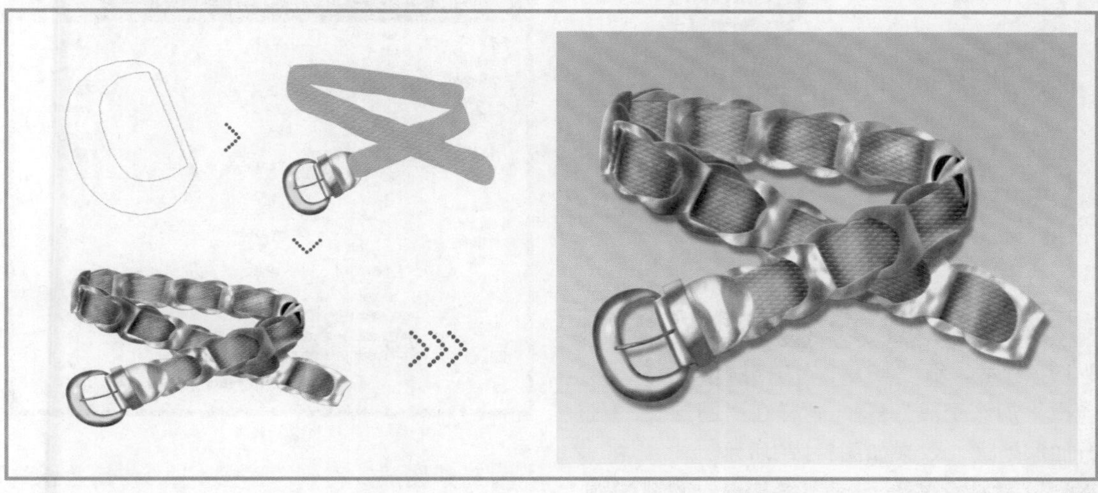

01 按快捷键Ctrl+N新建文件，弹出“新建”对话框并设置参数，如图3-167所示。新建图层组，得到“组1”，新建图层，得到“图层1”。使用“钢笔工具”绘制路径，将其转换为选区并填充颜色，效果如图3-168、图3-169所示。

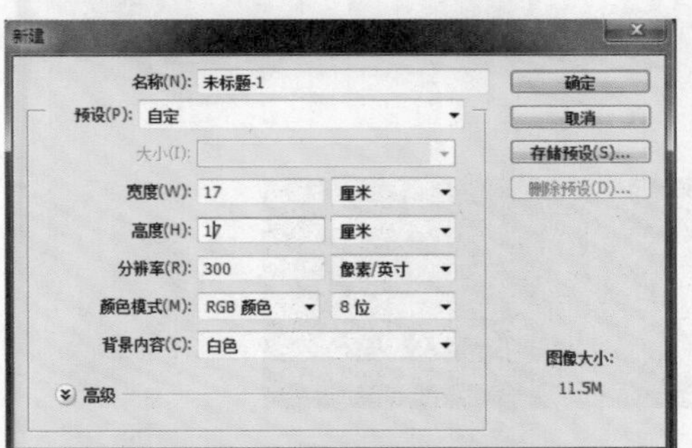

图3-167

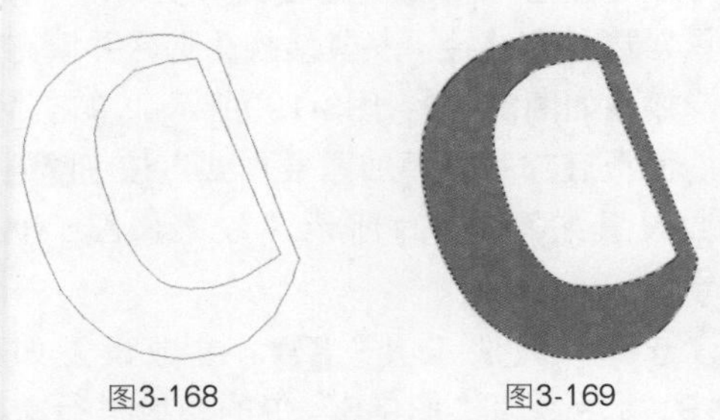

图3-168　　图3-169

02 选择“加深工具”，参数设置如图3-170所示，对“图层1”进行加深处理。选择“减淡工具”，参数设置如图3-171所示，对“图层1”进行减淡处理，效果如图3-172所示。

范围: 高光　曝光度: 47%

图3-170

范围: 高光　曝光度: 51%

图3-171

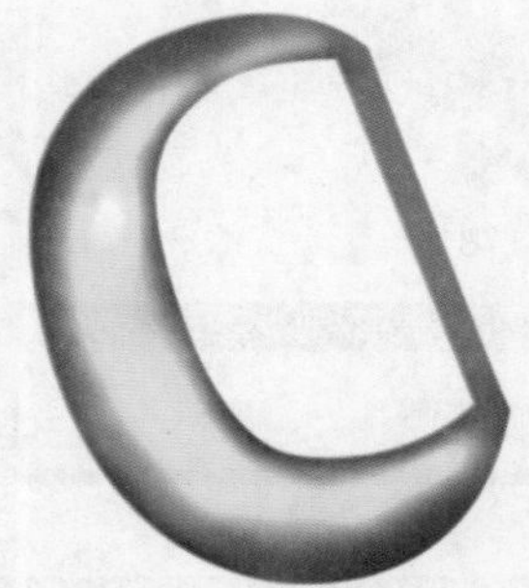

图3-172

03 新建图层，得到“图层2”，使用“钢笔工具”绘制路径，将其转换为选区并填充颜色，效果如图3-173、效果如图3-174所示。新建图层，得到“图层3”，使用“钢笔工具”绘制路径，将其转换为选区并填充颜色，效果如图3-175、图3-176所示。

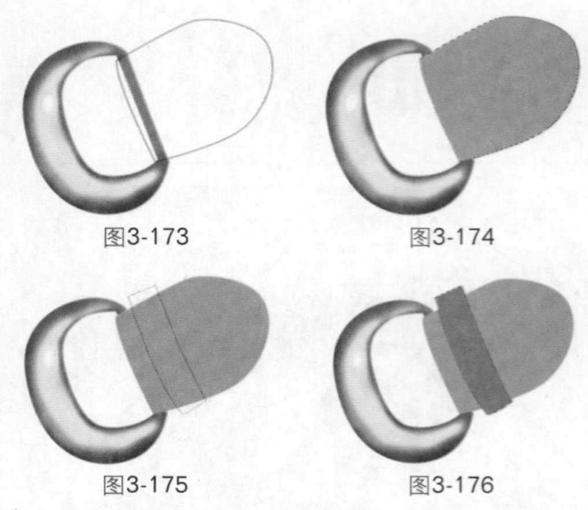

图3-173　图3-174

图3-175　图3-176

04 选择“减淡工具”，参数设置如图3-177所示，在“图层3”中进行减淡处理。选择“加深工具”，同样在“图层3”中进行加深处理，效果如图3-178所示。

图3-177

05 选择“图层2”，使用“钢笔工具”绘制路径，效果如图3-179所示。将其转换为选区，执行“羽化”命令，对话框参数设置如图3-180所示。选择“减淡工具”，参数设置如图3-181所示，在选区内进行减淡处理，效果如图3-182、图3-183所示。

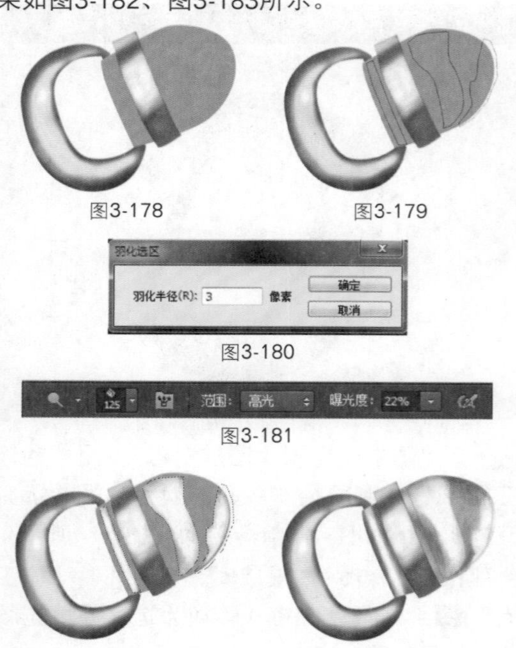

图3-178　图3-179

图3-180

图3-181

图3-182　图3-183

06 选择“图层2”，单击“图层”面板底部的“添加图层样式”按钮，参数设置如图3-184所示，效果如图3-185所示。

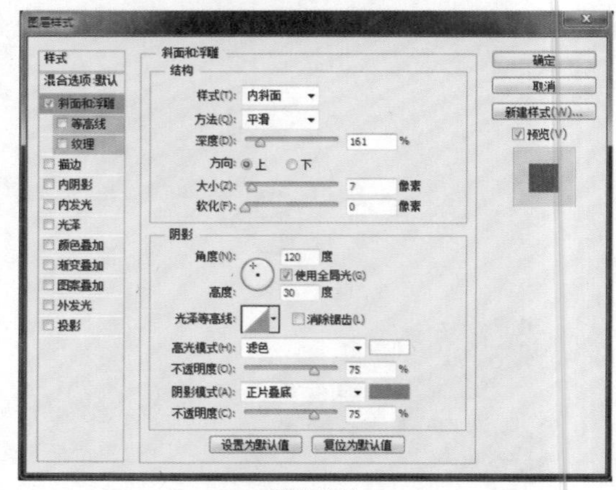

图3-184

07 新建图层，得到“图层4”，使用“钢笔工具”绘制路径，如图3-186所示。执行“用画笔描边路径”操作，打开“样式”面板，选择其中的“2磅20%灰色，无填充”选项，如图3-187所示，效果如图3-188所示。

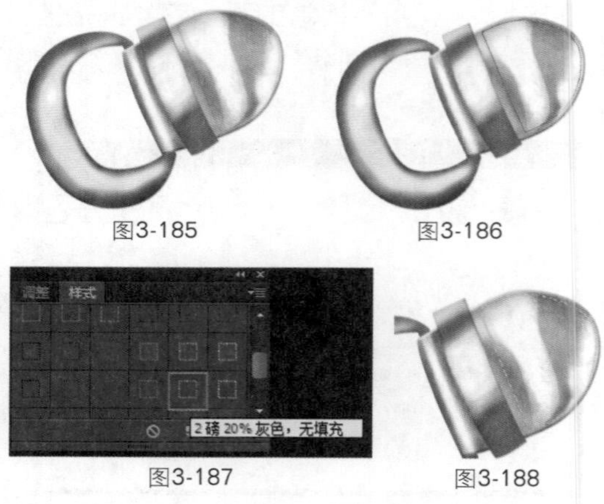

图3-185　图3-186

图3-187　图3-188

08 新建图层，得到“图层5”，使用“钢笔工具”绘制路径，将其转换为选区并填充颜色，效果如图3-189、图3-190所示。单击“图层”面板底部的“添加图层样式”按钮，参数设置如图3-191所示，效果如图3-192所示。

09 选择“减淡工具”，参数设置如图3-193所示。为“图层5”中的图像进行减淡处理，效果如图3-194所示。

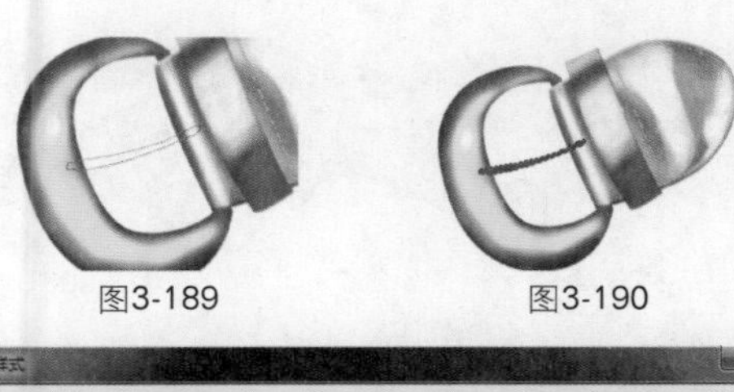

图3-189　图3-190

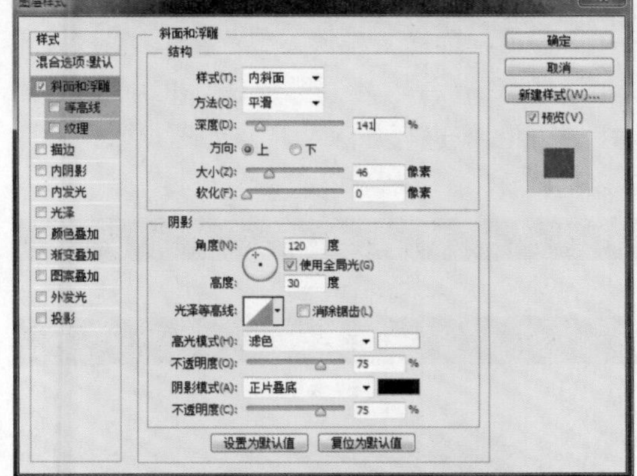

图3-191

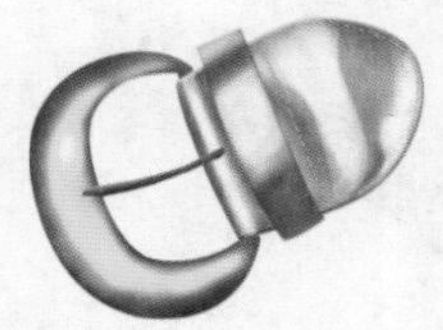

图3-192

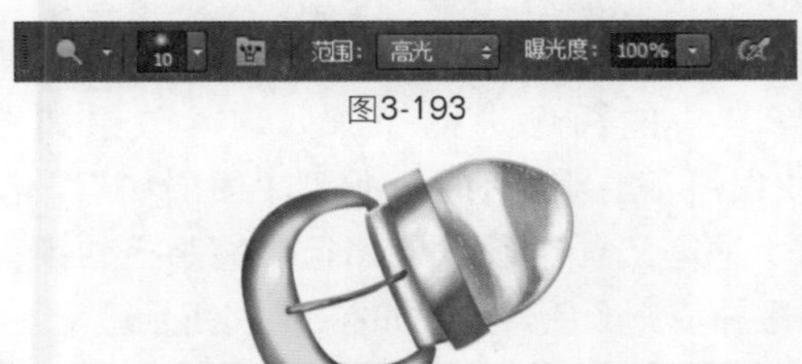

图3-193

图3-194

10 新建图层，得到“图层6”，使用“钢笔工具”绘制路径，将其转换为选区并填充颜色，效果如图3-195、图3-196所示。单击“图层”面板底部的“添加图层样式”按钮，参数设置如图3-197、图3-198所示，效果如图3-199所示。

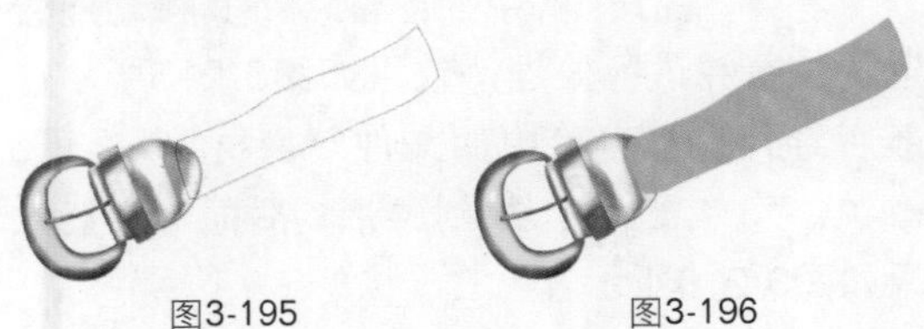

图3-195　图3-196

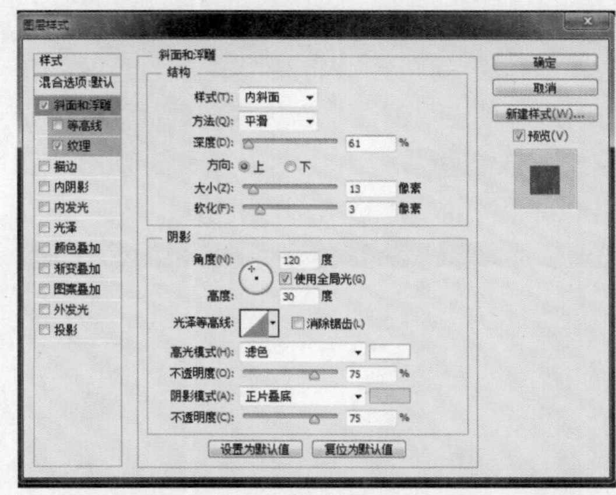

图3-197

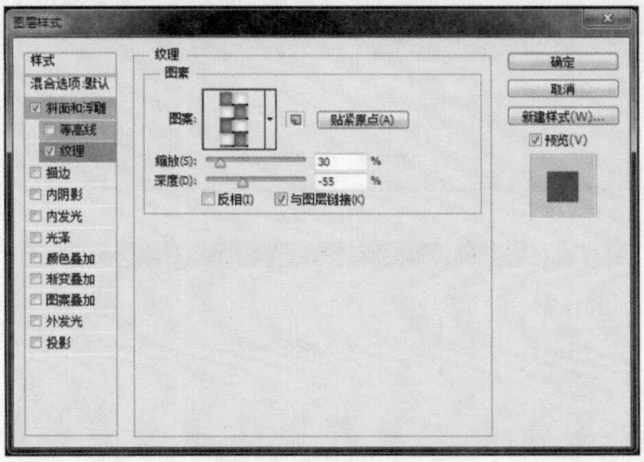

图3-198

11 新建图层，得到“图层7”，导入随书光盘“素材”\“第3章”\“3.4.1.jpg”文件，将其摆放到合适的位置，效果如图3-200所示。使用“钢笔工具”在素材上绘制路径，效果如图3-201所示。将路径转换为选区，按快捷键Ctrl+Shift+I进行反选。按Delete键删除图像多余的部分，并将图像摆放到合适的位置，效果如图3-202所示。

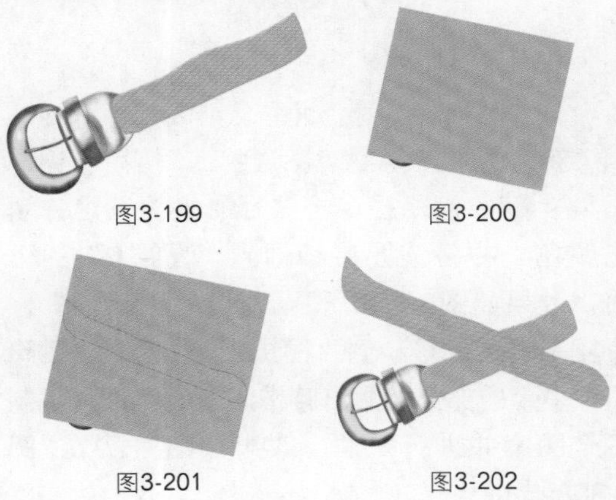

图3-199　图3-200

图3-201　图3-202

12 新建图层，得到“图层8”，使用“钢笔工具” 绘制路径，将路径转换为选区并填充颜色，单击“图层”面板底部的“添加图层样式”按钮 fx，参数设置如图3-203、图3-204所示，效果如图3-205所示。

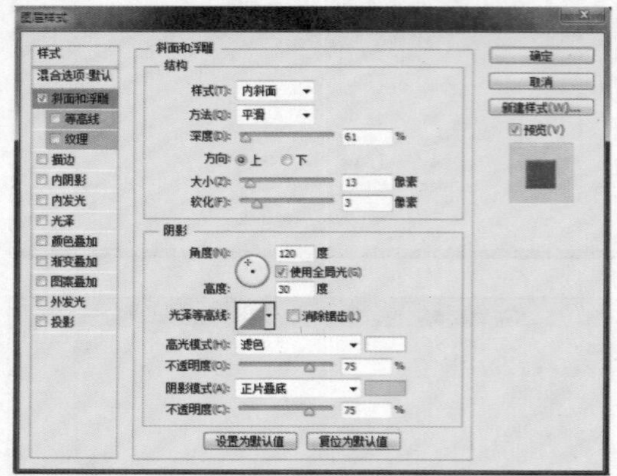

图3-203

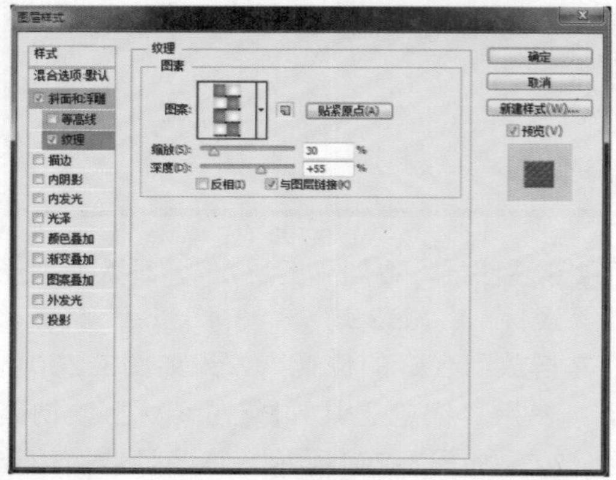

图3-204

图3-205

13 新建图层，得到“图层9”，使用“钢笔工具” 绘制路径，将路径转换为选区并填充颜色，并将该图层移动到“图层6”的下面，效果如图3-206所示。复制“图层9”，将复制的图层移动到“图层6”的上面，删除图像多余的部分，露出腰带。以此类推，复制多个图案并进行处理，效果如图3-207、图3-208所示。

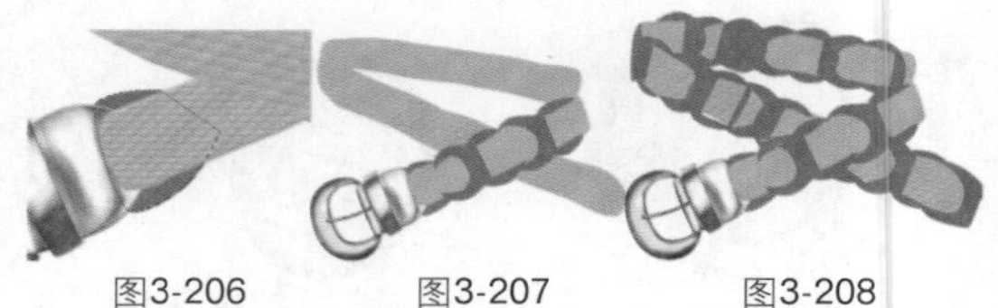

图3-206　　图3-207　　图3-208

14 选择“加深工具” ，参数设置如图3-209所示，选择“减淡工具” ，参数设置如图3-210所示，为“图层9”和“图层9副本”中的图像进行加深和减淡处理，效果如图3-211所示。

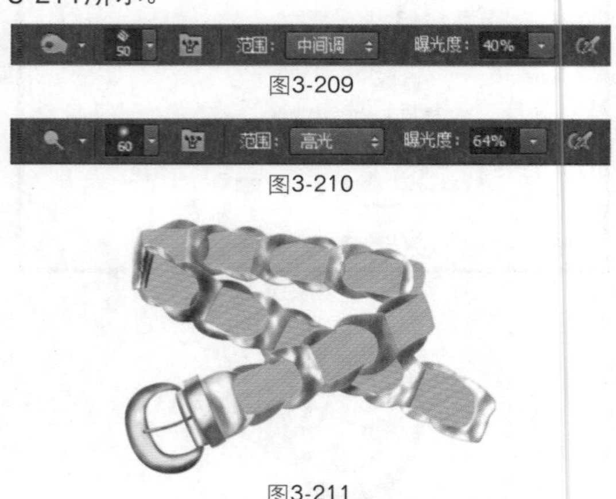

图3-209

图3-210

图3-211

15 选择“加深工具” ，参数设置如图3-212所示，为“图层6”、“图层7”和“图层8”中的图像进行加深处理，效果如图3-213所示。新建图层，得到“图层10”，使用“钢笔工具” 绘制路径，将路径转换为选区并填充颜色，效果如图3-214所示。

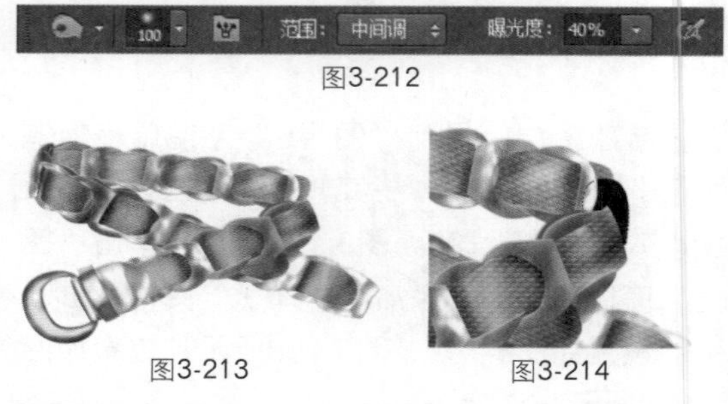

图3-212

图3-213　　图3-214

16 复制“图层9”中的图像，将其移动到合适的位置并进行处理，效果如图3-215所示。最后导入随书光盘中的文件“素材”\“第3章”\“3.4.jpg”，放到腰带的后面，最终效果如图3-216所示。

图3-215

图3-216

Works 3.5 丝麻腰带

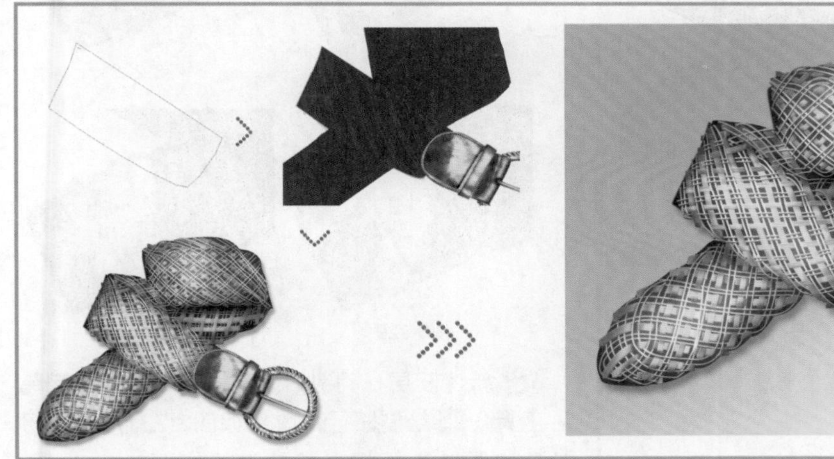

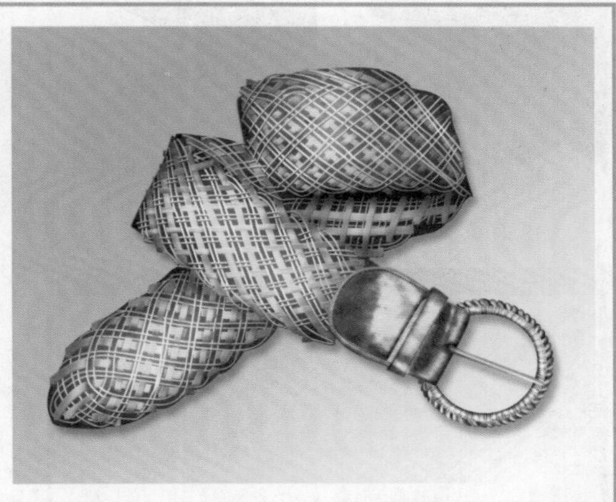

01 按快捷键Ctrl+N新建文件，弹出“新建”对话框并设置参数，如图3-217所示。新建图层组，得到“组1”，新建图层，得到“图层1”。使用“钢笔工具”绘制路径，将路径转换为选区并填充颜色，效果如图3-218、图3-219所示。

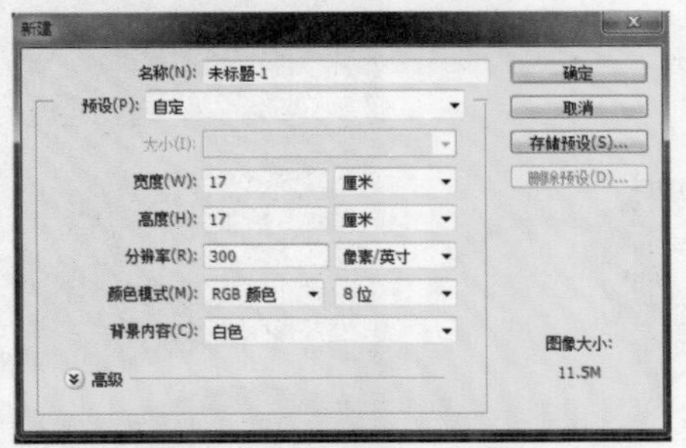

图3-217

图3-218　　图3-219

02 新建图层，得到“图层2”，使用“钢笔工具”绘制路径，将路径转换为选区并填充颜色，效果如图3-220所示。新建图层，得到“图层3”，使用“钢笔工具”绘制路径，将路径转换为选区并填充颜色，效果如图3-221、图3-222所示。

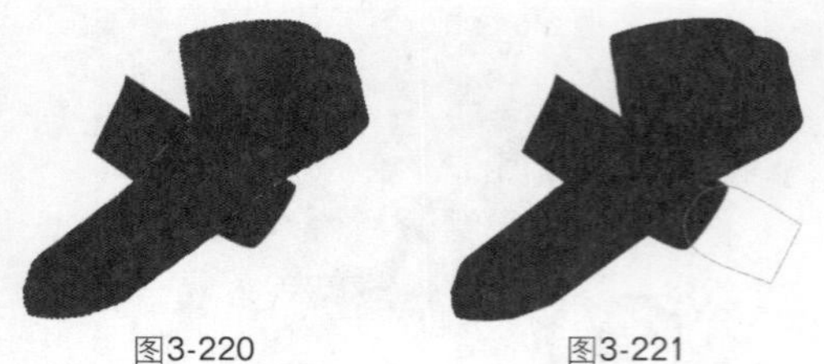

图3-220　　图3-221

03 选择“图层3”，使用“钢笔工具”绘制路径，效果如图3-223所示，将路径转换为选区，按快捷键Ctrl+J拷贝图层，得到“图层4”。单击“图层”面板底部的“添加图层样式”按钮，参数设置如图3-224所示，效果如图3-225所示。

图3-222　　图3-223

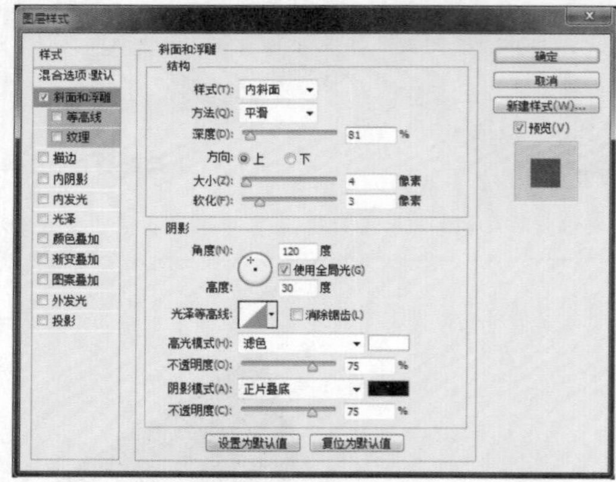

图3-224

图3-225

04 选择“减淡工具”，参数设置如图3-226所示。分别为“图层3”和“图层4”进行减淡处理，效果如图3-227所示。

图3-226

05 新建图层，得到“图层5”，使用“钢笔工具”绘制路径，将其转换为选区并填充颜色。选择“减淡工具”和“加深工具”，在“图层3”、“图层4”和“图层5”中进行涂抹处理，效果如图3-228～图3-230所示。

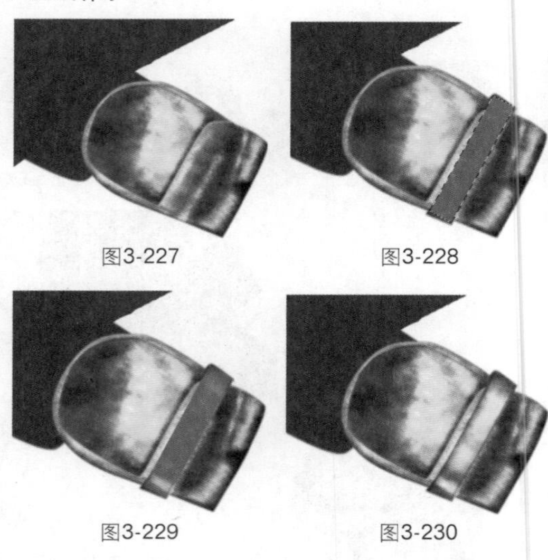

图3-227　　图3-228

图3-229　　图3-230

06 新建图层，得到“图层6”，使用“钢笔工具”绘制路径，效果如图3-231所示。打开“画笔”面板，参数设置如图3-232、图3-233所示，执行“用画笔描边路径”操作，效果如图3-234所示。

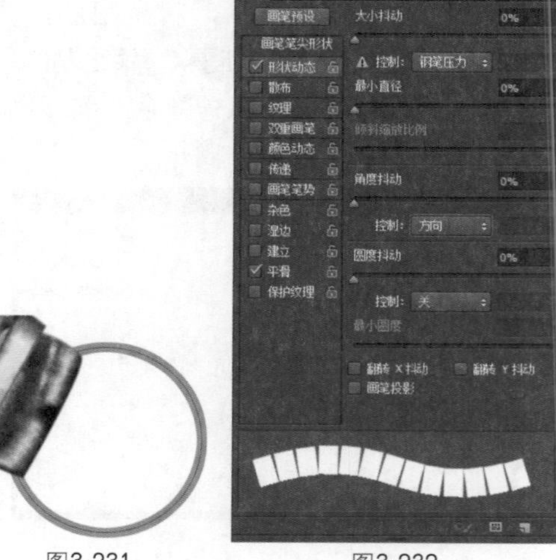

图3-231　　图3-232

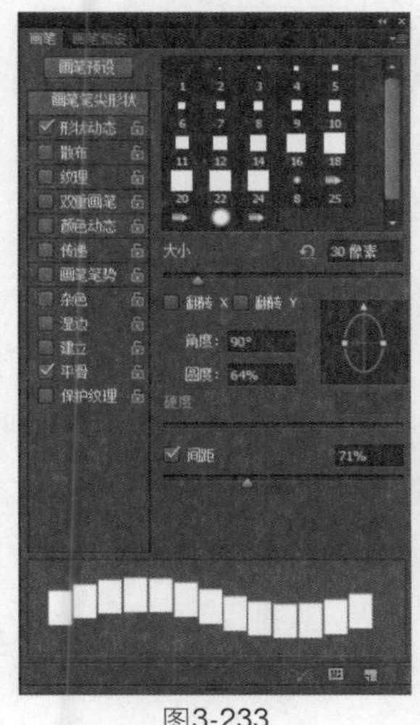

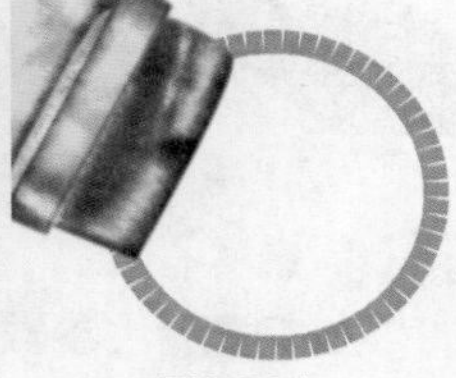

图3-233　　图3-234

07 选择“加深工具”，参数设置如图3-235所示，在“图层6”中进行加深处理，效果如图3-236所示。选择“减淡工具”，参数设置如图3-237所示，在“图层6”中进行减淡处理，效果如图3-238、图3-239所示。

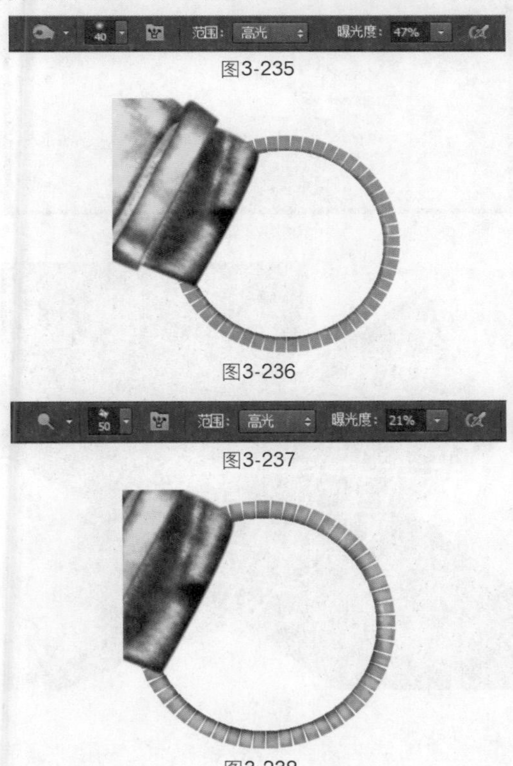

图3-235

图3-236

图3-237

图3-238

08 新建图层，得到“图层7”，使用“钢笔工具”绘制路径，效果如图3-240所示。打开“画笔”面板，参数设置如图3-241所示，执行“用画笔描边路径”操作，效果如图3-242所示。

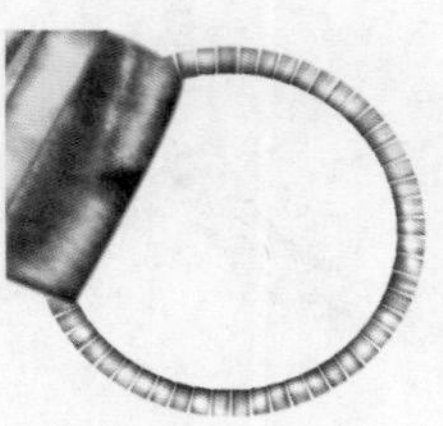

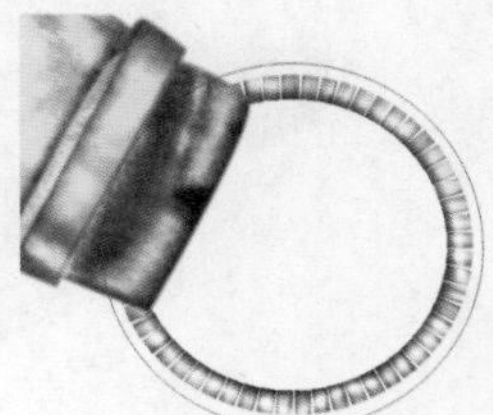

图3-239　　图3-240

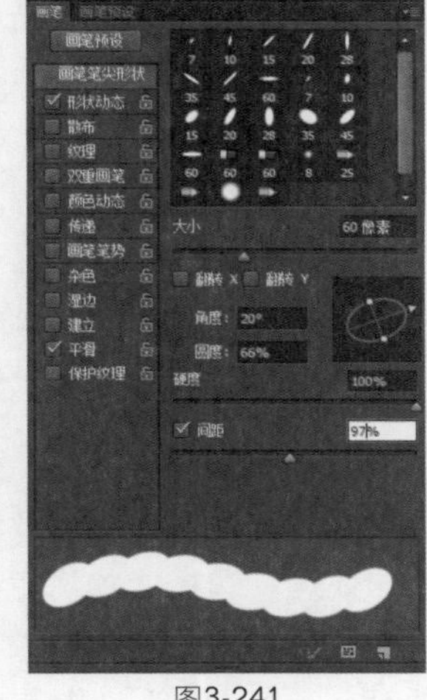

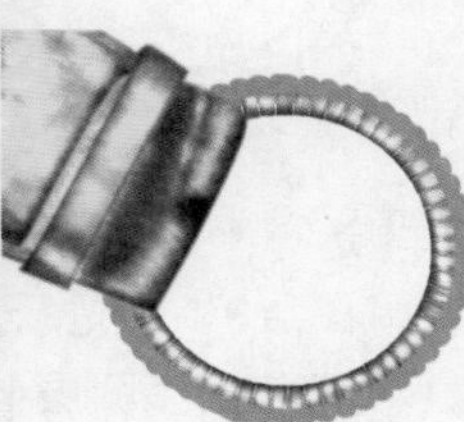

图3-241　　图3-242

09 选择“加深工具”，参数设置如图3-243所示，在“图层7”中进行加深处理，效果如图3-244所示。选择“减淡工具”，参数设置如图3-245所示，在“图层7”中进行减淡处理，效果如图3-246所示。

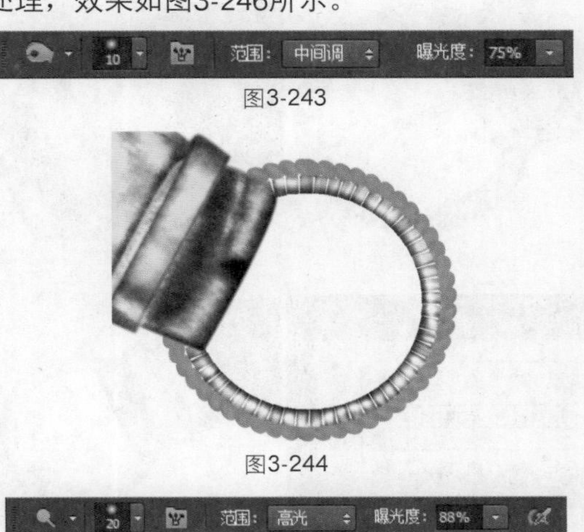

图3-243

图3-244

图3-245

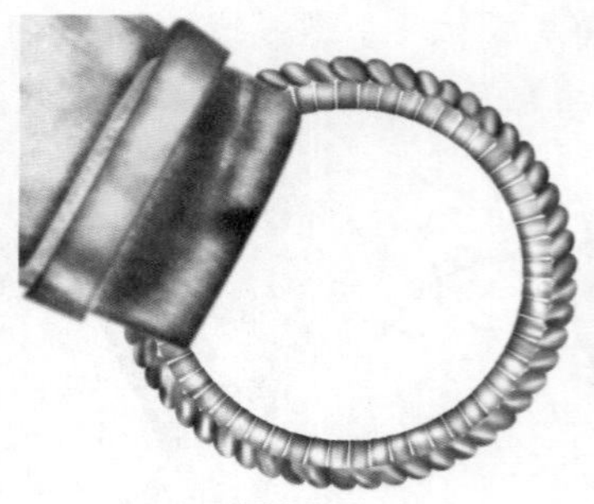
图3-246

10 新建图层，得到“图层8”，使用“钢笔工具”绘制路径，将路径转换为选区并填充颜色，效果如图3-247、图3-248所示。

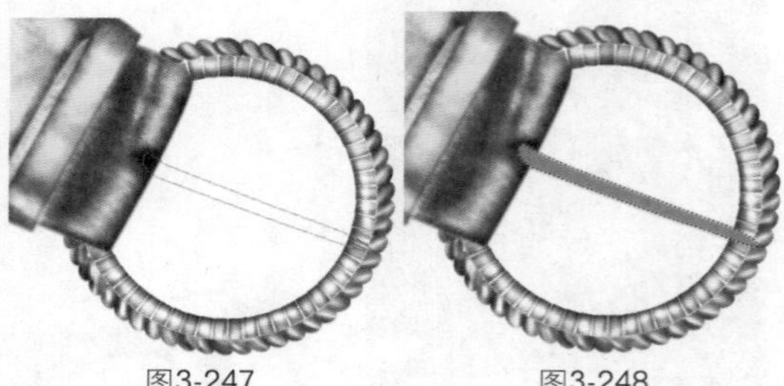
图3-247　　图3-248

11 选择“加深工具”和“减淡工具”，在“图层8”中进行涂抹处理。选择“加深工具”，在“图层4”中进行加深处理，效果如图3-249所示。新建图层，得到“图层9”，使用“钢笔工具”绘制路径，效果图3-250所示。打开“样式”面板，选择其中的“2磅黑色，有填充”选项，如图3-251所示，效果如图3-252所示。

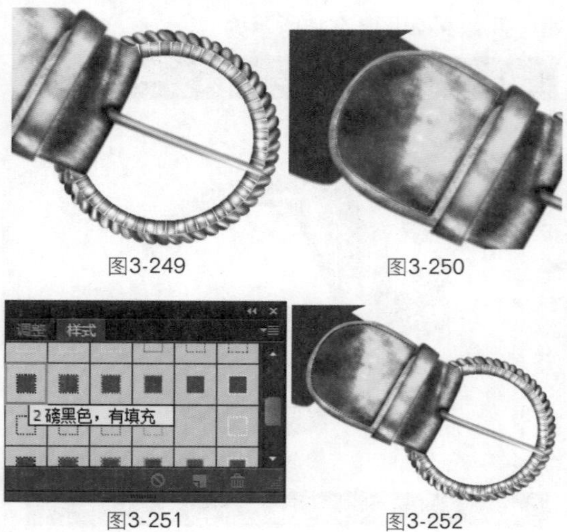

图3-249　　图3-250

图3-251　　图3-252

12 新建图层，得到“图层10”，使用“钢笔工具”绘制路径，效果如图3-253所示。选择“画笔工具”，执行“用画笔描边路径”操作，效果如图3-254所示。

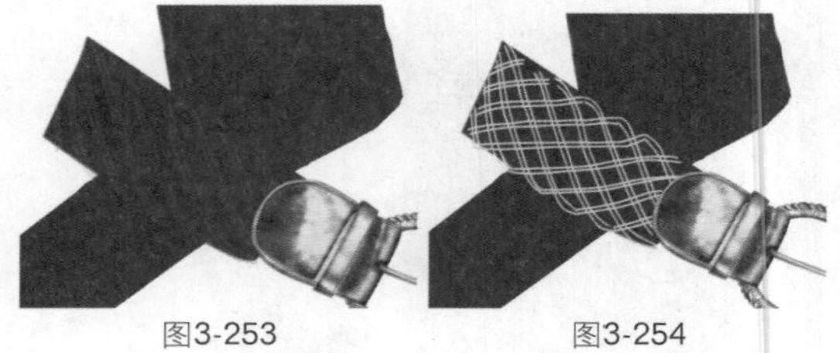
图3-253　　图3-254

13 单击“图层”面板底部的“添加图层样式”按钮，参数设置如图3-255所示，效果如图3-256所示。

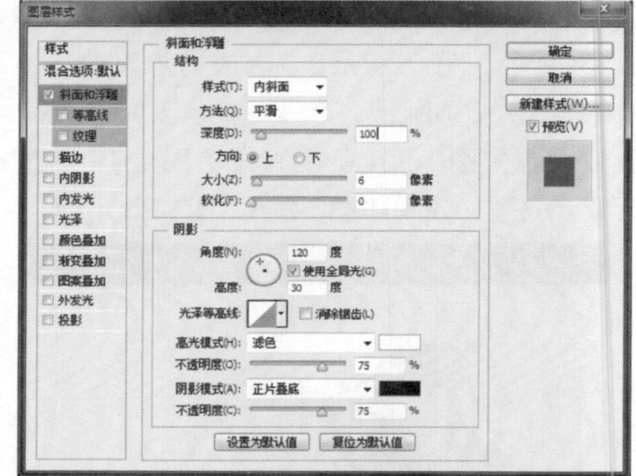

图3-255

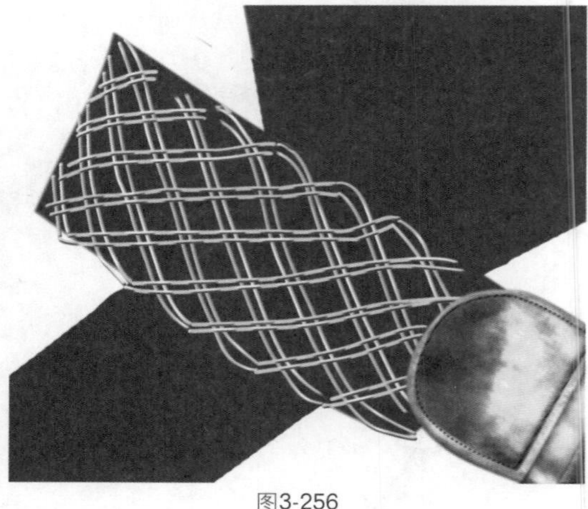
图3-256

14 新建图层，得到“图层11”，使用“钢笔工具”绘制路径，执行“用画笔描边路径”操作，效果如图3-257～图3-260所示。

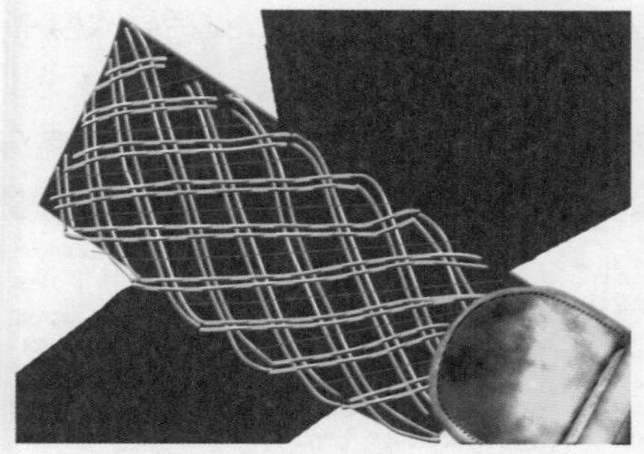
图3-257

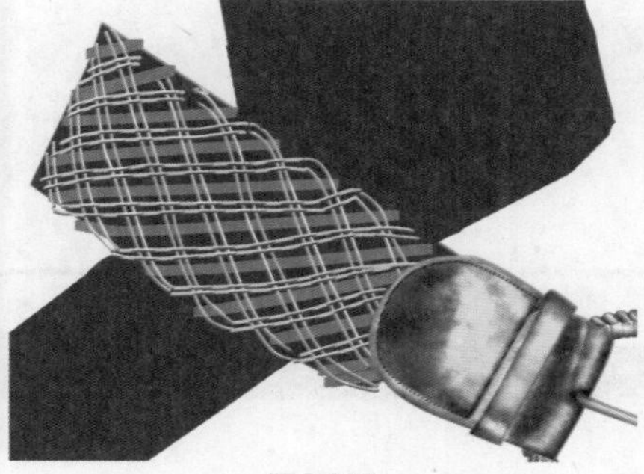
图3-258

图3-259

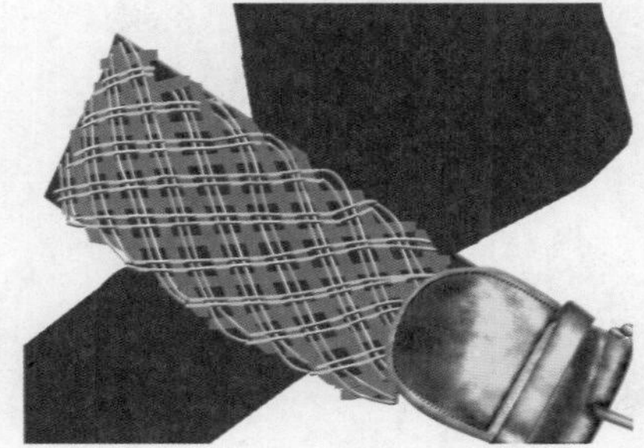
图3-260

15 单击“图层”面板底部的“添加图层样式”按钮，参数设置如图3-261所示，效果如图3-262所示。选择“减淡工具”，为“图层10”、“图层11”进行减淡处理，效果如图3-263所示。

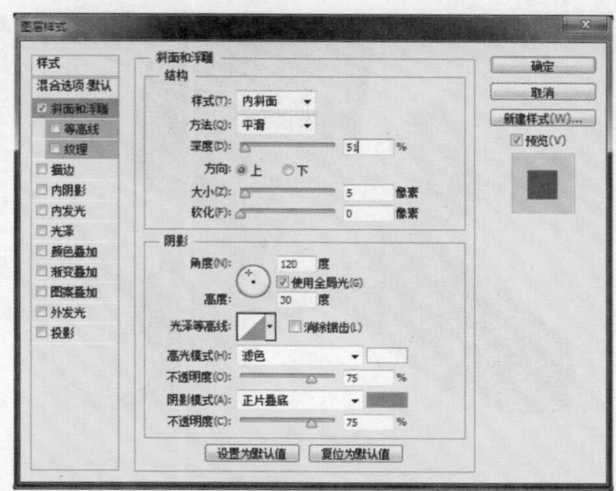

图3-261

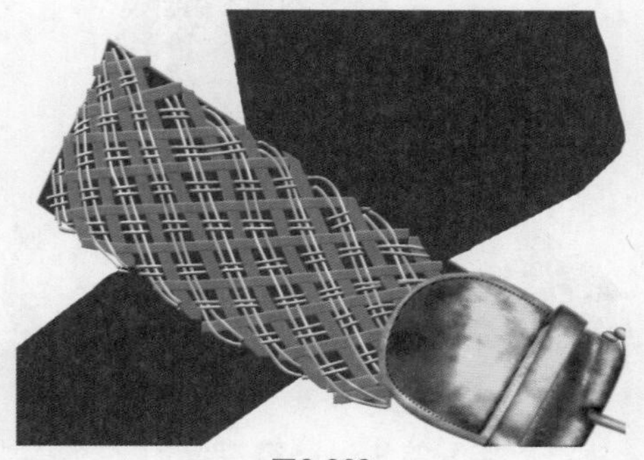
图3-262

图3-263

16 新建图层，得到“图层12”，使用“钢笔工具”绘制路径，效果如图3-264～图3-267所示。

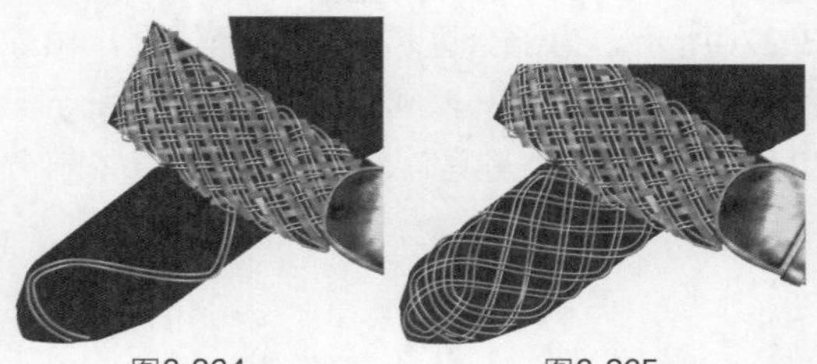
图3-264　图3-265

图3-266

图3-267

17 执行“用画笔描边路径”操作，效果如图3-268所示。单击“图层”面板底部的“添加图层样式”按钮 fx，参数设置如图3-269所示。

图3-268

18 选择“减淡工具”，参数设置如图3-270所示。为部分区域进行加亮处理，擦除腰带以外多余的部分，效果如图3-271所示。继续选择“减淡工具”，为腰带整体部分加亮，效果如图3-272所示。最后导入随书光盘中的文件“素材”\“第3章”\“3.5.jpg”，放到腰带的后面，最终效果如图3-273所示。

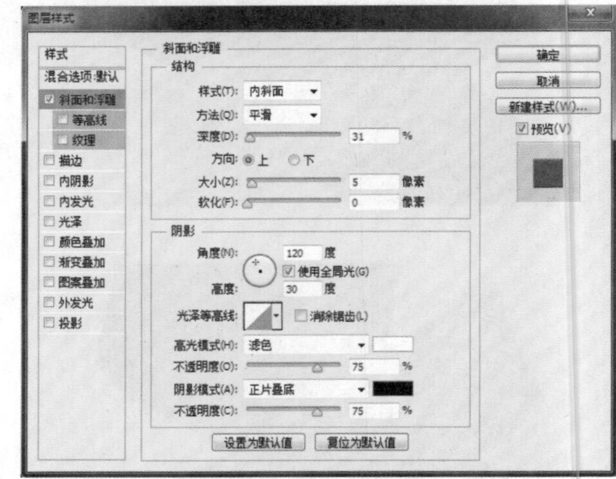

图3-269

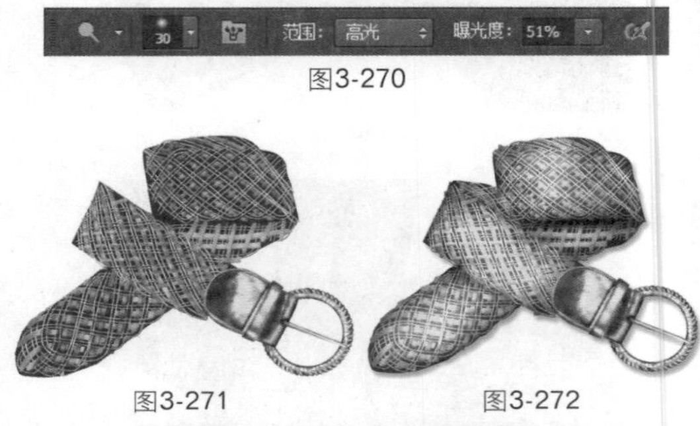

图3-270

图3-271 图3-272

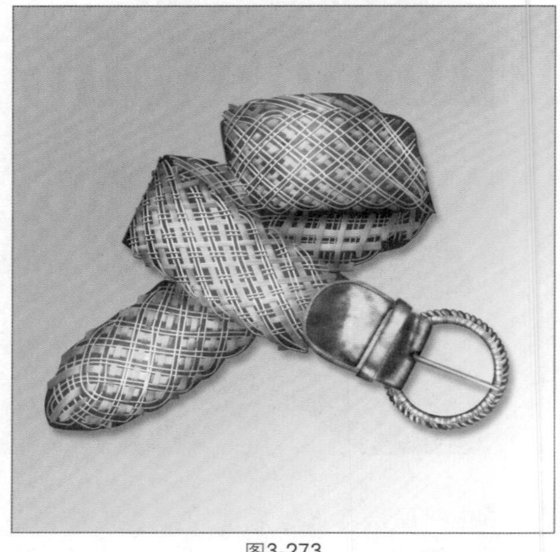

图3-273

Chapter 04

第4章 胸 针

案例展示

AN LI ZHAN SHI

Works 4.1 珍珠胸针

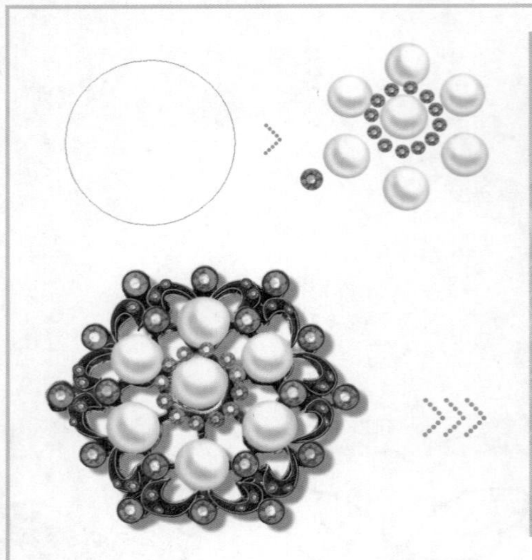

01 按快捷键Ctrl+N新建文件，弹出“新建”对话框并设置参数，如图4-1所示。选择“椭圆工具”，参数设置如图4-2所示。新建图层组，得到“组1”，新建图层，得到“图层1”。使用“椭圆工具”绘制图形并填充颜色，效果如图4-3、图4-4所示。

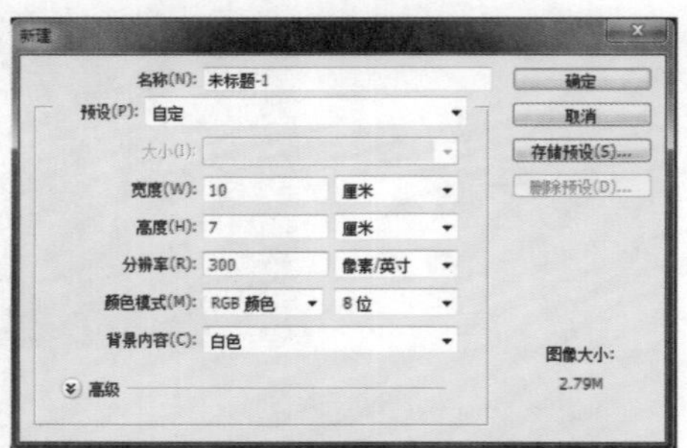

图4-1

形状 填充： 描边： 3点

图4-2

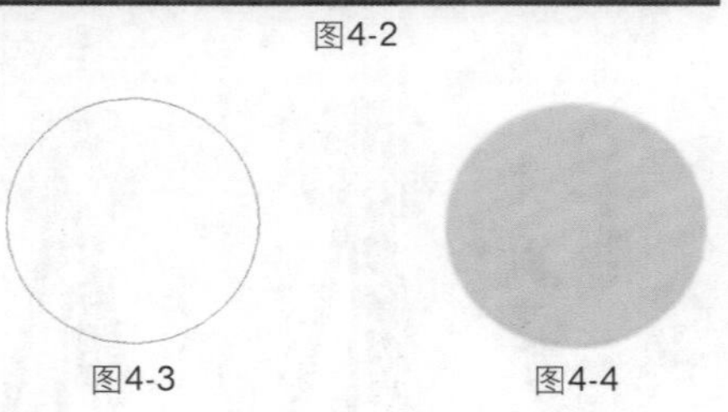

图4-3　图4-4

02 选择“减淡工具”，在工具选项栏中设置参数，如图4-5所示。在“图层1”中进行减淡处理，效果如图4-6所示。选择“钢笔工具”绘制路径，效果如图4-7所示。将路径转换为选区，选择“选择”|“修改”|“羽化”命令，弹出对话框并设置参数，如图4-8所示，羽化选区。选择“减淡工具”，参数设置如图4-9所示，在选区内进行减淡处理，效果如图4-10所示。

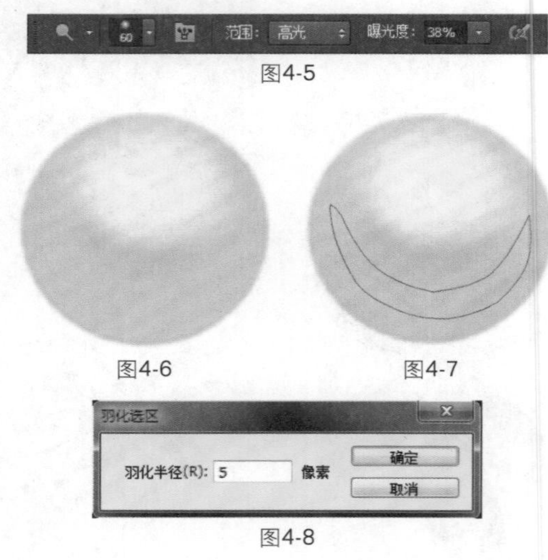

图4-5

图4-6　图4-7

图4-8

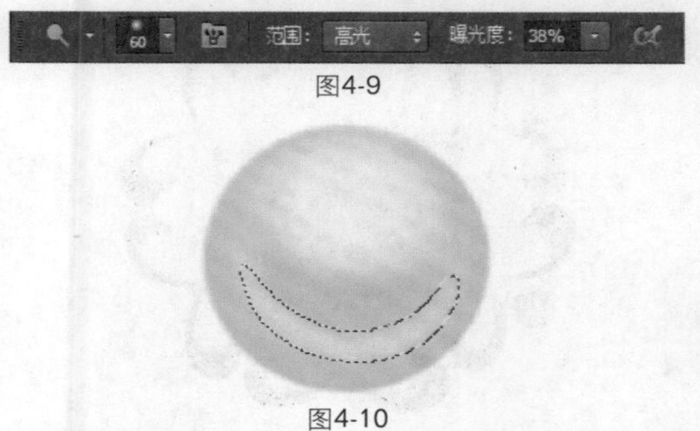

图4-9

图4-10

03 选择“加深工具”，参数设置如图4-11所示。在“图层1”中进行加深处理，效果如图4-12所示。复制多个图案并摆放到合适的位置，效果如图4-13所示。

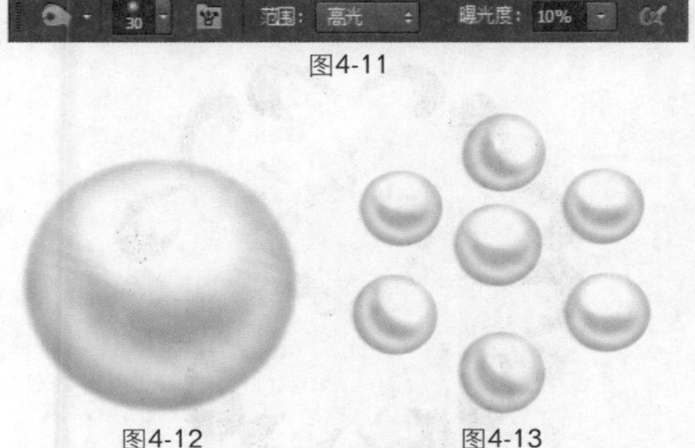

图4-11

图4-12　图4-13

04 新建图层，得到“图层2”，使用“椭圆工具”绘制图形并填充颜色。执行“羽化”命令，设置“羽化半径”为3个像素，效果如图4-14、图4-15所示。

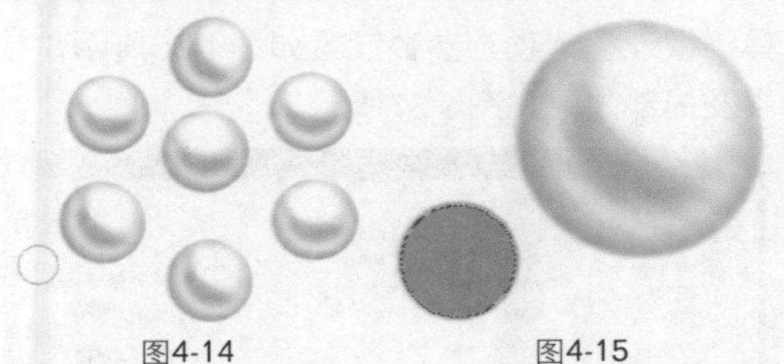

图4-14　图4-15

05 选择“减淡工具”，参数设置如图4-16所示，在“图层2”中进行加提亮处理，效果如图4-17所示。选择“加深工具”，参数设置如图4-18所示，在“图层2”中进行加深处理，效果如图4-19所示。

图4-16

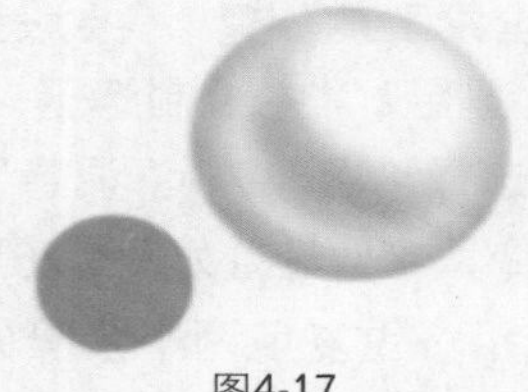

图4-17

图4-18

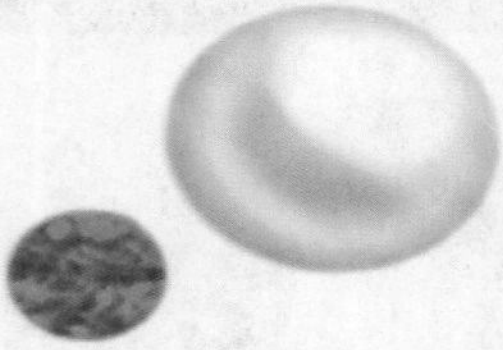

图4-19

06 选择“椭圆选框工具”，在“图层2”中绘制选区，效果如图4-20所示。选择“图像”|“调整”|“色相/饱和度”命令，弹出对话框并设置参数，如图4-21所示，效果如图4-22所示。复制多个图案并摆放到合适的位置，效果如图4-23所示。

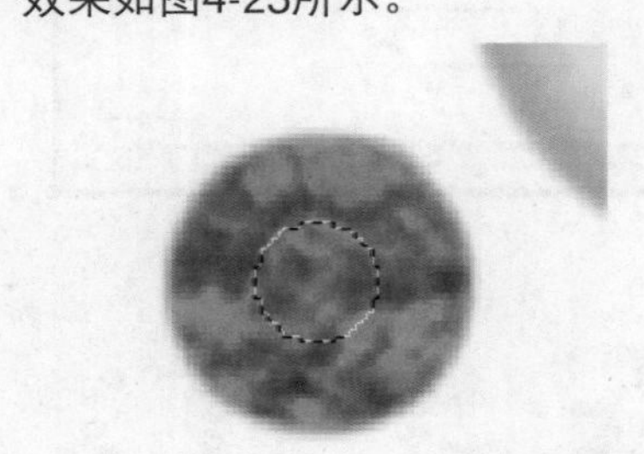

图4-20

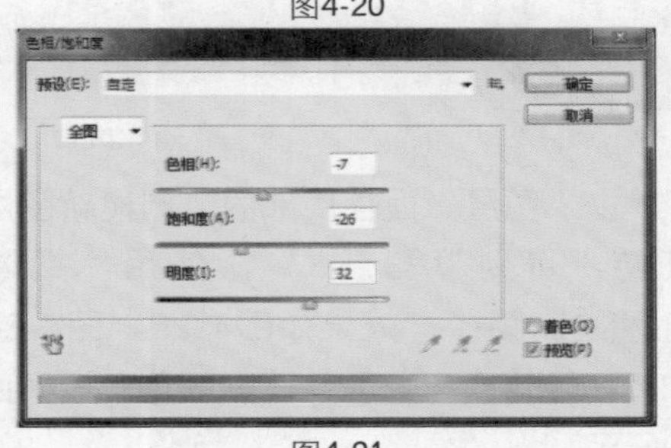

图4-21

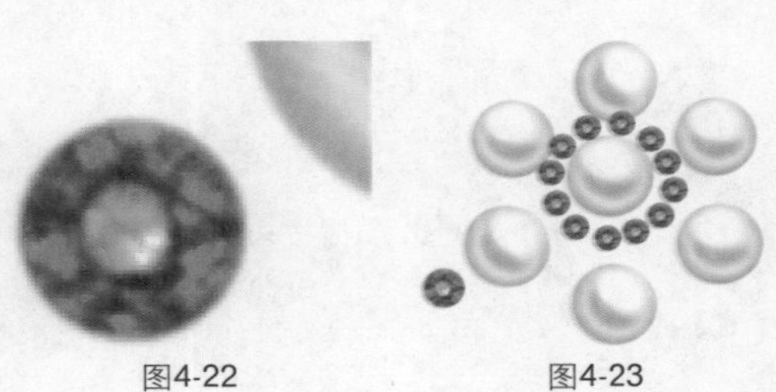

图4-22　图4-23

07 选择“套索工具”，参数设置如图4-24所示。在“图层2”中绘制选区，效果如图4-25所示。选择“图像”|“调整”|“色相/饱和度”命令，参数设置如图4-26所示，效果如图4-27所示。重复前两个步骤的操作，对“图层9副本”进行处理，颜色可以自定义，效果如图4-28所示。

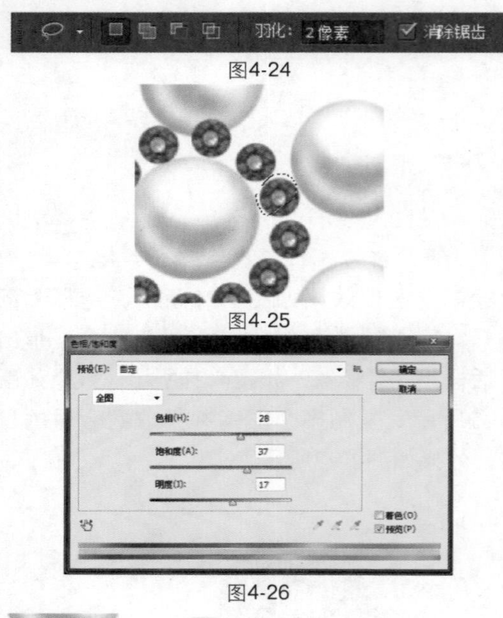

图4-24

图4-25

图4-26

图4-27 图4-28

08 单击“图层”面板底部的“创建新图层”按钮，得到“图层3”，使用“钢笔工具”绘制路径，效果如图4-29、图4-30所示。将路径转换为选区并填充颜色，效果如图4-31所示。

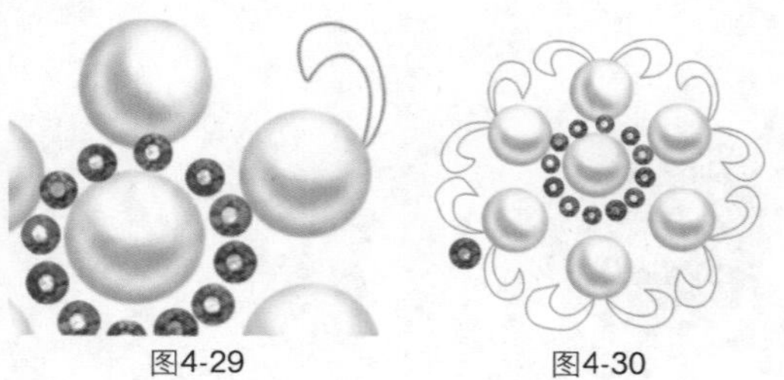

图4-29 图4-30

图4-31

09 选择“画笔工具”，参数设置如图4-32所示。在“图层3”中图像的边缘部分进行描边，效果如图4-33所示。

图4-32

图4-33

10 单击“图层”面板底部的“添加图层样式”按钮，参数设置如图4-34所示，效果及局部效果如图4-35所示。在对话框中继续选择“纹理”选项，参数设置如图4-36所示，效果及局部效果如图4-37所示。

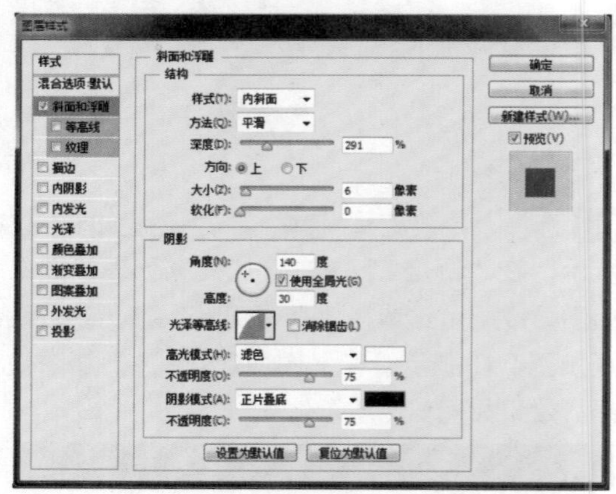

图4-34

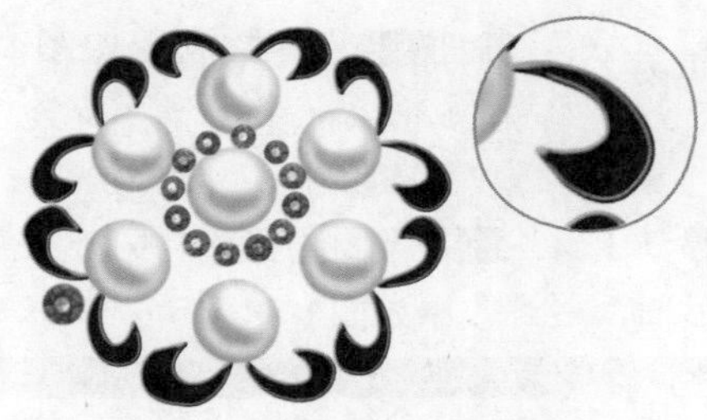

图4-35

图4-36

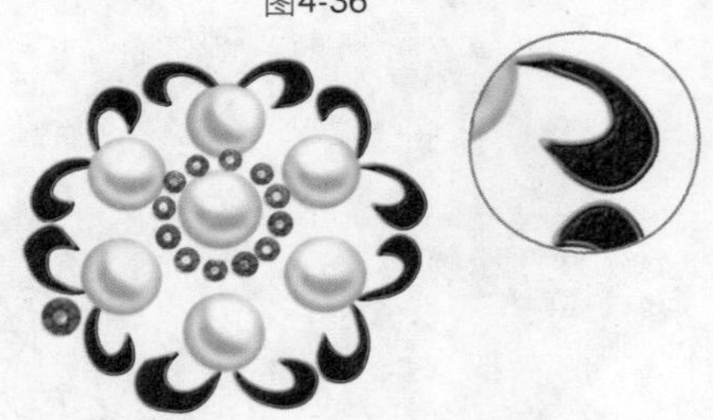

图4-37

11 复制多个“图层2”，改变其中图像的大小并摆放到合适的位置，效果如图4-38、图4-39所示。单击“图层”面板底部的“创建新图层”按钮，得到“图层4”。使用“钢笔工具”绘制路径，按快捷键Ctrl+Enter将路径转换为选区，并填充颜色为黑色，效果如图4-40、图4-41所示。单击“图层4”面板底部的“添加图层样式”按钮 fx ，参数设置如图4-42所示，效果如图4-43所示。

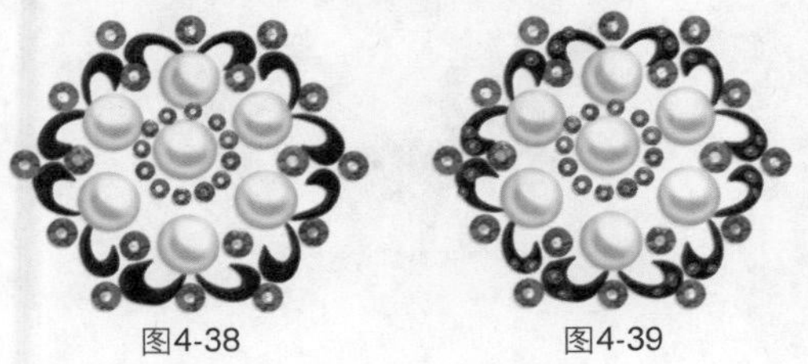

图4-38　　图4-39

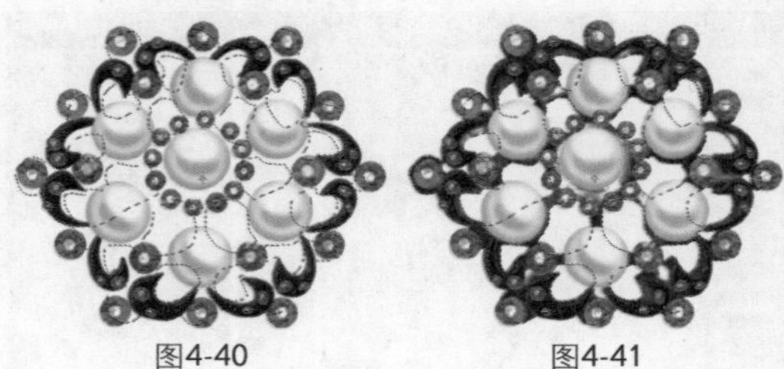

图4-40　　图4-41

12 载入“图层3”中的图像选区，如图4-44所示。选择“编辑”|“描边”命令，弹出对话框并设置参数，如图4-45所示。单击“图层”面板底部的“添加图层样式”按钮 fx ，在弹出的菜单中选择“斜面和浮雕”命令，参数设置如图4-46所示，效果如图4-47所示。

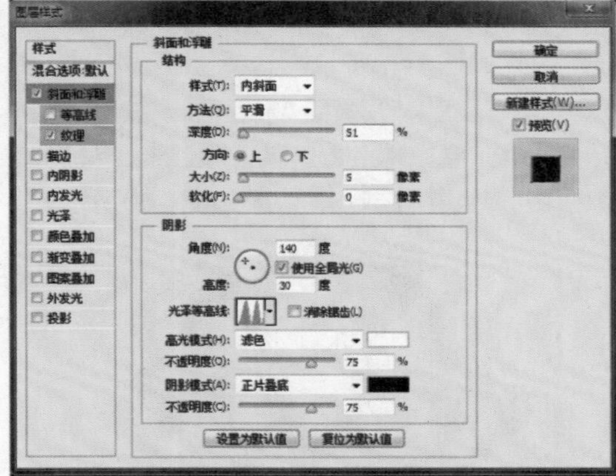

图4-42

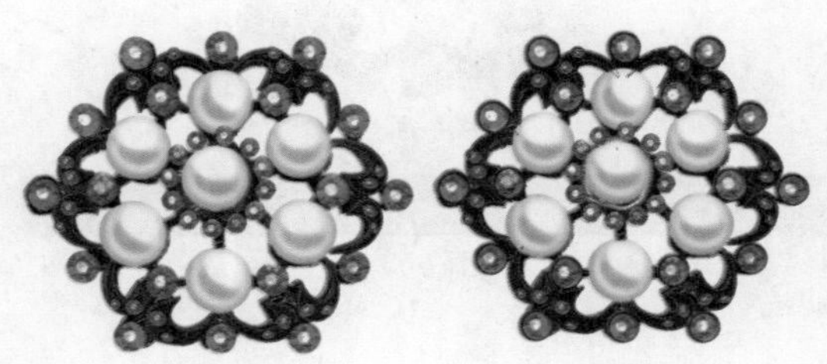

图4-43　　图4-44

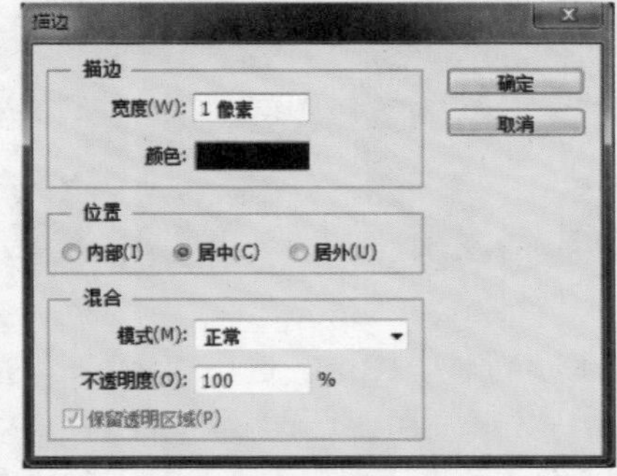

图4-45

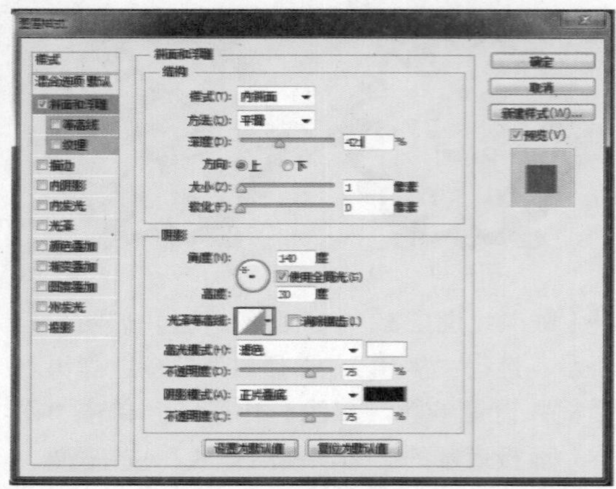
图4-46

13 选择“减淡工具”，参数设置如图4-48所示。对“图层2”中的图像进行减淡处理，效果如图4-49所示。选择“图层4”，使用“钢笔工具”绘制路径，按快捷键Ctrl+Enter将其转换为选区，按Delete键删除“图层4”的中间部分，效果如图4-50所示。

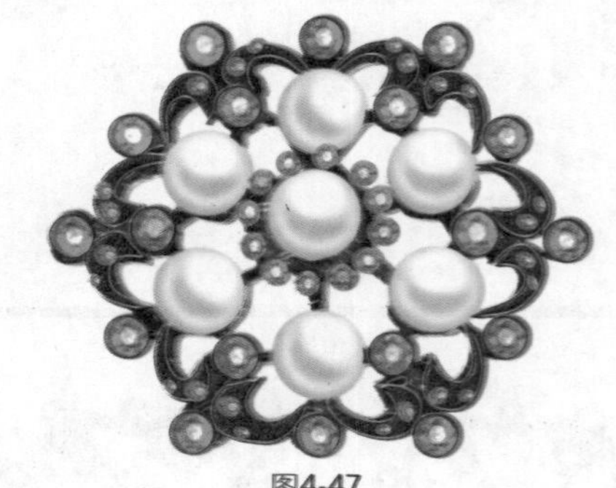
图4-47

图4-48

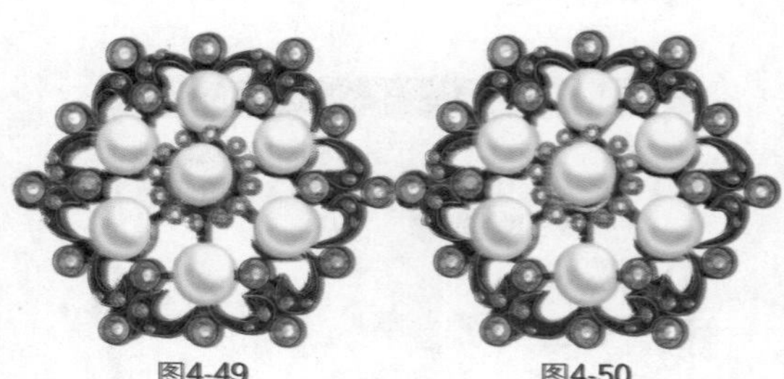
图4-49　　图4-50

14 隐藏“背景”图层，选择“组1”，按快捷键Ctrl+Shift+Alt+E，盖印“组1”，得到“图层5”，单击“图层”面板底部的“添加图层样式”按钮，参数设置如图4-51所示，效果如图4-52所示。打开随书光盘中的文件“素材”\“第4章”\“4.1.jpg”，使用“移动工具”将素材拖入文件中，放到胸针的后面，最终效果如图4-53所示。

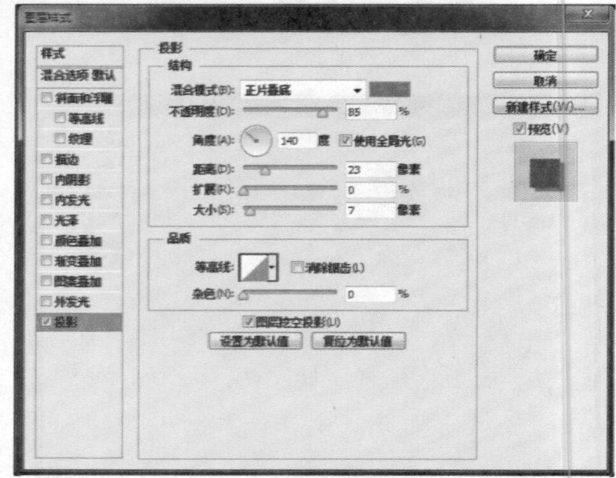
图4-51

图4-52

图4-53

Works 4.2 亮钻胸针

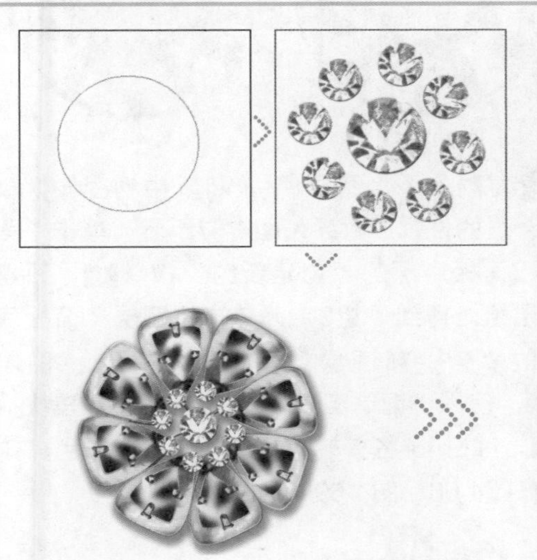

01 按快捷键Ctrl+N新建文件，弹出“新建”对话框并设置参数，如图4-54所示。选择“钢笔工具”，在工具选项栏中设置参数，如图4-55所示。

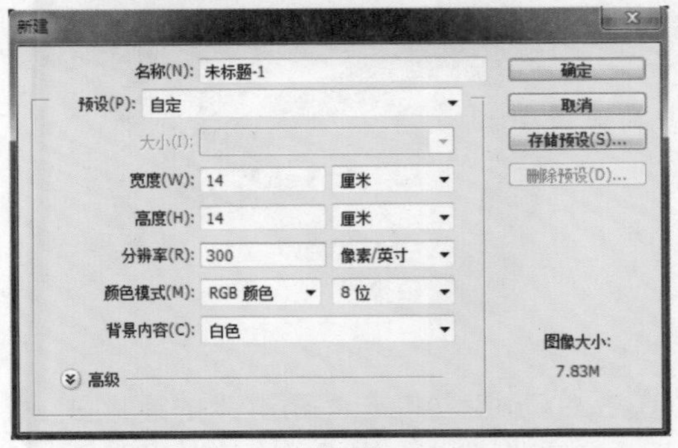

图4-54

图4-55

02 新建图层组，得到“组1”，新建图层，得到“图层1”。使用“椭圆工具”绘制图形，填充颜色为白色，效果如图4-56所示。单击“图层”面板底部的“添加图层样式”按钮，参数设置如图4-57、图4-58所示，效果如图4-59所示。

图4-56

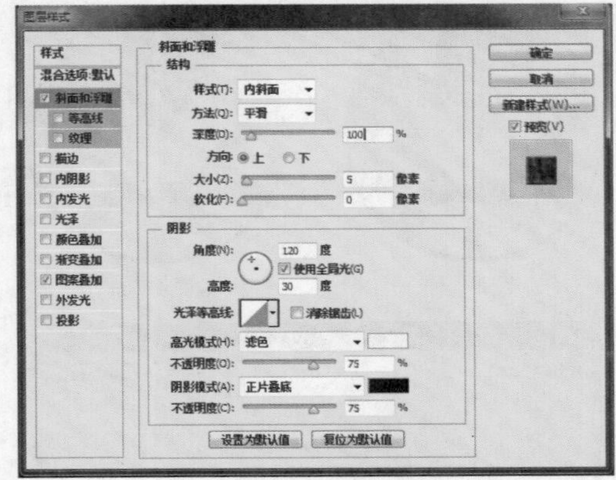

图4-57

03 选择“图层1”，使用“钢笔工具”绘制路径，效果如图4-60所示。选择“减淡工具”，参数设置如图4-61所示，在选区内进行减淡处理，效果如图4-62所示。

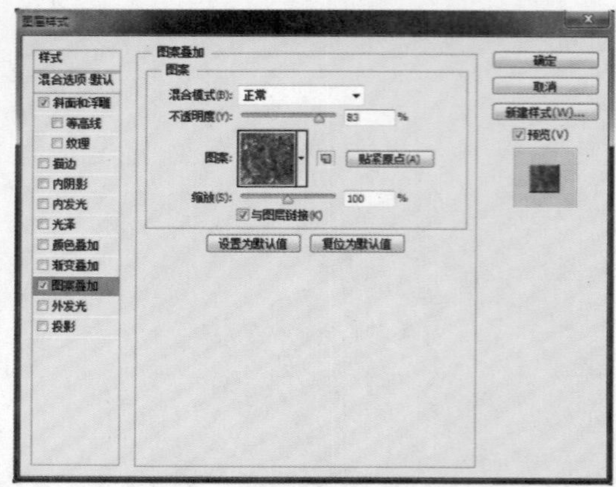

图4-58

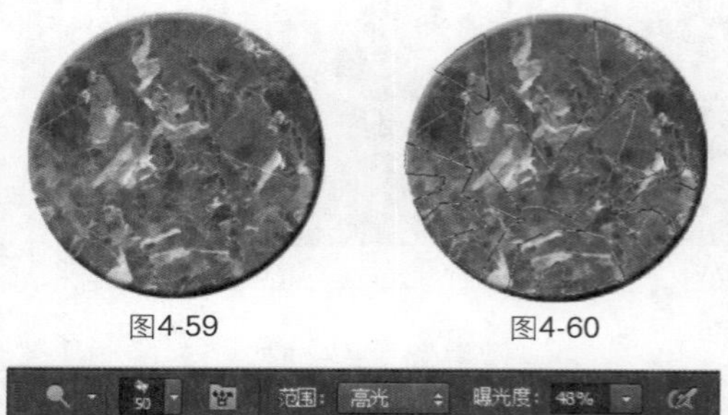

图4-59　　图4-60

图4-61

04 选择“图层1”，使用“钢笔工具”绘制路径，效果如图4-63所示。选择“图像”|“调整”|“色相/饱和度”命令，弹出“色相/饱和度”对话框，参数设置如图4-64所示，效果如图4-65、图4-66所示。

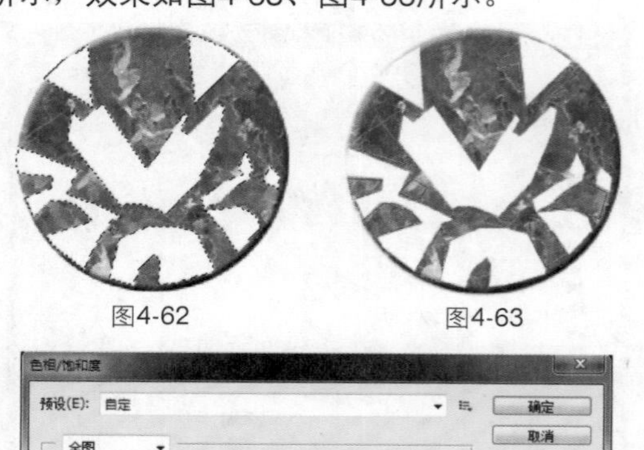

图4-62　　图4-63

图4-64

图4-65

图4-66

05 复制多个“图层1”，将其中的图像摆放到合适的位置，效果如图4-67所示。单击“图层”面板底部的“创建新组”按钮，新建图层组，得到“组2”，单击“图层”面板底部的“创建新图层”按钮，得到“图层2”，使用“钢笔工具”绘制路径，按快捷键Ctrl+Enter将其转换为选区并填充颜色，效果如图4-68、图4-69所示。

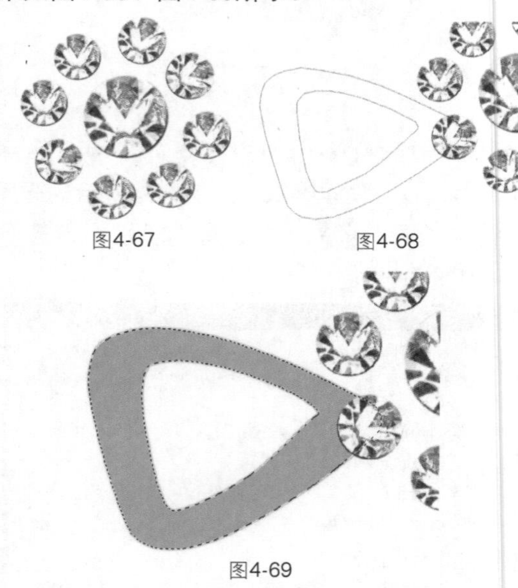

图4-67　　图4-68

图4-69

06 按住Ctrl键并单击“图层2”的缩略图，载入“图层2”选区，执行“收缩选区”命令，参数设置如图4-70所示。选择“选择”|“反向”命令，如图4-71所示。单击“图层”面板底部的“添加图层样式”按钮，参数设置如图4-72所示，效果如图4-73所示。

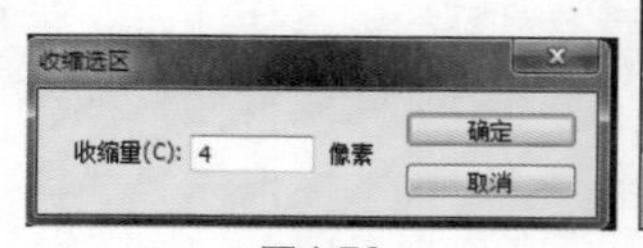

图4-70

图4-71

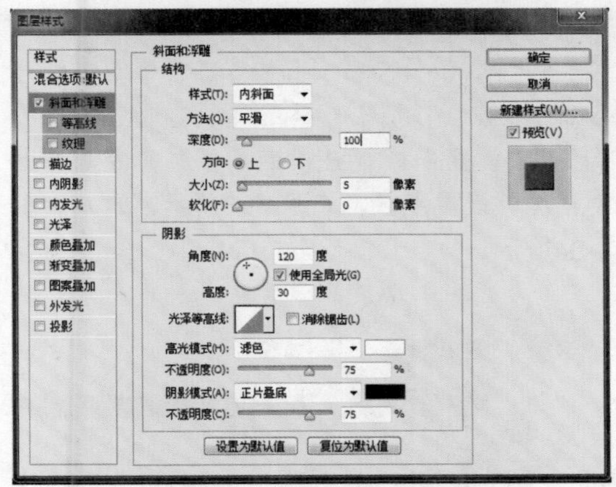

图4-72

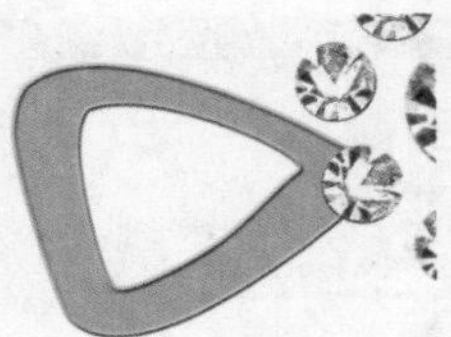

图4-73

07 选择“减淡工具”，参数设置如图4-74所示。对“图层2”凸出来的部分进行减淡处理，效果如图4-75所示。再次选择“减淡工具”，参数设置如图4-76所示。在“图层2”中进行减淡处理，效果如图4-77所示。

图4-74

图4-75

图4-76

图4-77

08 选择“加深工具”，参数设置如图4-78所示。在“图层2”中进行加深处理，效果如图4-79所示。选择“画笔工具”，单击“画笔”面板右上角的箭头，导入“干介质画笔”，对话框如图4-80所示。

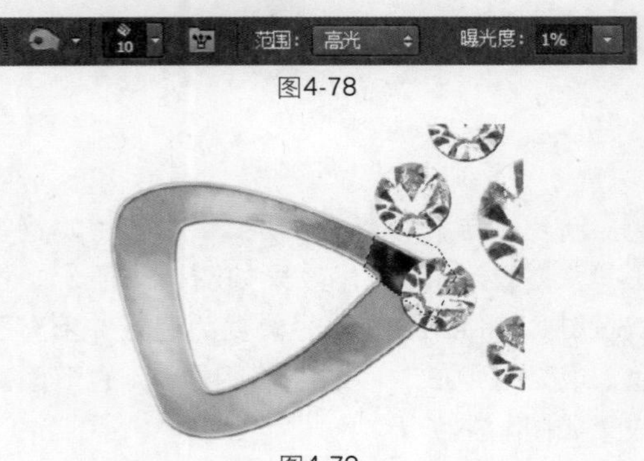

图4-78

图4-79

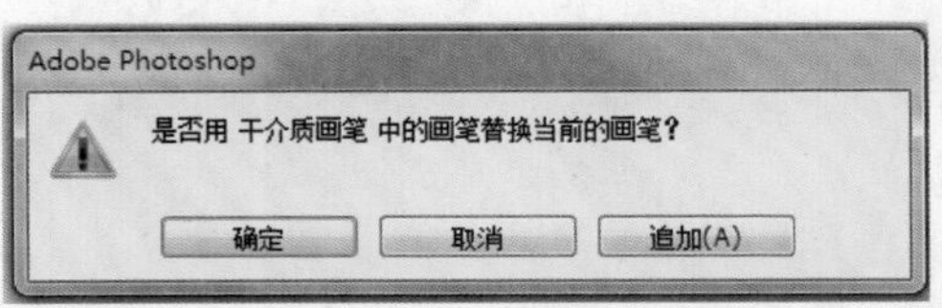

图4-80

09 选择“加深工具”，参数设置如图4-81所示。在“图层2”中进行加深处理，效果如图4-82所示。单击“图层”面板底部的“添加图层样式”按钮，参数设置如图4-83所示，效果如图4-84所示。

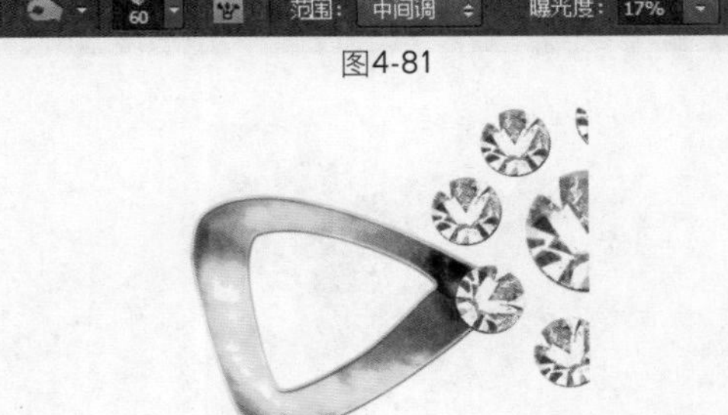

图4-81

图4-82

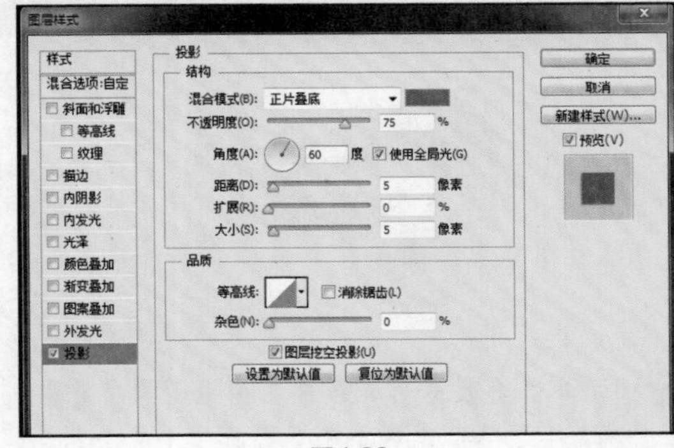

图4-83

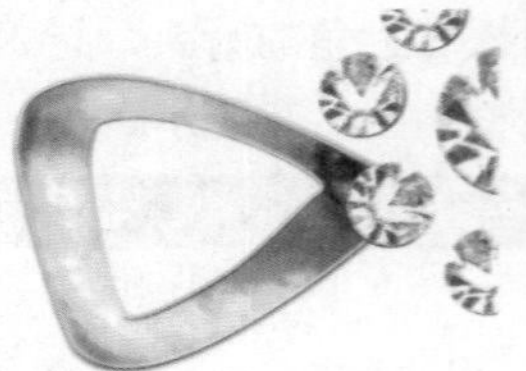

图4-84

10 新建图层，得到“图层3”，使用“钢笔工具”绘制路径，效果如图4-85所示。按快捷键Ctrl+Enter将路径转换为选区并填充颜色，将“图层3”移动到“图层2”的下面，效果如图4-86所示。

图4-85　　图4-86

11 选择“减淡工具”，参数设置如图4-87所示。在“图层3”中进行减淡处理，效果如图4-88所示。选择“加深工具”，参数设置如图4-89所示。在“图层3”中进行加深处理，效果如图4-90所示。

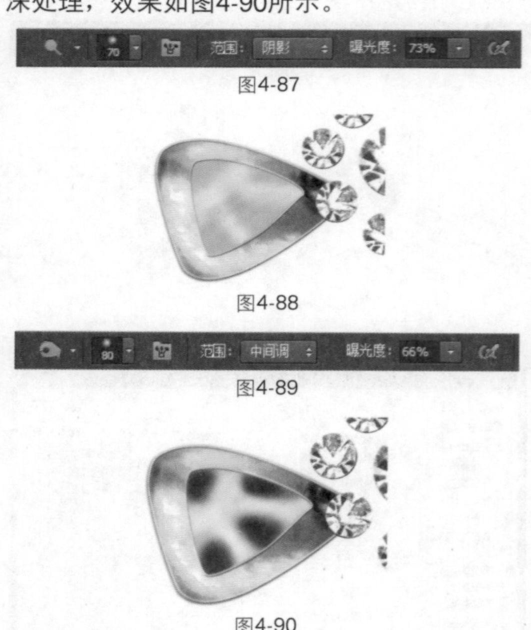

图4-87

图4-88

图4-89

图4-90

12 选择“图层3”，使用“钢笔工具”绘制路径，效果如图4-91所示。按快捷键Ctrl+Enter将路径转换为选区，选择“选择”|“修改”|“羽化”命令，弹出对话框并设置参数，如图4-92所示。选择“图像”|“调整”|“色相/饱和度”命令，弹出对话框并设置参数，如图4-93所示，效果如图4-94所示。

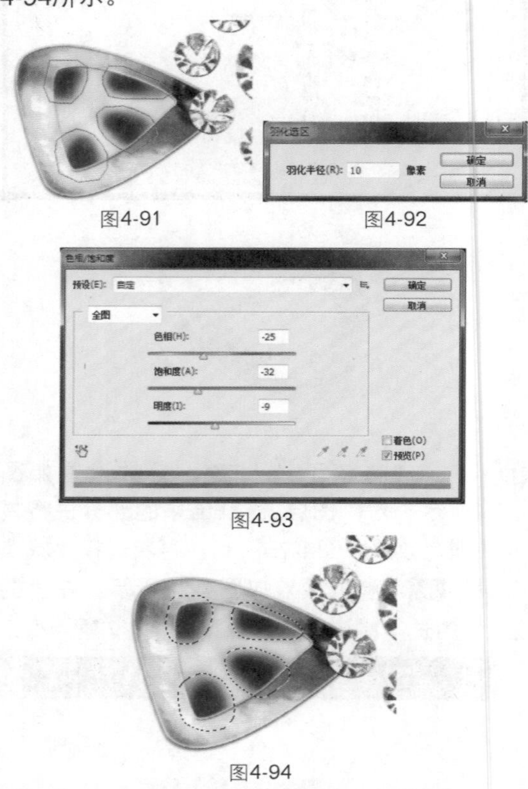

图4-91　　图4-92

图4-93

图4-94

13 再次选择“图像”|“调整”|“色相/饱和度”命令，弹出对话框并设置参数，如图4-95所示，效果如图4-96所示。新建图层，得到“图层4”，使用“钢笔工具”绘制路径，按快捷键Ctrl+Enter将其转换为选区并填充颜色，效果如图4-97、图4-98所示。

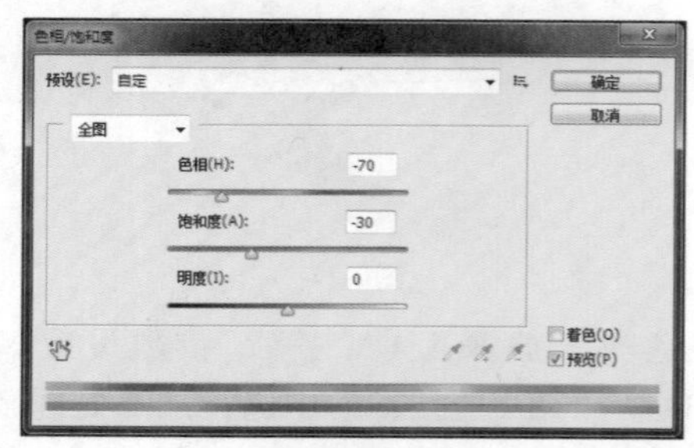

图4-95

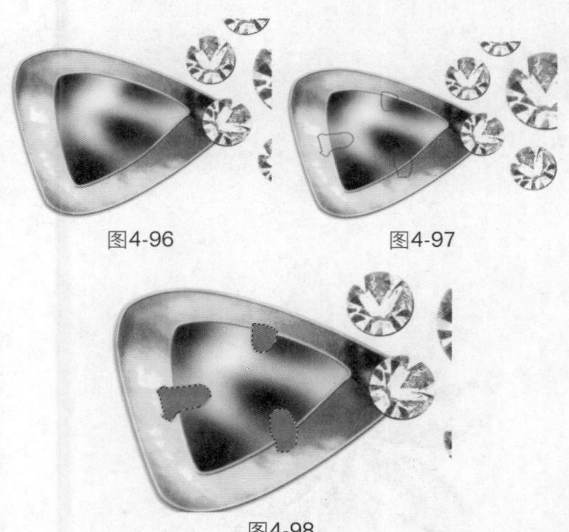

图4-96　　图4-97

图4-98

14 分别选择“加深工具”和“减淡工具”，参数设置如图4-99、图4-100所示。在“图层4”中进行加深和减淡处理，效果如图4-101所示。

图4-99

图4-100

15 复制多个“组2”，将其中的图像摆放到合适的位置，效果如图4-102所示。单击“图层”面板底部的“创建新组”按钮，新建图层组，得到“组3”。单击“图层”面板底部的“创建新图层”按钮，新建图层，得到“图层5”。使用“钢笔工具”绘制路径，单击“路径”面板底部的“用画笔描边路径”按钮，效果如图4-103、图4-104所示。

图4-101　　图4-102

16 单击“图层”面板底部的“添加图层样式”按钮，参数设置如图4-105所示，效果如图4-106所示。最后整体修饰一下，效果如图4-107所示。打开随书光盘中的文件“素材”\“第4章”\“4.2.jpg”，使用“移动工具”将素材拖入文件中，放到胸针的后面，最终效果如图4-108所示。

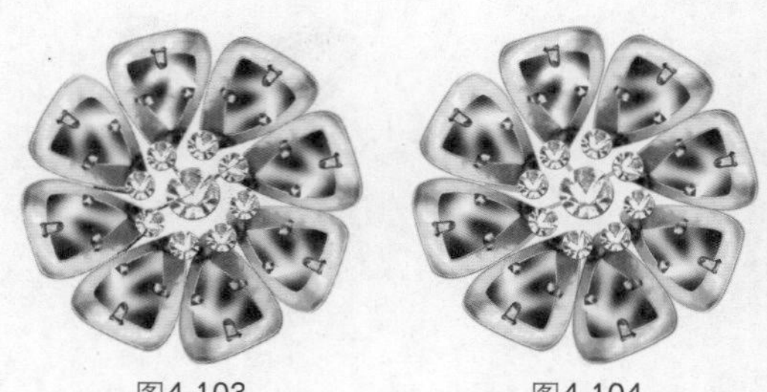

图4-103　　图4-104

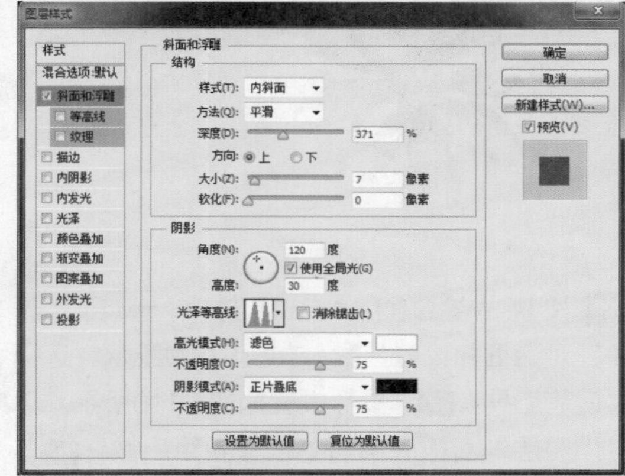

图4-105

图4-106　　图4-107

图4-108

Works 4.3 亮金属胸针

01 按快捷键Ctrl+N新建文件，弹出“新建”对话框并设置参数，如图4-109所示。选择“钢笔工具”，参数设置如图4-110所示。单击“图层”面板底部的“创建新组”按钮，新建图层组，得到“组1”，单击“图层”面板底部的“创建新图层”按钮，新建图层，得到“图层1”。使用“钢笔工具”绘制路径，按快捷键Ctrl+Enter，将其转换为选区并填充颜色，效果如图4-111、图4-112所示。

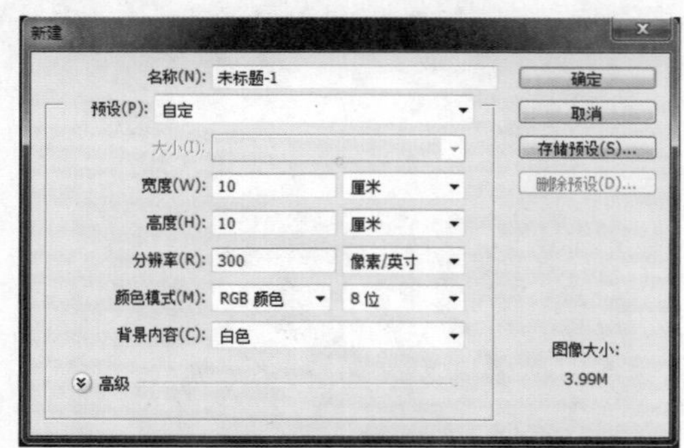

图4-109

路径 建立: 选区... 蒙版 形状

图4-110

02 选择“加深工具”，参数设置如图4-113所示。对“图层1”中的图像进行加深处理，效果如图4-114所示。选择“减淡工具”，参数设置如图4-115所示。在“图层1”中进行减淡处理，效果如图4-116所示。

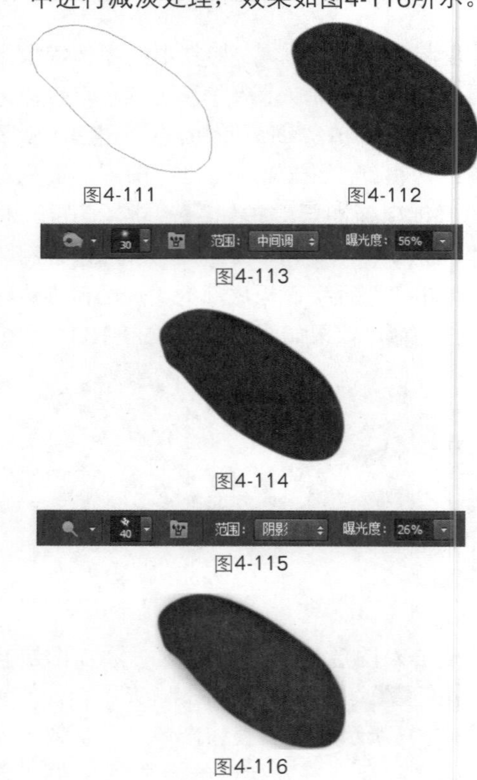

图4-111 图4-112 图4-113 图4-114 图4-115 图4-116

03 选择“图层1”，使用“钢笔工具”绘制路径，效果如图4-117所示。选择“选择”|“修改”|“羽化”命令，弹出对话框并设置参数，如图4-118所示。选择“减淡工具”，参数设置如图4-119所示。在选区内进行减淡处理，效果如图4-120所示。

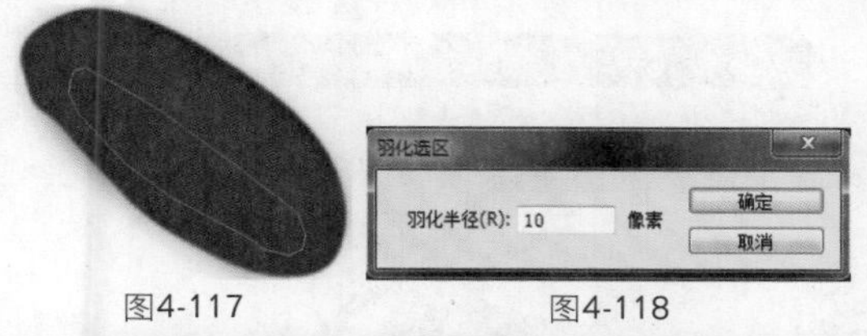

图4-117　图4-118

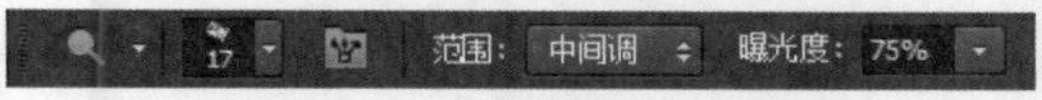

范围: 中间调　曝光度: 75%

图4-119

04 单击“图层”面板底部的“创建新图层”按钮，新建图层，得到“图层2”。使用“钢笔工具”绘制路径，按快捷键Ctrl+Enter，将其转换为选区并填充颜色，然后将其所在图层移动到“图层1”的下面，效果如图4-121、图4-122所示。

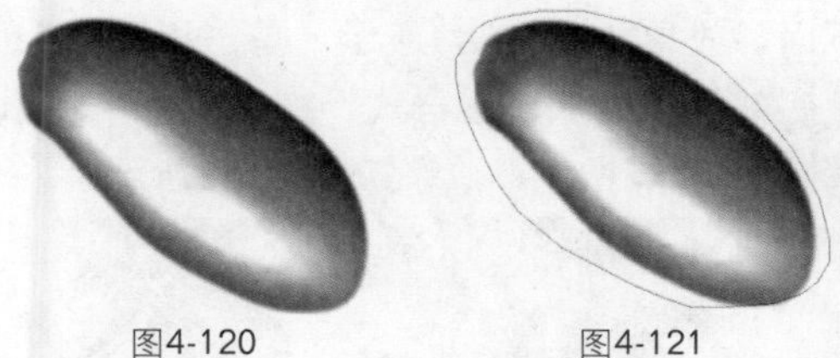
图4-120　图4-121

05 选择“图层2”，使用“钢笔工具”绘制路径，如图4-123所示，按快捷键Ctrl+Enter将其转换为选区。选择“减淡工具”，参数设置如图4-124所示，在选区内进行减淡处理，效果如图4-125所示。

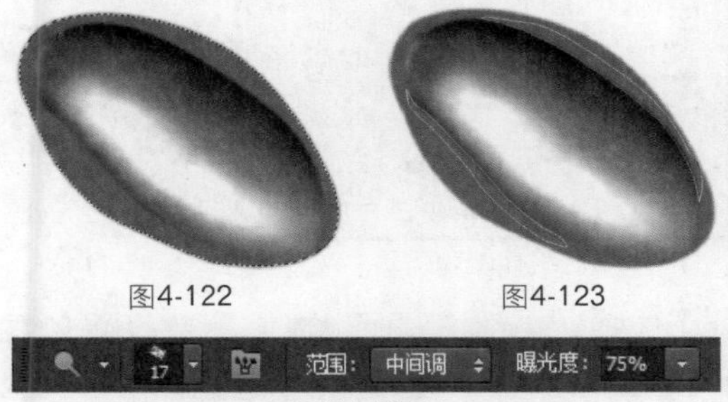

图4-122　图4-123

图4-124

06 选择“图层2”，使用“钢笔工具”绘制路径，效果如图4-126所示。选择“图像”|“调整”|“色相/饱和度”命令，弹出对话框并设置参数，如图4-127所示，效果如图4-128所示。选择“减淡工具”，在“图层2”中进行加亮处理，效果如图4-129所示。

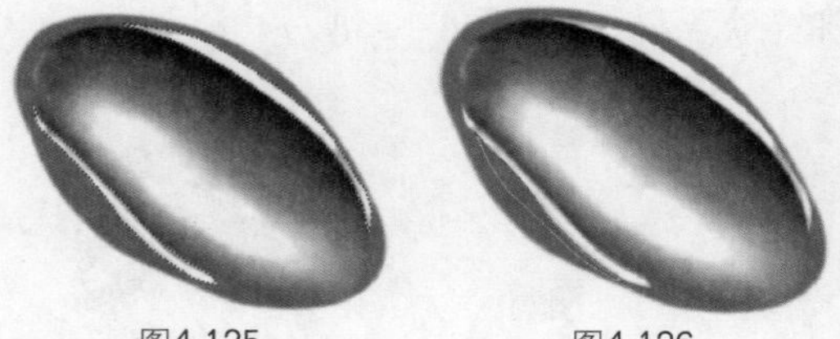
图4-125　图4-126

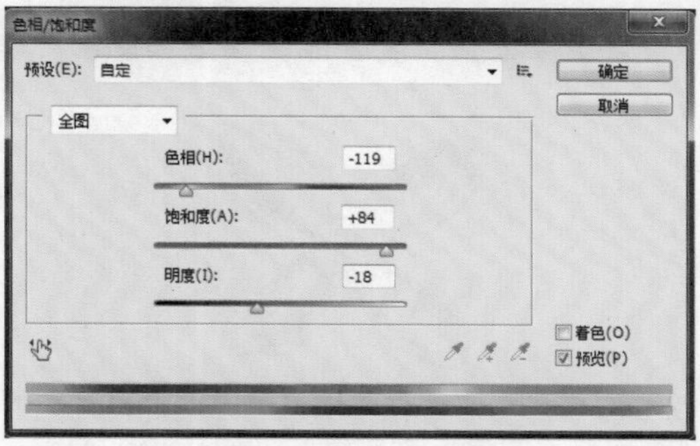

色相/饱和度
预设(E): 自定
确定
取消
全图
色相(H): -119
饱和度(A): +84
明度(I): -18
着色(O)
预览(P)

图4-127

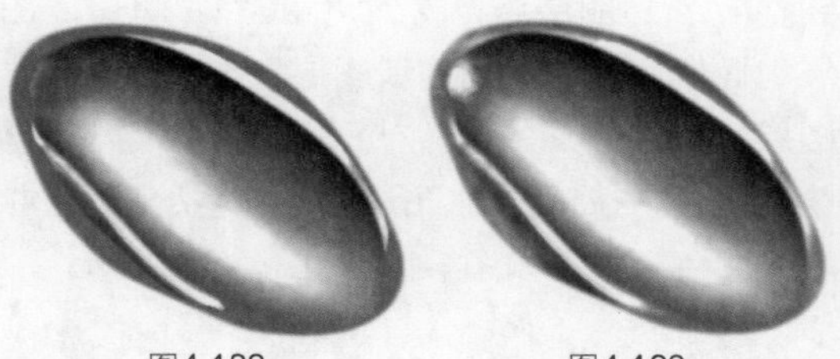
图4-128　图4-129

07 复制多个“组1”，将复制的图像摆放到合适的位置，效果如图4-130所示。单击“图层”面板底部的“创建新组”按钮，新建图层组，得到“组2”，单击“图层”面板底部的“创建新图层”按钮，新建图层，得到“图层3”。使用“椭圆工具”绘制路径并填充颜色，效果如图4-131、图4-132所示。

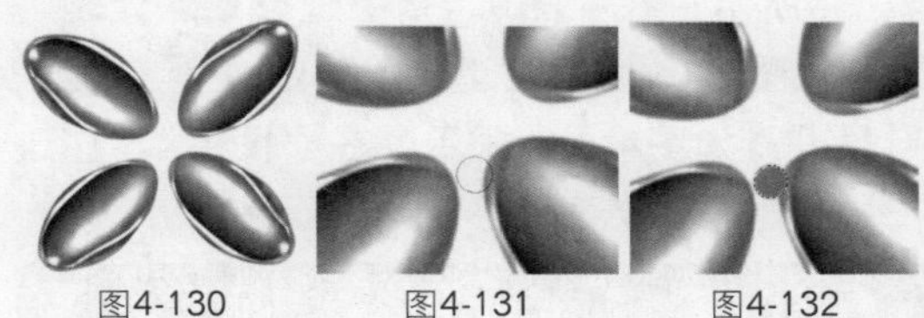
图4-130　图4-131　图4-132

08 选择“加深工具”、“减淡工具”，在“图层3”中进行涂抹，效果如图4-133所示。复制多个“图层3”，将复制的图像摆放到合适的位置，效果如图4-134所示。选择“减淡工具”，参数设置如图4-135所示，为“图层3”和“图层3副本”中的图像进行加亮处理，效果如图4-136所示。

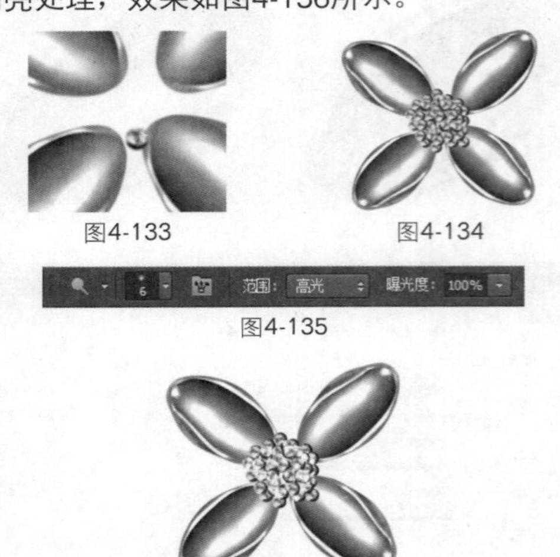

图4-133　图4-134

图4-135

图4-136

09 单击“图层”面板底部的“创建新组”按钮，新建图层组，得到“组3”，单击“图层”面板底部的“创建新图层”按钮，新建图层，得到“图层4”。使用“钢笔工具”绘制路径，按快捷键Ctrl+Enter转换为选区并填充颜色，效果如图4-137、图4-138所示。

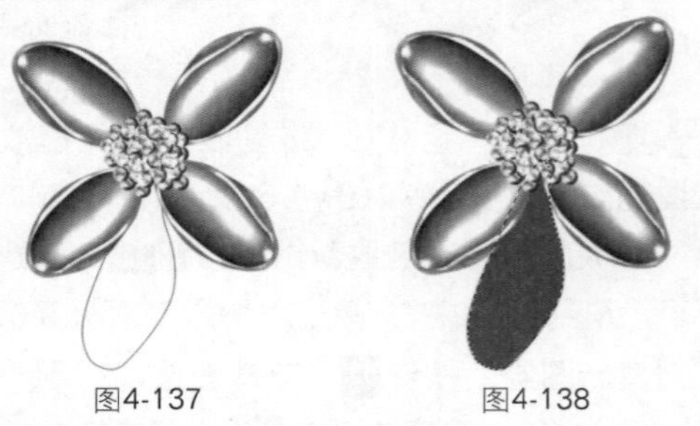

图4-137　图4-138

10 选择“减淡工具”，参数设置如图4-139所示。在“图层4”中进行减淡处理，效果如图4-140所示。选择“加深工具”，参数设置如图4-141所示。在“图层4”中进行加深处理，效果如图4-142所示。

图4-139

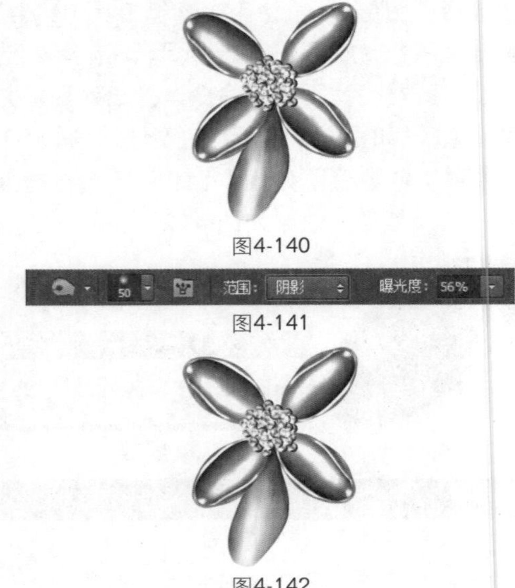

图4-140

图4-141

图4-142

11 单击“图层”面板底部的“创建新图层”按钮，新建图层，得到“图层5”。使用“钢笔工具”绘制路径，效果如图4-143所示。按快捷键Ctrl+Enter，转换为选区并填充颜色，然后将其所在图层移动到“图层4”的下面，效果如图4-144所示。单击“图层”面板底部的“添加图层样式”按钮，参数设置如图4-145所示，效果如图4-146所示。

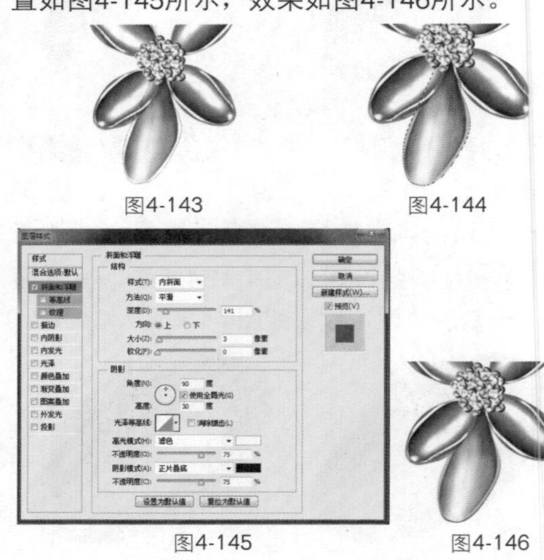

图4-143　图4-144

图4-145　图4-146

12 选择“减淡工具”，参数设置如图4-147所示。在“图层5”中进行减淡加亮处理，效果如图4-148所示。复制多个“组3”，将图像摆放到合适的位置，效果如图

4-149所示。打开随书光盘中的文件“素材”\“第4章”\“4.3.jpg”，使用“移动工具”将素材拖入文件中，并摆放到胸针的后面，最终效果如图4-150所示。

图4-147

图4-148

图4-149

图4-150

Works 4.4 蝴蝶胸针（一）

01 按快捷键Ctrl+N新建文件，弹出“新建”对话框并设置参数，如图4-151所示。选择“钢笔工具”，参数设置如图4-152所示。单击“图层”面板底部的“创建新组”按钮，新建图层组，得到“组1”，单击“图层”面板底部的“创建新图层”按钮，新建图层，得到“图层1”。使用“钢笔工具”绘制路径，效果如图4-153所示。选择“画笔工具”，参数设置如图4-154所示。单击“路径”面板底部的“用画笔描边路径”按钮，对路径进行描边。

图4-151

图4-152

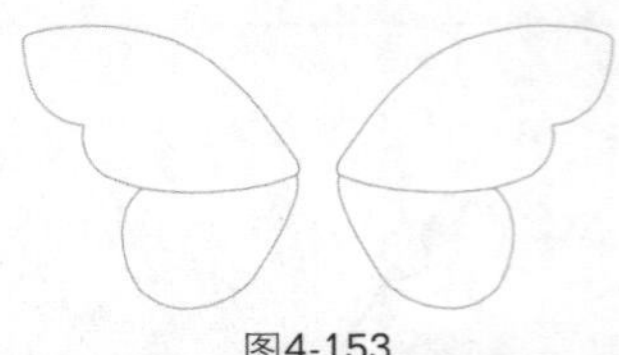

图4-153

图4-154

02 单击“图层”面板底部的“添加图层样式”按钮，参数设置如图4-155所示，效果如图4-156所示。

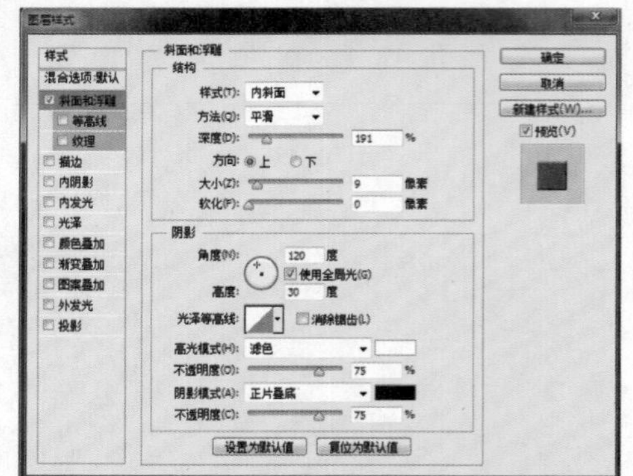

图4-155

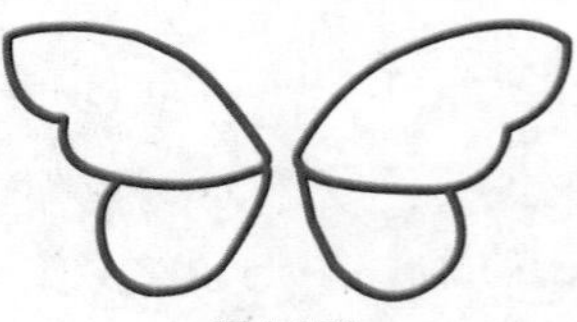

图4-156

03 单击“图层”面板底部的“创建新图层”按钮，新建图层，得到“图层2”。使用“钢笔工具”绘制路径，按快捷键Ctrl+Enter将其转换为选区并填充颜色，效果如图4-157、图4-158所示。

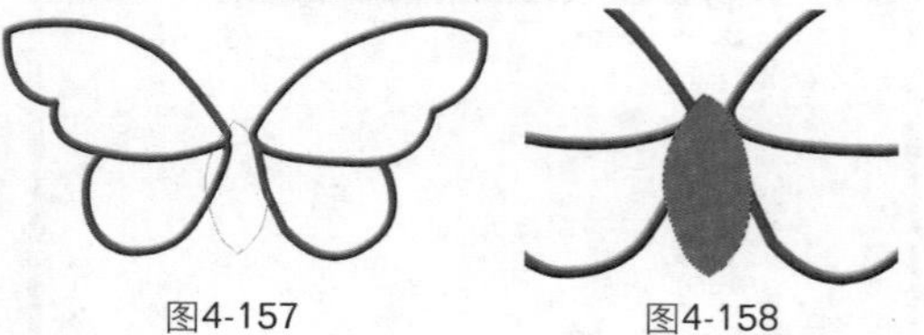

图4-157　　图4-158

04 选择“加深工具”，参数设置如图4-159所示。在“图层2”中进行加深处理，效果如图4-160所示。

图4-159

图4-160

05 选择“图层2”，使用“钢笔工具”绘制路径，按快捷键Ctrl+Enter，将其转换为选区。选择“图像”|“调整”|“色相/饱和度”命令，参数设置如图4-161所示，效果如图4-162所示。选择“图层2”，使用“钢笔工具”绘制路径，按快捷键Ctrl+Enter，将其转换为选区并填充白色，效果如图4-163所示。选择“加深工具”、“减淡工具”在“图层2”中进行涂抹处理，效果如图4-164所示。

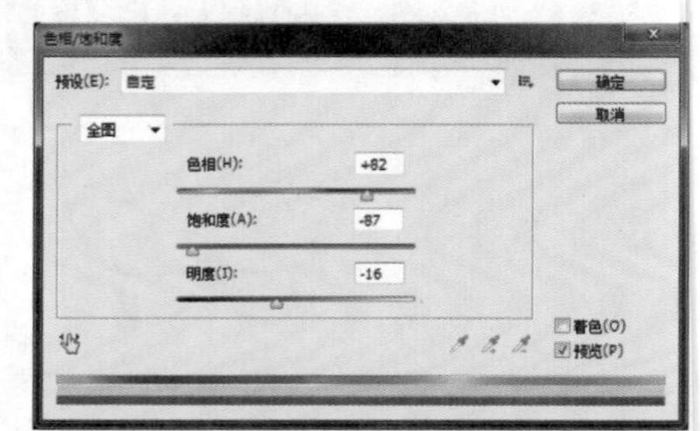

图4-161

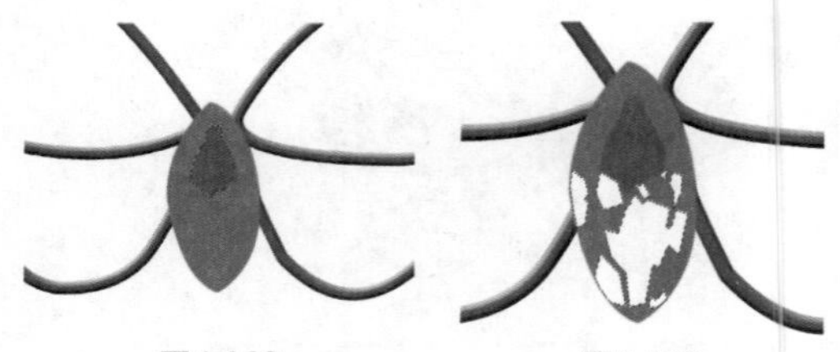

图4-162　　图4-163

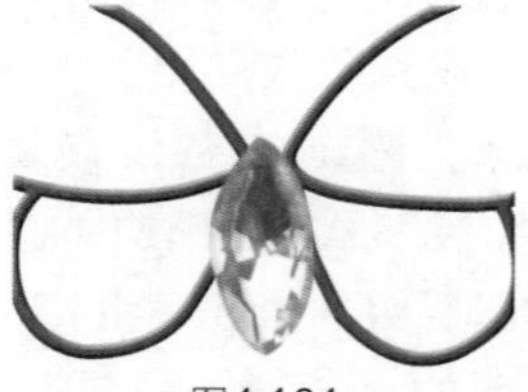

图4-164

06 选择“图层2”，选择“滤镜”|“模糊”|“高斯模糊”命令，弹出对话框并设置参数，如图4-165所示，效果如图4-166所示。

07 单击“图层”面板底部的“创建新组”按钮，新建图层组，得到“组2”。单击“图层”面板底部的“创建新图层”按钮，新建图层，得到“图层3”。选择“椭圆工具”绘制路径，按快捷键Ctrl+Enter将其转换为选区并填充颜色，效果如图4-167、图4-168所示。

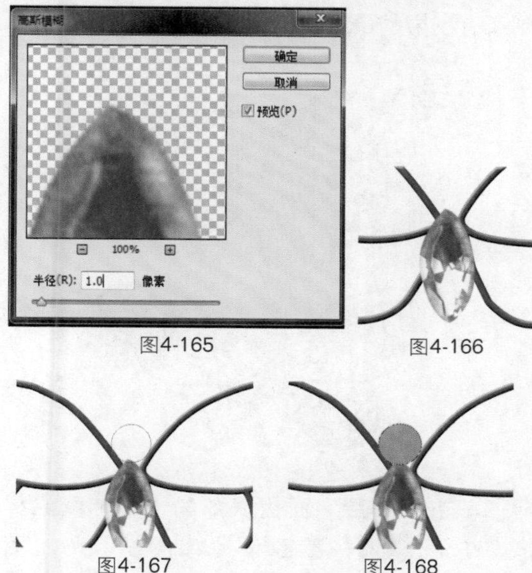

图4-165　图4-166

图4-167　图4-168

08 选择“减淡工具”，参数设置如图4-169所示，在“图层3”中进行减淡处理，效果如图4-170所示。使用“钢笔工具”绘制路径，按快捷键Ctrl+Enter将其转换为选区，选择“图像”|“调整”|“色相/饱和度”命令，颜色自定义，效果如图4-171所示。

范围: 高光　曝光度: 12%

图4-169

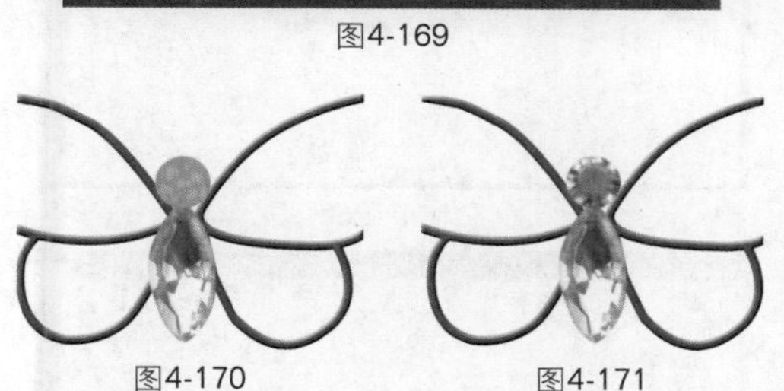

图4-170　图4-171

09 选择“减淡工具”，参数设置如图4-172所示，在“图层3”中进行减淡处理，效果如图4-173所示。选择“减淡工具”，为“图层3”中的图像进行整体减淡处理，效果如图4-174所示。复制多个“图层3”，将其中的图像摆放到合适的位置，效果如图4-175所示。

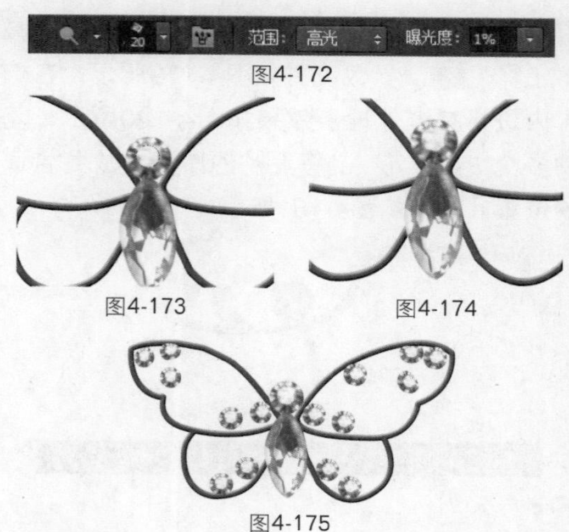

图4-172

图4-173　图4-174

图4-175

10 隐藏“背景”图层，选择“组2”，按快捷键Ctrl+Shift+Alt+E盖印“组2”，得到“组2副本”。单击“图层”面板底部的“添加图层样式”按钮，参数设置如图4-176所示，效果如图4-177所示。

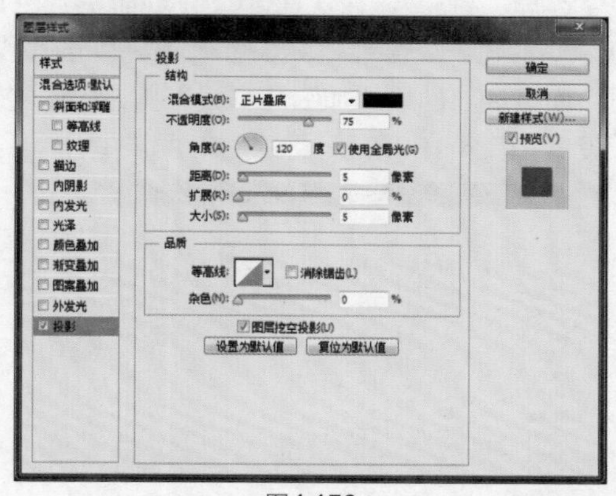

图4-176

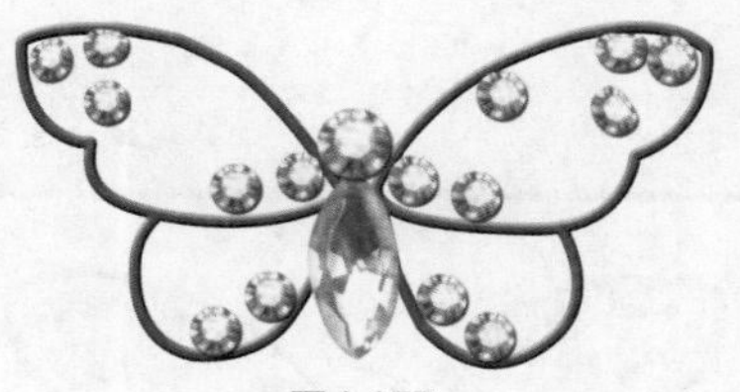

图4-177

11 单击“图层”面板底部的“创建新组”按钮，新建图层组，得到“组3”，单击“图层”面板底部的“创建新图层”按钮，新建图层，得到“图层4”。使用“椭圆选框工具”绘制圆形选区并填充颜色，效果如图4-178所示。使用“钢笔工具”，在“图层

4”中绘制路径，将其转换为选区，选择“减淡工具”，参数设置如图4-179所示。在选区内进行减淡处理，效果如图4-180所示。复制多个“图层4”，将复制的图像摆放到合适的位置，效果如图4-181所示。

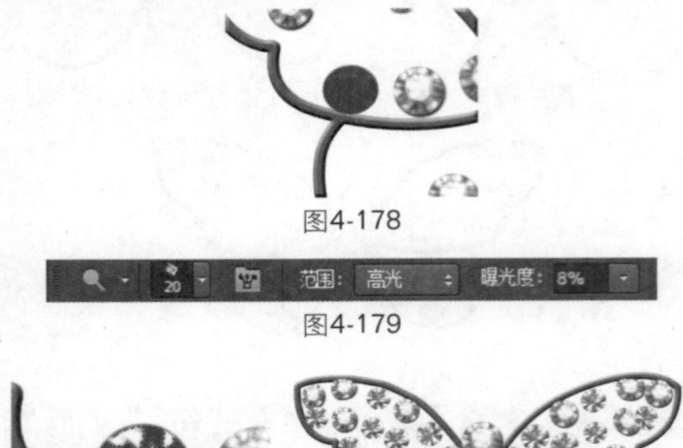

图4-178

图4-179

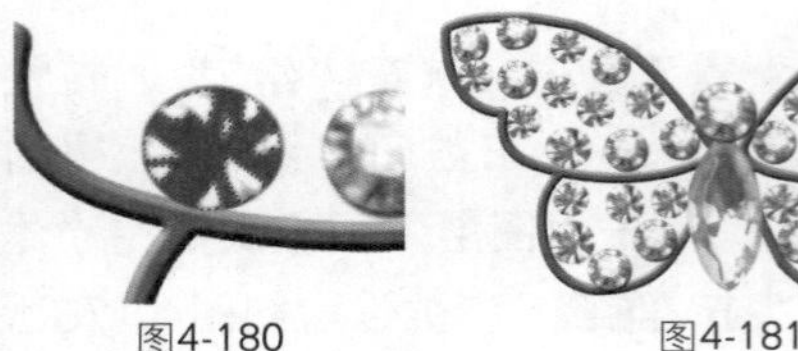

图4-180

图4-181

12 选择“组3”，按快捷键Ctrl+Shift+ Alt+E盖印“组3”，得到“组3副本”。单击“图层”面板底部的“添加图层样式”按钮，参数设置如图4-182所示，效果如图4-183所示。

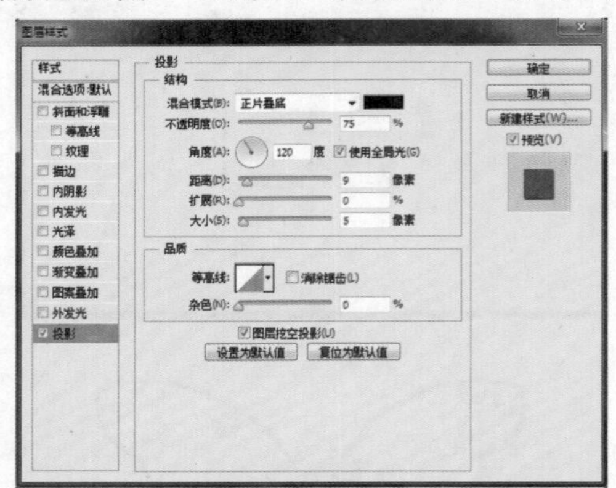

图4-182

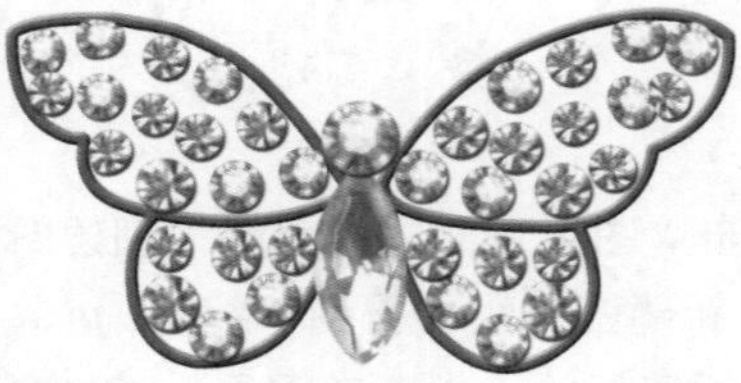

图4-183

13 单击“图层”面板底部的“创建新组”按钮，新建图层组，得到“组4”。单击“图层”面板底部的“创建新图层”按钮，新建图层，得到“图层5”。使用“钢笔工具”绘制路径，效果如图4-184所示。单击“路径”面板底部的“用画笔描边路径”按钮，为路径进行描边，并将“图层7”移动到所有图层的最下面，效果如图4-185所示。

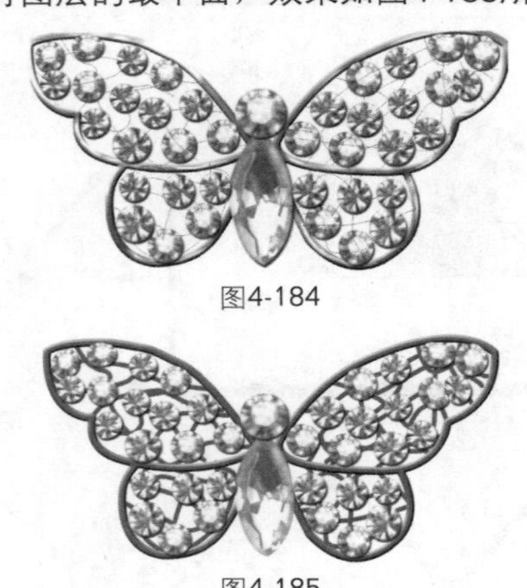

图4-184

图4-185

14 单击“图层”面板底部的“添加图层样式”按钮，参数设置如图4-186、图4-187所示，效果如图4-188所示。

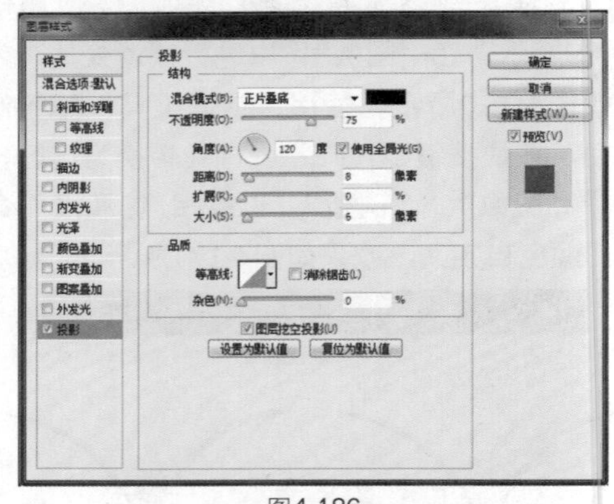

图4-186

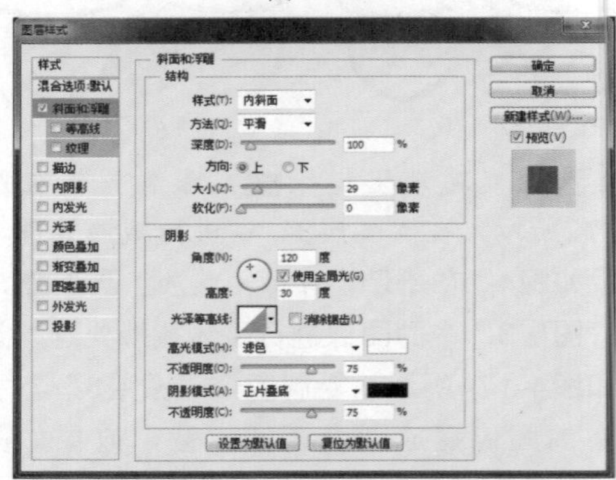

图4-187

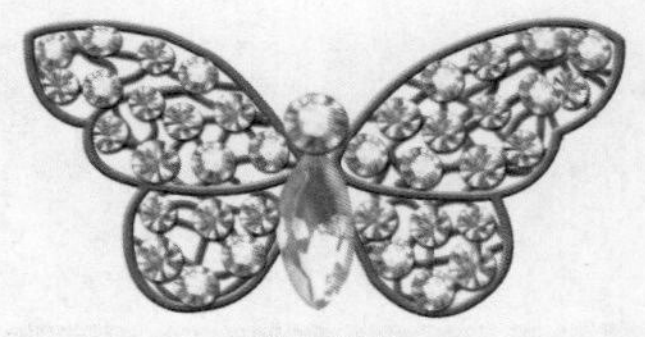
图4-188

15 选择“减淡工具”，参数设置如图4-189所示。在“图层1”中进行减淡处理，效果如图4-190所示。

图4-189

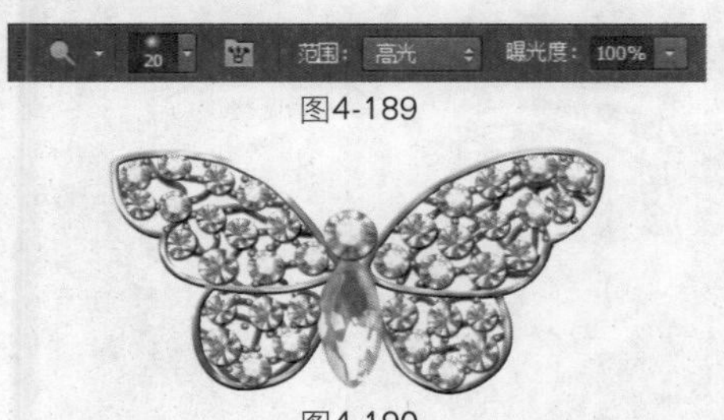
图4-190

16 单击“图层”面板底部的“创建新图层”按钮，新建图层，得到“图层6”。使用“钢笔工具”绘制路径，效果如图4-191所示，按快捷键Ctrl+Enter将其转换为选区并填充颜色。选择“减淡工具”，在“图层6”中进行减淡处理，效果如图4-192所示。单击“图层”面板底部的“添加图层样式”按钮，参数设置如图4-193所示，效果如图4-194所示。

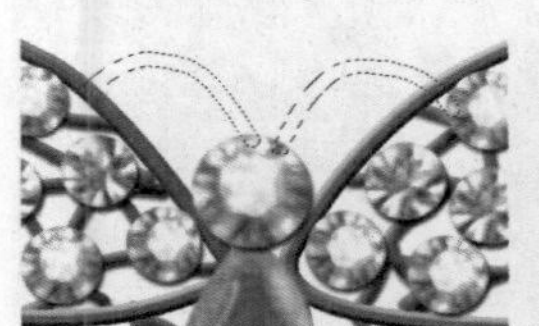
图4-191 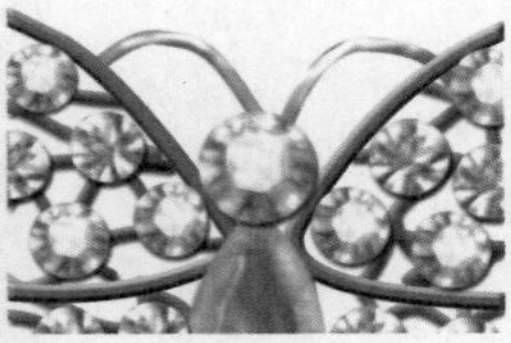　　图4-192

17 单击“图层”面板底部的“创建新组”按钮，新建图层组，得到“组5”。单击“图层”面板底部的“创建新图层”按钮，新建图层，得到“图层7”。选择“椭圆选框工具”，参数设置如图4-195所示，绘制选区，效果如图4-196所示。选择“渐变工具”，参数设置如图4-197所示，在选区内进行渐变填充。复制多个“图层7”，将其中的图像摆放到合适的位置，效果如图4-198所示。打开随书光盘中的文件“素材”\“第4章”\“4.4.jpg”，使用“移动工具”将素材拖入文件中，放到胸针的后面，最终效果如图4-199所示。

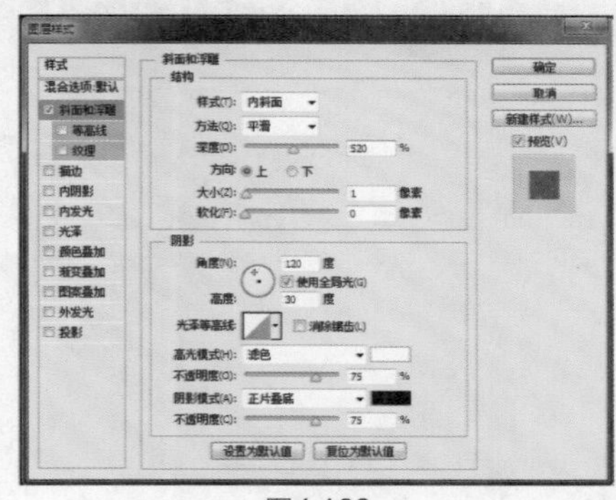
图4-193

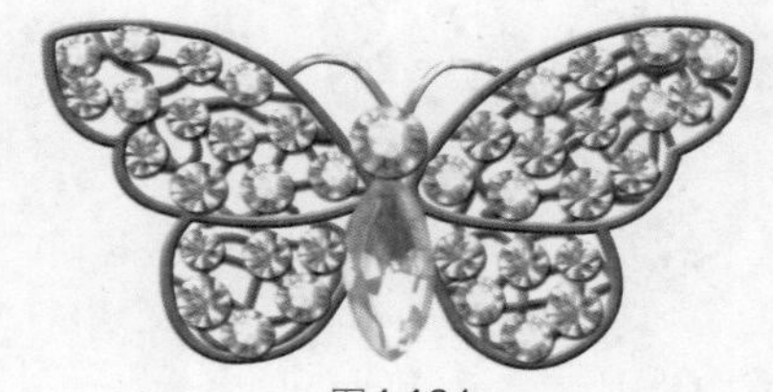
图4-194

图4-195

图4-196

图4-197

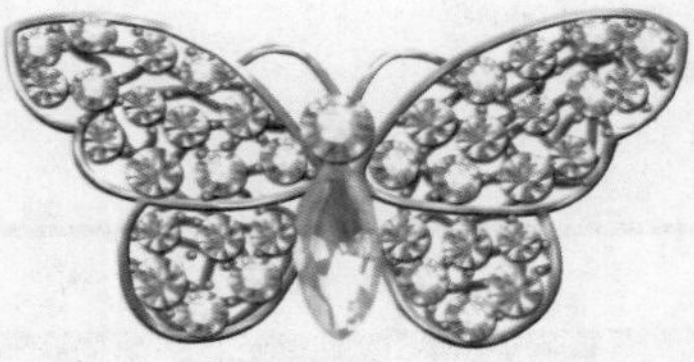

图4-198

图4-199

Works 4.5 蝴蝶胸针（二）

01 按快捷键Ctrl+N新建文件，弹出“新建”对话框并设置参数，如图4-200所示。选择“钢笔工具”，参数设置如图4-201所示。

新建
名称(N): 未标题-1
预设(P): 自定
大小(I):
宽度(W): 15 厘米
高度(H): 20 厘米
分辨率(R): 300 像素/英寸
颜色模式(M): RGB 颜色 8位
背景内容(C): 白色
高级
确定
取消
存储预设(S)...
删除预设(D)...
图像大小:
12.0M

图4-200

路径 建立: 选区... 蒙版 形状

图4-201

02 单击“图层”面板底部的“创建新组”按钮，新建图层组，得到“组1”。单击“图层”面板底部的“创建新图层”按钮，新建图层，得到“图层1”。使用“钢笔工具”绘制路径，效果如图4-202所示。单击“路径”面板底部的“用画笔描边路径”按钮，为路径进行描边。按快捷键F5，打开“画笔”面板，参数设置如图4-203所示，效果如图4-204所示。

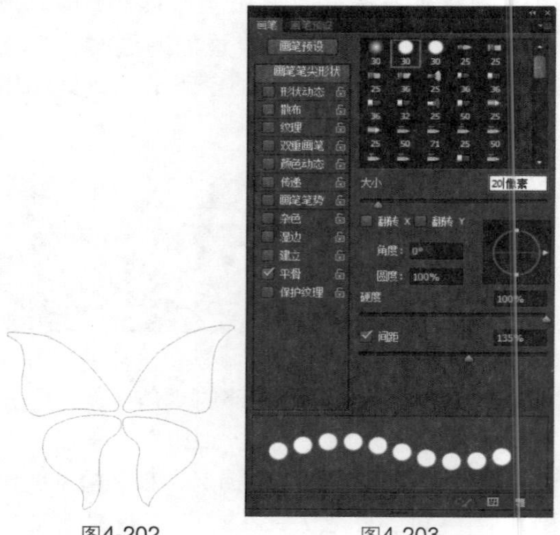

图4-202　图4-203

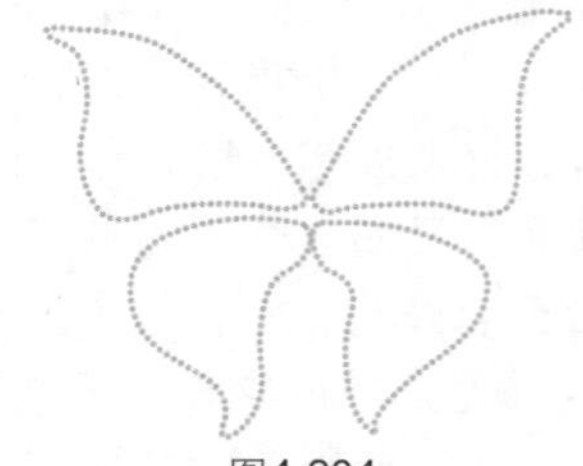

图4-204

03 单击“图层”面板底部的“添加图层样式”按钮 fx ，参数设置如图4-205所示，效果如图4-206所示。再次单击“图层”面板底部的“添加图层样式”按钮 fx ，参数设置如图4-207所示，效果如图4-208所示。

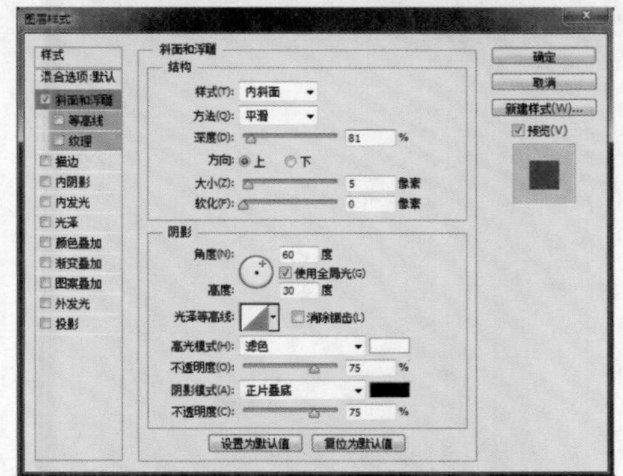

图4-205

图4-206

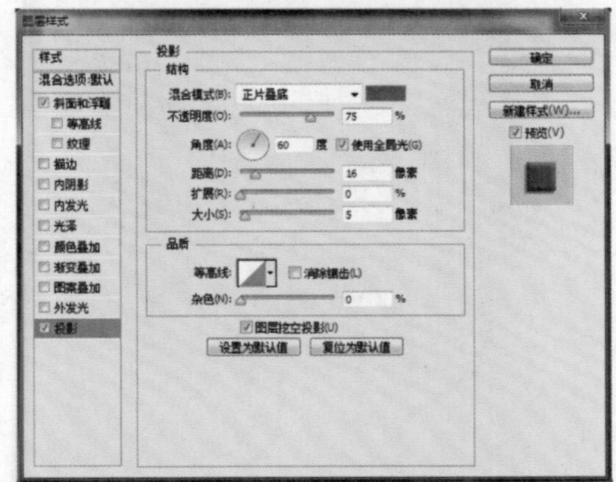

图4-207

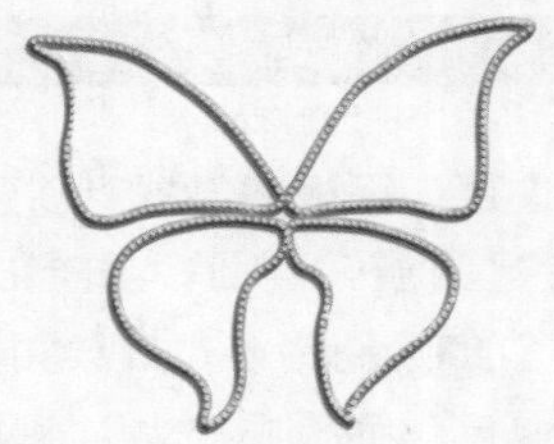

图4-208

04 单击“图层”面板底部的“创建新图层”按钮 ，新建图层，得到“图层2”。使用“椭圆工具” 绘制路径，将其转换为选区并填充颜色，效果如图4-209、图4-210所示。

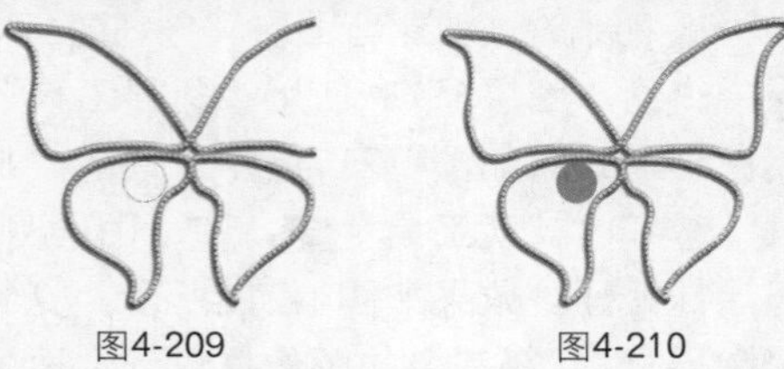

图4-209　　图4-210

05 继续绘制路径，效果如图4-211所示，将其转换为选区并填充颜色。选择“加深工具” ，参数设置如图4-212所示。在“图层2”中进行加深处理，效果如图4-213所示。

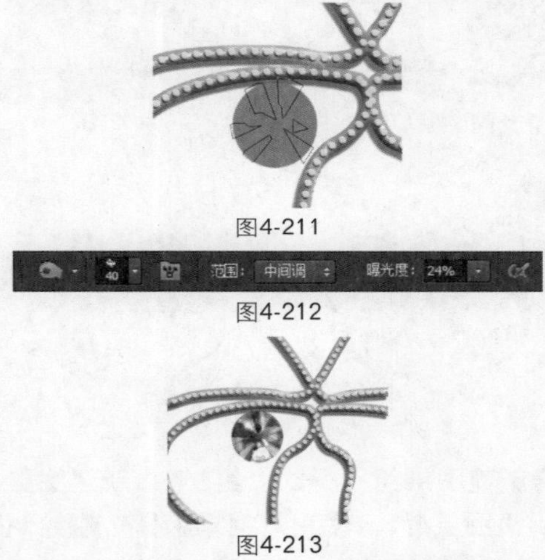

图4-211

图4-212

图4-213

06 复制多个“图层2”，调整其中图像的大小并摆放到合适的位置，效果如图4-214～图4-216所示。

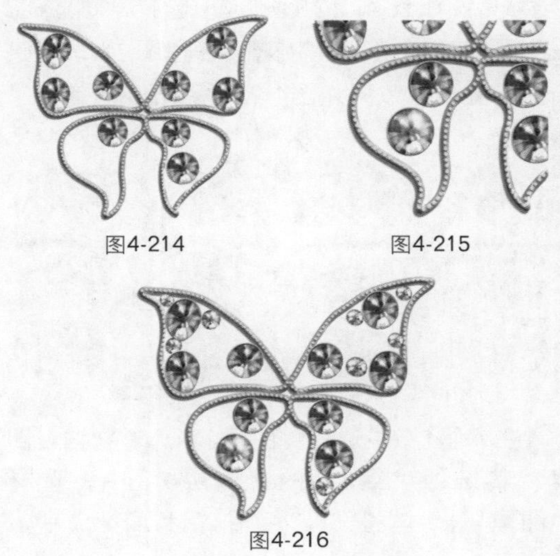

图4-214　　图4-215

图4-216

07 单击“图层”面板底部的“创建新组”按钮，新建图层组，得到“组2”。单击“图层”面板底部的“创建新图层”按钮，新建图层，得到“图层3”。使用“椭圆工具”绘制图形，效果如图4-217所示。选择“加深工具”和“减淡工具”，在“图层3”中进行涂抹处理，效果如图4-218所示。复制多个“图层3”，将其中的图像摆放到合适的位置，效果如图4-219、图4-220所示。

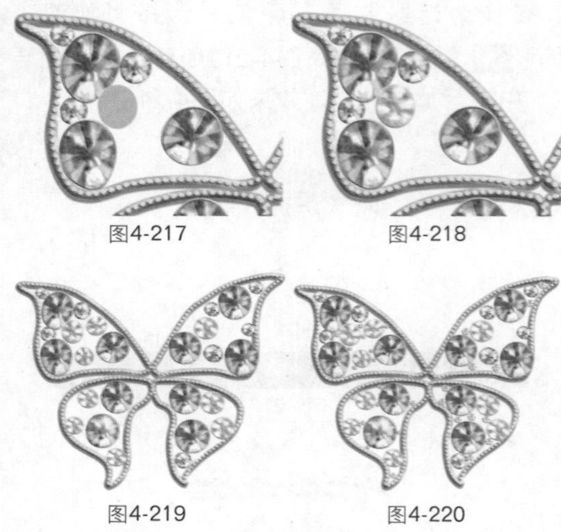

图4-217　图4-218

图4-219　图4-220

08 新建图层组，得到“组3”，新建图层，得到“图层4”。使用“钢笔工具”绘制路径，按快捷键Ctrl+Enter转换为选区并填充颜色，效果如图4-221、图4-222所示。单击“图层”面板底部的“添加图层样式”按钮，参数设置如图4-223所示。选择“加深工具”和“减淡工具”，在“图层4”中进行涂抹处理，效果如图4-224所示。

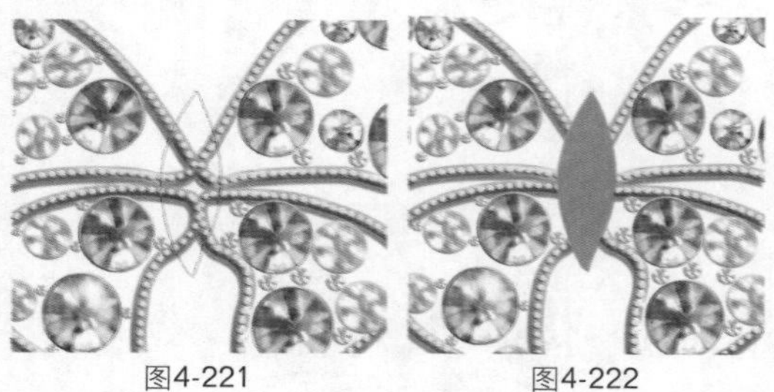

图4-221　图4-222

09 在“组1”中选择“图层2”，复制钻石图案，粘贴到“组3”的“图层4”中。选择“图像”|“调整”|“色相/饱和度”命令，将颜色变成红色，复制图案并将其摆放到合适的位置，效果如图4-225、图4-226所示。选择“减淡工具”，参数设置如图4-227所示。为“图层4”中的图像进行整体减淡修饰，效果如图4-228所示。

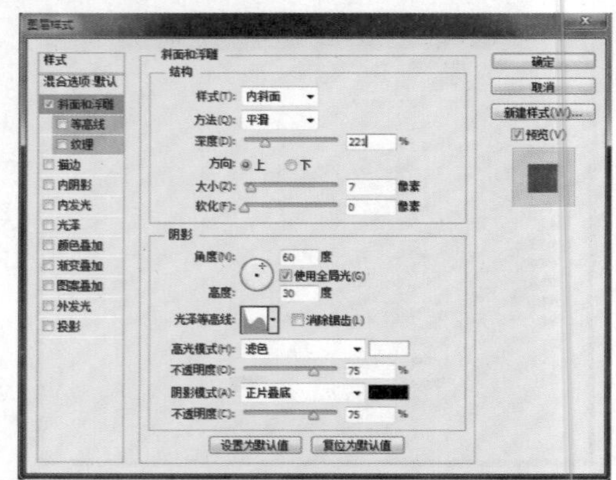

图4-223

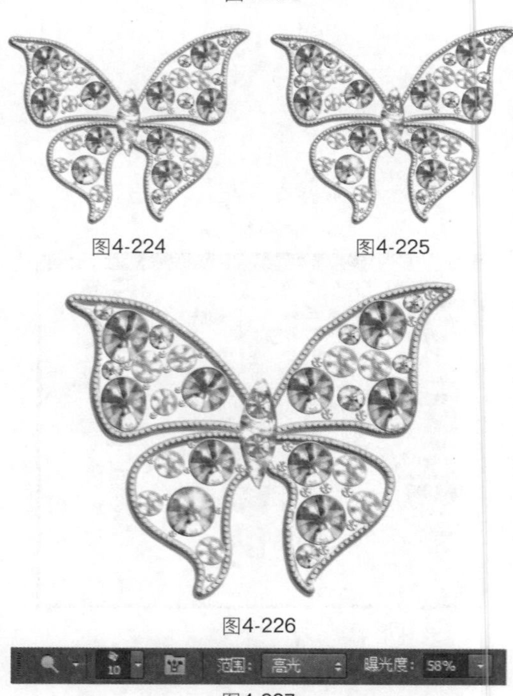

图4-224　图4-225

图4-226

范围: 高光　曝光度: 58%

图4-227

10 单击“图层”面板底部的“创建新图层”按钮，新建图层，得到“图层5”。使用“钢笔工具”绘制路径，效果如图4-229所示。选择“画笔”面板中的“滴水画笔”，如图4-230所示，将其移动到底层，效果如图4-231所示。

图4-228

图4-229

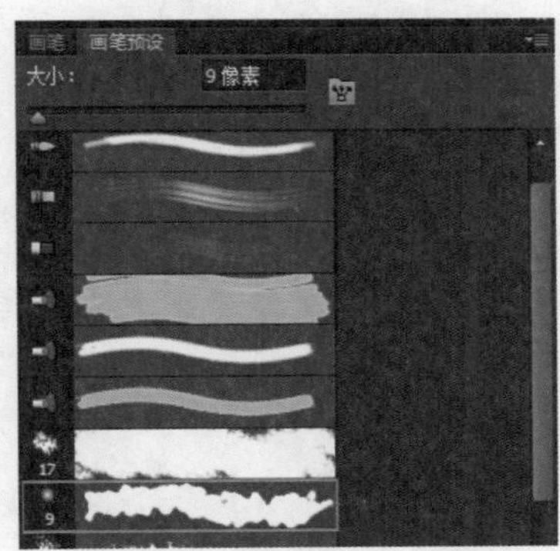

图4-230

图4-231

11 单击“图层”面板底部的“添加图层样式”按钮，参数设置如图4-232、图4-233所示，效果如图4-234所示。

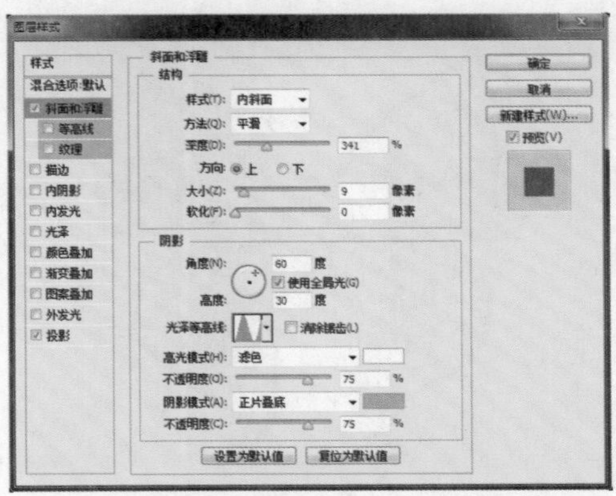

图4-232

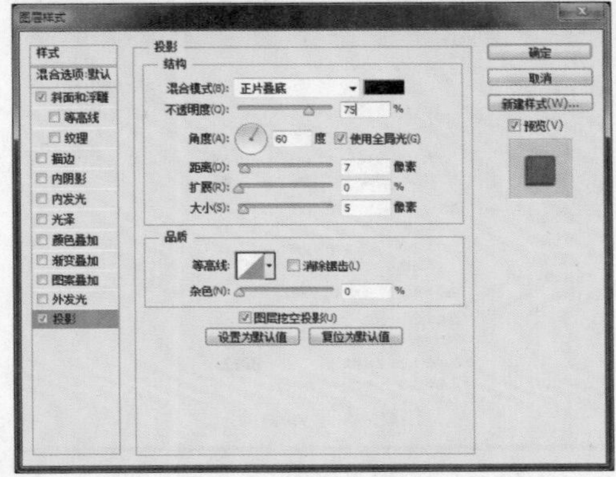

图4-233

12 单击“图层”面板底部的“创建新图层”按钮，新建图层，得到“图层6”，使用“钢笔工具”绘制路径，效果如图4-235所示，按快捷键Ctrl+Enter将其转换为选区并填充颜色。单击“图层”面板底部的“添加图层样式”按钮，参数设置如图4-236所示，效果如图4-237所示。

图4-234

图4-235

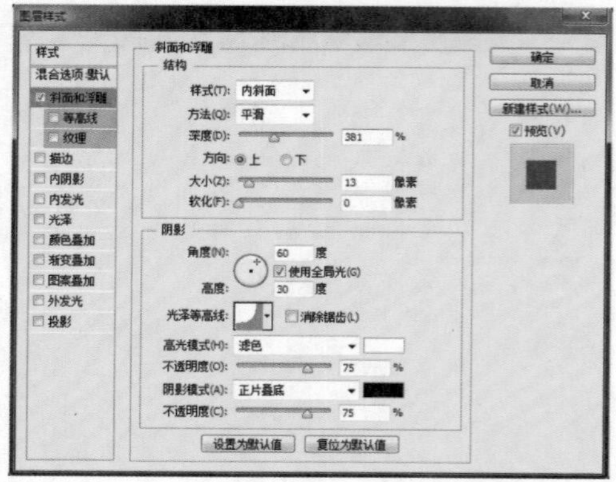

图4-236

13 在“组2”的“图层3”中复制钻石，粘贴到“组3”的“图层6”中，并摆放到合适的位置，效果如图4-238所示，继续复制钻石。选择“减淡工具”，参数设置如图4-239所示。对刚复制过来的钻石图像进行减淡处理，并选择“图像”|“调整”|“色相/饱和度”命令，为刚复制过来的钻石改变颜色，效果如图4-240所示。

图4-237

图4-238

图4-239

图4-240

14 为蝴蝶头部两边的钻石变换颜色，效果如图4-241所示。打开随书光盘中的文件“素材”\“第4章”\“4.5.jpg”，使用“移动工具”将素材拖入文件中，放到胸针的后面，最终效果如图4-242所示。

图4-241

图4-242

Works 4.6 蝴蝶胸针（三）

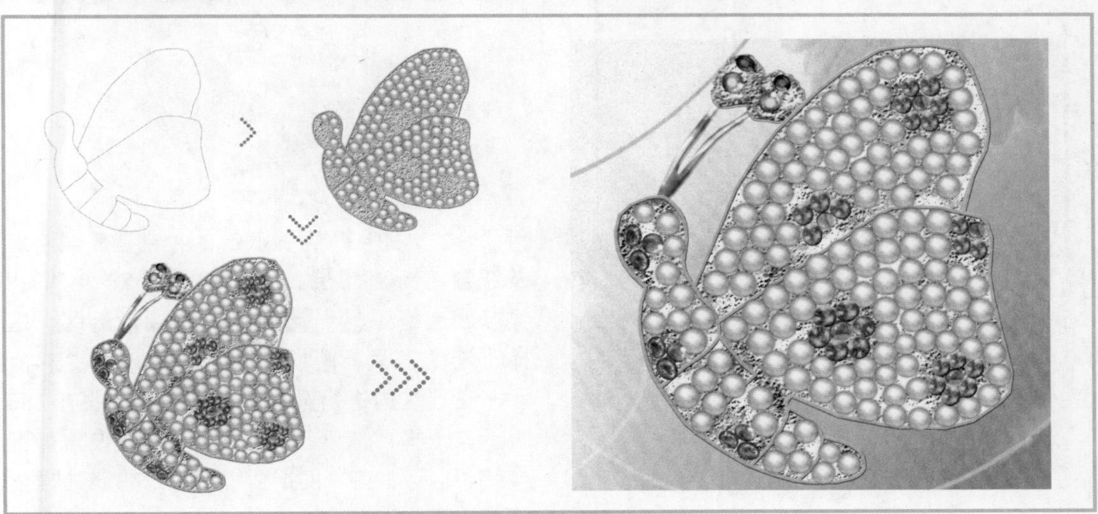

01 按快捷键Ctrl+N新建文件，弹出“新建”对话框并设置参数，如图4-243所示。选择“钢笔工具”，在工具选项栏中设置参数，如图4-244所示。

02 单击“图层”面板底部的“创建新组”按钮，新建图层组，得到“组1”。单击“图层”面板底部的“创建新图层”按钮，新建图层，得到“图层1”。使用“钢笔工具”绘制路径，效果如图4-245所示。选择“画笔工具”，导入“书法画笔”，对话框显示如图4-246所示，参数设置如图4-247所示。单击“路径”面板底部的“用画笔描边路径”按钮，对路径进行描边，效果如图4-248所示。

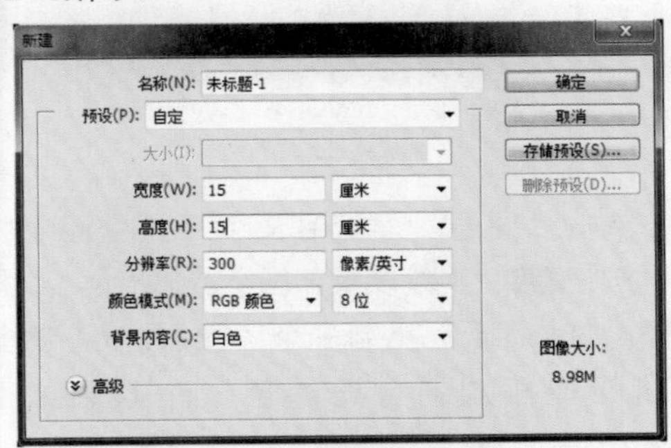

图4-243

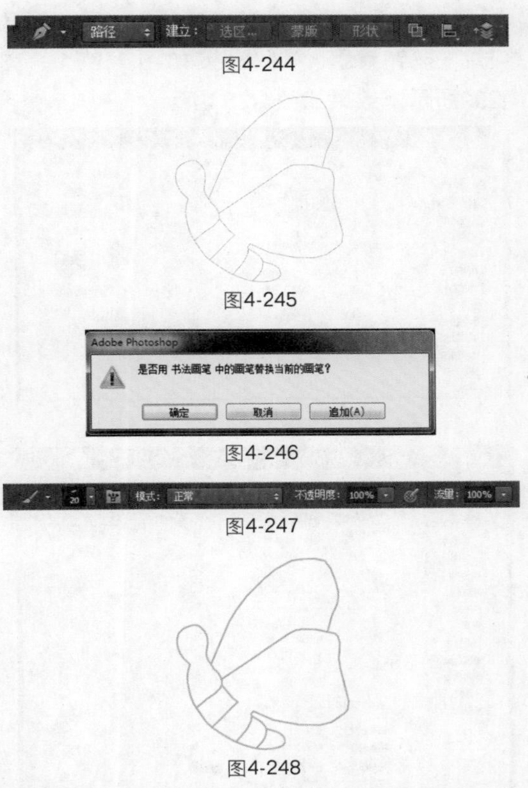

图4-244

图4-245

图4-246

图4-247

图4-248

03 单击“图层”面板底部的“添加图层样式”按钮，参数设置如图4-249所示，效果如图4-250所示。

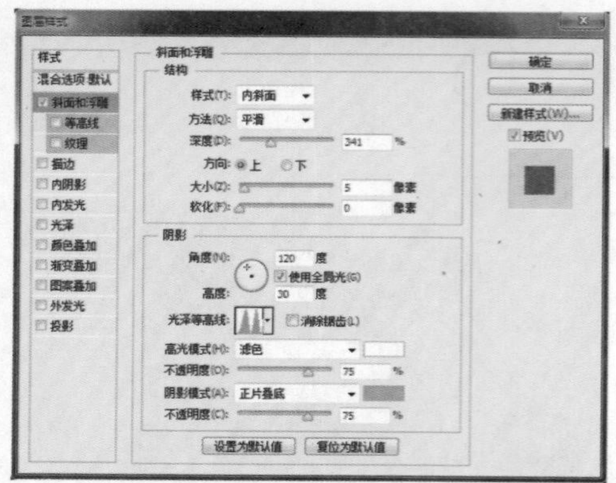
图4-249

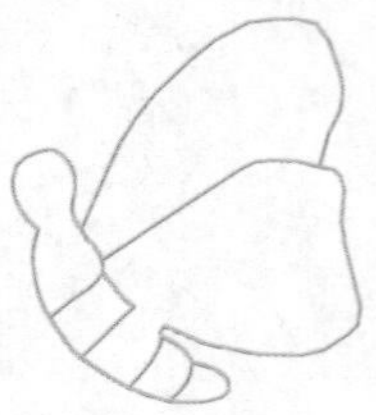
图4-250

04 再次单击“图层”面板底部的“添加图层样式”按钮，参数设置如图4-251、图4-252所示，效果如图4-253所示。

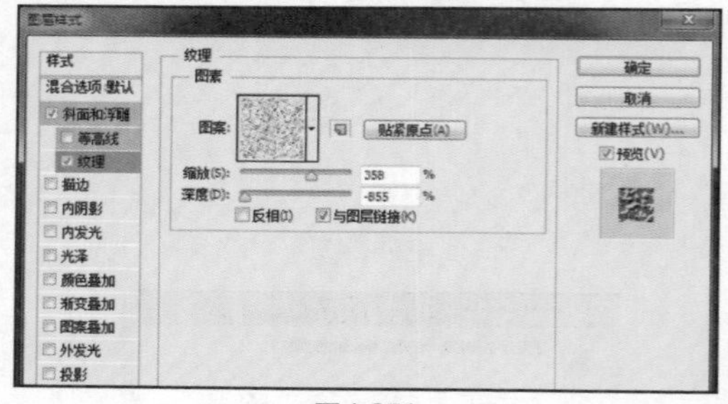
图4-251

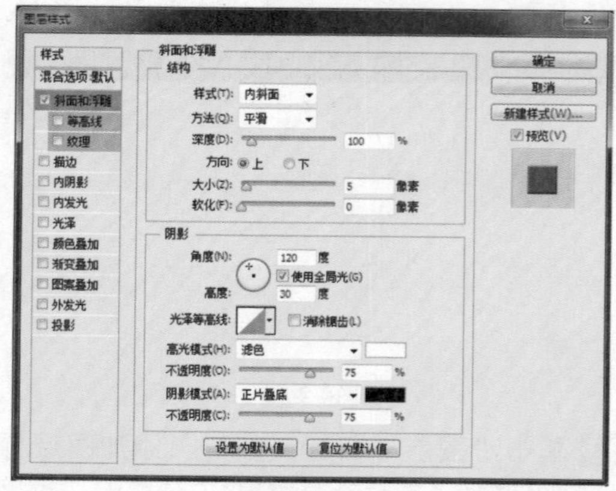
图4-252

图4-253

05 单击“图层”面板底部的“创建新图层”按钮，新建图层，得到“图层2”。使用“椭圆选框工具”绘制一个圆形选区，选择“渐变工具”，参数设置如图4-254所示，在选区内进行渐变填充，效果如图4-255所示。选择“减淡工具”，参数设置如图4-256所示，在“图层2”中进行减淡处理，效果如图4-257所示。

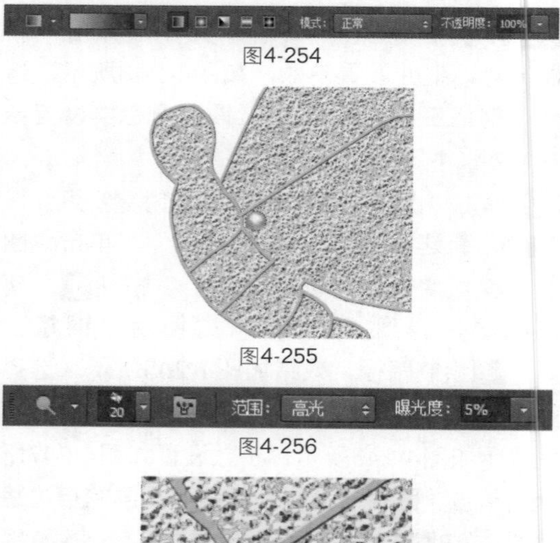

图4-254

图4-255

图4-256

图4-257

06 单击“图层”面板底部的“添加图层样式”按钮，参数设置如图4-258所示，效果如图4-259所示。复制多个“图层2”，将其中的图像摆放到合适的位置，效果如图4-260、图4-261所示。

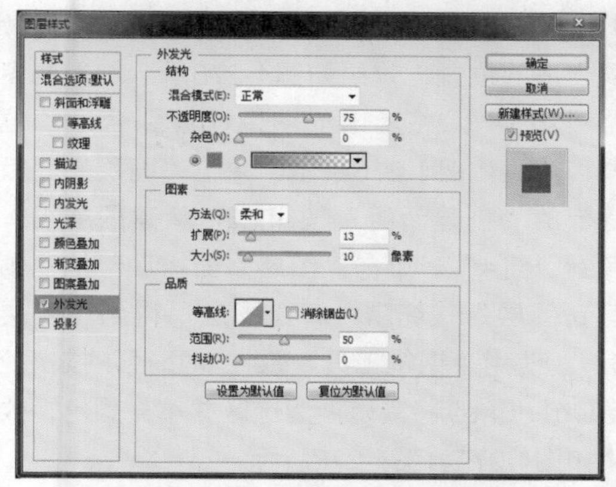

图4-258

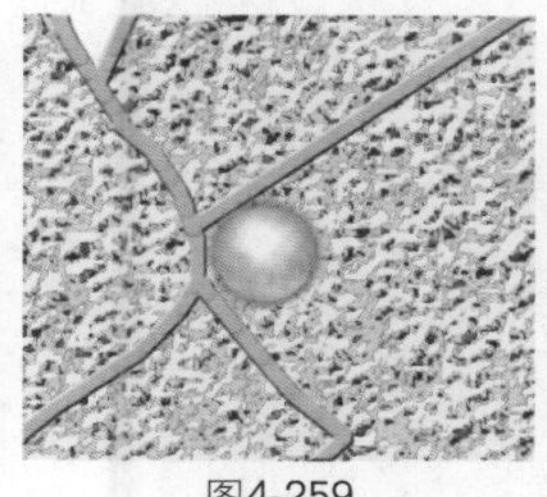

图4-259

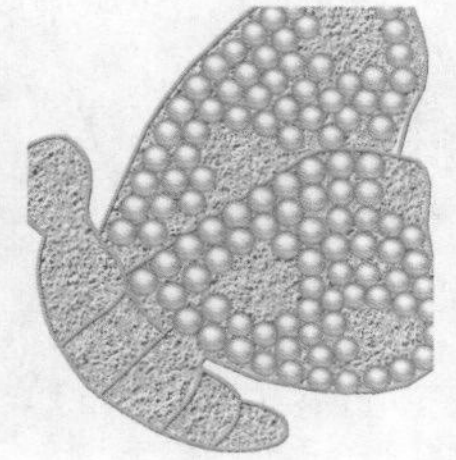

图4-260

07 单击“图层”面板底部的“创建新组”按钮，新建图层组，得到“组2”。单击“图层”面板底部的“创建新图层”按钮，新建图层，得到“图层3”。使用“椭圆选框工具”绘制圆形选区并填充颜色，效果如图4-262所示。选择“加深工具”，参数设置如图4-263所示，对图像进行加深处理。选择“图层3”中的一部分图像，选择“图像”|“调整”|“色相/饱和度”命令，参数设置如图4-264、图4-265所示。单击“图层”面板底部的“添加图层样式”按钮，参数设置如图4-266所示，效果如图4-267所示。

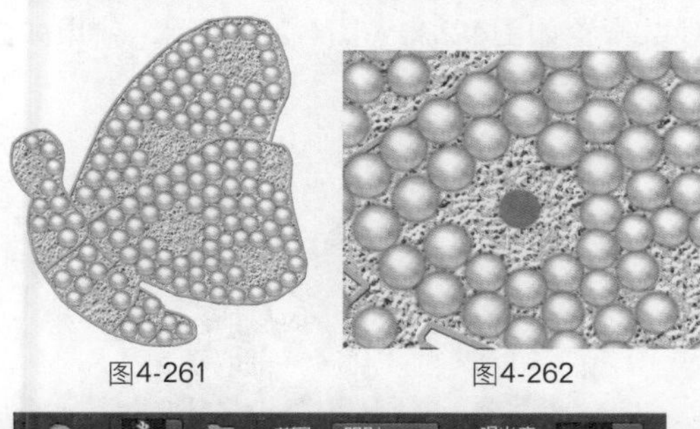

图4-261

图4-262

图4-263

图4-264

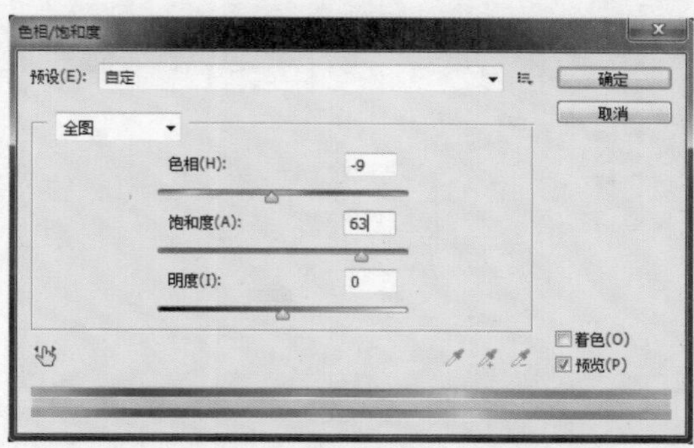

图4-265

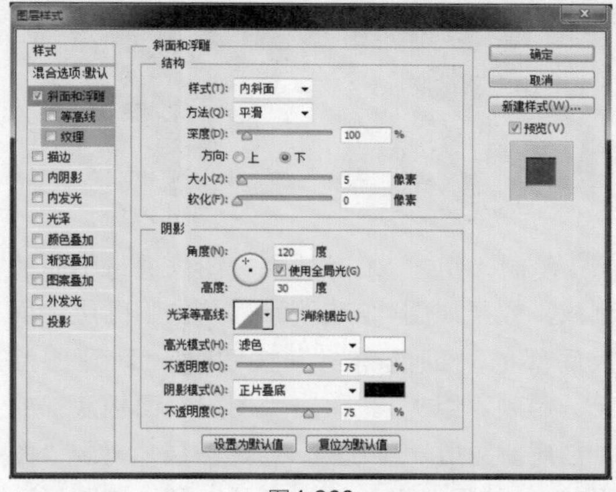

图4-266

08 单击“图层”面板底部的“创建新图层”按钮，新建图层，得到“图层4”。使用“椭圆选框工具”绘制圆形选区并填充颜色，效果如图4-268所示。选择“加深工具”进行加深处理，单击“图层”面板底部的“添加图层样式”按钮，参数设置如图4-269所示，效果如图4-270所示。复制多个“图层4”，将其中的图像摆放到合适的位置，效果如图4-271所示。

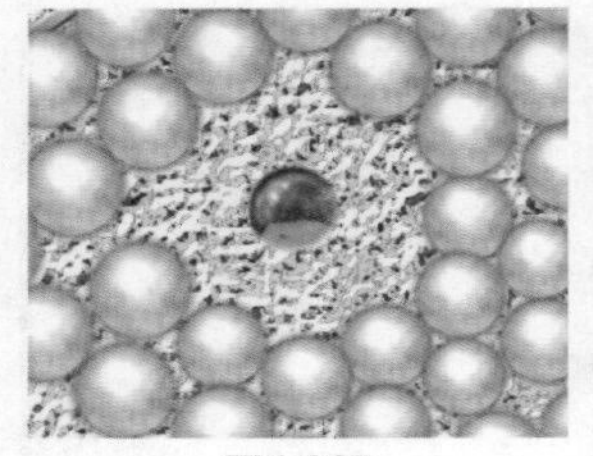

图4-267

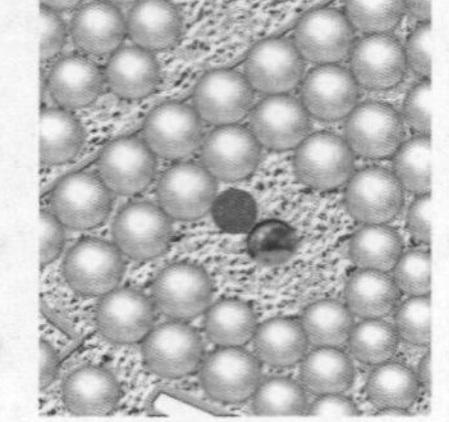

图4-268

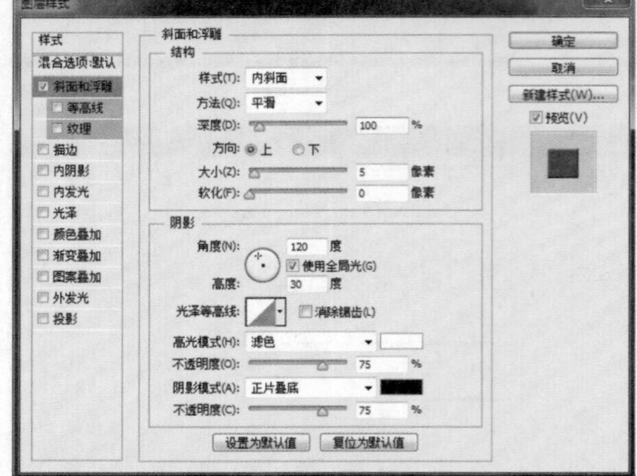

图4-269

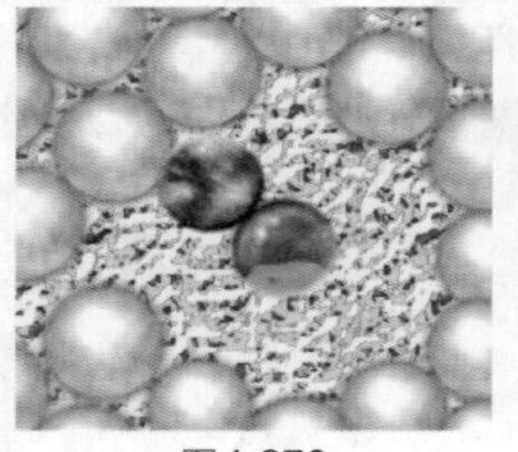

图4-270

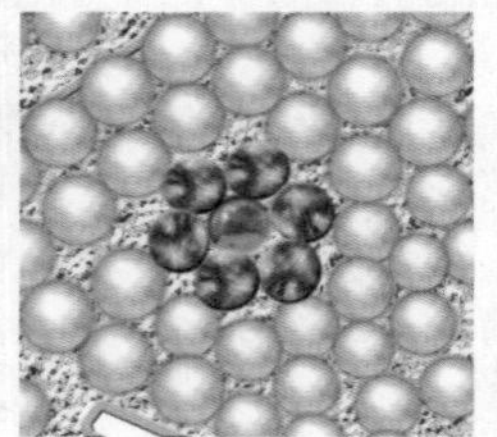

图4-271

09 复制“组2”，对其中的图像进行相应的删减，效果如图4-272所示。单击“图层”面板底部的“创建新组”按钮，新建图层组，得到“组3”。单击“图层”面板底部的“创建新图层”按钮，新建图层，得到“图层5”。使用“椭圆选框工具”绘制圆形选区并填充颜色，效果如图4-273所示，选择“加深工具”进行加深处理。选择“图像”|“调整”|“色相/饱和度”命令，效果如图4-274所示。

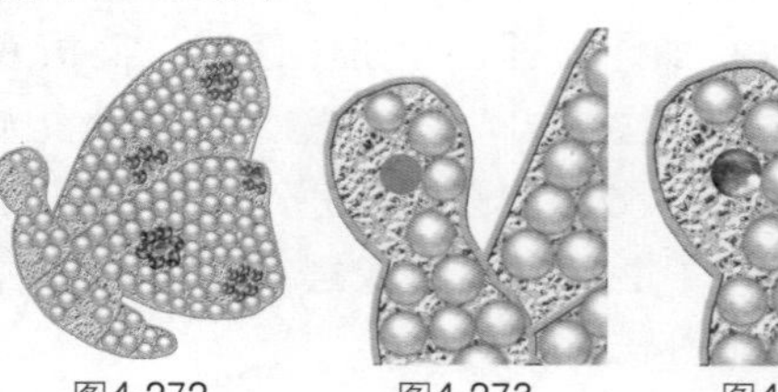

图4-272　图4-273　图4-274

10 复制多个“图层5”，将其中的图像摆放到合适的位置，效果如图4-275所示。复制多个“组3”，将其中的图像摆放到合适的位置，效果如图4-276所示。单击“图层”面板底部的“创建新组”按钮，新建图层组，得到“组4”。单击“图层”面板底部的“创建新图层”按钮，新建图层，得到“图层6”。使用“钢笔工具”绘制路径，按快捷键Ctrl+Enter将其转换为选区并填充颜色，效果如图4-277、图4-278所示。

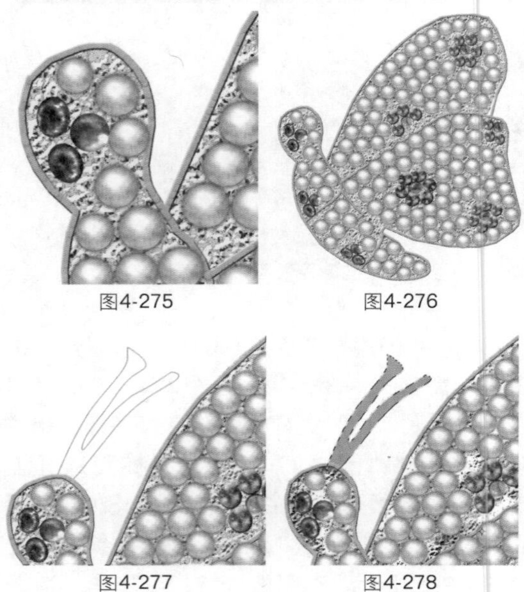

图4-275　图4-276

图4-277　图4-278

11 单击“图层”面板底部的“创建新图层”按钮，新建图层，得到“图层7”。使用“钢笔工具”绘制路径，效果如图4-279所示。将路径转换为选区并填充颜色，单击“图层”面板底部的“添加图层样式”按钮，参数设置如图4-280～图4-282所示，效果如图4-283所示。

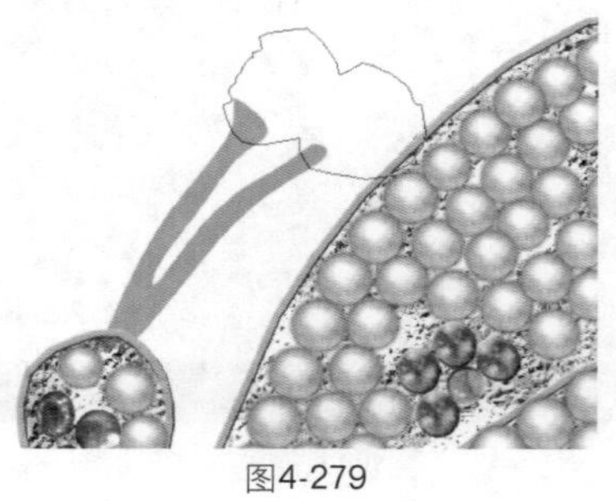

图4-279

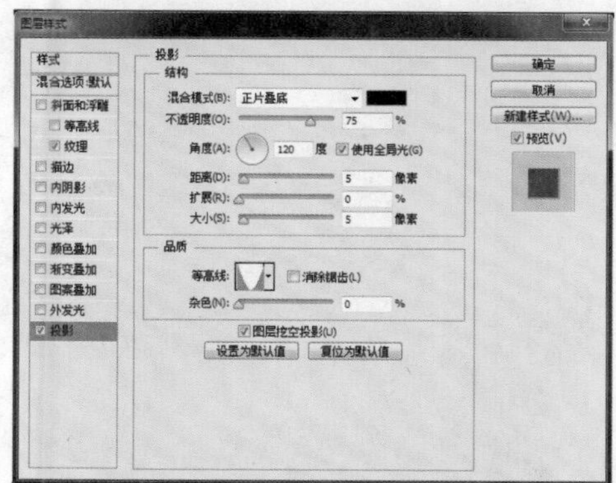

图4-280

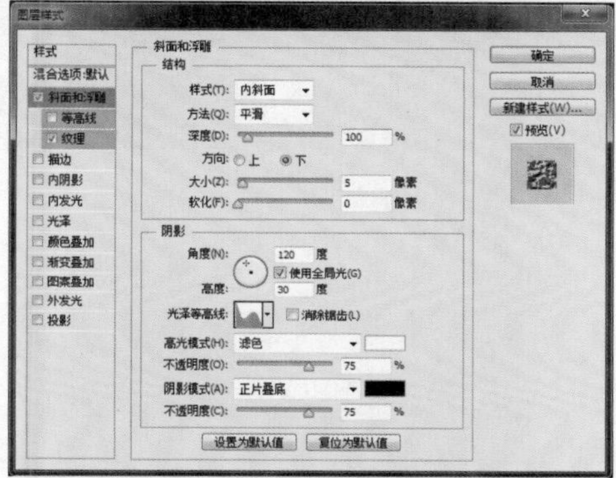

图4-281

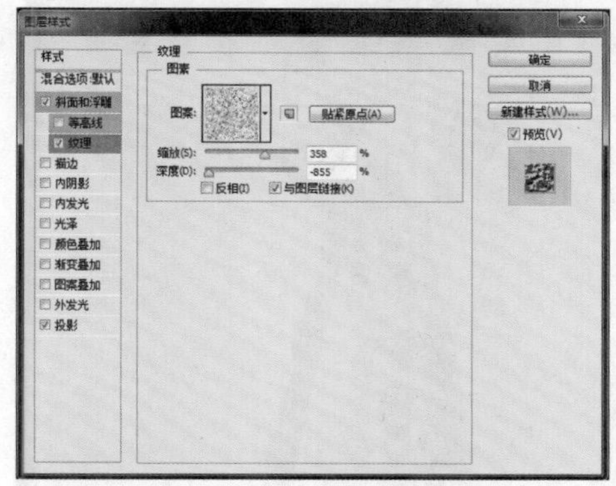

图4-282

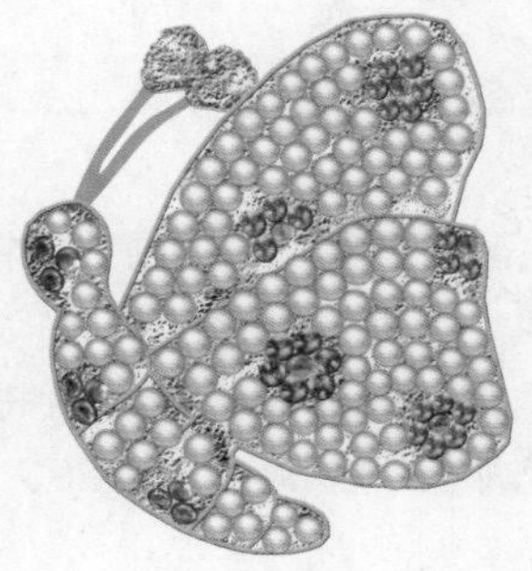

图4-283

12 单击“图层”面板底部的“添加图层样式”按钮fx，参数设置如图4-284所示，效果如图4-285所示。

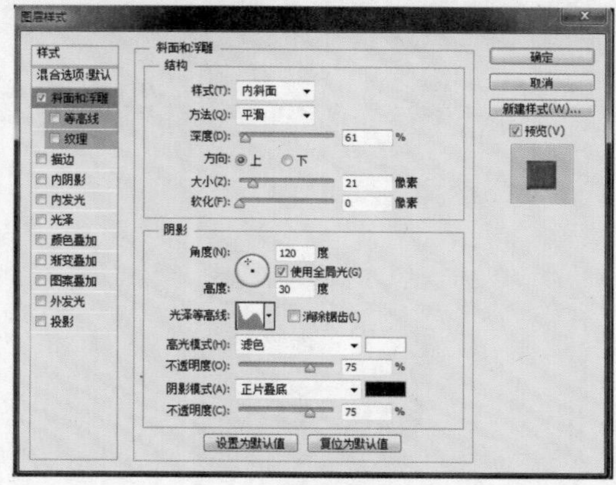

图4-284

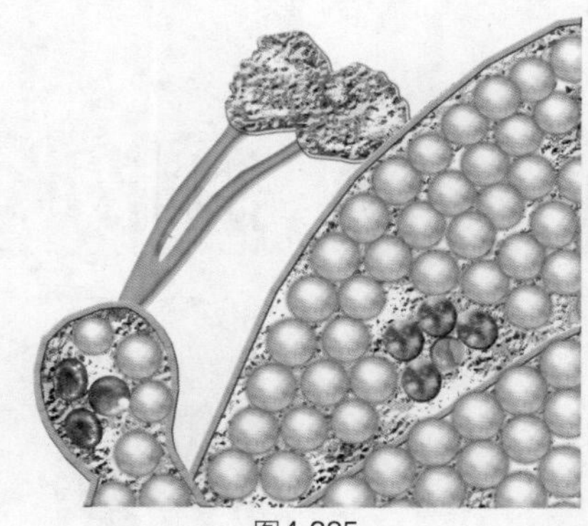

图4-285

13 选择“减淡工具”和“加深工具”，参数设置如图4-286、图4-287所示。在“图层6”中进行减淡或加深处理，效果如图4-288所示。

图4-286

范围: 中间调 曝光度: 44%

图4-287

14 复制“图层5”，将其移到“组4”中，得到“图层8”。复制多个“图层8”，将其中的图像摆放到合适的位置，效果如图4-289所示。打开随书光盘中的文件“素材”\“第4章”\“4.6.jpg”，使用“移动工具”将素材拖入文件中，放到胸针的后面，最终效果如图4-290所示。

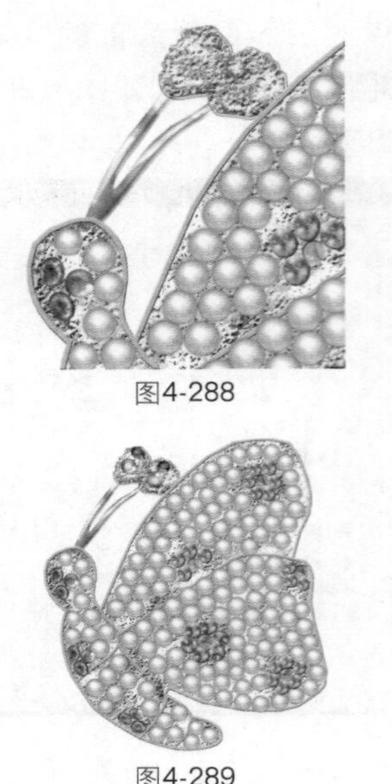
图4-288

图4-289

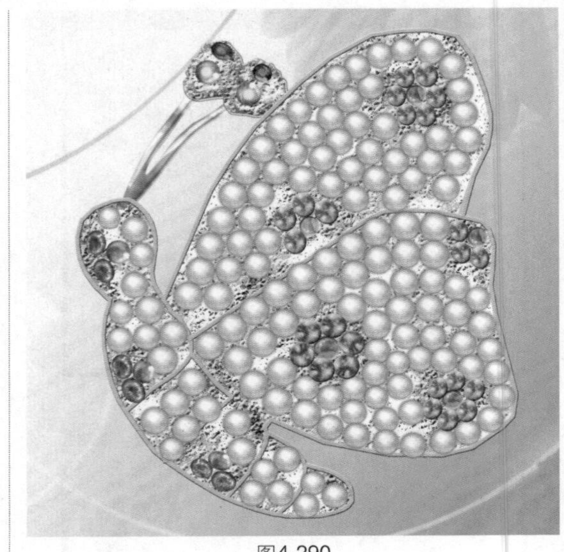
图4-290

Works 4.7 飘带胸针

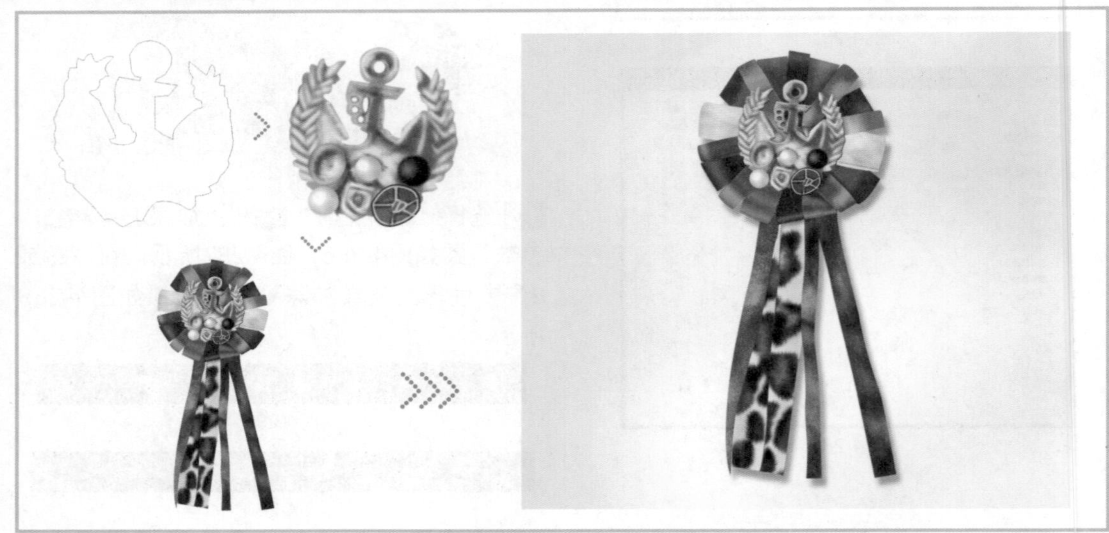

01 按快捷键Ctrl+N新建文件，弹出“新建”对话框并设置参数，如图4-291所示。选择“钢笔工具”，参数设置如图4-292所示。单击“图层”面板底部的“创建新组”按钮，新建图层组，得到“组1”。单击“图层”面板底部的“创建新图层”按钮，新建图层，得到“图层1”。使用“钢笔工具”绘制路径，按快捷键Ctrl+Enter将其转换为选区并填充颜色，效果如图4-293、图4-294所示。

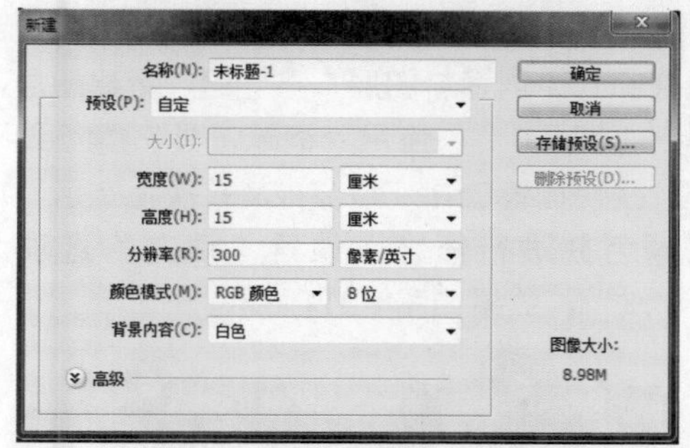

图4-291

图4-292

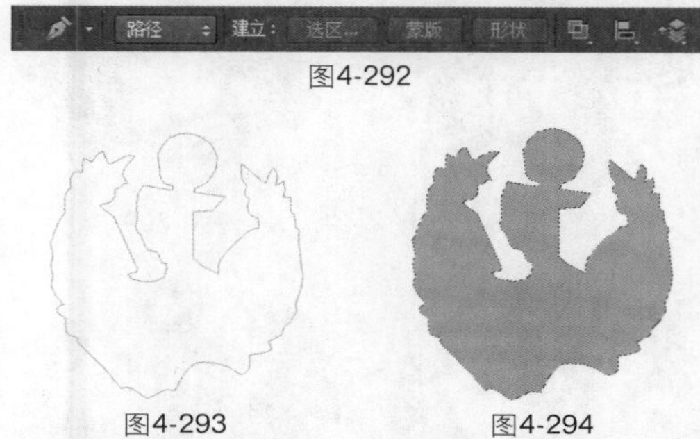
图4-293　　图4-294

02 选择“图层1”，使用“钢笔工具”绘制路径，效果如图4-295所示，将其转换为选区，按Delete键删除选区内的图像，效果如图4-296所示。选择“图层1”，使用“钢笔工具”绘制路径，效果如图4-297所示。选择“选择”|“修改”|“羽化”命令，设置参数如图4-298所示。

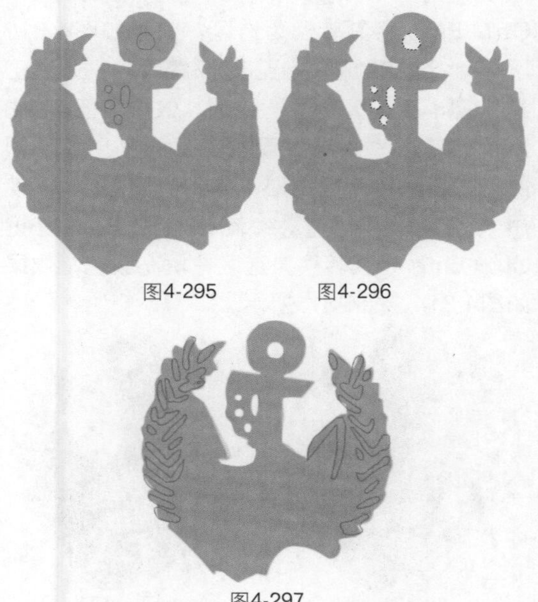
图4-295　　图4-296

图4-297

图4-298

03 选择两次“减淡工具”，分别设置参数如图4-299、图4-300所示。在选区内进行涂抹，效果如图4-301所示。单击“图层”面板底部的“添加图层样式”按钮，参数设置如图4-302所示，效果如图4-303所示。

图4-299

图4-300

图4-301

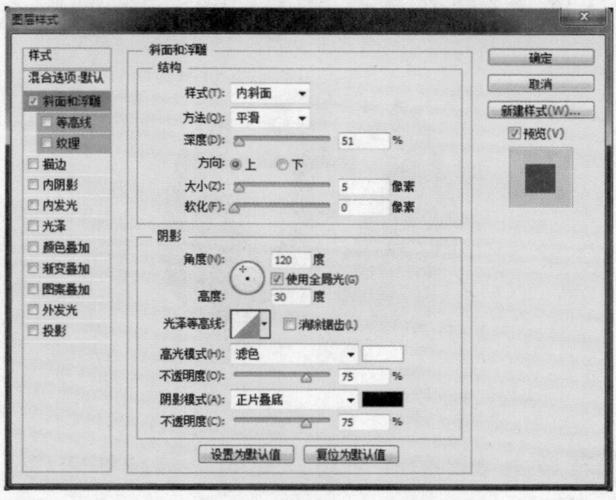

图4-302

图4-303

04 单击“图层”面板底部的“创建新图层”按钮，新建图层，得到“图层2”。使用“椭圆选框工具”绘制圆形选区，选择“渐变工具”，参数设置如图4-304所示，在选区内进行渐变填充，效果如图4-305所示。单击“图层”面板底部的“创建新图层”按钮，新建图层，得到“图层3”，使用“椭圆选框工具”绘制圆形选区并填充灰色。选择“减淡工具”，参数设置如图4-306所示。在“图层3”中进行减淡处理，复制图案，效果如图4-307所示。

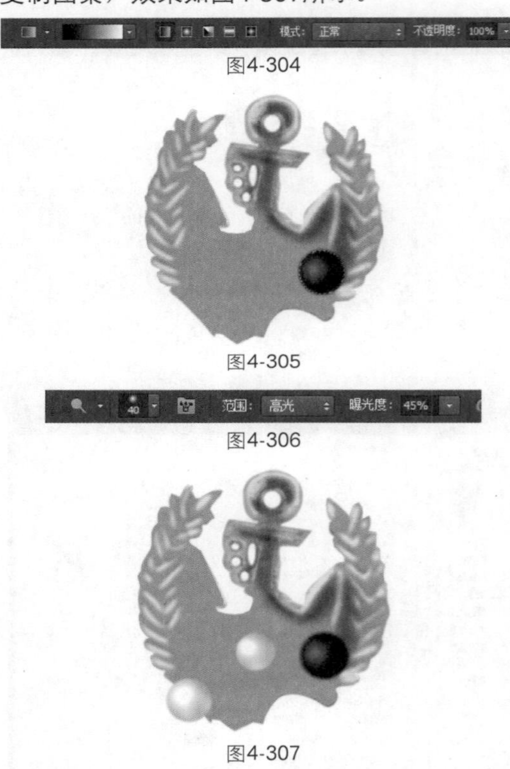

图4-304

图4-305

图4-306

图4-307

05 单击“图层”面板底部的“创建新图层”按钮，新建图层，得到“图层4”。使用“钢笔工具”绘制路径，将其转换为选区，效果如图4-308所示，按快捷键Ctrl+Enter转换为选区并填充颜色。选择“加深工具”和“减淡工具”，对图像进行处理，效果如图4-309所示。单击“图层”面板底部的“创建新图层”按钮，新建图层，得到“图层5”。使用“钢笔工具”绘制路径，单击“路径”面板底部的“用画笔描边路径”按钮，效果如图4-310所示。单击“图层”面板底部的“创建新图层”按钮，新建图层，得到“图层6”。使用“钢笔工具”绘制路径，按快捷键Ctrl+Enter将其转换为选区，填充颜色并进行修饰，设置“填充”选项为“82%”，效果如图4-311所示。

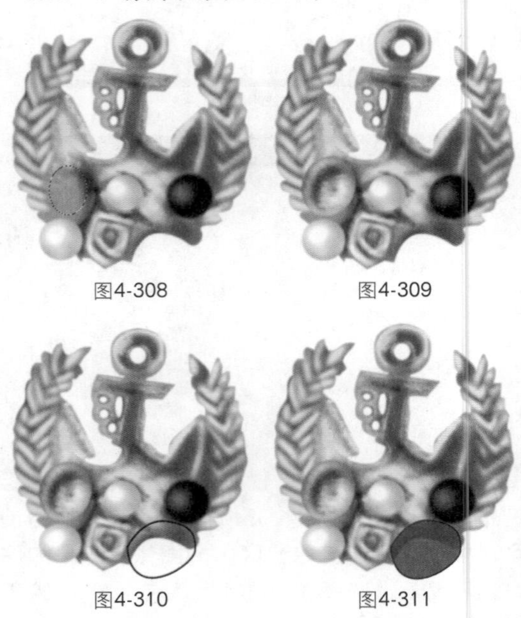
图4-308　图4-309

图4-310　图4-311

06 单击“图层”面板底部的“创建新图层”按钮，新建图层，得到“图层7”。使用“钢笔工具”绘制路径，按快捷键Ctrl+Enter将其转换为选区，效果如图4-312所示。选择“减淡工具”和“加深工具”，在选区内进行处理，效果如图4-313所示。单击“图层”面板底部的“创建新图层”按钮，新建图层，得到“图层8”。使用“钢笔工具”绘制路径，按快捷键Ctrl+Enter将其转换为选区并填充颜色，效果如图4-314、图4-315所示。

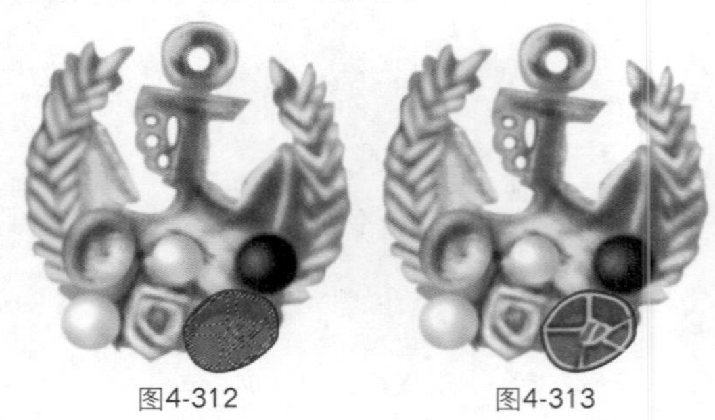
图4-312　图4-313

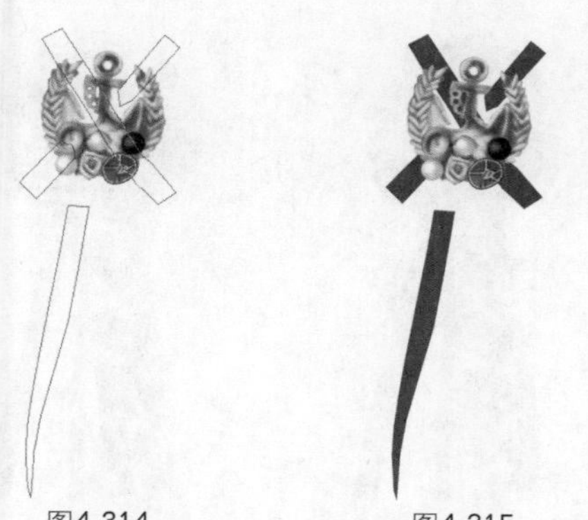

图4-314　图4-315

07 单击“图层”面板底部的“创建新图层”按钮，新建图层，得到“图层9”。使用“钢笔工具”绘制路径，按快捷键Ctrl+Enter，将路径转换为选区并填充颜色，然后将该图层移动到最低层，效果如图4-316、图4-317所示。以此类推，制作出如图4-318、图4-319所示的效果。

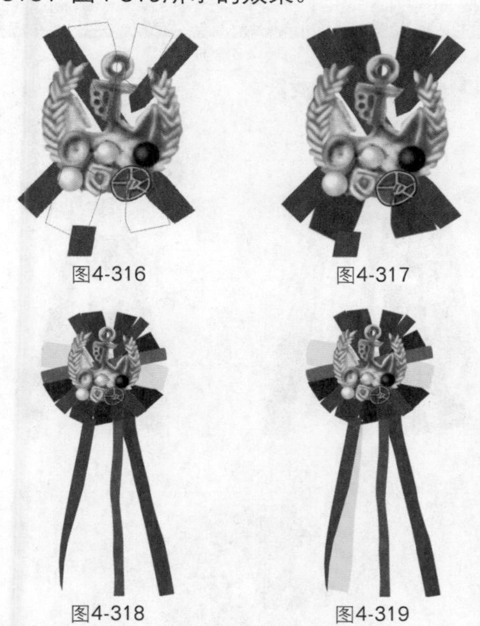

图4-316　图4-317

图4-318　图4-319

08 选择“减淡工具”，参数设置如图4-320所示。选择“加深工具”，参数设置如图4-321所示。为图层中的图像进行减淡和加深处理，效果如图4-322～图4-324所示。

范围：高光　曝光度：20%

图4-320

范围：中间调　曝光度：47%

图4-321

图4-322

图4-323

09 选择“画笔工具”，导入“干介质画笔”，对话框显示如图4-325所示。选择“减淡工具”，参数设置如图4-326所示，为底下图层中的图像进行减淡处理，效果如图4-327所示。

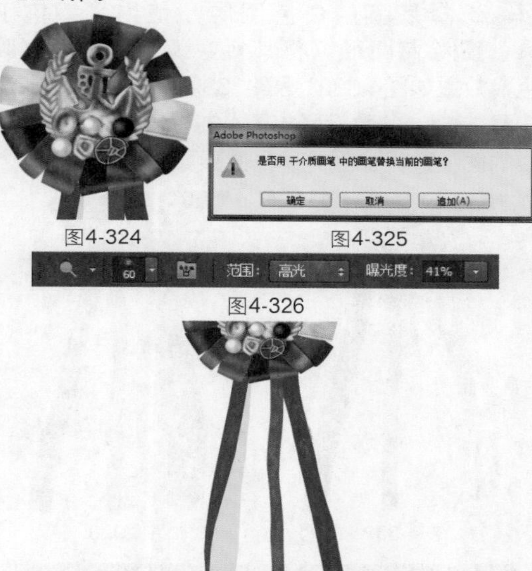

图4-324　图4-325

图4-326

图4-327

10 选择“加深工具”，参数设置如图4-328所示，为底下图层中的图像进行加深处理，效果如图4-329所示。再次选择“加深工具”，参数设置如图4-330所示，为底下图层中的图像进行加深处理，效果如图4-331所示。

范围：中间调　曝光度：47%

图4-328

图4-329

图4-330

图4-331

11 选择底下的白色图层，使用“钢笔工具”绘制路径，将其转换为选区并填充颜色，效果如图4-332、图4-333所示。选择“加深工具”，参数设置如图4-334所示，为该图层中的图像进行加深处理，效果如图4-335所示。

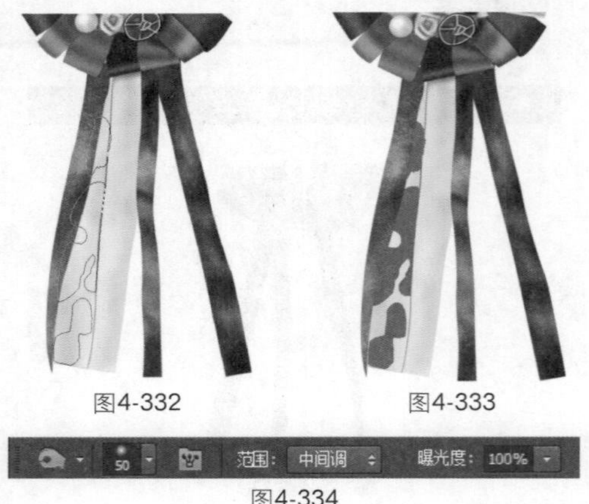

图4-332　图4-333

图4-334

12 选择底下的图层，使用“钢笔工具”绘制路径，效果如图4-336所示，为路径填充颜色，效果如图4-337所示。选择“加深工具”进行加深处理，效果如图4-338所示。

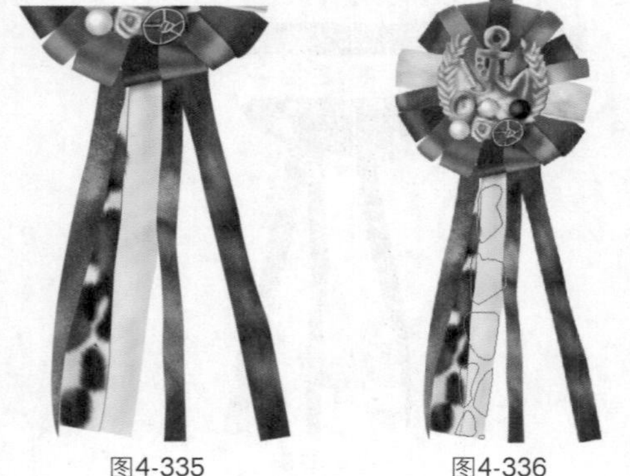

图4-335　图4-336

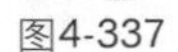

图4-337

图4-338

13 选择“涂抹工具”，参数设置如图4-339所示。在刚刚处理的两个图层中进行涂抹处理，效果如图4-340所示，整体效果如图4-341所示。打开随书光盘中的文件“素材”\“第4章”\“4.7.jpg”，使用“移动工具”将素材拖入文件中，放到胸针的后面，最终效果如图4-342所示。

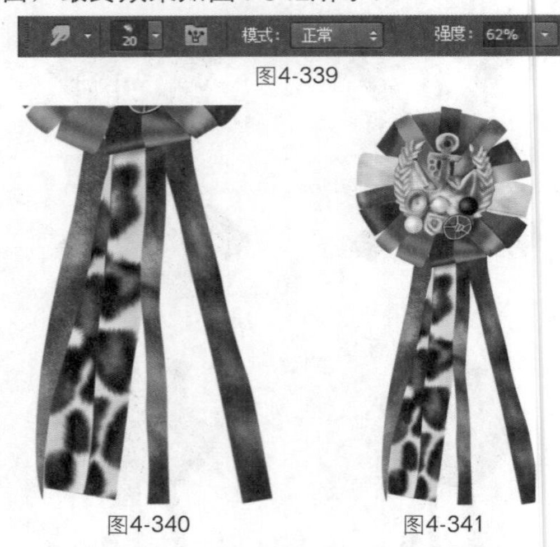

图4-339

图4-340　图4-341

图4-342

Chapter 05

第5章 青春女装

案例展示
AN LI ZHAN SHI

Works 5.1 绣花短裙

01 按快捷键Ctrl+N新建文件，弹出“新建”对话框并设置参数，如图5-1所示。选择“钢笔工具”绘制路径，参数设置如图5-2所示，效果如图5-3所示，将绘制的路径转换为选区并填充颜色。

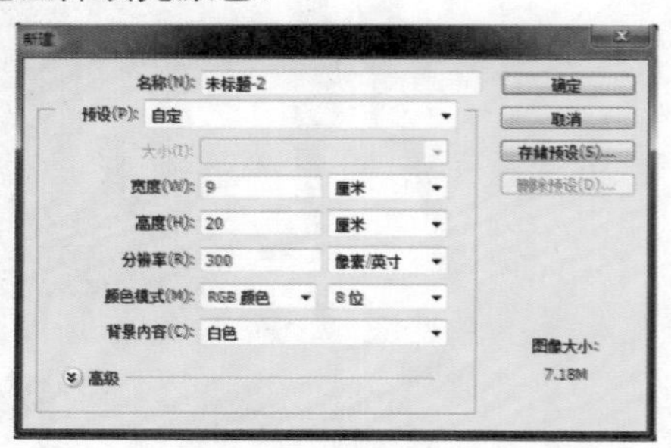

图5-1

图5-2

02 选择“画笔工具”进行涂抹，效果如图5-4所示。选择“涂抹工具”，参数设置如图5-5所示，涂抹后的效果如图5-6所示。

03 选择“减淡工具”，参数设置如图5-7所示，涂抹后的效果如图5-8所示。选择“加深工具”，参数设置如图5-9所示，涂抹后的效果如图5-10所示。

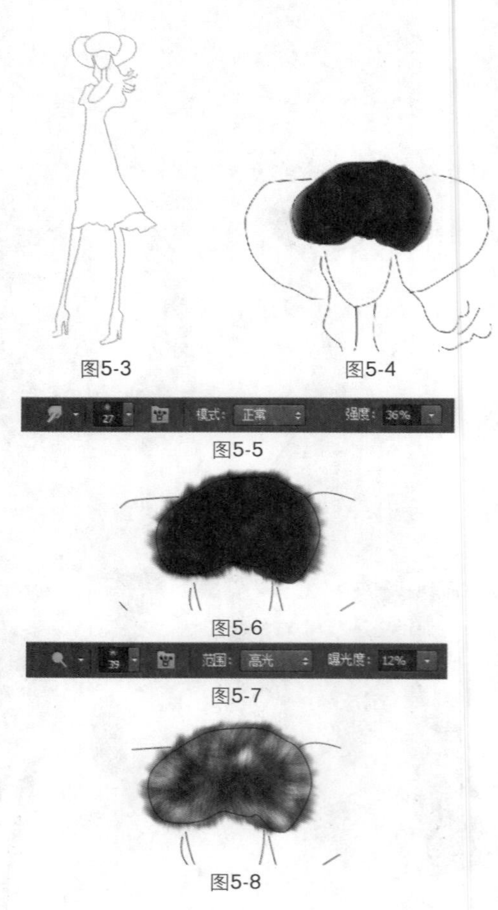

图5-3 图5-4 图5-5 图5-6 图5-7 图5-8

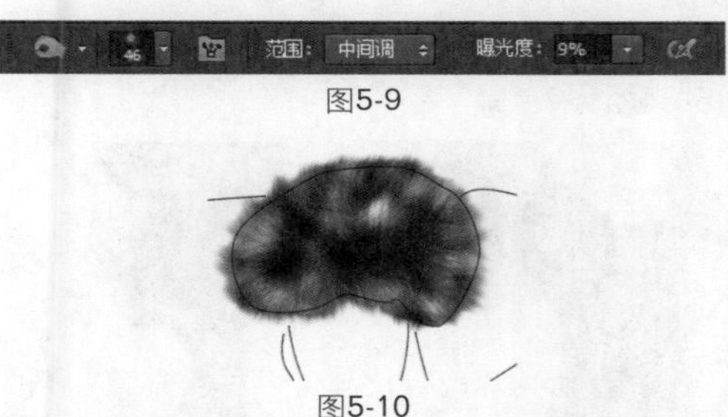

图5-9

图5-10

04 选择“画笔工具”进行涂抹，效果如图5-11所示。选择“涂抹工具”进行涂抹，效果如图5-12所示。选择“减淡工具”进行提亮，效果如图5-13所示。

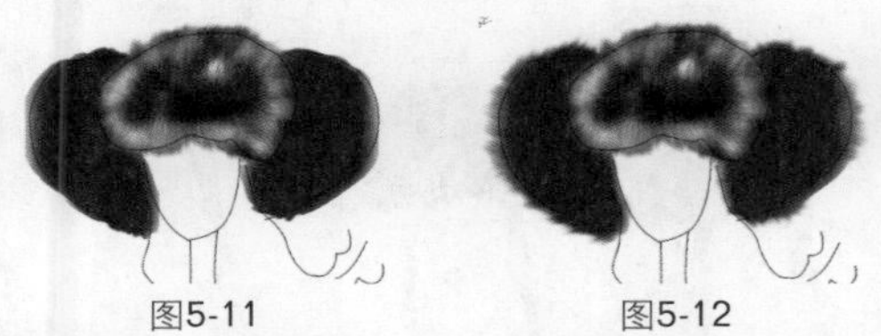

图5-11　图5-12

05 选择“钢笔工具”绘制路径，效果如图5-14所示。将路径作为选区载入并填充颜色，效果如图5-15所示。选择“加深工具”进行涂抹，效果如图5-16所示。

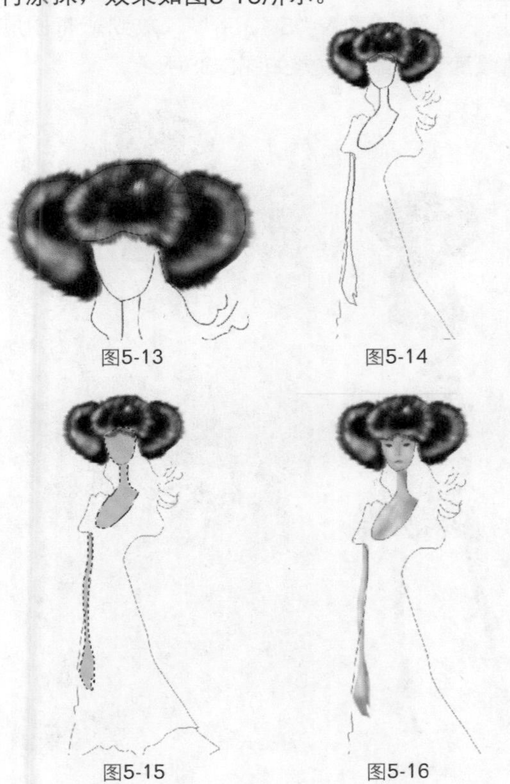

图5-13　图5-14

图5-15　图5-16

06 选择“钢笔工具”绘制路径，将路径作为选区载入并填充颜色，效果如图5-17所示。选择“加深工具”，参数设置如图5-18所示，涂抹后的效果如图5-19所示。选择“减淡工具”进行涂抹，效果如图5-20所示。

图5-17

图5-18

图5-19

图5-20

07 载入选区并填充颜色，效果如图5-21所示。导入随书光盘“素材”\“第5章”\“5.1-1.jpg”和“5.1-2.jpg”文件，单击此图层，载入选区，按Shift+Ctrl+I键将选区反选，按Delete键删除多余部分，效果如图5-22所示。

图5-21

图5-22

08 选择“加深工具”，参数设置如图5-23所示，涂抹后的效果如图5-24所示。选择“钢笔工具”绘制路径，效果如图5-25所示。将路径作为选区载入并填充颜色，效果如图5-26所示。

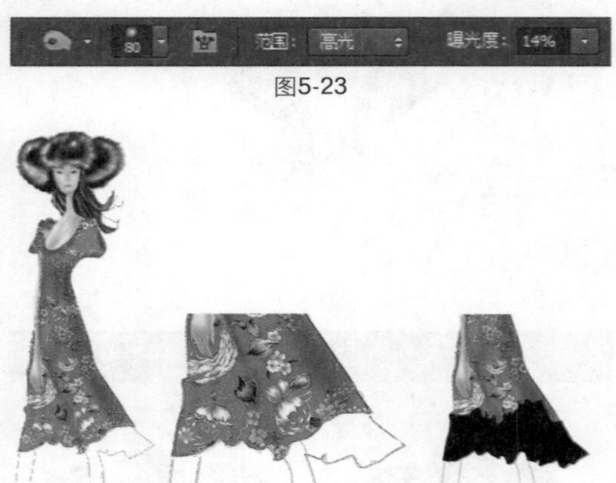

图5-23

图5-24 图5-25 图5-26

09 选择“画笔工具”，设置不同颜色进行描绘，效果如图5-27所示，整体效果如图5-28所示。

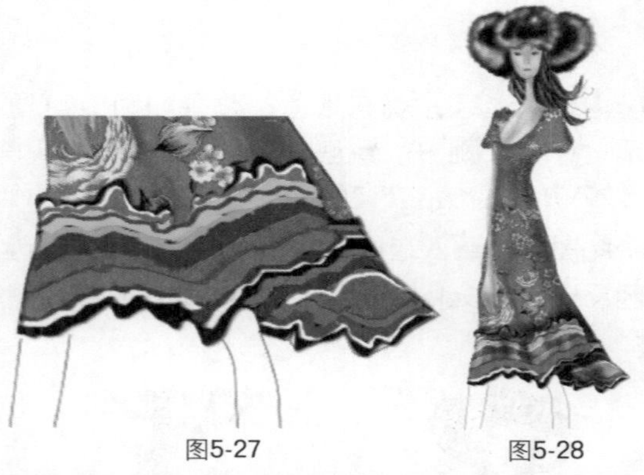
图5-27 图5-28

10 选择“钢笔工具”绘制路径，效果如图5-29所示，将路径作为选区载入并填充颜色。选择“加深工具”进行涂抹，效果如图5-30所示。

11 选择“钢笔工具”绘制路径，将路径作为选区载入并填充颜色，效果如图5-31所示。载入素材图片，单击此图层，载入选区，按Shift+Ctrl+I键将选区反选，按Delete键删除多余部分，如图5-32所示。选择“钢笔工具”绘制鞋的路径，将路径作为选区载入并填充颜色，效果如图5-33所示，整体效果如图5-34所示。

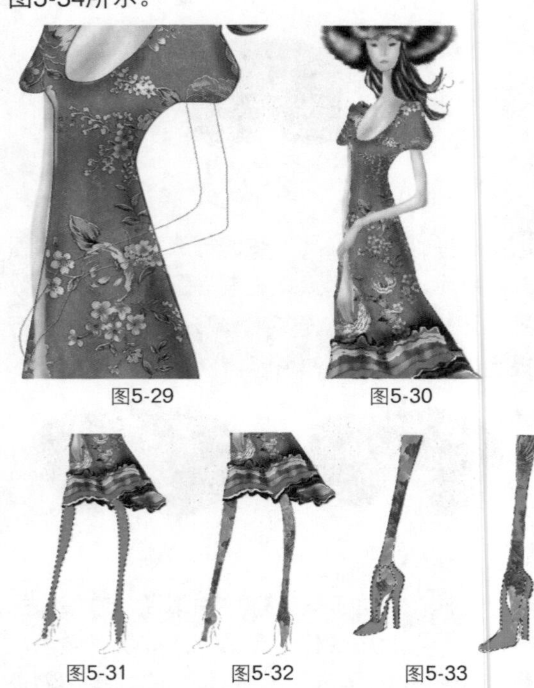
图5-29 图5-30

图5-31 图5-32 图5-33

12 最后导入随书光盘中的文件“素材”\“第5章”\“5.1.jpg”，放到所有图层的最底层，最终效果如图5-35所示。

图5-34 图5-35

阳光女孩装

01 按快捷键Ctrl+N新建文件，弹出“新建”对话框并设置参数，如图5-36所示。选择“钢笔工具”绘制路径，效果如图5-37所示。

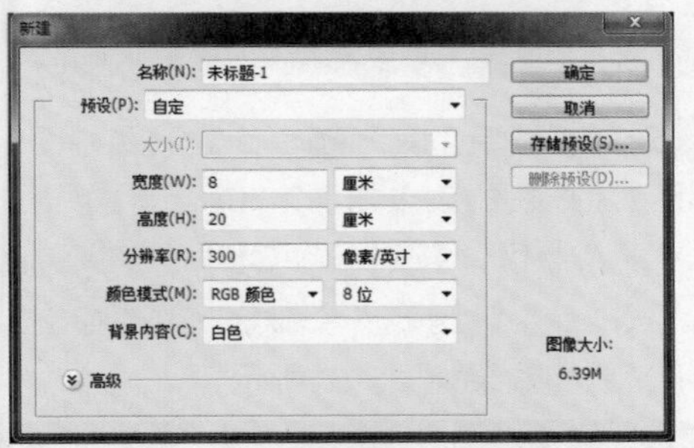

图5-36

图5-37

02 选择“钢笔工具”绘制路径，将路径作为选区载入并填充颜色，效果如图5-38所示。选择“加深工具”，参数设置如图5-39所示，涂抹后的效果如图5-40所示。

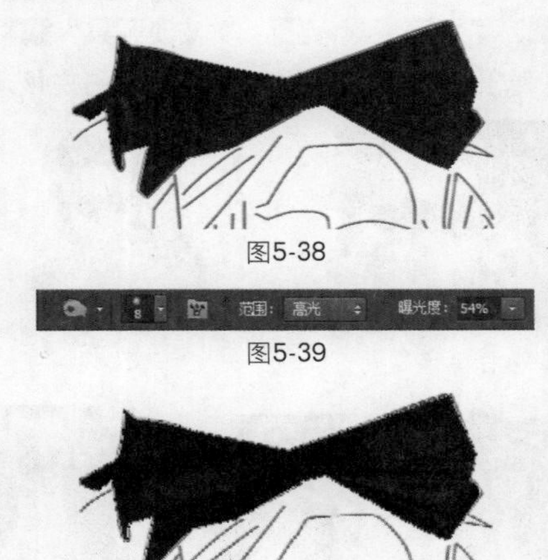

图5-38

图5-39

图5-40

03 选择“画笔工具”，参数设置如图5-41所示，为头发涂抹颜色，效果如图5-42所示。选择“加深工具”，参数设置如图5-43所示，涂抹后的效果如图5-44所示。再选择“减淡工具”，涂抹后的效果如图5-45所示。

图5-41

图5-42

图5-43

图5-44　图5-45

04 选择“画笔工具”绘制眼镜，效果如图5-46所示。再次选择“画笔工具”绘制人物脸部皮肤，效果如图5-47所示。选择“画笔工具”、“加深工具”、“减淡工具”填充毛皮小坎及T恤颜色，效果如图5-48～图5-50所示。

图5-46　图5-47

图5-48　图5-49　图5-50

05 选择“加深工具”，参数设置如图5-51所示，加深处理后的效果如图5-52所示。选择“画笔工具”涂抹短裤的颜色，效果如图5-53所示。选择“加深工具”，加深处理后的效果如图5-54所示。

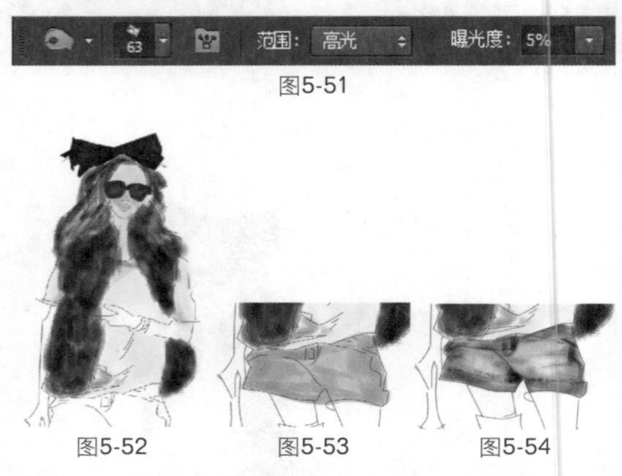

图5-51

图5-52　图5-53　图5-54

06 选择“钢笔工具”绘制路径，将路径作为选区载入并填充颜色，效果如图5-55所示。选择“加深工具”和“减淡工具”，涂抹后的效果如图5-56、图5-57所示。

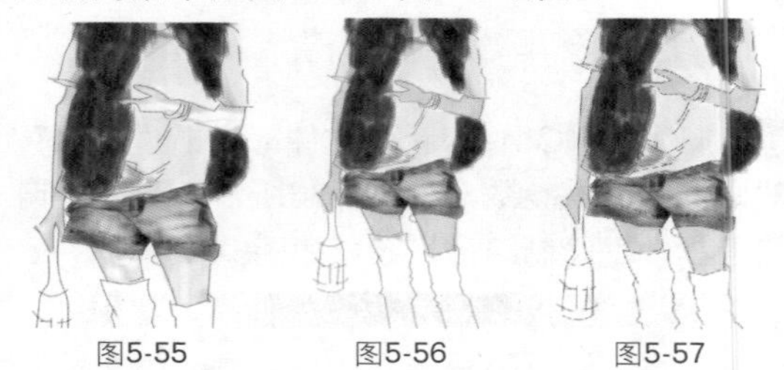

图5-55　图5-56　图5-57

07 选择“画笔工具”，参数设置如图5-58所示，涂抹后的效果如图5-59所示。单击此图层，载入选区，按Shift+Ctrl+I键将选区反选，按Delete键删除多余部分，效果如图5-60所示，最终效果如图5-61所示。

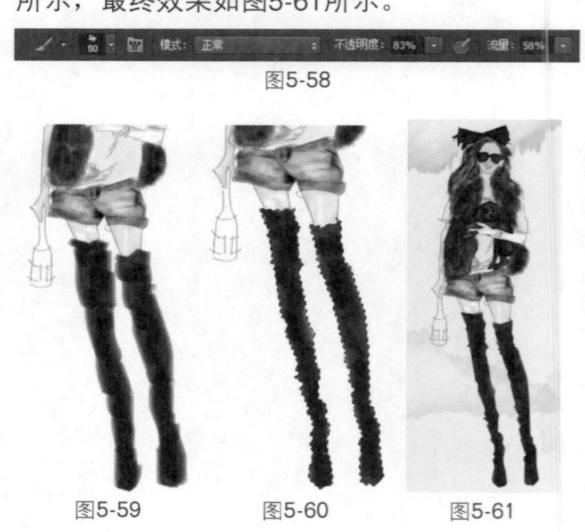

图5-58

图5-59　图5-60　图5-61

新潮女装

01 按快捷键Ctrl+N新建文件，弹出“新建”对话框并设置参数，如图5-62所示。选择“钢笔工具”绘制路径，参数设置如图5-63所示，将绘制的路径转换为选区并填充颜色，效果如图5-64所示。

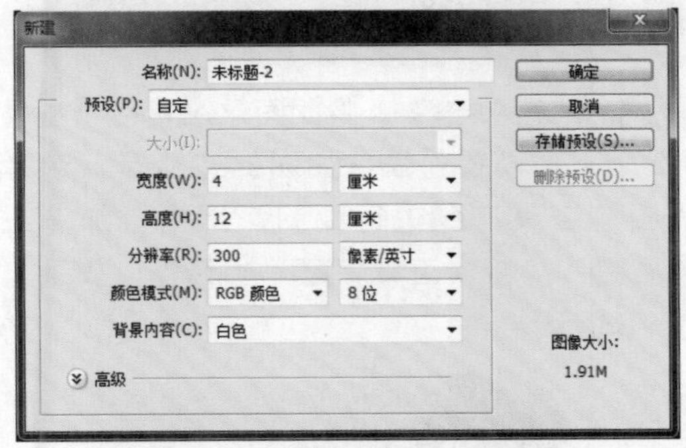

图5-62

图5-63

02 选择“画笔工具”，参数设置如图5-65所示。设置前景色为黑色，选择“路径1”，右击鼠标，在弹出的菜单中选择“描边路径”命令，描边效果如图5-66所示。

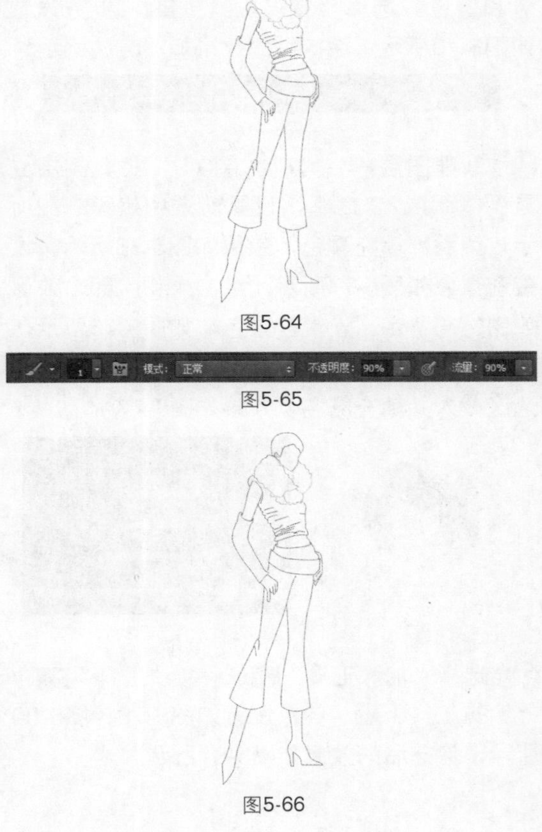

图5-64

图5-65

图5-66

03 单击“图层”面板底部的“创建新组”按钮，创建图层组“组1”，新建图层，图层名称为“图层2”，如图5-67所示。设置前景色如图5-68所示，选择“画笔工具”绘制头发，效果如图5-69所示。

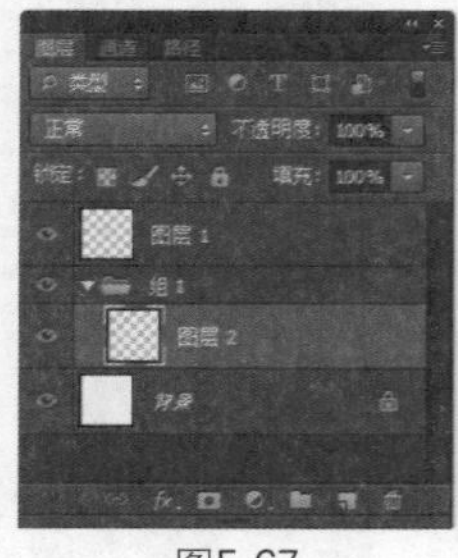
图5-67

图5-68

图5-69

04 再选择“画笔工具”，在图层中涂抹红色和黑色。选择“减淡工具”，参数设置如图5-70所示，涂抹后的效果如图5-71所示。

图5-70

05 新建图层，名为“图层3”，将此图层放置到“图层2”之下。设置前景色如图5-72所示，为脸部填充颜色，效果如图5-73所示。设置前景色如图5-74所示，绘制人物脸部，效果如图5-75所示。设置前景色，如图5-76所示，选择“钢笔工具”绘制路径，将路径作为选区载入并填充颜色，效果如图5-77所示。

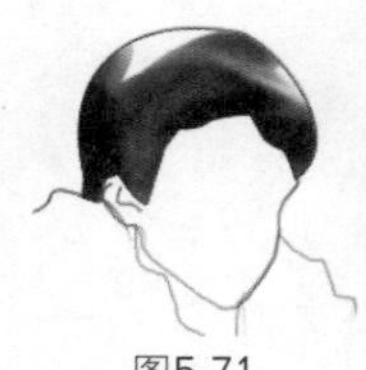
图5-71

图5-72

06 选择“加深工具”、“减淡工具”、“涂抹工具”，参数设置如图5-78～图5-80所示，涂抹后的效果如图5-81所示。

图5-73 图5-74
图5-75 图5-76
图5-77
图5-78
图5-79
图5-80

07 新建“图层5”，将此图层放置在“图层4”之下。设置前景色如图5-82所示，选择“画笔工具”进行绘制，选择“加深工具”和“减淡工具”进行修饰，效果如图5-83所示。

图5-81

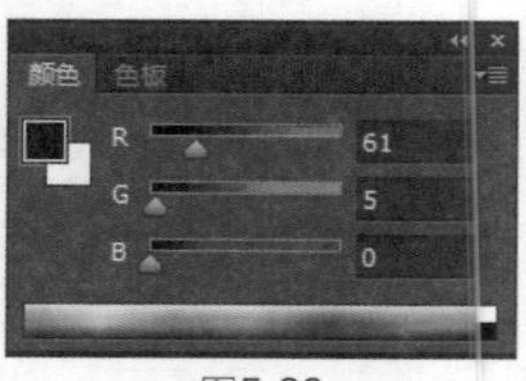

图5-82

08 新建“图层6”，设置前景色如图5-84所示。选择“画笔工具”进行绘制，选择“减淡工具”进行修饰，效果如图5-85所示。

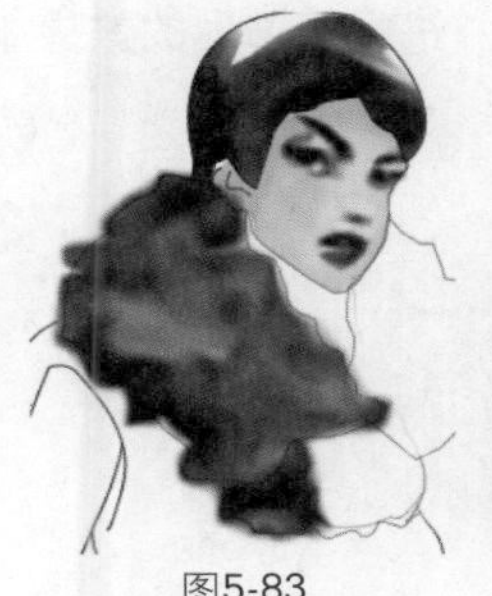

图5-83

颜色 色板
R 44
G 38
B 25

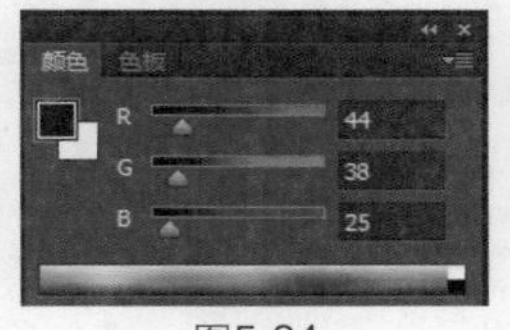

图5-84

09 新建“图层7”，将此图层放置在“图层6”之下。设置前景色如图5-86所示，选择“画笔工具”进行绘制，选择“加深工具”、“减淡工具”进行修饰，效果如图5-87所示。

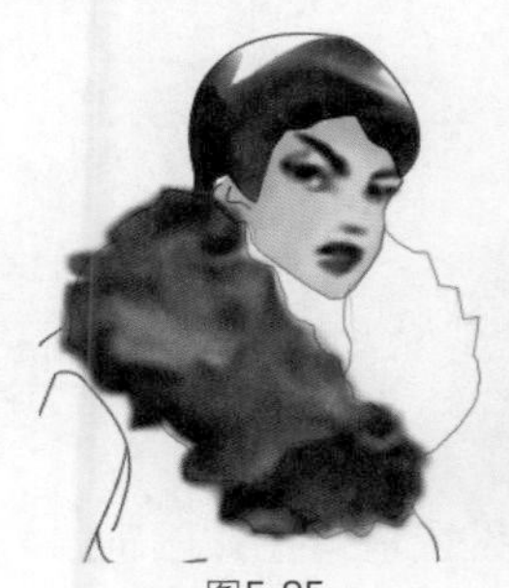

图5-85

颜色 色板
R 91
G 36
B 14

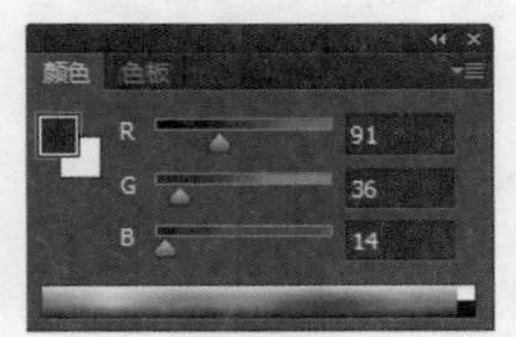

图5-86

10 新建“图层6”，设置前景色如图5-88所示，选择“画笔工具”进行绘制。选择“减淡工具”进行修饰，效果如图5-89所示。

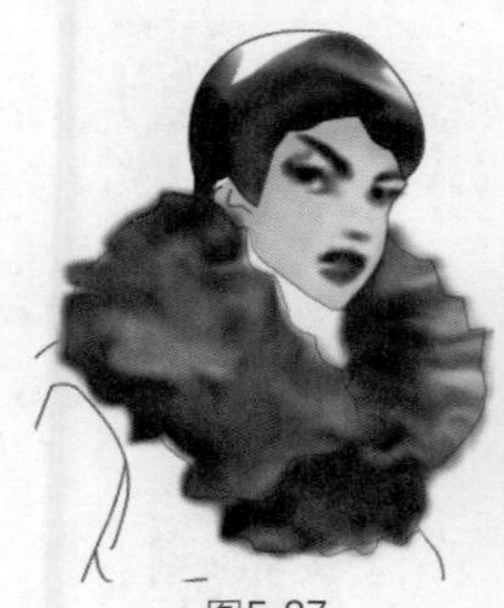

图5-87

颜色 色板
R 45
G 50
B 30

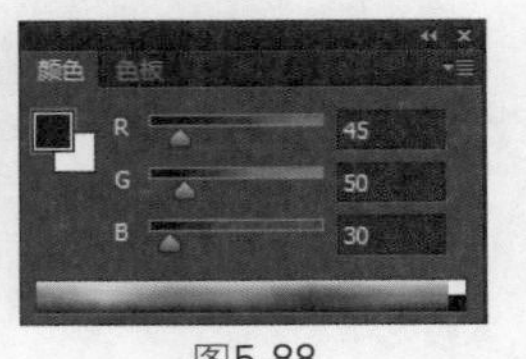

图5-88

11 创建图层组“组2”，新建图层，名称为“图层9”，如图5-90所示。设置前景色如图5-91所示，选择“钢笔工具”绘制路径，将路径作为选区载入并填充颜色，效果如图5-92所示。选择“减淡工具”，参数设置如图5-93所示，涂抹后的效果如图5-94所示。

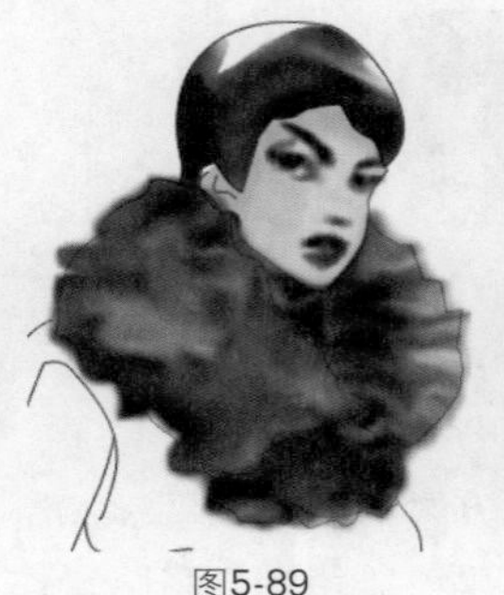

图5-89

图层 通道 路径
正常
不透明度: 100%
锁定:
填充: 100%
图层 1
组 1
组 2
图层 9
背景

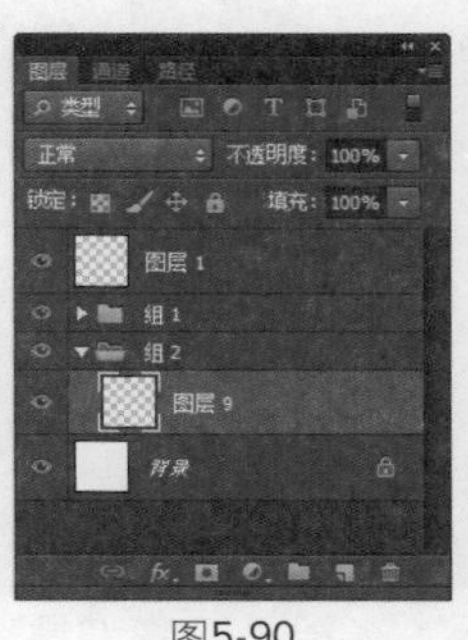

图5-90

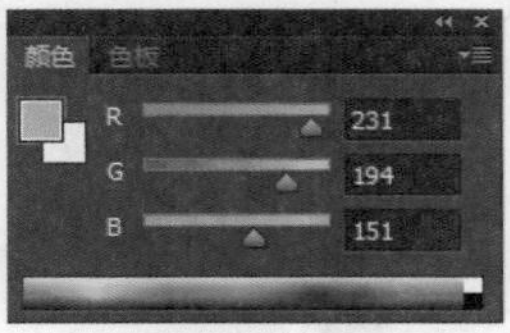

颜色 色板
R 231
G 194
B 151

图5-91

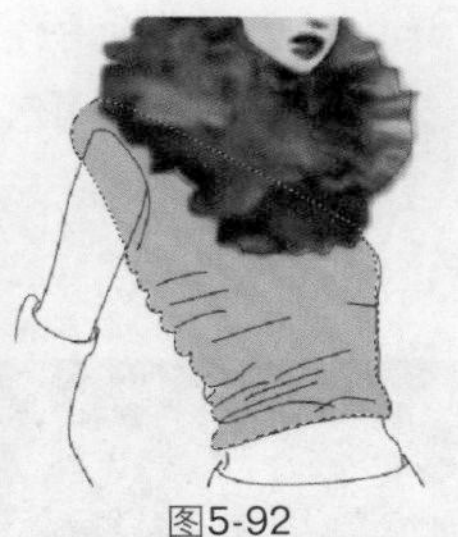

图5-92

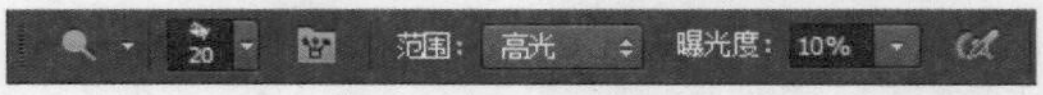

20
范围: 高光
曝光度: 10%

图5-93

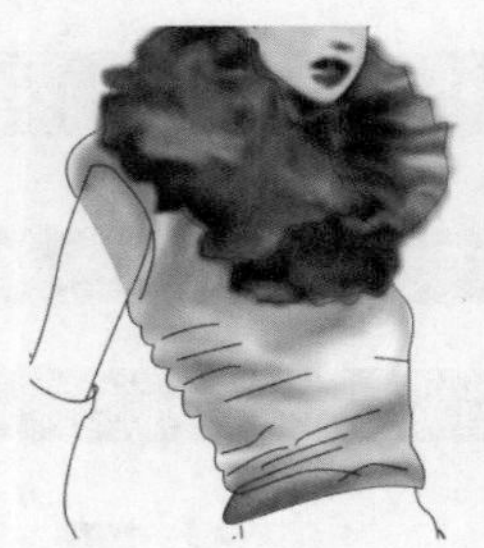

图5-94

12 新建“图层10”，设置前景色如图5-95所示。选择“钢笔工具”绘制路径，将路径作为选区载入并填充颜色，效果如图5-96所示。选择“减淡工具”，参数设置如图5-97所示，涂抹后的效果如图5-98所示。

颜色 色板
R 205
G 197
B 176

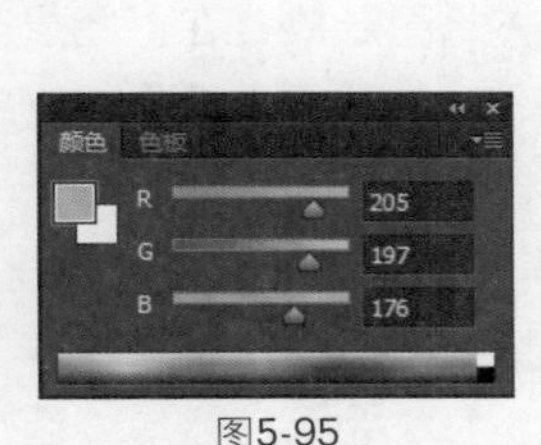

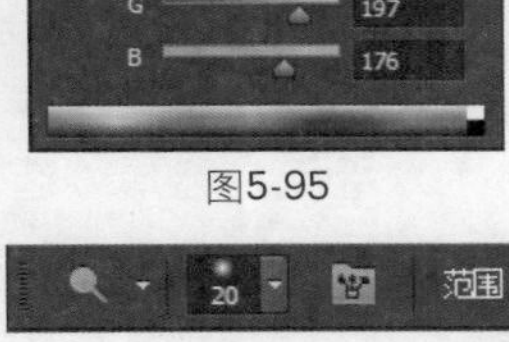

图5-95

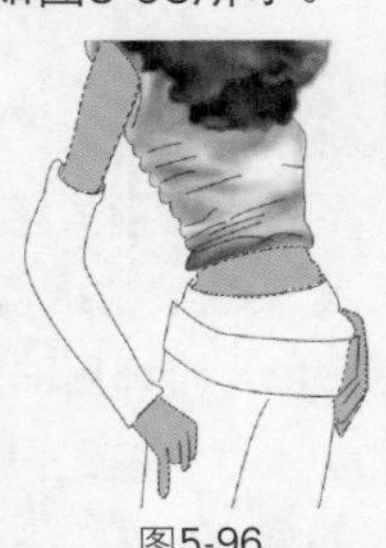

图5-96

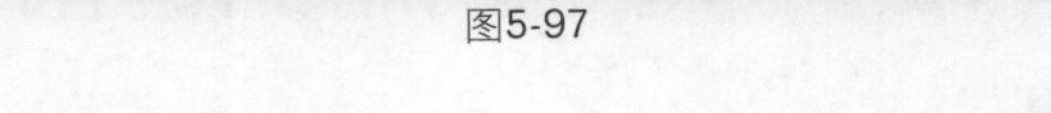

20
范围: 中间调
曝光度: 30%

图5-97

图5-98

13 新建“图层11”，设置前景色如图5-99所示。选择“钢笔工具”绘制路径，将路径作为选区载入并填充颜色，效果如图5-100所示。选择“加深工具”、“减淡工具”、“涂抹工具”，参数设置如图5-101～图5-103所示，涂抹后的效果如图5-104所示。

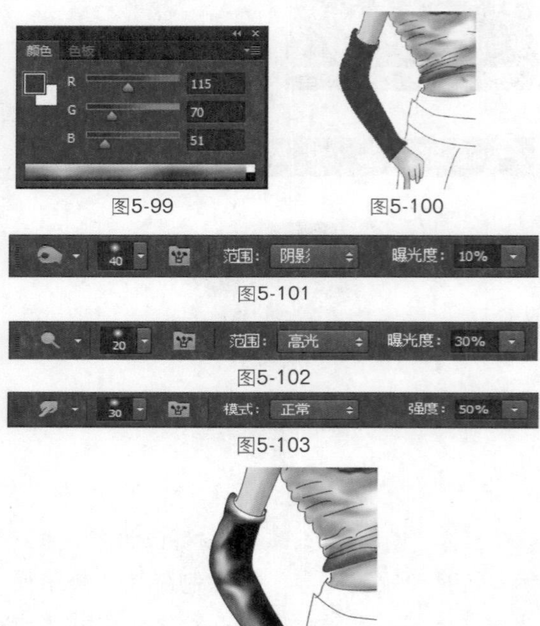

图5-99 图5-100

图5-101

图5-102

图5-103

图5-104

14 新建“图层12”，将此图层放置在“图层10”下。设置前景色如图5-105所示，选择“钢笔工具”绘制路径，将路径作为选区载入并填充颜色，修饰后的效果如图5-106所示。

15 选择“钢笔工具”绘制路径，将路径作为选区载入，效果如图5-107所示。选择“选择”|“修改”|“羽化”命令，对话框设置如图5-108所示。新建“图层13”，设置前景色如图5-109所示，填充颜色并进行修饰后的效果如图5-110所示。

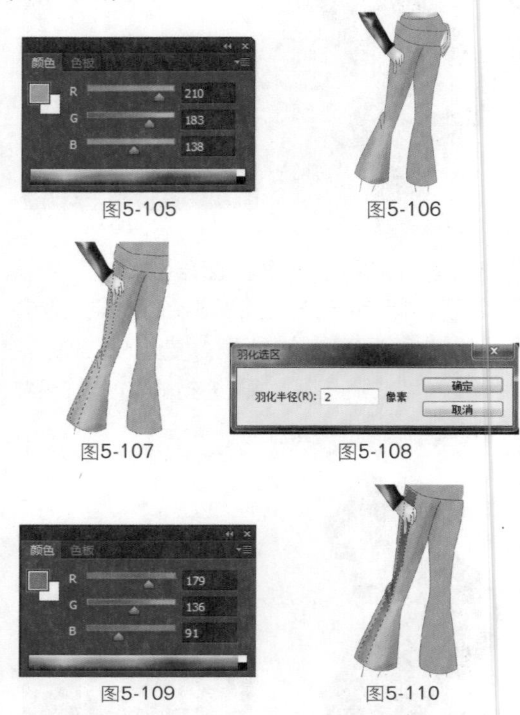

图5-105 图5-106

图5-107 图5-108

图5-109 图5-110

16 新建“图层14”，设置前景色如图5-111所示，选择“画笔工具”绘制裤边，效果如图5-112所示。新建“图层15”，设置前景色如图5-113所示。使用“矩形选框工具”绘制矩形选区并填充颜色，效果如图5-114所示。

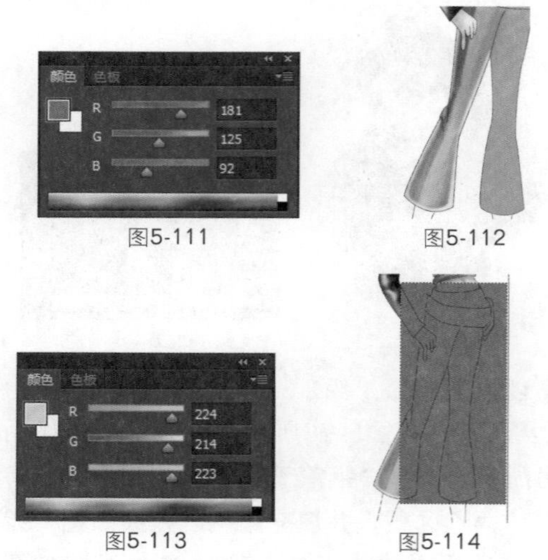

图5-111 图5-112

图5-113 图5-114

17 设置前景色如图5-115所示，绘制矩形，效果如图5-116所示，绘制多个大小不一的图形。按住Ctrl键单击此图层，载入其选区，按Shift+Ctrl+I键将选区反选，按Delete键删除多余部分，效果如图5-117所示。

图5-115

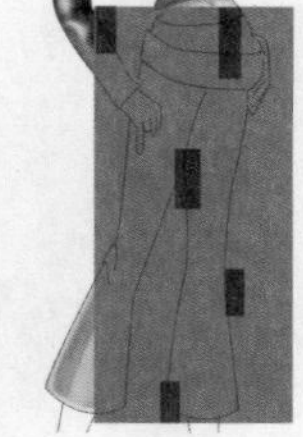
图5-116

18 新建“图层17”，选择“钢笔工具”绘制路径，将路径作为选区载入并填充颜色，效果如图5-118所示。选择“减淡工具”和“加深工具”，参数设置如图5-119、图5-120所示，效果如图5-121所示。

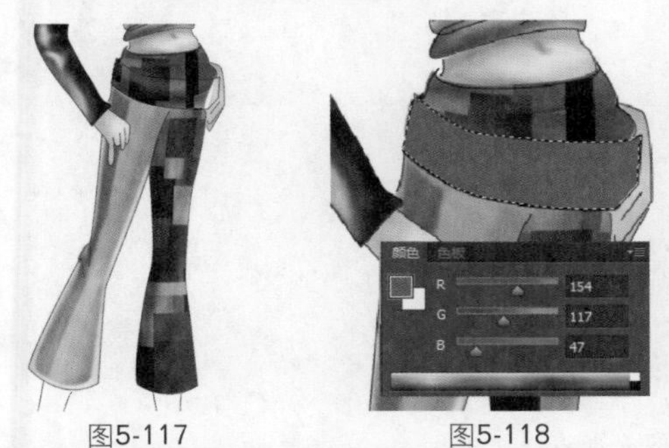

图5-117　图5-118

图5-119

范围: 阴影　曝光度: 10%

图5-120

19 新建“图层18”，选择“钢笔工具”绘制路径，将路径作为选区载入并填充颜色，效果如图5-122所示。选择“减淡工具”、“加深工具”，参数设置如图5-123、图5-124所示，修饰后的效果如图5-125所示，整体效果如图5-126所示。

20 关闭“背景”图层，复制所有可见图层，将这些副本图层合并，然后将其他图层关闭。双击此图层，弹出“图层样式”对话框，参数设置如图5-127所示。最后导入随书光盘中的文件“素材”\“第5章”\“5.3.jpg”，放到所有图层的最底层，最终效果如图5-128所示。

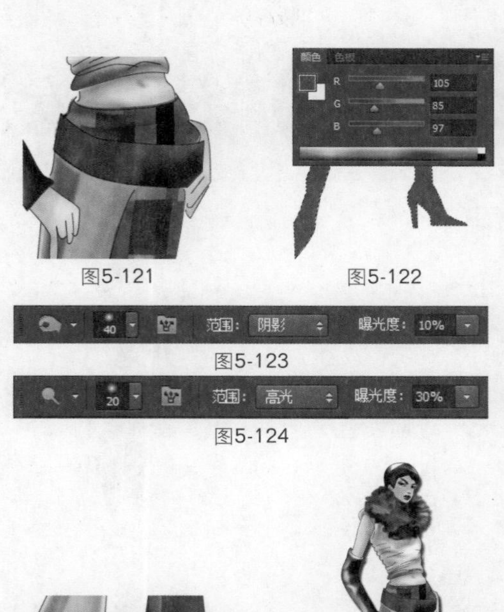

图5-121　图5-122

图5-123

图5-124

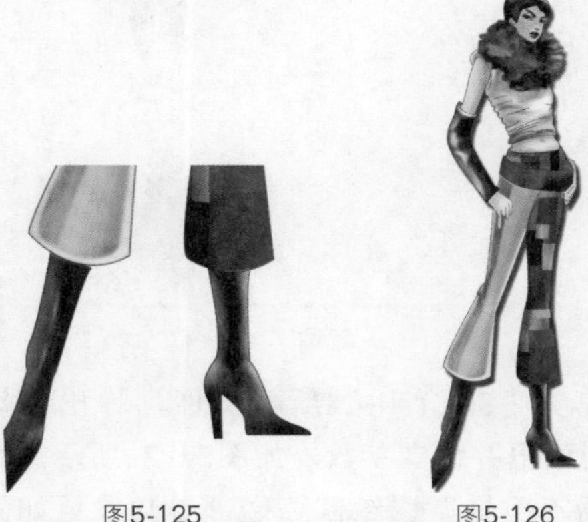
图5-125　图5-126

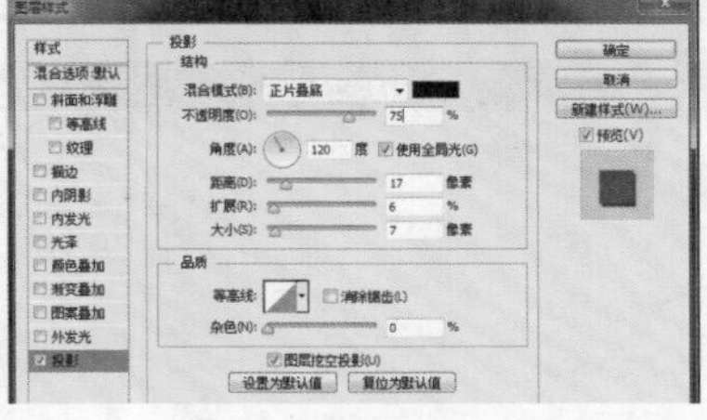
图5-127

图5-128

Works 5.4 休闲女装

01 按快捷键Ctrl+N新建文件，弹出“新建”对话框并设置参数，如图5-129所示。选择“钢笔工具”绘制路径，参数设置如图5-130所示，效果如图5-131所示。

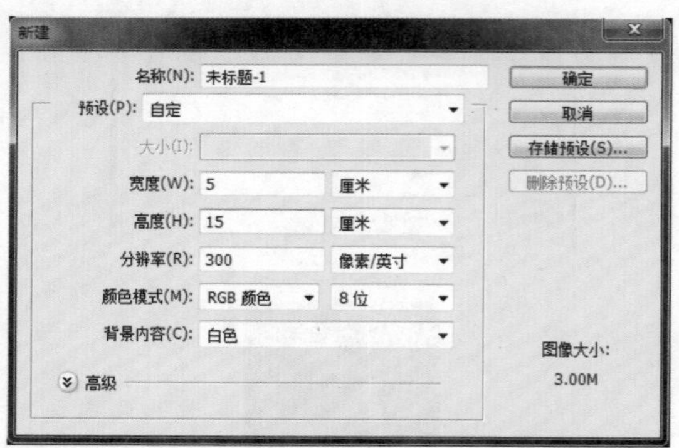

图5-129

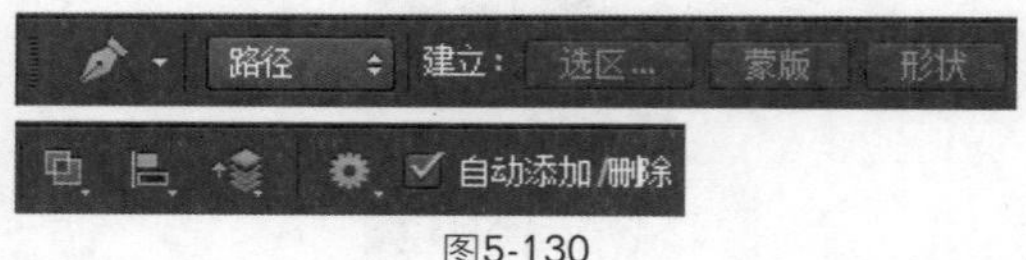

图5-130

02 选择“画笔工具”，参数设置如图5-132所示。单击“路径”面板底部的“用画笔描边路径”按钮，效果如图5-133所示。

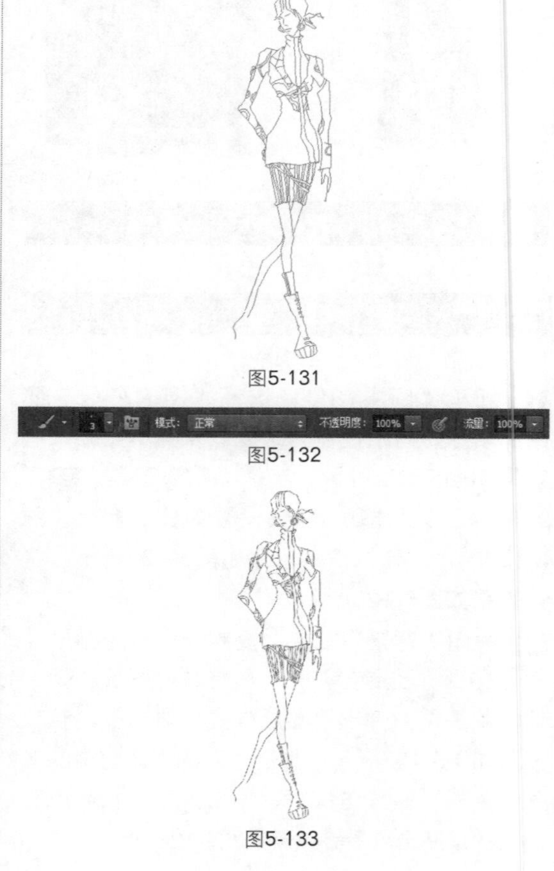

图5-131

图5-132

图5-133

03 设置前景色如图5-134所示，填充颜色的效果如图5-135所示。选择“橡皮擦工具”，参数设置如图5-136所示，擦除多余部分，效果如图5-137所示。

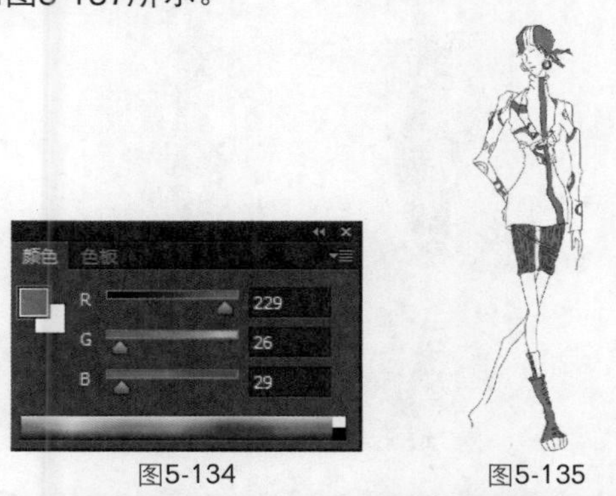

图5-134　图5-135

图5-136

04 设置前景色如图5-138所示，填充颜色的效果如图5-139所示。选择“画笔工具”涂抹人物皮肤，选择“减淡工具”，参数设置如图5-140所示，修饰后的效果如图5-141、图5-142所示。

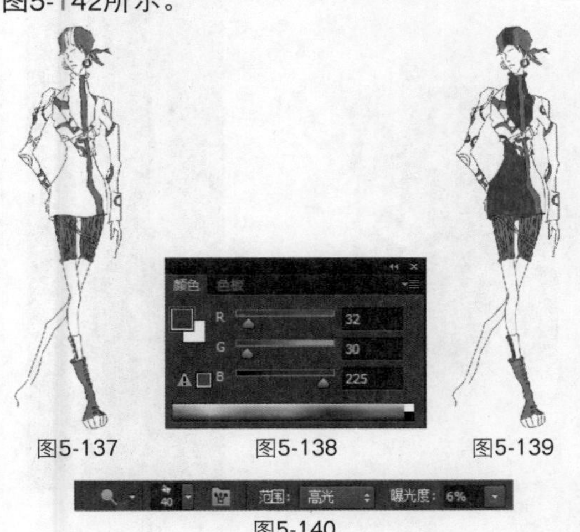

图5-137　图5-138　图5-139

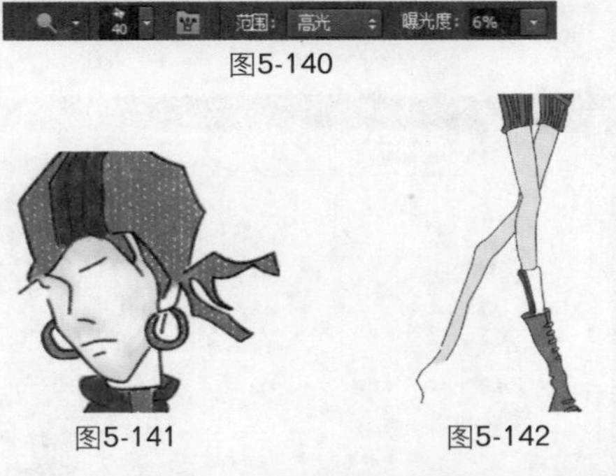

图5-140

图5-141　图5-142

05 选择“画笔工具”，参数设置如图5-143所示，对腿部进行涂抹，效果如图5-144所示。选择“加深工具”，参数设置如图5-145所示，涂抹后的效果如图5-146所示。

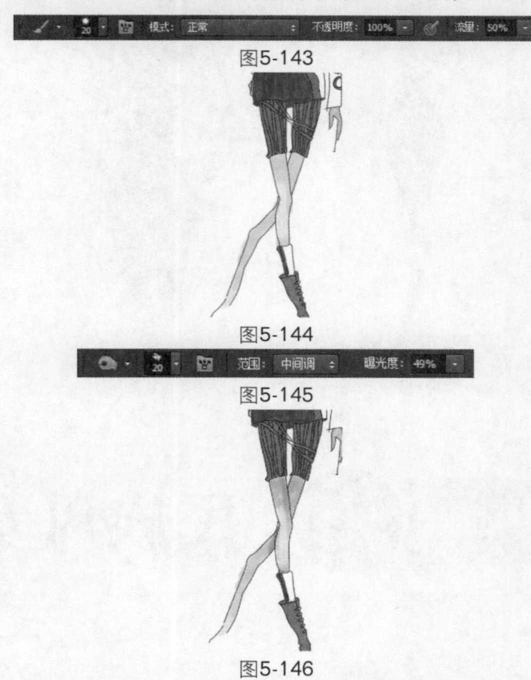

图5-143

图5-144

图5-145

图5-146

06 选择“画笔工具”，参数设置如图5-147所示，涂抹后的效果如图5-148所示。选择“减淡工具”，参数设置如图5-149所示，涂抹后的效果如图5-150所示。

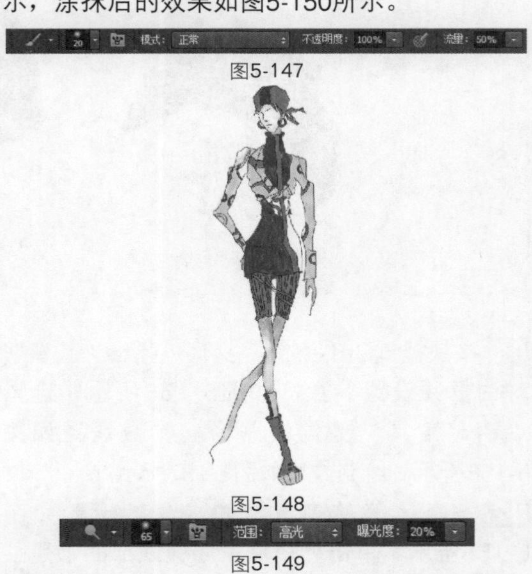

图5-147

图5-148

图5-149

07 选择“画笔工具”，对腿部衣物进行绘制，效果如图5-151所示。选择“画笔工具”，参数设置如图5-152所示，绘制底纹，效果如图5-153所示，完善底纹效果，最终效果如图5-154所示。

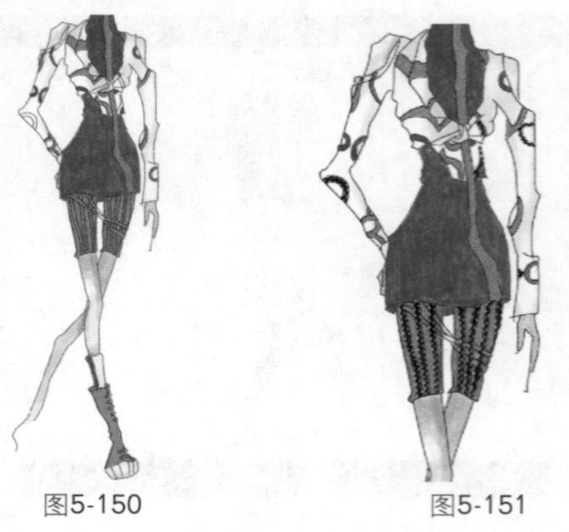

图5-150　　图5-151

图5-152

图5-153　　图5-154

Works 5.5 民族风女装

01 按快捷键Ctrl+N新建文件，弹出“新建”对话框并设置参数，如图5-155所示。选择“钢笔工具”绘制路径，参数设置如图5-156所示，绘制效果如图5-157所示。

02 选择“画笔工具”，参数设置如图5-158所示。单击“路径”面板底部的“用画笔描边路径”按钮，效果如图5-159所示。设置前景色，如图5-160所示，填充选区的效果如图5-161所示。

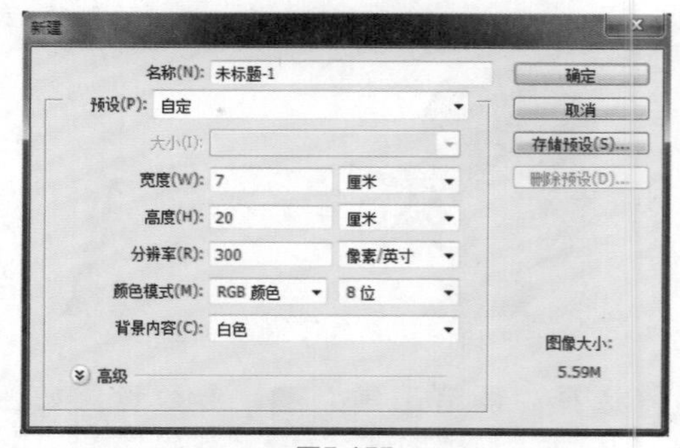

图5-155

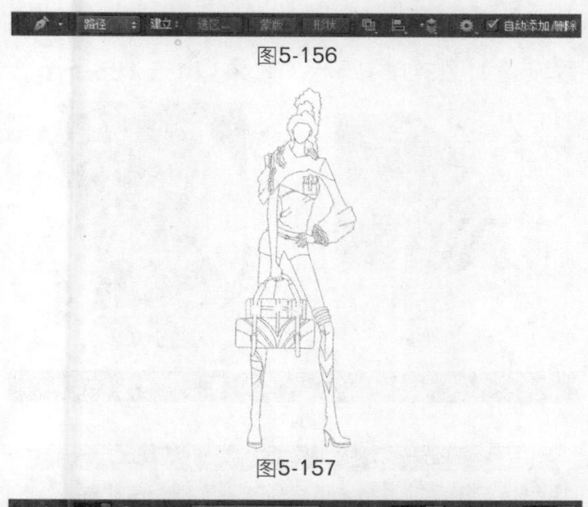

图5-156

图5-157

图5-158

图5-159

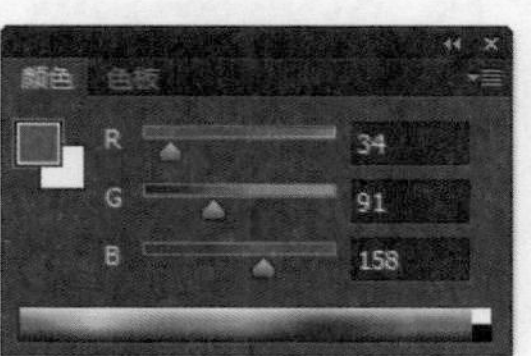

图5-160

03 设置前景色，选择“钢笔工具”绘制路径，将路径作为选区载入并填充颜色，效果如图5-162所示。

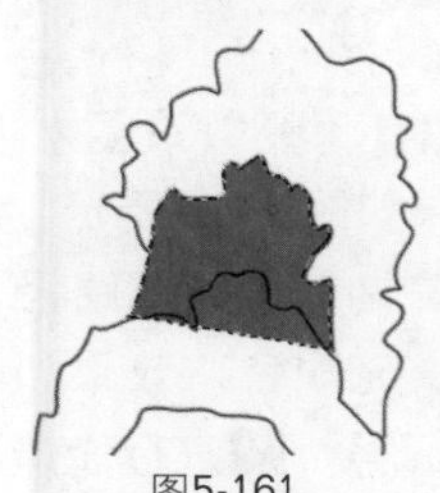

图5-161

图5-162

04 选择“加深工具”、“减淡工具”，参数设置如图5-163、图5-164所示，涂抹后的效果如图5-165所示。

图5-163

图5-164

05 设置前景色，选择“钢笔工具”绘制路径，将路径作为选区载入并填充颜色，效果如图5-166所示。选择“加深工具”，参数设置如图5-167所示，涂抹后的效果如图5-168所示。

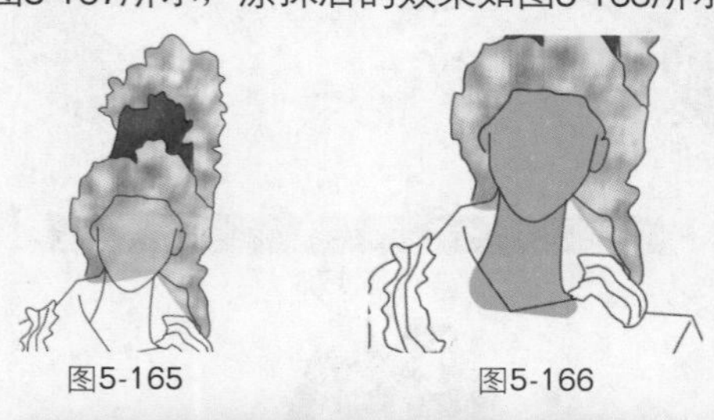

图5-165　图5-166

图5-167

06 设置前景色为黑色和红色，绘制脸部细节，效果如图5-169所示。选择“钢笔工具”绘制路径，将路径作为选区载入并填充颜色，效果如图5-170所示。选择“减淡工具”，参数设置如图5-171所示，涂抹后的效果如图5-172所示。

图5-168　图5-169　图5-170

图5-171

07 选择“钢笔工具”绘制路径，将路径作为选区载入并填充颜色，效果如图5-173所示。选择“加深工具”和选择“减淡工具”，涂抹后的效果如图5-174所示。

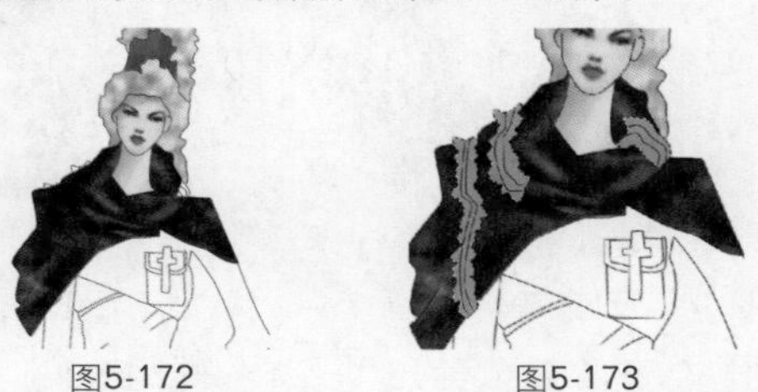

图5-172　图5-173

08 选择“钢笔工具”绘制路径，将路径作为选区载入并填充颜色，效果如图5-175所示。选择“减淡工具”，参数设置如图5-176所示，涂抹后的效果如图5-177所示。

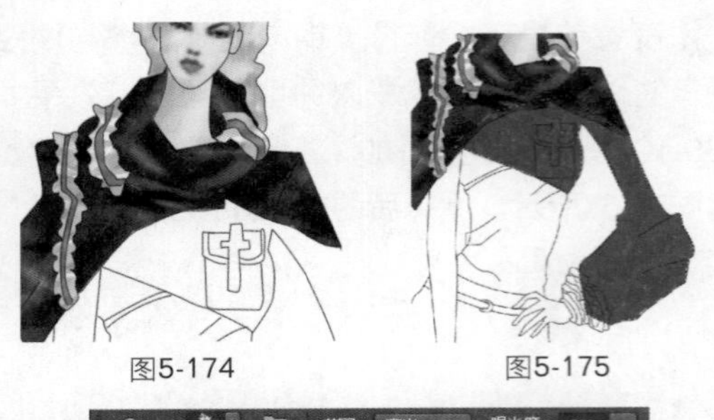

图5-174　　图5-175

图5-176

图5-177

09 单击“图层”面板底部的“添加图层样式”按钮fx，在弹出的菜单中选择“图案叠加”命令，对话框设置如图5-178所示，效果及局部效果如图5-179所示。选择“钢笔工具”绘制路径，将路径作为选区载入并填充颜色，效果如图5-180、图5-181所示。

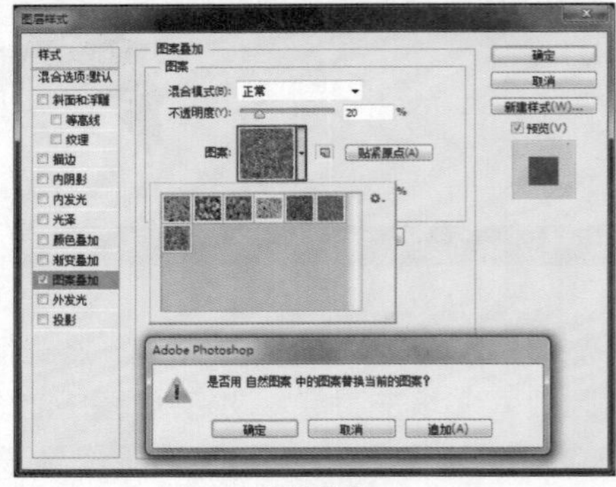

图5-178

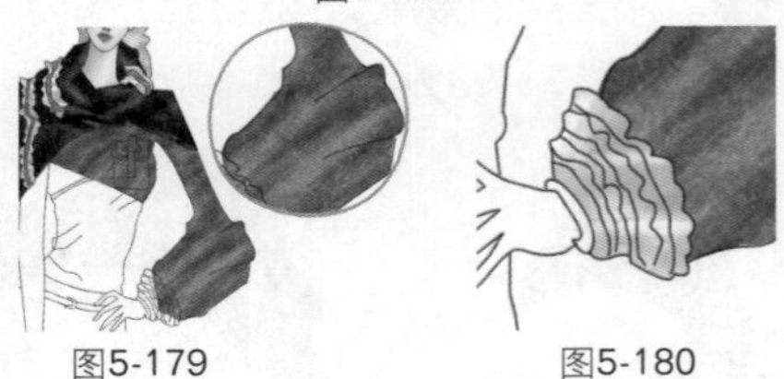

图5-179　　图5-180

10 设置前景色并填充颜色。选择“加深工具”和“减淡工具”，涂抹后的效果如图5-182所示。选择“画笔工具”绘制胸前装饰，参数设置如图5-183所示。单击“图层”面板底部的“添加图层样式”按钮fx，在弹出的菜单中选择“斜面和浮雕”命令，参数设置如图5-184所示，效果如图5-185所示。

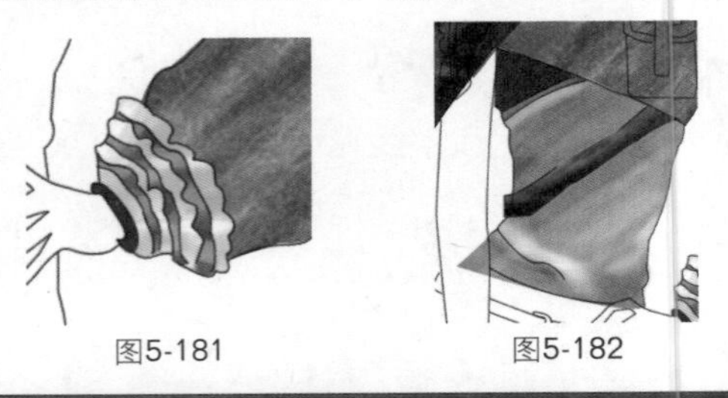

图5-181　　图5-182

图5-183

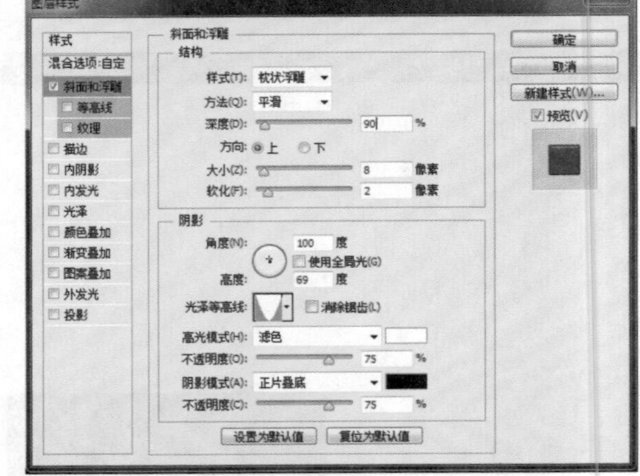

图5-184

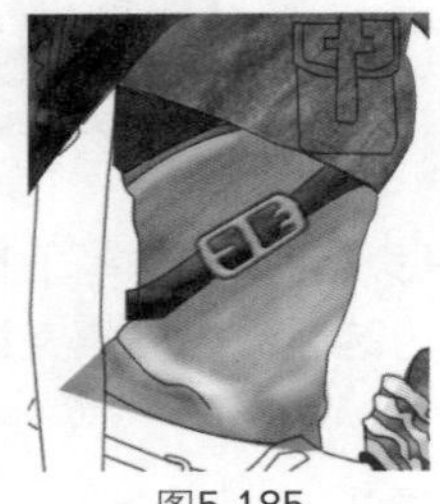

图5-185

11 选择“画笔工具”，参数设置如图5-186所示，绘制后的效果如图5-187所示。设置前景色，选择“钢笔工具”绘制路径，将路径作为选区载入并填充颜色，效果如图5-188所示。选择“减淡工具”进行修饰，参数设置如图5-189所示，涂抹后的效果如图5-190所示。

图5-186

12 选择“钢笔工具”绘制路径，将路径作为选区载入并填充颜色，效果如图5-191所示。选择“加深工具”和“减淡工具”，参数设置如图5-192、图5-193所示，涂抹后的效果如图5-194所示。设置前景色，参照图5-195进行绘制。

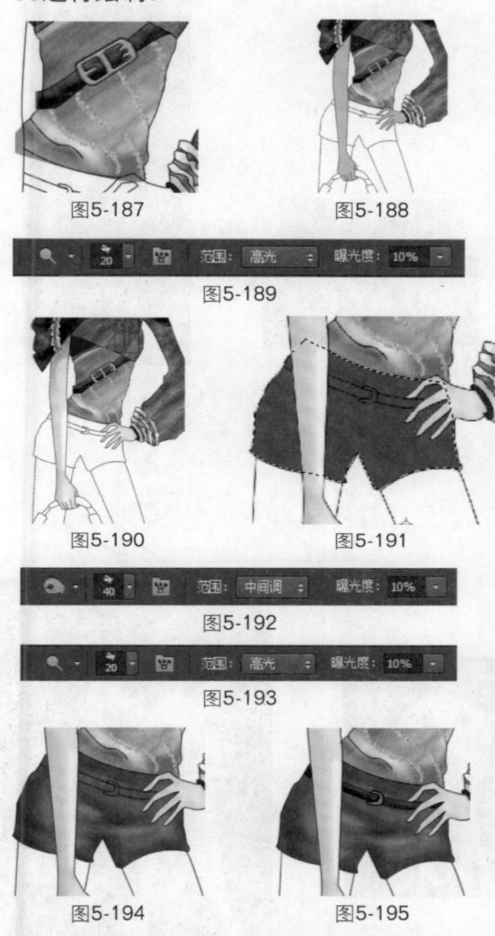

图5-187　图5-188

图5-189

图5-190　图5-191

图5-192

图5-193

图5-194　图5-195

13 设置前景色，绘制人物腿部。选择“钢笔工具”绘制路径，将路径作为选区载入并填充颜色。选择“加深工具”、“减淡工具”，修饰效果如图5-196所示。选择“钢笔工具”绘制路径，将路径转换为选区载入并填充颜色，效果如图5-197所示。

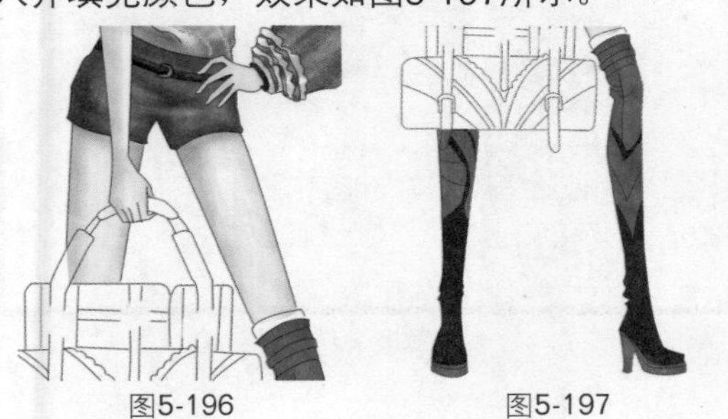

图5-196　图5-197

14 选择“钢笔工具”绘制路径，将路径转换为选区并填充颜色，效果如图5-198所示。单击“图层”面板底部的“添加图层样式”按钮，在弹出的菜单中选择“图案叠加”命令，对话框设置如图5-199所示，应用后的效果如图5-200所示。

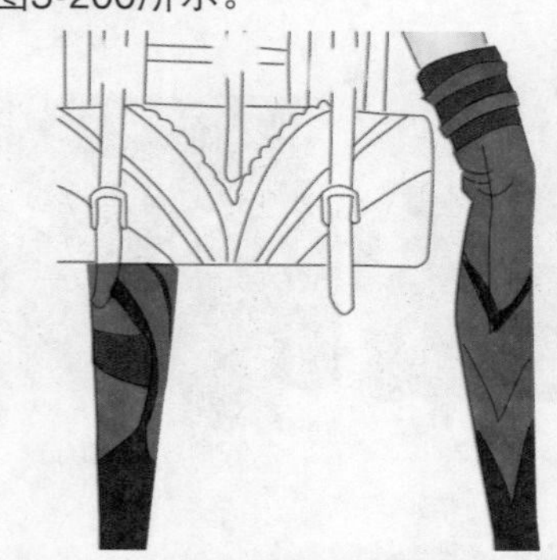

图5-198

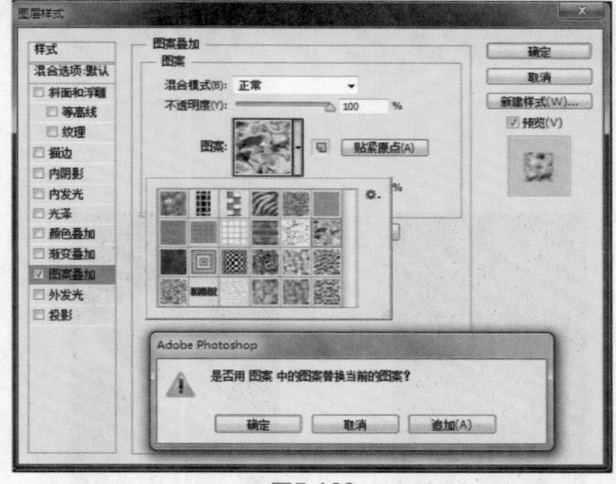

图5-199

15 设置前景色，填充颜色如图5-201所示。选择“减淡工具”，参数设置如图5-202所示，涂抹后的效果如图5-203所示。

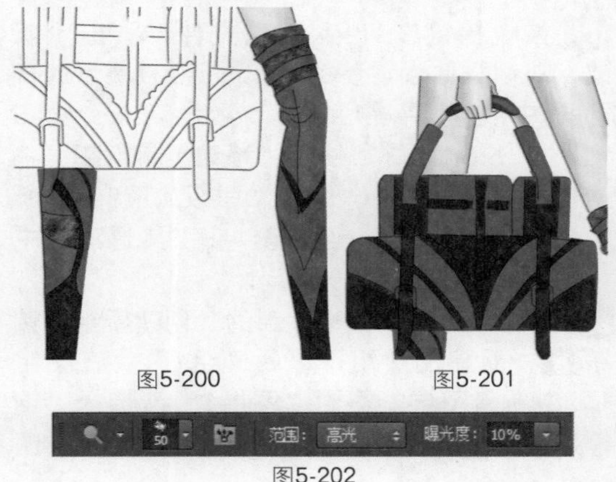

图5-200　图5-201

图5-202

16 设置前景色，参照图5-204所示进行绘制。选择“加深工具”和“减淡工具”，修饰效果如图5-205所示。最后导入随书光盘中的文件“素材”\“第5章”\“5.5.jpg”，放到所有图层的最底层，最终效果如图2-206所示。

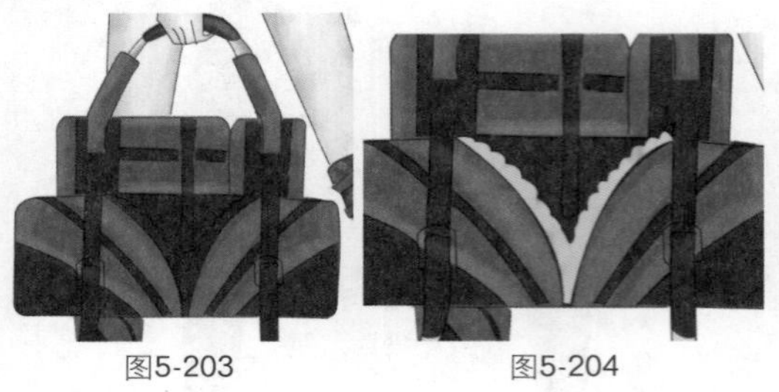

图5-203　图5-204

图5-205

图5-206

Works 5.6 吊带纱裙

01 按快捷键Ctrl+N新建文件，弹出“新建”对话框并设置参数，如图5-207所示。打开随书光盘中的文件“素材”\“第5章”\“5.6.jpg”，使用“移动工具”，将素材拖入文件中，“图层”面板如图5-208所示。选择“钢笔工具”，在工具选项栏中设置参数，如图5-209所示。

02 单击“图层”面板底部的“创建新组”按钮，新建图层组，得到“组1”。在“组1”中新建图层，得到“图层1”，选择“钢笔工具”绘制路径，效果如图5-210～图5-215所示。

图5-207

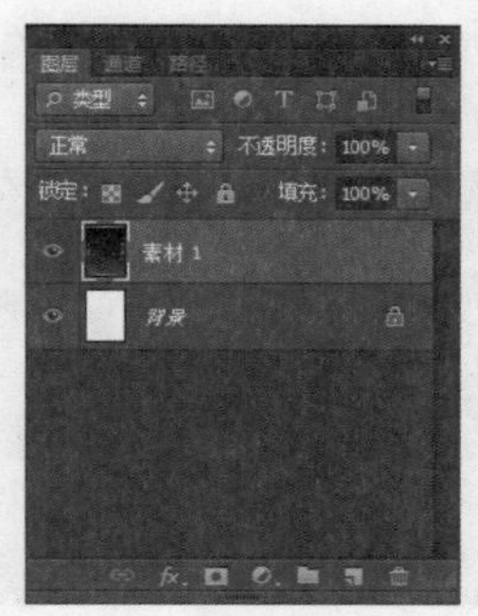

图5-208

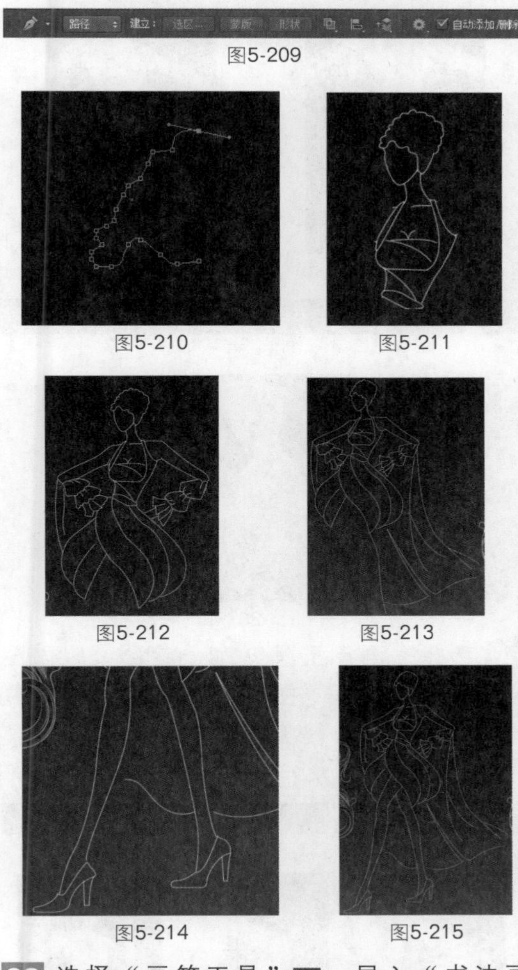

图5-209

图5-210　图5-211

图5-212　图5-213

图5-214　图5-215

03 选择“画笔工具”，导入“书法画笔”，弹出提示框如图5-216所示。选择“书法画笔”中的一种笔刷，如图5-217所示。选择“画笔工具”，参数设置如图5-218所示。设置前景色为白色，单击“路径”面板底部的“用画笔描边路径”按钮，效果如图5-219所示。

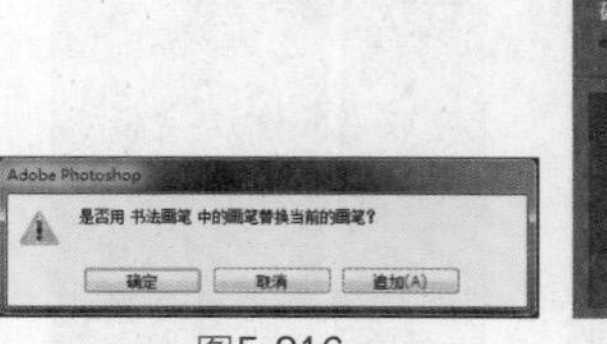

图5-216　图5-217

图5-218

图5-219

04 单击“图层”面板底部的“创建新图层”按钮，新建图层，得到“图层2”。选择“画笔工具”，导入“湿介质画笔”，对话框如图5-220所示。选择“画笔工具”，参数设置如图5-221所示。设置前景色如图5-222所示，按住Ctrl键选择头发的图层，单击图层缩略图，将头发载入选区，效果如图5-223所示，为选区填充颜色，效果如图5-224所示。

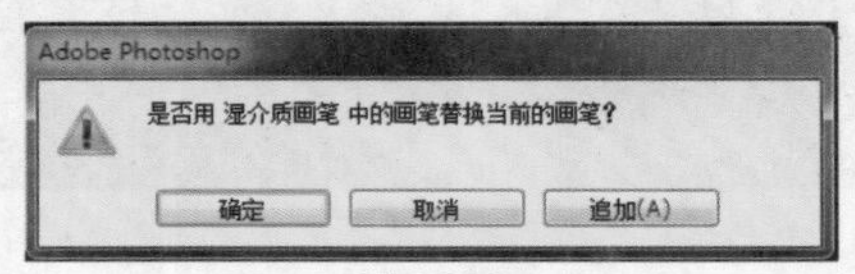

图5-220

图5-221

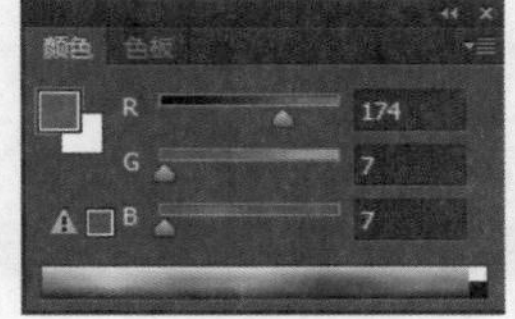

图5-222

05 单击“图层”面板底部的“创建新图层”按钮，新建图层，得到“图层3”。选择“画笔工具”，参数设置如图5-225所示，设置前景色如图5-226所示，使用“画笔工具”填充颜色，效果如图5-227所示。

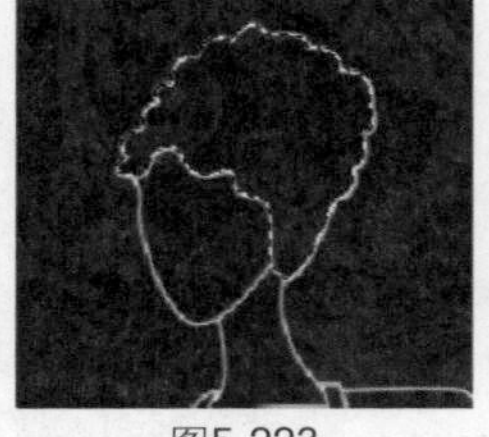
图5-223

图5-224

80 模式：正常 不透明度：60% 流量：100%

图5-225

06 删除画面中多余的部分，效果如图5-228所示。选择“画笔工具”，参照如图5-229所示，为人物五官填充颜色。

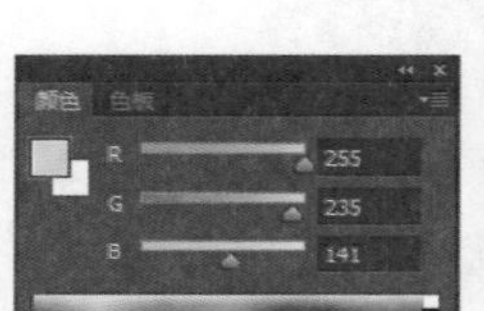

图5-226

图5-227

图5-228

图5-229

07 单击“图层”面板底部的“创建新图层”按钮，新建图层，得到“图层4”。选择“画笔工具”，参数设置如图5-230所示，设置前景色为白色，如图5-231所示，为人物胸前部分填充颜色，效果如图5-232所示。

22 模式：正常 不透明度：60% 流量：60%

图5-230

08 选择“画笔工具”，参数设置如图5-233所示，为裙子填充颜色，效果如图5-234、图5-235所示。选择“橡皮擦工具”，参数设置如图5-236所示，将裙子多余的部分擦除，效果如图5-237所示。

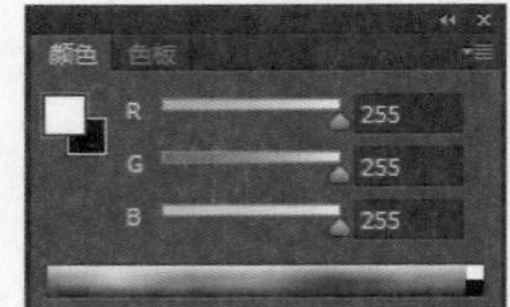

图5-231

图5-232

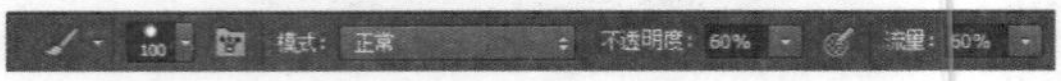

100 模式：正常 不透明度：60% 流量：60%

图5-233

图5-234

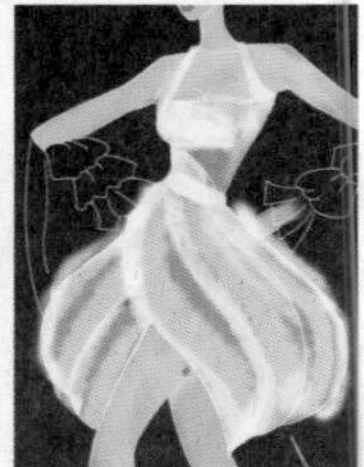
图5-235

40 模式：画笔 不透明度：100% 流量：100%

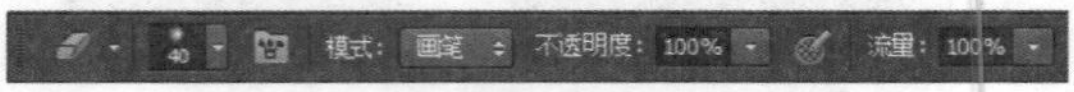

图5-236

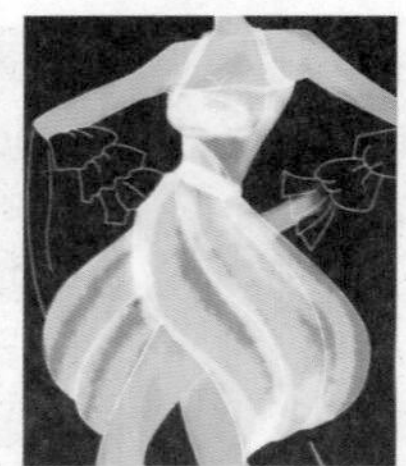
图5-237

09 选择“画笔工具”，参数设置如图5-238所示，为裙子的其他部分填充颜色，并填充鞋子的颜色，然后删除多余的部分，效果如图5-239～图5-242所示。

30 模式：正常 不透明度：60% 流量：60%

图5-238

图5-239

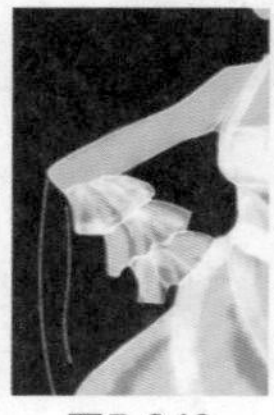
图5-240

图5-241

10 单击“图层”面板底部的“创建新图层”按钮，新建图层，得到“图层5”。选择“画笔工具”，导入“湿介质画笔”，选择其中的一种笔刷，如图5-243所示，“画笔工具”的参数设置如图5-244所示。设置前景色为白色，如图5-245所示。

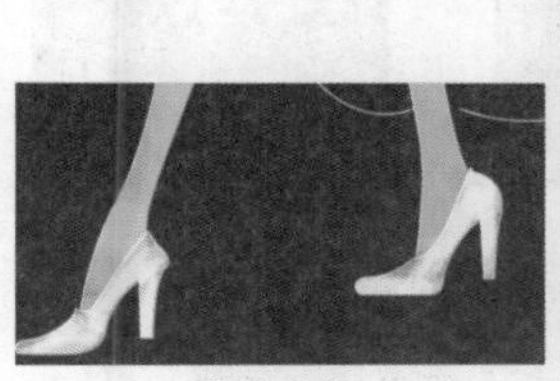
图5-242

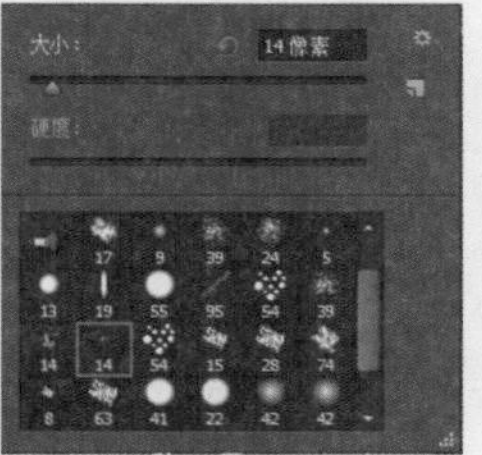

图5-243

图5-244

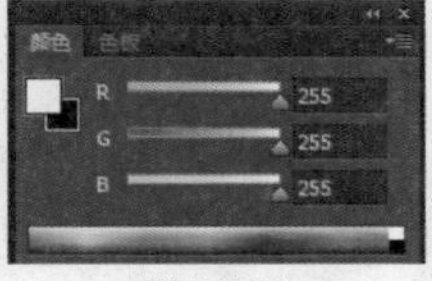

图5-245

11 为披纱部分填充颜色，效果如图5-246、图5-247所示。选择“画笔工具”，参数设置如图5-248所示，继续修饰披纱部分，效果如图5-249所示。

图5-246

图5-247

图5-248

图5-249

12 选择“橡皮擦工具”，参数设置如图5-250所示，将披纱多余的部分擦除，效果如图5-251、图5-252所示。

图5-250

图5-251

图5-252

13 单击“图层”面板底部的“创建新图层”按钮，新建图层，得到“图层6”。选择“画笔工具”，在“湿介质画笔”中选择一种笔刷效果，如图5-253所示，“画笔工具”的参数设置如图5-254所示。设置前景色为白色，在人物头部上方绘制白色图形，效果如图5-255所示。

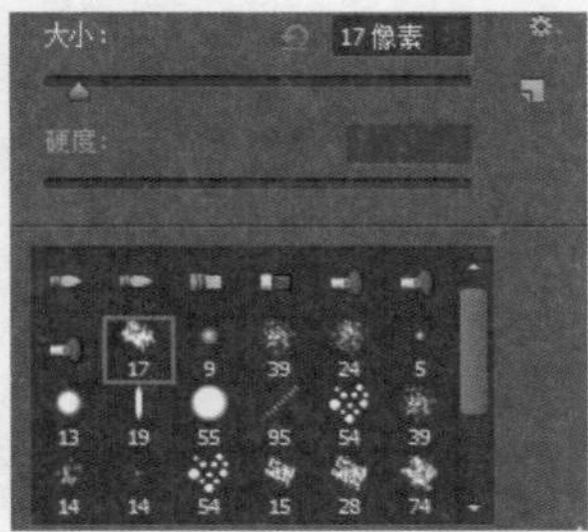

图5-253

图5-254

14 单击“图层”面板底部的“创建新图层”按钮，新建图层，得到“图层7”。选择“画笔工具”，导入“干介质画笔”，选择其中的一种笔刷效果，如图5-256所示，“画笔工具”的参数设置如图5-257所示，将之前绘制的白色图形连接起来，效果如图5-258所示。

图5-255

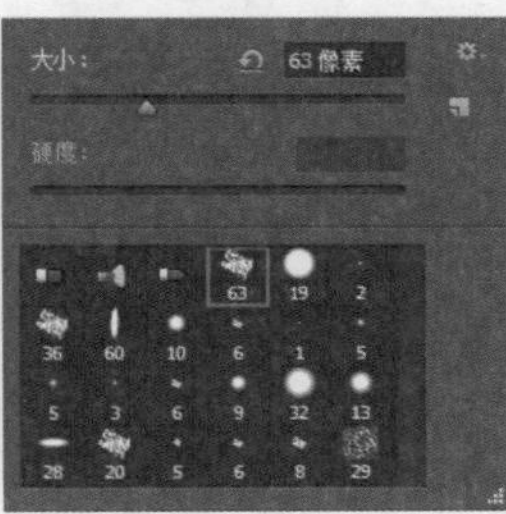

图5-256

图5-257

15 单击“图层”面板底部的“创建新图层”按钮，新建图层，得到“图层8”。选择“画笔工具”，导入“湿介质画笔”，选择其中的一种笔刷效果，如图5-259所示。“画笔工具”的参数设置如图5-260所示。绘制一层有朦朦胧胧感觉的图形，效果如图5-261所示。

图5-258

图5-259

图5-260

16 参照绘制头饰的方法，把人物腿部的区域绘制出来，效果如图5-262所示。最后整体修饰一下，最终效果如图5-263所示。

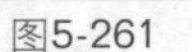

图5-261

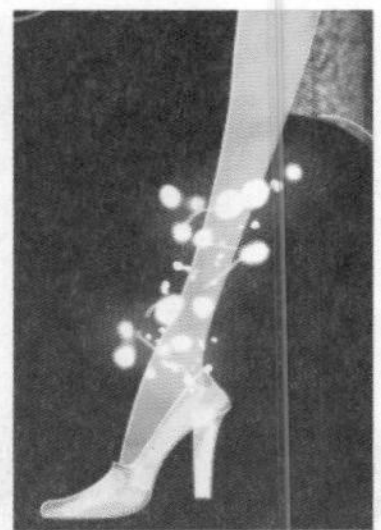

图5-262

图5-263

Works 5.7 双胞胎女装

01 按快捷键Ctrl+N新建文件，弹出“新建”对话框并设置参数，如图5-264所示。选择“钢笔工具”，在工具选项栏中设置参数，如图5-265所示。

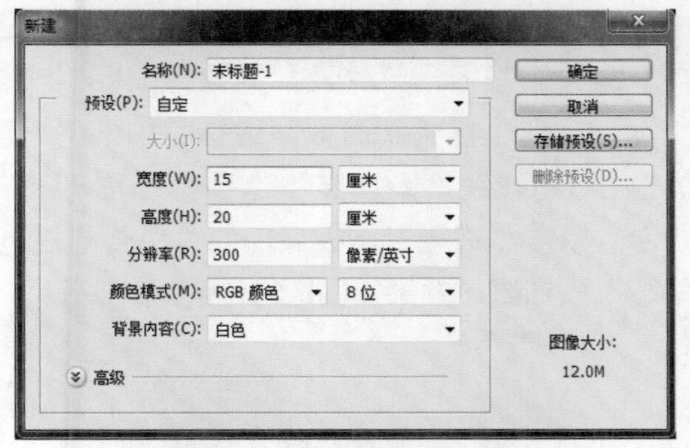

图5-264

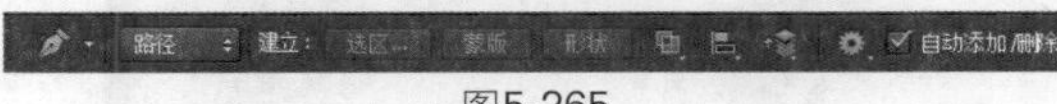

图5-265

02 单击“图层”面板底部的“创建新组”按钮，新建图层组，得到“组1”。在“组1”中新建图层，得到“图层1”。选择“钢笔工具”，绘制人物路径。设置前景色为黑色，单击“路径”面板底部的“用画笔描边路径”按钮，效果如图5-266所示。单击“图层”面板底部的“创建新图层”按钮，新建图层，得到“图层2”。设置前景色，为人物的帽子填充颜色，效果如图5-267所示。选择“加深工具”，参数设置如图5-268所示，对帽子进行加深处理，效果如图5-269所示。

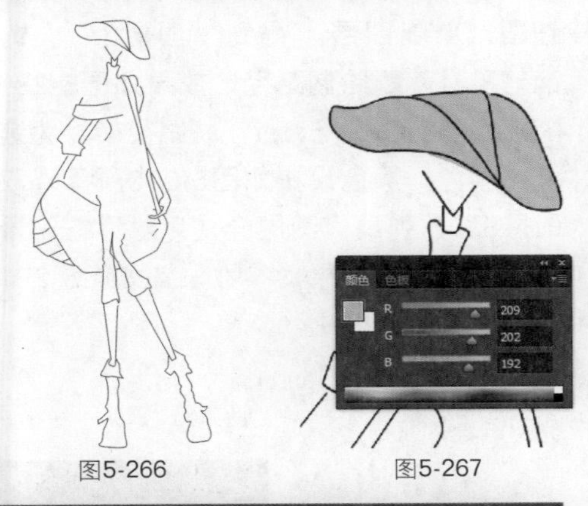

图5-266　图5-267

范围: 高光　曝光度: 35%

图5-268

03 单击“图层”面板底部的“创建新图层”按钮，新建图层，得到“图层3”，设置前景色如图5-270所示。为人物的皮肤填充颜色，效果如图5-271所示。选择“套索工具”，绘制人物眼睛、嘴唇的选区，执行“羽化”命令，设置参数如图5-272所示，为选区填充颜色，效果如图5-273所示。

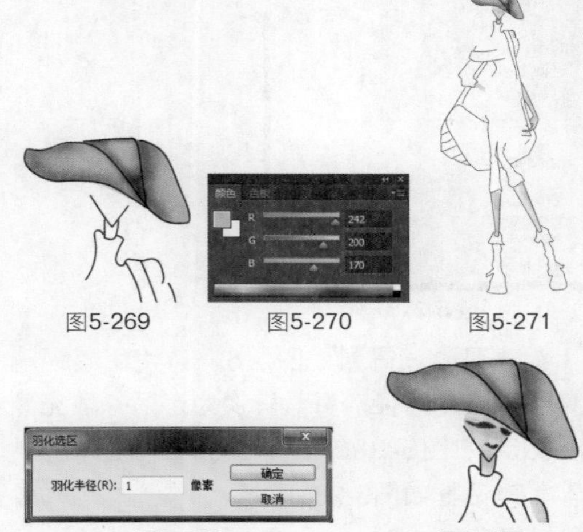

图5-269　图5-270　图5-271

图5-272　图5-273

04 单击“图层”面板底部的“创建新图层”按钮，新建图层，得到“图层4”。选择“画笔工具”，导入“自然画笔”，如图5-274所示。设置前景色，绘制人物的头发，效果如图5-275所示。

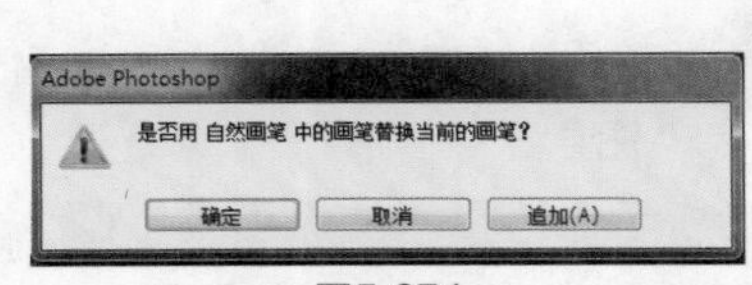

图5-274 　图5-275

05 单击“图层”面板底部的“创建新图层”按钮，新建图层，得到“图层5”。设置前景色如图5-276所示，为人物的衣服填充颜色，效果如图5-277所示。选择“图层5”，选择“滤镜”|“杂色”|“添加杂色”命令，弹出“添加杂色”对话框，设置参数如图5-278所示，效果如图5-279所示。

图5-276

图5-277

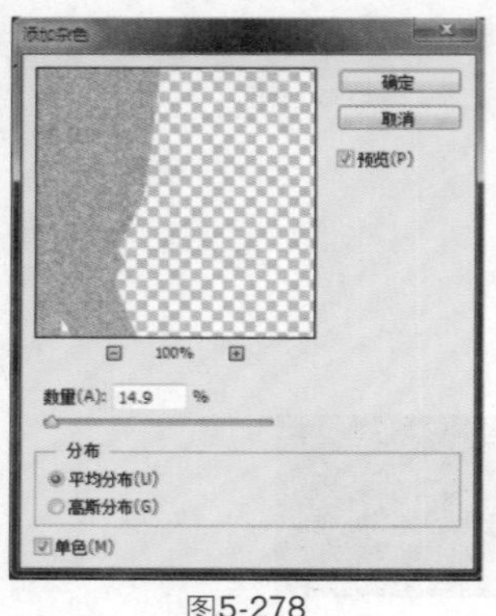
图5-278

图5-279

06 新建图层，得到“图层6”。使用“钢笔工具”绘制路径，将其转换为选区并填充颜色，效果如图5-280所示，导入“湿介质画笔”，对话框如图5-281所示。

图5-280

图5-281

07 选择“减淡工具”，参数设置如图5-282所示，在“图层6”中进行减淡处理，效果如图5-283所示。选择“加深工具”，参数设置如图5-284所示，在“图层6”中进行加深处理，效果如图5-285所示。

图5-282

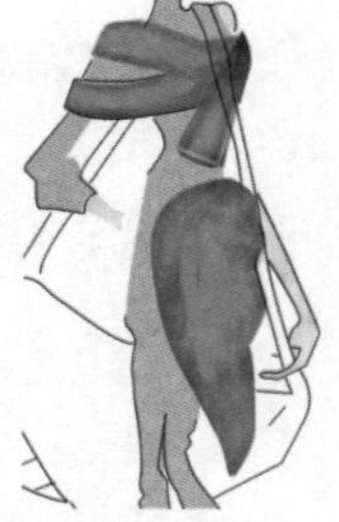
图5-283

图5-284

08 单击“图层”面板底部的“创建新图层”按钮，得到“图层7”。选择“钢笔工具”绘制路径，效果及局部效果如图5-286所示。打开“样式”面板，选择其中的“1磅黑色，3磅虚线，无填充”选项，如图5-287所示。单击“路径”面板底部的“用画笔描边路径”按钮，效果如图5-288所示。

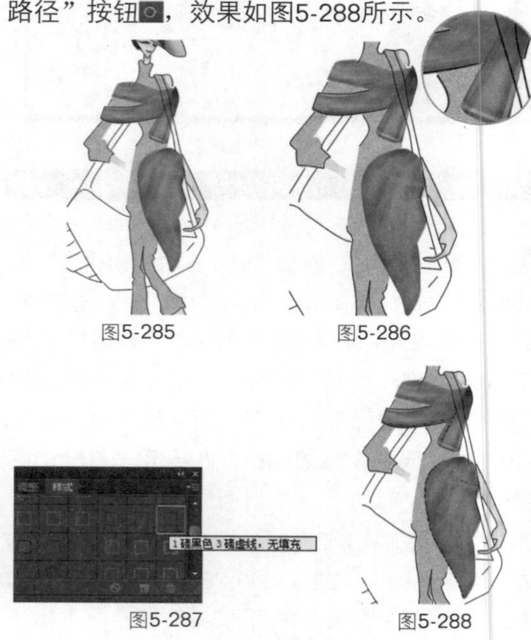

图5-285　图5-286　图5-287　图5-288

09 单击“图层”面板底部的“创建新图层”按钮，新建图层，得到“图层8”。选择“钢笔工具”绘制路径，效果如图5-289所示，按快捷键Ctrl+Enter，将路径转换为选区并填充颜色，颜色设置如图5-290所示。双击“图层8”，弹出“图层样式”对话框，添加“斜面和浮雕”效果，参数设置如图5-291所示，效果如图5-292所示。

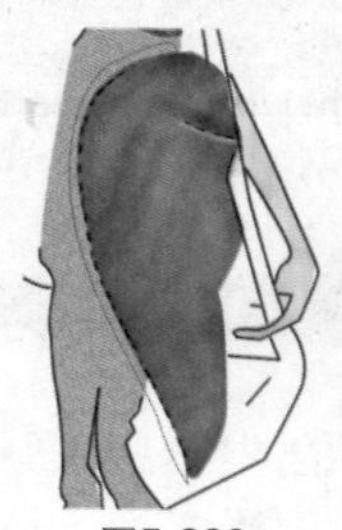
图5-289

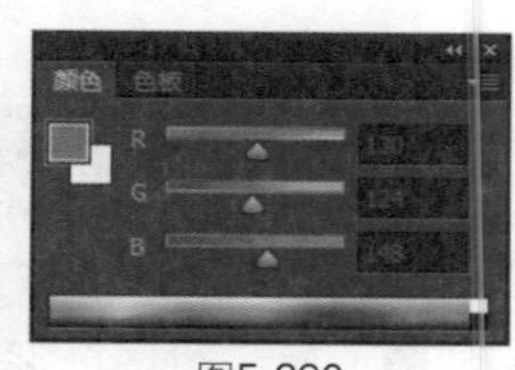
图5-290

10 选择“图层6”，使用“套索工具”绘制选区。选择“图像”|“调整”|“色相/饱和度”命令，弹出“色相/饱和度”对话框，

设置参数如图5-293所示，效果如图5-294所示。选择“加深工具”，参数设置如图5-295所示，在“图层6”中进行加深处理，效果如图5-296所示。

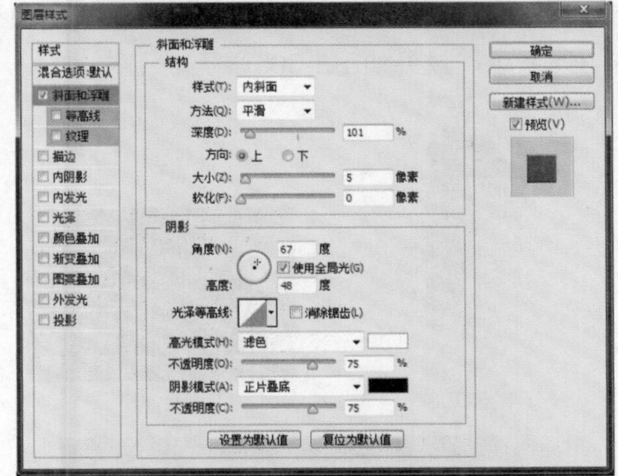

图5-291

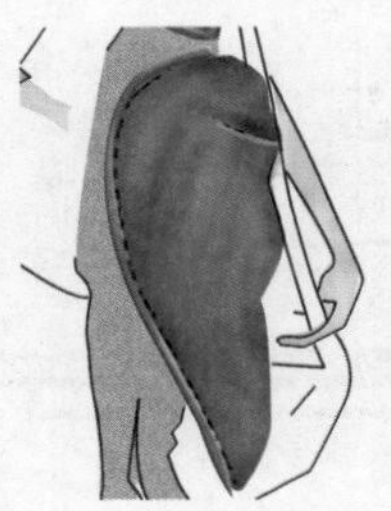

图5-292

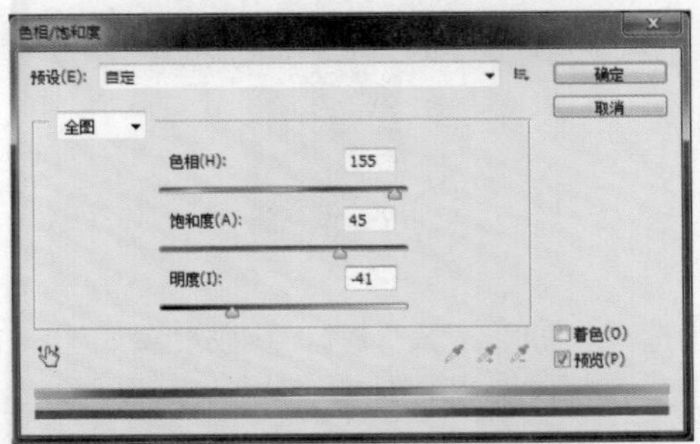

图5-293

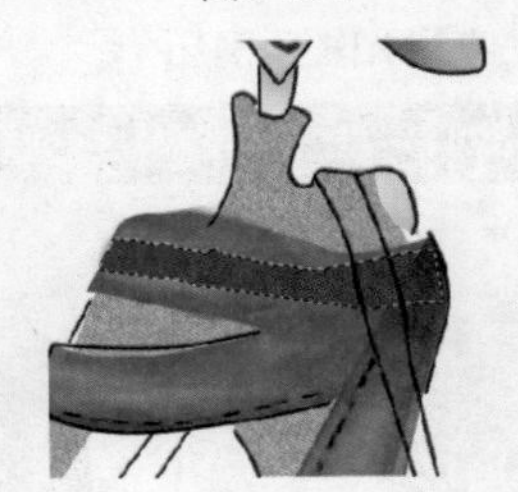

图5-294

图5-295

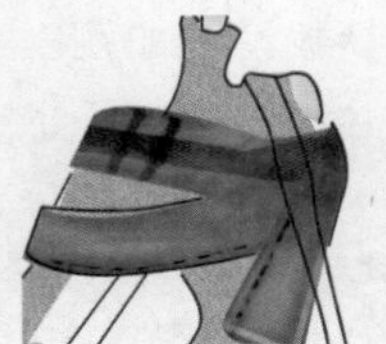

图5-296

11 单击“图层”面板底部的“创建新图层”按钮，新建图层，得到“图层9”。选择“钢笔工具”绘制路径，效果如图5-297所示。按快捷键Ctrl+Enter，将路径转换为选区并填充颜色。选择“减淡工具”进行加亮处理，效果如图5-298所示。双击“图层9”，弹出“图层样式”对话框，添加“投影效果”，参数设置如图5-299所示，效果如图5-300所示。

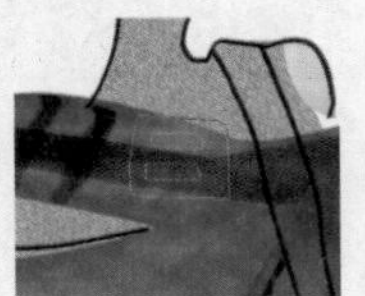

图5-297

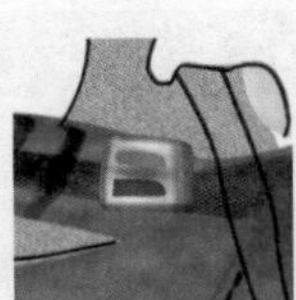

图5-298

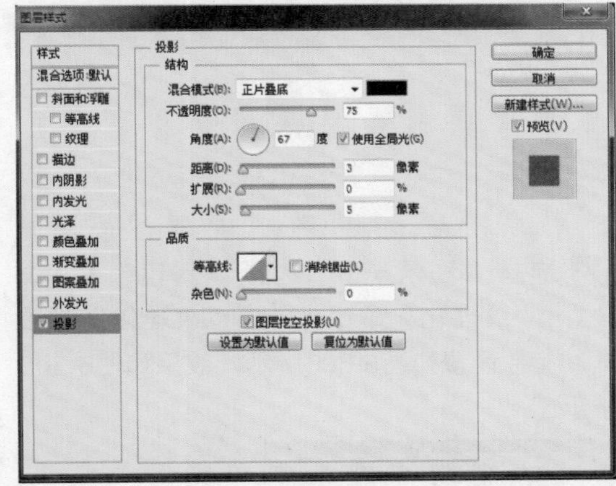

图5-299

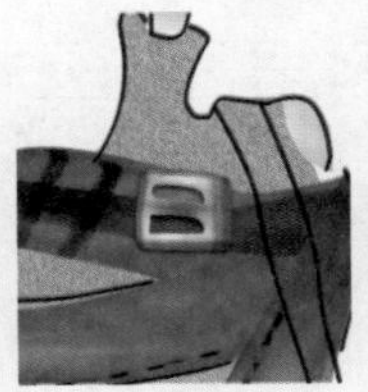

图5-300

12 选择“图层5”，选择“减淡工具”，参数设置如图5-301所示。在“图层5”中进行减淡处理，效果如图5-302所示。选择“加深工具”，参数设置如图5-303所示。继续在“图层5”中进行加深处理，效果如图5-304所示。

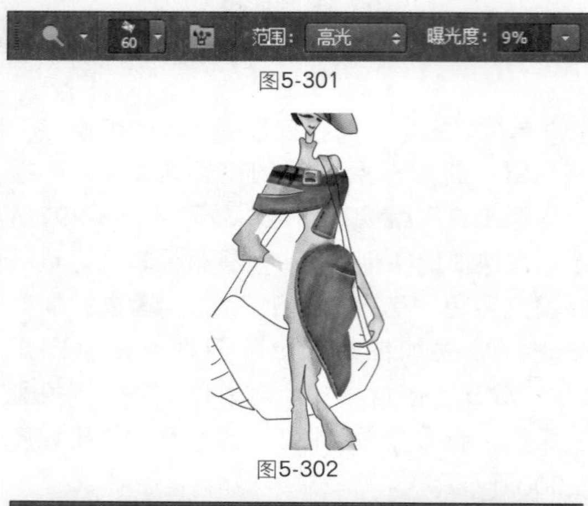

图5-301

图5-302

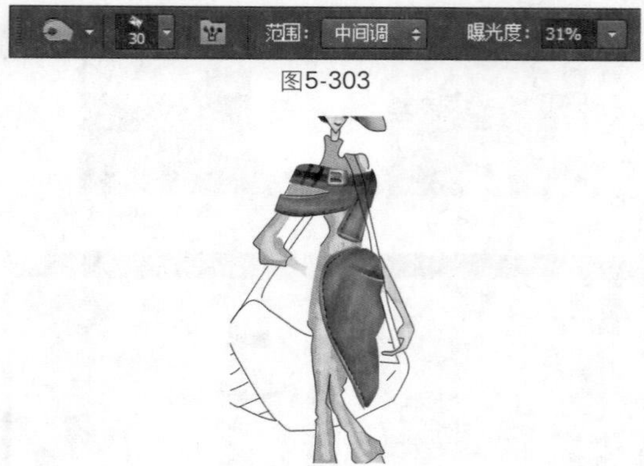

图5-303

图5-304

13 选择“图层5”，选择“滤镜”|“纹理”|“纹理化”命令，弹出“纹理化”对话框，参数设置如图5-305所示，效果如图5-306所示。

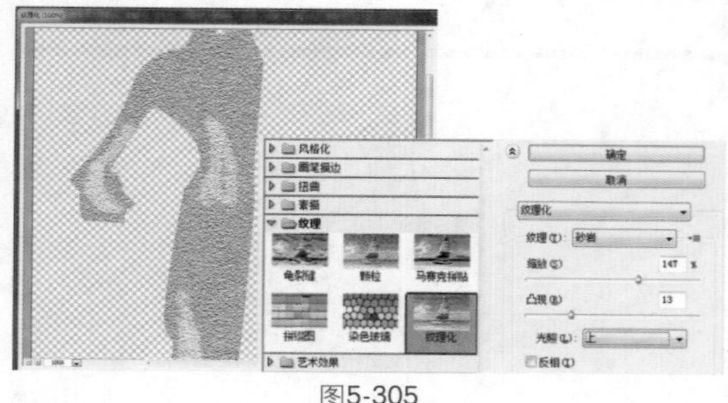
图5-305

14 单击“图层”面板底部的“创建新图层”按钮，新建图层，得到“图层10”。使用“钢笔工具”绘制路径，按快捷键Ctrl+Enter，将路径转换为选区并填充颜色，前景色参数设置如图5-307所示。选择“套索工具”，在“图层10”中绘制选区。选择“图像”|“调整”|“色相/饱和度”命令，弹出“色相/饱和度”对话框，设置参数如图5-308所示，效果如图5-309所示。

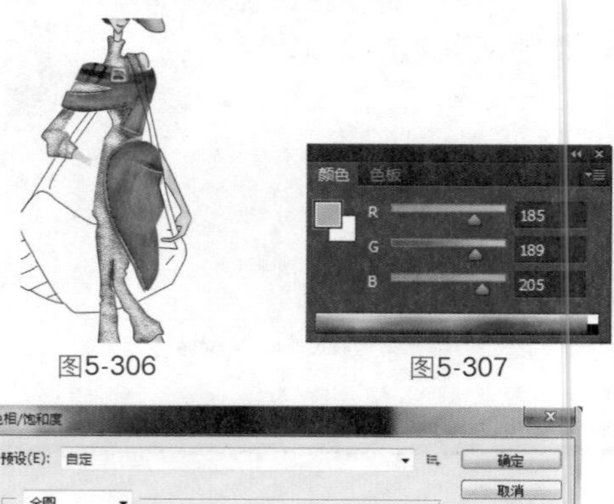

图5-306　图5-307

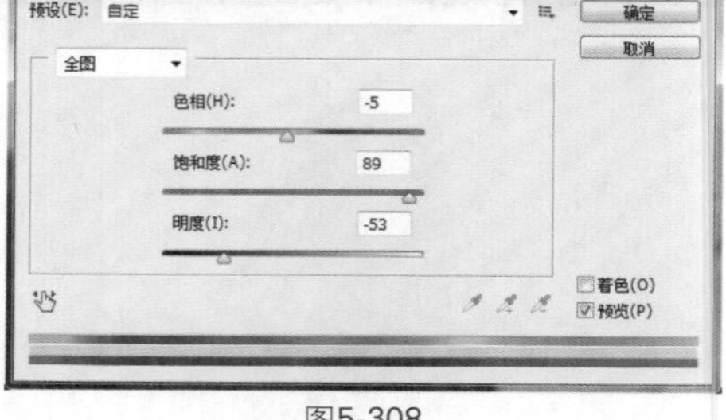

图5-308

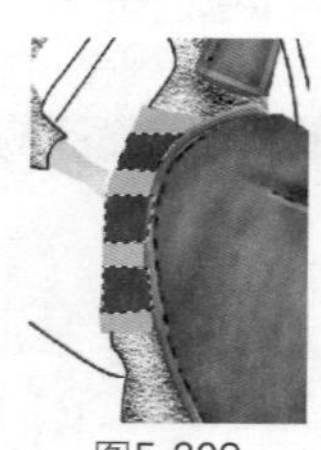
图5-309

15 选择“加深工具”，参数设置如图5-310所示，在选区内进行加深处理，效果如图5-311所示。选择“减淡工具”，为“图层10”进行减淡处理，效果如图5-312所示。

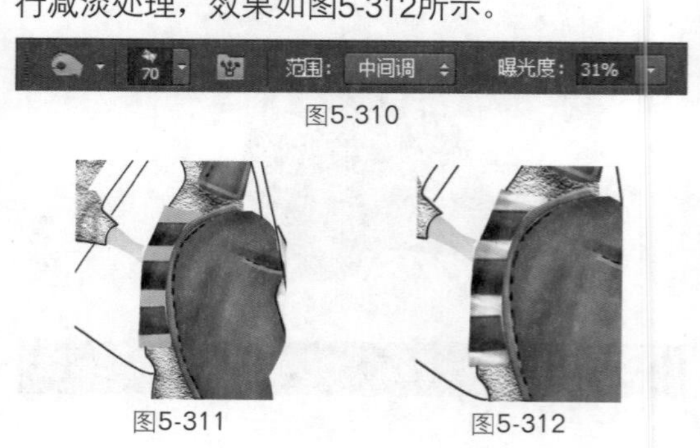

图5-310

图5-311　图5-312

16 单击“图层”面板底部的“创建新图层”按钮，新建图层，得到“图层11”。设置前景色如图5-313所示，为背包填充颜色，效果如图5-314所示。

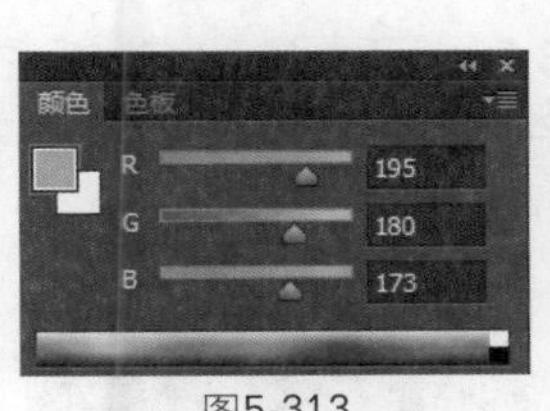

图5-313

图5-314

17 选择“减淡工具”，参数设置如图5-315所示，为背包进行减淡处理，效果如图5-316所示。选择“加深工具”，参数设置如图5-317所示，继续为背包进行加深处理，效果如图5-318所示。选择“图层3”，选择“减淡工具”，参数设置如图5-319所示，为人物的皮肤进行加亮处理，效果如图5-320所示。

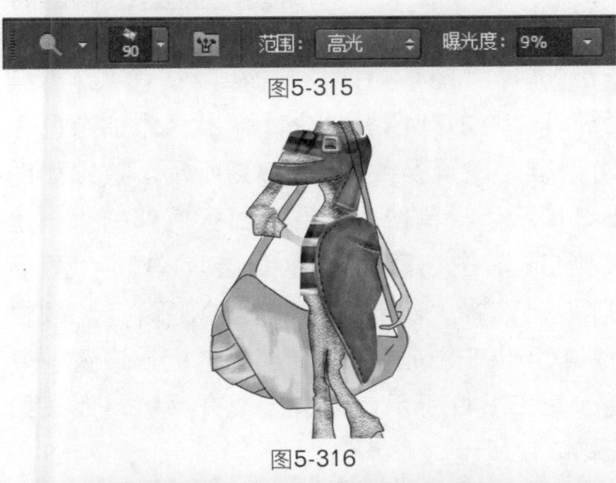

图5-315

图5-316

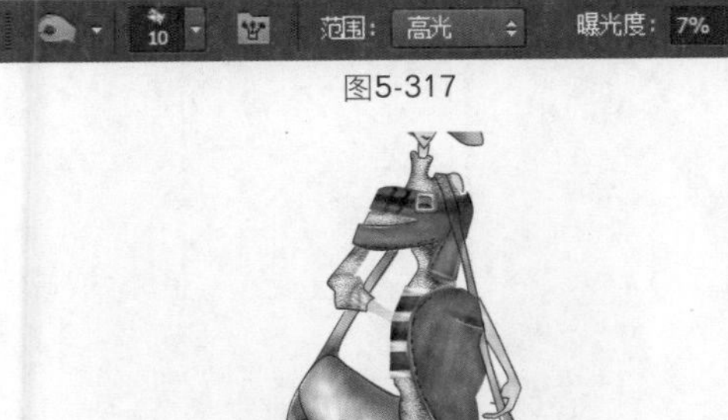

图5-317

图5-318

范围： 高光 曝光度： 9%

图5-319

18 单击“图层”面板底部的“创建新图层”按钮，新建图层，得到“图层12”。设置前景色如图5-321所示，为鞋子填充颜色，效果如图5-322所示。

图5-320

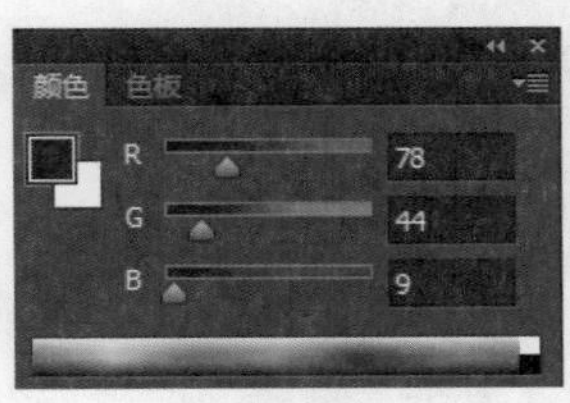

图5-321

19 为鞋口部分填充颜色，效果如图5-323所示。选择“减淡工具”进行减淡处理，效果如图5-324所示，对鞋子同样进行减淡处理，效果如图5-325所示，整体效果如图5-326所示。

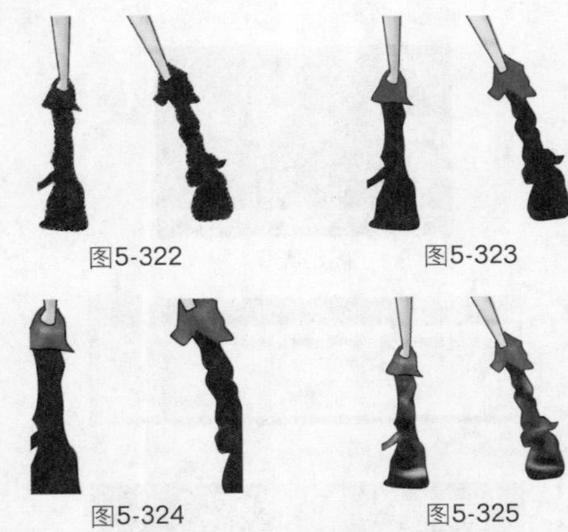
图5-322　图5-323

图5-324　图5-325

20 单击“图层”面板底部的“创建新组”按钮，新建图层组，得到“组2”。在“组2”中新建图层，得到“图层13”。选择“钢笔工具”绘制人物路径，单击“路径”面板底部的“用画笔描边路径”按钮，效果如图5-327所示。新建图层，得到“图层14”。设置前景色如图5-328所示，为人物的皮肤填充颜色，选择“画笔工具”，绘制出人物五官，效果如图5-329所示。

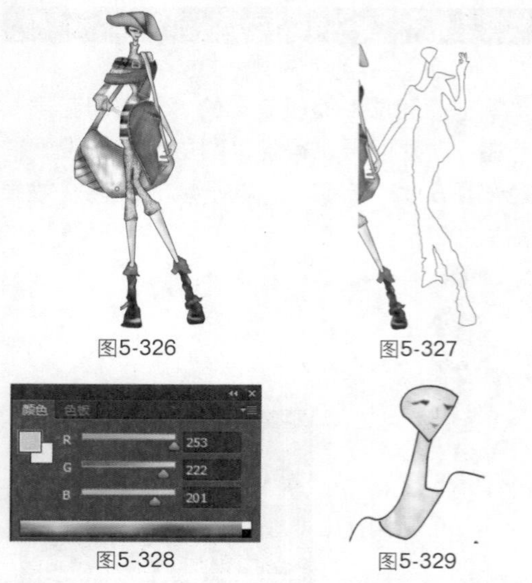
图5-326　图5-327

图5-328　图5-329

21 单击“路径”面板底部的“用画笔描边路径”按钮，得到“图层15”中的图像。选择“钢笔工具”绘制路径，按快捷键Ctrl+Enter，将路径转换为选区并填充颜色，颜色设置如图5-330所示。选择“画笔工具”，导入“自然画笔”，对话框如图5-331所示，选择其中的一种笔刷效果，如图5-332所示。

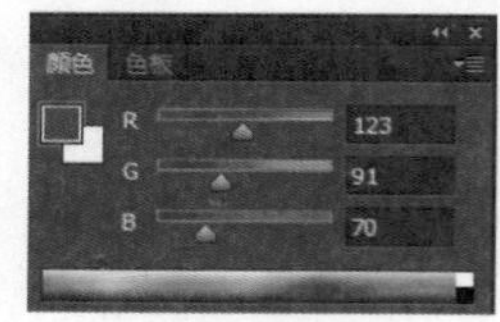
图5-330

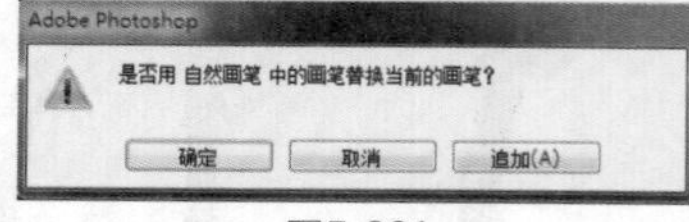

图5-331

图5-332

22 选择“加深工具”，参数设置如图5-333所示，为头发进行加深处理，效果如图5-334所示。

图5-333

23 绘制选区并填充颜色，颜色设置如图5-335所示。选择“减淡工具”，对皮肤进行减淡处理，效果如图5-336所示。单击“图层”面板底部的“创建新图层”按钮，新建图层，得到“图层16”。设置前景色如图5-337所示，为衣服填充颜色，效果如图5-338所示。

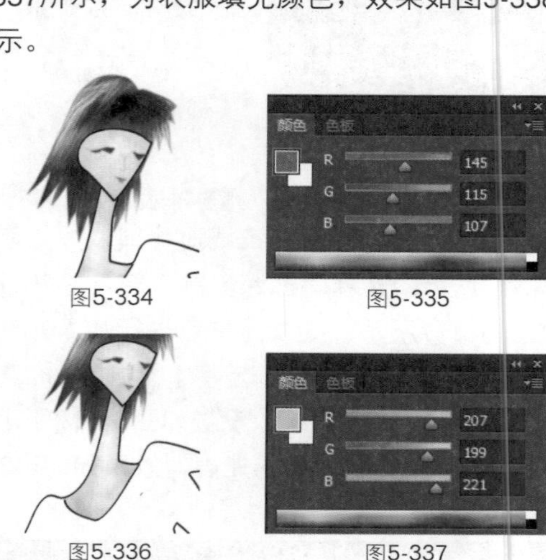
图5-334　图5-335

图5-336　图5-337

24 选择“图层16”，选择“滤镜”|“杂色”|“添加杂色”命令，弹出“添加杂色”对话框，设置参数如图5-339所示，效果如图5-340所示。单击“图层”面板底部的“创建新图层”按钮，新建图层，得到“图层17”。选择“钢笔工具”绘制路径，按快捷键Ctrl+Enter将路径转换为选区，设置前景色如图5-341所示，为选区填充颜色，效果如图5-342所示。

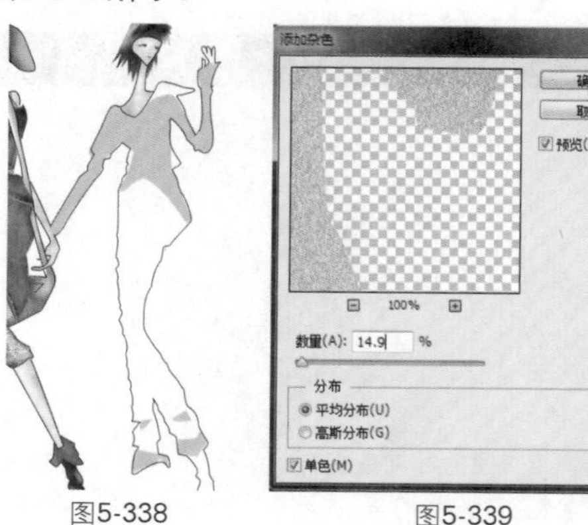
图5-338　图5-339

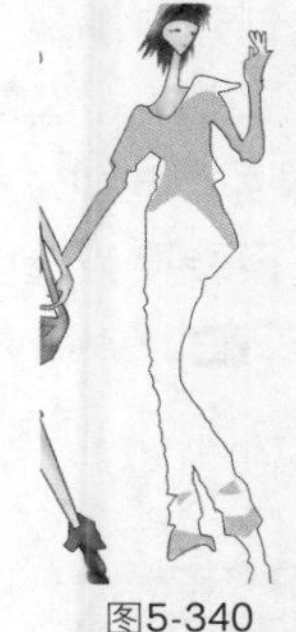

图5-340

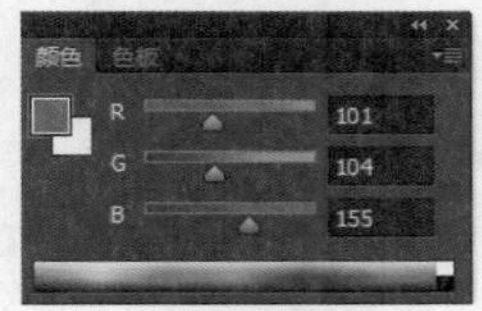

图5-341

25 选择“图层17”，使用“钢笔工具”绘制路径，效果如图5-343所示。按快捷键Ctrl+Enter，将路径转换为选区。选择“加深工具”，参数设置如图5-344所示，在选区内进行加深处理，效果如图5-345所示。

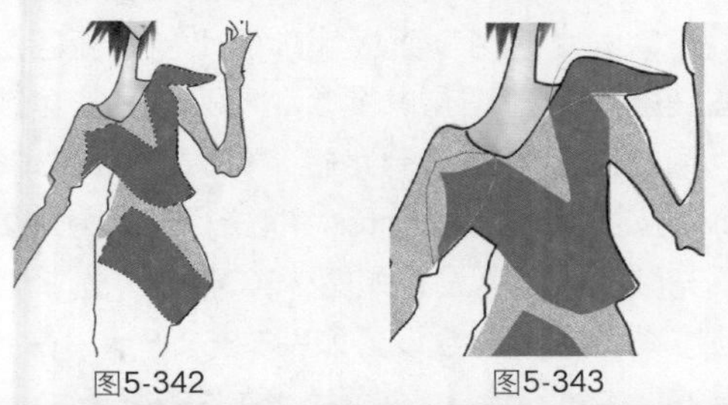

图5-342　图5-343

图5-344

图5-345

26 选择“减淡工具”，参数设置如图5-346所示，在“图层17”中进行减淡处理，效果如图5-347所示。选择“加深工具”，参数设置如图5-348所示，在“图层17”中进行加深处理，效果如图5-349所示。

图5-346

27 单击“图层”面板底部的“创建新图层”按钮，新建图层，得到“图层18”。参照“图层17”中的效果，绘制如图5-350所示的效果。新建图层，得到“图层19”。选择“钢笔工具”绘制路径，效果如图5-351所示。选择“画笔工具”，参数设置如图5-352所示，单击“路径”面板底部的“用画笔描边路径”按钮，效果如图5-353所示。

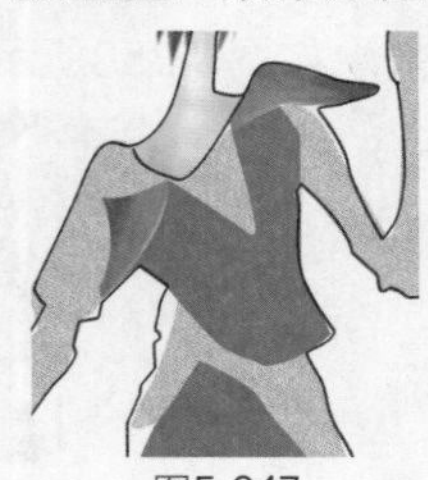

图5-347

图5-348

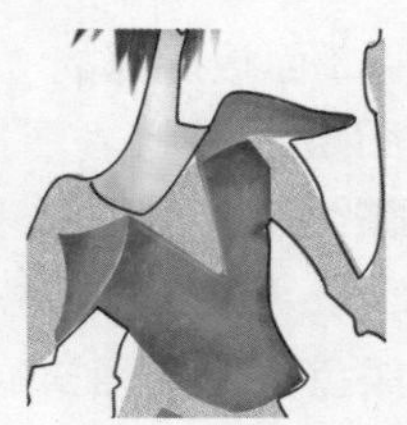

图5-349

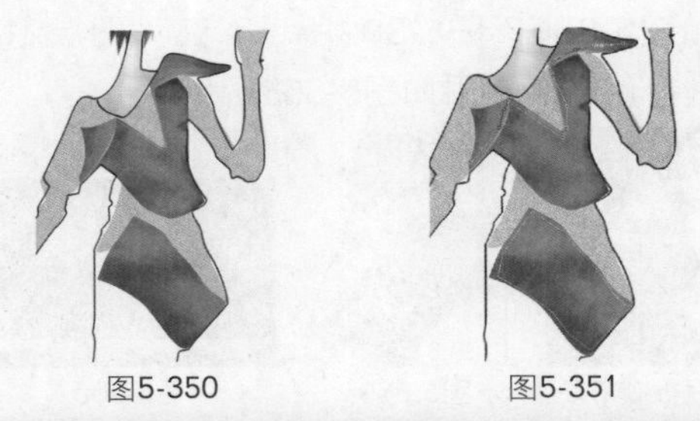

图5-350　图5-351

图5-352

28 打开“样式”面板，选择其中的“1磅黑色3磅虚线，有填充”选项，如图5-354所示，效果如图5-355所示。

图5-353

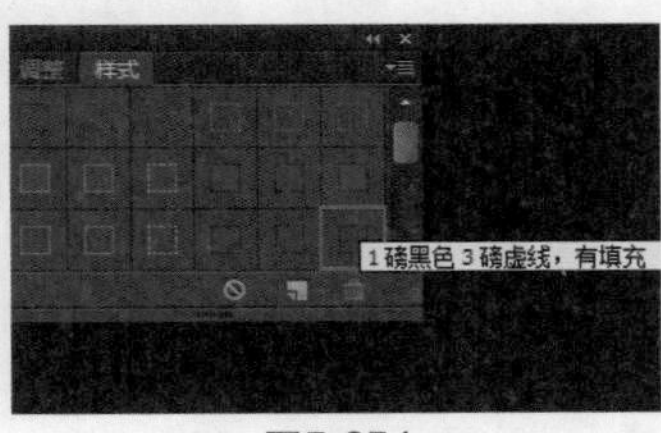

图5-354

29 单击“图层”面板底部的“创建新图层”按钮，新建图层，得到“图层20”。选择“钢笔工具”绘制路径，按快捷键Ctrl+Enter，将路径转换为选区并填充颜色，效果如图5-356所示。选择“加深工具”，参数设置如图5-357所示，在“图层20”中进行加深处理，效果如图5-358所示。

图5-355　图5-356

图5-357

30 单击“图层”面板底部的“创建新图层”按钮，新建图层，得到“图层21”。选择“钢笔工具”绘制路径，效果如图5-359所示。按快捷键Ctrl+Enter，将路径转换为选区并填充颜色，颜色设置如图5-360所示。选择“减淡工具”、“加深工具”，参数设置如图5-361、图5-362所示，在“图层21”中进行涂抹，效果如图5-363所示。

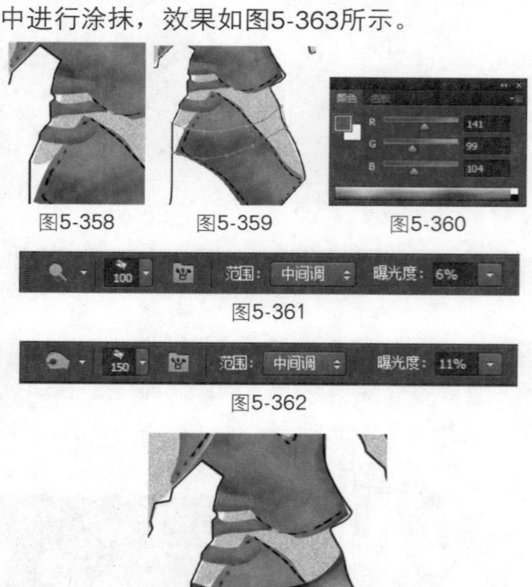

图5-358　图5-359　图5-360

图5-361

图5-362

图5-363

31 单击“图层”面板底部的“创建新图层”按钮，新建图层，得到“图层22”。选择“钢笔工具”绘制路径，效果如图5-364所示。按快捷键Ctrl+Enter，将路径转换为选区并填充颜色，使用“加深工具”、“减淡工具”，在“图层22”中进行涂抹，效果如图5-365所示。

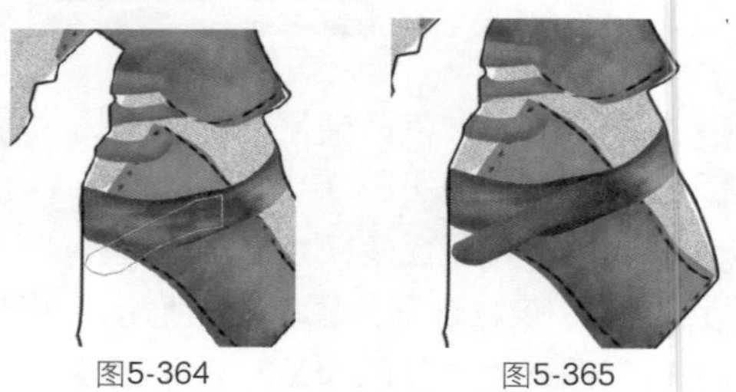

图5-364　图5-365

32 单击“图层”面板底部的“创建新图层”按钮，新建图层，得到“图层23”。选择“钢笔工具”绘制路径，效果如图5-366所示。按快捷键Ctrl+Enter，将路径转换为选区并填充颜色，颜色设置如图5-367所示。选择“减淡工具”，参数设置如图5-368所示，在“图层23”中进行涂抹，效果如图5-369所示。

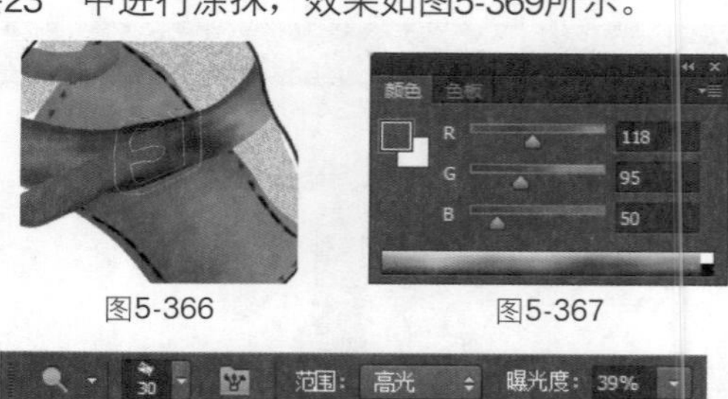

图5-366　图5-367

图5-368

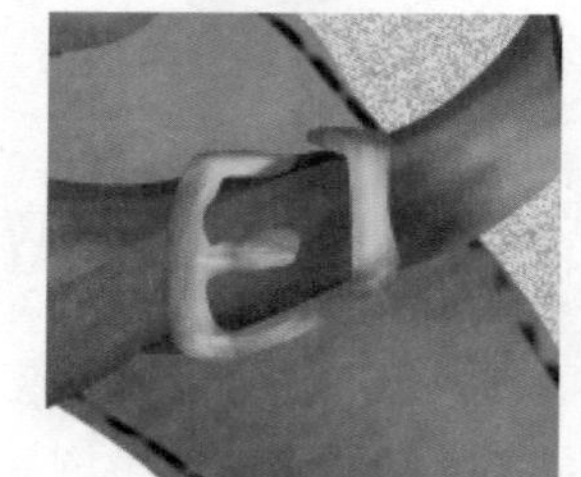

图5-369

33 双击“图层23”，弹出“图层样式”对话框，添加“投影”效果，参数设置如图5-370所示。单击“图层”面板底部的“创建新图层”按钮，新建图层，得到“图层24”。设置前景色如图5-371所示，为裤子填充颜色，效果如图5-372所示。

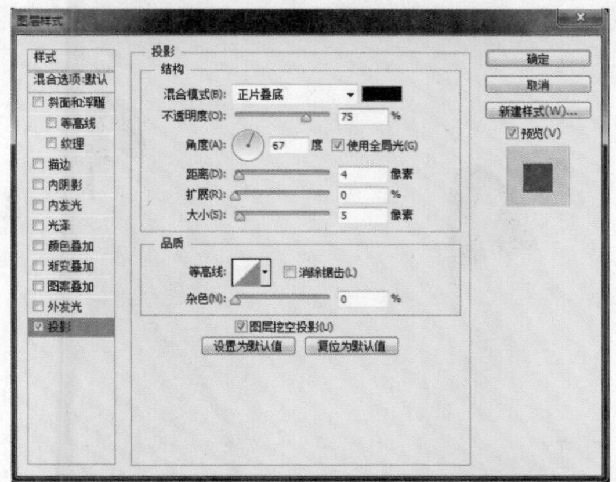

图5-370

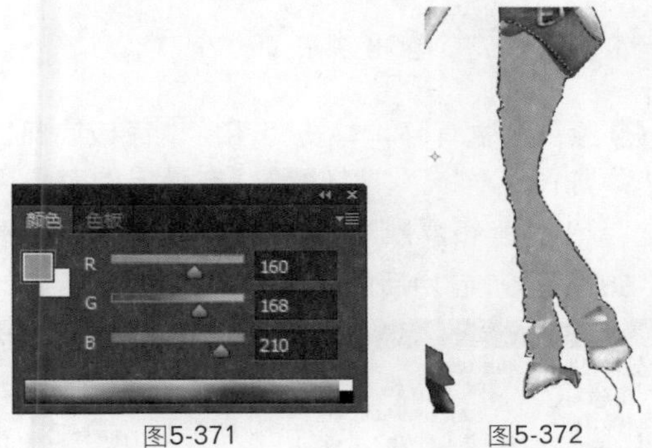

图5-371　图5-372

34 单击“图层”面板底部的“创建新图层”按钮，新建图层，得到“图层25”。选择“套索工具”绘制选区，效果如图5-373所示。设置前景色如图5-374所示，为选区填充颜色，效果如图5-375所示。

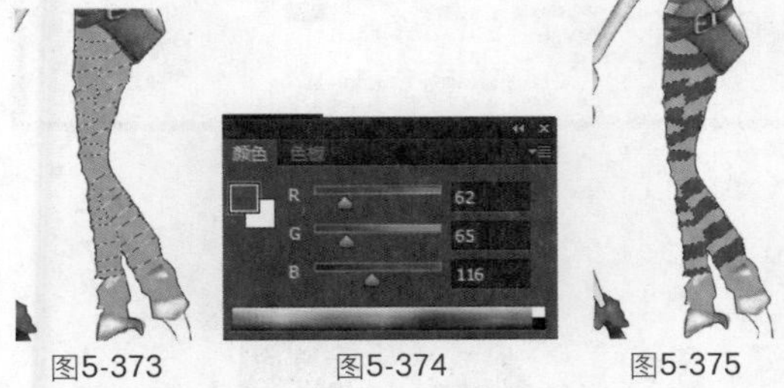

图5-373　图5-374　图5-375

35 选择“图层24”，选择“减淡工具”，参数设置如图5-376所示，在“图层4”中进行减淡处理，效果如图5-377所示。选择“减淡工具”，参数设置如图5-378所示，在“图层25”中进行涂抹，效果如图5-379所示。

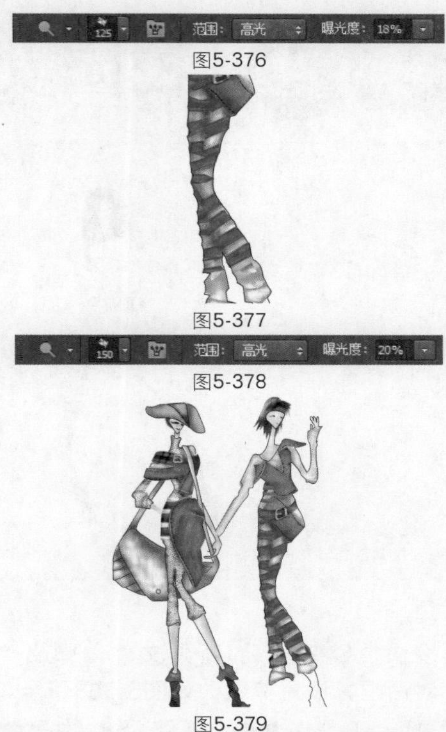

图5-376

图5-377

图5-378

图5-379

36 单击“图层”面板底部的“创建新图层”按钮，新建图层，得到“图层26”。设置前景色如图5-380所示，为靴子填充颜色，整体效果如图5-381所示。打开随书光盘中的文件“素材”\“第5章”\“5.7.jpg”，使用“移动工具”将素材拖入文件中，最终效果如图5-382所示。

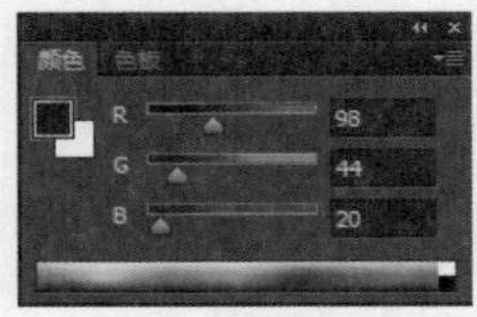

图5-380

图5-381　图5-382

Works 5.8 校园女装

01 按快捷键Ctrl+N新建文件，弹出“新建”对话框并设置参数，如图5-383所示。选择“钢笔工具” 绘制路径，效果如图5-384所示，将路径转换为选区并填充颜色。选择“钢笔工具” 绘制路径，效果如图5-385所示，填充颜色效果如图5-386所示。

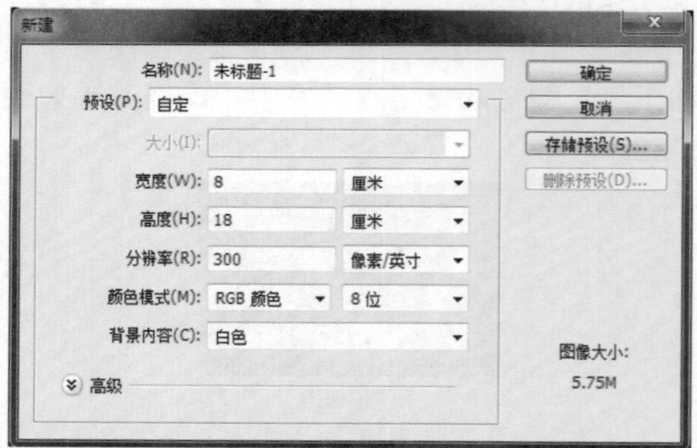

图5-383

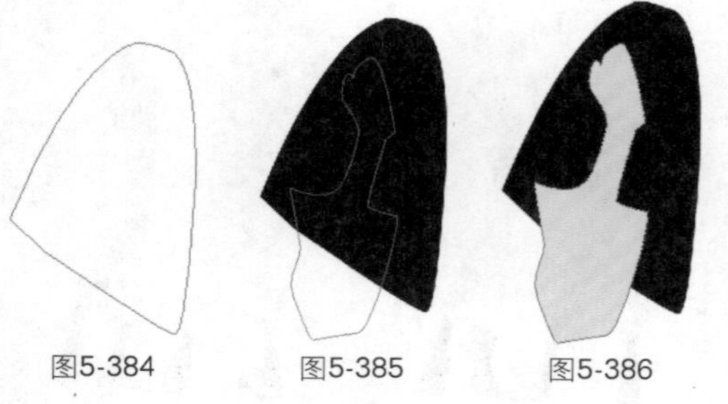

图5-384 图5-385 图5-386

02 绘制人物耳环，单击“图层”面板底部的“添加图层样式”按钮 ，在弹出的菜单中选择“斜面和浮雕”命令，对话框设置如图5-387所示，应用后的效果如图5-388所示。

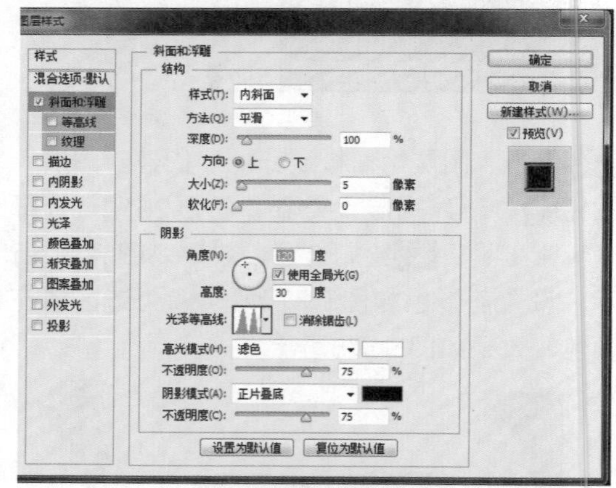

图5-387

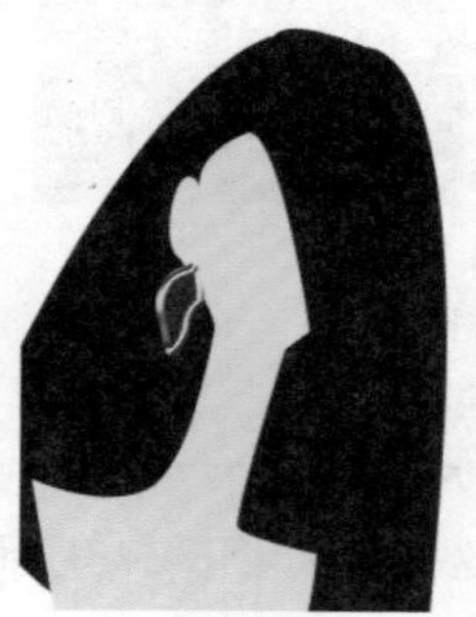

图5-388

03 选择“钢笔工具”绘制路径，效果如图5-389所示，将路径作为选区载入并描边路径。选择“减淡工具”、“加深工具”对人物皮肤进行减淡及加深处理，修饰后的效果如图5-390所示。

图5-389　图5-390

04 插入素材图案，摆放到适当的位置，效果如图5-391所示。载入相应选区并填充颜色，效果如图5-392所示。按Shift+Ctrl+I键将选区反选，按Delete键删除多余部分，效果如图5-393所示。

图5-391　图5-392

05 选择“钢笔工具”绘制路径，将路径作为选区载入并填充颜色，效果如图5-394所示。选择“减淡工具”，参数设置如图5-395所示，涂抹后的效果如图5-396和图5-397所示。选择“加深工具”进行处理，效果如图5-398所示。

图5-393　图5-394

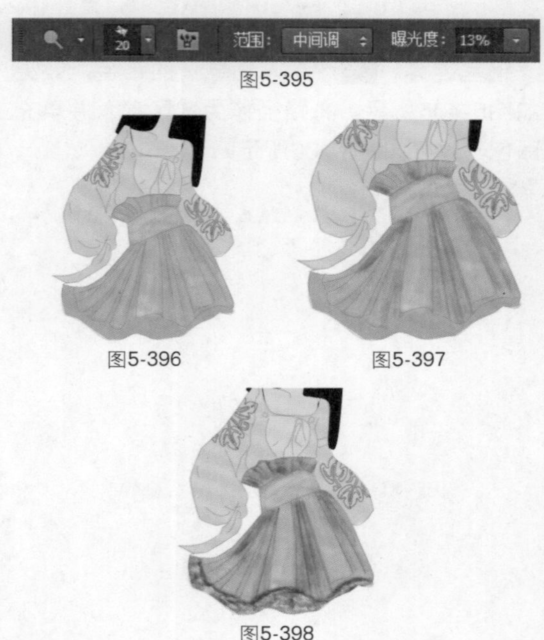

图5-395

图5-396　图5-397

图5-398

06 选择“钢笔工具”绘制路径，效果如图5-399所示。将路径作为选区载入并填充颜色，效果如图5-400所示。选择“加深工具”，涂抹后的效果如图5-401所示。选择“减淡工具”，涂抹后的效果如图5-402所示。

图5-399　图5-400

图5-401　图5-402

07 选择“钢笔工具”绘制人物腿部的路径，效果如图5-403所示。将路径作为选区载入并填充颜色，效果如图5-404所示。选择“钢笔工具”绘制人物鞋子的路径，效果如图5-405所示。将路径作为选区载入并填充颜色，效果如图5-406所示。

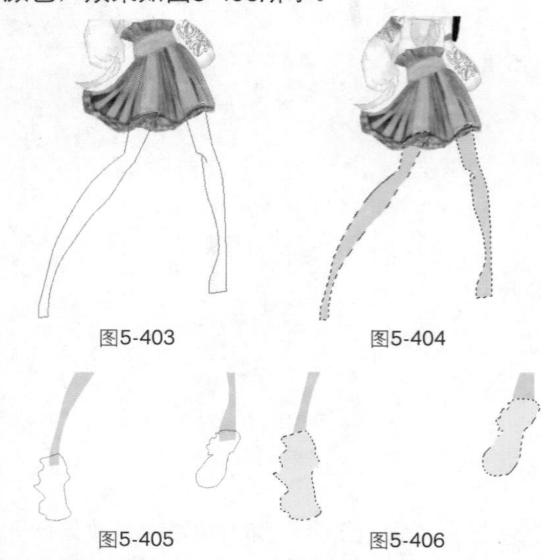

图5-403　图5-404

图5-405　图5-406

08 选择“减淡工具”、“加深工具”进行涂抹，效果如图5-407和图5-408所示。

图5-407　图5-408

09 选择“钢笔工具”绘制路径并填充颜色，单击“图层”面板底部的“添加图层样式”按钮，在弹出的菜单中选择“斜面和浮雕”命令，对话框设置如图5-409所示，应用后的效果如图5-410所示。

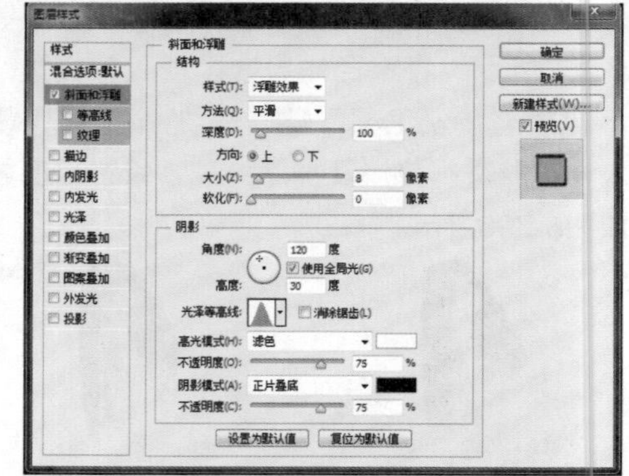

图5-409

10 整体效果如图5-411所示，最后导入随书光盘中的文件“素材”\“第5章”\“5.8.jpg”，放到所有图层的最底层，最终效果如图5-412所示。

图5-410

图5-411　图5-412

Works 5.9 动感组合装

01 按快捷键Ctrl+N新建文件，弹出“新建”对话框并设置参数，如图5-413所示。选择“钢笔工具”，在工具选项栏中设置参数，如图5-414所示。

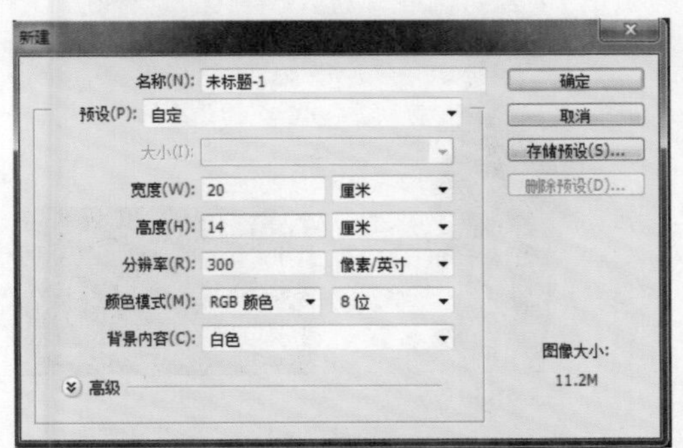

图5-413

图5-414

02 单击“图层”面板底部的“创建新组”按钮，新建图层组，得到“组1”。在“组1”中新建图层，得到“图层1”。选择“钢笔工具”绘制人物的路径，效果如图5-415所示。选择“画笔工具”，导入“书法画笔”，对话框如图5-416所示，选择一种笔刷效果，如图5-417所示，执行“用画笔描边路径”操作，效果如图5-418所示。

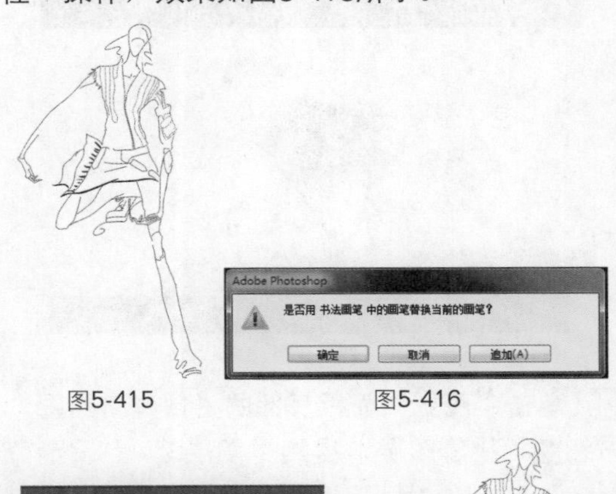

图5-415　图5-416

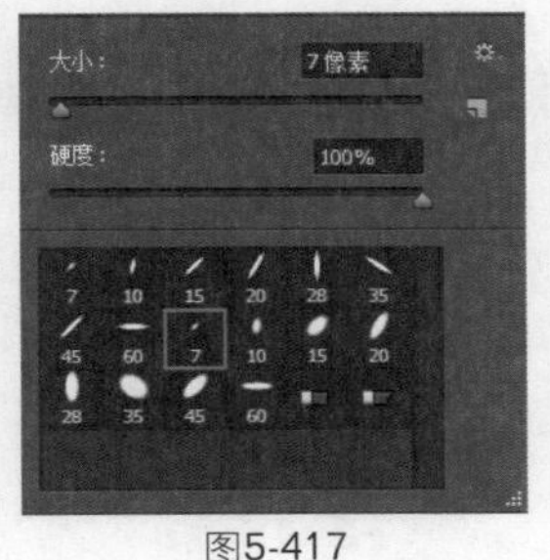

图5-417

图5-418

03 单击“图层”面板底部的“创建新图层”按钮，新建图层，得到“图层2”。设置前景色如图5-419所示，选择“画笔工具”，参数设置如图5-420所示，为人物的帽子填充颜色，效果如图5-421所示。

图5-419

图5-420

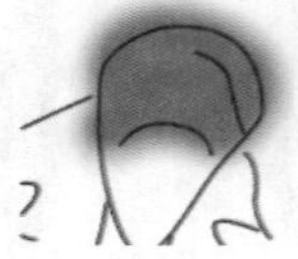

图5-421

04 选择“加深工具”，参数设置如图5-422所示，在帽子上进行加深处理，效果如图5-423所示。选择“减淡工具”，参数设置如图5-424所示，在帽子上进行减淡处理，效果如图5-425所示。

图5-422

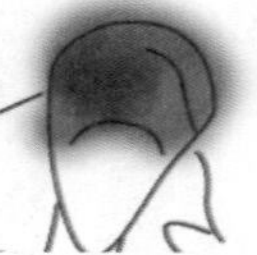

图5-423

图5-424

05 单击“图层”面板底部的“创建新图层”按钮，新建图层，得到“图层3”。设置前景色如图5-426所示，选择“画笔工具”，参数设置如图5-427所示，为头发部分填充颜色，效果如图5-428所示。

图5-425

图5-426

图5-427

06 选择一种笔刷效果，如图5-429所示。选择“加深工具”，参数设置如图5-430所示，为头发加深颜色，效果如图5-431所示。

图5-428

图5-429

图5-430

07 选择“画笔工具”、“减淡工具”，参照图5-432、图5-433所示进行处理。单击“图层”面板底部的“创建新图层”按钮，新建图层，得到“图层4”。设置前景色如图5-434所示，为衣服填充颜色，效果如图5-435所示。

图5-431

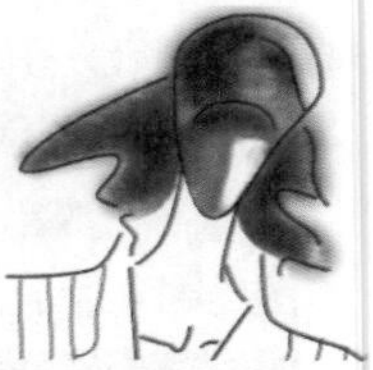

图5-432

图5-433

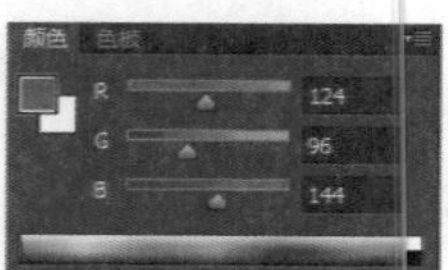

图5-434

图5-435

08 单击“图层”面板底部的“创建新图层”按钮，新建图层，得到“图层5”。选择“画笔工具”，参数设置如图5-436所示，参照图5-437所示，为衣服填充颜色。选择“编辑”|“描边”命令，弹出对话框并设置参数，为衣服进行描边。选择“图层5”，选择“减淡工具”，参数设置如图5-438所示，在“图层5”中进行减淡处理，效果如图5-439所示。

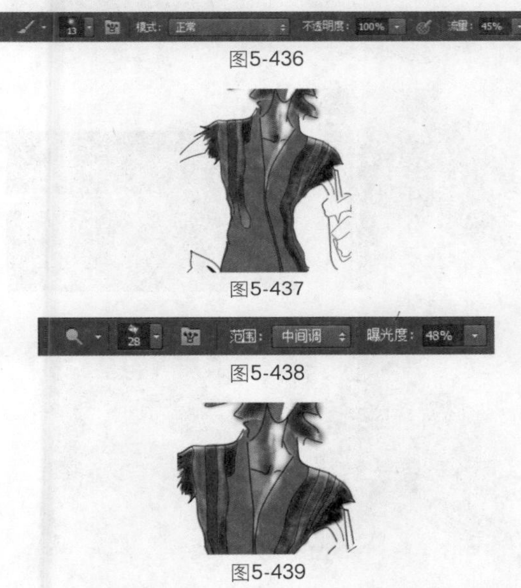

图5-436

图5-437

图5-438

图5-439

09 选择“加深工具”，参数设置如图5-440所示，继续在“图层5”中进行加深处理，效果如图5-441、图5-442所示。

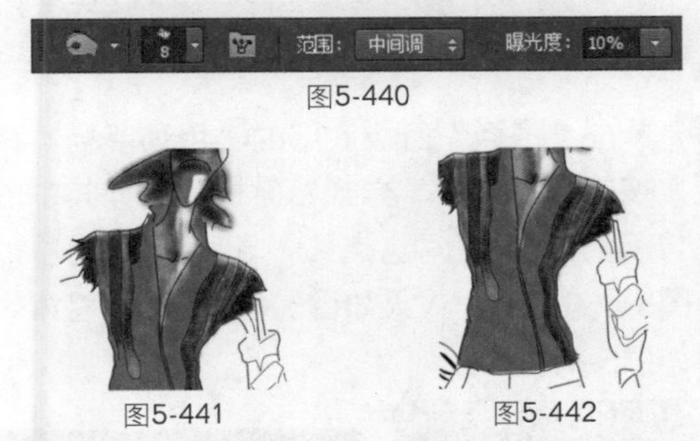

图5-440

图5-441

图5-442

10 选择一种笔刷效果，如图5-443所示，继续在“图层5”中进行加深处理，效果如图5-444、图5-445所示。

11 单击“图层”面板底部的“创建新图层”按钮，新建图层，得到“图层6”。设置前景色为黑色，选择“钢笔工具”绘制路径，打开“样式”面板，设置参数如图5-446所示。单击“路径”面板底部的“用画笔描边路径”按钮，效果如图5-447所示。新建图层，得到“图层7”。设置前景色为白色，选择“钢笔工具”绘制路径，打开“样式”面板，设置参数如图5-448所示。单击“路径”面板底部的“画笔描边路径”按钮，效果如图5-449所示。

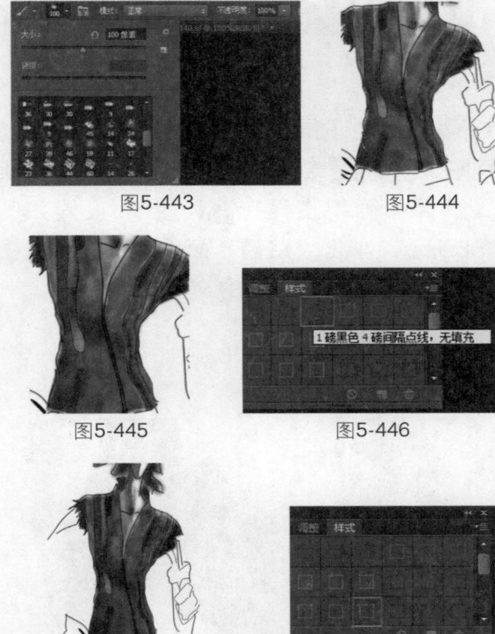

图5-443

图5-444

图5-445

图5-446

图5-447

图5-448

12 单击“图层”面板底部的“创建新图层”按钮，新建图层，得到“图层8”，参照如图5-450～图5-452所示，为皮肤和衣服填充颜色。

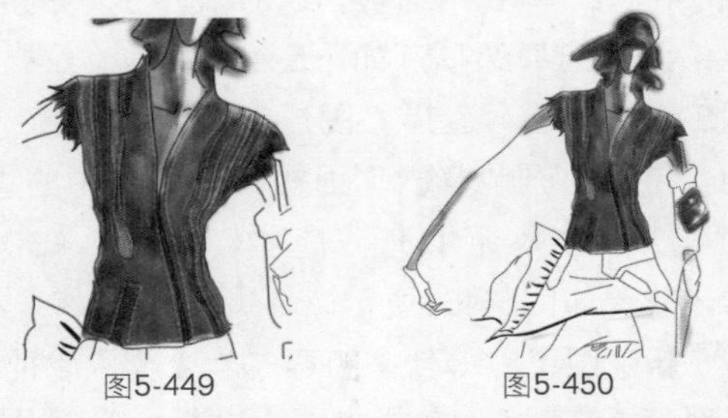
图5-449

图5-450

13 选择“加深工具”，参数设置如图5-453所示，对衣服进行加深处理，效果如图5-454所示。

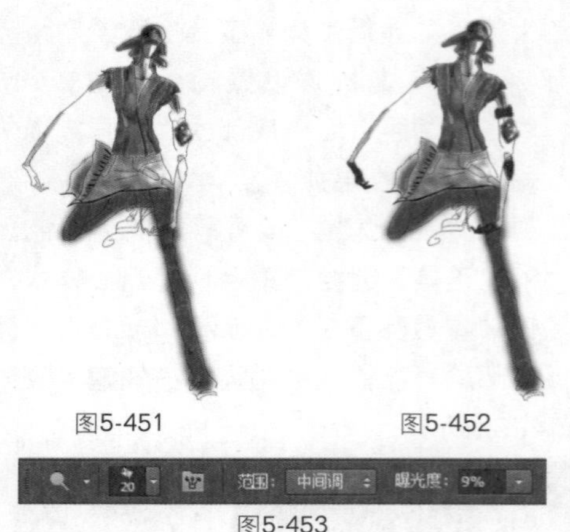

图5-451　　图5-452

图5-453

14 单击“图层”面板底部的“创建新图层”按钮，新建图层，得到“图层9”。选择“钢笔工具”绘制路径，效果如图5-455所示。选择“画笔工具”，参数设置如图5-456所示，单击“路径”面板底部的“用画笔描边路径”按钮，效果如图5-457所示。

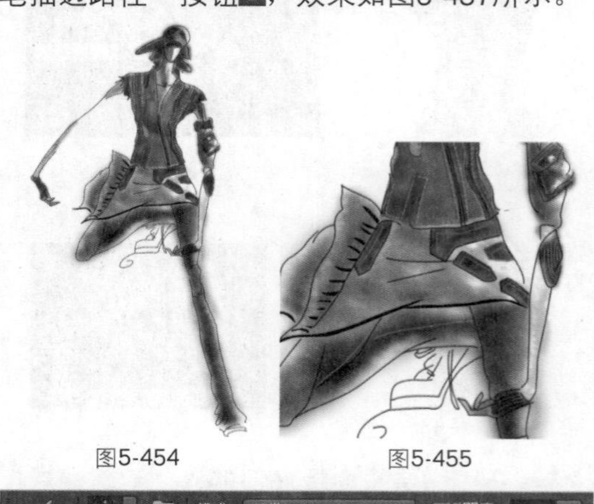

图5-454　　图5-455

图5-456

15 打开“样式”面板，选择其中的“3磅黑色，无填充”选项，如图5-458所示，效果如图5-459所示。选择“图层9”中的路径，复制一层。打开“样式”面板，选择其中的“2磅40%灰色，无填充”选项，如图5-460所示，效果如图5-461所示。

16 新建图层，得到“图层10”，为人物的膝盖部分填充颜色，效果如图5-462所示。分别选择“加深工具”和“减淡工具”，参数设置如图5-463、图5-464所示，进行修饰。新建图层，得到“图层11”，选择“钢笔工具”，在人物膝盖处绘制路径，效果如图5-465所示。

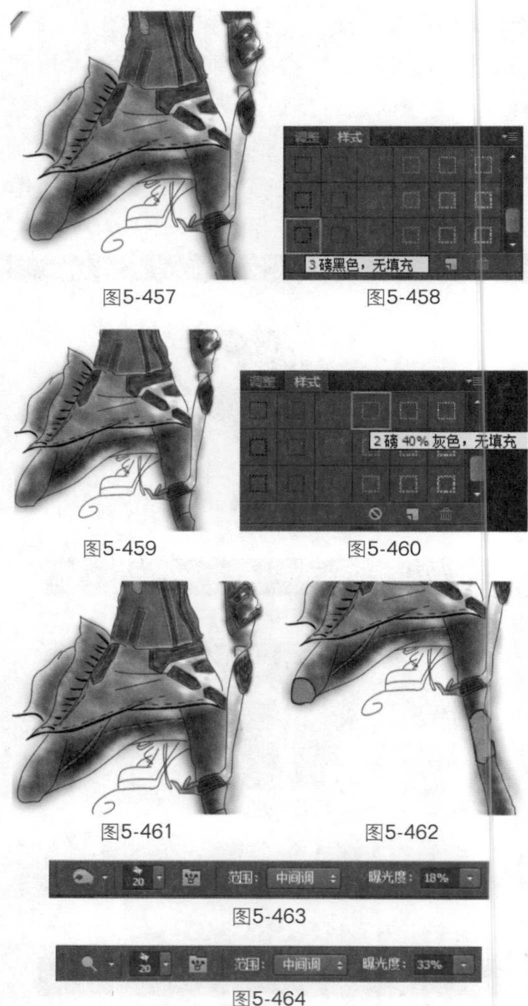

图5-457　　图5-458

图5-459　　图5-460

图5-461　　图5-462

图5-463

图5-464

17 单击“路径”面板底部的“用画笔描边路径”按钮，打开“样式”面板，选择其中的“1磅黑色，2磅间隔点线，无填充”选项，如图5-466所示，效果如图5-467所示，整体效果如图5-468所示。

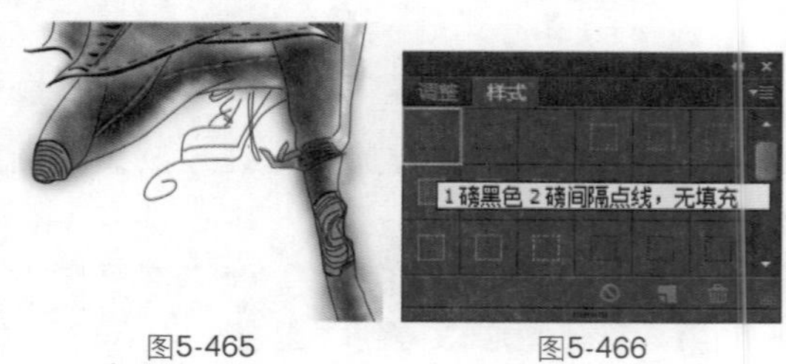

图5-465　　图5-466

图5-467　　图5-468

18 新建4个组，分别得到“组2”、“组3”、“组4”和“组5”，分别在4个新建组中新建图层，得到图层“人物2”、“人物3”、“人物4”和“人物5”。选择“钢笔工具”，参数设置如图5-469所示，绘制人物路径，效果如图5-470所示。

图5-469

图5-470

19 选择一种笔刷效果，参数设置如图5-471所示。单击“路径”面板底部的“用画笔描边路径”按钮，分别为各个组中的人物路径执行“用画笔描边路径”操作，效果如图5-472所示。选择“组2”，在“组2”中新建图层，得到“图层12”，为“人物2”的部分区域填充颜色，效果如图5-473、图5-474所示。

图5-471

图5-472

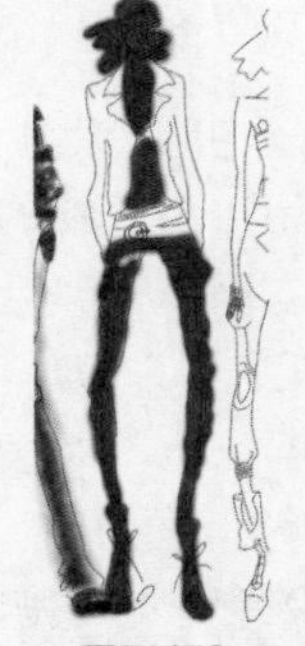

图5-473

图5-474

20 选择“减淡工具”，参数设置如图5-475所示，对帽子进行减淡处理，效果如图5-476所示。再次选择“减淡工具”，参数设置如图5-477所示，为头发进行减淡处理，效果如图5-478所示。选择“减淡工具”，参数设置如图5-479所示，为皮肤进行减淡处理，效果如图5-480所示。

图5-475

图5-476

图5-477

图5-478

图5-479

图5-480

21 选择“减淡工具”，参数设置如图5-481所示。参照图5-482所示，为人物的皮肤继续进行减淡处理。为人物衣服填充颜色，选择“加深工具”和“减淡工具”，参数设置分别如图5-483、图5-484所示，对衣服进行加深、减淡处理，效果如图5-485所示。

图5-481

图5-482

图5-483

图5-484

22 单击“图层”面板底部的“创建新图层”按钮，新建图层，得到“图层13”。为人物的腰部填充颜色，颜色设置如图5-486所示。选择“加深工具”和“减淡工具”，参数设置如图5-487、图5-488所示，为腰部进行加深、减淡处理，效果如图5-489所示。

23 新建图层，得到“图层14”，为胸部填充颜色，颜色设置如图5-490所示。选择“加深工具”和“减淡工具”，为胸部进行加深、减淡处理，效果如图5-491所示。

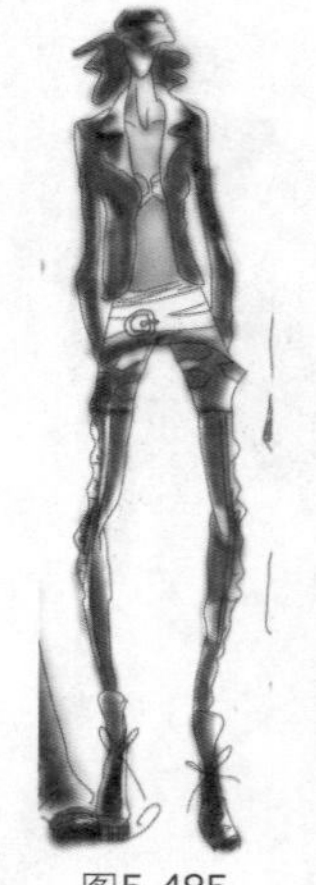
图5-485

图5-486

图5-487

图5-488

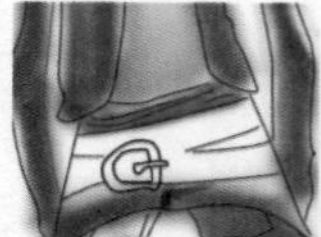
图5-489

图5-490

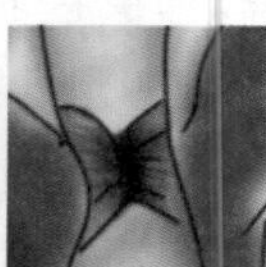
图5-491

24 单击“图层”面板底部的“创建新图层”按钮，新建图层，得到“图层15”。为人物的腰带填充颜色，效果如图5-492所示。新建图层，得到“图层16”。选择“钢笔工具”，绘制腰带扣，单击“路径”面板底部的“用画笔描边路径”按钮，效果如图5-493所示。为腰带填充颜色，选择“减淡工具”，对腰带和腰带扣进行减淡处理，效果如图5-494所示。

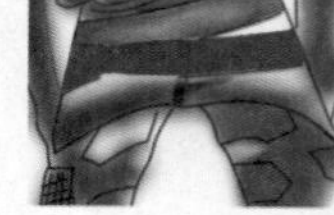
图5-492

图5-493

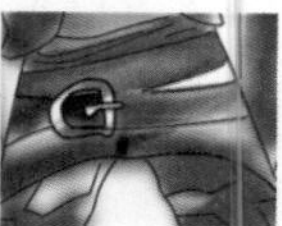
图5-494

25 单击“图层”面板底部的“创建新图层”按钮，新建图层，得到“图层17”。选择“钢笔工具”，参照图5-495所示绘制路径。选择“画笔工具”，参数设置如图5-496所示。单击“路径”面板底部的“用画笔描边路径”按钮，打开“样式”面板，选择“2磅黑色，有填充”选项，如图5-497所示，效果如图5-498所示。修饰细节后的效果如图5-499所示。完成“人物2”的制作。

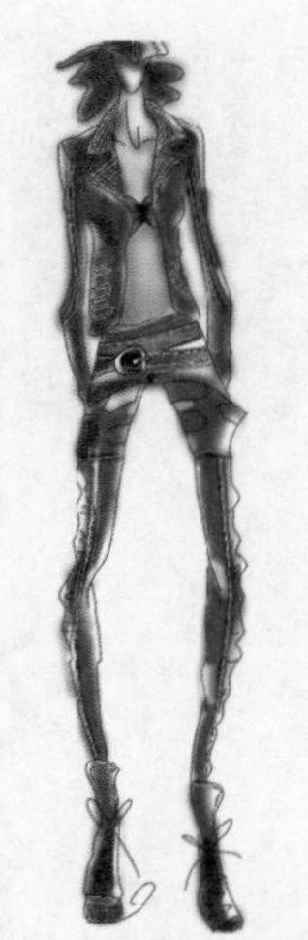

图5-495

图5-496

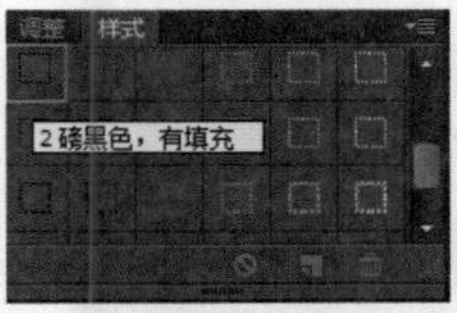

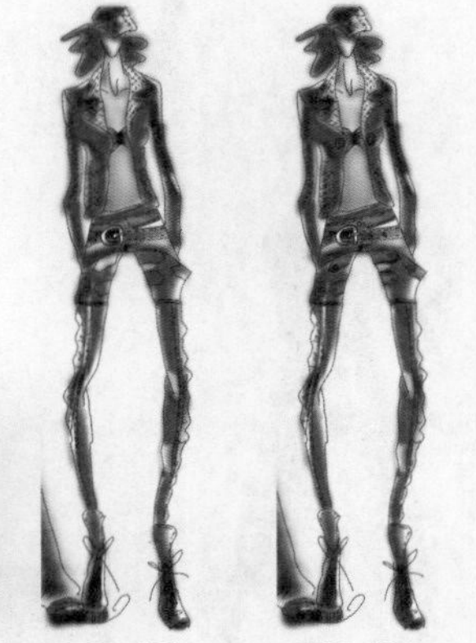

图5-497　图5-498　图5-499

26 选择“组3”，在“组3”中新建图层，得到“图层18”。为“人物3”的上半身填充颜色，效果如图5-500所示。新建图层，得到“图层19”，为人物的下半身填充颜色，注意膝盖部分的颜色，效果如图5-501所示。

图5-500

图5-501

27 选择“加深工具”和“减淡工具”，参数设置如图5-502、图5-503所示，进行加深、减淡处理。单击“图层”面板底部的“创建新图层”按钮，新建图层，得到“图层20”。选择“钢笔工具”，参照图5-504所示绘制路径，单击“路径”面板底部的“用画笔描边路径”按钮，效果如图5-505所示。

图5-502

图5-503

图5-504

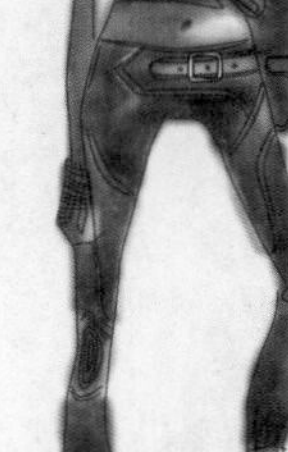

图5-505

28 打开“样式”面板，选择“2磅黑色，有填充”选项，如图5-506所示，效果如图5-507所示，完成“人物3”的制作。后面绘制人物的方法和前几个人物相同，在此不再赘述，只把要点列出。选择“组4”，在“组4”中新建图层，得到“图层21”，为人物的上半身填充颜色，效果如图5-508所示。继续填充颜色，使用“加深工具”、“减淡工具”进行加深、减淡处理，效果如图5-509所示。

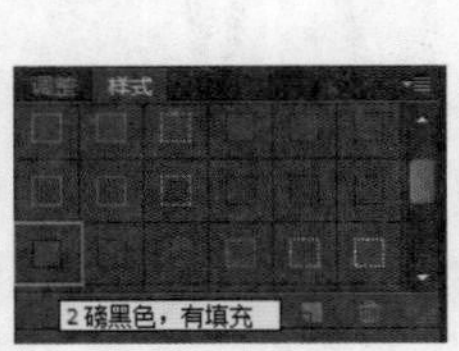

图5-506

图5-507

图5-508

图5-509

29 单击“图层”面板底部的“创建新图层”按钮，新建图层，得到“图层22”。选择“钢笔工具”，参照图5-510所示绘制路径。打开“样式”面板，选择“2磅黑色，有填充”选项，如图5-511所示，整体效果如图5-512所示，完成“人物4”的制作。

图5-510

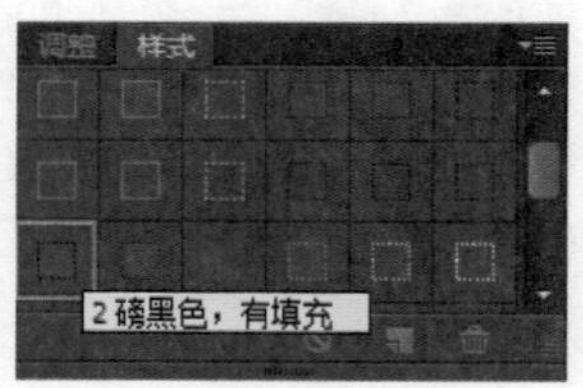

图5-511

图5-512

30 选择“组5”，在“组5”中新建图层，得到“图层23”，为人物填充颜色，效果如图5-513所示。使用“加深工具”、“减淡工具”，为“人物5”进行加深、减淡处理，效果如图5-514所示。新建图层，得到“图层24”，选择“钢笔工具”，参照图5-515所示绘制路径。打开“样式”面板，选择“2磅黑色，有填充”选项，如图5-516所示。

图5-513

图5-514

图5-515

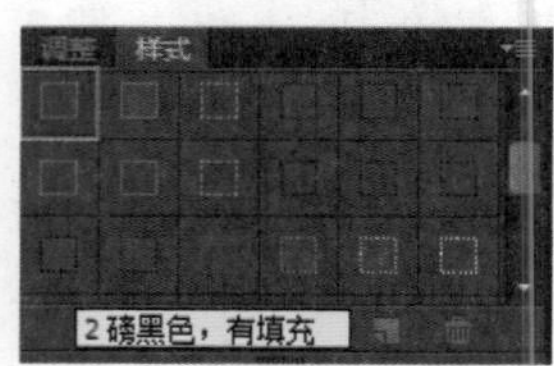

图5-516

31 使用“画笔工具”绘制背景效果，放在人物的后面，最终效果如图5-517所示。

图5-517

Chapter 06

第6章 妩媚女装

案例展示 AN LI ZHAN SHI

Works 6.1 艺术风女装

01 按Ctrl+N键新建文件，弹出对话框并设置参数，如图6-1所示。选择“钢笔工具”，参数设置如图6-2所示，绘制路径如图6-3所示。

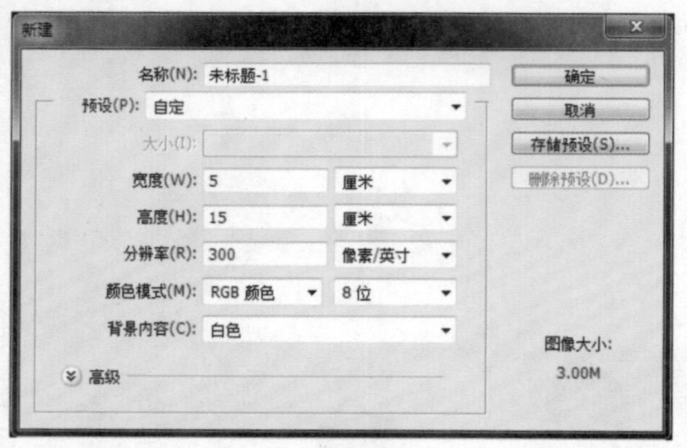

图6-1

图6-2

02 单击“图层”面板底部的“创建新图层”按钮，得到“图层1”。选择“画笔工具”，参数设置如图6-4所示，设置前景色为黑色。进入“路径”面板，选择“路径1”，右击鼠标，在弹出的菜单中选择“描边路径”命令，打开“描边路径”对话框，如图6-5所示，效果如图6-6所示。

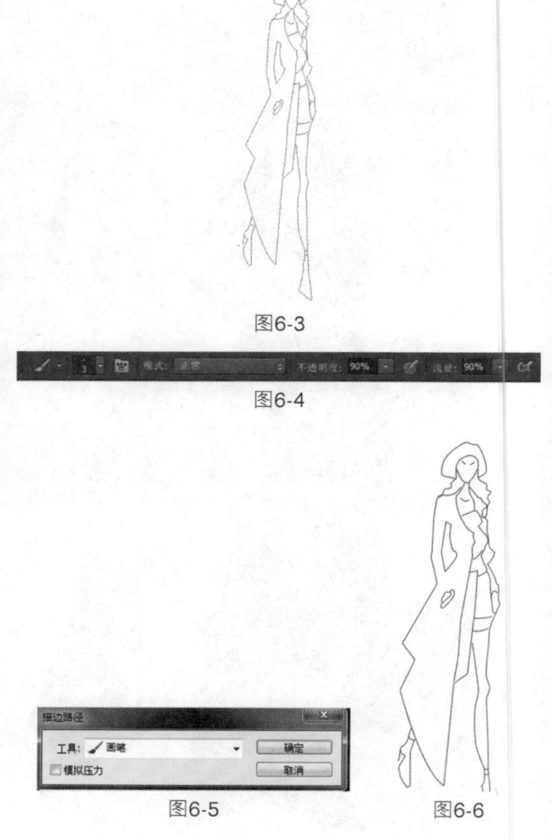

图6-3

图6-4

图6-5

图6-6

03 单击“图层”面板底部的“创建新组”按钮，创建图层组“组1”。新建图层，得到“图层2”，如图6-7所示，设置前景色如图6-8所示。使用“钢笔工具”绘制路径，按Ctrl+Enter键，将路径转换为选区，按Alt+Delete键填充前景色，效果如图6-9所示。

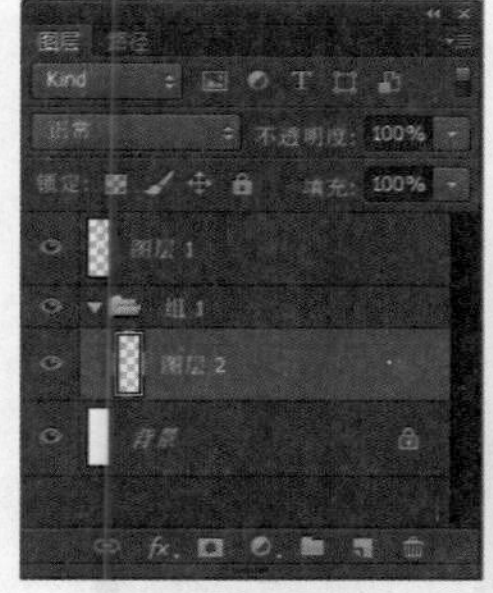

图6-7

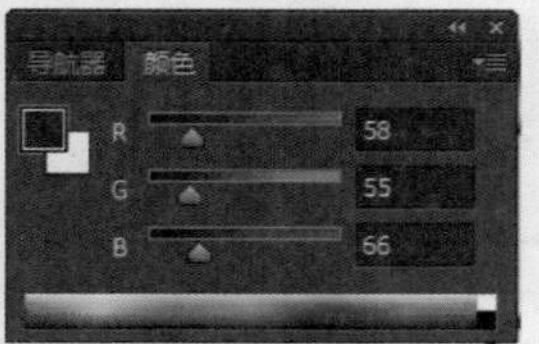

图6-8

图6-9

04 新建图层，得到“图层6”，将此图层放置在“图层2”之下，设置前景色如图6-10所示。使用“钢笔工具”绘制路径，将路径转换为选区，按快捷键Alt+Delete填充前景色，效果如图6-11所示。选择“加深工具”、“减淡工具”，参数设置如图6-12、图6-13所示，修饰后的效果如图6-14所示。新建图层，得到“图层5”，使用“钢笔工具”绘制五官，效果如图6-15所示。

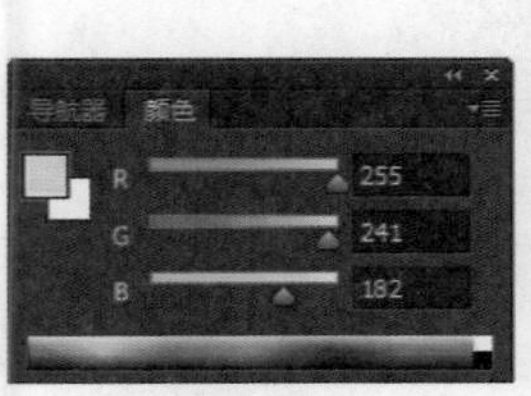

图6-10

图6-11

图6-12

图6-13

图6-14

图6-15

05 创建图层组“组2”，新建图层，得到“图层7”，如图6-16所示。设置前景色如图6-17所示，使用“钢笔工具”绘制路径，将路径转换为选区并填充颜色，效果如图6-18所示。选择“减淡工具”，参数设置如图6-19、图6-20所示，修饰后的效果如图6-21所示。

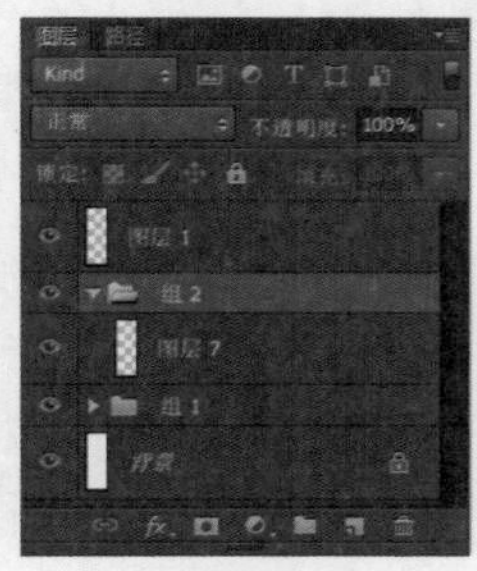

图6-16

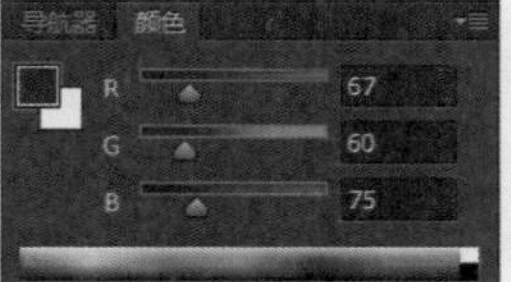

图6-17

图6-18

图6-19

图6-20

06 新建图层，名称为“图层9”，设置前景色如图6-22所示。使用“钢笔工具”绘制路径，按Ctrl+Enter键将路径转换为选区，按Alt+Delete键填充前景色，效果如图6-23所示。

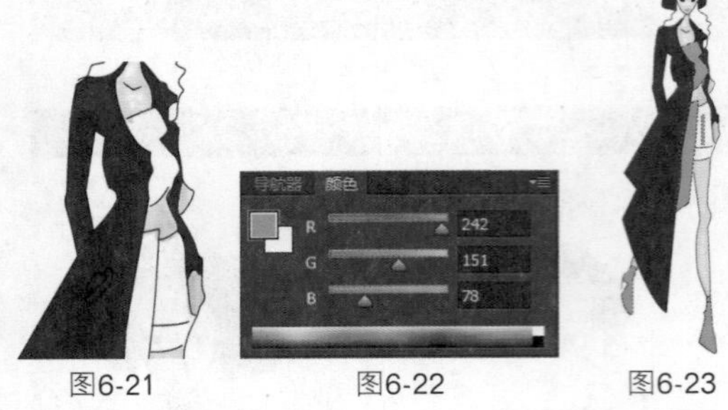

图6-21 图6-22 图6-23

07 选择“减淡工具”、“加深工具”，参数设置如图6-24所示，修饰后的效果如图6-25所示。

图6-24

图6-25

08 新建图层，名称为“图层10”。设置前景色如图6-26所示，使用“钢笔工具”绘制路径，按Ctrl+Enter键将路径转换为选区，按Alt+Delete键填充前景色，效果如图6-27所示。选择“减淡工具”，参数设置如图6-28所示，修饰后的效果如图6-29所示。

图6-26 图6-27

图6-28

图6-29

09 新建图层，名称为“图层11。设置前景色如图6-30所示，使用“钢笔工具”绘制路径，按Ctrl+Enter键将路径转换为选区，按Alt+Delete键填充前景色，效果如图6-31所示。选择“加深工具”、“减淡工具”，参数设置如图6-32、图6-33所示，修饰后的效果如图6-34所示。

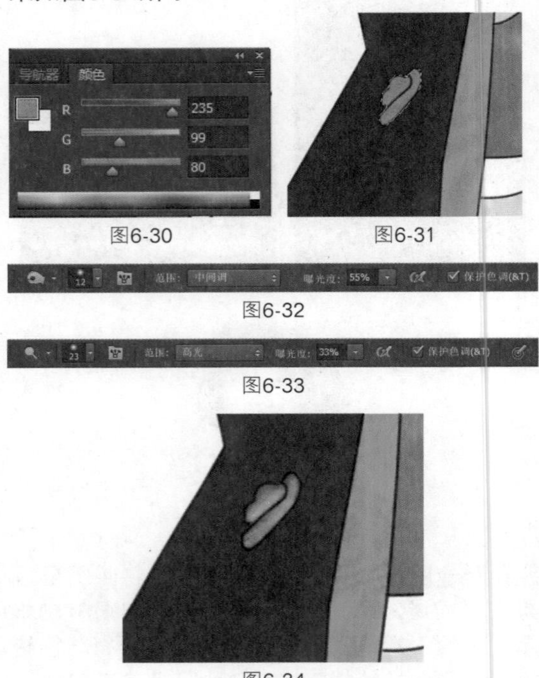

图6-30 图6-31

图6-32

图6-33

图6-34

10 导入随书光盘“素材”\“第6章”\“6.1.tif”文件，使用“移动工具”将素材拖入文件中，最终效果如图6-35所示。

图6-35

Works 6.2 成熟套裙

01 按快捷键Ctrl+N新建文件，弹出“新建”对话框并设置参数，如图6-36所示。选择“钢笔工具”，参数设置如图6-37所示。

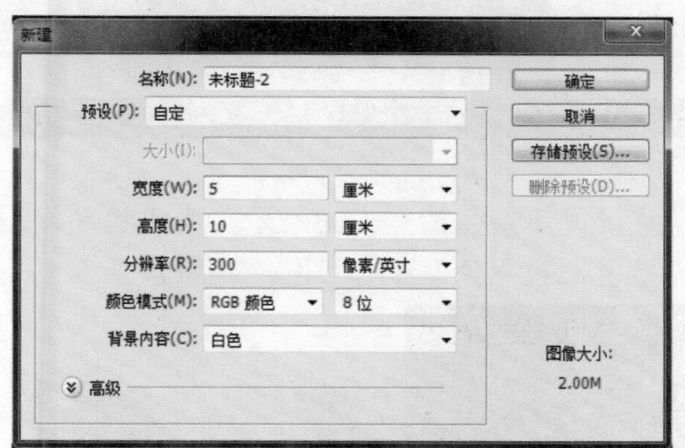

图6-36

图6-37

02 使用“钢笔工具”绘制出人物轮廓的路径，效果如图6-38～图6-45所示。

图6-38

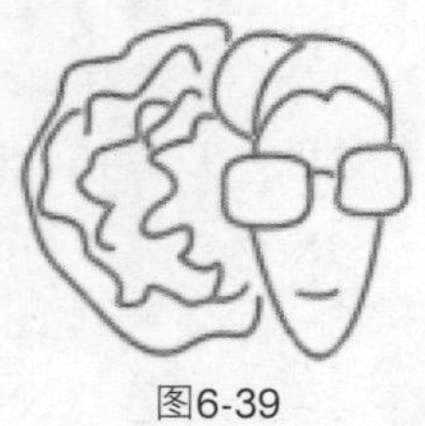

图6-39

图6-40

图6-41

图6-42

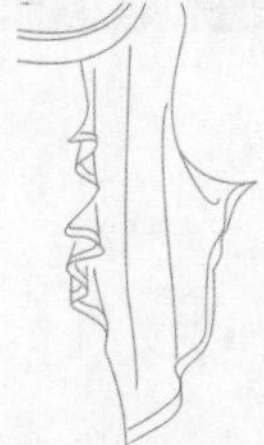

图6-43

图6-44

图6-45

03 单击“图层”面板底部的“创建新图层”按钮，新建图层，得到“图层1”，如图6-46所示。选择“画笔工具”，导入“书法画笔”，对话框如图6-47所示。

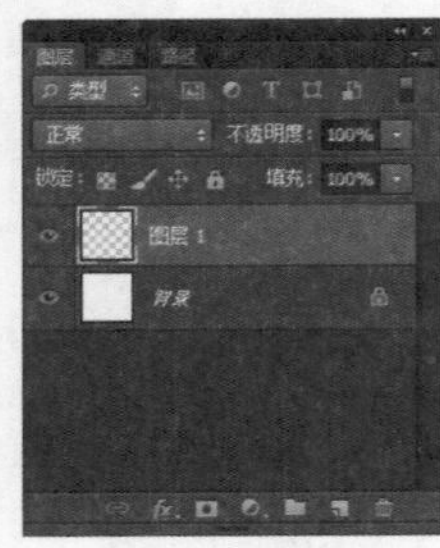
图6-46

图6-47

04 选择“画笔工具”，参数设置如图6-48、图6-49所示。设置前景色如图6-50所示，单击“路径”面板底部的“用画笔描边路径”按钮，效果如图6-51所示。

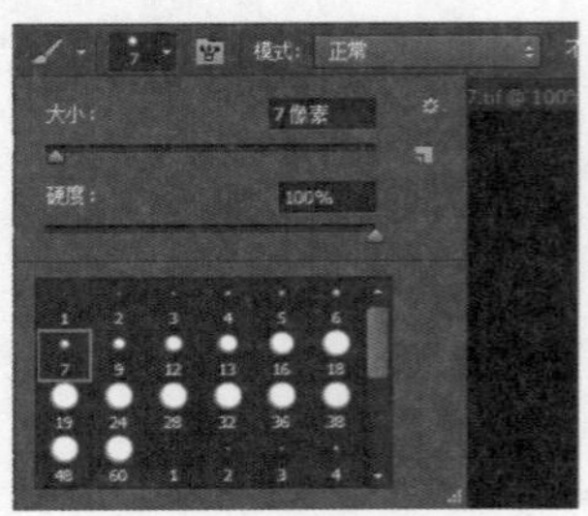
图6-48

图6-49

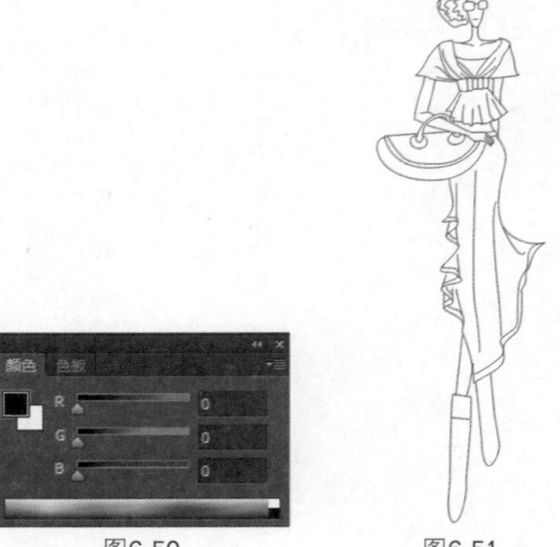
图6-50　　图6-51

05 单击“图层”面板底部的“创建新组”按钮，得到“组1”。单击“图层”面板底部的“创建新图层”按钮，新建图层，得到“图层2”，如图6-52所示。选择“画笔工具”，导入“湿介质画笔”，对话框如图6-53所示。

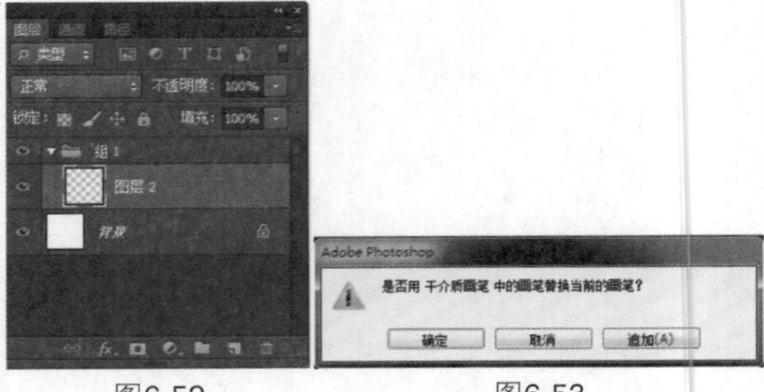
图6-52　　图6-53

06 选择“画笔工具”，参数设置如图6-54、图6-55所示。

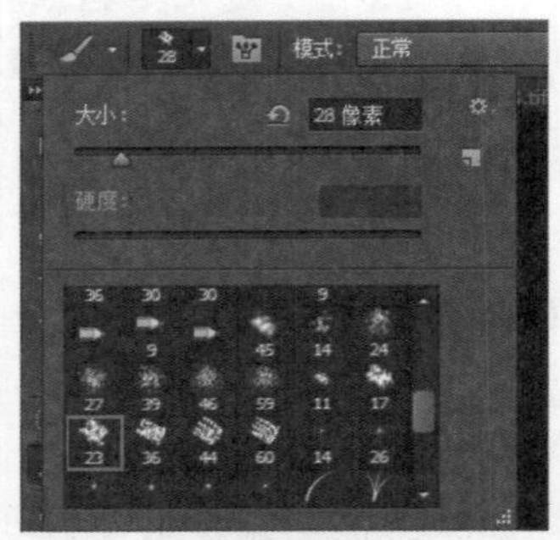
图6-54

图6-55

07 设置前景色如图6-56所示，为人物头发填充颜色，效果如图6-57、图6-58所示。

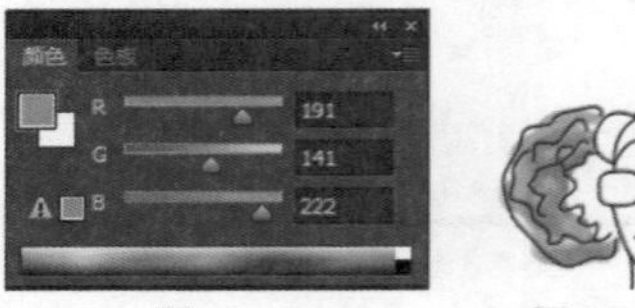
图6-56

图6-57

图6-58

08 单击“图层”面板底部的“创建新图层”按钮，新建图层，得到“图层3”。设置前景色如图6-59所示，为人物的发卡填充颜色，效果如图6-60所示。新建图层，得到“图层4”，设置前景色如图6-61所示，为人物皮肤填充颜色，效果如图6-62所示。新建图层，得到“图层5”，为人物眼镜填充颜色，效果如图6-63所示。新建图层，得到“图层6”，为眼镜框填充颜色，效果如图6-64所示。

图6-59 图6-60

图6-61 图6-62

图6-63 图6-64

09 单击“图层”面板底部的“创建新组”按钮，新建图层组，得到“组2”。单击“图层”面板底部的“创建新图层”按钮，新建图层，如图6-65所示。选择“画笔工具”，参数设置如图6-66所示。设置前景色如图6-67所示，为人物衣服填充颜色，效果如图6-68、图6-69所示。选择“橡皮擦工具”，参数设置如图6-70所示，将多余的颜色部分擦除，效果如图6-71所示。

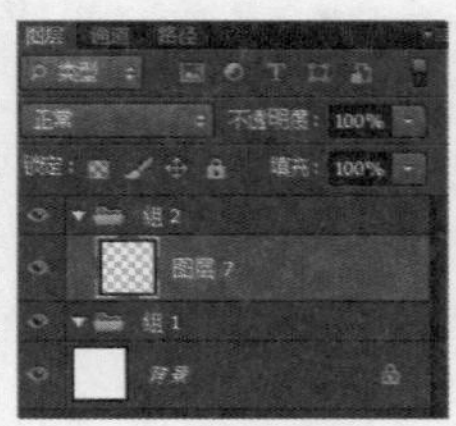
图6-65

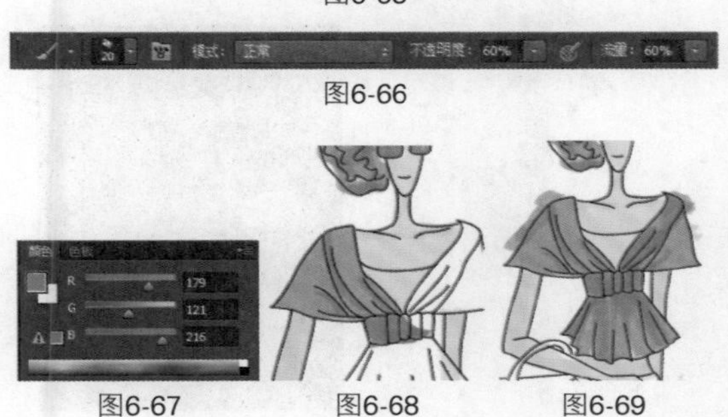
图6-66

图6-67 图6-68 图6-69

图6-70

图6-71

10 单击“图层”面板底部的“创建新图层”按钮，新建图层，得到“图层8”，如图6-72所示。设置前景色如图6-73所示，为人物胸前部分填充颜色，效果如图6-74所示。

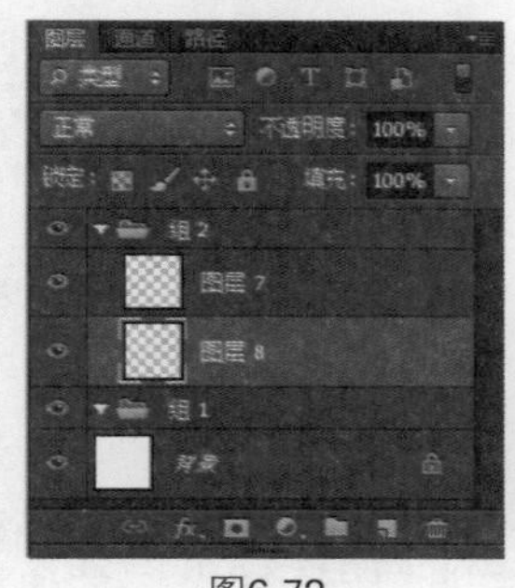
图6-72

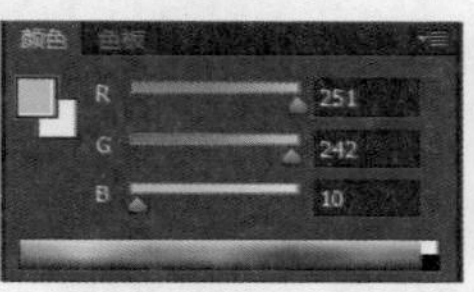
图6-73

11 在“图层8”上右击鼠标，在弹出的菜单中选择“混合选项”命令，如图6-75所示。在“图层样式”对话框中，选择“图案叠加”选项，导入“自然图案”并选择图像，如图6-76所示，效果如图6-77所示。单击“图层”面板底部的“创建新图层”按钮，新建图层，得到“图层9”。选择“画笔工具”，为人物的腰带填充颜色，效果如图6-78所示。

图6-74 图6-75

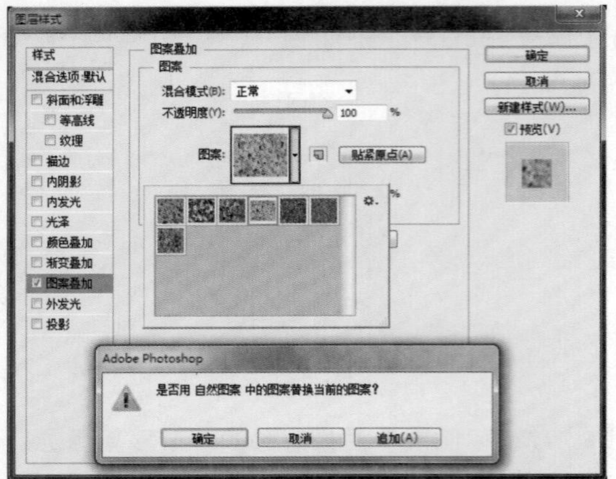

图6-76

图6-77　图6-78

12 单击“图层”面板底部的“创建新图层”按钮，新建图层，得到“图层10”。选择“画笔工具”，参数设置如图6-79所示，设置前景色如图6-80所示，为人物的裙子填充颜色，效果如图6-81所示。

图6-79

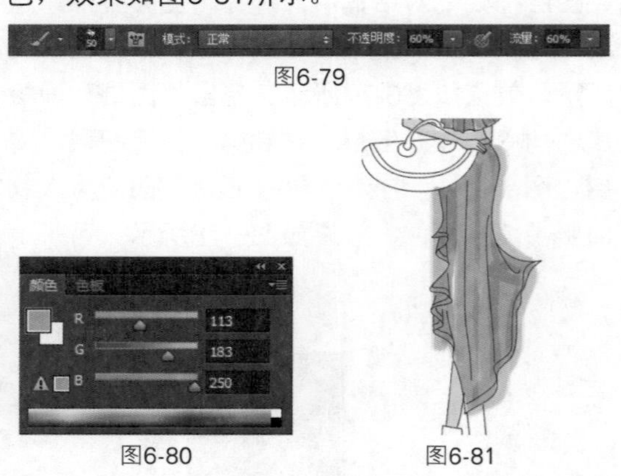

图6-80　图6-81

13 单击“图层”面板底部的“创建新图层”按钮，新建图层，得到“图层11”。再次选择“画笔工具”，参数设置如图6-82示，为裙子再次填充颜色，效果如图6-83所示。选择“橡皮擦工具”，参数设置如图6-84所示，将裙子上多余的颜色擦除，效果如图6-85所示。

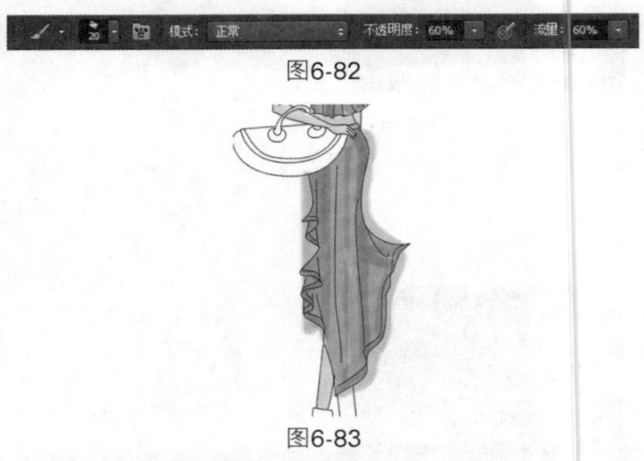
图6-82

图6-83

图6-84

14 单击“图层”面板底部的“创建新图层”按钮，新建图层，得到“图层12”。选择“画笔工具”，为人物的鞋子填充颜色，效果如图6-86、图6-87所示。单击“图层”面板底部的“创建新组”按钮，得到“组3”，单击“图层”面板底部的“创建新图层”按钮，新建图层，得到“图层13”，如图6-88所示。选择“画笔工具”，参数设置如图6-89所示。

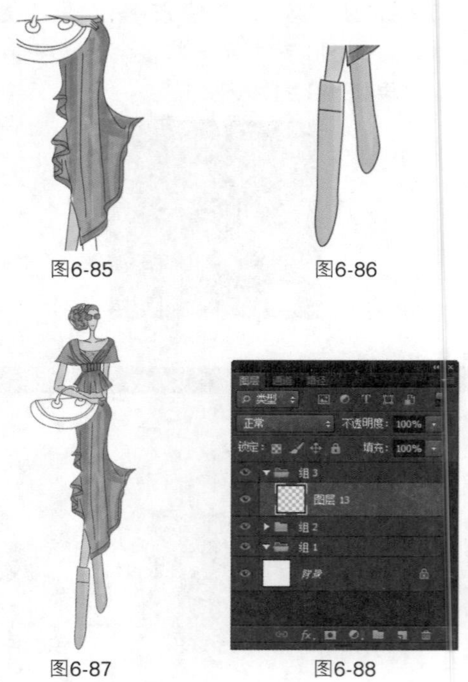

图6-85　图6-86

图6-87　图6-88

图6-89

15 设置前景色如图6-90所示，为人物的皮包填充颜色，效果如图6-91所示。单击“图层”面板底部的“创建新图层”按钮，新建图层，得到“图层14”。选择“画笔工具”，参数设置如图6-92所示，为皮包的下半部分绘制线条，效果如图6-93所示。新建图层，得到“图层15”，为皮包的其他部分填充颜色，效果如图6-94所示。

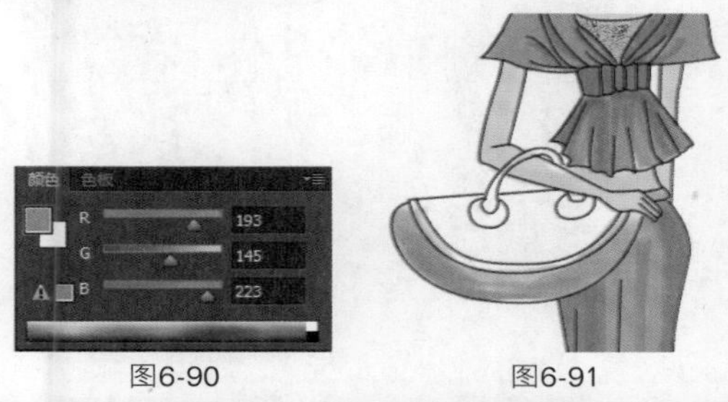

图6-90　　图6-91

图6-92

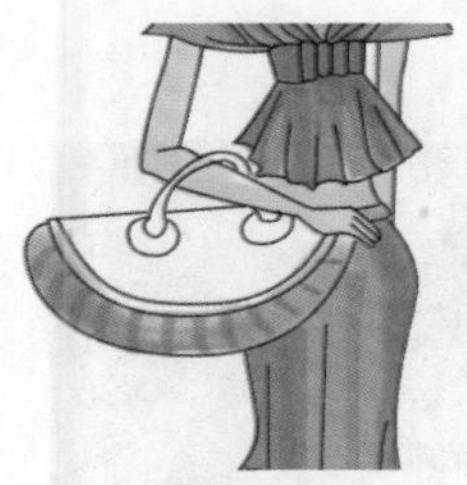

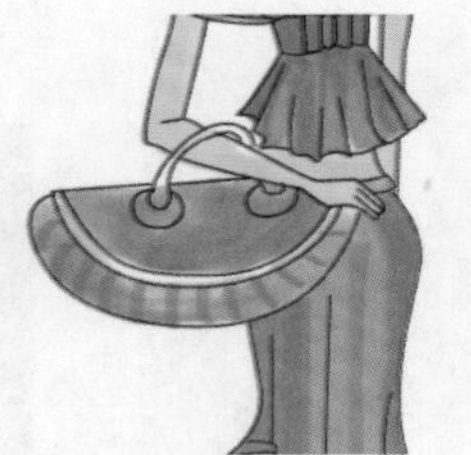

图6-93　　图6-94

16 单击“图层”面板底部的“创建新图层”按钮，新建图层，得到“图层16”，为皮包带底部填充深红色，效果如图6-95所示。新建图层，得到“图层17”，为皮包带填充紫色，效果如图6-96所示。

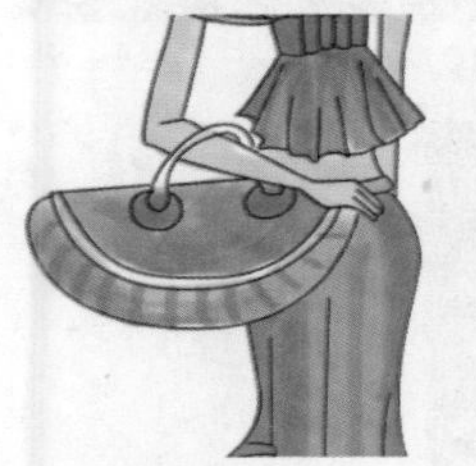

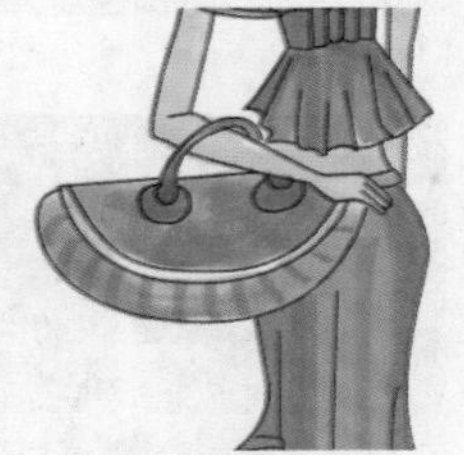

图6-95　　图6-96

17 单击“图层”面板底部的“创建新图层”按钮，新建图层，得到“图层18”。选择“自定形状工具”，参数设置如图6-97所示，在皮包上绘制图案，效果如图6-98所示。新建图层，得到“图层19”，为皮包中间加上蓝色波浪纹，效果如图6-99所示，处理完的效果如图6-100所示。

图6-97

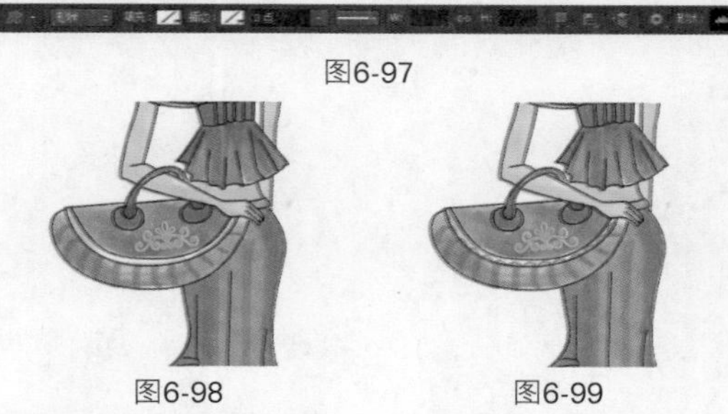

图6-98　　图6-99

18 打开随书光盘中的文件“素材”\“第6章”\“6.2.tif”，使用“移动工具”将素材拖入文件中，放在所有图层的最底层，如图6-101所示，最终效果如图6-102所示。

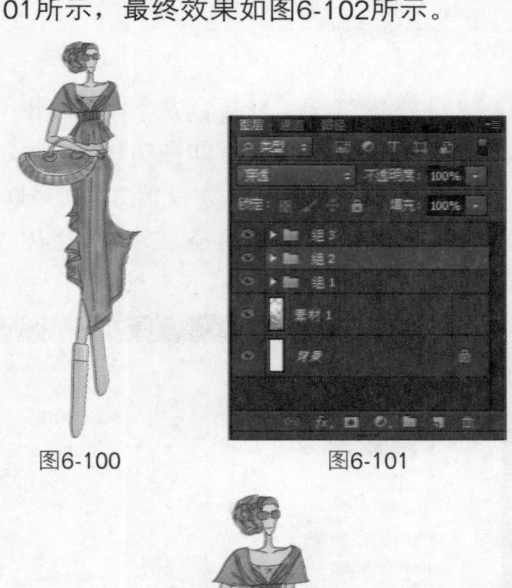

图6-100　　图6-101

图6-102

Works 6.3 时尚旗袍

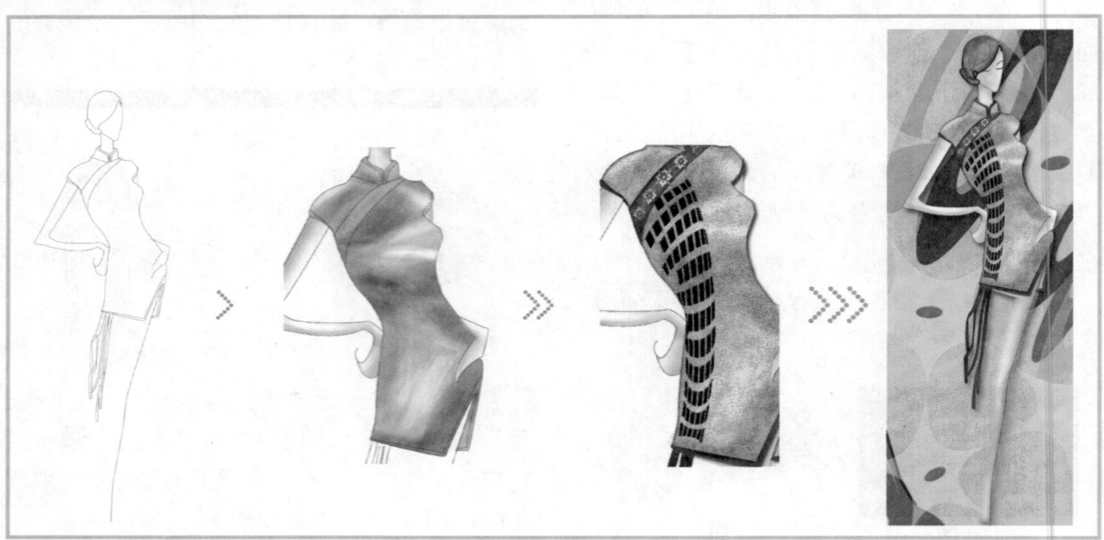

01 按快捷键Ctrl+N新建文件，弹出“新建”对话框并设置参数，如图6-103所示。选择“钢笔工具”，参数设置如图6-104所示，绘制出人物轮廓的路径，效果如图6-105所示。

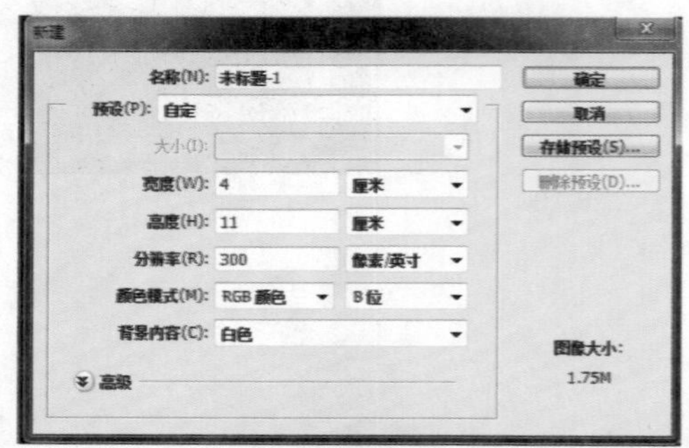

图6-103

图6-104

02 选择“背景”图层，单击“图层”面板底部的“创建新组”按钮，创建“组1”，新建“图层2”，如图6-106所示。选择“画笔工具”，参数设置如图6-107所示。设置前景色，如图6-108所示，绘制人物的头发，效果如图6-109所示。

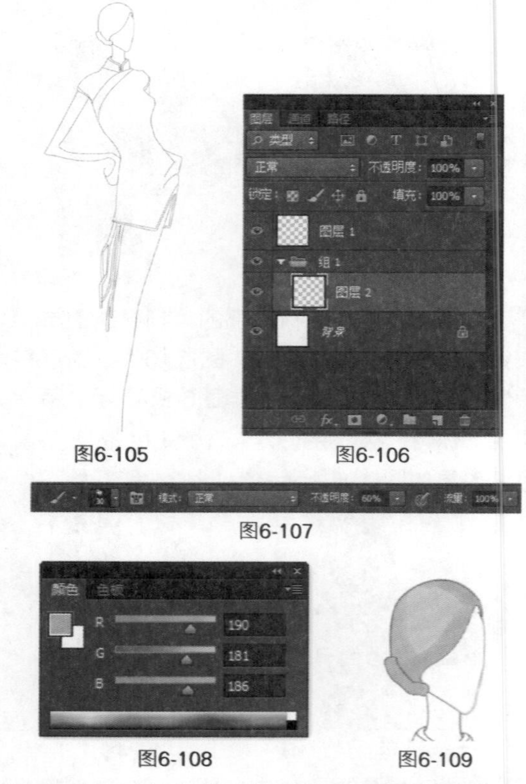

图6-105 图6-106

图6-107

图6-108 图6-109

03 选择“加深工具”，参数设置如图6-110所示，涂抹后的效果如图6-111所示。

图6-110

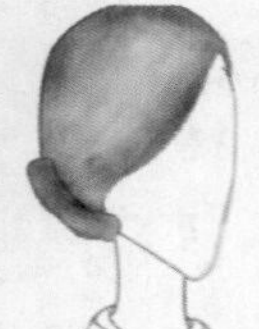
图6-111

04 新建“图层3”，选择“画笔工具”，参数设置如图6-112所示。单击“路径”面板底部的“用画笔描边路径”按钮，为头发绘制线条，效果如图6-113所示。

模式：正常 不透明度：60% 流量：100%

图6-112

05 新建“图层4”，选择“钢笔工具”绘制面部路径，将路径作为选区载入并填充颜色，效果如图6-114所示。分别选择“减淡工具”和“加深工具”，参数设置如图6-115和图5-116所示，涂抹后的效果如图6-117所示。选择“画笔工具”，绘制人物面部细节，效果如图6-118所示。

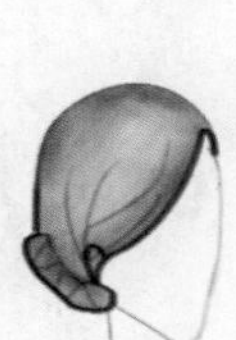
图6-113

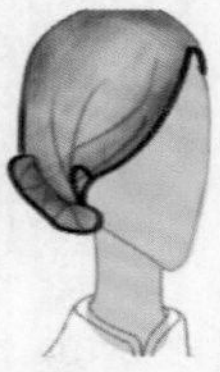

图6-114

范围：中间调 曝光度：30%

图6-115

范围：阴影 曝光度：20%

图6-116

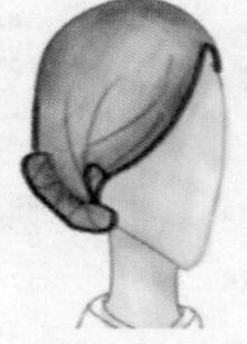
图6-117

图6-118

06 新建“图层5”，选择“钢笔工具”绘制手臂路径，将路径作为选区载入并填充颜色，效果如图6-119所示。选择“减淡工具”，参数设置如图6-120所示，对手臂进行修饰，效果如图6-121所示。

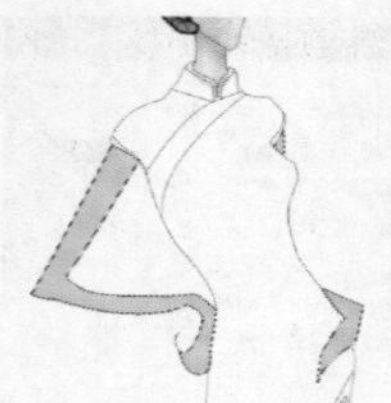
图6-119

范围：中间调 曝光度：30%

图6-120

07 新建“图层6”，选择“钢笔工具”绘制旗袍路径，将路径作为选区载入并填充颜色，效果如图6-122所示。选择“加深工具”、“减淡工具”，参数设置如图6-123和图6-124所示，对旗袍进行修饰，效果如图6-125所示。

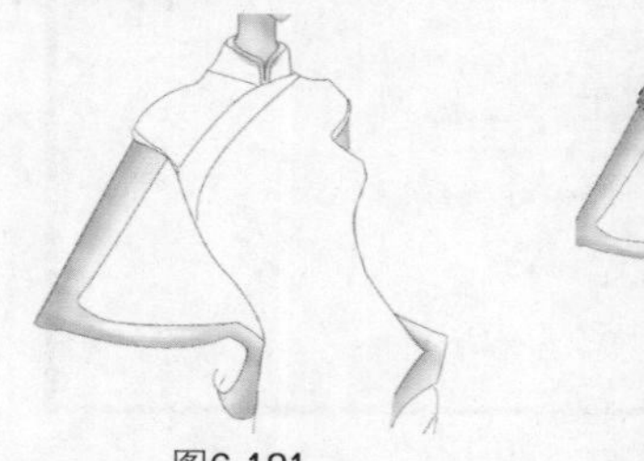
图6-121

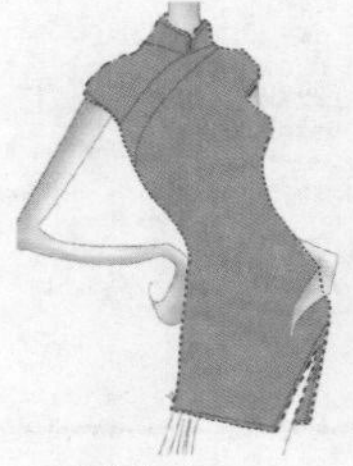
图6-122

范围：中间调 曝光度：20%

图6-123

范围：中间调 曝光度：30%

图6-124

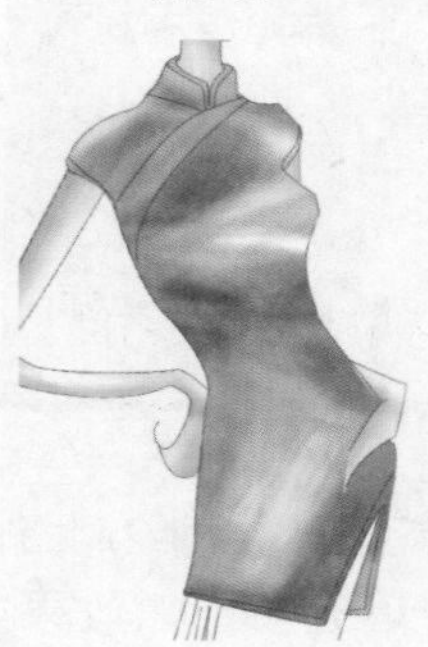
图6-125

08 单击“图层”面板底部的“添加图层样式”按钮，在弹出的菜单中选择“投影”、“内阴影”、“图案叠加”命令，对话框设置如图6-126～图6-128所示。应用后的效果如图6-129所示。

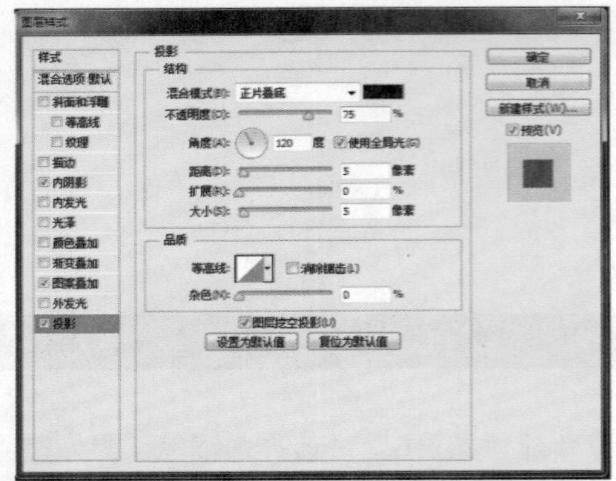

图6-126

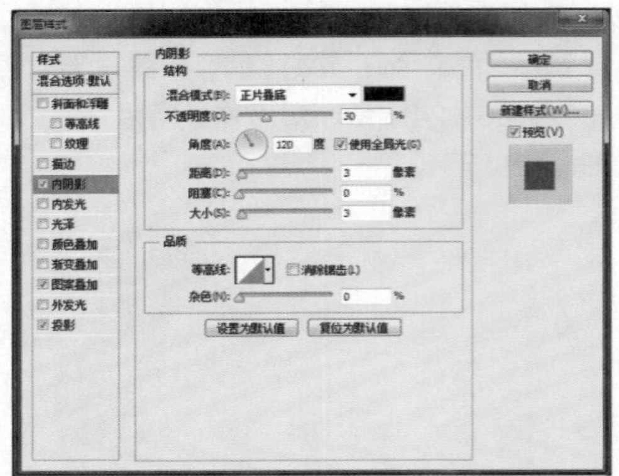

图6-127

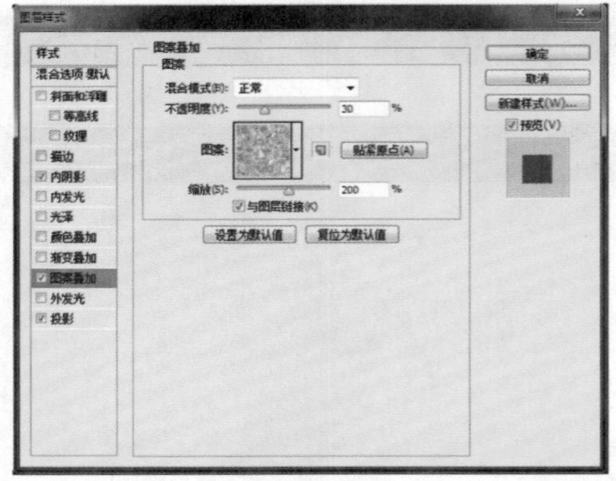

图6-128

09 选择“钢笔工具”绘制路径，将路径作为选区载入并填充颜色，效果如图6-130所示。选择“减淡工具”，参数设置如图6-131所示，涂抹后的效果如图6-132所示。

10 选择“自定义形状工具”，参数设置如图6-133所示，绘制形状如图6-134所示。复制多个，使用快捷键Ctrl+T将其自由变换摆放，效果如图6-135所示。

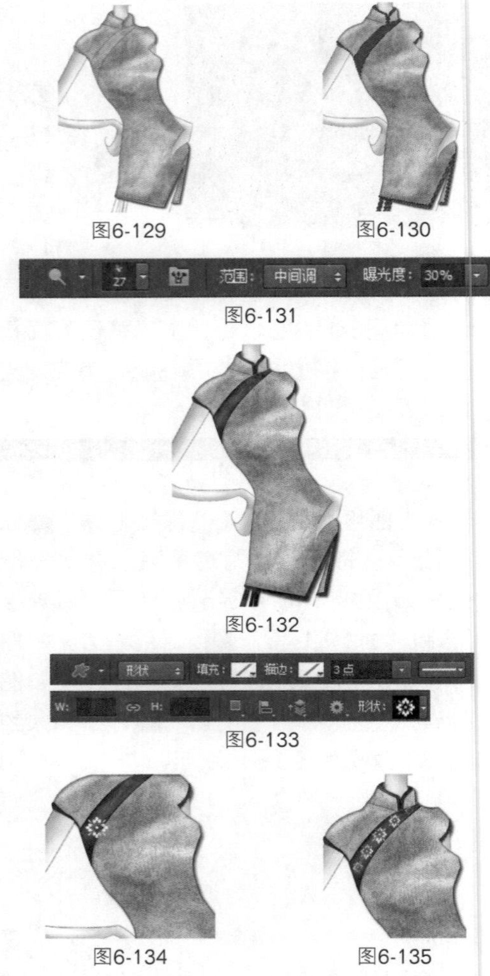

图6-129　图6-130

图6-131

图6-132

图6-133

图6-134　图6-135

11 单击“图层”面板底部的“添加图层样式”按钮，在弹出的菜单中选择“投影”命令，对话框设置如图6-136所示，应用后的效果如图6-137所示。

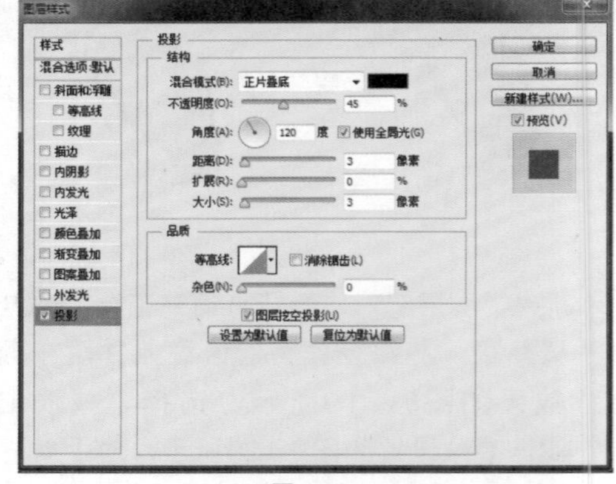

图6-136

12 选择“矩形选框工具”，绘制矩形选区并填充前景色，效果如图6-138所示。复制多个图形并进行摆放，效果如图6-139所示。按快捷键Ctrl+T进行变形处理，效果如图6-140所示。

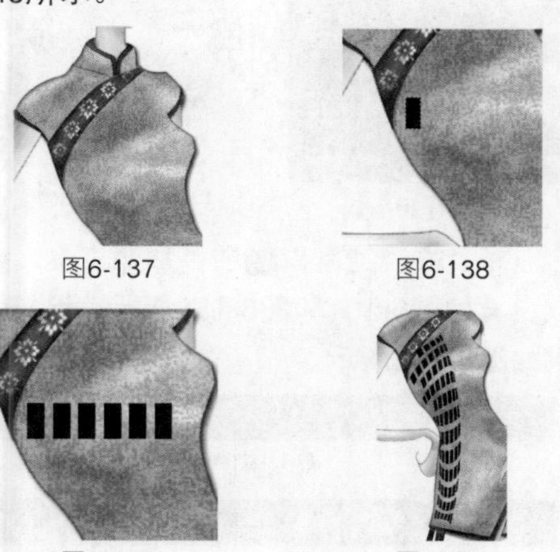

图6-137 图6-138

图6-139 图6-140

13 选择“画笔工具”，参数设置如图6-141所示，绘制人物的腿部效果。选择“减淡工具”和“加深工具”加以修饰，效果如图6-142所示。最后导入随书光盘中的文件“素材”\“第6章”\“6.3.tif”，放到所有图层的最底层，最终效果如图6-143所示。

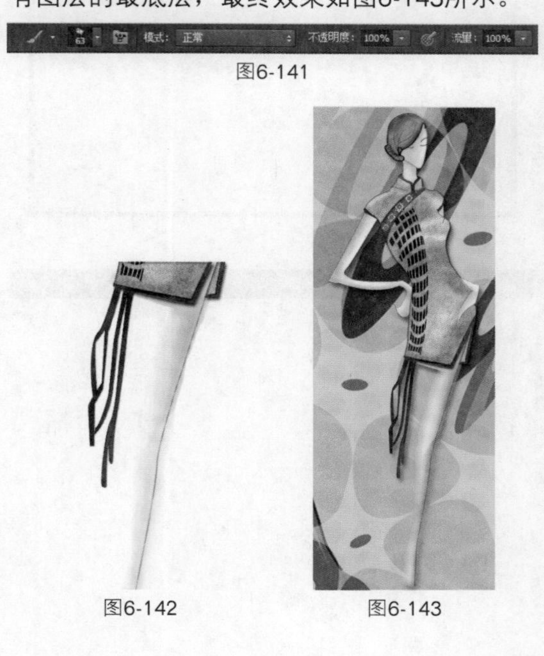

图6-141

图6-142 图6-143

Works 6.4 小清新淑女装

01 按快捷键Ctrl+N新建文件，在弹出的对话框中设置参数，如图6-144所示。选择“钢笔工具”，参数设置如图6-145所示，绘制路径如图6-146所示。

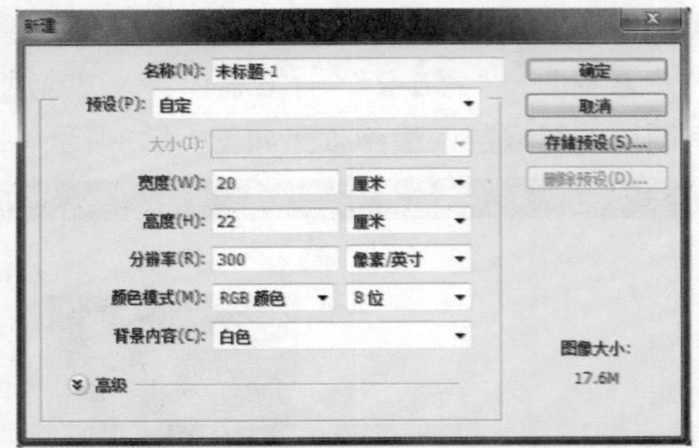

图6-144

图6-145

图6-146

02 单击“图层”面板底部的“创建新图层”按钮，得到“图层1”。选择“画笔工具”，参数设置如图6-147所示，设置前景色为黑色。进入“路径”面板，选择“路径1”，单击“用画笔描边路径”按钮，对路径进行描边，效果如图6-148所示。

图6-147

图6-148

03 新建“图层2”，设置前景色，如图6-149所示。选择“钢笔工具”绘制路径，将路径作为选区载入并填充颜色，效果如图6-150所示。

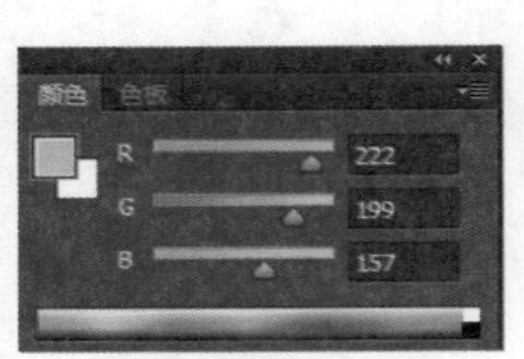

图6-149 图6-150

04 选择“减淡工具”和“加深工具”，参数设置如图6-151和图6-152所示，涂抹后的效果如图6-153所示。

图6-151

图6-152

05 新建“图层3”，设置前景色，对人物脸部和颈部进行涂抹，效果如图6-154所示。选择“加深工具”，参数设置如图6-155所示，涂抹后的效果如图6-156所示。

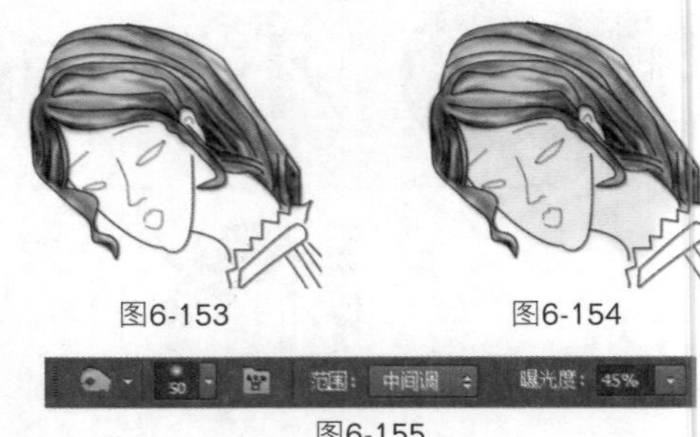

图6-153 图6-154

图6-155

06 设置前景色，选择“画笔工具”进行涂抹，绘制人物的面部细节，效果如图6-157所示。选择“画笔工具”，参数设置如图6-158所示，参照图6-159所示，绘制上身衣服。

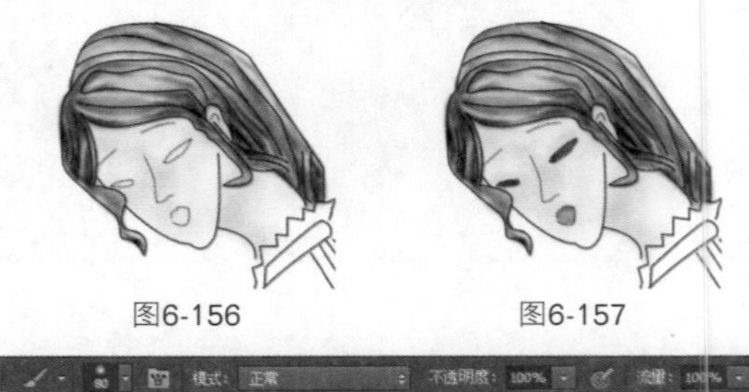

图6-156 图6-157

图6-158

图6-159

07 选择“减淡工具”和“加深工具”，参数设置如图6-160和图6-161所示，涂抹后的效果如图6-162所示。

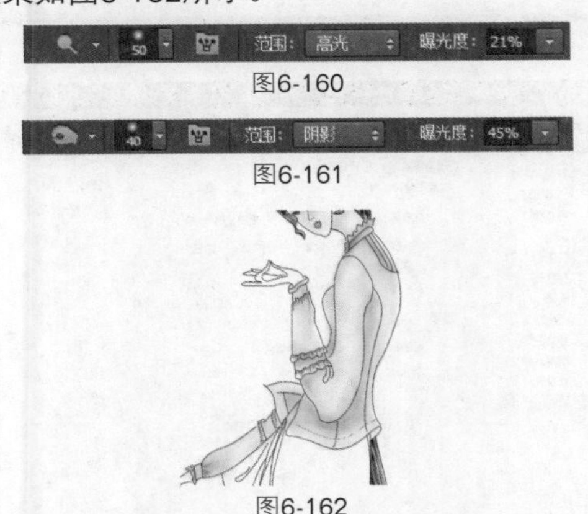

图6-160

图6-161

图6-162

08 选择“椭圆选框工具”，参数设置如图6-163所示。参照图6-164所示，绘制人物背部细节。新建图层，设置前景色，选择“画笔工具”进行涂抹，效果如图6-165所示。

图6-163

图6-164

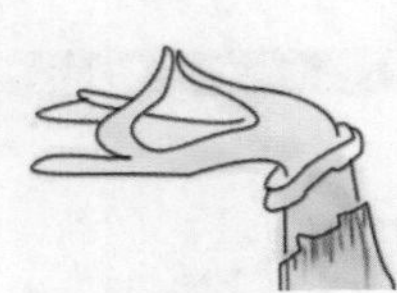

图6-165

09 选择“钢笔工具”绘制路径，将其转换为选区并填充颜色，效果如图6-166所示。新建图层，选择“渐变工具”，参数设置如图6-167所示，向选区内填充渐变，效果如图6-168所示。

10 选择“减淡工具”，参数设置如图6-169所示。对人物裙子进行减淡处理，效果如图6-170所示。

图6-166

模式: 正常 不透明度: 60%

图6-167

图6-168

图6-169

图6-170

11 选择“钢笔工具”，如图6-171所示绘制路径，将路径转换为选区并填充颜色，效果如图6-172所示。选择“选择”|“修改”|“羽化”命令，对话框设置如图6-173所示，选择“减淡工具”和“加深工具”进行处理，效果如图6-174所示。

图6-171

图6-172

图6-173

图6-174

12 选择“钢笔工具”，参数设置如图6-175所示。绘制路径，效果如图6-176所示。将路径作为选区载入并填充颜色，效果如图6-177所示。

图6-175

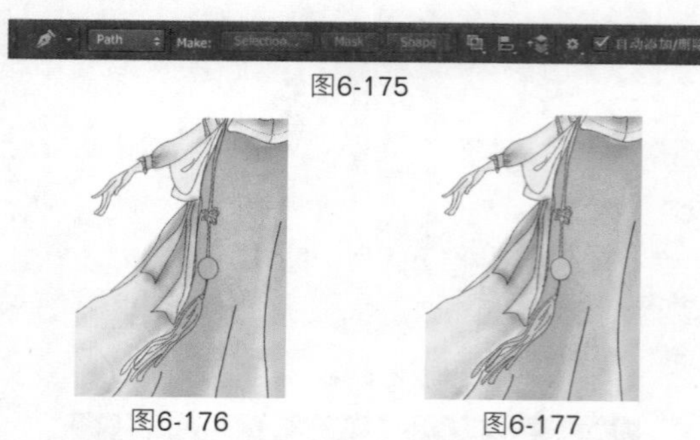

图6-176　　图6-177

13 选择“加深工具”，参数设置如图6-178所示。对人物的配饰进行加深处理，效果如图6-179所示。新建图层，选择“椭圆选框工具”，绘制选区并填充颜色。单击“图层”面板底部的“添加图层样式”按钮，在弹出的菜单中选择“投影”命令，对话框设置如图6-180所示。将此图层复制一个图层，设置“投影”图层样式参数如图6-181所示。将两个图层合并，效果如图6-182所示。

图6-178

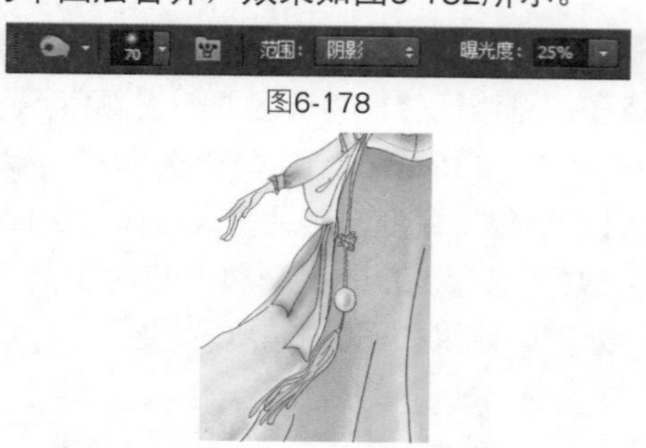

图6-179

14 新建图层，选择“自定义形状工具”，参数设置如图6-183所示，绘制形状如图6-184所示，按快捷键Ctrl+T，将其旋转缩放并摆好位置，效果如图6-185所示。

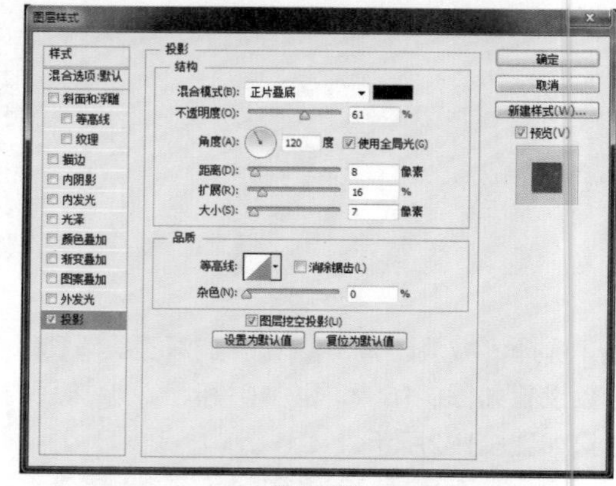

图6-180

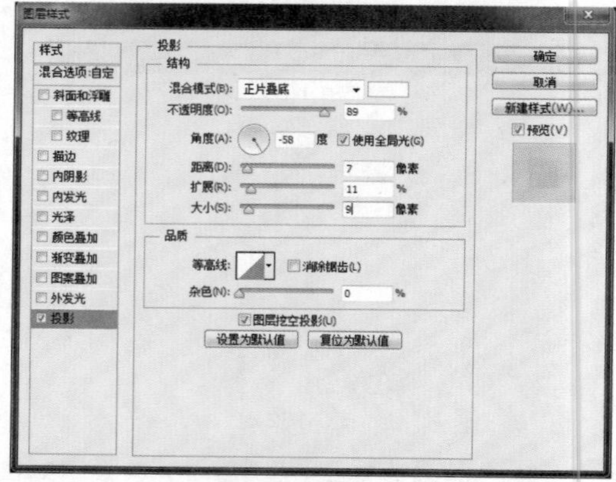

图6-181

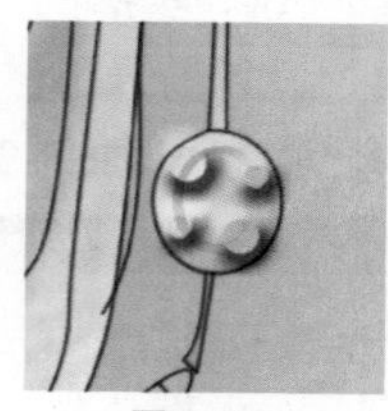

图6-182

图6-183

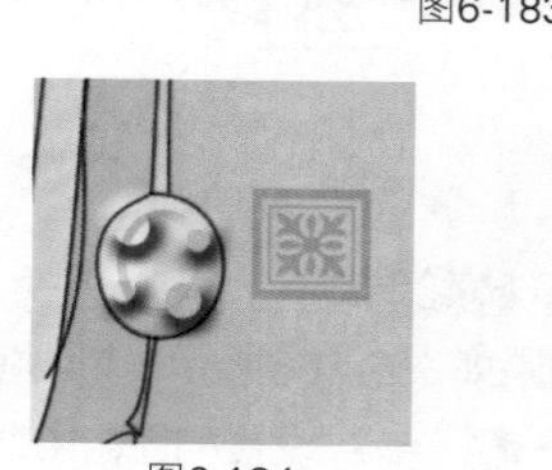

图6-184

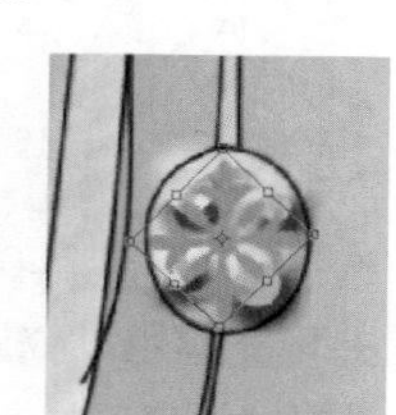

图6-185

15 单击“图层”面板底部的“添加图层样式”按钮，在弹出的菜单中选择“内阴影”命令，对话框设置如图6-186所示，应用后的效果如图6-187所示。最后导入随书光盘中的文件“素材”\“第6章”\“6.4.tif”，放到所有图层的最底层，最终效果如图6-188所示。

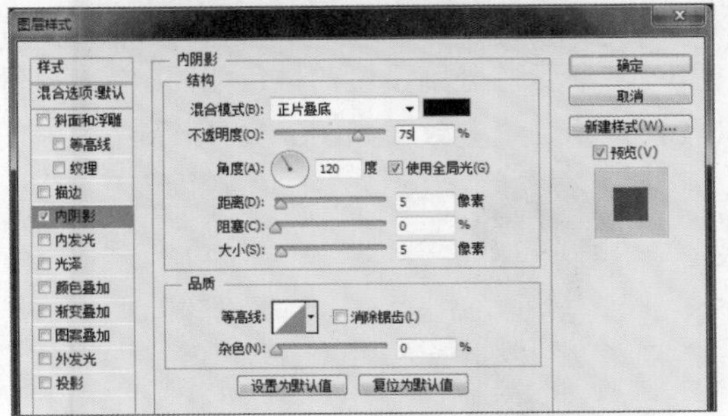

图6-186

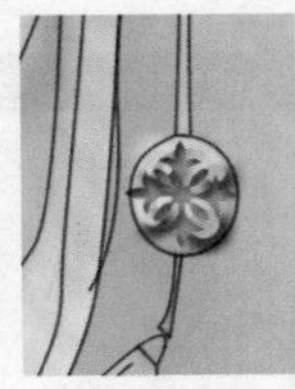

图6-187

图6-188

Works 6.5 露肩长纱裙

01 按Ctrl+N键新建文件，对话框参数设置如图6-189所示。

新建
名称(N): 未标题-1
预设(P): 自定
大小(I):
宽度(W): 7 厘米
高度(H): 10 厘米
分辨率(R): 300 像素/英寸
颜色模式(M): RGB 颜色 8位
背景内容(C): 白色
高级
确定
取消
存储预设(S)...
删除预设(D)...
图像大小:
2.79M

图6-189

02 使用“钢笔工具”，在画面中绘制人物轮廓路径，效果如图6-190所示，选择“画笔工具”为路径描边，效果如图6-191所示。

图6-190

图6-191

03 新建图层，得到“图层1”。选择“画笔工具”，参数设置如图6-192所示。分别设置前景色如图6-193、图6-194所示，填充效果如图6-195所示。新建图层，得到“图层2”，分别设置前景色如图6-196、图6-197所示，填充效果如图6-198所示。

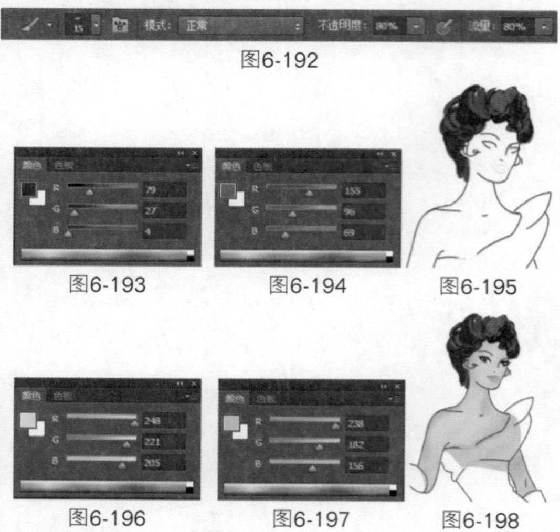

图6-192

图6-193 图6-194 图6-195

图6-196 图6-197 图6-198

04 新建图层，得到“图层3”。选择“画笔工具”，参数设置如图6-199所示，分别设置前景色如图6-200～图6-202所示，填充效果如图6-203所示。选择“画笔工具”在画面中进行绘制，选择“减淡工具”，参数设置如图6-204所示，对图像进行提亮处理，效果如图6-205所示。

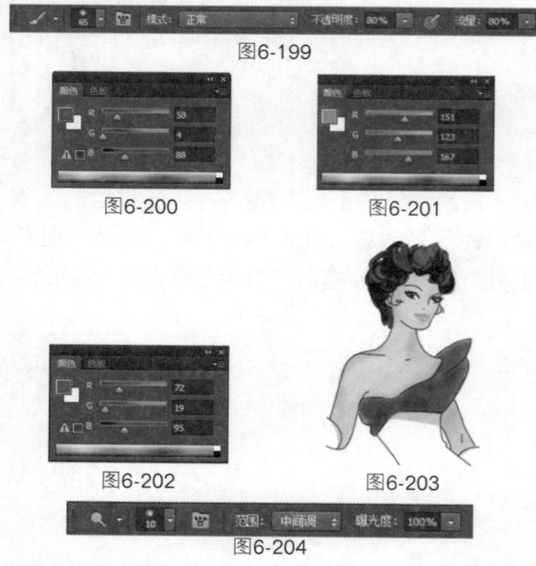

图6-199

图6-200 图6-201

图6-202 图6-203

图6-204

05 新建图层，得到“图层4”。选择“钢笔工具”，在画面中绘制路径，效果如图6-206所示。将其转换为选区，选择“选择”|“修改”|“收缩”命令，对话框设置如图6-207所示。分别设置前景色如图6-208～图6-210所示，填充效果如图6-211所示。

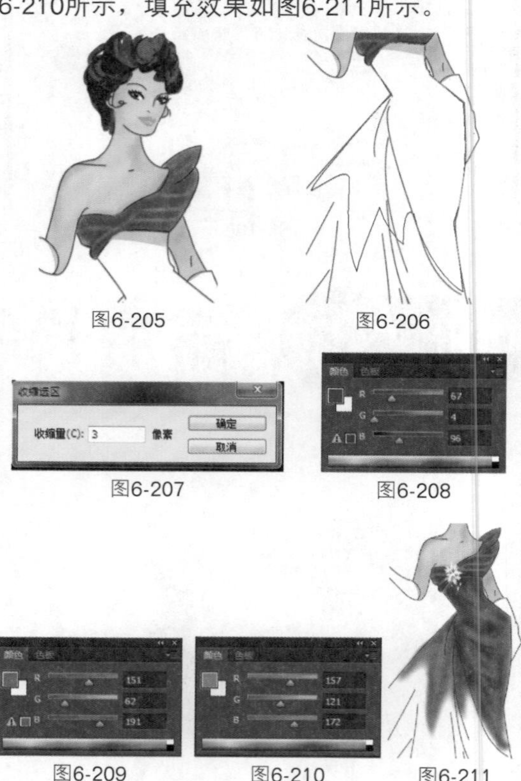

图6-205 图6-206

图6-207 图6-208

图6-209 图6-210 图6-211

06 新建图层，得到“图层4”。选择“钢笔工具”绘制路径，将路径转换为选区并填充颜色，效果如图6-212所示。选择“加深工具”、“减淡工具”，参数设置如图6-213、6-214所示，对图像进行处理，效果如图6-215所示。

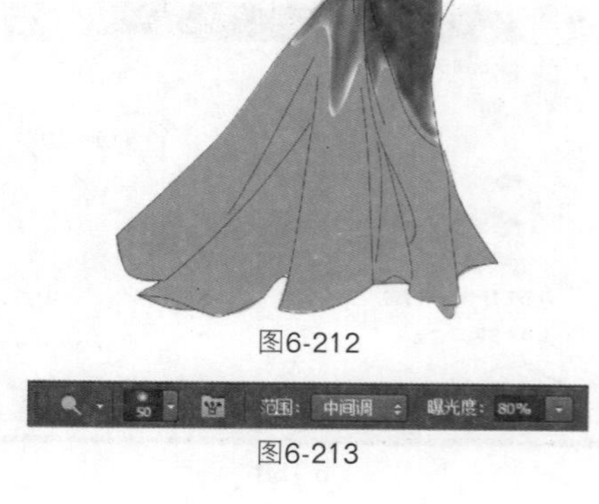

图6-212

图6-213

图6-214

图6-215

07 新建图层，得到“图层5”。择“钢笔工具”绘制路径，将其转换为选区，效果如图6-216所示，填充颜色的效果如图6-217所示。

图6-216　图6-217

08 新建图层，得到“图层5”。在画面中绘制手部，填充颜色为紫色。选择“减淡工具”，参数设置如图6-218所示，对图像进行提亮处理，效果如图6-219所示。导入素材图片，最终效果如图6-220所示。

图6-218

图6-219　图6-220

Works 6.6 动感套裙

01 按Ctrl+N键新建文件，弹出对话框并设置参数，如图6-221所示。选择“钢笔工具”，参数设置如图6-222，绘制路径如图6-223所示。

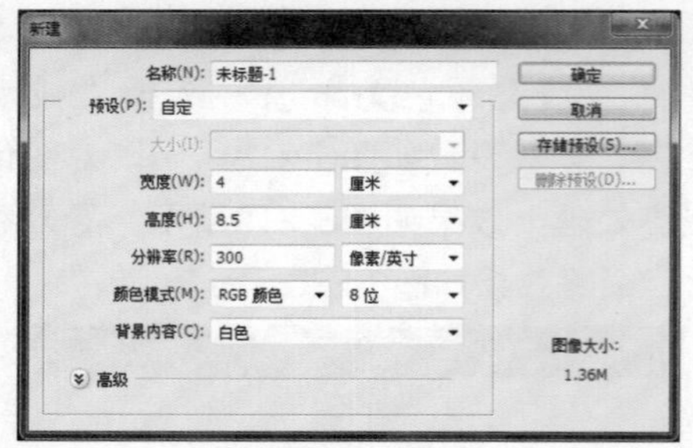

图6-221

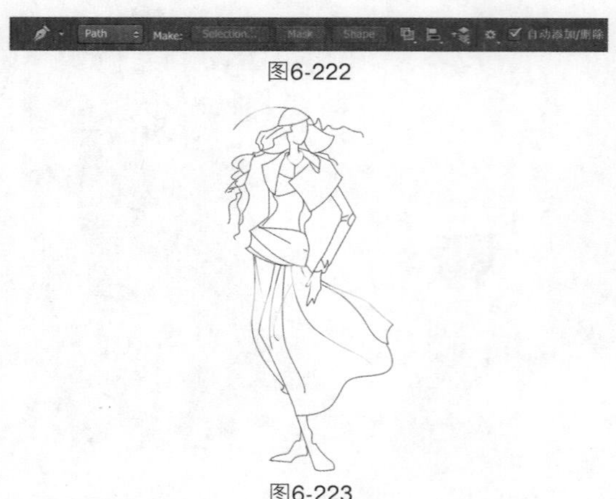
图6-222

图6-223

02 单击“图层”面板底部的“创建新图层”按钮，得到“图层1”。选择“画笔工具”，参数设置如图6-224所示，设置前景色为黑色。进入“路径”面板，选择“路径1”，右击鼠标，在弹出的菜单中选择“用画笔描边路径”按钮，对路径进行描边，效果如图6-225所示。

图6-224

图6-225

03 选择“背景”图层，单击“图层”面板底部的“创建新组”按钮，创建“组1”，新建“图层2”，如图6-226所示。设置前景色，如图6-227所示。新建图层，选择“钢笔工具”绘制路径，将路径作为选区载入并填充颜色，效果如图6-228所示。分别选择“减淡工具”、“加深工具”，参数设置如图6-229、图6-230所示，涂抹后的效果如图6-231所示。

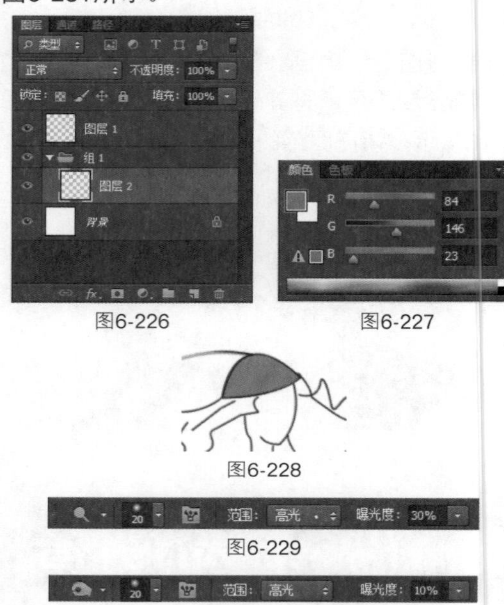
图6-226

图6-227

图6-228

图6-229

图6-230

04 新建图层，得到“图层3”，选择“钢笔工具”绘制路径，将路径作为选区载入并填充颜色，效果如图6-232所示。分别选择“减淡工具”、“加深工具”，参数设置如图6-233、图6-234所示，涂抹后的效果如图6-235所示。选择“画笔工具”，绘制人物面部五官，效果如图6-236所示。

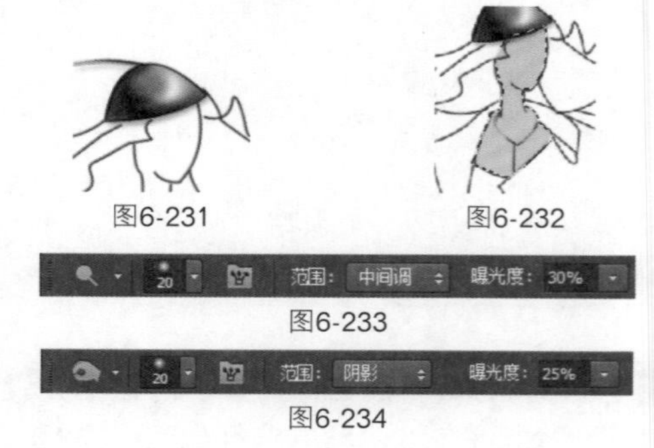
图6-231

图6-232

图6-233

图6-234

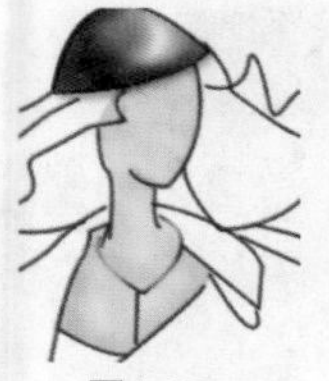
图6-235

图6-236

05 新建“图层4”，选择“椭圆选框工具”，参数设置如图6-237所示，绘制项链选区并填充颜色。单击“图层”面板底部的按钮，在弹出的菜单中选择“投影”、“斜面和浮雕”、“描边”命令，对话框设置如图6-238～图6-240所示，应用后的效果如图6-241所示。

羽化：0像素 消除锯齿

图6-237

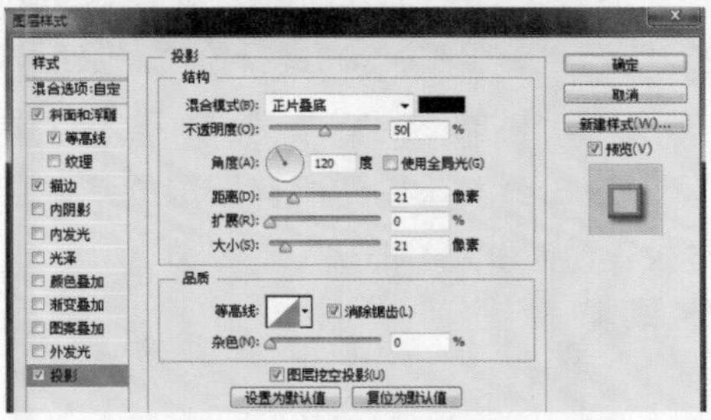

图6-238

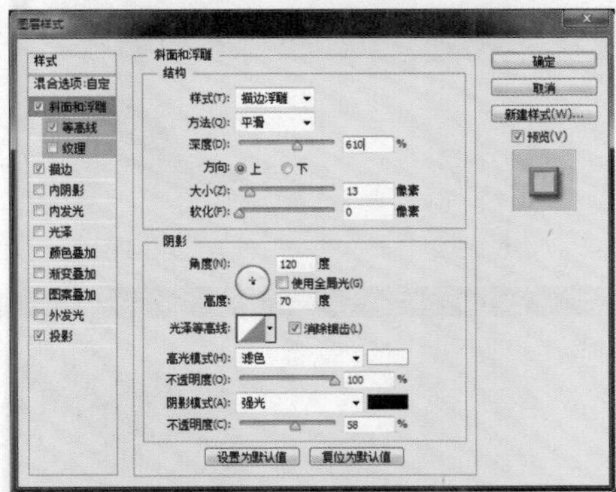

图6-239

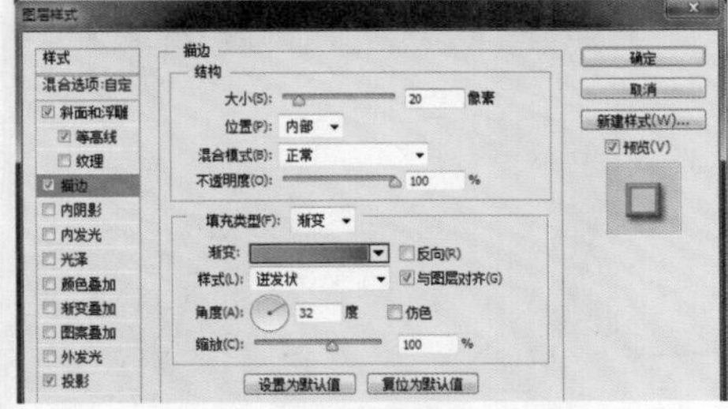

图6-240

06 新建“图层5”，选择“钢笔工具”绘制人物头发的路径，将路径作为选区载入并填充颜色，效果如图6-242所示。选择“减淡工具”，参数设置如图6-243所示，涂抹后的效果如图6-244所示。

图6-241

图6-242

范围：高光 曝光度：30%

图6-243

07 新建“图层6”，选择“钢笔工具”绘制人物衣服的路径，将路径作为选区载入并填充颜色，效果如图6-245所示。分别选择“减淡工具”、“加深工具”，参数设置如图6-246、图6-247所示，涂抹后的效果如图6-248所示。

图6-244

图6-245

范围：高光 曝光度：30%

图6-246

范围：阴影 曝光度：10%

图6-247

08 新建“图层7”，选择“钢笔工具”绘制路径，将其转换为选区并填充颜色，效果如图6-249所示。选择“减淡工具”，参数设置如图6-250所示，修饰效果如图6-251所示。

图6-248

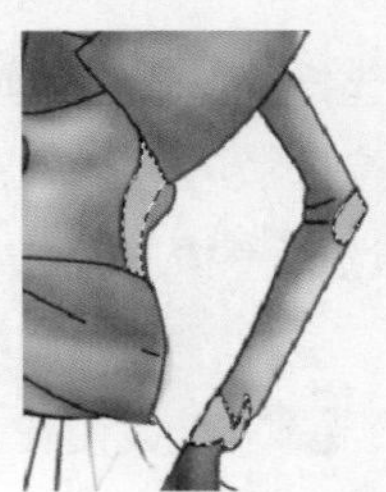
图6-249

图6-250

09 新建“图层8”，设置前景色，选择“钢笔工具”绘制路径，将路径作为选区载入并填充颜色，效果如图6-252所示。

10 新建“图层9”，设置前景色，选择“钢笔工具”绘制路径，将路径作为选区载入并填充颜色，效果如图6-253所示。单击“图层”面板底部的“添加图层样式”按钮，在弹出的菜单中选择“投影”、“描边”命令，对话框设置如图6-254、图6-255所示，应用后的效果如图6-256所示。

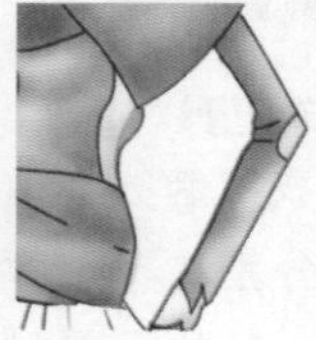

图6-251

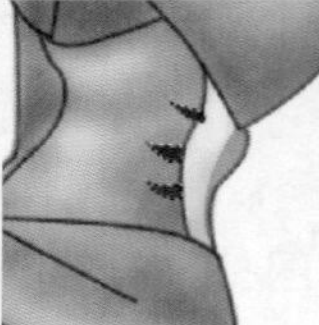

图6-252

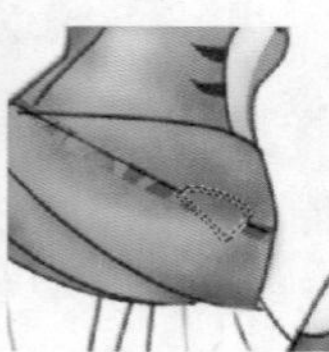

图6-253

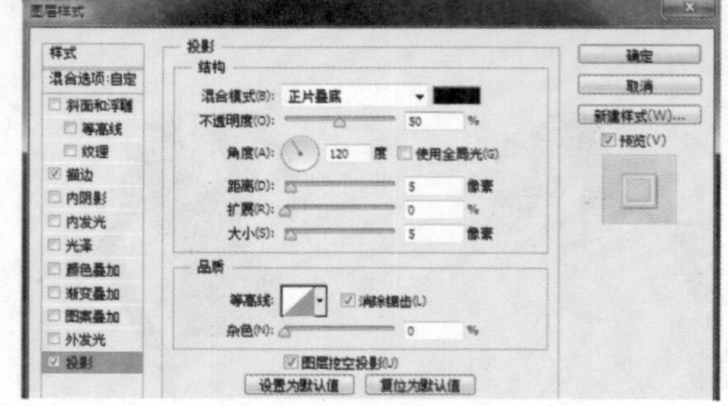

图6-254

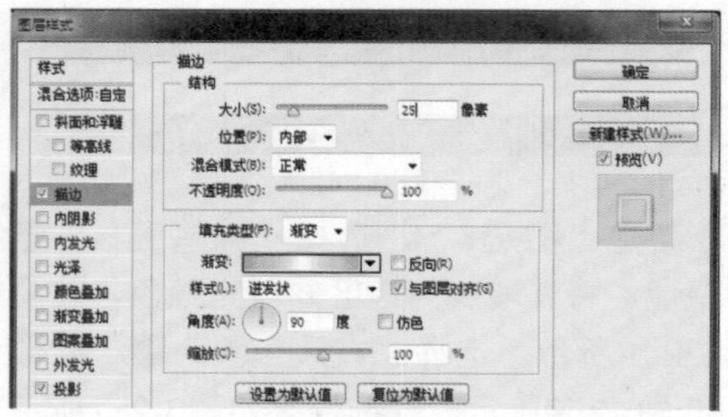

图6-255

11 选择“钢笔工具”绘制路径，将路径作为选区载入并填充颜色，效果如图6-257所示。选择“橡皮擦工具”对下身衣服进行擦拭，参数设置如图6-258所示。选择“加深工具”，参数设置如图6-259所示，修饰后的效果如图6-260所示。

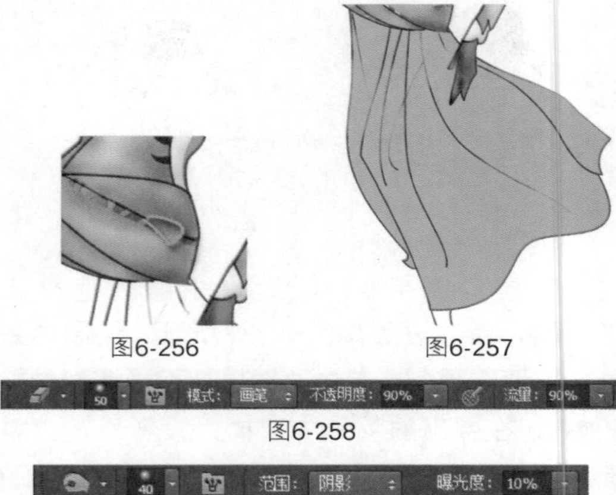

图6-256　　图6-257

图6-258

图6-259

12 选择“钢笔工具”绘制鞋子的路径，将其作为选区载入并填充颜色，效果如图6-261所示。选择“画笔工具”，参数设置如图6-262所示，参照图6-263进行绘制。最后导入随书光盘中的文件“素材”\“第6章”\“6.6.tif”，放到所有图层的最底层，最终效果如图6-264所示。

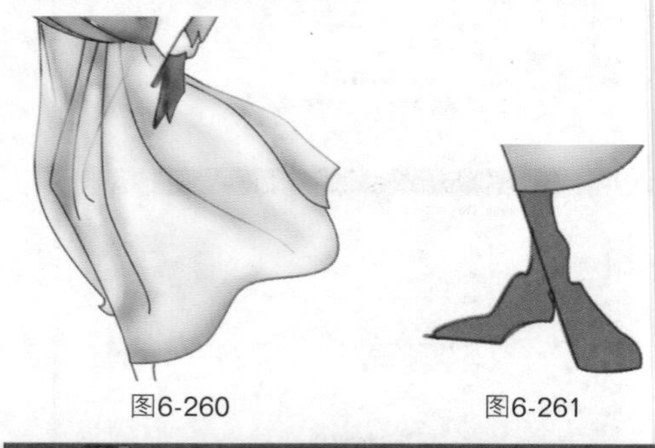

图6-260　　图6-261

图6-262

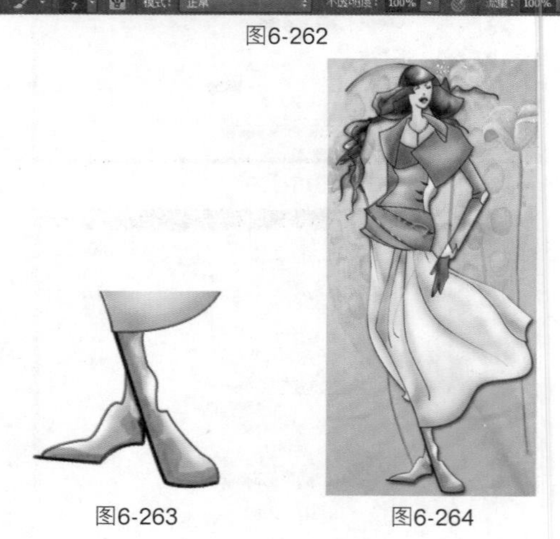

图6-263　　图6-264

Works 6.7 民族风短裙

01 按快捷键Ctrl+N新建文件，弹出对话框并设置参数，如图6-265所示。新建“图层1”，单击“钢笔工具”绘制路径，效果如图6-266所示。

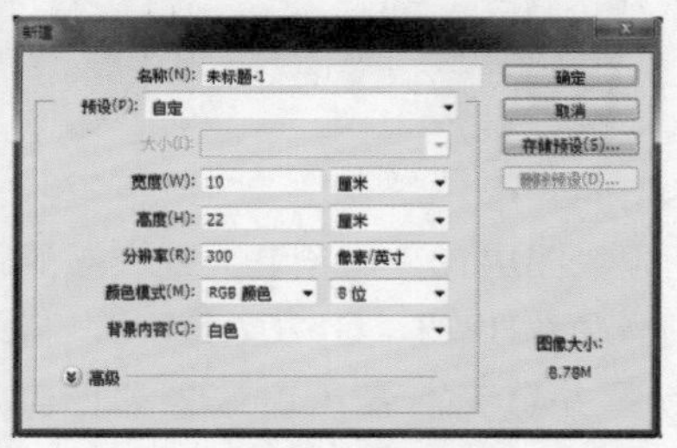

图6-265

02 新建图层组“组1”，新建“图层2”。设置前景色，单击“画笔工具”，设置画笔类型为硬边机械3像素，单击“路径”面板底部的“用画笔描边路径”按钮，效果如图6-267所示。新建“图层3”，单击“钢笔工具”绘制头发路径。设置前景色为黑色，单击“路径”面板底部的“用画笔描边路径”按钮，对其描黑边，效果如图6-268所示。

03 新建“图层4”，设置前景色为R151、G144、B128。按快捷键Ctrl+Enter，将路径作为选区载入。按快捷键Alt+Delete，向选区内填充前景色，效果如图6-269所示。选择“加深工具”，设置画笔类型为柔边机械20像素，“范围”为“中间调”，“曝光度”为25%；选择“减淡工具”，设置画笔类型为柔边机械20像素，“范围”为“高光”，“曝光度”为21%。在画面中进行加深及减淡修饰，效果如图6-270所示。

图6-266　图6-267　图6-268

04 新建“图层5”，单击“钢笔工具”，绘制人物头发上面的饰品路径。设置前景色为R200、G50、B122，单击“路径”面板底部的“用前景色填充路径”按钮，效果如图6-271所示。设置前景色为黑色，选择“画笔工具”，设置画笔类型为硬边机械1像素，在饰品处绘制，效果如图6-272所示。新建“图层6”，单击“钢笔工具”，绘制脸部路径，设置前景色为R231、G217、B208，按快捷键Ctrl+Enter，将路径作为选区载入，按快捷键Alt+Delete，向选区内填充前景色，效果如图6-273所示。

图6-269 图6-270 图6-271

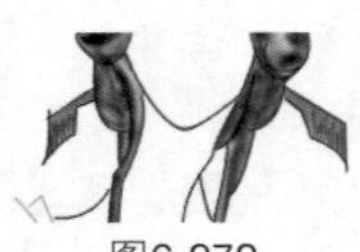
图6-272

图6-273

05 选择“减淡工具”，设置画笔类型为柔边机械70像素，“范围”为“高光”，“曝光度”为21%，对脸部进行减淡修饰。选择“画笔工具”，绘制人物五官，效果如图6-274所示。新建“图层7”，绘制颈部路径，设置前景色为R231、G217、B208，按快捷键Ctrl+Enter，将路径作为选区载入，按快捷键Alt+Delete，向选区内填充前景色，效果如图6-275所示。

图6-274

图6-275

06 选择“加深工具”，设置画笔类型为柔边机械20像素，“范围”为“阴影”，“曝光度”为26%；选择“减淡工具”。在画面中进行加深及减淡修饰，效果如图6-276所示。新建图层组“组2”，新建“图层8”，设置前景色，选择“钢笔工具”绘制路径，将路径转换为选区并填充前景色，效果如图6-277所示。

图6-276

图6-277

07 选择“加深工具”，设置画笔类型为柔边机械40像素，“范围”为“阴影”，“曝光度”为25%；选择“减淡工具”，设置画笔类型为柔边机械50像素，“范围”为“高光”，“曝光度”为10%。在画面中进行加深、减淡修饰，效果如图6-278所示。新建“图层9”，选择“钢笔工具”，绘制领子边缘的路径，设置前景色为黑色，选择“画笔工具”，选择画笔类型为硬边机械6像素，单击“路径”面板底部的“用画笔描边路径”按钮，效果如图6-279所示。

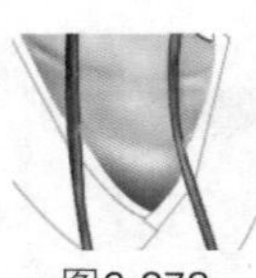
图6-278

图6-279

08 新建“图层10”，绘制人物衣服的路径，设置前景色为R225、G170、B173，将路径转换为选区并填充前景色，效果如图6-280所示。选择“加深工具”，设置画笔类型为柔边机械125像素；选择“减淡工具”，设置画笔类型为柔边机械100像素，“曝光度”为21%，对衣服进行加深、减淡修饰，效果如图6-281所示。

图6-280

图6-281

09 新建“图层11”，设置前景色为R164、G13、B28，选择“自定形状工具”绘制形状，效果如图6-282所示。复制形状，按快捷键Ctrl+T，缩放及旋转形状并将其摆放到衣服处，按Ctrl键，单击“图层10”的缩略图，载入衣服选区，按快捷键Ctrl+Shift+I，将选区反向选择，按Delete键删除，效果如图6-283所示。

图6-282

图6-283

10 合并“图层11”及副本图层，新建“图层11”，设置前景色为R91、G242、B227。选择“自定形状工具”，绘制形状并将其调整摆放并删除多余部分，合并图层后的效果如图6-284所示。新建图层，绘制形状，载入衣服选区，反向选择并删除多余部分，合并红色形状所在的所有图层，效果如图6-285所示。

图6-284

图6-285

11 新建“图层12”，选择“钢笔工具”，绘制衣服边缘的路径，设置前景色为R164、G13、B28。选择“画笔工具”，设置画笔类型为硬边机械5像素。单击“路径”面板底部的“用画笔描边路径”按钮，为衣服描红边，效果如图6-286所示。新建“图层13”，选择“钢笔工具”，绘制衣服宽边的路径，设置前景色为R200、G28、B6，按快捷键Ctrl+Enter，将路径作为选区载入，按快捷键Alt+Delete，向选区内填充前景色，效果如图6-287所示。

图6-286

图6-287

12 选择“减淡工具”，设置画笔类型为柔边机械100像素，“范围”为“高光”，“曝光度”为21%，对衣服的宽边进行减淡修饰，效果如图6-288所示。新建“图层14”，设置前景色为黑色，选择“画笔工具”，设置画笔类型为轻微不透明度水彩笔10像素，在衣服宽边处进行绘制，效果如图6-289所示。

图6-288 图6-289

13 新建图层组“组3”，新建“图层15”，设置前景色为R20、G52、B187。选择“钢笔工具”，绘制腰带的路径，单击“路径”面板底部的“用前景色填充路径”按钮，效果如图6-290所示。选择“减淡工具”，对腰带进行减淡修饰，效果如图6-291所示。

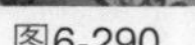
图6-290

图6-291

14 新建“图层16”，设置前景色为R137、G18、B3。选择“钢笔工具”，绘制腰带飘带的路径，单击“路径”面板底部的“用画笔描边路径”按钮，效果如图6-292所示。新建“图层17”，设置前景色为R207、G23、B1，单击“路径”面板底部的“用前景色填充路径”按钮，效果如图6-293所示。

图6-292　　图6-293

15 选择“减淡工具”，设置画笔类型为柔边机械60像素，“范围”为“中间调”，“曝光度”为21%，对飘带进行减淡修饰，以绘制衣服的相同方法，对飘带首尾处进行绘制，效果如图6-294所示。新建“图层18”，设置前景色为R0、G0、B174，选择“直线工具”，设置“粗细”为4像素，在腰间宽腰带上绘制蓝色斜线，复制线条并进行摆放，将所有蓝色直线的图层进行合并，按Ctrl键单击“图层14”的选区，按快捷键Ctrl+Shift+I，将选区反向选择，按Delete键删除腰部宽腰带外的直线，效果如图6-295所示。

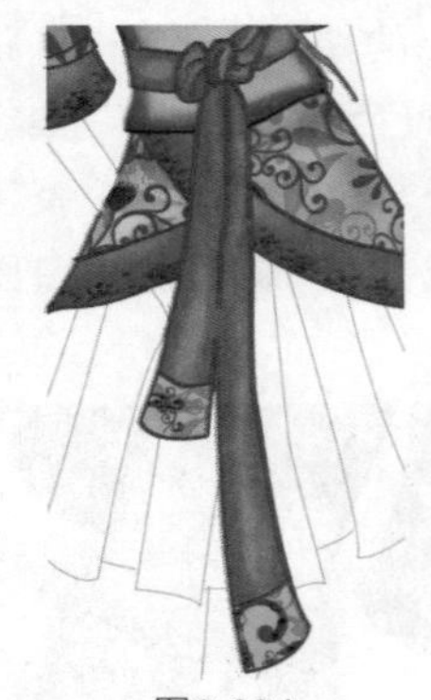

图6-294

图6-295

16 新建图层组“组4”，新建“图层19”，绘制手臂露出的部位及手腕上饰品的路径。设置前景色为黑色，单击“画笔工具”，设置画笔类型为硬边机械3像素，单击“路径”面板底部的“用画笔描边路径”按钮，对路径描黑边，效果如图6-296所示。新建“图层20”，绘制手上饰品的路径，填充红色，设置前景色为R238、G224、B216，绘制手臂路径，将路径转换为选区并填充前景色，效果如图6-297所示。

图6-296　　图6-297

17 选择“减淡工具”，设置画笔类型为柔边机械50像素，“范围”为“高光”，“曝光度”为21%，对手臂及手腕上的饰品进行减淡修饰，效果如图6-298所示。新建图层组“组5”，新建“图层21”，选择“钢笔工具”，绘制裙子路径，设置前景色为R0、G22、B135，选择“画笔工具”，单击“路径”面板底部的“用画笔描边路径”按钮，对其进行描边，效果如图6-299所示。

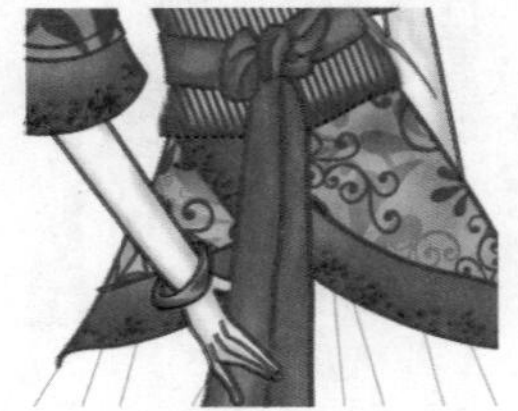

图6-298

图6-299

18 新建“图层22”，选择“钢笔工具”，绘制裙子轮廓的路径，设置前景色为R11、G52、B168，按快捷键Ctrl+Enter，将路径作为选区载入，按快捷键Alt+Delete，向选区内填充前景色，效果如图6-300所示。选择“减淡工具”，设置画笔类型为柔边机械70像素，“范围”为“高光”，“曝光度”为21%，对裙子进行减淡修饰，效果如图6-301所示。

图6-300

图6-301

19 新建“图层23”，以绘制宽腰带上面的纹理线相同的方法进行绘制，效果如图6-302所示。新建图层组“组6”，新建“图层24”，选择“钢笔工具”，绘制人物腿部及鞋子的路径。设置前景色为黑色，选择“画笔工具”，设置画笔类型为硬边机械3像素，单击“路径”面板底部的“用画笔描边路径”按钮，对其描黑边，效果如图6-303所示。新建“图层25”，设置前景色为R231、G209、B196，填充前景色，效果如图6-304所示。

图6-302

图6-303

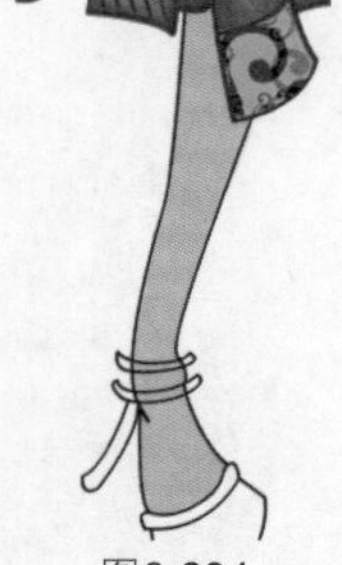
图6-304

20 选择“减淡工具”，对人物腿部进行减淡修饰，效果如图6-305所示。新建“图层26”，绘制鞋子路径，设置前景色为R26、G85、B189，将路径转换为选区并填充前景色。选择“减淡工具”，对鞋子进行减淡修饰，效果如图6-306所示。在鞋子前端绘制和衣服上面同样的图案，最终效果如图6-307所示。

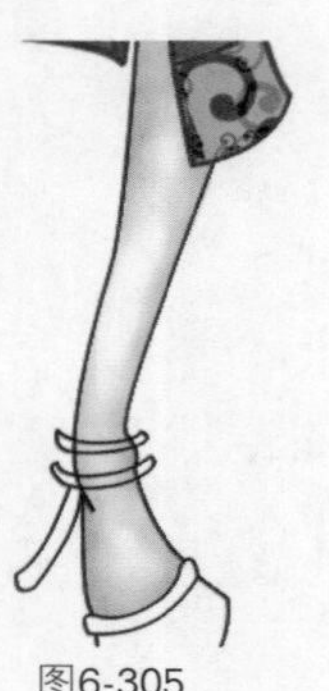
图6-305

图6-306

图6-307

Chapter 07

第7章

性感女装

Works 7.1 吊带长裙

01 按快捷键Ctrl+N新建文件，弹出“新建”对话框并设置参数，如图7-1所示。选择“钢笔工具”，参数设置如图7-2所示，绘制路径的效果如图7-3所示。

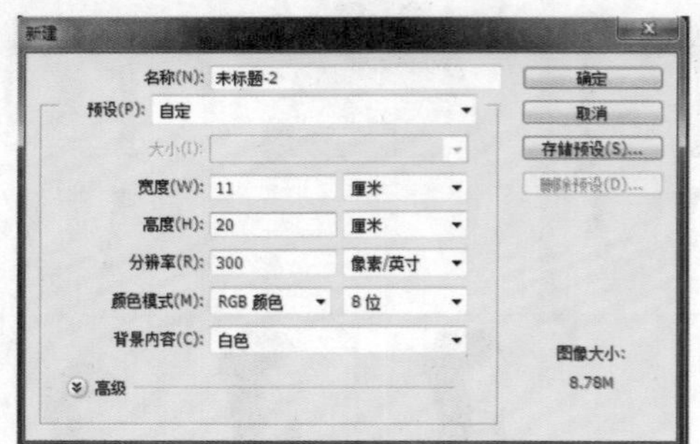

图7-1

图7-2

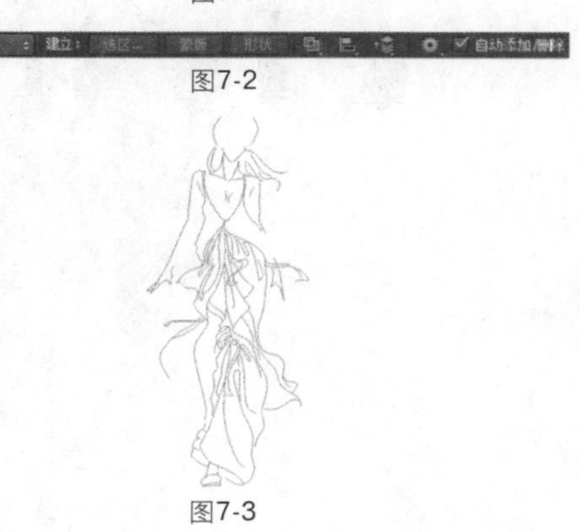

图7-3

02 选择“画笔工具”，参数设置如图7-4所示。单击“路径”面板底部的“用画笔描边路径”按钮，效果如图7-5所示。

图7-4

03 为人物皮肤填充颜色的效果如图7-6所示。选择“画笔工具”，参数设置如图7-7所示，涂抹后的效果如图7-8所示。

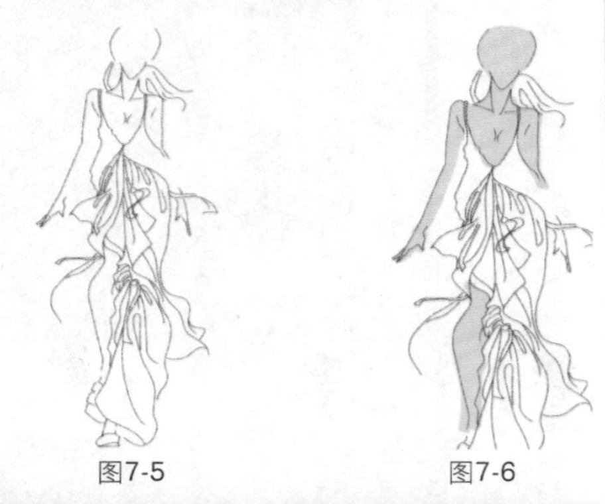

图7-5　图7-6

图7-7

04 分别选择“加深工具”、“减淡工具”，参数设置如图7-9、图7-10所示，涂抹后的效果如图7-11所示。

图7-8

图7-9

图7-10

图7-11

05 选择“画笔工具”，参数设置如图7-12所示，涂抹后的效果如图7-13所示。选择“钢笔工具”，绘制路径如图7-14所示。选择“画笔工具”，参数设置如图7-15所示。单击“路径”面板底部的“用画笔描边路径”按钮，效果如图7-16所示。

图7-12

图7-13

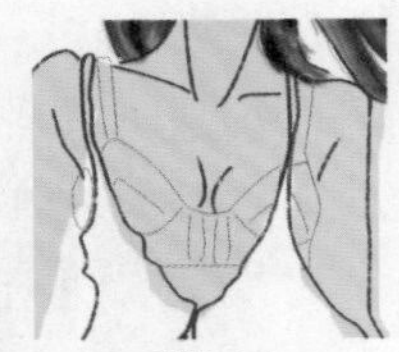

图7-14

图7-15

06 为人物胸前填充颜色，效果如图7-17所示。选择“减淡工具”，参数设置如图7-18所示，涂抹后的效果如图7-19所示。

07 选择“画笔工具”，参数设置如图7-20所示，涂抹后的效果如图7-21所示。

08 选择“加深工具”，参数设置如图7-22所示，涂抹后的效果如图7-23所示。选择“减淡工具”，参数设置如图7-24所示，涂抹后的效果如图7-25、图7-26所示。

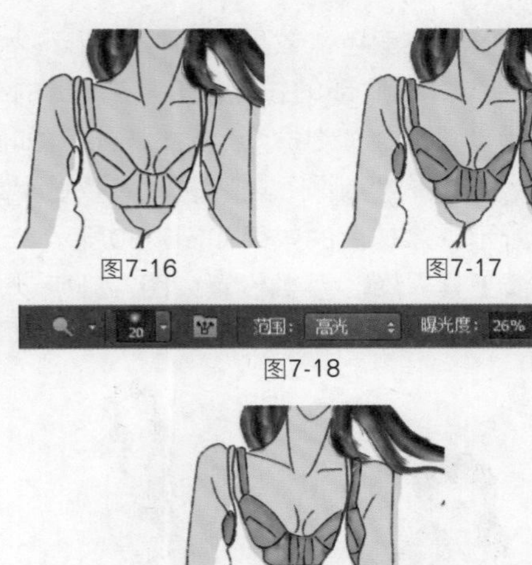

图7-16 图7-17

图7-18

图7-19

图7-20

图7-21

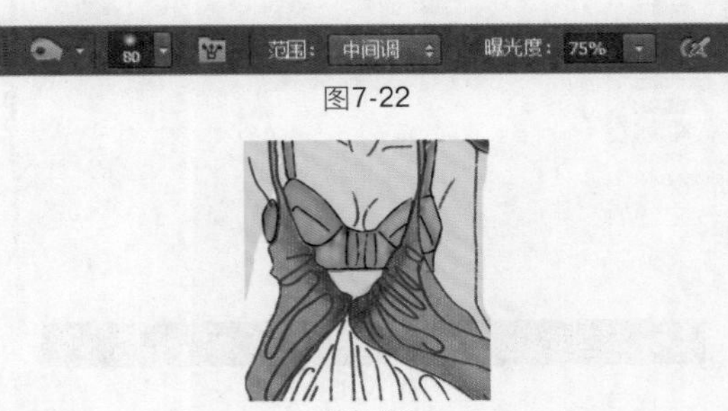

图7-22

图7-23

图7-24

图7-25

09 为裙子填充颜色，效果如图7-27所示。单击“图层”面板底部的按钮，在弹出的菜单中选择“图案叠加”命令，对话框设置如图7-28所示。选择“加深工具”，参数设置如图7-29所示，涂抹后的效果如图7-30所示。选择“减淡工具”，参数设置如图7-31所示，涂抹后的效果如图7-32、图7-33所示。

图7-26　　图7-27

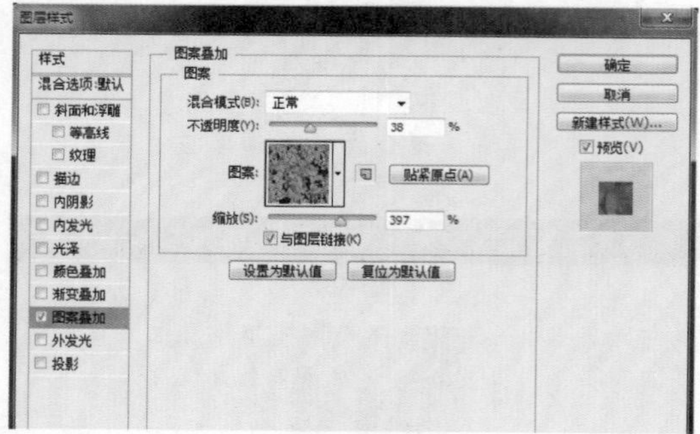

图7-28

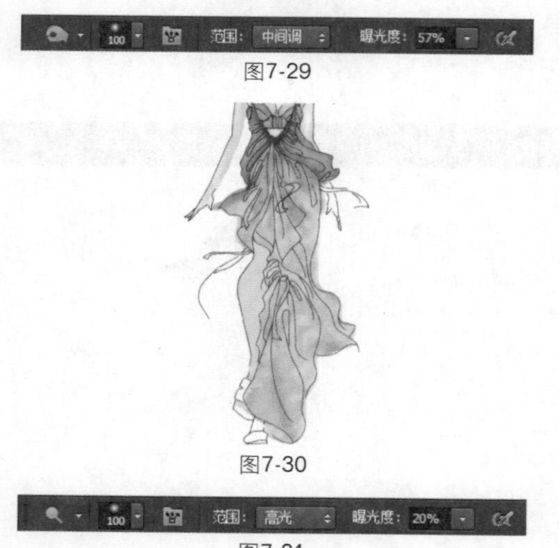

图7-29

图7-30

图7-31

图7-32

10 选择“画笔工具”，绘制鞋子的颜色，效果如图7-34所示。打开随书光盘中的文件“素材”\“第7章”\“7.1.tif”，使用“移动工具”将素材拖入文件中，最终效果如图7-35所示。

图7-33　　图7-34

图7-35

Works 7.2 抹胸长裙

01 按快捷键Ctrl+N新建文件，弹出“新建”对话框并设置参数，如图7-36所示。选择“钢笔工具”，参数设置如图7-37所示。

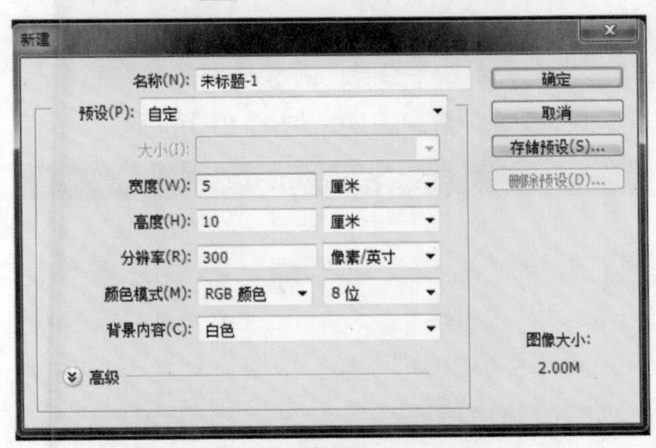

图7-36

图7-37

02 单击“图层”面板底部的“创建新组”按钮，新建图层组，得到“组1”。在“组1”中新建图层，得到“图层1”。选择“钢笔工具”，绘制人物路径，效果如图7-38～图7-44所示。

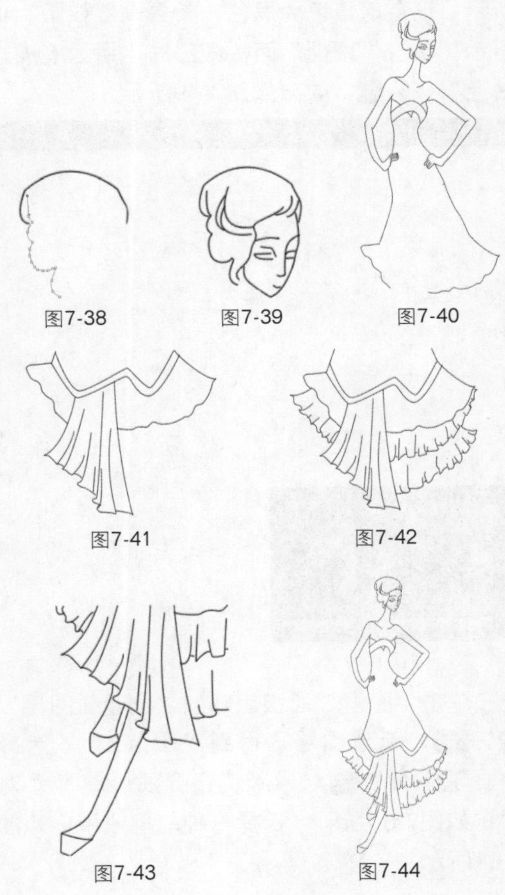

图7-38 图7-39 图7-40

图7-41 图7-42

图7-43 图7-44

03 选择“画笔工具”，导入“书法画笔”，对话框如图7-45所示。选择其中的一种笔刷效果，如图7-46所示。

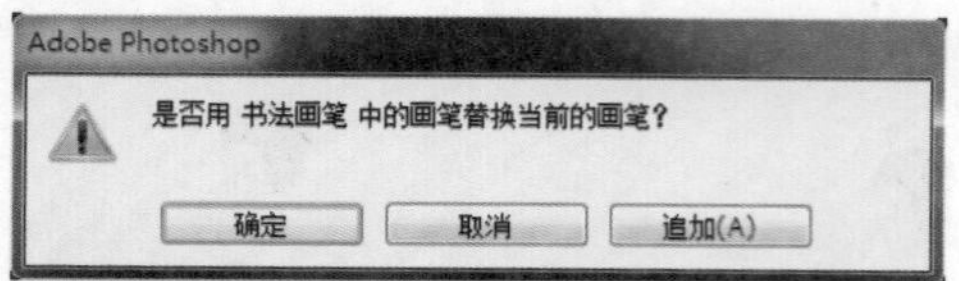

图7-45

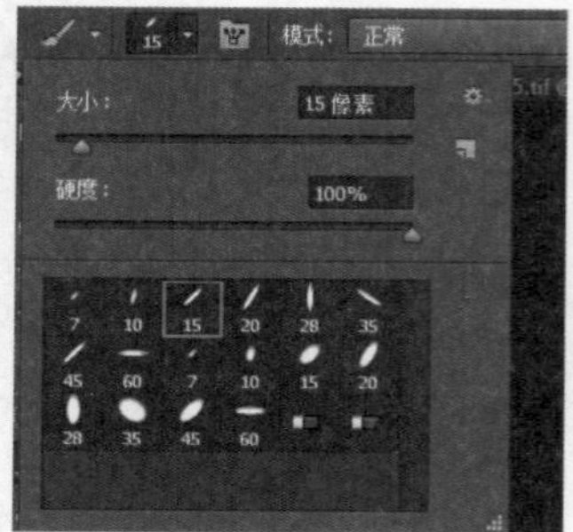

图7-46

04 选择“画笔工具”，参数设置如图7-47所示。设置前景色为黑色，参数设置如图7-48所示。单击“路径”面板底部的“用画笔描边路径”按钮，效果如图7-49所示。

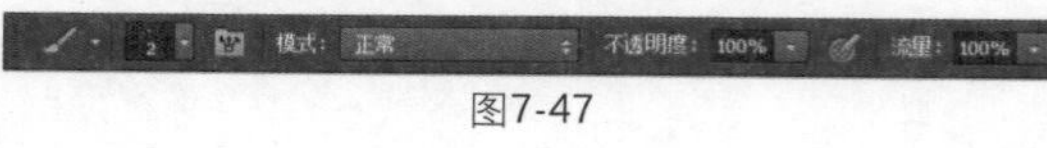

图7-47

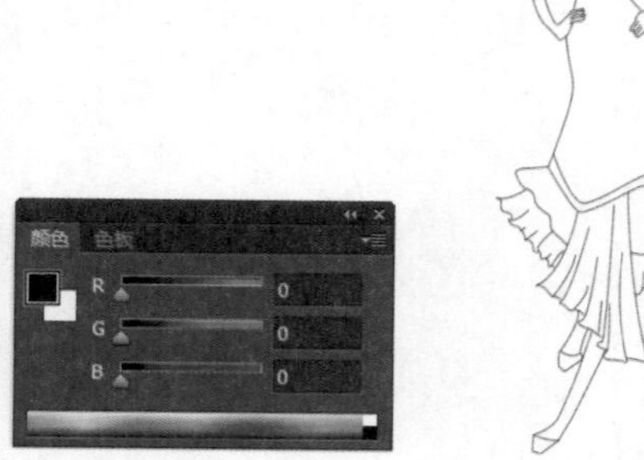

图7-48

图7-49

05 单击“图层”面板底部的“创建新图层”按钮，新建图层，得到“图层2”。选择“画笔工具”，导入“湿介质画笔”，对话框如图7-50所示，选择一种笔刷效果，如图7-51所示。

06 选择“画笔工具”，设置前景色为黑色，参数设置如图7-52所示。为人物头发填充颜色，效果如图7-53、图7-54所示。

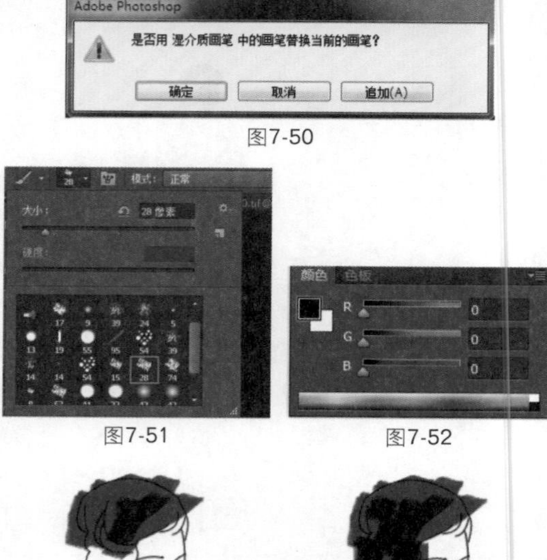

图7-50

图7-51

图7-52

图7-53

图7-54

07 选择“橡皮擦工具”，参数设置如图7-55所示。将头发颜色多余的部分擦除，效果如图7-56所示。单击“图层”面板底部的“创建新图层”按钮，新建图层，得到“图层3”。

图7-55

08 选择“画笔工具”，参数设置如图7-57、图7-58所示。设置前景色，如图7-59所示。参照图7-60所示为人物填充颜色，同时为人物的眼睛也填充颜色，效果如图7-61所示。

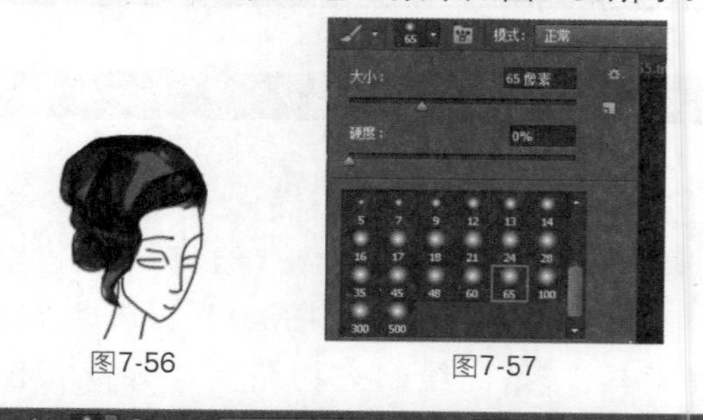

图7-56

图7-57

图7-58

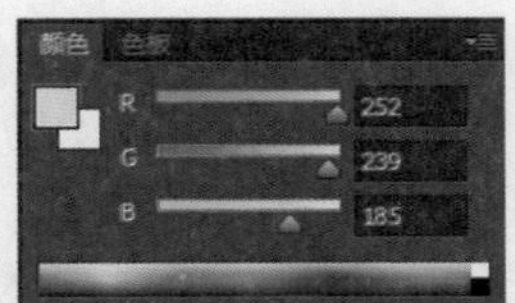

图7-59

图7-60　　图7-61

09 单击“图层”面板底部的“创建新图层”按钮，新建图层，得到“图层4”。选择“画笔工具”，参数设置如图7-62、图7-63所示。设置前景色，为人物衣服填充颜色，参数设置及效果如图7-64、图7-65所示，删除多余的颜色部分，效果如图7-66所示。

图7-62

图7-63

10 单击“图层”面板底部的“创建新图层”按钮，新建图层，得到“图层5”。选择“画笔工具”，参数设置如图7-67所示。设置前景色为黄色，为裙子下摆填充颜色，效果如图7-68所示。选择“橡皮擦工具”，参数设置如图7-69所示，将多余的颜色部分擦除，效果如图7-70所示。

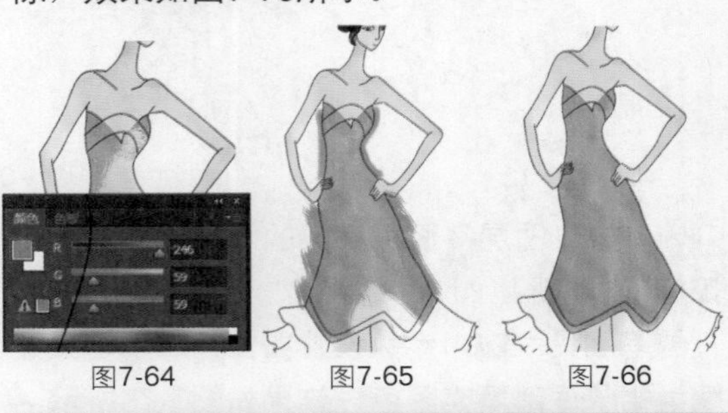

图7-64　　图7-65　　图7-66

图7-67

图7-68

图7-69

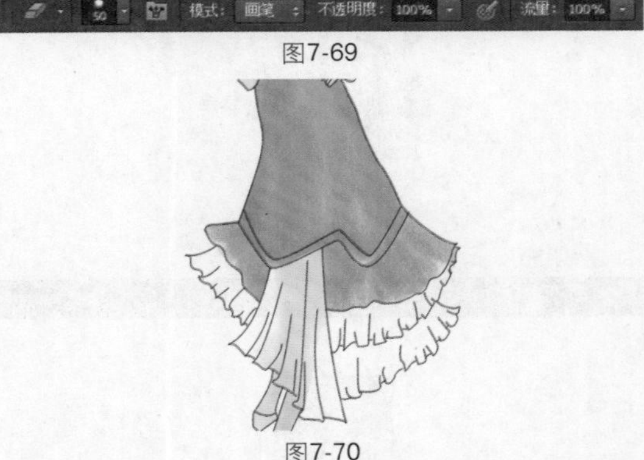
图7-70

11 单击“图层”面板底部的“创建新图层”按钮，新建图层，得到“图层6”。选择“画笔工具”，参数设置如图7-71所示。继续为裙子底部填充颜色，这里要注意颜色的浅淡，效果如图7-72、图7-73所示。

图7-71

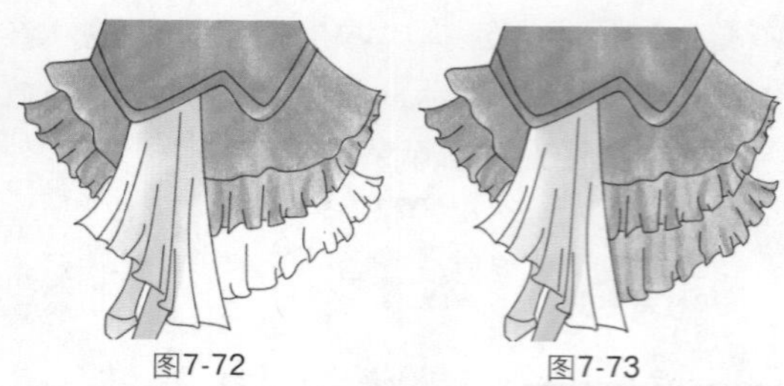

图7-72　　图7-73

12 单击“图层”面板底部的“创建新图层”按钮，新建图层，得到“图层7”。选择“画笔工具”，参数设置如图7-74所示。继续为裙子底部填充颜色，效果如图7-75所示。选择“画笔工具”，参数设置如图7-76所示。继续在“图层7”中填充颜色，效果如图7-77所示。

30 模式：正常 不透明度：80% 流量：80%

图7-74

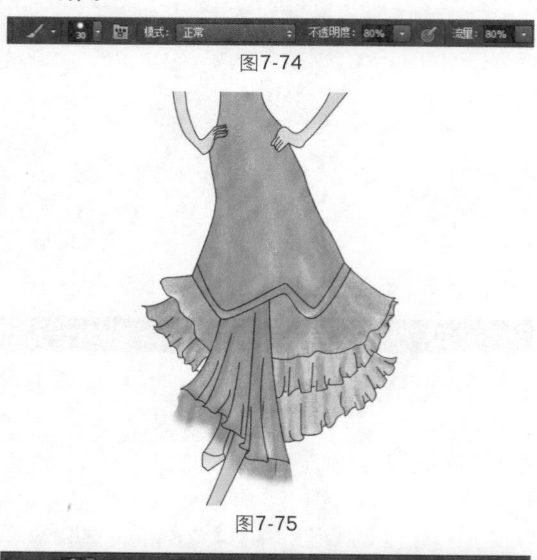

图7-75

9 模式：正常 不透明度：80% 流量：80%

图7-76

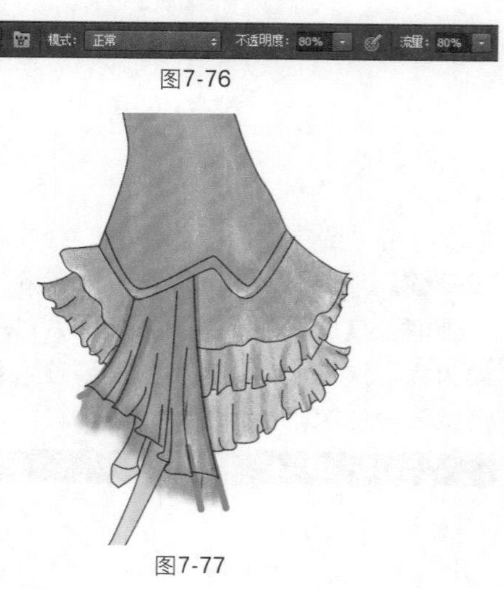

图7-77

13 选择“橡皮擦工具”，参数设置如图7-78所示。将“图层7”中多余的颜色部分擦除，效果如图7-79、图7-80所示。

50 模式：画笔 不透明度：100% 流量：100%

图7-78

图7-79　　图7-80

14 单击“图层”面板底部的“创建新图层”按钮，新建图层，得到“图层8”。选择“画笔工具”，参数设置如图7-81、图7-82所示。设置前景色为白色，参数设置如图7-83所示。为人物胸前部分填充颜色，效果如图7-84所示。

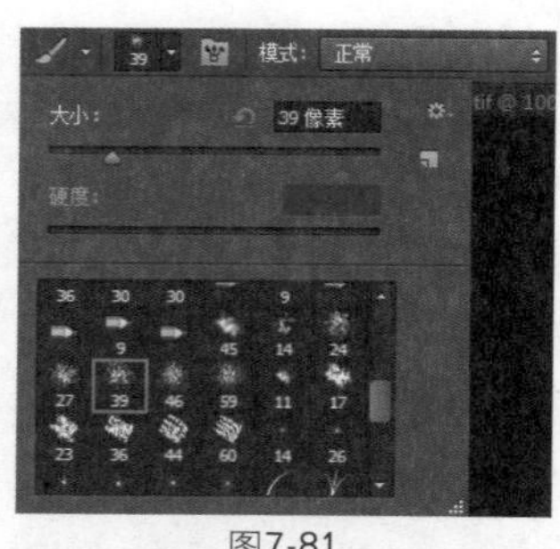

图7-81

39 模式：正常 不透明度：100% 流量：100%

图7-82

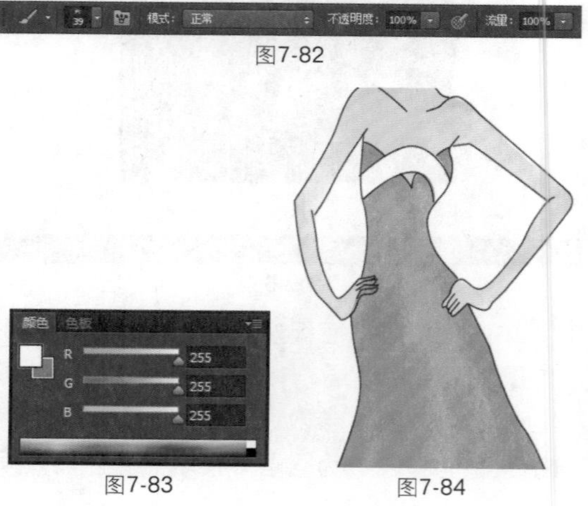

图7-83　　图7-84

15 选择“画笔工具”，参数设置如图7-85所示。设置前景色，如图7-86所示。参照图7-87、图7-88所示填充颜色，并删除多余的颜色部分。

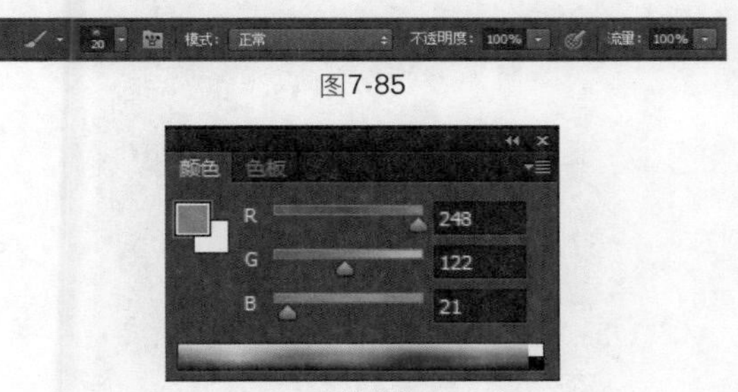

图7-85

图7-86

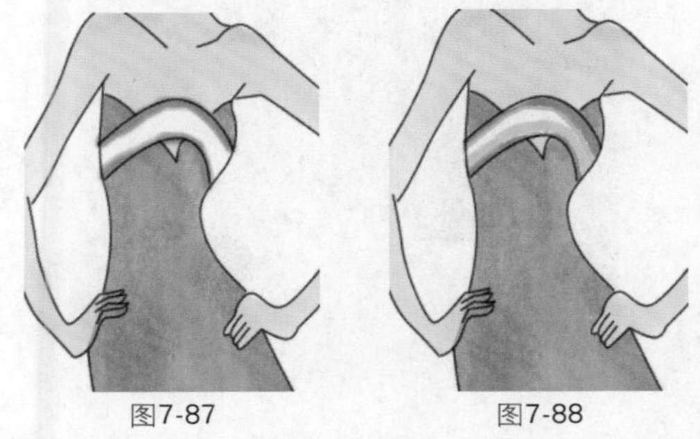

图7-87　图7-88

16 单击“图层”面板底部的“创建新图层”按钮，新建图层，得到“图层9”。选择“自定形状工具”，参数设置如图7-89所示。设置前景色，如图7-90所示。在衣服处添加图案，效果如图7-91所示。

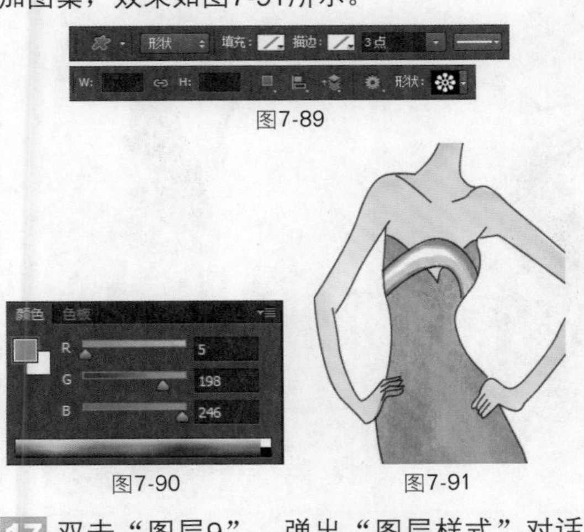

图7-89

图7-90　图7-91

17 双击“图层9”，弹出“图层样式”对话框，添加“内阴影”效果，参数设置如图7-92所示，效果如图7-93所示。

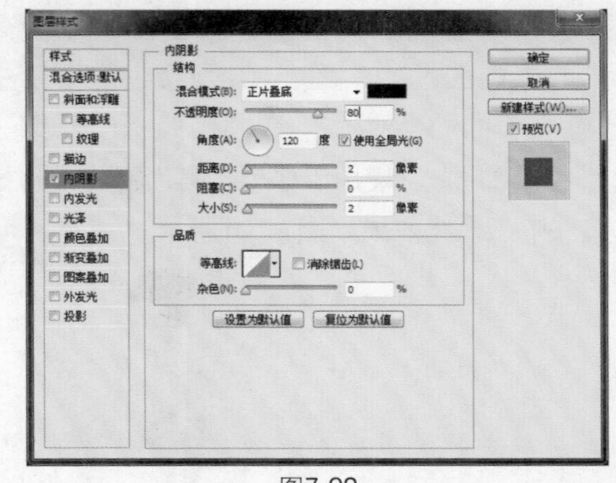

图7-92

18 单击“图层”面板底部的“创建新图层”按钮，新建图层，得到“图层10”。选择“钢笔工具”，参照图7-94所示绘制路径，按快捷键Ctrl+Enter，将路径转换为选区，选择“渐变工具”，参数设置如图7-95所示。

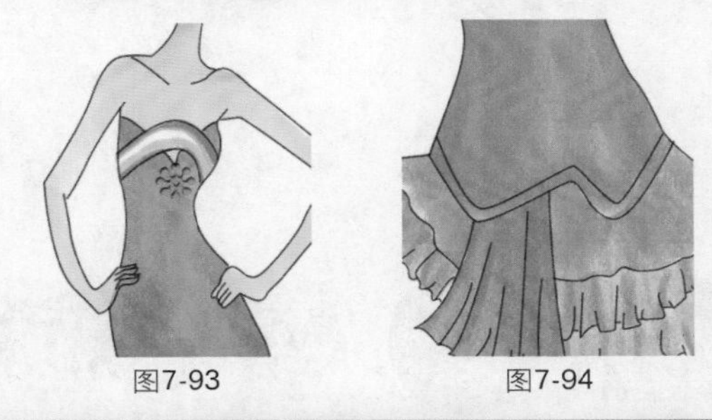

图7-93　图7-94

图7-95

19 在选区内添加渐变填充，效果如图7-96～图7-98所示。

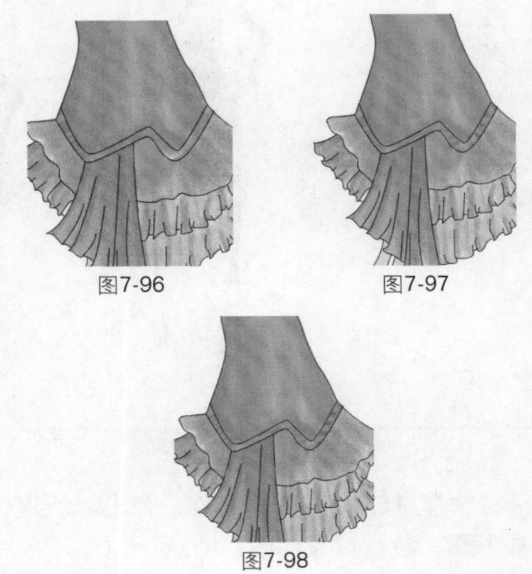

图7-96　图7-97

图7-98

20 选择“画笔工具”，绘制出鞋子的颜色，效果如图7-99、图7-100所示。打开随书光盘中的文件“素材”\“第7章”\“7.2.tif”，使用“移动工具”将素材拖入文件中，最终效果如图7-101所示。

图7-99　　图7-100

图7-101

Works 7.3 露肩短裙

01 按快捷键Ctrl+N新建文件，弹出“新建”对话框并设置参数，如图7-102所示。选择“钢笔工具”，参数设置如图7-103所示。

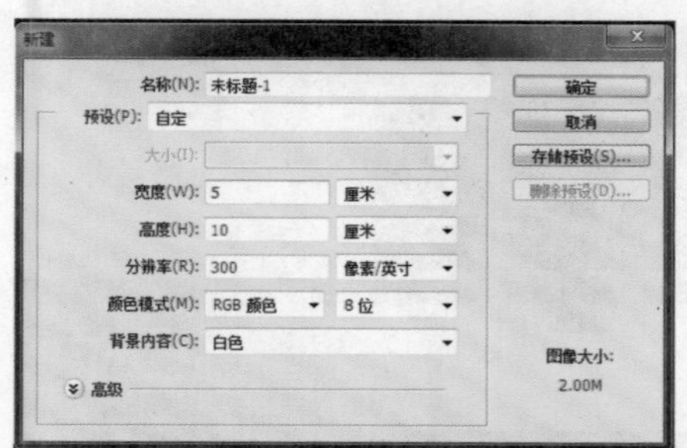

图7-102

图7-103

02 选择“钢笔工具”，绘制出人物轮廓的路径，效果如图7-104～图7-111所示。

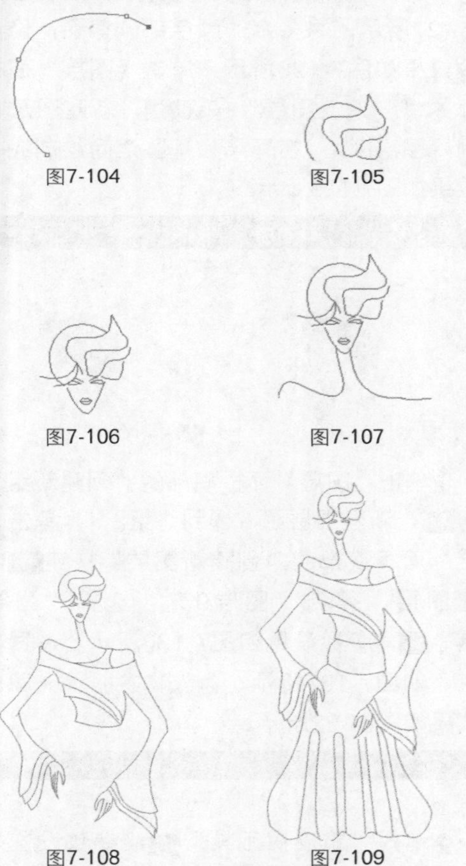

图7-104　图7-105

图7-106　图7-107

图7-108　图7-109

03 单击“图层”面板底部的“创建新图层”按钮，新建图层，得到“图层1”。选择“画笔工具”，导入“湿介质画笔”，对话框如图7-112所示。选择“画笔工具”，参数设置如图7-113、图7-114所示。设置前景色，如图7-115所示。单击“路径”面板底部的“用画笔描边路径”按钮，效果如图7-116所示。

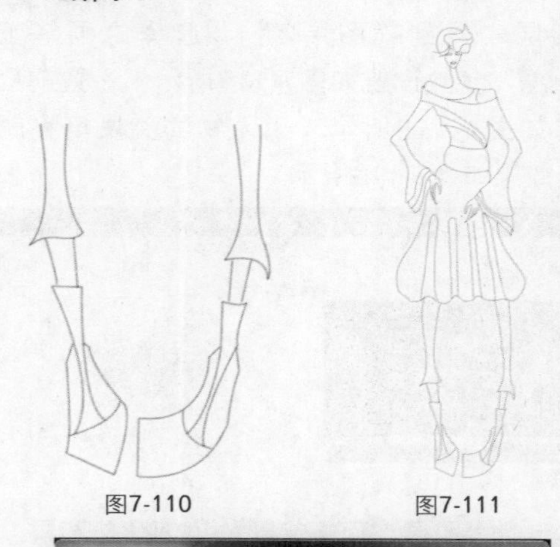

图7-110　图7-111

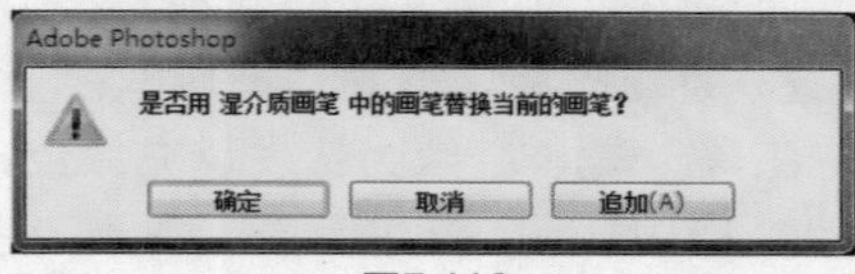

图7-112

图7-113

图7-114

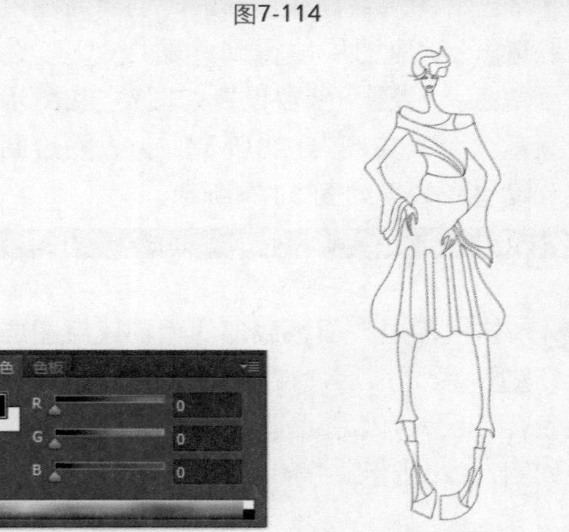

图7-115　图7-116

04 单击“图层”面板底部的“创建新组”按钮，新建图层组，得到“组1”。单击“图层”面板底部的“创建新图层”按钮，新建图层，得到“图层2”。选择“画笔工具”，参数设置如图7-117所示。设置前景色，如图7-118所示，为人物的头发填充颜色，效果如图7-119所示。

图7-117

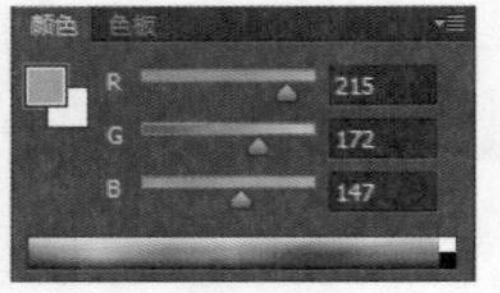

图7-118

图7-119

05 单击“图层”面板底部的“创建新图层”按钮，新建图层，得到“图层3”。选择“画笔工具”，继续为头发填充颜色，效果如图7-120所示。新建图层，得到“图层4”，选择“画笔工具”，为皮肤填充颜色。新建图层，得到“图层5”，选择“画笔工具”，为人物绘制眼睛，效果如图7-121所示。

图7-120

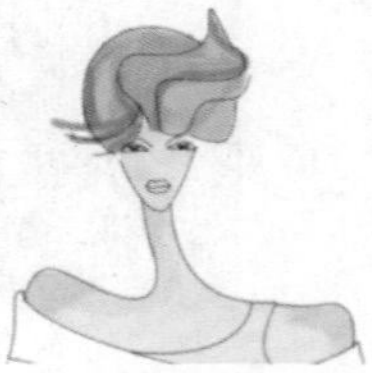

图7-121

06 单击“图层”面板底部的“创建新图层”按钮，新建图层，得到“图层6”。选择“画笔工具”，参数设置如图7-122所示。设置前景色，如图7-123所示。为人物绘制耳坠和嘴唇，效果如图7-124所示。

图7-122

07 单击“图层”面板底部的“创建新图层”按钮，新建图层，得到“图层7”。设置前景色，如图7-125所示，为耳坠填充颜色，效果如图7-126所示。

图7-123

图7-124

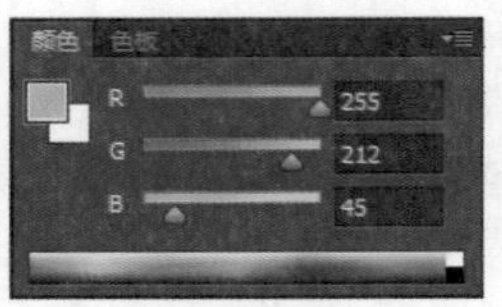

图7-125

图7-126

08 选择“橡皮擦工具”，参数设置如图7-127所示，将多余的颜色部分擦除，修饰后的效果如图7-128所示。单击“图层”面板底部的“创建新图层”按钮，新建图层，得到“图层8”，在耳朵和耳坠之间绘制线条，效果如图7-129所示。

图7-127

图7-128

图7-129

09 单击“图层”面板底部的“创建新组”按钮，新建图层组，得到“组2”。单击“图层”面板底部的“创建新图层”按钮，新建图层，得到“图层9”。选择“画笔工具”，参数设置如图7-130所示。设置前景色，如图7-131所示，为人物衣服填充颜色，效果如图7-132所示。

图7-130

10 选择“橡皮擦工具”，参数设置如图7-133所示，将多余的颜色部分擦除，效果如图7-134所示。单击“图层”面板底部的“创建新图层”按钮，得到“图层10”。选择“画笔工具”，参数设置如图7-135所示，为衣袖填充颜色，效果如图7-136所示。

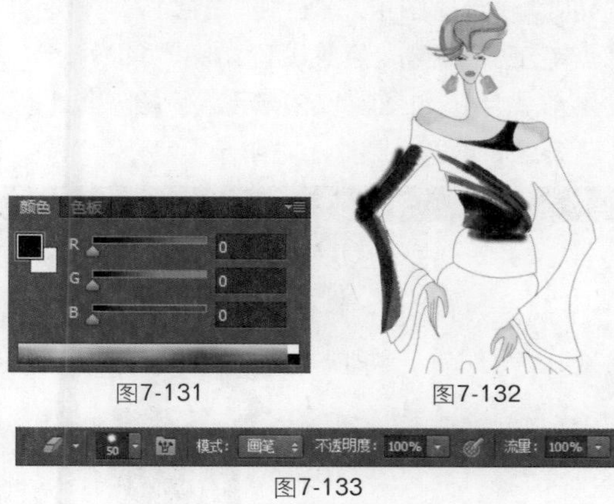

图7-131　　图7-132

图7-133

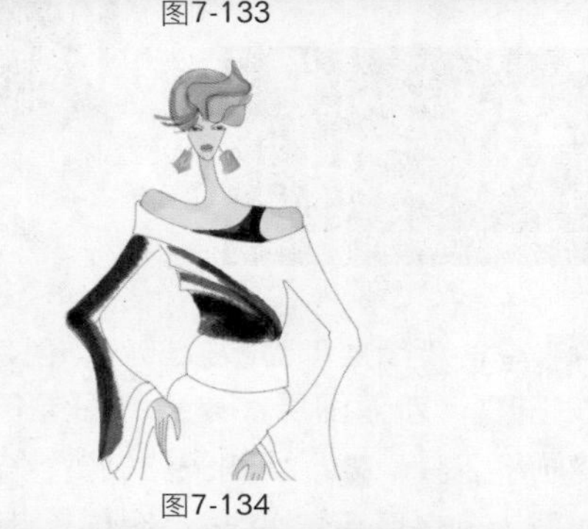

图7-134

图7-135

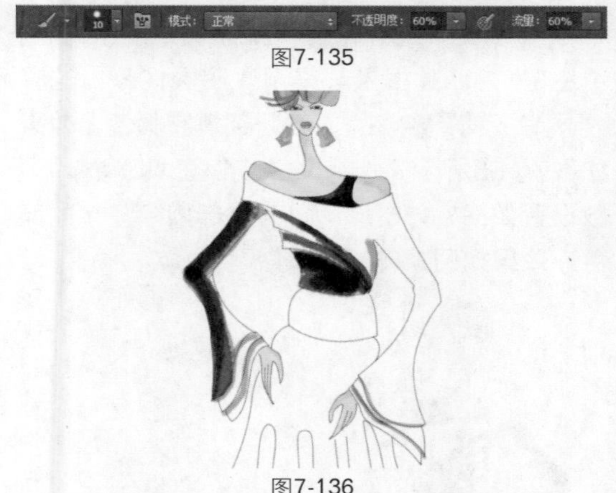

图7-136

11 单击“图层”面板底部的“创建新图层”按钮，新建图层，得到“图层11”。选择“画笔工具”，参数设置如图7-137所示，为衣服填充颜色，效果如图7-138所示。新建图层，得到“图层12”，选择“画笔工具”，参数设置如图7-139所示，为衣服填充颜色，效果如图7-140所示。

图7-137

图7-138

图7-139

图7-140

12 单击“图层”面板底部的“创建新图层”按钮，新建图层，得到“图层13”。选择“画笔工具”，参数设置如图7-141所示，为裙子填充颜色，效果如图7-142所示。新建图层，得到“图层14”，选择“画笔工具”，参数设置如图7-143所示，为裙子填充颜色，效果如图7-144所示。

图7-141

图7-142

图7-143

13 选择“橡皮擦工具”，参数设置如图7-145所示，将多余的颜色部分擦除，修饰后的效果如图7-146所示。

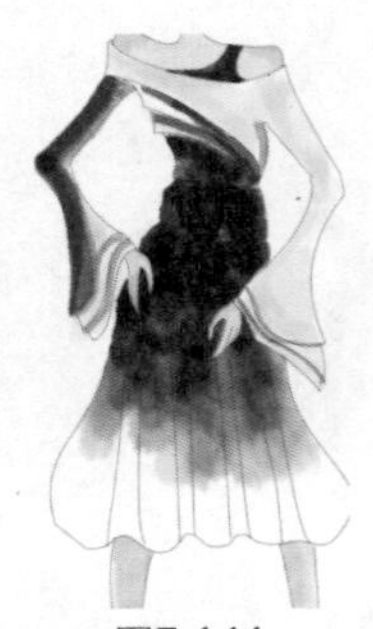

图7-144

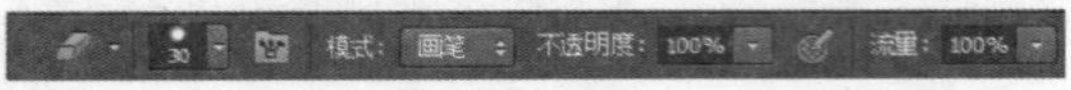

30
模式: 画笔
不透明度: 100%
流量: 100%

图7-145

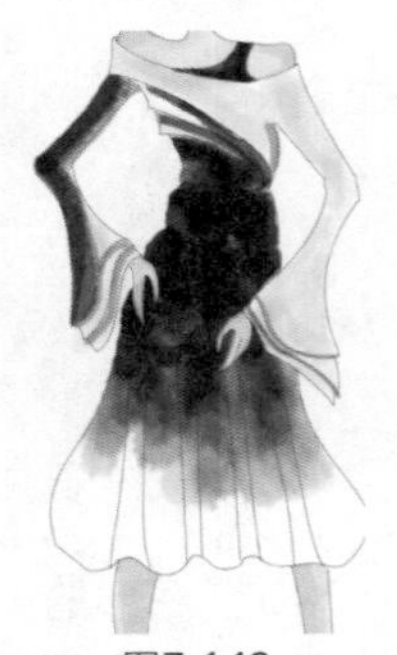

图7-146

14 单击“图层”面板底部的“创建新图层”按钮，新建图层，得到“图层15”。设置前景色，如图7-147所示，为腰带部分绘制蓝色条，效果如图7-148所示。新建图层，得到“图层16”。设置前景色，如图7-149所示，为腰带部分绘制黄色条，效果如图7-150所示。

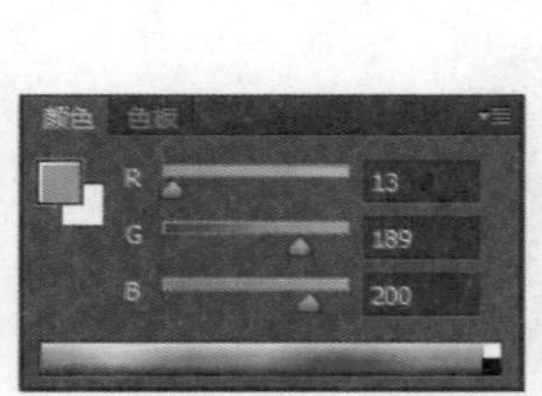

颜色 色板
R
G
B
13
189
200

图7-147

图7-148

颜色 色板
R
G
B
202
195
16

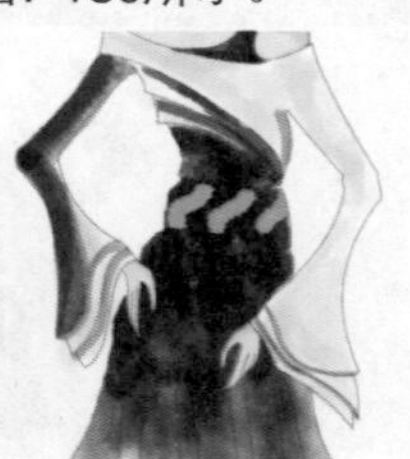

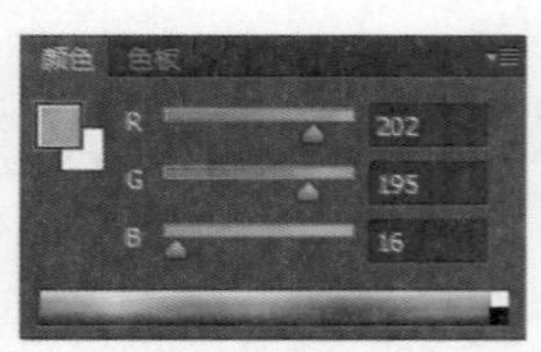

图7-149

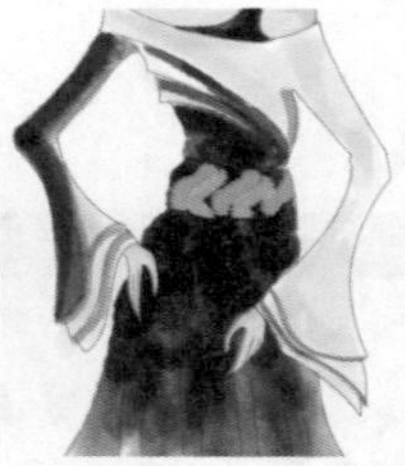

图7-150

15 单击“图层”面板底部的“创建新图层”按钮，新建图层，得到“图层17”。选择“画笔工具”，参数设置如图7-151所示。设置前景色，如图7-152所示，为裙子绘制浅蓝色条纹，效果如图7-153所示。

60
模式: 正常
不透明度: 10%
流量: 10%

图7-151

颜色 色板
R
G
B
15
235
249

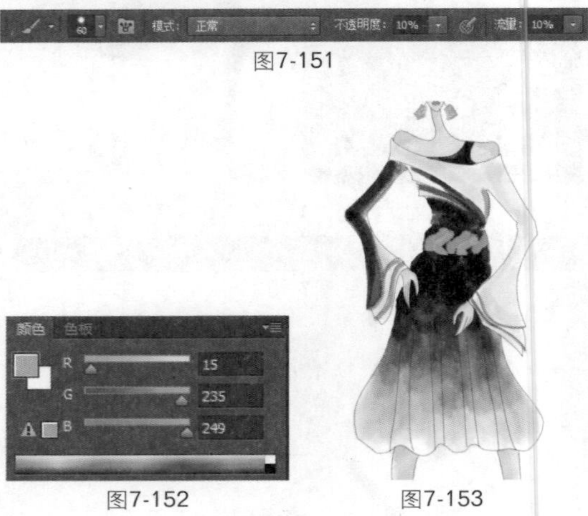

图7-152

图7-153

16 单击“图层”面板底部的“创建新图层”按钮，新建图层，得到“图层18”。选择“画笔工具”，为裙子绘制黄色条纹，效果如图7-154所示。单击“图层”面板底部的“创建新组”按钮，新建图层组，得到“组3”，新建图层，得到“图层19”。选择“画笔工具”，为人物腿部填充颜色，效果如图7-155所示。选择“橡皮擦工具”，参数设置如图7-156所示，为腿部擦除多余的颜色，效果如图7-157所示。

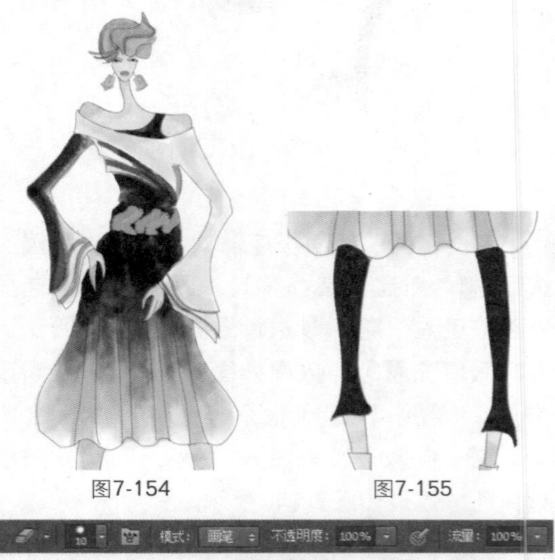

图7-154

图7-155

10
模式: 画笔
不透明度: 100%
流量: 100%

图7-156

17 新建图层，得到“图层20”，为人物的鞋子填充颜色，效果如图7-158所示。新建图层，得到“图层21”，为鞋尖部分填充颜色，效果如图7-159所示。新建图层，得到“图层21”。使用“画笔工具”为鞋尖部分添加颜色，效果如图7-160所示，整体效果如图7-161所示。

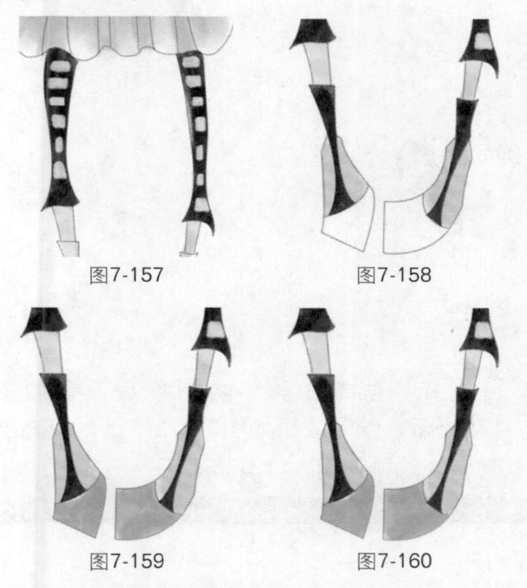

图7-157　图7-158

图7-159　图7-160

18 打开随书光盘中的文件“素材”\“第7章”\“7.3.tif”，使用“移动工具”将素材拖入文件中，放到人物的后面，最终效果如图7-162所示。

图7-161　图7-162

Works 7.4 露肩长裙

01 按快捷键Ctrl+N新建文件，弹出“新建”对话框并设置参数，如图7-163所示。选择“钢笔工具”绘制路径，效果如图7-164所示。

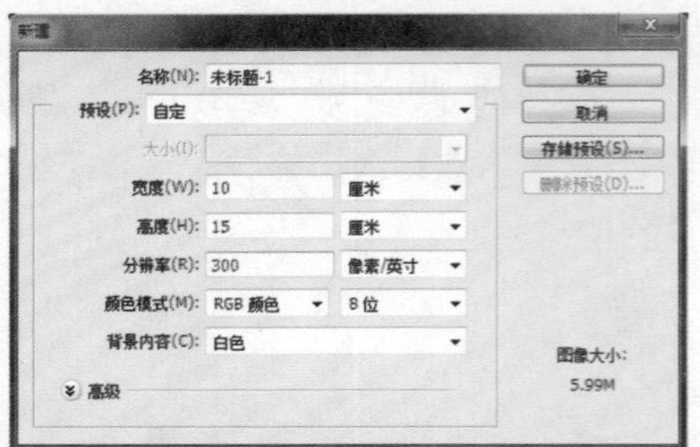

图7-163

图7-164

02 选择“画笔工具”，参数设置如图7-165所示，效果如图7-166所示。单击“图层”面板底部的“创建新图层”按钮，选择一种笔刷效果，如图7-167所示，绘制效果如图7-168所示。

图7-165

图7-166 图7-167

图7-168

03 选择“画笔工具”，参数设置如图7-169所示，绘制效果如图7-170、图7-171所示。

图7-169

图7-170 图7-171

04 选择“画笔工具”，参数设置如图7-172所示，绘制效果如图7-173所示，填充皮肤颜色，效果如图7-174所示。

图7-172

图7-173 图7-174

05 选择“画笔工具”，绘制人物面部五官，效果如图7-175、图7-176所示。

图7-175 图7-176

06 选择“加深工具”，参数设置如图7-177所示，涂抹及修饰后的效果如图7-178、图7-179所示。

图7-177

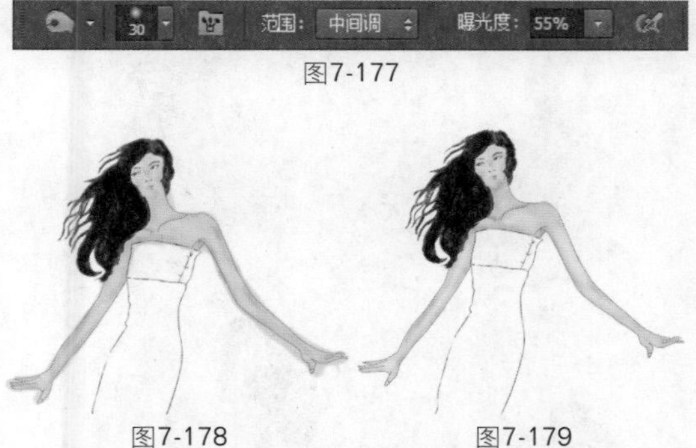

图7-178　　图7-179

07 选择“画笔工具”，参数设置如图7-180所示，为裙子填充颜色，效果如图7-181所示。

图7-180

图7-181

08 单击“图层”面板底部的“添加图层样式”按钮，在弹出的菜单中选择“图案叠加”命令，对话框设置如图7-182所示。在“图层12”上单击鼠标右键，在弹出的菜单中选择“创建裁剪蒙版”命令，“图层”面板显示如图7-183所示，效果如图7-184所示。

09 选择“加深工具”，参数设置如图7-185所示，涂抹后的效果如图7-186所示。选择“钢笔工具”绘制路径，效果如图7-187所示，将路径作为选区载入并填充颜色，效果如图7-188所示。再次选择“加深工具”进行涂抹，效果如图7-189所示。

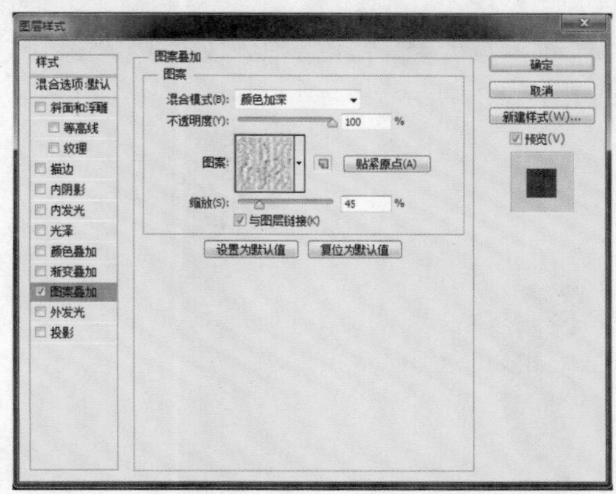

图7-182

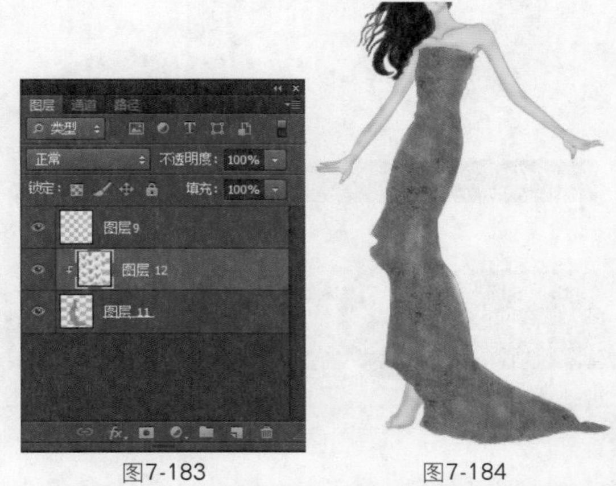

图7-183　　图7-184

图7-185

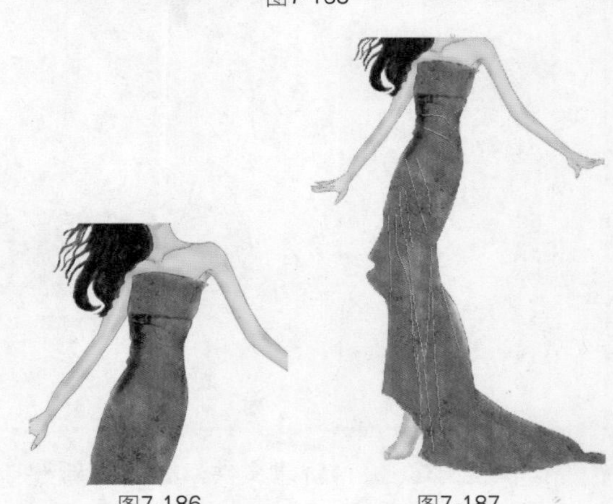

图7-186　　图7-187

10 选择“减淡工具” ，参数设置如图7-190所示，涂抹后的效果如图7-191所示。选择“画笔工具” ，绘制鞋子的颜色，效果如图7-192、图7-193所示。打开随书光盘中的文件“素材”\“第7章”\“7.4.tif”，使用“移动工具” 将素材拖入文件中，最终效果如图7-194所示。

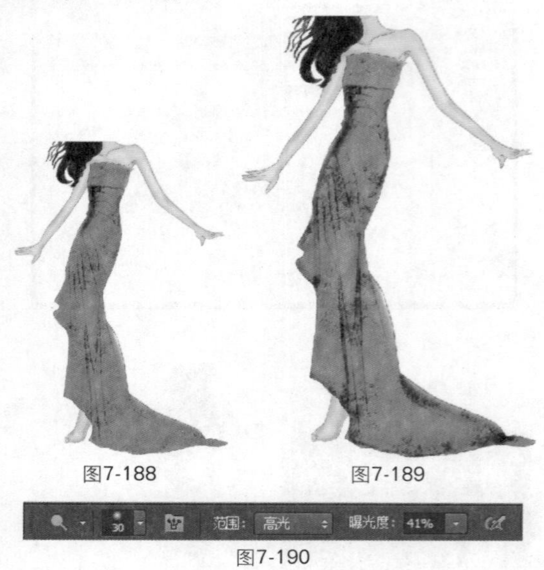

图7-188 图7-189

图7-190

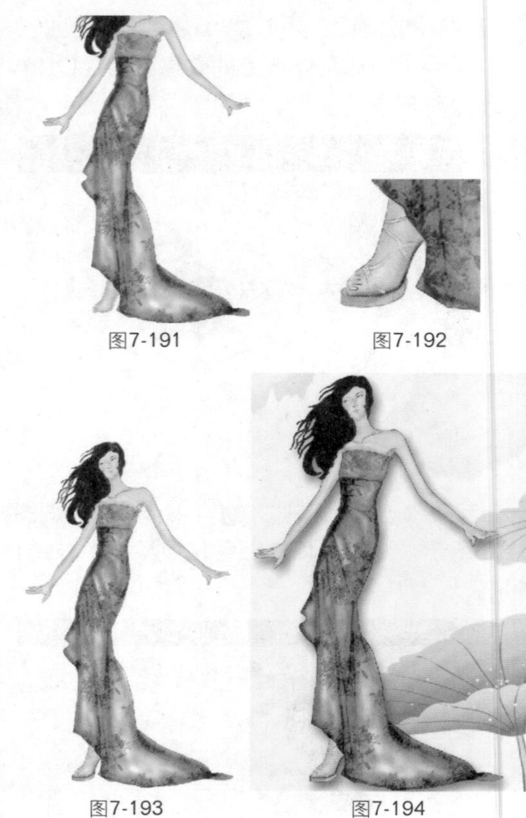

图7-191 图7-192

图7-193 图7-194

Works 7.5 斜肩短裙

01 按快捷键Ctrl+N新建文件，弹出“新建”对话框并设置参数，如图7-195所示。选择“钢笔工具” 绘制路径，效果如图7-196所示。

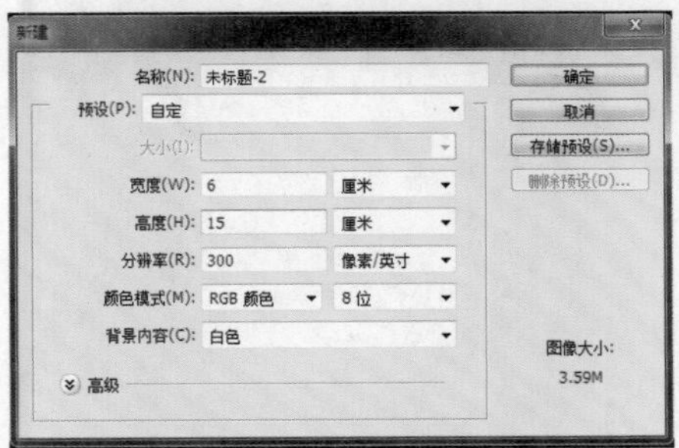

图7-195

图7-196

02 选择“画笔工具”，参数设置如图7-197所示，描边效果如图7-198所示。

图7-197

图7-198

03 选择“画笔工具”，参数设置如图7-199所示，为人物的头发填充颜色，效果如图7-200所示。载入选区，去掉头发以外多余的部分，效果如图7-201所示。

图7-199

04 选择“钢笔工具”绘制路径，将路径转换为选区载入，选择“选择”|“修改”|“羽化”命令，对话框设置如图7-202所示，填充颜色的效果如图7-203所示。

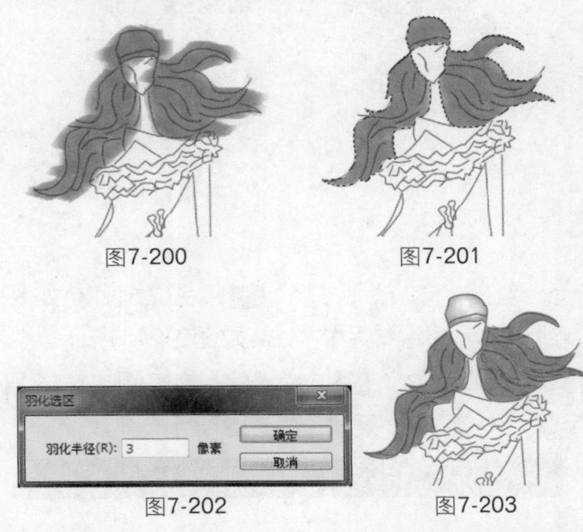

图7-200 图7-201

图7-202 图7-203

05 选择“减淡工具”，参数设置如图7-204所示，涂抹后的效果如图7-205所示。选择“加深工具”，参数设置如图7-206所示，涂抹后的效果如图7-207所示。

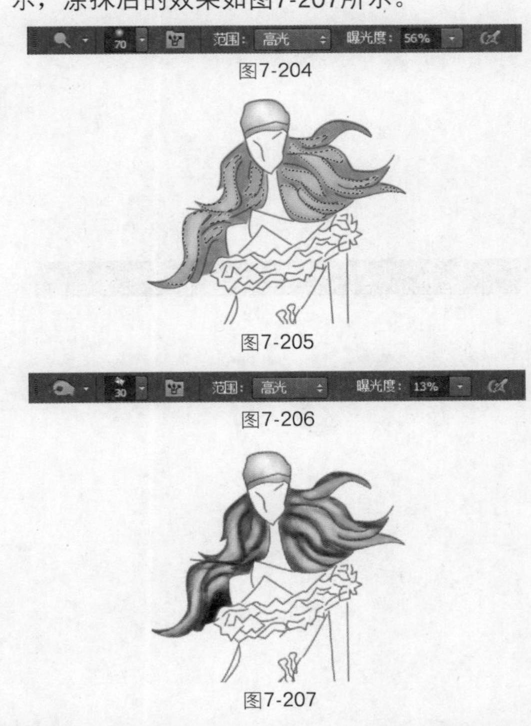

图7-204

图7-205

图7-206

图7-207

06 选择“画笔工具”，为人物的皮肤填充颜色，效果如图7-208所示。选择“橡皮擦工具”，将多余的颜色部分擦除掉，效果如图7-209所示。

图7-208　　图7-209

07 选择“减淡工具”，参数设置如图7-210所示，涂抹后的效果如图2-211所示。选择“加深工具”，参数设置如图7-212所示，涂抹后的效果如图7-213所示。

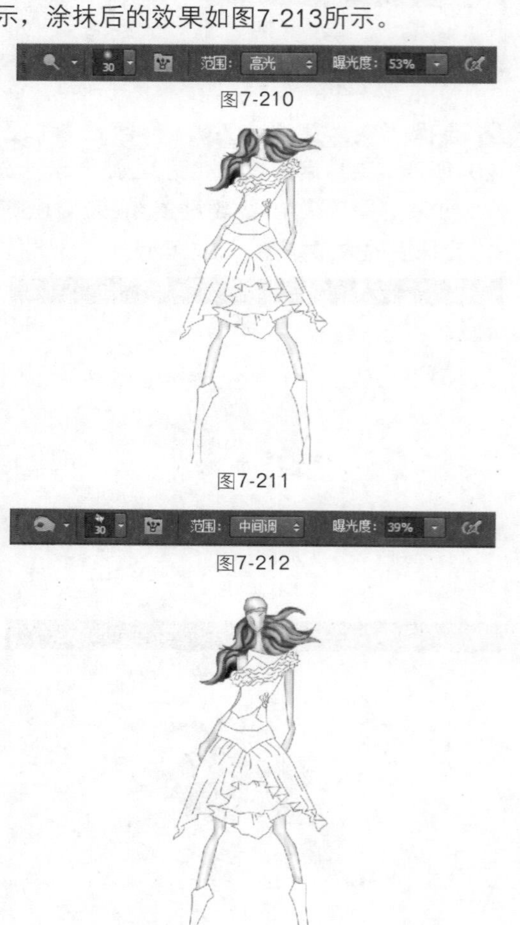

图7-210

图7-211

图7-212

图7-213

08 选择“画笔工具”，为裙子填充颜色，效果如图7-214所示。选择“橡皮擦工具”，将多余的颜色部分擦除掉，效果如图7-215所示。

图7-214　　图7-215

09 选择“减淡工具”，参数设置如图7-216所示，涂抹后的效果如图7-217所示。为裙子胸前的装饰部分填充颜色，效果如图7-218所示。再次选择“减淡工具”，参数设置如图7-219所示，涂抹后的效果如图7-220所示。

40　范围：高光　曝光度：18%

图7-216

10 选择“钢笔工具”绘制路径，将路径作为选区载入并填充颜色，效果如图7-221所示。选择“加深工具”进行涂抹，效果如图7-222所示。

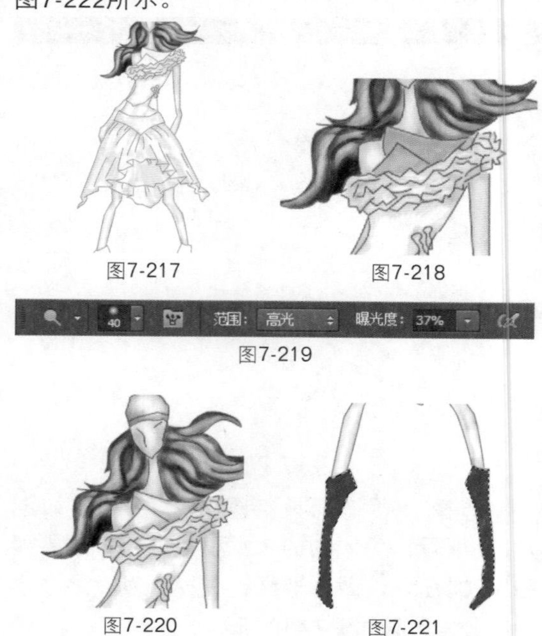

图7-217　　图7-218

图7-219

图7-220　　图7-221

11 选择“减淡工具”进行涂抹，整体效果如图7-223所示。最后导入随书光盘中的文件“素材”\“第7章”\7.5.jpg”，放到所有图层的最底层，最终效果如图7-224所示。

图7-222　　图7-223

图7-224

Works 7.6 低胸短裙

01 按快捷键Ctrl+N新建文件，弹出“新建”对话框并设置参数，如图7-225所示。选择“钢笔工具”，参数设置如图7-226所示。

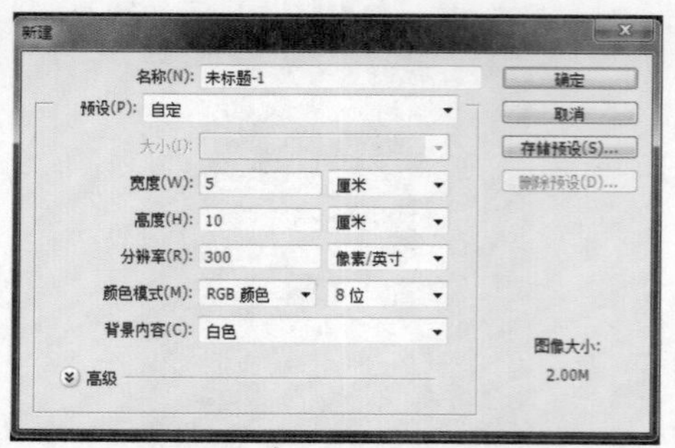

图7-225

图7-226

02 单击“图层”面板底部的“创建新组”按钮，新建图层组，得到“组1”。在“组1”中新建图层，得到“图层1”。选择“钢笔工具”，绘制人物轮廓的路径，效果如图7-227～图7-232所示。

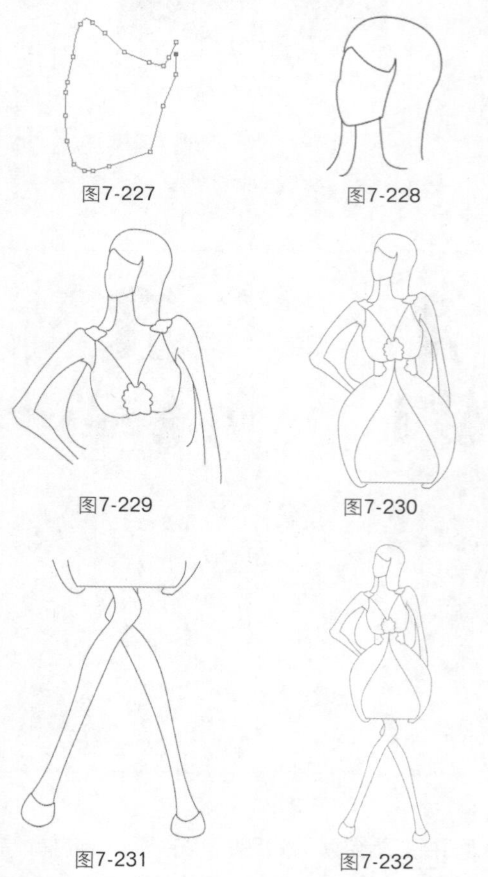

图7-227 图7-228

图7-229 图7-230

图7-231 图7-232

03 导入“书法画笔”，对话框如图7-233所示。选择一种笔刷效果，如图7-234所示。

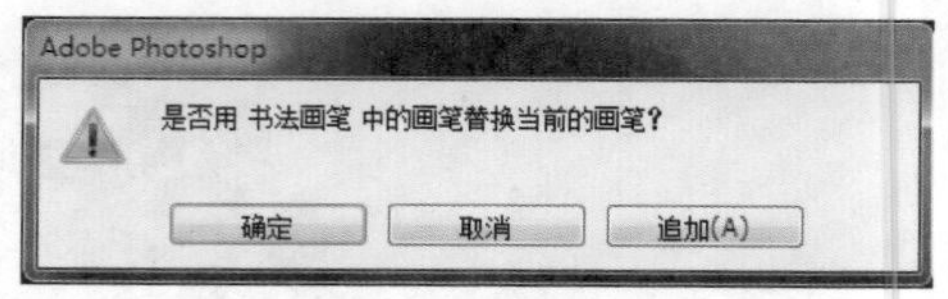

图7-233

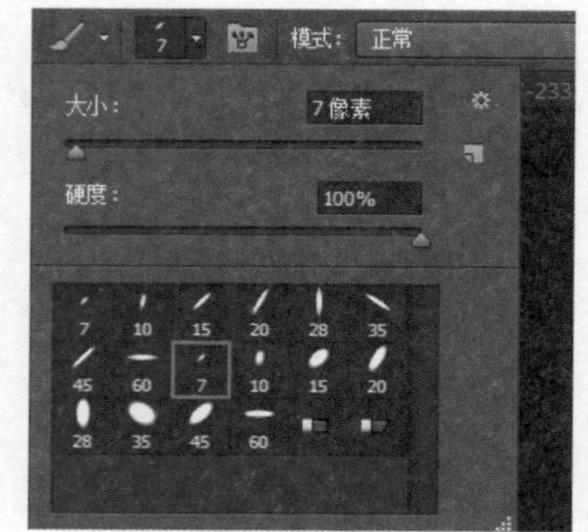

图7-234

04 选择“画笔工具”，参数设置如图7-235所示。设置前景色为黑色，如图7-236所示。单击“路径”面板底部的“用画笔描边路径”按钮，效果如图7-237所示。

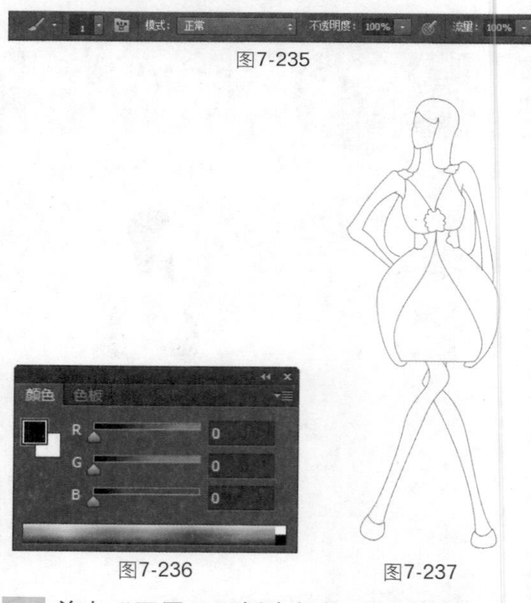

图7-235

图7-236 图7-237

05 单击“图层”面板底部的“创建新图层”按钮，新建图层，得到“图层2”。设置前景色，如图7-238所示，为人物的头发填充颜色，效果如图7-239所示。新建图层，得到“图层3”，导入“湿介质画笔”，对话框如图7-240所示。选择一种笔刷效果，如图7-241所示。

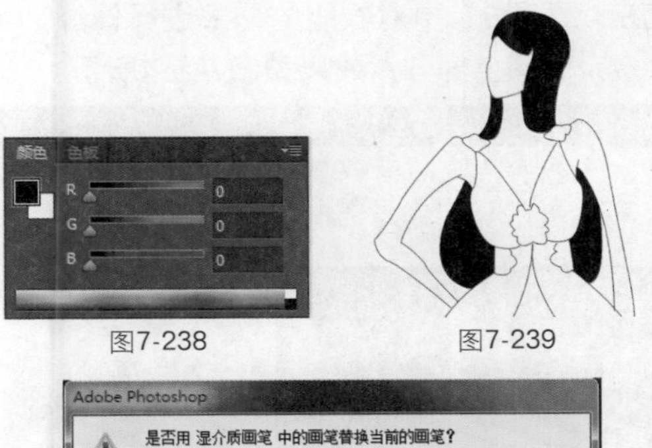

图7-238　　图7-239

Adobe Photoshop

是否用 湿介质画笔 中的画笔替换当前的画笔？

确定　取消　追加(A)

图7-240

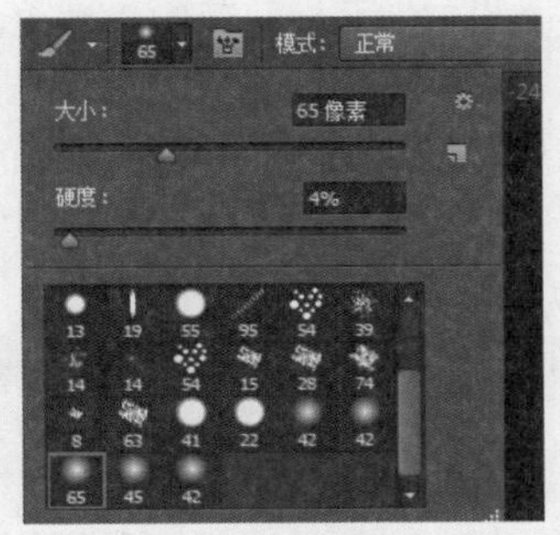

图7-241

06 选择“画笔工具”，参数设置如图7-242所示。设置前景色，如图7-243所示，为人物局部填充颜色，效果如图7-244所示。

图7-242

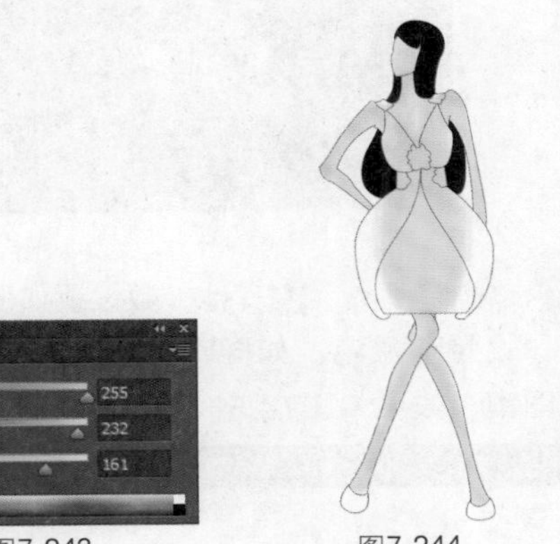

图7-243　　图7-244

07 选择“加深工具”，参数设置如图7-245所示。选择“图层3”，为人物局部进行加深处理，效果如图7-246、图7-247所示。为人物绘制红脸蛋和嘴唇，效果如图7-248所示。

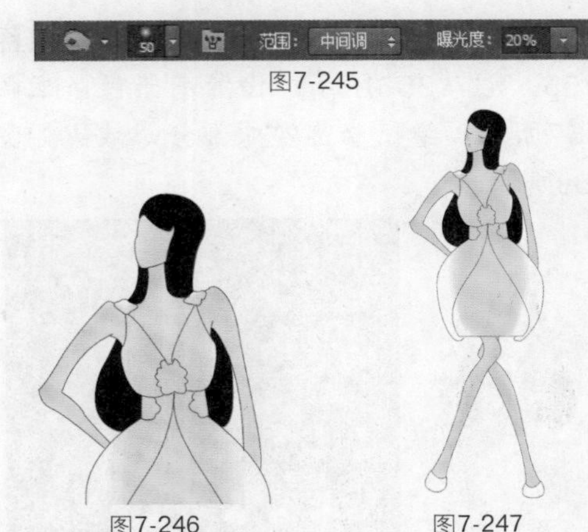

图7-245

图7-246　　图7-247

08 单击“图层”面板底部的“创建新图层”按钮，新建图层，得到“图层4”。选择“画笔工具”，参数设置如图7-249、图7-250所示。设置前景色，如图7-251所示。为人物衣服局部填充颜色，注意颜色的深浅部分，效果如图7-252所示。

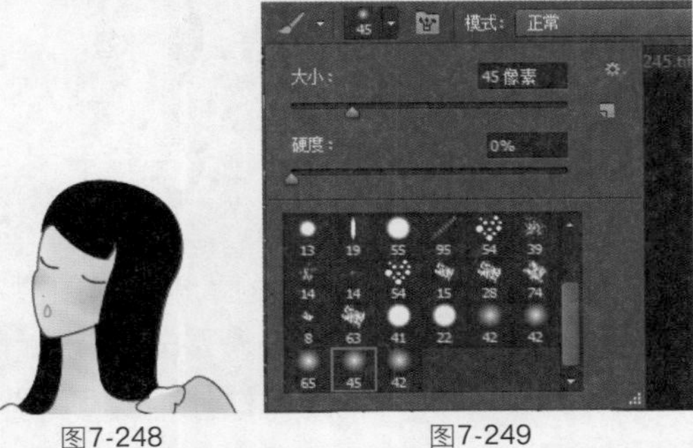

图7-248　　图7-249

图7-250

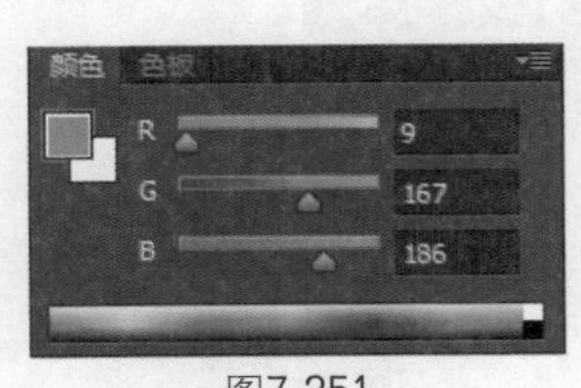

图7-251

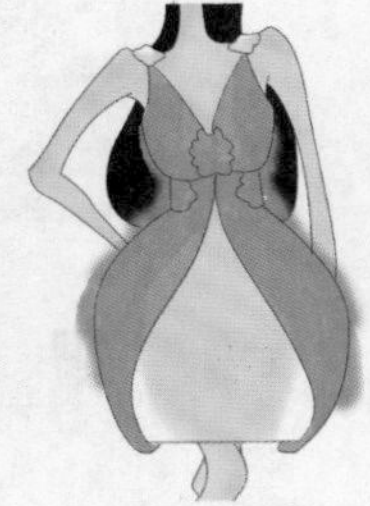

图7-252

09 选择“橡皮擦工具”，参数设置如图7-253所示。将多余的颜色部分擦除，效果如图7-254所示。

图7-253

10 选择“画笔工具”，参数设置如图7-255、图7-256所示。设置前景色，如图7-257所示。继续修饰衣服部分，效果如图7-258所示。

图7-254

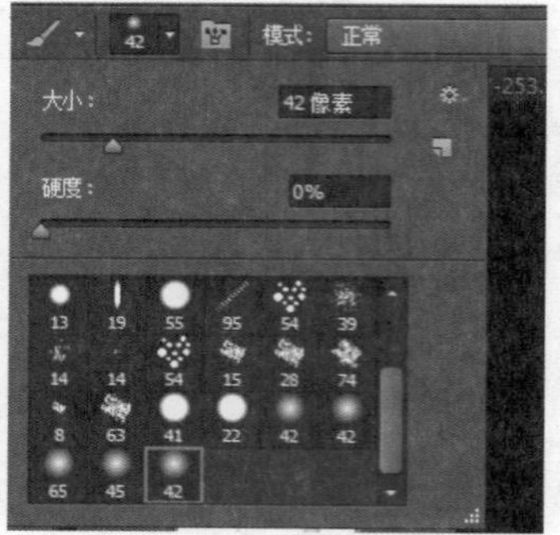

图7-255

图7-256

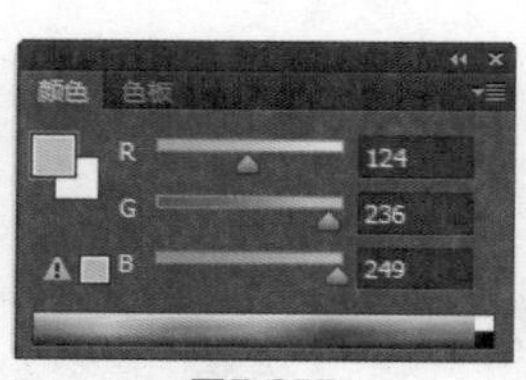

图7-257

图7-258

11 单击“图层”面板底部的“创建新图层”按钮，新建图层，得到“图层5”。设置前景色，如图7-259所示。参照图7-260、图7-261所示，为衣服填充颜色。

图7-259

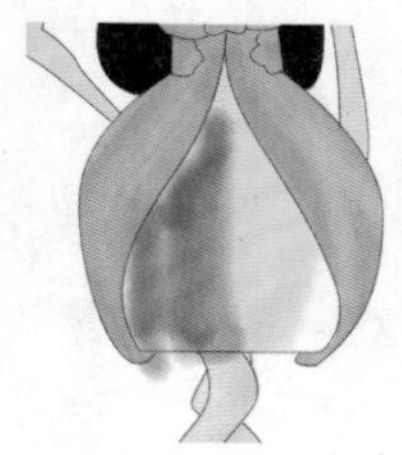

图7-260

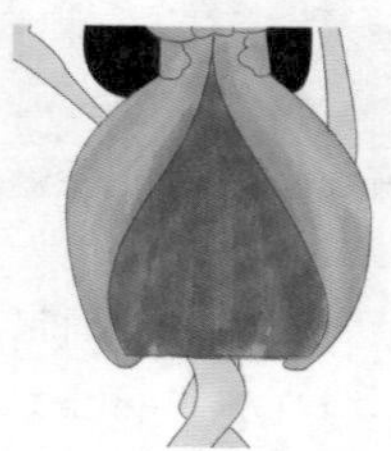

图7-261

12 选择“画笔工具”，参数设置如图7-262所示。设置前景色，如图7-263所示。继续在“图层5”中对衣服的局部进行修饰，删除多余的颜色部分，效果如图7-264所示。

图7-262

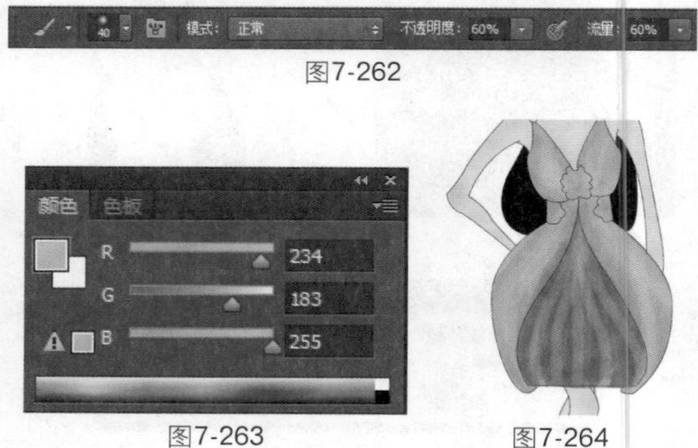

图7-263　图7-264

13 单击“图层”面板底部的“创建新图层”按钮，新建图层，得到“图层6”。选择“画笔工具”，导入“特殊效果画笔”，对话框如图7-265所示。选择一种笔刷效果，如图7-266所示。

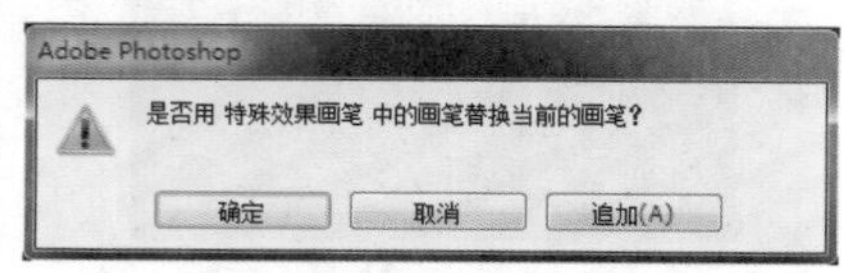

图7-265

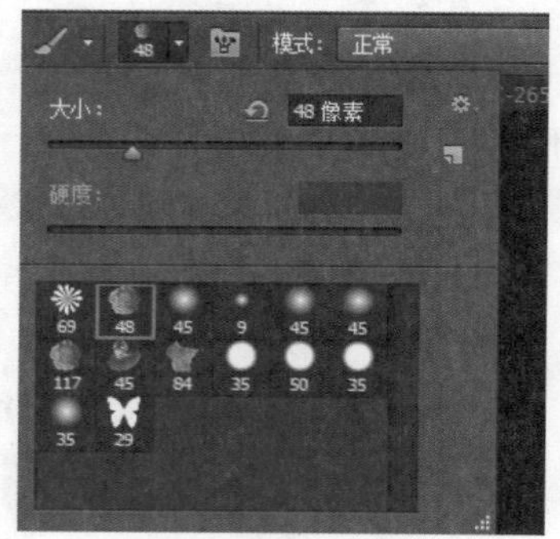

图7-266

14 “画笔工具”其他参数设置如图7-267所示。设置前景色，如图7-268所示。为衣服添加图案，效果如图7-269、图7-270所示。

图7-267

15 选择“橡皮擦工具”，将图案多余的部分擦除掉，效果如图7-271所示。单击“图层”面板底部的“创建新图层”按钮，新建图层，得到“图层7”。设置前景色，如图7-272所示，参照图7-273所示，为衣服填充颜色。

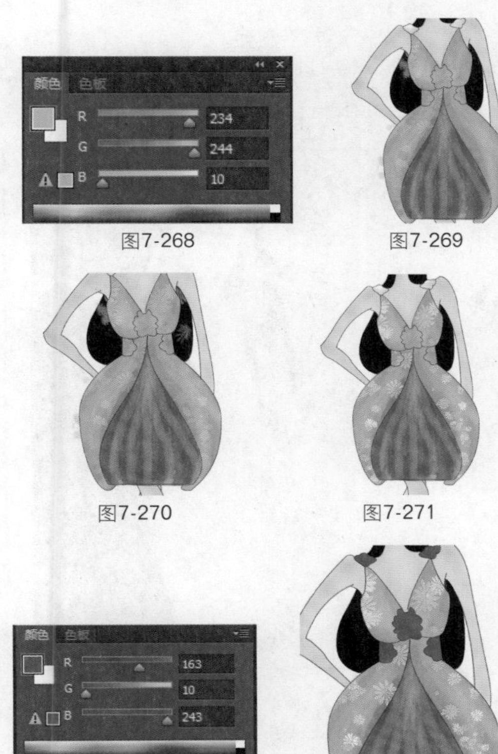

图7-268 图7-269

图7-270 图7-271

图7-272 图7-273

16 选择“减淡工具”，参数设置如图7-274所示，参照图7-275所示，为衣服局部进行提亮操作。

图7-274

图7-275

17 单击“图层”面板底部的“创建新图层”按钮，新建图层，得到“图层8”。选择“自定形状工具”，参数设置如图7-276所示。设置前景色为白色，如图7-277所示。在人物衣服添加图案，并删除多余的花瓣图案，效果如图7-278、图7-279所示。

图7-276

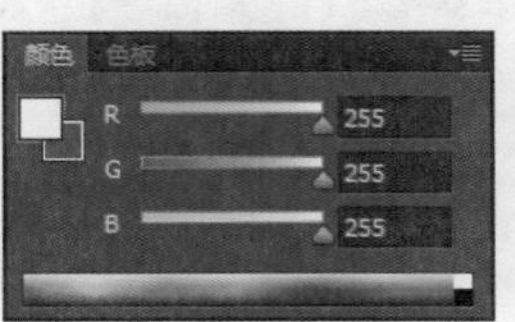

图7-277

图7-278

18 单击“图层”面板底部的“创建新图层”按钮，新建图层，得到“图层9”。选择“画笔工具”，参照图7-280所示，为鞋子填充颜色，整体效果如图7-281所示。打开随书光盘中的文件“素材”\“第7章”\“7.6.jpg”，使用“移动工具”将素材拖入文件中，最终效果如图7-282所示。

图7-279

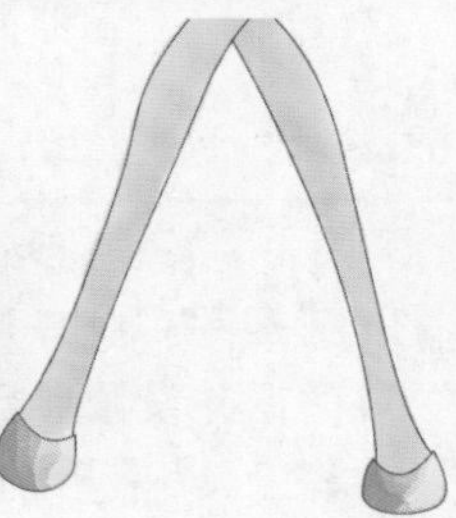

图7-280

图7-281 图7-282

Works 7.7 露背女装

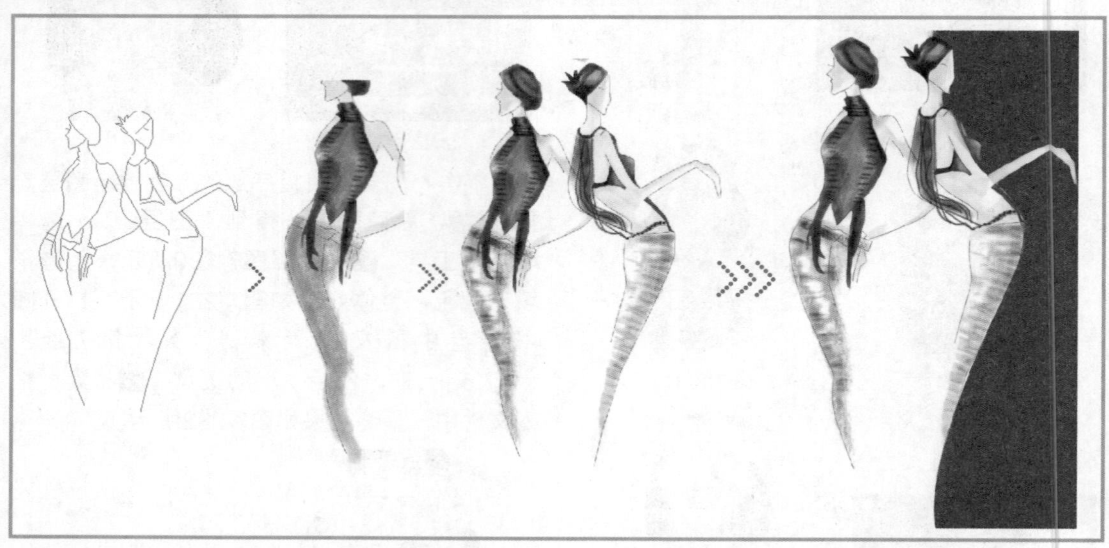

01 按快捷键Ctrl+N新建文件，弹出“新建”对话框并设置参数，如图7-283所示。选择“钢笔工具”绘制路径，效果如图7-284所示。

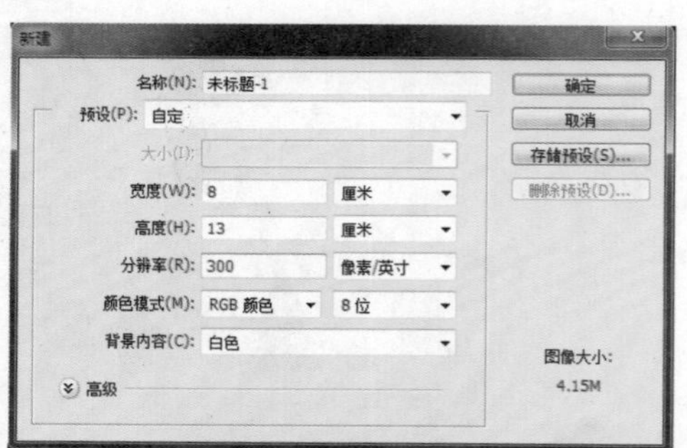

图7-283

图7-284

02 选择“画笔工具”，参数设置如图7-285所示，效果如图7-286所示。

图7-285

图7-286

03 选择“画笔工具”，参数设置如图7-287所示，为人物的头发填充颜色，效果如图7-288所示。

图7-287

04 选择“减淡工具”，参数设置如图7-289所示，涂抹后的效果如图7-290所示。选择“加深工具”，参数设置如图7-291所示，涂抹后的效果如图7-292所示。

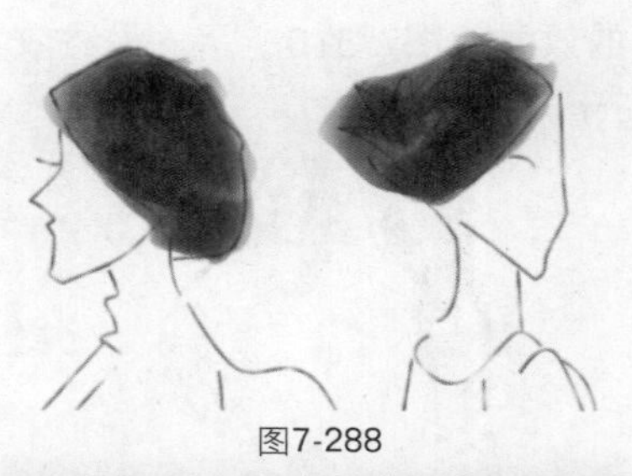

图7-288

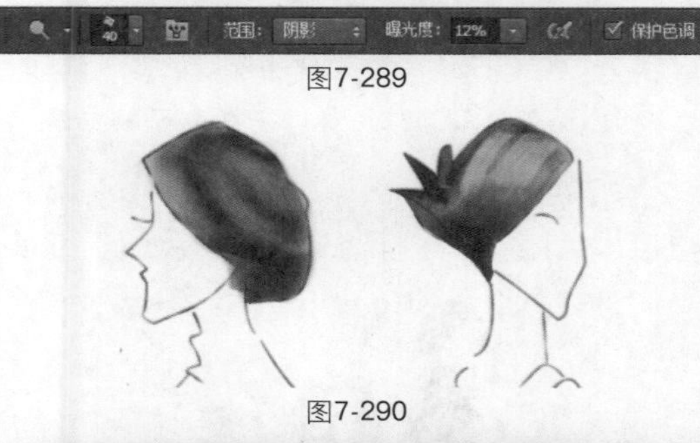

图7-289

图7-290

图7-291

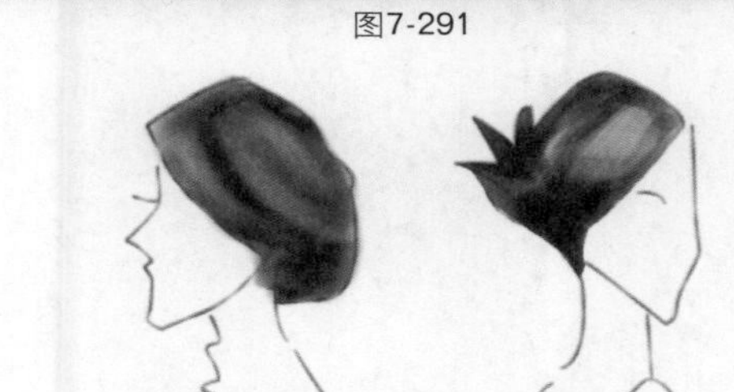

图7-292

05 选择“画笔工具”，参数设置如图7-293所示，为皮肤填充颜色，效果如图7-294所示。再次选择“画笔工具”，参数设置如图7-295所示，为衣服填充颜色，效果如图7-296、7-297所示。

图7-293

图7-294

图7-295

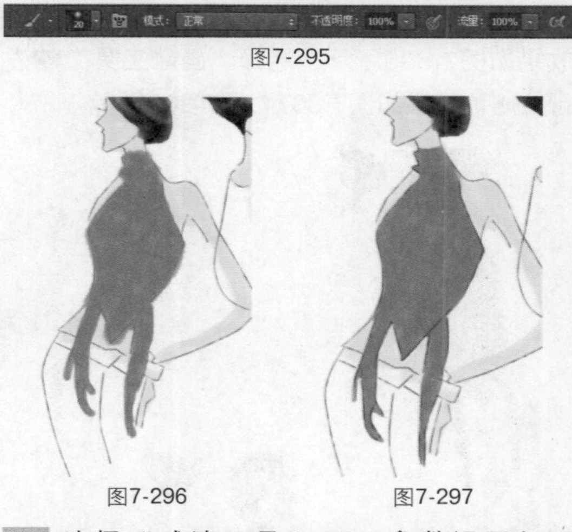

图7-296　图7-297

06 选择“减淡工具”，参数设置如图7-298所示，涂抹后的效果如图7-299所示。选择“加深工具”，涂抹后的效果如图7-300所示。

图7-298

07 选择“画笔工具”，为裤装填充颜色，效果如图7-301所示。选择“加深工具”，参数设置如图7-302所示，涂抹后的效果如图7-303所示。

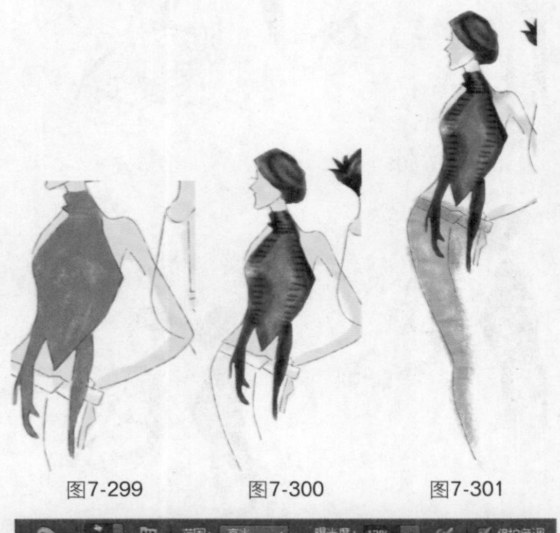

图7-299　图7-300　图7-301

图7-302

08 载入另一人物的衣服选区并填充颜色，效果如图7-304所示。选择“减淡工具”，提亮效果如图7-305所示。选择“钢笔工具”

绘制路径，将路径作为选区载入并填充颜色，效果如图7-306所示。选择“画笔工具”进行绘制，效果如图7-307、图7-308所示。

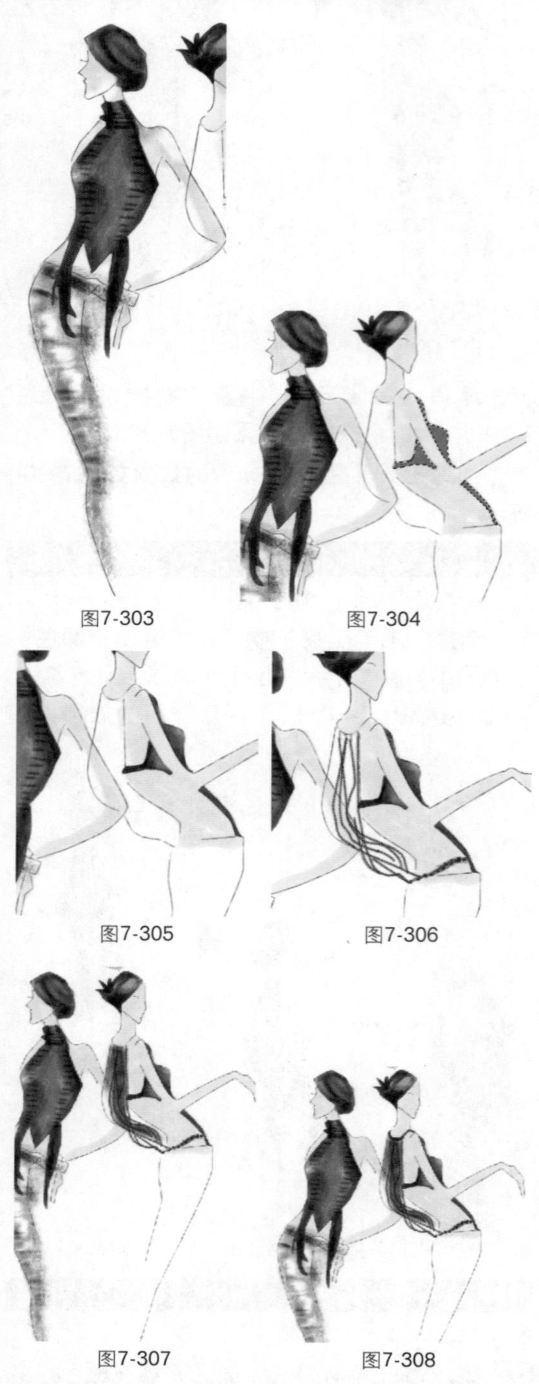

图7-303 图7-304

图7-305 图7-306

图7-307 图7-308

09 选择“画笔工具”，为裤装填充颜色，效果如图7-309所示。选择“加深工具”，涂抹后的效果如图7-310所示，最终效果如图7-311所示。

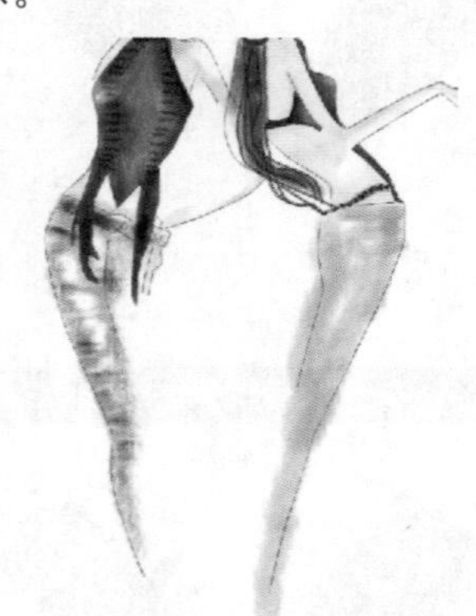

图7-309

图7-310

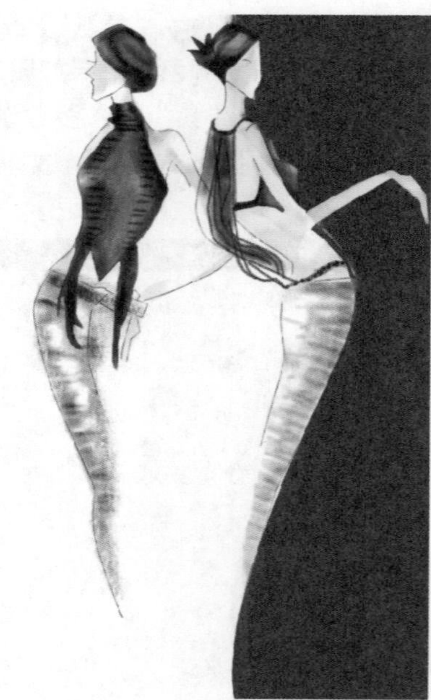

图7-311

Chapter 08

第8章 职场女装

案例展示
AN LI ZHAN SHI

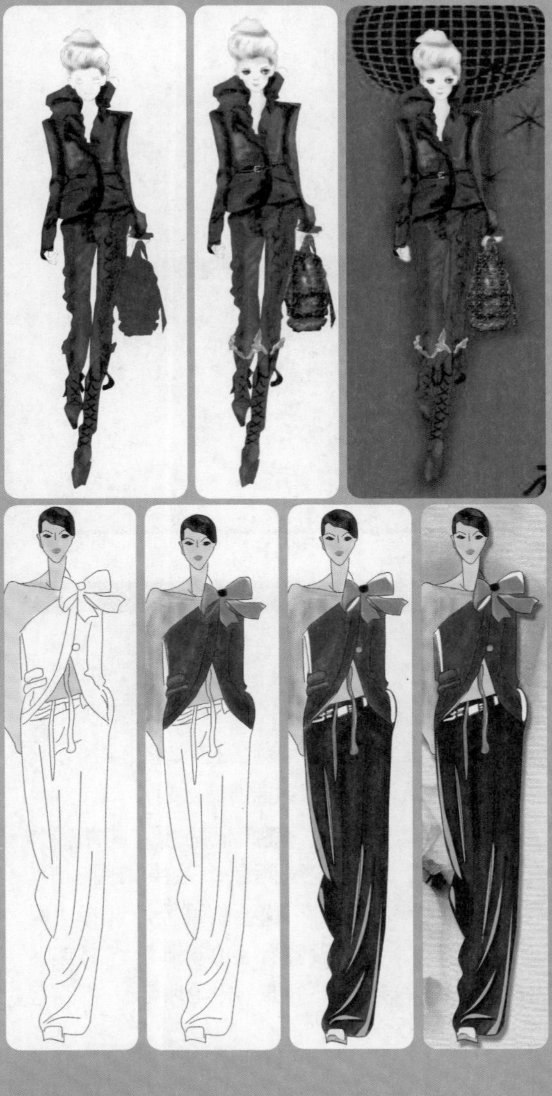

Works 8.1 端庄职场女装

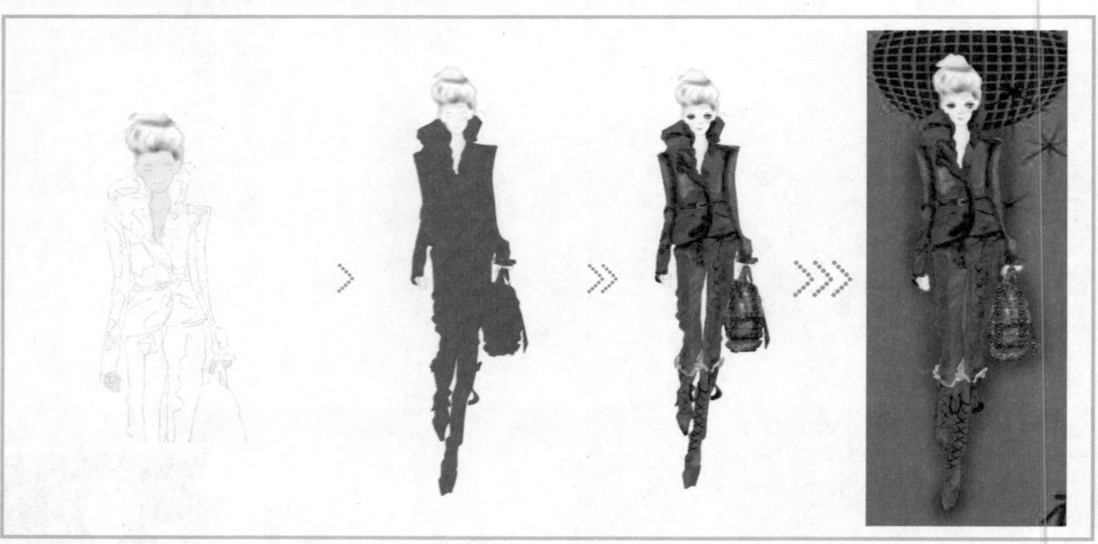

01 按快捷键Ctrl+N新建文件，弹出对话框并设置参数，如图8-1所示。选择“钢笔工具”，参数设置如图8-2所示。

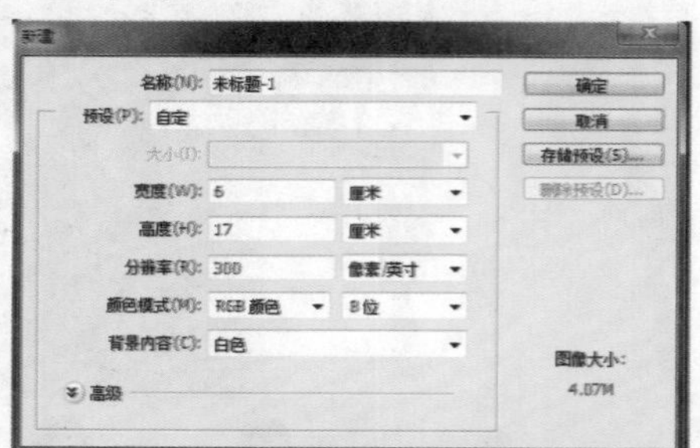

图8-1

图8-2

02 新建“图层1”，绘制头发路径，将路径转换为选区并填充颜色，效果如图8-3所示。选择“减淡工具”，参数设置如图8-4所示，对头发进行减淡处理，效果如图8-5所示。

03 选择“钢笔工具”绘制路径，将路径作为选区载入，填充皮肤颜色，效果如图8-6所示。选择“钢笔工具”绘制路径，选择“画笔工具”，参数设置如图8-7所示，对选区内的区域进行涂抹，效果如8-8所示。将路径载入选区，按Shift+Ctrl+I键将选区反选，按Delete键删除多余部分，效果如图8-9所示。

图8-3

图8-4

图8-5 图8-6

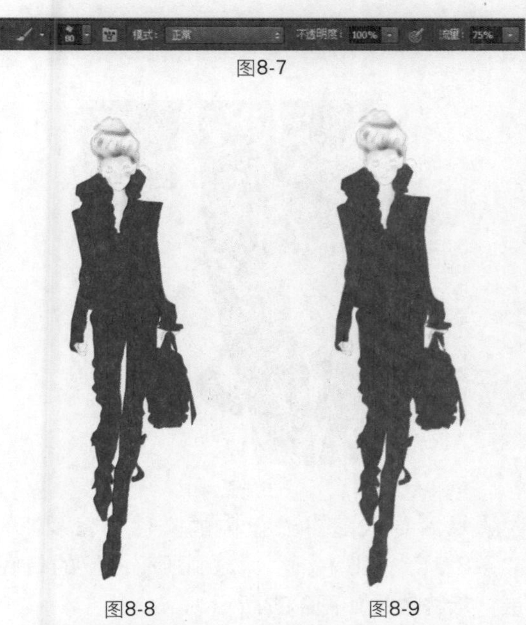

图8-7

图8-8　　图8-9

04 选择“加深工具”，参数设置如图8-10所示，对衣服进行处理，效果如图8-11所示。选择“减淡工具”，参数设置如图8-12所示，效果如图8-13所示。再次选择“减淡工具”进行处理，效果如图8-14所示。

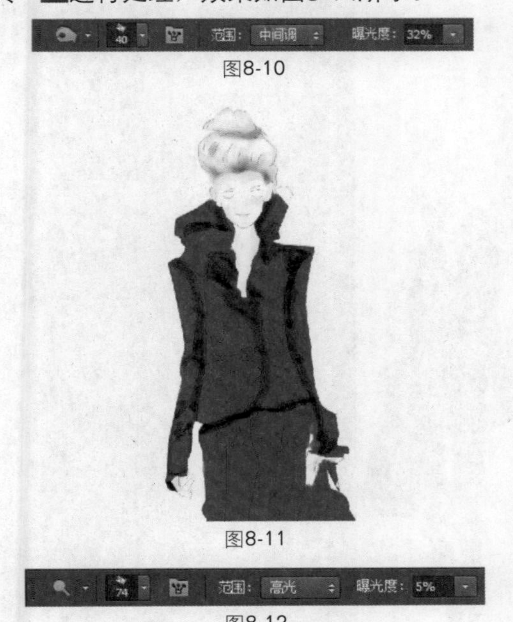

图8-10

图8-11

图8-12

05 选择“钢笔工具”绘制路径，将路径作为选区载入并填充颜色。单击“图层”面板底部的“添加图层样式”按钮，在弹出的菜单中选择“斜面和浮雕”、“图案叠加”、“纹理”命令，对话框设置如图8-15～图8-17所示，应用后的效果如图8-18、图8-19所示。

图8-13　　图8-14

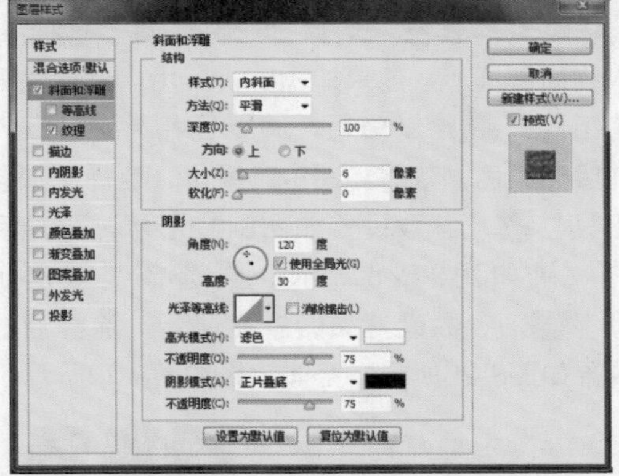

图8-15

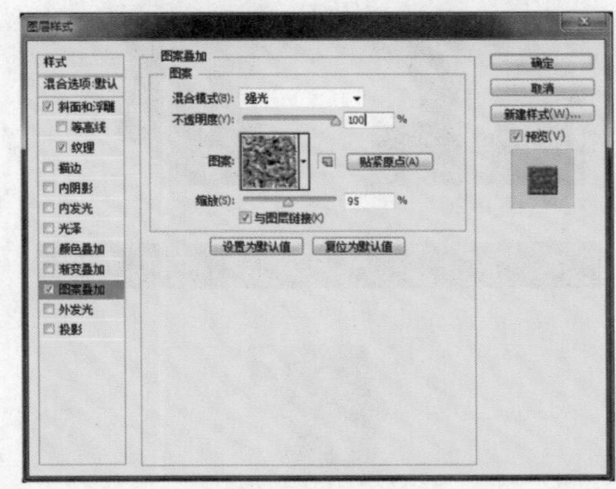

图8-16

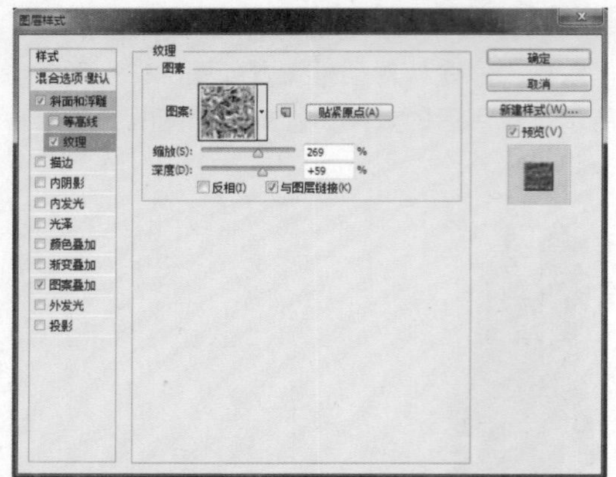

图8-17

图8-18

图8-19

06 设置前景色，选择“画笔工具”绘制人物面部细节，效果如图8-20所示。选择“钢笔工具”绘制路径，将路径作为选区载入并填充颜色，效果如图8-21所示。选择“加深工具”，参数设置如图8-22所示，涂抹后的效果如图8-23所示。再选择“减淡工具”，参数设置如图8-24所示，涂抹后的效果如图8-25所示，整体效果如图8-26所示。

图8-20

图8-21

图8-22

图8-23

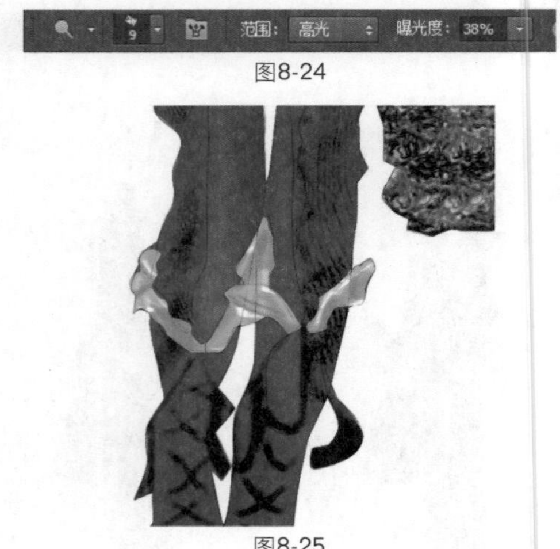

图8-24

图8-25

07 最后导入随书光盘中的文件“素材”\“第8章”\“8.1.tif”，放到所有图层的最底层，最终效果如图8-27所示。

图8-26　　图8-27

时尚职场女装

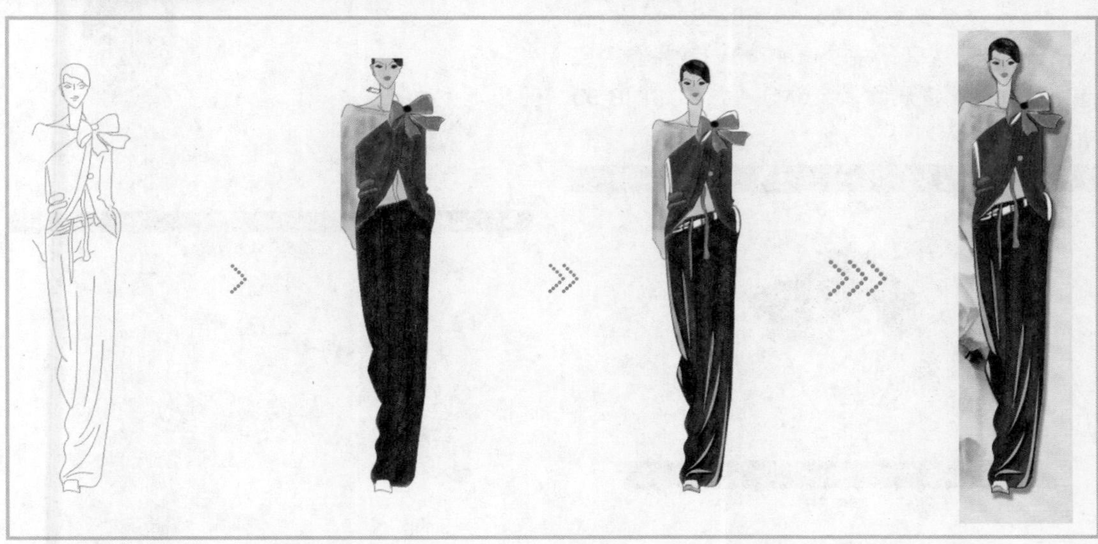

01 按快捷键Ctrl+N新建文件，弹出对话框并设置参数，如图8-28所示。选择“钢笔工具”，参数设置如图8-29所示，绘制路径如图8-30所示。

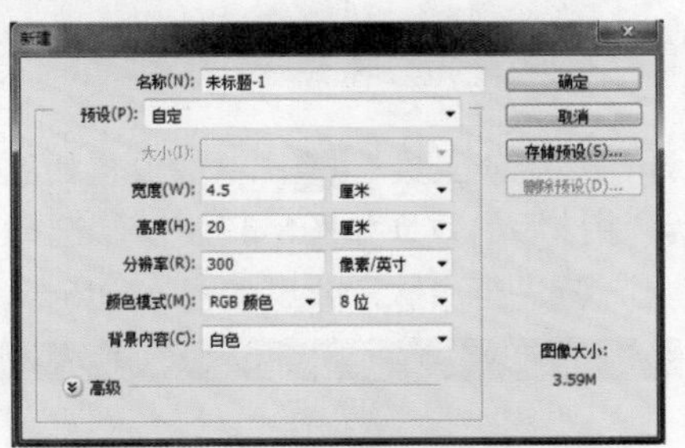

图8-28

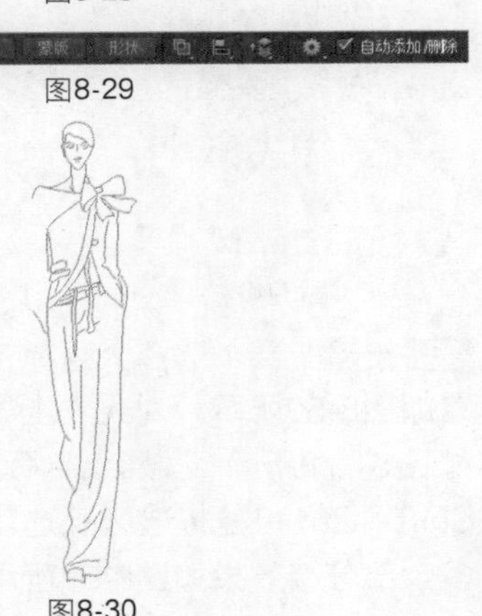

图8-29

图8-30

02 单击“图层”面板底部的“创建新图层”按钮，得到“图层1”。选择“画笔工具”，参数设置如图8-31所示，设置前景色为黑色。进入“路径”面板，选择“路径1”，右击鼠标，在弹出的菜单中选择“描边路径”命令，对路径进行描边，效果如图8-32所示。

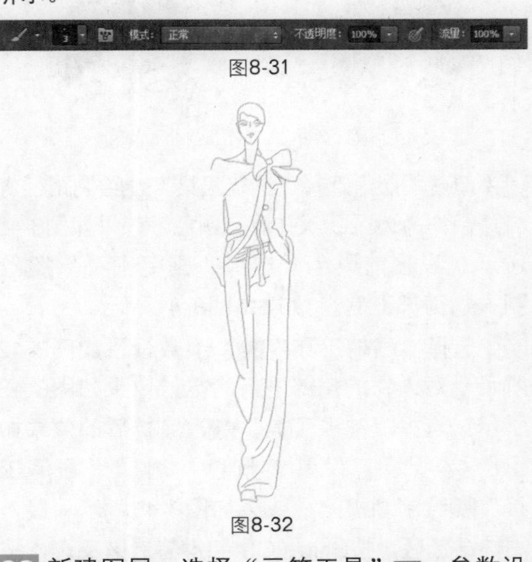

图8-31

图8-32

03 新建图层，选择“画笔工具”，参数设置如图8-33所示。对人物头发进行涂抹，效果如图8-34所示。选择“减淡工具”，参数设置如图8-35所示，涂抹后的效果如图8-36所示。选择“加深工具”，参数设置如图8-37所示，涂抹后的效果如图8-38所示。载入“图层1”选区，按Shift+Ctrl+I键将选区反选，按Delete键删除多余部分，效果如图8-39所示。

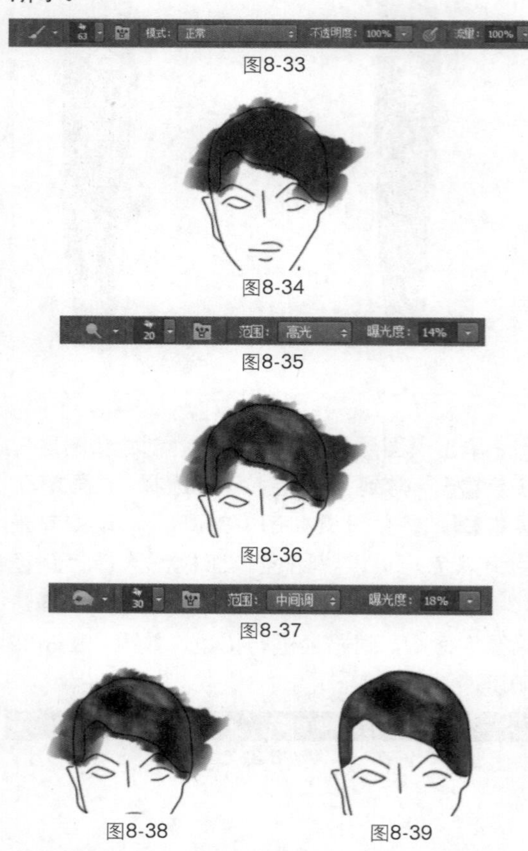

图8-33

图8-34

图8-35

图8-36

图8-37

图8-38　图8-39

04 新建图层，选择“钢笔工具”绘制路径，将路径作为选区载入并填充颜色，效果如图8-40所示。设置前景色，选择“画笔工具”绘制人物面部五官，效果如图8-41所示。

05 选择“画笔工具”，参数设置如图8-42所示，对人物的肩部进行涂抹，效果如图8-43所示。选择“减淡工具”，涂抹后的效果如图8-44所示。设置前景色，选择“画笔工具”绘制蝴蝶结，效果如图8-45所示。载入蝴蝶结选区，按Shift+Ctrl+I键将选区反选，按Delete键删除多余部分，效果如图8-46所示。

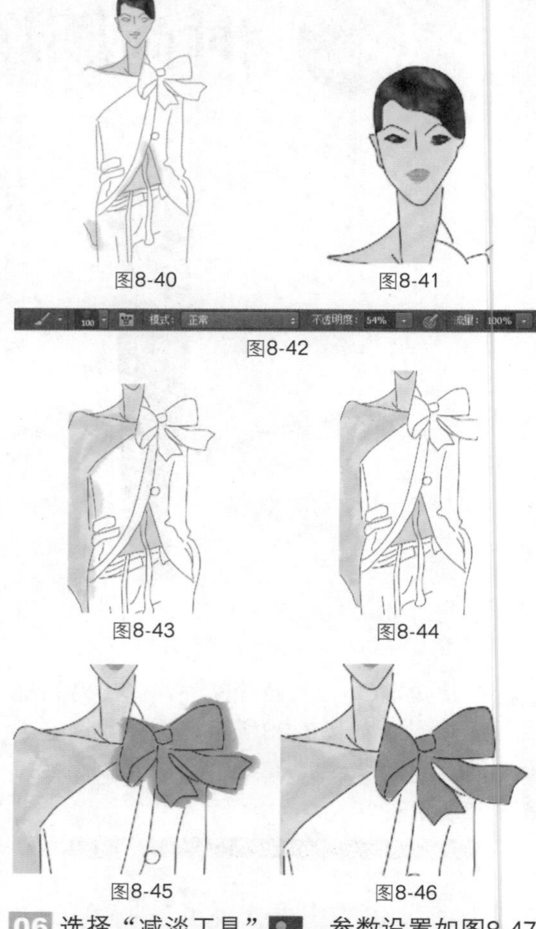

图8-40　图8-41

图8-42

图8-43　图8-44

图8-45　图8-46

06 选择“减淡工具”，参数设置如图8-47所示，涂抹后的效果如图8-48所示。选择“加深工具”进行涂抹，效果如图8-49所示。

图8-47

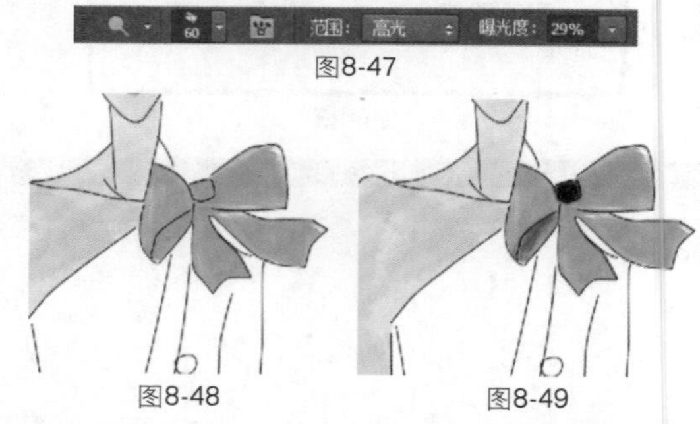

图8-48　图8-49

07 新建图层，选择“画笔工具”，参数设置如图8-50所示，对人物上衣进行涂抹，效果如图8-51所示。载入人物上衣的选区，按Shift+Ctrl+I键将选区反选，按Delete键删除多余部分，效果如图8-52所示。

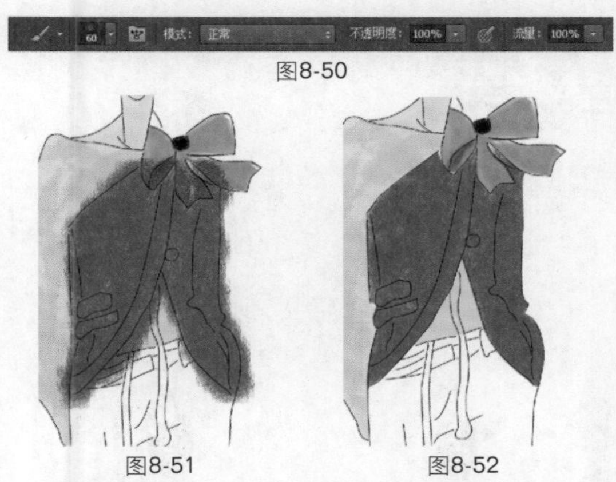

图8-50

图8-51　　图8-52

08 新建图层，选择“画笔工具”，对人物裤装进行涂抹，效果如图8-53所示。载入人物裤装的选区，按Shift+Ctrl+I键将选区反选，按Delete键删除多余部分，效果如图8-54示。选择“钢笔工具”绘制路径，将路径作为选区载入并填充颜色，效果如图8-55所示，修饰后的效果如图8-56所示。

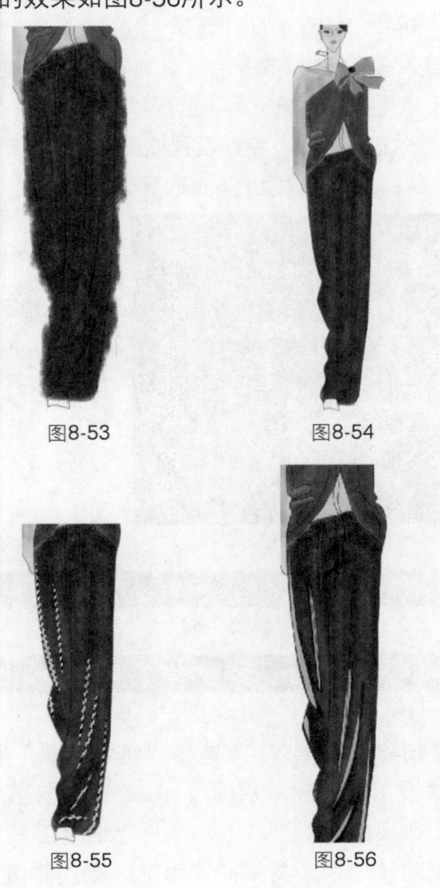

图8-53　　图8-54

图8-55　　图8-56

09 新建图层，选择“钢笔工具”绘制路径，将路径作为选区载入并填充颜色。选择“加深工具”，涂抹后的效果如图8-57所示。选择“减淡工具”，涂抹后的效果如图8-58所示。

图8-57

图8-58

10 新建“图层18”，选择“钢笔工具”绘制路径，将路径作为选区载入并填充颜色。选择“减淡工具”，修饰后的效果如图8-59所示，整体效果如图8-60所示。最后导入随书光盘中的文件“素材”\“第8章”\“8.2.tif”，放到所有图层的最底层，最终效果如图8-61所示。

图8-59

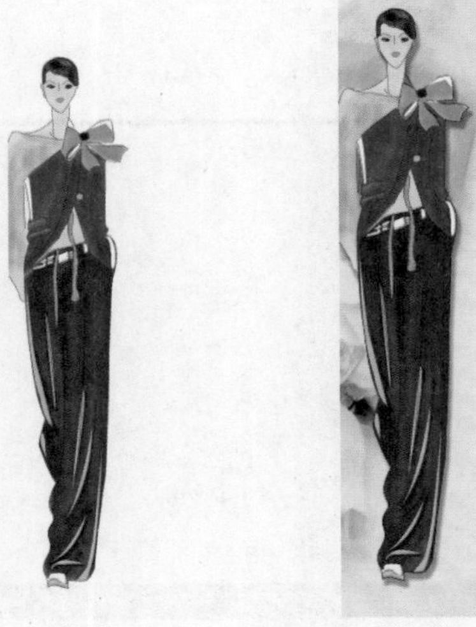

图8-60　　图8-61

Works 8.3 青春职场女装

01 按快捷键Ctrl+N新建文件，弹出对话框并设置参数，如图8-62所示。选择“钢笔工具”绘制路径，效果如图8-63所示。选择“画笔工具”，参数设置如图8-64所示，对路径进行描边操作。

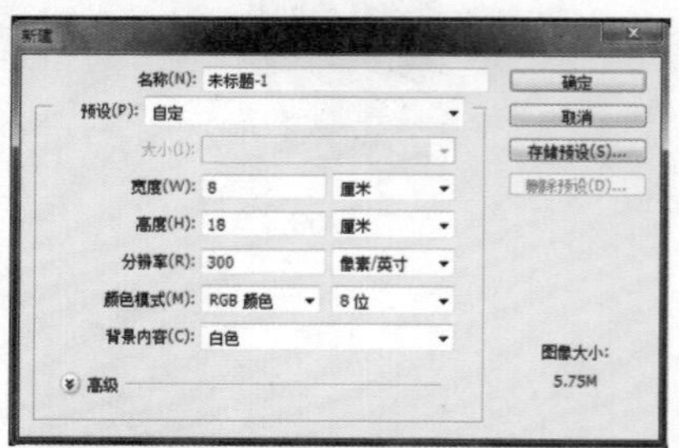

图8-62

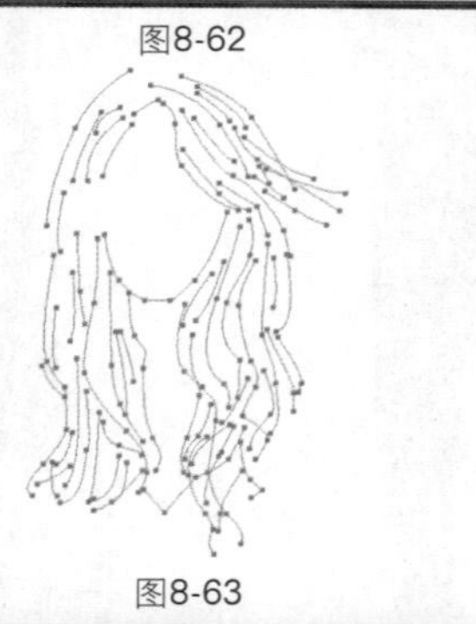

图8-63

图8-64

02 新建“图层1”。选择 “画笔工具”，参数设置如图8-65所示，对人物的头发进行涂抹，效果如图8-66所示。选择“加深工具”、“减淡工具”，参数设置如图8-67、图8-68所示，涂抹后的效果如图8-69所示。

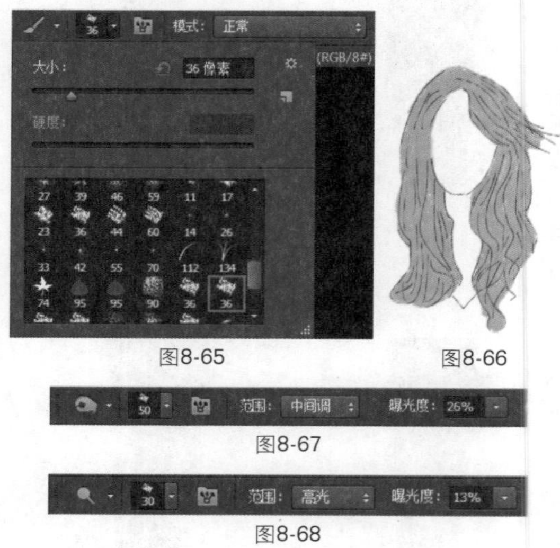

图8-65　图8-66

图8-67

图8-68

03 新建“图层2”，选择“画笔工具”，参数设置如图8-70所示，为人物皮肤填充颜色，效果如图8-71所示。选择“钢笔工具”绘制眼镜路径，将路径作为选区载入并填充黑色，效果如图8-72所示。新建“图层3”，选择“画笔工具”，设置前景色为黑色和红色，绘制人物面部细节，效果如图8-73所示。

图8-69

36 模式：正常 不透明度：100% 流量：100%

图8-70

图8-71 图8-72

04 新建“图层4”。选择“钢笔工具”绘制路径，将路径作为选区载入并填充颜色，效果如图8-74所示。选择“加深工具”、“减淡工具”，参数设置如图8-75、图8-76所示，涂抹后的效果如图8-77所示。

图8-73 图8-74

20 范围：高光 曝光度：10%

图8-75

30 范围：阴影 曝光度：15%

图8-76

05 选择“钢笔工具”，绘制路径如图8-78所示。单击“图层”面板底部的“创建新图层”按钮，新建“图层5”。选择“画笔工具”，设置前景色为黑色，单击“路径”面板底部的“用画笔描边路径”按钮，对路径进行描边操作，效果如8-79所示。

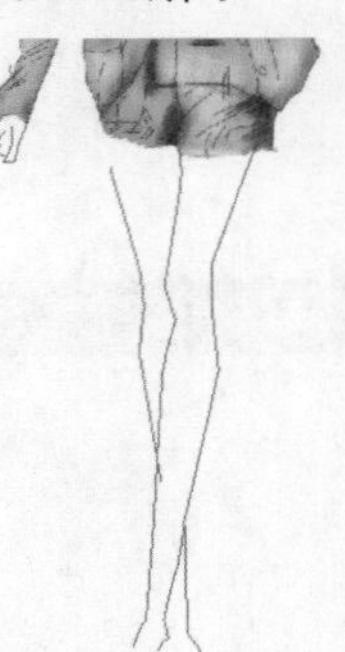

图8-77 图8-78

06 新建“图层6”，设置前景色，选择“画笔工具”绘制人物腿部，效果如图8-80所示。载入人物腿部选区，按Shift+Ctrl+I键将选区反选，按Delete键删除多余部分。选择“减淡工具”，参数设置如图8-81所示，涂抹后的效果如图8-82所示。选择“加深工具”，参数设置如图8-83所示，涂抹后的效果如图8-84所示。

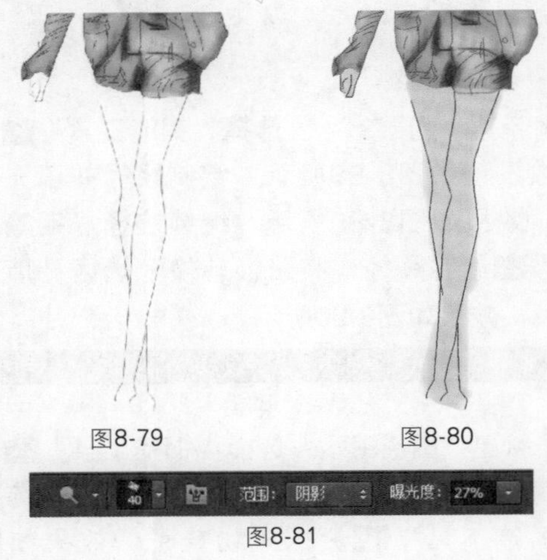

图8-79 图8-80

40 范围：阴影 曝光度：27%

图8-81

07 新建“图层7”，选择“钢笔工具”，绘制路径如图8-85所示。载入豹纹素材图案，效果如图8-86所示。选择“减淡工具”、“加深工具”，参照图8-87所示进行修饰。

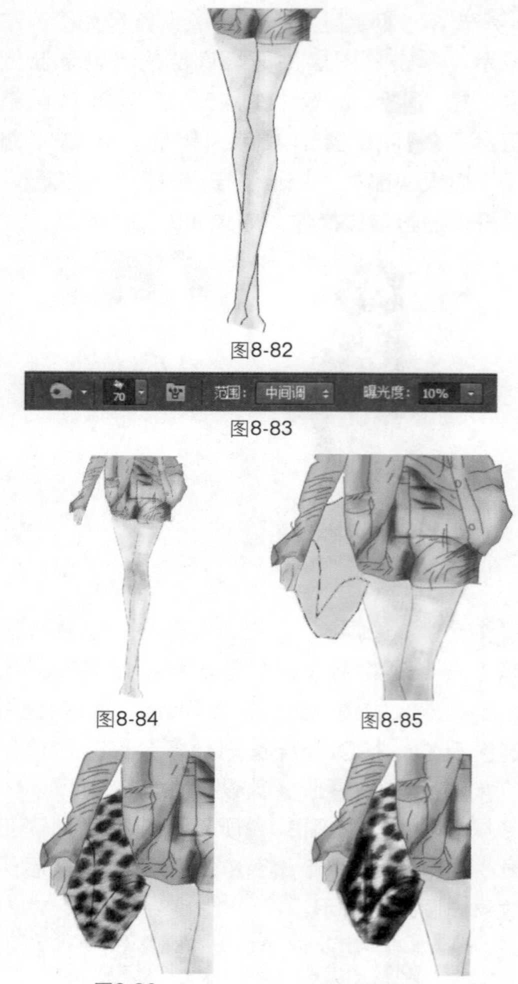

图8-82

图8-83

图8-84　图8-85

图8-86　图8-87

08 新建“图层8”， 选择“钢笔工具”，参数设置如图8-88所示，绘制路径并填充白色，效果如图8-89所示。继续选择“钢笔工具”绘制路径，将路径转换为选区并填充颜色，效果如图8-90所示。

图8-88

09 新建“图层9”， 选择“钢笔工具”，绘制路径如图8-91所示。设置前景色，选择“画笔工具”涂抹人物鞋子，效果如图8-92所示。载入鞋子选区，按Shift+Ctrl+I键将选区反选，按Delete键删除多余部分，效果如图8-93所示。选择“画笔工具”，参照图8-94所示进行绘制。选择“减淡工具”、“加深工具”，修饰后的效果如图8-95所示，整体效果如图8-96所示。

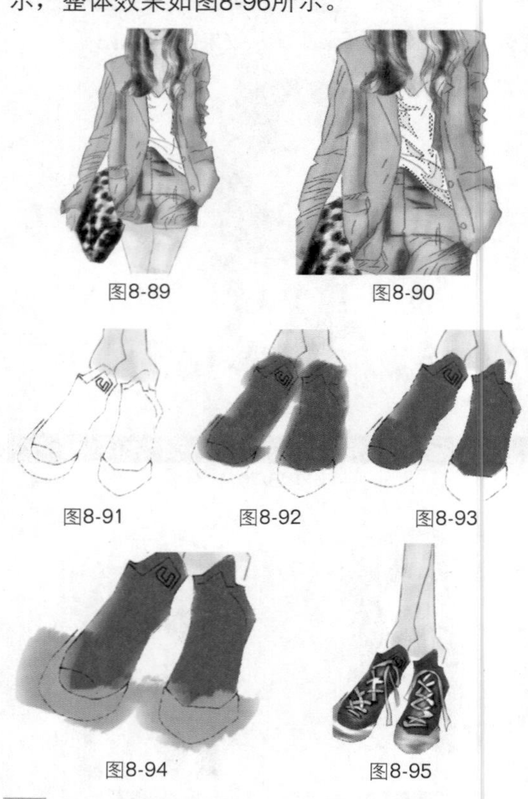

图8-89　图8-90

图8-91　图8-92　图8-93

图8-94　图8-95

10 最后导入随书光盘中的文件“素材”\“第8章”\“8.3.tif”，放到所有图层的最底层，最终效果如图8-97所示。

图8-96　图8-97

休闲职场女装

01 按快捷键Ctrl+N新建文件，弹出对话框并设置参数，如图8-98所示。选择“钢笔工具”，参数设置如图8-99所示，绘制路径如图8-100所示。

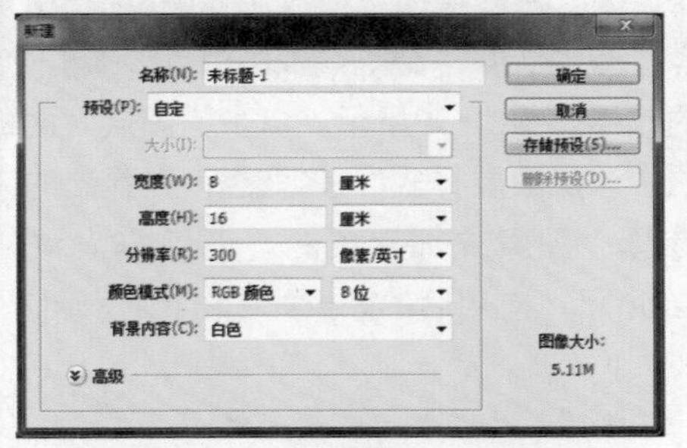

图8-98

路径 建立: 选区... 蒙版 形状 自动添加/删除

图8-99

图8-100

02 单击“图层”面板底部的“创建新图层”按钮，得到“图层1”。选择 “画笔工具”，参数设置如图8-101所示，设置前景色为黑色。单击“路径”面板底部的“用画笔描边路径”按钮，对路径进行描边，效果如图8-102所示。

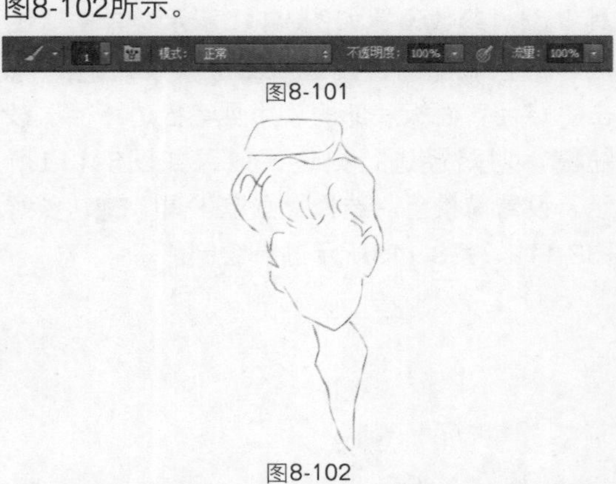

图8-101

图8-102

03 新建“图层2”，选择“画笔工具”，参数设置如图8-103所示，对头发进行涂抹，效果如图8-104所示。选择“减淡工具”、“加深工具”，参照图8-105所示进行修饰并填充皮肤颜色。

模式: 正常 不透明度: 53% 流量: 74%

图8-103

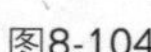

图8-104

图8-105

04 新建“图层3”，选择“钢笔工具”，绘制人物面部细节的路径，效果如图8-106所示。单击“图层”面板底部的“创建新图层”按钮，单击“路径”面板底部的“用画笔描边路径”按钮，对路径进行描边，效果如图8-107所示。设置前景色，选择“画笔工具”润色面部细节，效果如图8-108所示。

图8-106

图8-107

05 新建“图层4”，选择“钢笔工具”绘制路径，效果如图8-109所示。选择“画笔工具”，参数设置如图8-110所示。单击“图层”面板底部的“创建新图层”按钮，单击“路径”面板底部的“用画笔描边路径”按钮，对路径进行描边，效果如图8-111所示。设置前景色，选择“画笔工具”，参照图8-112、图8-113所示进行绘制。

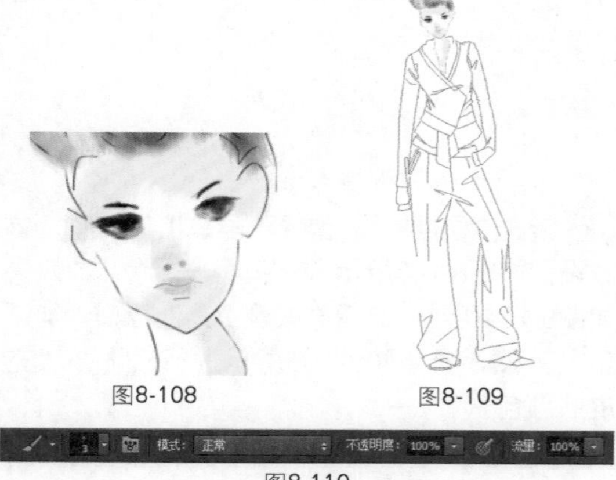

图8-108　图8-109

图8-110

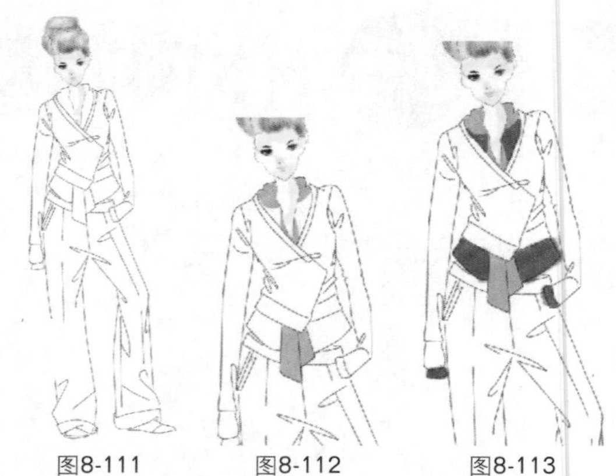

图8-111　图8-112　图8-113

06 选择“减淡工具”、“加深工具”，参数设置如图8-114、图8-115所示，参照图8-116所示进行修饰。

图8-114

图8-115

07 新建“图层5”，选择“画笔工具”涂抹人物上衣，效果如图8-117所示。载入人物上衣的选区，按Shift+Ctrl+I键将选区反选，按Delete键删除多余部分，效果如图8-118所示。选择“减淡工具”、“加深工具”，修饰后的效果如图8-119所示。单击“图层”面板底部的“添加图层样式”按钮，在弹出的菜单中选择“图案叠加”命令，对话框设置如图8-120所示，应用后的效果如图8-121所示。

图8-116　图8-117

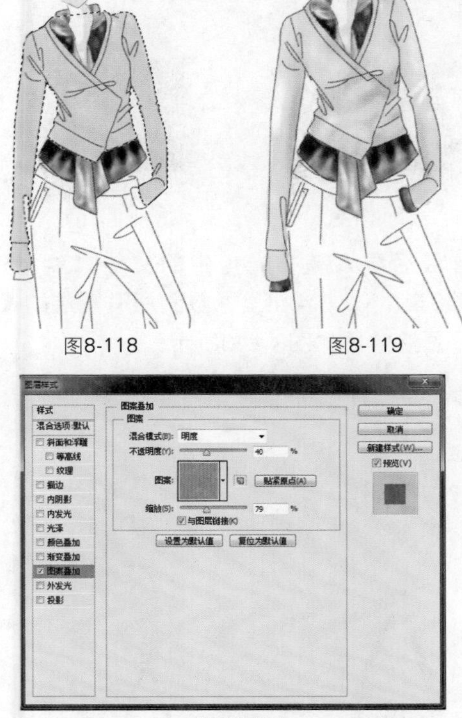

图8-118　　图8-119

图8-120

08 新建“图层6”，选择“画笔工具”涂抹人物裤装，效果如图8-122所示。载入人物裤装的选区，按Shift+Ctrl+I键将选区反选，按Delete键删除多余部分，效果如图8-123所示。选择“减淡工具”进行修饰，效果如图8-124所示。选择“加深工具”进行修饰，效果如图8-125所示，整体效果如图8-126所示。

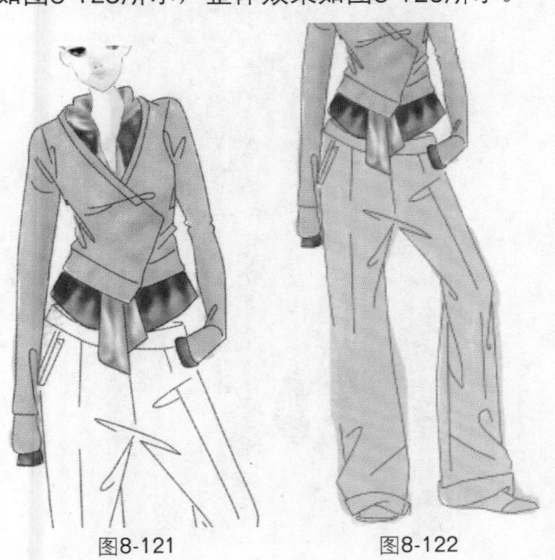

图8-121　　图8-122

图8-123　　图8-124

图8-125　　图8-126

09 新建“图层7”，选择“钢笔工具”绘制手提包的路径并描边路径，效果如图8-127所示。选择“画笔工具”绘制手提包，效果如图8-128所示。载入手提包的选区，按Shift+Ctrl+I键将选区反选，按Delete键删除多余部分，效果如图8-129所示。

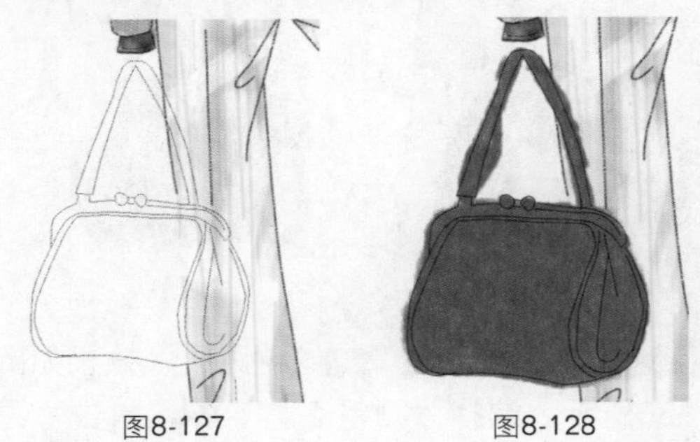

图8-127　　图8-128

10 新建“图层8”，选择“钢笔工具”绘制路径，将路径作为选区载入并填充颜色，效果如图8-130所示。选择“加深工具”，参数设置如图8-131所示，涂抹后的效果如图

8-132所示。选择“减淡工具”，参数设置如图8-133所示，涂抹后的效果如图8-134所示，修饰后的效果如图8-135所示。

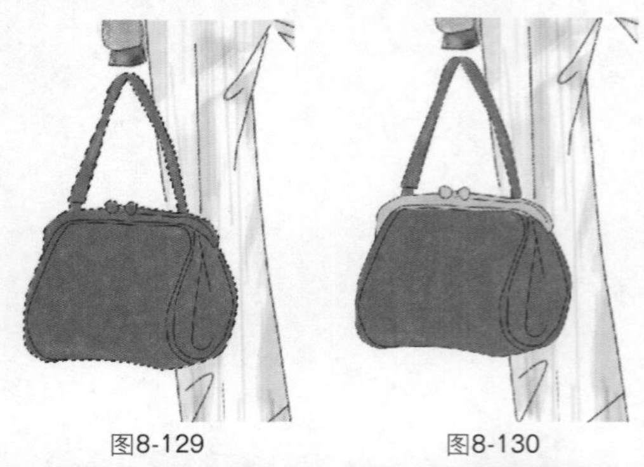

图8-129　　图8-130

范围: 高光　曝光度: 43%

图8-131

图8-132

图8-133

图8-134

图8-135

11 选择“钢笔工具”绘制路径，效果如图8-136所示。选择“画笔工具”，单击“图层”面板底部的“创建新图层”按钮，单击“路径”面板底部的“用画笔描边路径”按钮，对路径进行描边，效果如图8-137所示。选择“减淡工具”进行修饰，效果如图8-138所示，整体效果如图8-139所示。

图8-136

图8-137

12 最后导入随书光盘中的文件“素材”\“第8章”\“8.4.tif”，放到所有图层的最底层，最终效果如图8-140所示。

图8-138　　图8-139

图8-140

Chapter 09

第9章 婚纱礼服

案例展示

AN LI ZHAN SHI

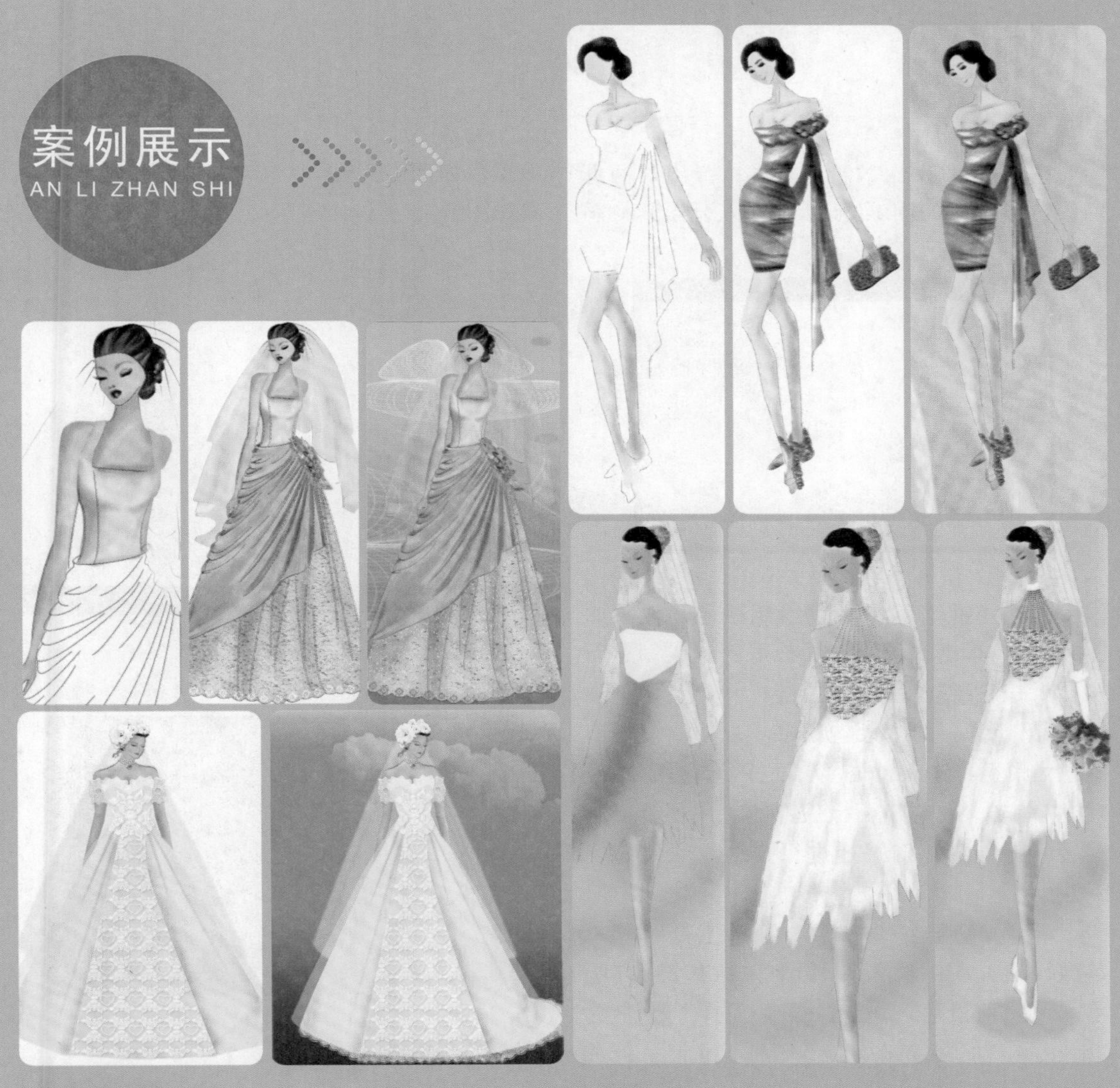

Works 9.1 飘逸短裙

01 按快捷键Ctrl+N新建文件，弹出对话框并设置参数，如图9-1所示。载入背景素材图片，如图9-2所示。

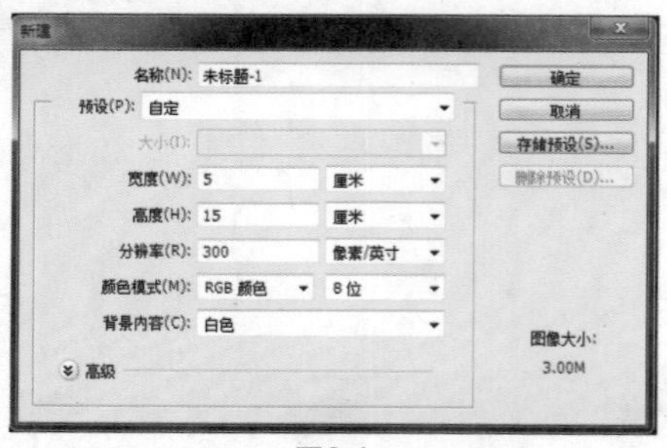

图9-1

02 选择“钢笔工具”绘制路径，效果如9-3所示。单击“图层”面板底部的“创建新图层”按钮，得到“图层1”。选择 “画笔工具”，参数设置如图9-4所示。设置前景色为黑色，进入“路径”面板，选择“路径1”，单击“路径”面板底部的“用画笔描边路径”按钮，对路径进行描边，效果如图9-5所示。

03 新建“图层2”，选择“画笔工具”，参数设置如图9-6所示，绘制效果如图9-7所示。设置前景色，调整“画笔工具”参数设置，如图9-8所示。绘制人物皮肤颜色，效果如图9-9、图9-10所示。

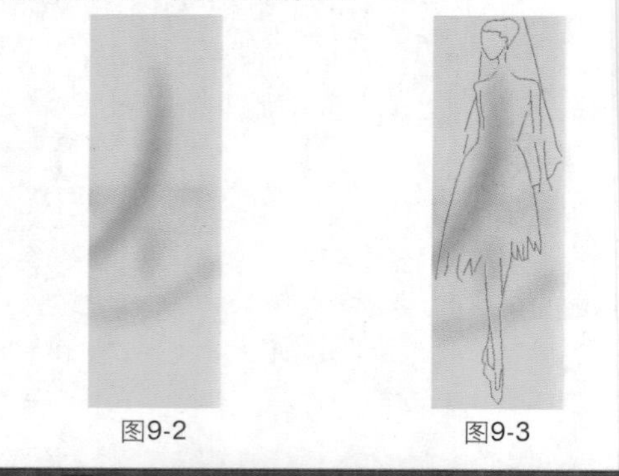

图9-2 图9-3

图9-4

图9-5

图9-6

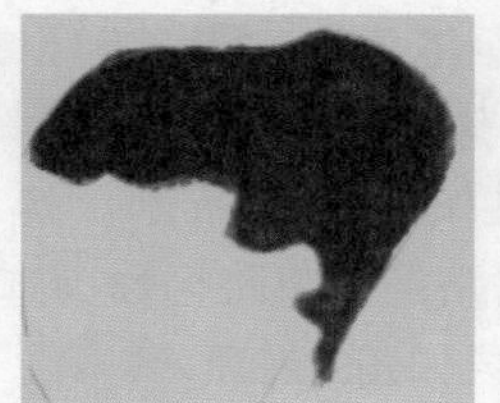
图9-7

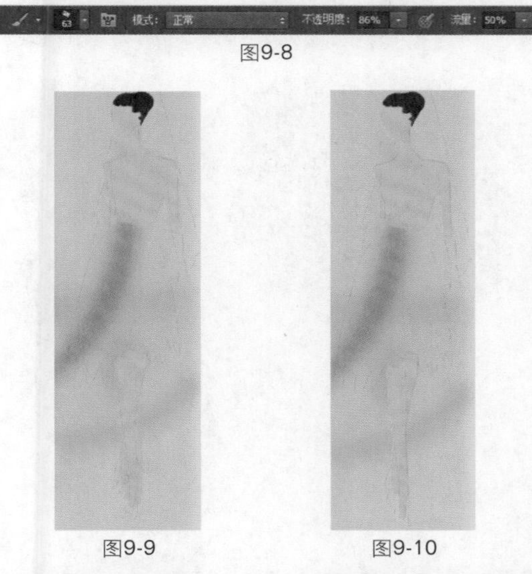

图9-8

图9-9 图9-10

04 新建“图层3”，选择“钢笔工具”绘制路径，设置前景色为黑色。单击“路径”面板底部的“用画笔描边路径”按钮，对路径进行描边，效果如图9-11所示。选择“加深工具”和“减淡工具”，参数设置如图9-12、图9-13所示，涂抹后的效果如图9-14所示。

图9-11

范围：中间调 曝光度：41%
图9-12

范围：高光 曝光度：9%
图9-13

05 选择“画笔工具”，参数设置如图9-15所示，参照图9-16所示涂抹头纱。载入头纱的选区，按Shift+Ctrl+I键将选区反选，按Delete键删除多余部分，效果如图9-17所示。

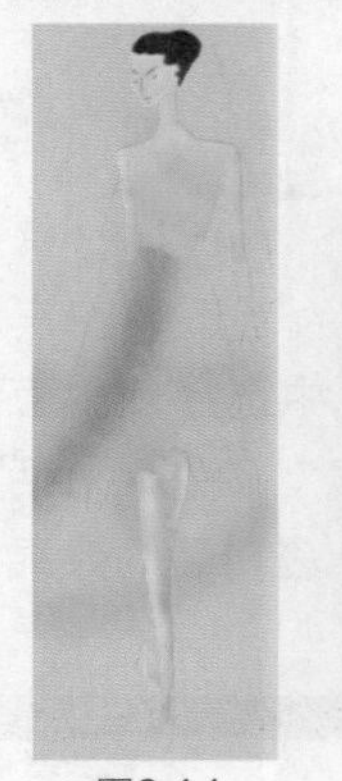
图9-14

图9-15

图9-16

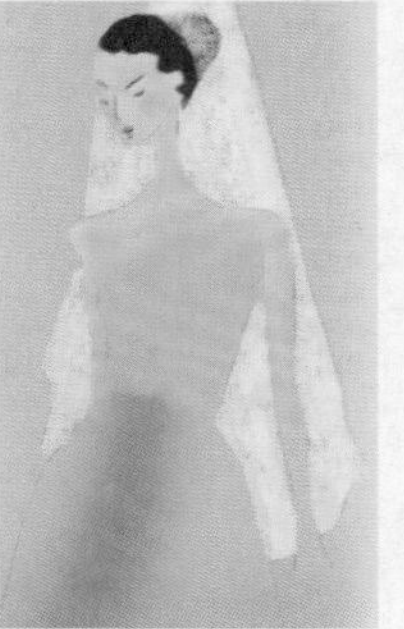
图9-17

06 选择“加深工具”，参数设置如图9-18所示，对头纱进行加深处理，效果如图9-19所示。选择“钢笔工具”绘制路径，载入选区并填充颜色，效果如图9-20所示。选择“自定义形状工具”，绘制图案如图9-21所示，为图案填充颜色，效果如图9-22所示。

图9-18

图9-19

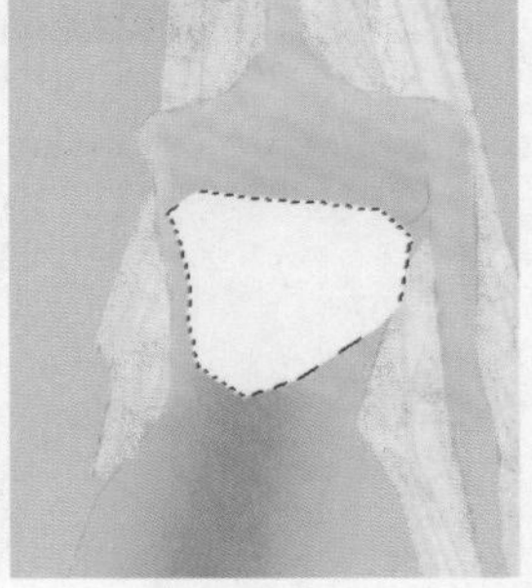
图9-20

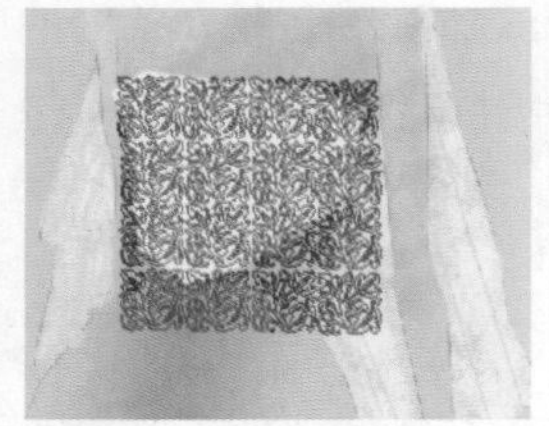
图9-21

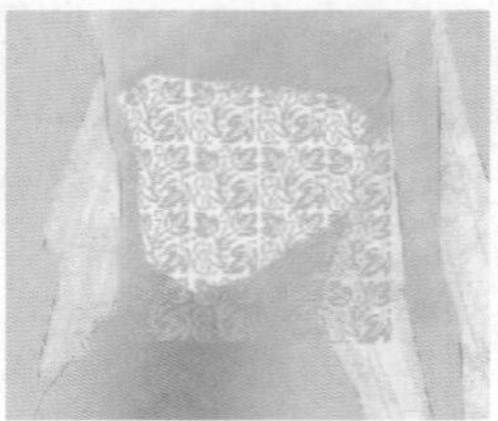
图9-22

07 单击“图层”面板底部的“添加图层样式”按钮，在弹出的菜单中选择“斜面和浮雕”、“纹理”、“等高线”命令，对话框设置如图9-23～图9-25所示，应用后的效果如图9-26所示。

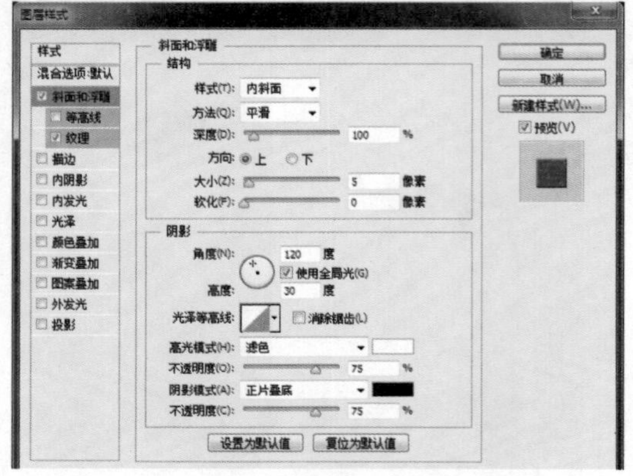

图9-23

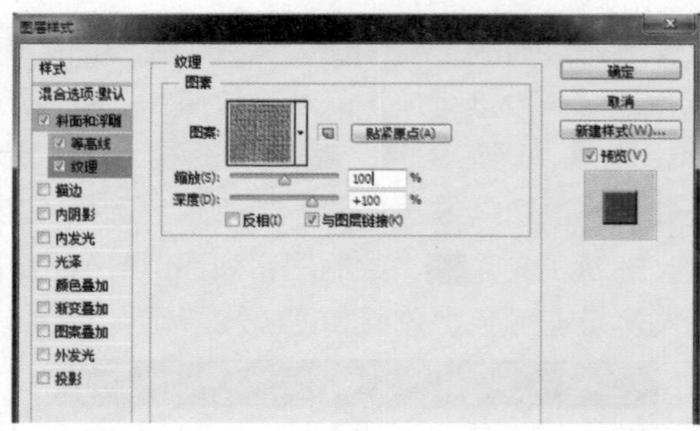

图9-24

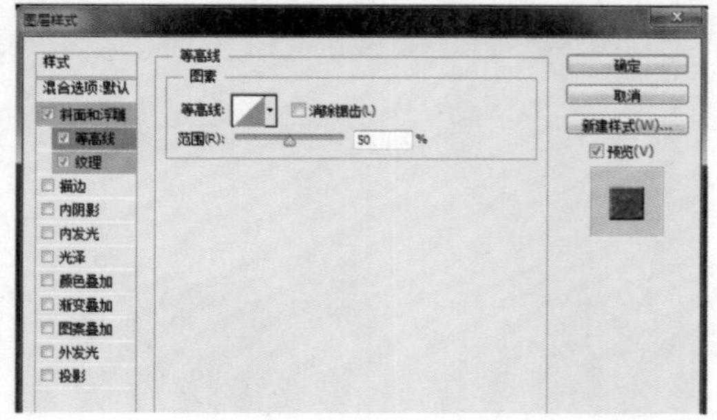

图9-25

08 选择“画笔工具”，参照图9-27所示进行绘制。选择“减淡工具”涂抹裙摆，处理后的效果如图9-28所示。选择“钢笔工具”绘制路径，将路径作为选区载入并填充颜色，效果如图9-29所示。

图9-26

图9-27

图9-28

图9-29

09 选择“减淡工具”、“加深工具”，对人物腿部进行加深及减淡处理，效果如图9-30所示。导入随书光盘中的文件“素材”\“第9章”\“9.1.1.tif”，将素材摆放到适当的位置，效果如图9-31所示。

图9-30

图9-31

10 选择“画笔工具”，参数设置如图9-32所示，参照图9-33所示进行绘制，最终效果如图9-34所示。

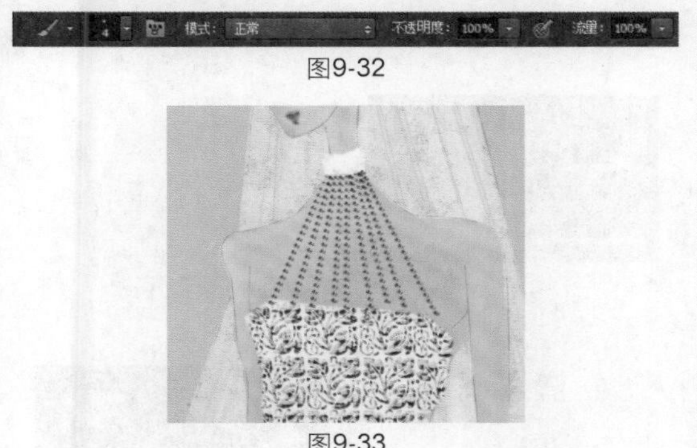

图9-32

图9-33

图9-34

Works 9.2 端庄曳地长裙

01 按快捷键Ctrl+N新建文件，弹出对话框并设置参数，如图9-35所示。选择“钢笔工具”，参数设置如图9-36所示，绘制路径如图9-37所示。

02 单击“图层”面板底部的“创建新图层”按钮，得到“图层1”。选择 “画笔工具”，参数设置如图9-38所示，设置前景色为黑色。进入“路径”面板，选择“路径1”，单击“路径”面板底部的“用画笔描边路径”按钮，效果如图9-39所示。

新建
名称(N)：未标题-1
预设(P)：自定
大小(I)：
宽度(W)：8 厘米
高度(H)：10 厘米
分辨率(R)：300 像素/英寸
颜色模式(M)：RGB 颜色 8位
背景内容(C)：白色
高级
确定
取消
存储预设(S)...
删除预设(D)...
图像大小：
3.19M

图9-35

路径 建立： 选区... 蒙版 形状 自动添加/删除

图9-36

图9-37

模式：正常　不透明度：100%　流量：100%

图9-38

03 新建“图层2”，载入选区并填充颜色，效果如图9-40所示。选择“减淡工具”、“加深工具”，参数设置如图9-41、图9-42所示，参照图9-43所示进行处理。

图9-39　图9-40

图9-41

图9-42

04 新建“图层3”，选择“钢笔工具”，绘制路径如图9-44所示。设置前景色如图9-45所示，将路径转换为选区并填充颜色，效果如图9-46所示。

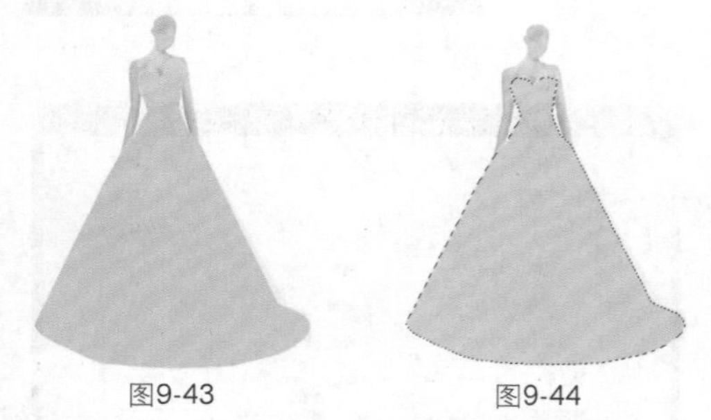
图9-43　图9-44

05 选择“钢笔工具”绘制路径，效果如图9-47所示。设置前景色如图9-48所示。选择“画笔工具”，参数设置如图9-49所示，对人物头发进行涂抹，效果如图9-50所示。新建“图层4”，设置前景色为黑色和红色，参照图9-51所示绘制人物五官。

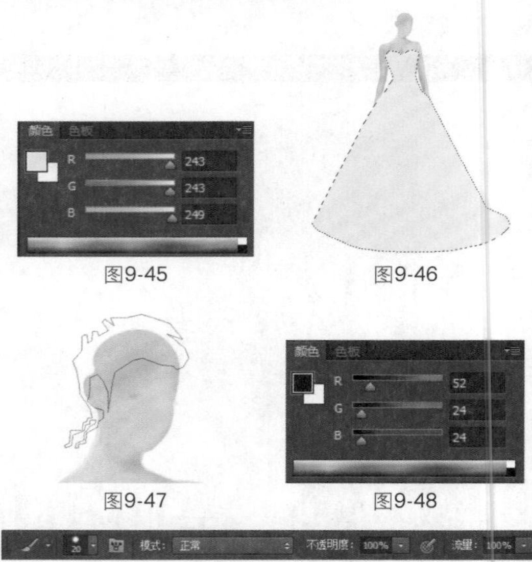

图9-45　图9-46

图9-47　图9-48

图9-49

06 导入随书光盘中的文件“素材”\“第9章”\“9.2.1.jpg”，如图9-52所示。将素材拖入文件中，按快捷键Ctrl+T，对图像进行调整，效果如图5-53所示。复制此图层，将复制后的图像进行摆放，然后将复制的图层合并，图像效果如图9-54所示。

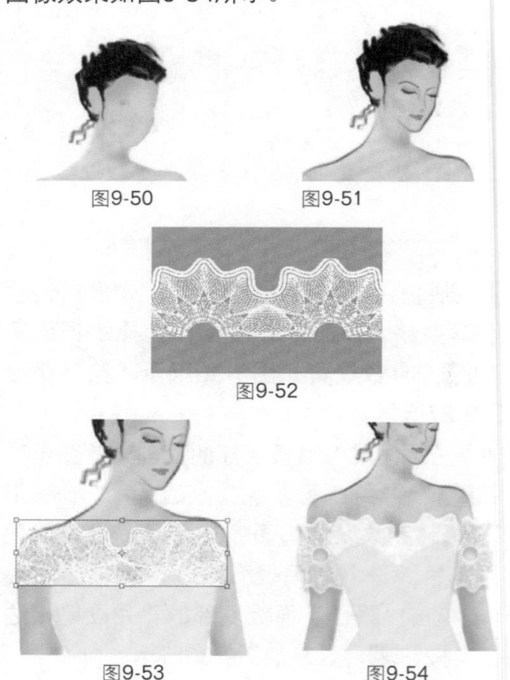
图9-50　图9-51

图9-52

图9-53　图9-54

07 导入随书光盘中的文件“素材”\“第9章”\“9.2.2.jpg”，如图9-55所示。将素材拖入文件中，摆放在婚纱之上，效果如图9-56所示。单击“图层”面板底部的“添加图层样式”按钮fx.，在弹出的菜单中选择“投影”命令，对话框设置如图9-57所示，应用后的效果如图9-58所示。

图9-55

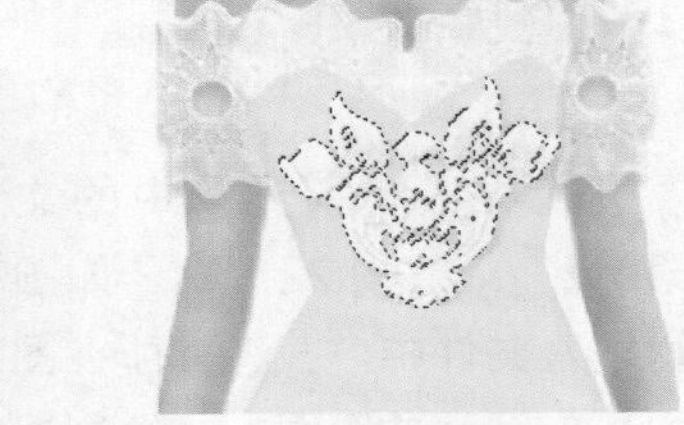

图9-56

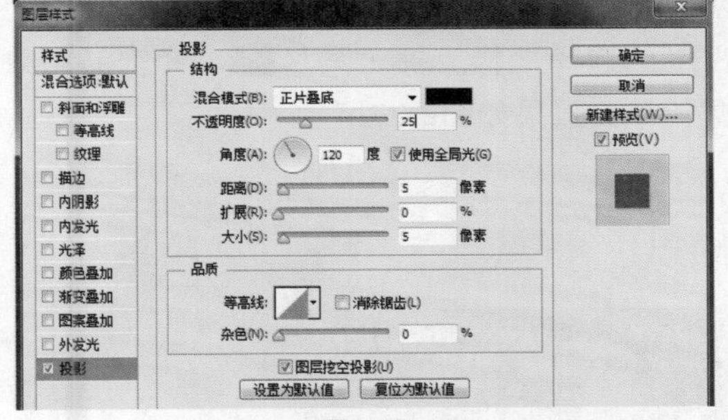

图9-57

08 导入随书光盘中的文件“素材”\“第9章”\“9.2.3.jpg”，如图9-59所示。选择“编辑”|“自定义图案”命令，对话框如图9-60所示。选择“钢笔工具”绘制路径，效果如图9-61所示，向选区内填充图案，效果如图9-62所示。

图9-58

图9-59

图9-60

图9-61　图9-62

09 导入随书光盘中的文件“素材”\“第9章”\“9.2.4.jpg”，如图9-63所示，将素材拖入文件中，摆放在裙子下摆合适的位置，效果如图9-64所示（因素材与底图同为白色，效果不明显，可查看本例最终效果图）。

图9-63　图9-64

10 参照图9-65所示绘制选区，选择“选择”|“变换选区”|命令，将选区扩大。新建图层，向选区内填充白色，调整此图层的“不透明度”为55%，图像效果如图9-66所示。

图9-65　图9-66

11 选择“加深工具”，参数设置如图9-67所示，在画面中绘制出婚纱的皱褶部分。选择“滤镜”|“纹理”|“纹理化”命令，对话框参数设置如图9-68所示，效果如图9-69所示。

范围：中间调 曝光度：71%

图9-67

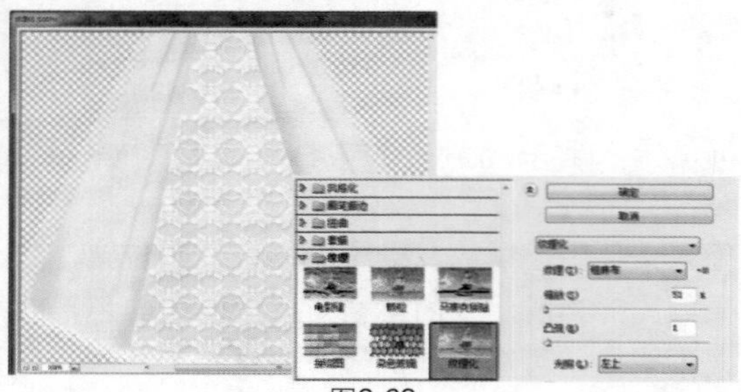

图9-68

12 导入随书光盘中的文件“素材”\“第9章”\“9.2.5.tif”，如图9-70所示。将素材拖入文件中，摆放在合适的位置，效果如图9-71所示。选择“矩形选择选框”绘制选区并填充渐变颜色，复制此图像并将其摆放成项链，效果如图9-72所示。

图9-69 图9-70

图9-71 图9-72

13 导入随书光盘中的文件“素材”\“第9章”\“9.2.6.tif”，如图9-73所示。将素材拖入文件中，摆放在合适的位置，效果如图9-74所示。

图9-73 图9-74

14 最后导入随书光盘中的文件“素材”\“第9章”\“9.2.7.tif”，如图9-75所示。将素材拖入文件中，并将其所在图层放到所有图层的最底层，参照图9-76绘制选区，向选区内填充白色，将此图层的“不透明度”更改为83%。选择“橡皮擦工具”，修饰皱褶效果，最终效果如图9-77所示。

图9-75

图9-76

图9-77

Works 9.3 粉红褶皱长裙

01 按快捷键Ctrl+N新建文件，弹出对话框并设置参数，如图9-78所示。新建图层，得到“图层1”，选择“钢笔工具”，在画面中进行绘制，效果如图9-79所示。选择“画笔工具”，参数设置如图9-80所示，为路径进行描边，效果如图9-81所示。

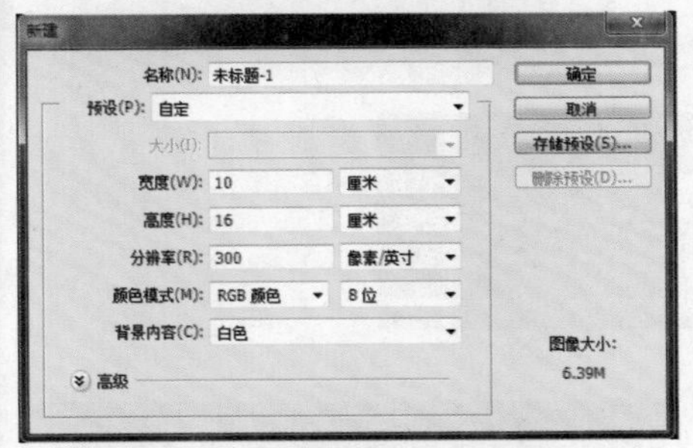

图9-78

图9-79

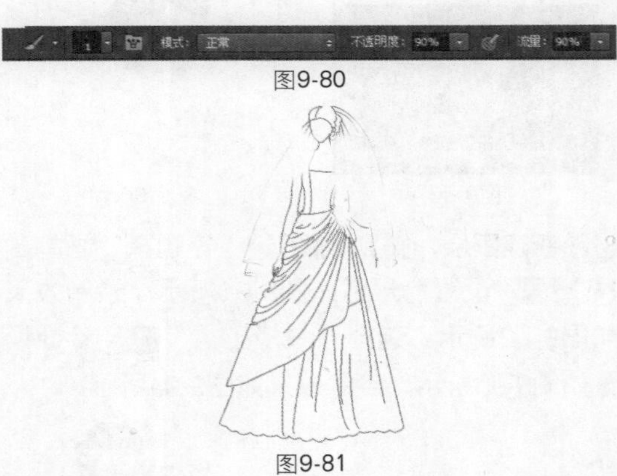

图9-80

图9-81

02 新建图层，得到“图层2”，设置前景色如图9-82～图9-84所示。选择“加深工具”、“减淡工具”，涂抹后的效果如图9-85所示。

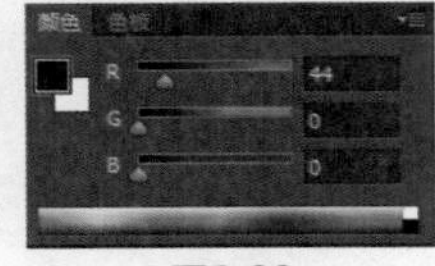

图9-82

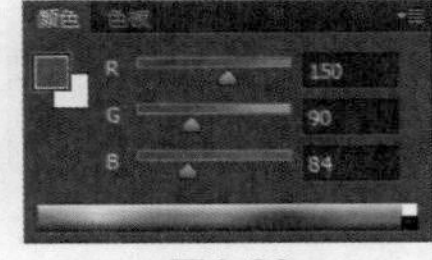

图9-83

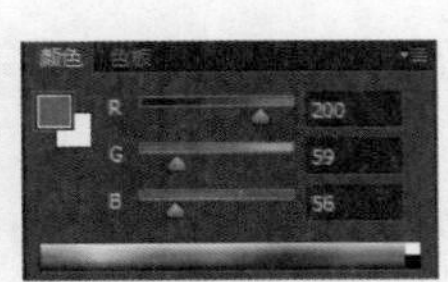

图9-84

图9-85

03 新建图层，得到“图层3”。选择“画笔工具”，设置前景色如图9-86所示，绘制效果如图9-87所示。选择“减淡工具”，参数设置如图9-88所示，对图像进行提亮处理。选择“画笔工具”，设置前景色如图9-89所示，在画面中进行绘制，绘制效果如图9-90所示。

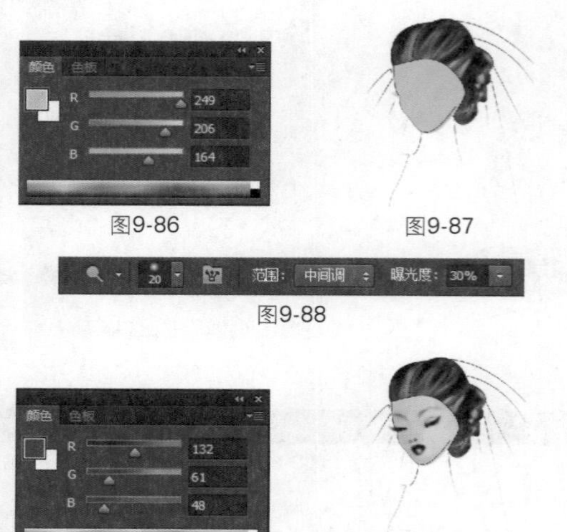

图9-86 图9-87

图9-88

图9-89 图9-90

04 新建图层，得到“图层4”。选择“画笔工具”，设置前景色如图9-91所示，绘制效果如图9-92所示。选择“减淡工具”，参数设置如图9-93所示，绘制效果如图9-94所示。

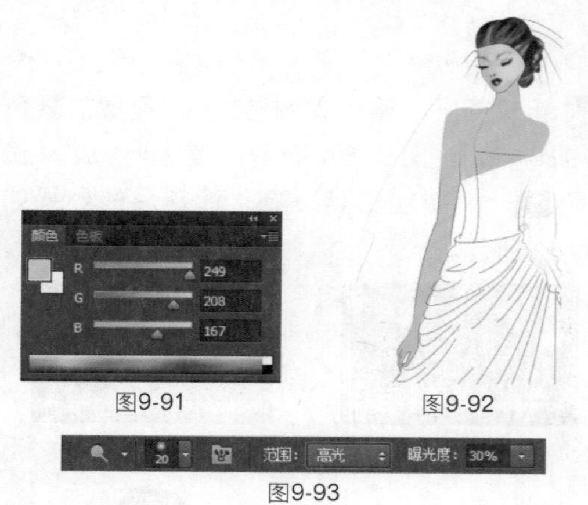

图9-91 图9-92

图9-93

05 新建图层，得到“图层5”。选择“画笔工具”，设置前景色如图9-95所示。选择“加深工具”，参数设置如图9-96所示，绘制及加深效果如图9-97所示。

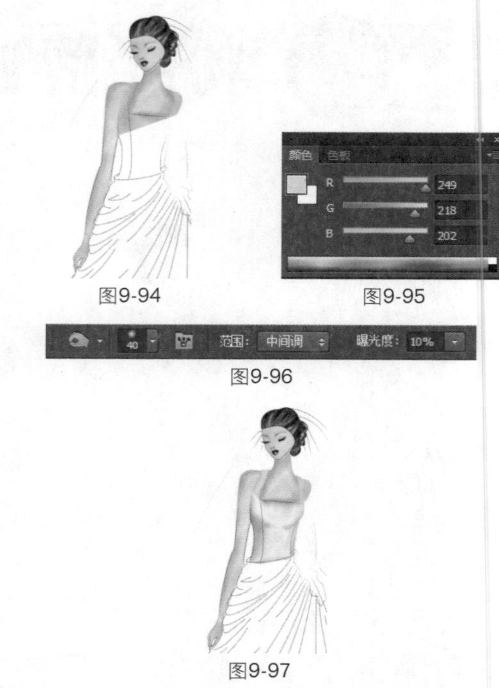

图9-94 图9-95

图9-96

图9-97

06 新建图层，得到“图层6”。选择“画笔工具”，设置前景色如图9-98所示，绘制效果如图9-99所示。选择“减淡工具”、“加深工具”，参数设置如图9-100、图9-101所示，修饰效果如图9-102所示。

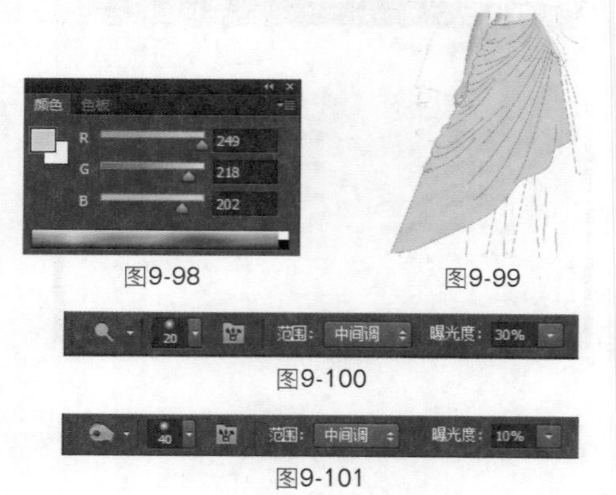

图9-98 图9-99

图9-100

图9-101

07 新建图层，得到“图层7”。选择“画笔工具”，设置前景色如图9-103所示，绘制效果如图9-104所示。选择“减淡工具”、“加深工具”，参数设置如图9-105、图9-106所示，对图像进行修饰。选择“自定义形状工具”，参数设置如图9-107所示，绘制效果如图9-108所示。

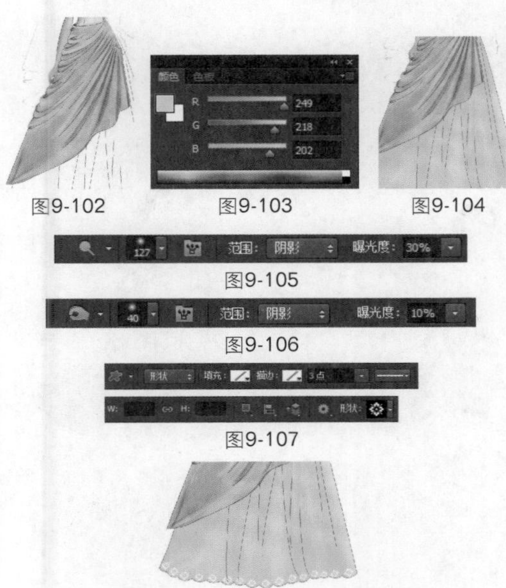

图9-102 图9-103 图9-104

图9-105

图9-106

图9-107

图9-108

08 单击“图层”面板底部的“添加图层样式”按钮，在弹出的菜单中选择“图案叠加”命令，参数设置如图9-109示，应用后的效果如图9-110所示。导入随书光盘“素材”\“第9章”\“9.3-1.jpg”文件，效果如图9-111所示。单击“图层”面板底部的“添加图层样式”按钮，在弹出的菜单中选择“投影”命令，参数设置如图9-112所示，应用后的效果如图9-113所示。

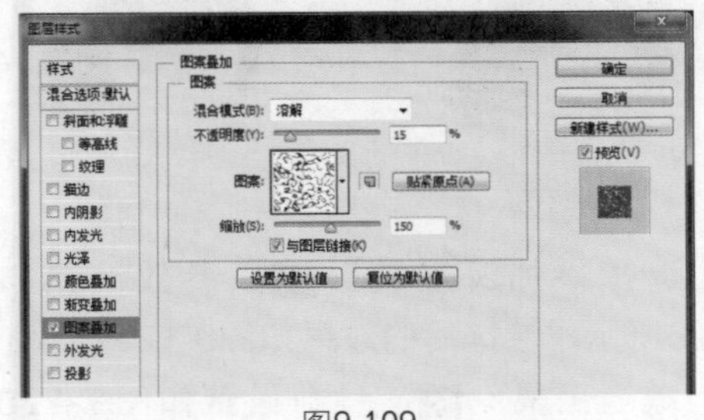

图9-109

图9-110 图9-111

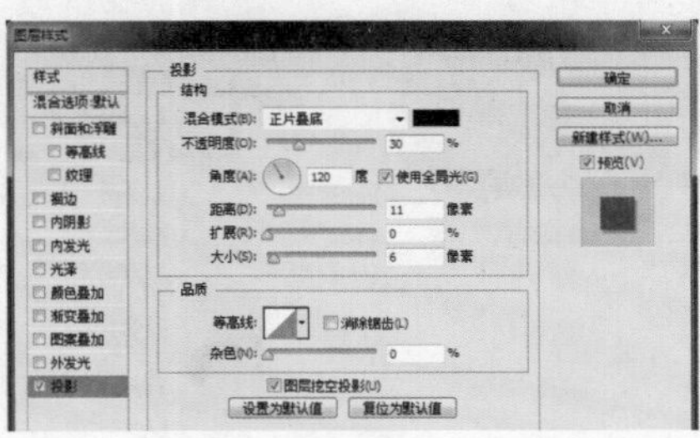

图9-112

图9-113

09 新建图层，得到“图层8”。选择“画笔工具”，设置前景色如图9-114所示，绘制效果如图9-115所示。选择“加深工具”、“减淡工具”，参数设置如图9-116、图9-117所示，修饰效果如图9-118所示。导入素材图片，最终效果如图9-119所示。

图9-114 图9-115

图9-116

图9-117

图9-118 图9-119

Works 9.4 性感小黑裙

01 按快捷键Ctrl+N新建文件，弹出对话框并设置参数，如图9-120所示。选择“钢笔工具”，参数设置如图9-121所示，绘制路径如图9-122所示。

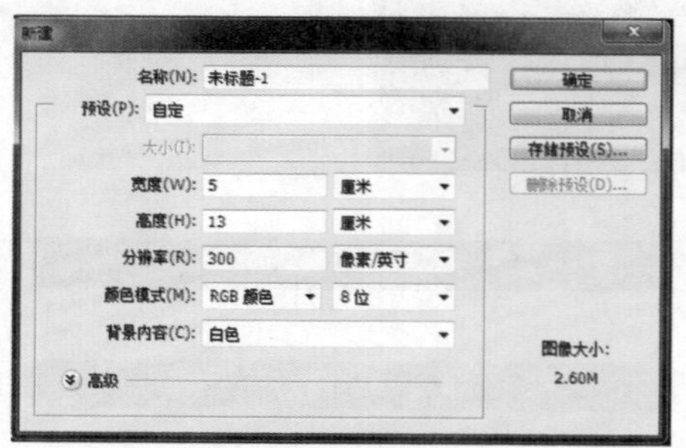

图9-120

图9-121

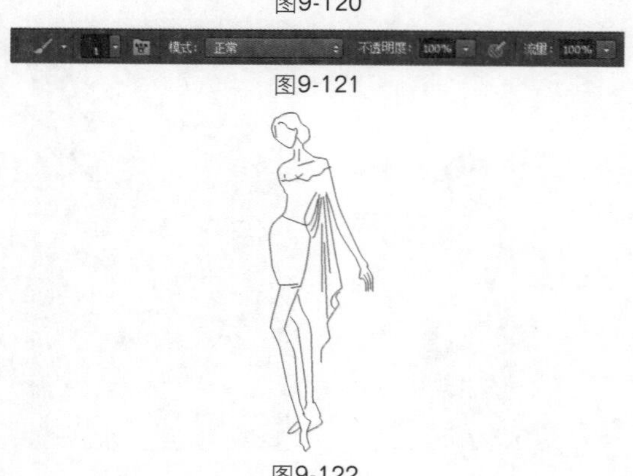

图9-122

02 选择“画笔工具”，参数设置如图9-123所示，涂抹后的效果如图9-124所示。选择“橡皮擦工具”擦除多余部分，效果如图9-125所示。

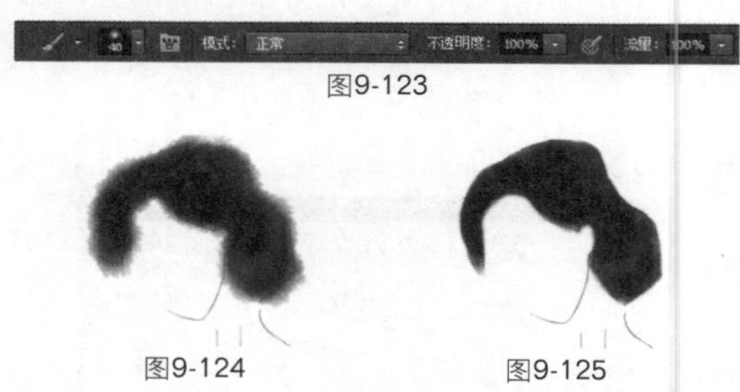

图9-123

图9-124　　图9-125

03 选择“加深工具”，参数设置如图9-126所示，涂抹后的效果如图9-127所示。选择“减淡工具”，参数设置如图9-128所示，涂抹后的效果如图9-129所示。

图9-126

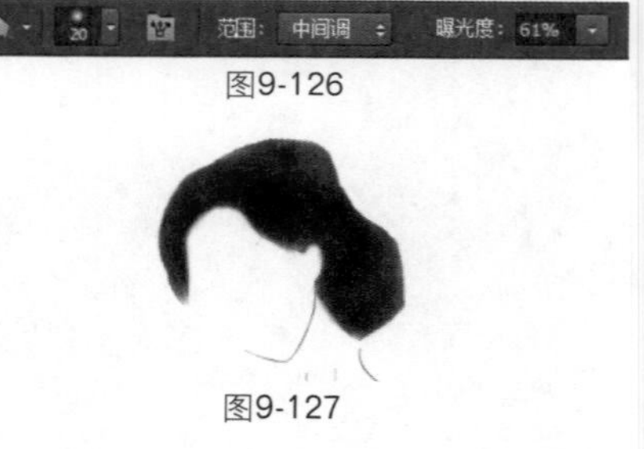

图9-127

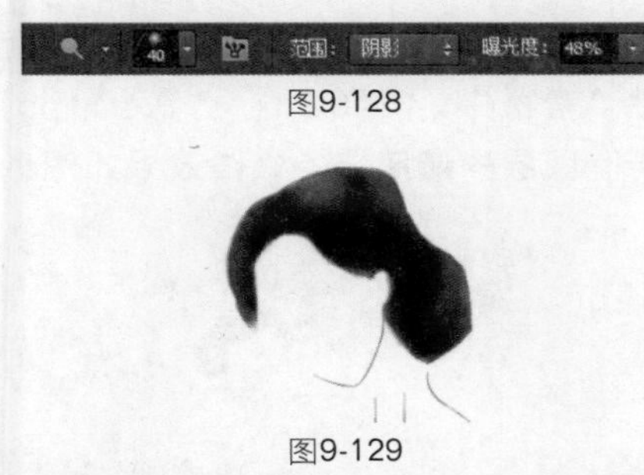

图9-128

图9-129

04 选择“画笔工具”，参数设置如图9-130所示，绘制人物的皮肤，效果如图9-131所示。选择“加深工具”，参数设置如图9-132所示，对人物腿部进行加深处理，效果如图9-133所示。

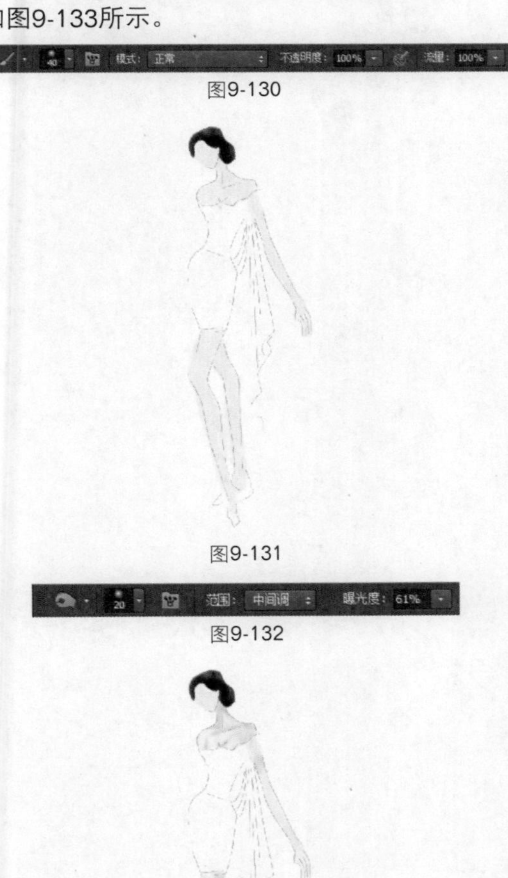

图9-130

图9-131

图9-132

图9-133

05 选择“画笔工具”，为人物衣服填充颜色。选择“加深工具”，参数设置如图9-134所示，涂抹后的效果如图9-135所示。选择“减淡工具”，参数设置如图9-136所示，涂抹后的效果如图9-137所示。

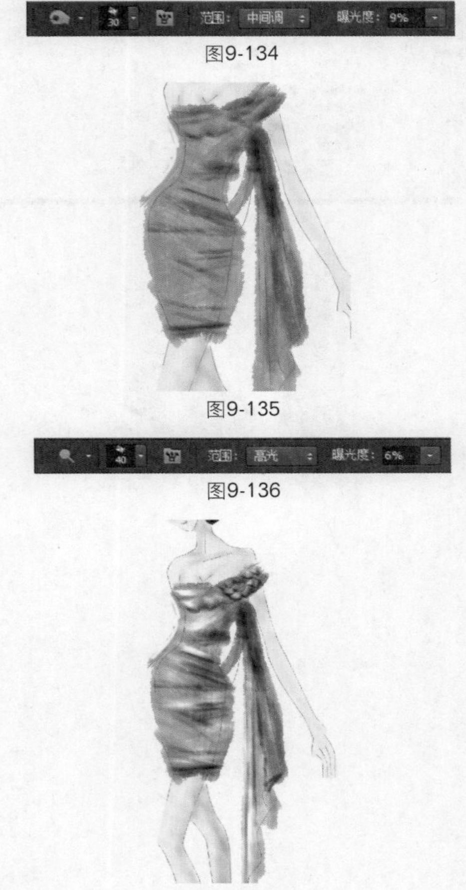

图9-134

图9-135

图9-136

图9-137

06 选择“画笔工具”，绘制人物鞋子，效果如图9-138所示。选择“钢笔工具”绘制手包路径，将路径作为选区载入并填充颜色，效果如图9-139所示。单击“图层”面板底部的“添加图层样式”按钮，在弹出的菜单中选择“斜面和浮雕”命令，对话框设置如图9-140所示，应用后的效果如图9-141所示。

图9-138

图9-139

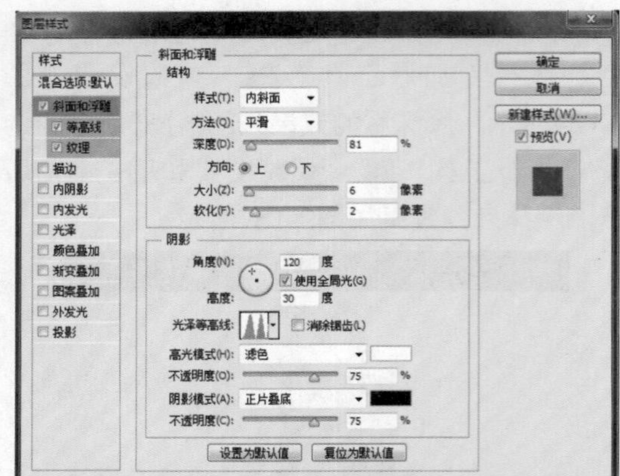

图9-140

图9-141

07 整体效果如9-142所示，导入随书光盘中的文件“素材”\“第9章”\“9.4.1.jpg”，放到所有图层的最底层，最终效果如图9-143所示。

图9-142　　图9-143

Chapter 10

第10章 晚礼服

Works 10.1 露肩晚礼服

01 按快捷键Ctrl+N新建文件，弹出对话框并设置参数，如图10-1所示。选择“钢笔工具”绘制路径，效果如图10-2所示。单击“图层”面板底部的“创建新图层”按钮，得到“图层1”。选择“画笔工具”，参数设置如图10-3所示，设置前景色为黑色。进入“路径”面板，选择“路径1”，单击“路径”面板底部的“用画笔描边路径”按钮，对路径进行描边，效果如图10-4所示。

新建

名称(N): 未标题-1
预设(P): 自定
大小(I):
宽度(W): 10 厘米
高度(H): 16 厘米
分辨率(R): 300 像素/英寸
颜色模式(M): RGB 颜色 8 位
背景内容(C): 白色
高级
确定
取消
存储预设(S)...
删除预设(D)...
图像大小:
6.39M

图10-1

02 新建“图层2”，选择“画笔工具”，参数设置如图10-5所示。绘制人物皮肤颜色，效果如图10-6所示。新建“图层3”，选择“画笔工具”，参数设置如图10-7所示，绘制效果如图10-8所示。新建“图层4”，调整“画笔工具”参数设置，如图10-9所示，参照图10-10所示效果进行绘制。

图10-2

模式：正常 不透明度：100% 流量：48%

图10-3

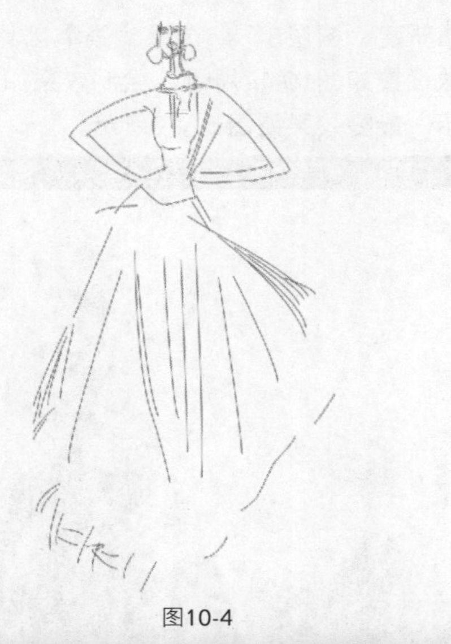

图10-4

45
模式：正常
不透明度：100%
流量：48%

图10-5

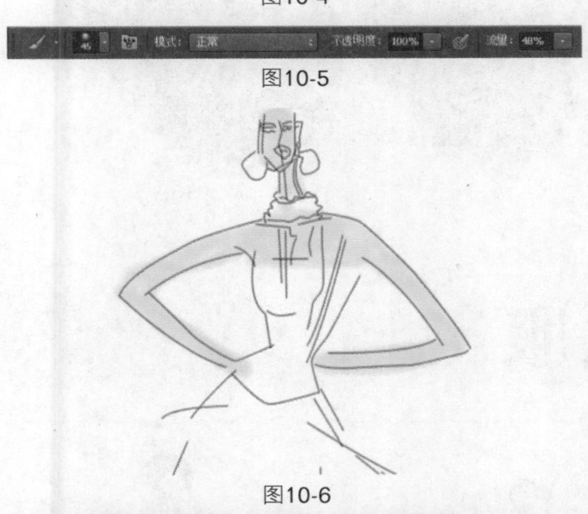

图10-6

70
模式：正常
不透明度：100%
流量：48%

图10-7

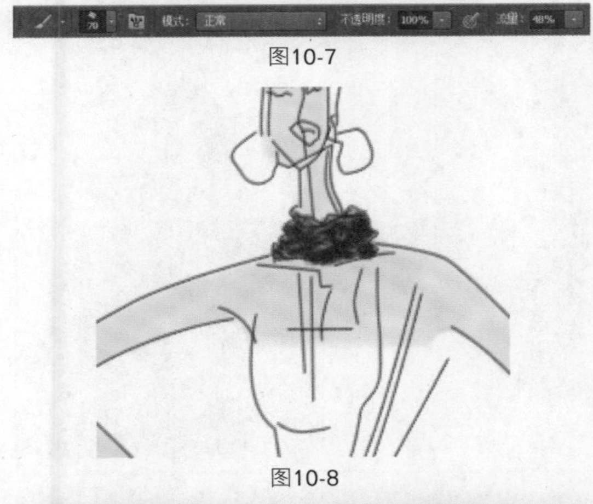

图10-8

70
模式：正常
不透明度：100%
流量：48%
100
模式：正常
不透明度：100%
流量：48%

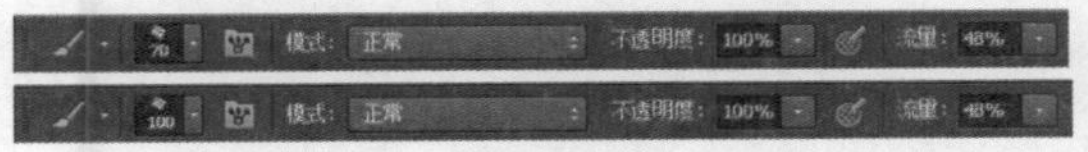

图10-9

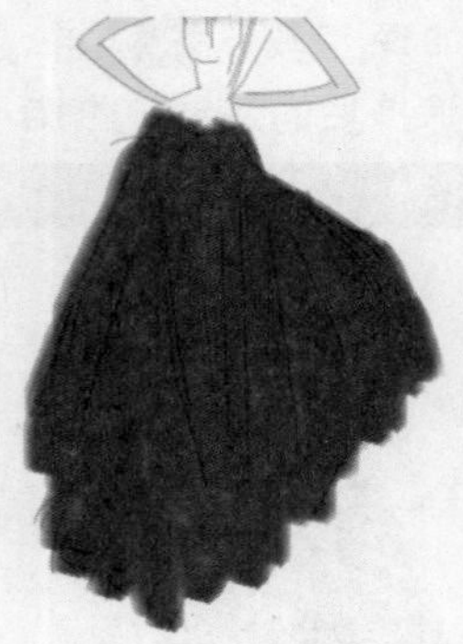

图10-10

03 选择“减淡工具”，参数设置如图10-11所示，对裙子进行减淡处理，效果如图10-12所示。选择“橡皮擦工具”，参数设置如图10-13所示，擦除多余部分，效果如图10-14所示。

70
范围：阴影
曝光度：2%

图10-11

图10-12

80
模式：画笔
不透明度：100%
流量：100%

图10-13

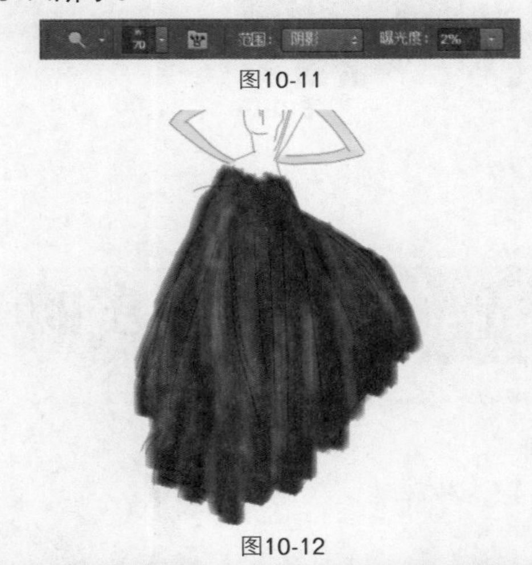

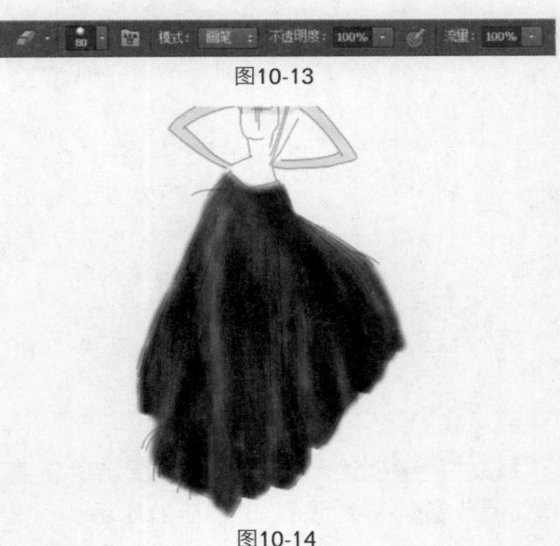

图10-14

04 选择“加深工具”，参数设置如图10-15所示，涂抹后的效果如图10-16所示。

图10-15

图10-16

05 新建“图层5”，选择“画笔工具”，参数设置如图10-17所示，绘制效果如图10-18所示，最终效果如图10-19所示。

图10-17

图10-18　　图10-19

Works 10.2 中式晚礼服

01 按快捷键Ctrl+N新建文件，弹出“新建”对话框并设置参数，如图10-20所示。选择“钢笔工具”，参数设置如图10-21所示。

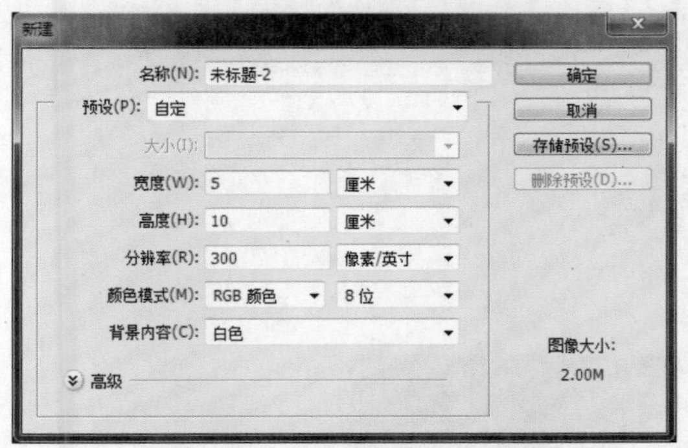

图10-20

图10-21

02 单击“图层”面板底部的“创建新组”按钮，新建图层组，得到“组1”。在“组1”中新建图层，单击“图层”面板底部的“创建新图层”按钮，得到“图层1”。使用“钢笔工具”绘制路径，效果如图10-22～图10-27所示。

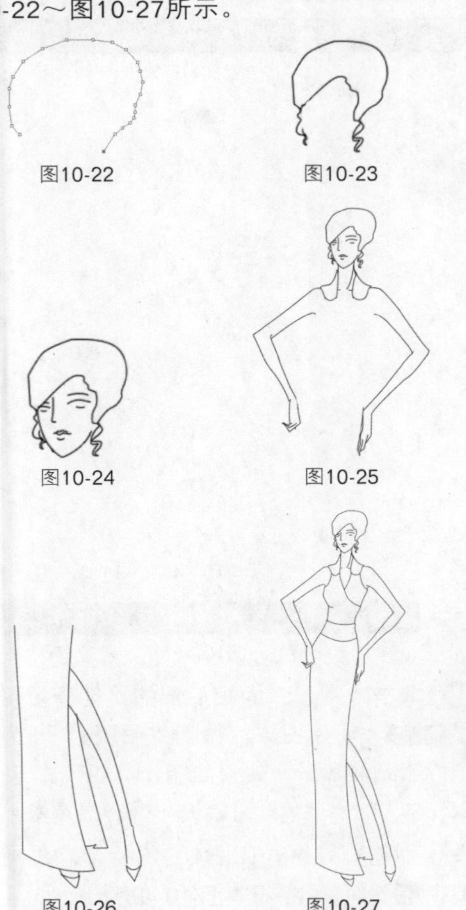

图10-22 图10-23 图10-24 图10-25 图10-26 图10-27

03 选择“画笔工具”，导入“书法画笔”，对话框如图10-28所示。选择一种笔刷效果，效果如图10-29所示。

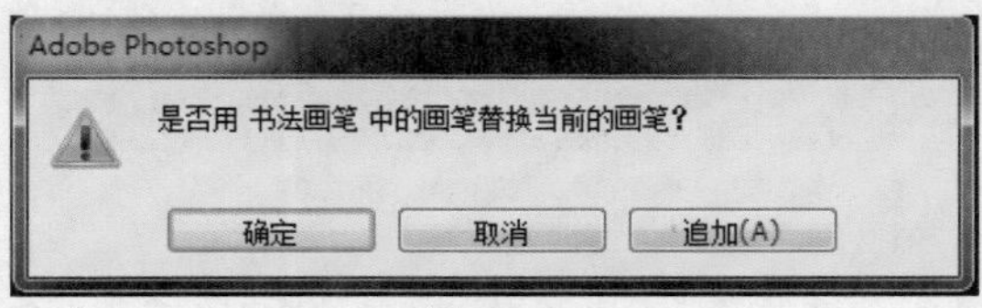

图10-28

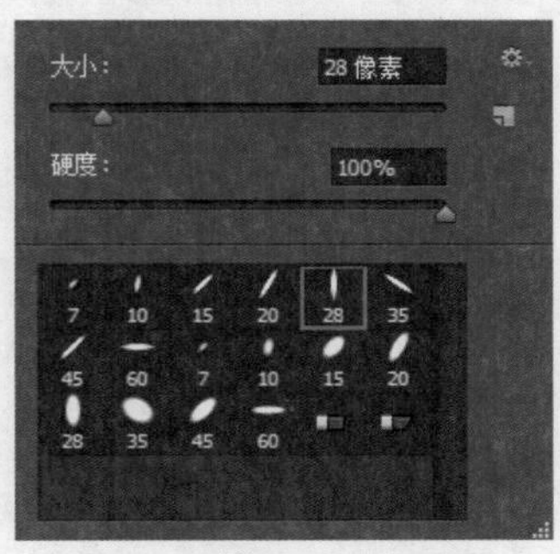

图10-29

04 “画笔工具”其他参数设置如图10-30所示。设置前景色为黑色，如图10-31所示，单击“路径”面板底部的“用画笔描边路径”按钮，效果如图10-32所示。

图10-30

图10-31 图10-32

05 单击“图层”面板底部的“创建新图层”按钮，新建图层，得到“图层2”。选择

“画笔工具”，导入“湿介质画笔”，对话框如图10-33所示。选择一种笔刷效果，如图10-34所示，“画笔工具”其他参数设置如图10-35所示，设置前景色如图10-36所示。

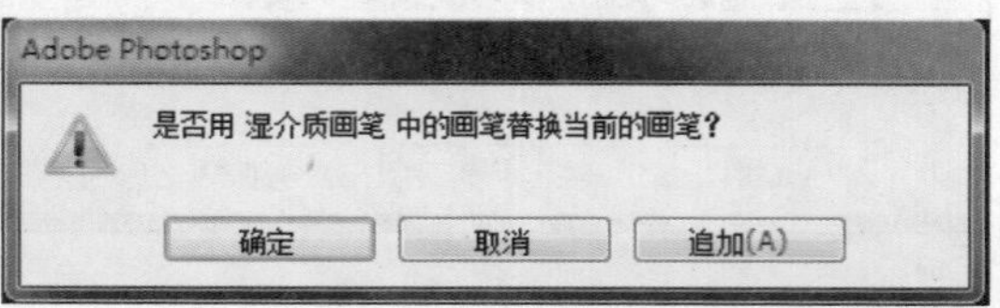

图10-33

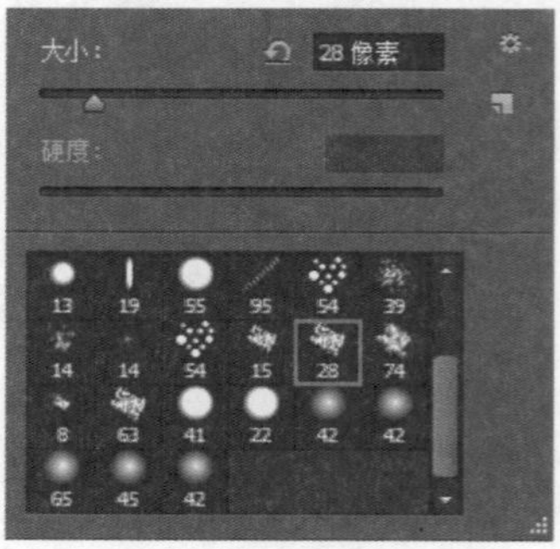

图10-34

图10-35

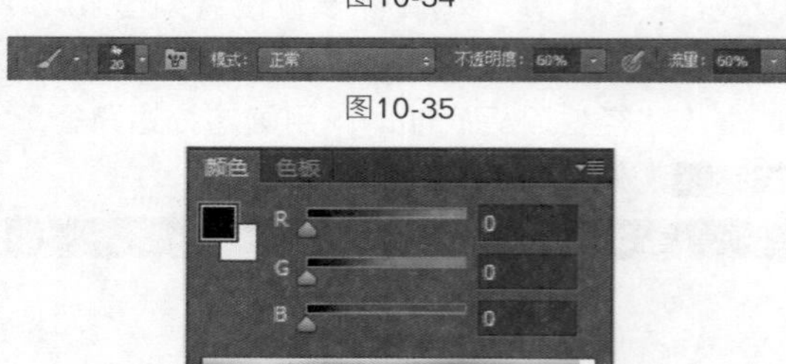

图10-36

06 为人物头发部分填充颜色并删除多余的部分，效果如图10-37～图10-39所示。

图10-37

图10-38

图10-39

07 单击“图层”面板底部的“创建新图层”按钮，新建图层，得到“图层3”。选择“画笔工具”，参数设置如图10-40所示。设置前景色如图10-41所示，为人物填充颜色，效果如图10-42所示。

图10-40

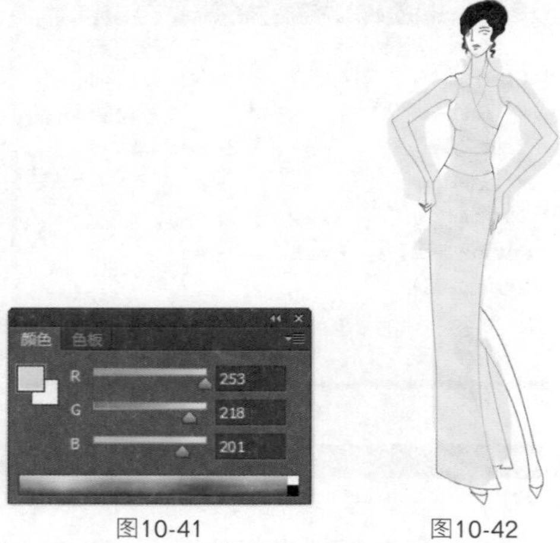

图10-41　图10-42

08 选择“橡皮擦工具”，参数设置如图10-43所示，将多余的颜色擦除，效果如图10-44所示。选择“加深工具”，参数设置如图10-45所示，为人物局部进行加深处理，效果如图10-46所示。

图10-43

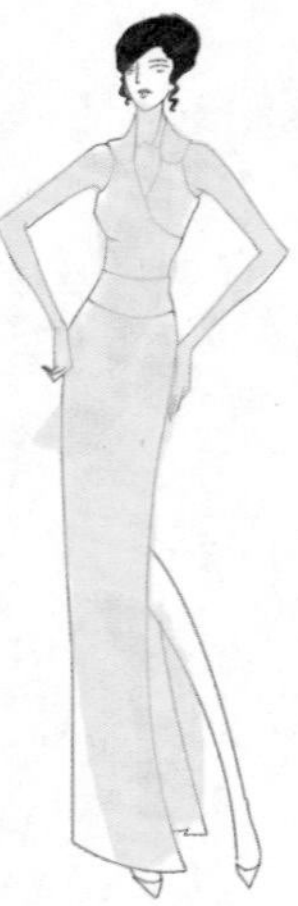

图10-44

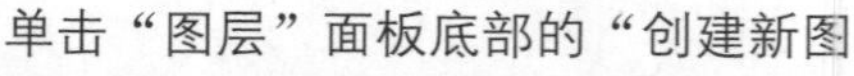

图10-45

09 单击“图层”面板底部的“创建新图层”按钮，新建图层，得到“图层4”。为人物绘制眼睛和嘴唇，效果如图10-47所示。新建图层，得到“图层5”，导入“湿介质画笔”，选择一种笔刷效果，如图10-48所示，“画笔工具”其他参数设置如图10-49所示。

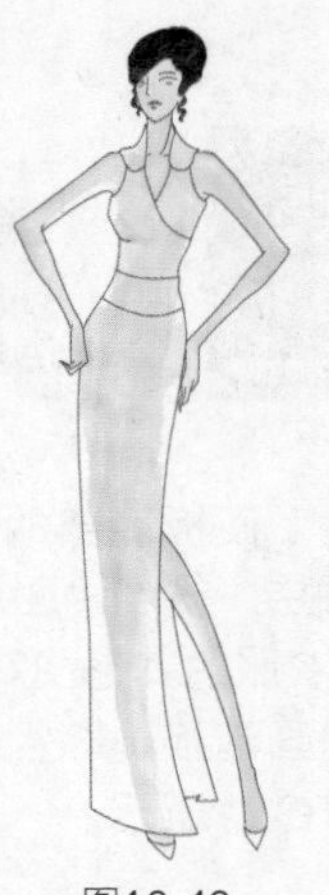
图10-46

图10-47

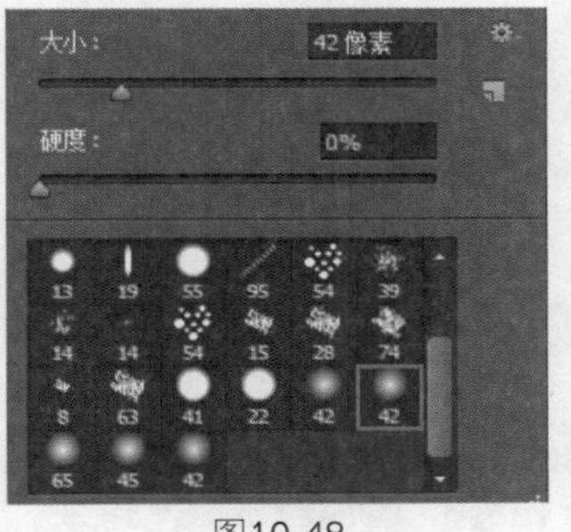

图10-48

图10-49

10 设置前景色如图10-50所示，为人物的衣服填充颜色，效果如图10-51、图10-52所示。设置前景色如图10-53所示，再次为衣服填充颜色，效果如图10-54所示。

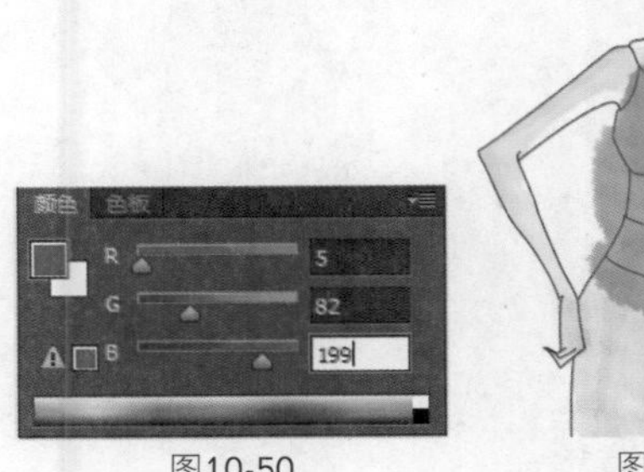

图10-50 　图10-51

11 选择“画笔工具”，参数设置如图10-55所示。设置前景色为白色，参照图10-56～图10-58所示进行修饰。选择“橡皮擦工具”，擦除多余的颜色部分。

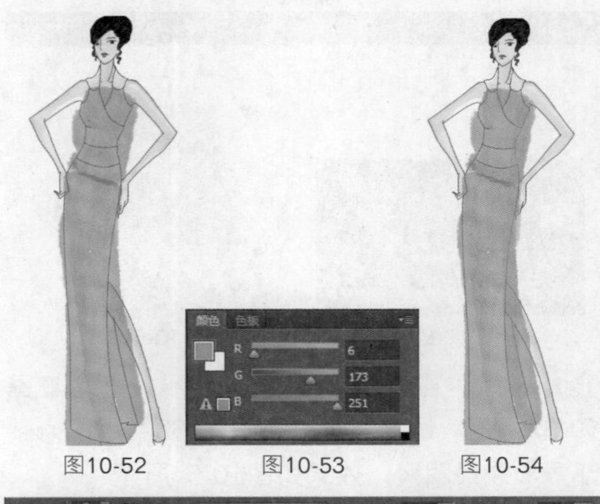

图10-52　图10-53　图10-54

图10-55

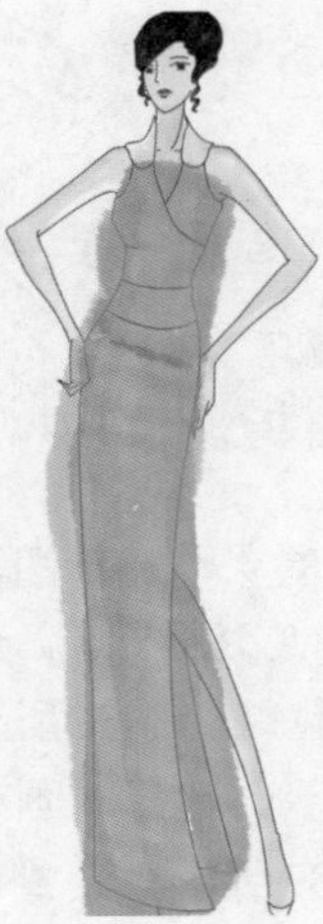

图10-56 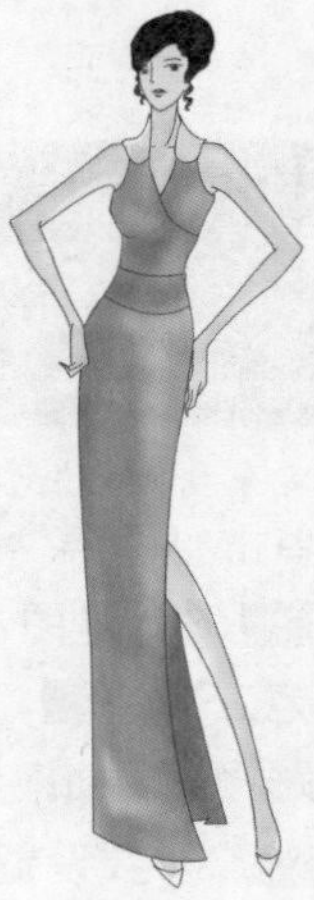　图10-57

图10-58

12 单击“图层”面板底部的“创建新图层”按钮，新建图层，得到“图层6”。选择“画笔工具”，参数设置如图10-59所示。设置前景色如图10-60所示，为人物的腰部填充颜色，效果如图10-61所示。

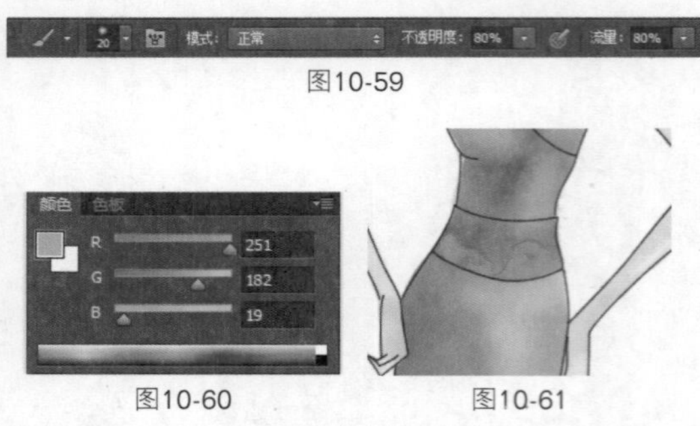

图10-59

图10-60　　图10-61

13 选择“画笔工具” ，参数设置如图10-62所示。设置前景色如图10-63所示，为腰部添加线条图案，效果如图10-64所示。

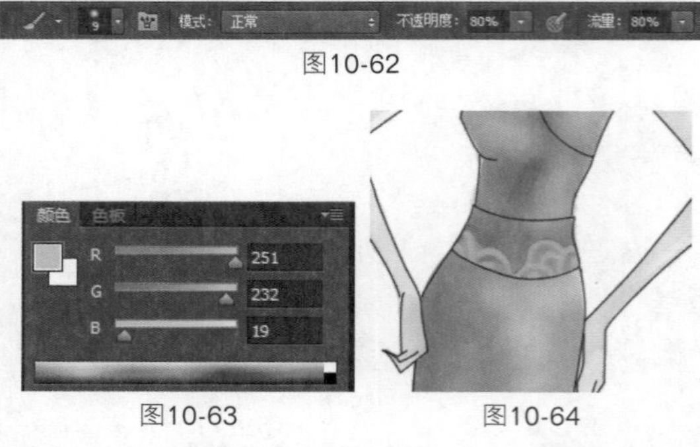

图10-62

图10-63　　图10-64

14 单击“图层”面板底部的“创建新图层”按钮 ，新建图层，得到“图层7”。选择“钢笔工具” ，参数设置如图10-65所示，绘制路径效果如图10-66所示。选择“画笔工具” ，参数设置如图10-67所示。设置前景色为黑色，如图10-68所示。单击“路径”面板底部的“用画笔描边路径”按钮 ，效果如图10-69所示。

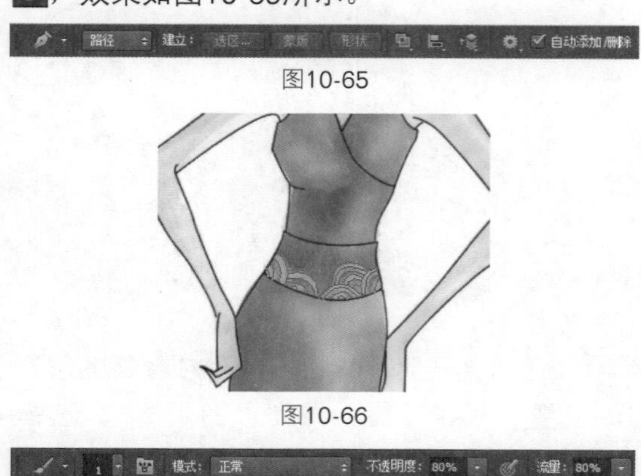

图10-65

图10-66

图10-67

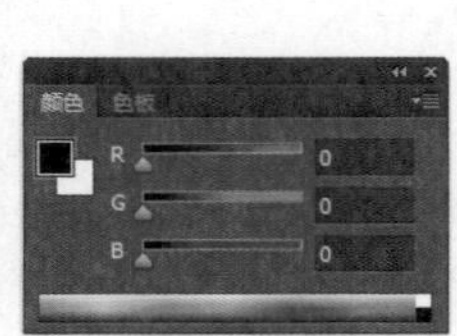

图10-68

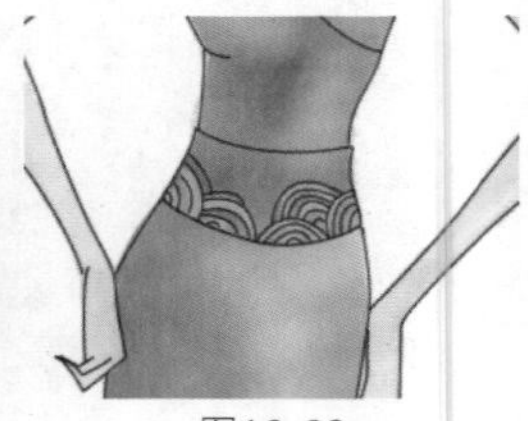

图10-69

15 单击“图层”面板底部的“创建新图层”按钮 ，新建图层，得到“图层8”。参照前面的步骤，绘制出衣服的其他图案，单击“路径”面板底部的“用画笔描边路径”按钮 ，效果如图10-70、图10-71所示。

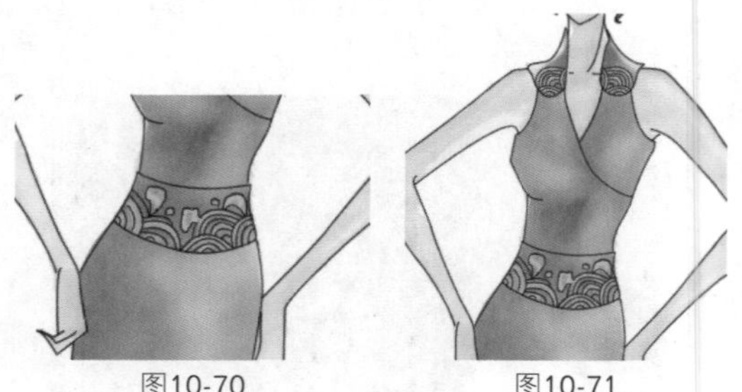

图10-70　　图10-71

16 单击“图层”面板底部的“创建新图层”按钮 ，新建图层，得到“图层9”。选择“画笔工具” ，参数设置如图10-72所示。设置前景色为黄色，在人物衣服上添加装饰物，效果如图10-73、图10-74所示。新建图层，得到“图层9”。使用“钢笔工具” 绘制路径，设置前景色为黑色，如图10-75所示，单击“路径”面板底部的“用画笔描边路径”按钮 ，效果如图10-76所示。

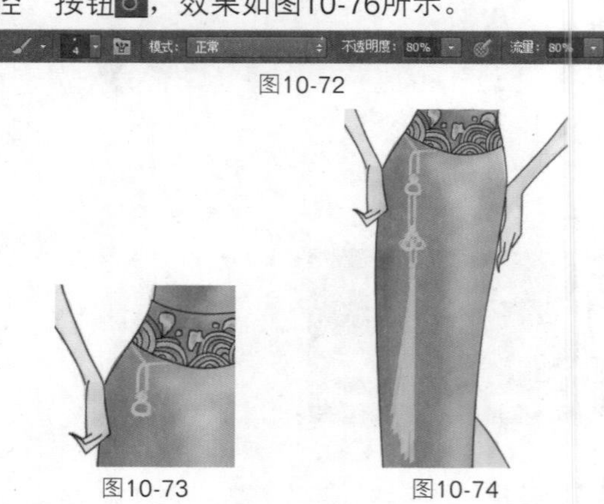

图10-72

图10-73　　图10-74

17 选择“减淡工具” ，为人物鞋尖部分进行提亮处理，效果如图10-77、图10-78所示。打开随书光盘中的文件“素材”\“第10

章”\“10.2.tif”，使用“移动工具”将素材拖入文件中，最终效果如图10-79所示。

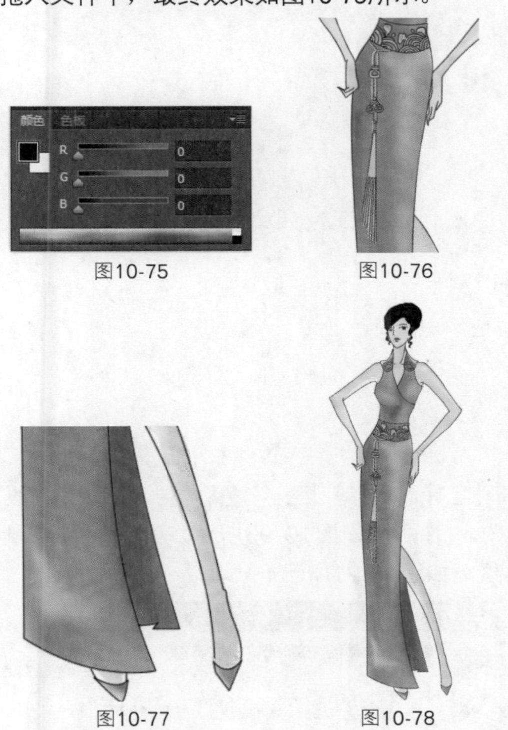

图10-75

图10-76

图10-77

图10-78

图10-79

Works 10.3 露背晚礼服

01 按快捷键Ctrl+N新建文件，弹出“新建”对话框并设置参数，如图10-80所示。选择“钢笔工具”，参数设置如图10-81所示。

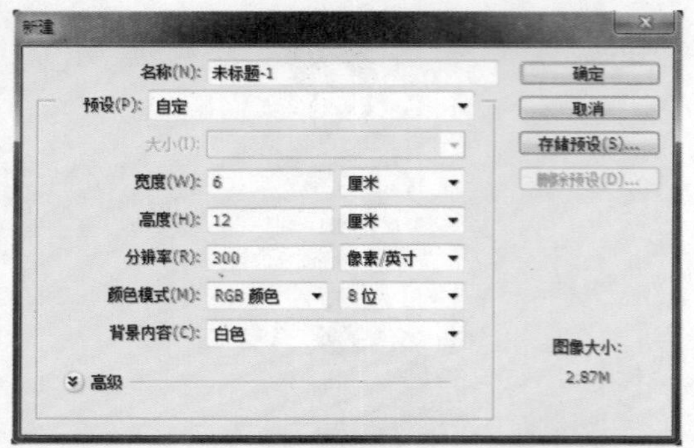

图10-80

图10-81

02 单击“图层”面板底部的“创建新组”按钮，新建图层组，得到“组1”。在“组1”中新建图层，得到“图层1”。选择“钢笔工具”绘制人物轮廓的路径，效果如图10-82～图10-89所示。

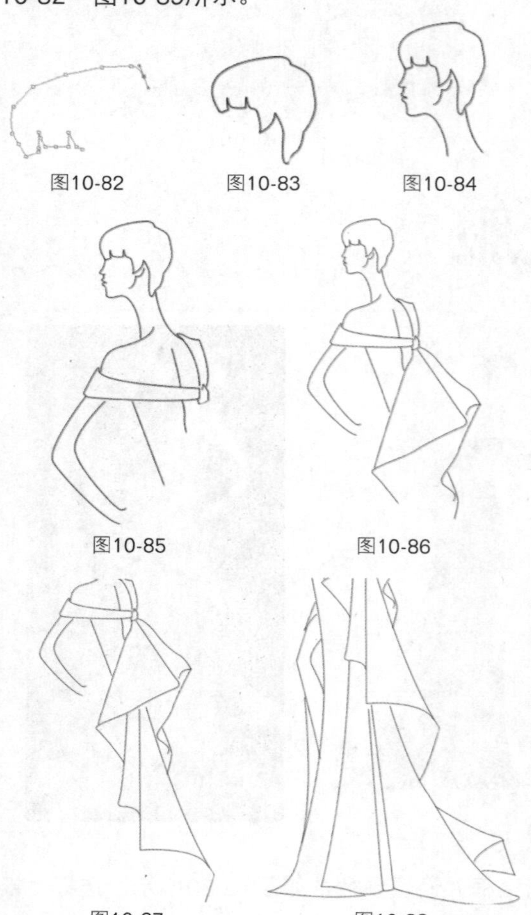
图10-82 图10-83 图10-84

图10-85 图10-86

图10-87 图10-88

图10-89

03 选择“画笔工具”，导入“书法画笔”，对话框如图10-90所示。选择一种笔刷效果，如图10-91所示。

图10-90

图10-91

04 “画笔工具”其他参数设置如图10-92所示。设置前景色为黑色，如图10-93所示。单击“路径”面板底部的“用画笔描边路径”按钮，效果如图10-94所示。

图10-92

05 单击“图层”面板底部的“创建新图层”按钮，新建图层，得到“图层2”。设置前景色，如图10-95所示，为人物头发填充颜色，效果如图10-96所示。选择“减淡工具”，参数设置如图10-97所示，为人物头发的局部进行提亮处理，效果如图10-98所示。新建图层，得到“图层3”。设置前景色如图10-99所示，为人物皮肤填充颜色，效果如图10-100所示。

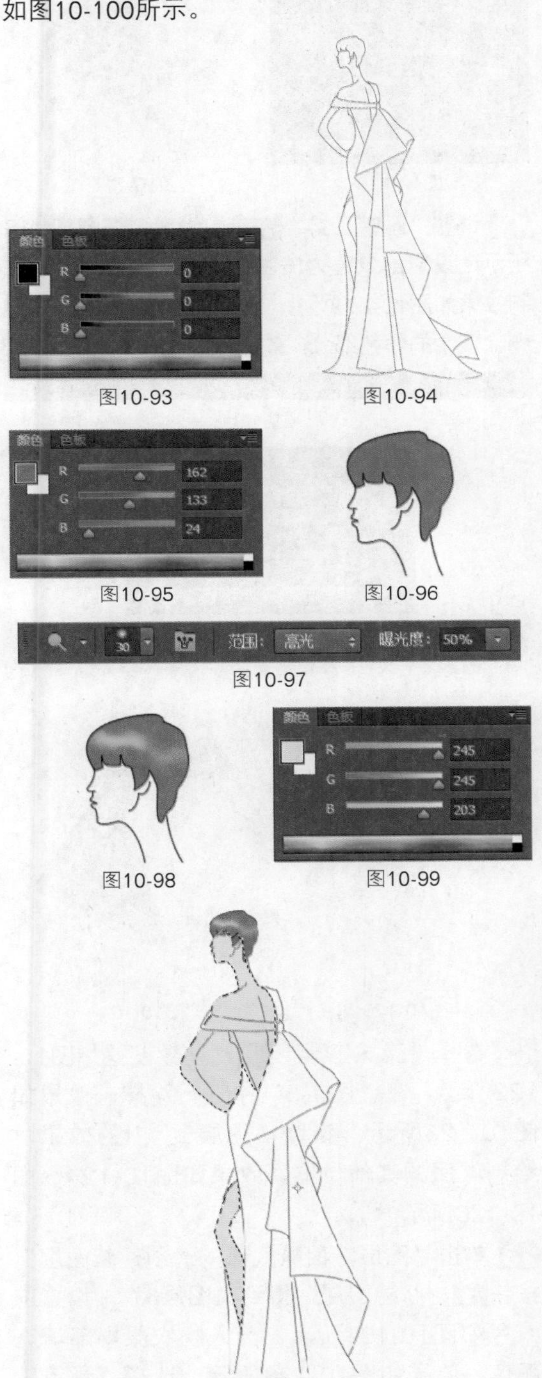
图10-93 图10-94
图10-95 图10-96
图10-97
图10-98 图10-99
图10-100

06 选择“加深工具”，参数设置如图10-101所示，为人物皮肤局部进行加深处理，效果如图10-102、图10-103所示。

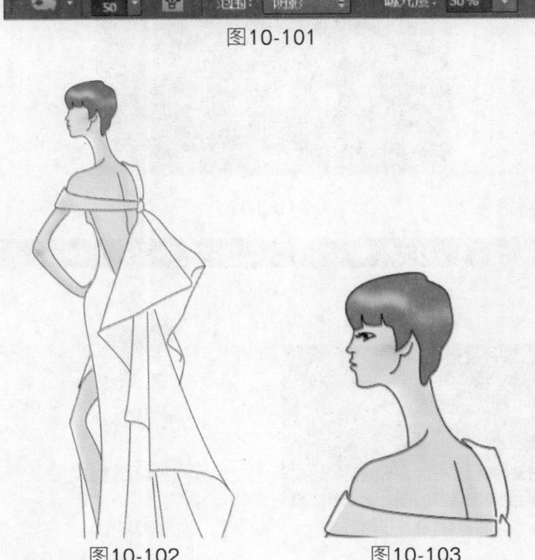
图10-101
图10-102 图10-103

07 单击“图层”面板底部的“创建新图层”按钮，新建图层，得到“图层4”。设置前景色如图10-104所示，为人物衣服的局部填充颜色，效果如图10-105所示。选择“画笔工具”，导入“湿介质画笔”，对话框如图10-106所示。选择一种笔刷效果，如图10-107所示。

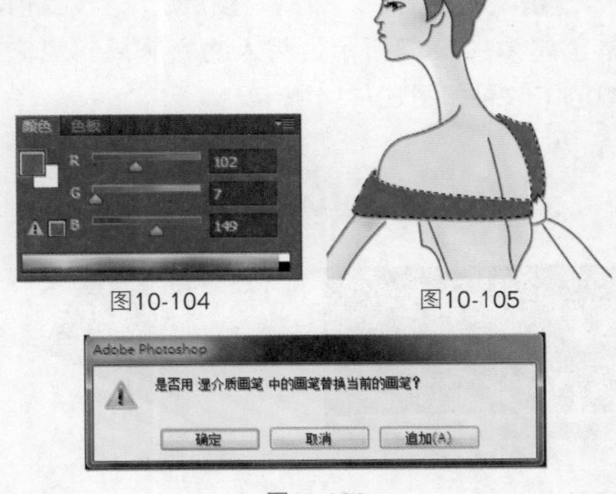

图10-104 图10-105
图10-106

08 “画笔工具”其他参数设置如图10-108示。设置前景色如图10-109所示，为人物衣服局部进行修饰，效果如图10-110～图10-112所示。使用“橡皮擦工具”擦除多余的颜色。

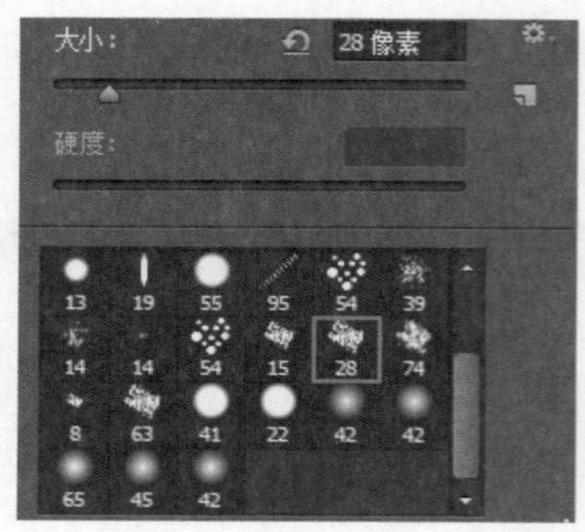

图10-107

图10-108

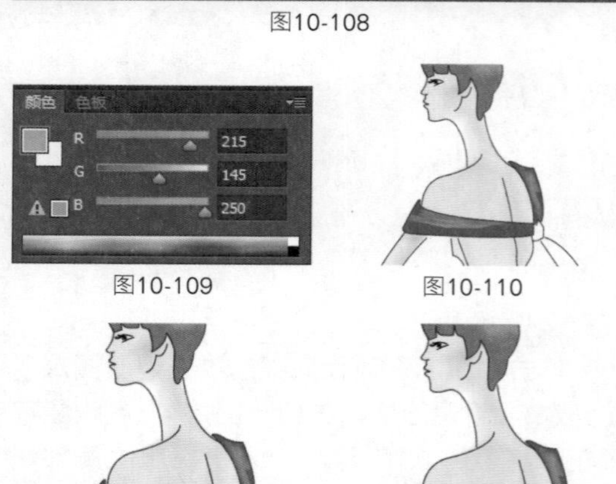

图10-109　　图10-110

图10-111　　图10-112

09 单击“图层”面板底部的“创建新图层”按钮，新建图层，得到“图层5”。设置前景色如图10-113所示，为人物衣服局部填充颜色，效果如图10-114所示。

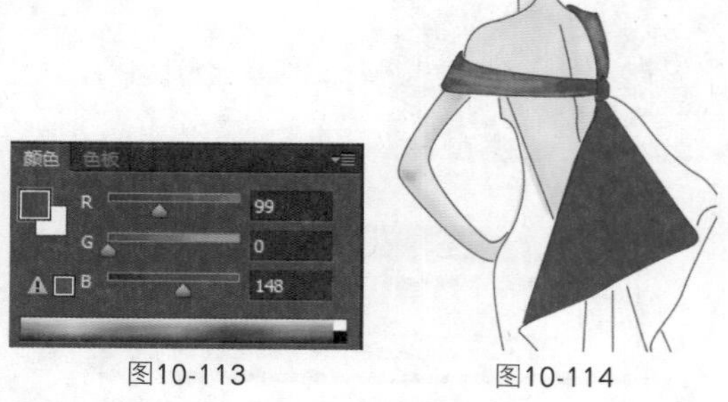

图10-113　　图10-114

10 选择“画笔工具”，参数设置如图10-115所示，设置前景色，如图10-116所示，绘制效果如图10-117所示。

图10-115

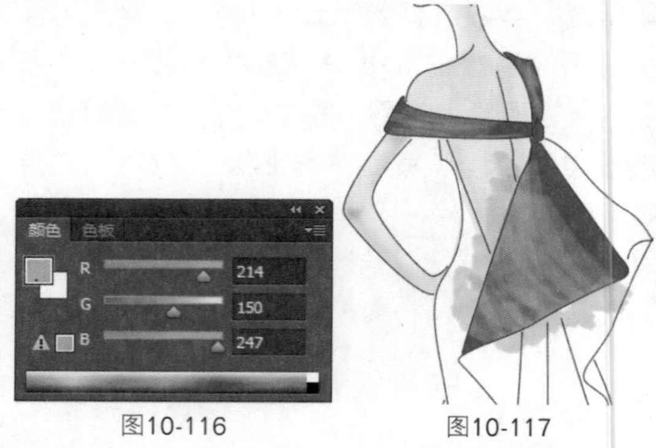

图10-116　　图10-117

11 调整“画笔工具”参数设置，如图10-118所示，设置前景色为白色，如图10-119所示，绘制效果如图10-120所示。使用“橡皮擦工具”删除多余的颜色部分，效果如图10-121所示。

图10-118

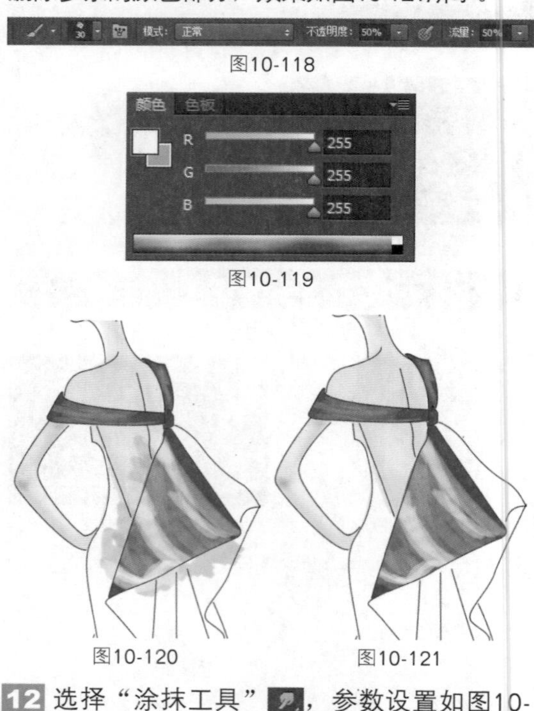

图10-119

图10-120　　图10-121

12 选择“涂抹工具”，参数设置如图10-122所示。在“图层5”中进行涂抹，效果如图10-123所示。参照“图层5”中的效果，绘制衣服的其他位置，效果如图10-124～图10-126所示。

13 单击“图层”面板底部的“创建新图层”按钮，新建图层，得到“图层6”。设置前景色如图10-127所示，为人物衣服局部填充颜色，效果如图10-128所示。选择“画笔工具”，导入“特殊效果画笔”对话框，如图10-129所示，选择一种笔刷效果，如图10-130所示。

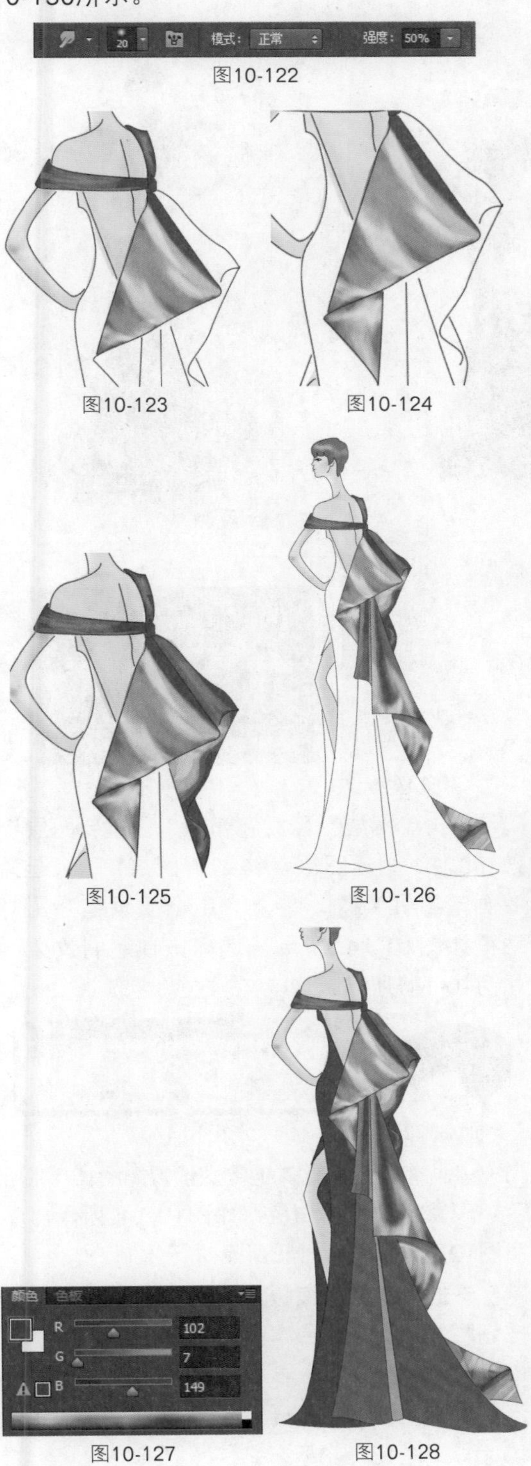

图10-122

图10-123　图10-124

图10-125　图10-126

图10-127　图10-128

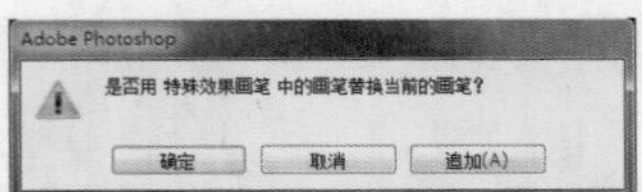

图10-129

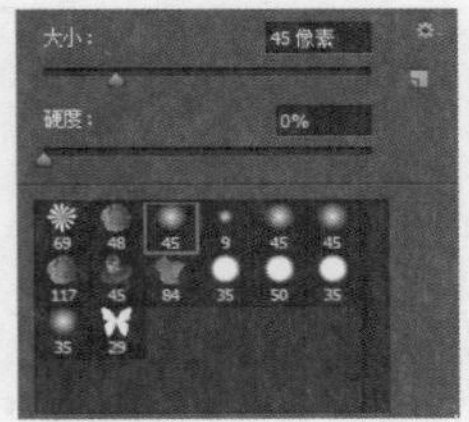

图10-130

14 “画笔工具”其他参数设置如图10-131所示。设置前景色为白色，如图10-132所示。在“图层6”中进行绘制，效果如图10-133所示。打开随书光盘中的文件“素材”\“第10章”\“10.3.tif”，使用“移动工具”将素材拖入文件中，最终效果如图10-134所示。

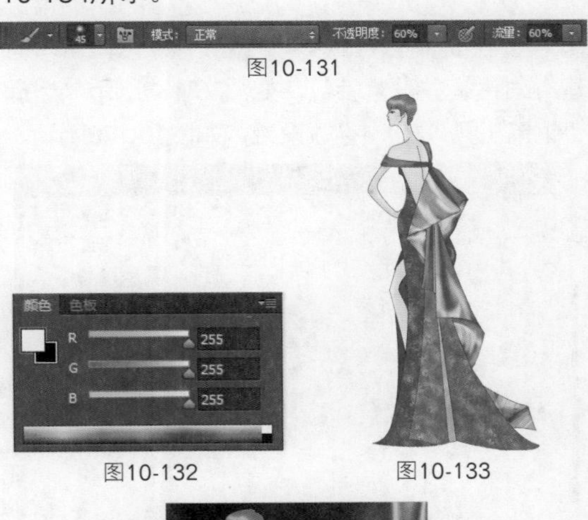

图10-131

图10-132　图10-133

图10-134

Works 10.4 旗袍式晚礼服

01 按快捷键Ctrl+N新建文件，弹出“新建”对话框并设置参数，如图10-135所示。选择“钢笔工具”，参数设置，如图10-136所示。

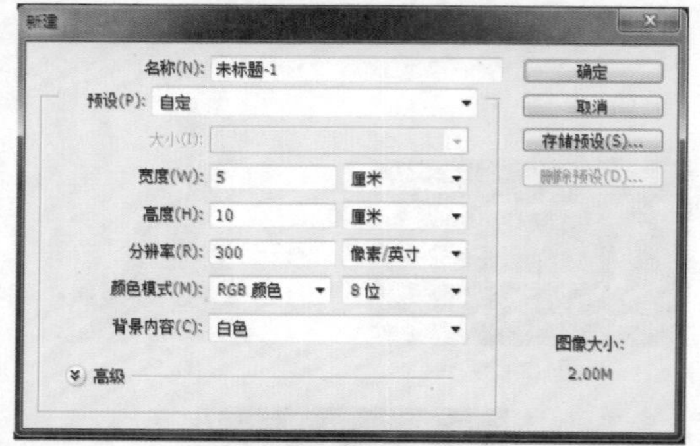

图10-135

图10-136

02 单击“图层”面板底部的“创建新组”按钮，新建图层组，得到“组1”。在“组1”中新建图层，得到“图层1”。选择“钢笔工具”绘制人物头发路径，效果如图10-137所示。按快捷键Ctrl+Enter，将路径转换为选区。设置前景色为黑色，如图10-138所示，填充人物的头发部分，效果如图10-139所示。

图10-137

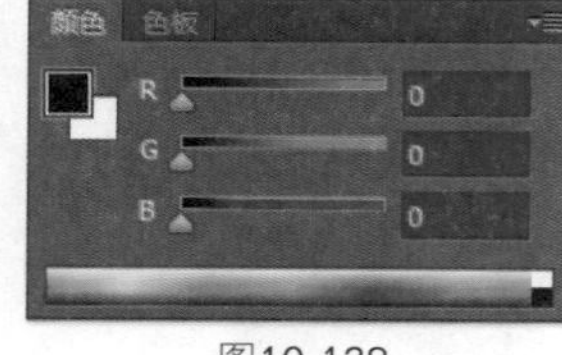

图10-138

03 单击“图层”面板底部的“创建新图层”按钮，新建图层，得到“图层2”。选择“画笔工具”，导入“湿介质画笔”，对话框如图10-140所示。选择一种笔刷效果，如图10-141所示。

图10-139

图10-140

04 “画笔工具”其他参数设置如图10-142所示。设置前景色为白色，如图10-143所示，参照图10-144、图10-145所示进行绘制。

05 单击“图层”面板底部的“创建新图层”按钮，新建图层，得到“图层3”。选择“钢笔工具”，参数设置如图10-146所示，绘制人物其他部分路径，效果如图10-147、图10-148所示。

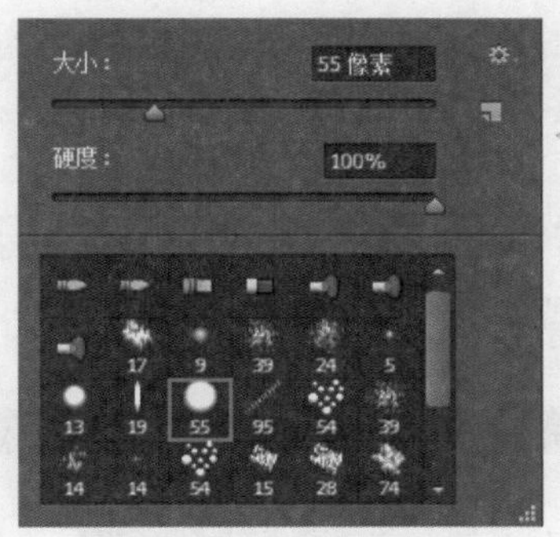

图10-141

图10-142

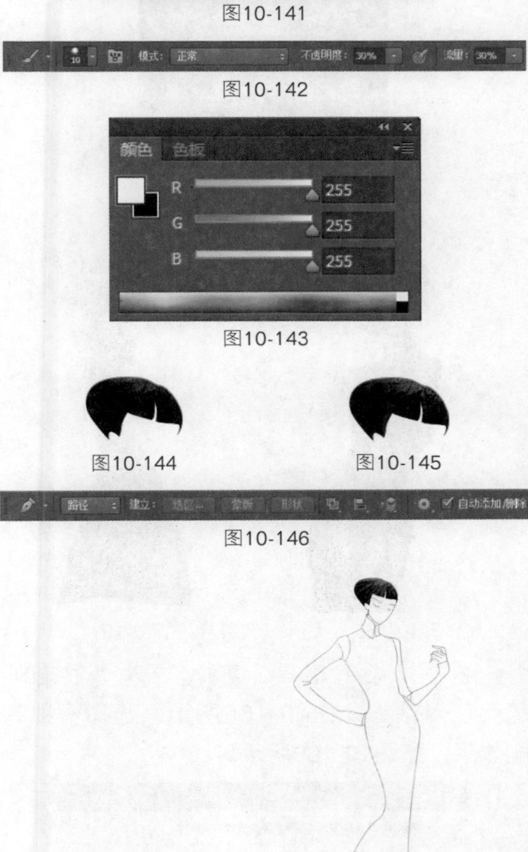

图10-143

图10-144

图10-145

图10-146

图10-147

图10-148

06 选择“画笔工具”，选择一种笔刷效果，如图10-149所示，其他参数设置如图10-150所示。设置前景色为黑色，如图10-151所示，单击“路径”面板底部的“用画笔描边路径”按钮，效果如图10-152所示。

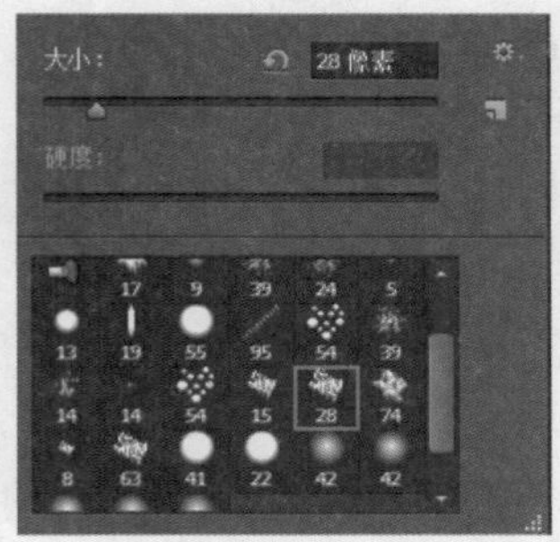

图10-149

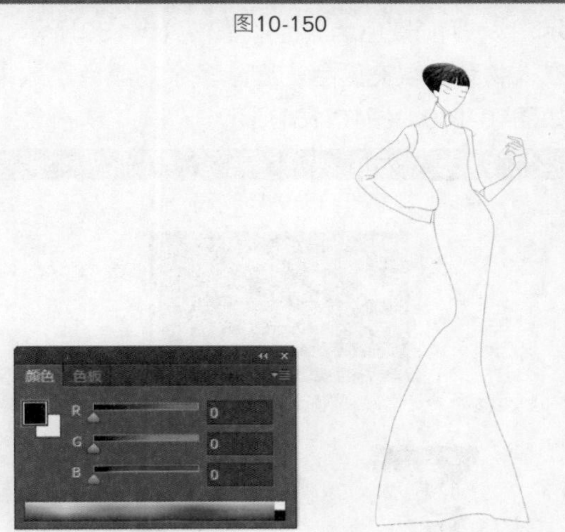

图10-150

图10-151

图10-152

07 单击“图层”面板底部的“创建新图层”按钮，新建图层，得到“图层4”。设置前景色，如图10-153所示，为人物填充颜色，效果如图10-154所示。

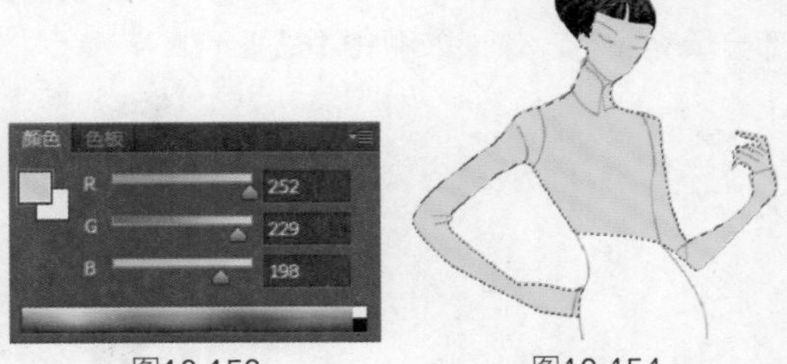

图10-153

图10-154

08 选择“加深工具”，参数设置如图10-155所示，在“图层4”中进行涂抹加深，效果如图10-156所示。选择“画笔工具”，绘制人物的眼睛和嘴唇，效果如图10-157所示。

图10-155

图10-156

图10-157

09 单击“图层”面板底部的“创建新图层”按钮，新建图层，得到“图层5”。选择“画笔工具”，参数设置如图10-158所示。设置前景色为黑色，如图10-159所示。在人物颈部填充颜色，删除多余的颜色，效果如图10-160、图10-161所示。

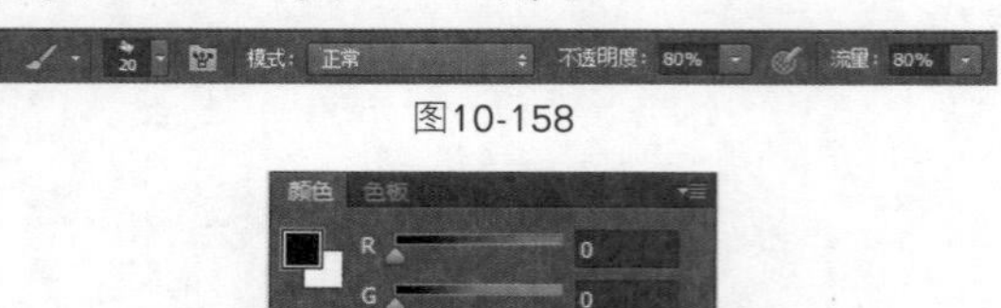
图10-158

图10-159

图10-160

图10-161

10 单击“图层”面板底部的“创建新图层”按钮，新建图层，得到“图层6”。设置前景色为黑色，如图10-162所示。为人物衣服的其他部分填充颜色，效果如图10-163所示。

图10-162　　图10-163

11 单击“图层”面板底部的“创建新图层”按钮，新建图层，得到“图层7”。选择“画笔工具”，参数设置如图10-164所示。设置前景色为白色，如图10-165所示。为人物胸前部分填充颜色，效果如图10-166、图10-167所示。

图10-164

图10-165

图10-166　　图10-167

12 选择“画笔工具”，导入“混合画笔”，对话框如图10-168所示。选择一种笔刷效果，如图10-169所示。

图10-168

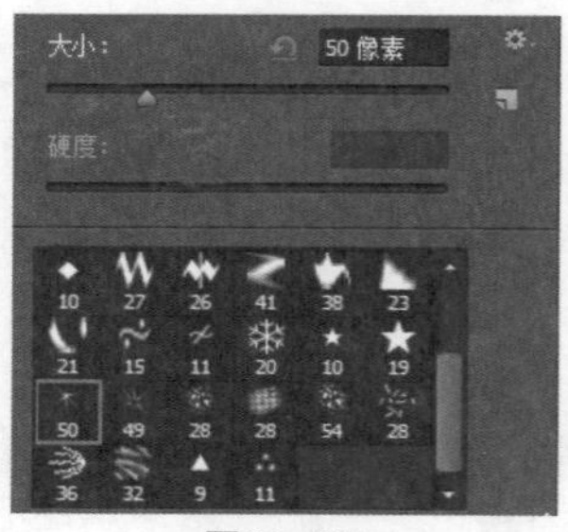
图10-169

13 单击“图层”面板底部的“创建新图层”按钮，新建图层，得到“图层8”。调整“画笔工具”参数设置，如图10-170所示。打开“画笔预设”面板，参数设置如图10-171、图10-172所示。

图10-170

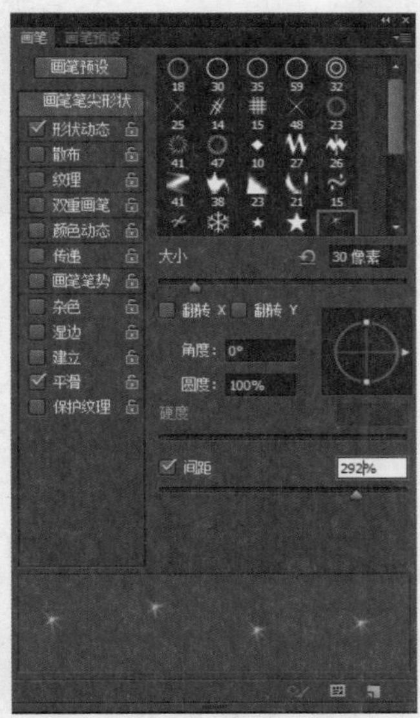

图10-171

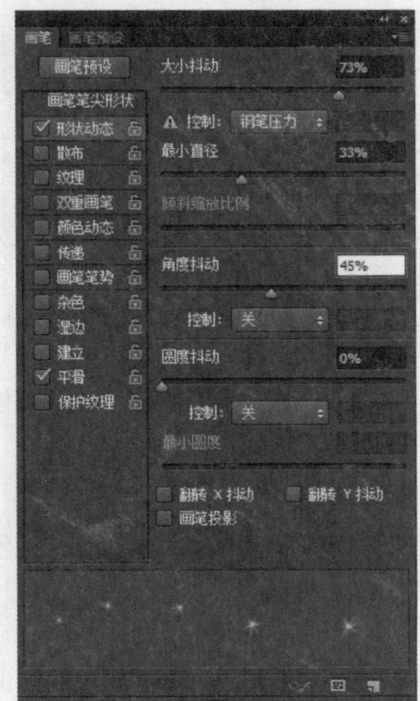

图10-172

14 设置前景色为白色，如图10-173所示。在人物衣服处进行绘制，效果如图10-174、图10-175所示。

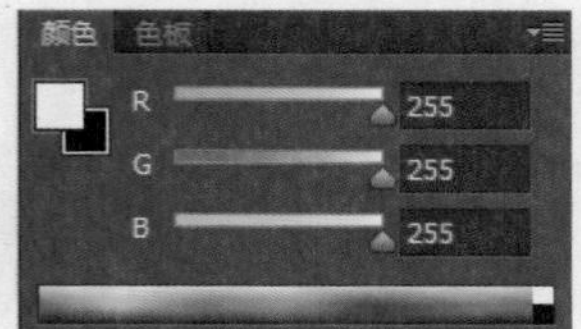

图10-173

图10-174　　图10-175

15 单击“图层”面板底部的“创建新图层”按钮，新建图层，得到“图层9”。 选择“画笔工具”，导入“湿介质画笔”，对话框如图10-176所示。选择一种笔刷效果，如图10-177所示。

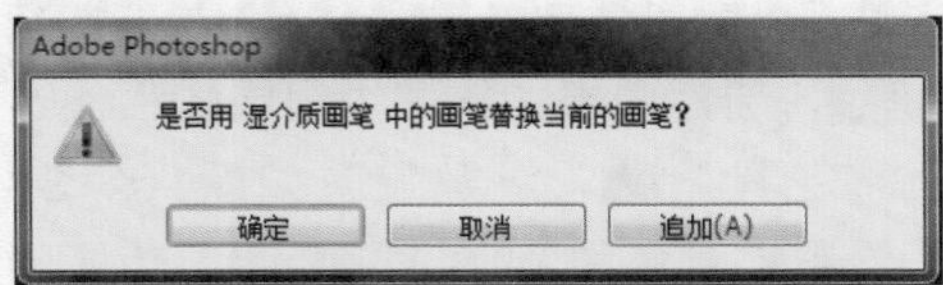

图10-176

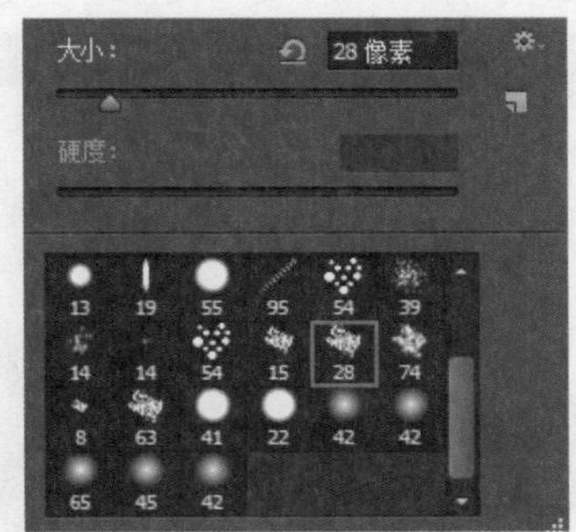

图10-177

16 “画笔工具”其他参数设置如图10-178所示，设置前景色如图10-179所示，参照图10-180～图10-182所示绘制颜色。

图10-178

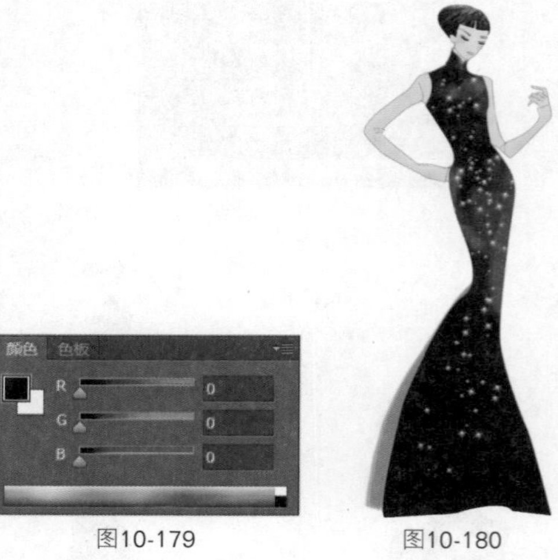

图10-179　图10-180

图10-181　图10-182

17 单击“图层”面板底部的“创建新图层”按钮，新建图层，得到“图层10”。选择“画笔工具”，参数设置如图10-183所示。设置前景色如图10-184所示，为人物手臂填充颜色，效果如图10-185所示。

图10-183

图10-184　图10-185

18 单击“图层”面板底部的“创建新图层”按钮，新建图层，得到“图层11”。选择“钢笔工具”，参数设置如图10-186所示，参照图10-187所示绘制路径，将路径转换为选区并填充颜色，效果如图10-188所示。

图10-186

图10-187　图10-188

19 选择“画笔工具”，导入“书法画笔”，对话框如图10-189所示。打开“画笔预设”面板，参数设置如图10-190所示。

图10-189

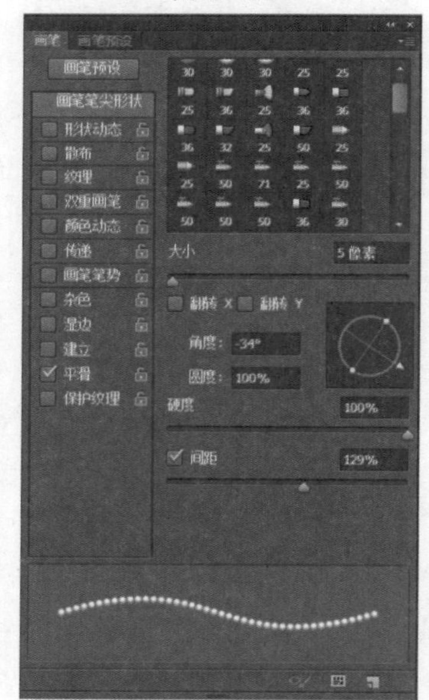

图10-190

20 设置前景色为白色，如图10-191所示。为人物绘制珍珠项链，效果如图10-192所示。

21 设置前景色为浅黑色，选择“编辑”|“描边”命令，参数设置如图10-193所示，为“图层11”（也就是珍珠项链所在图层）

添加描边效果，效果如图10-194所示，整体效果如图10-195所示。打开随书光盘中的文件“素材”\“第10章”\“10.4.tif”，使用“移动工具”将素材拖入文件中，最终效果如图10-196所示。

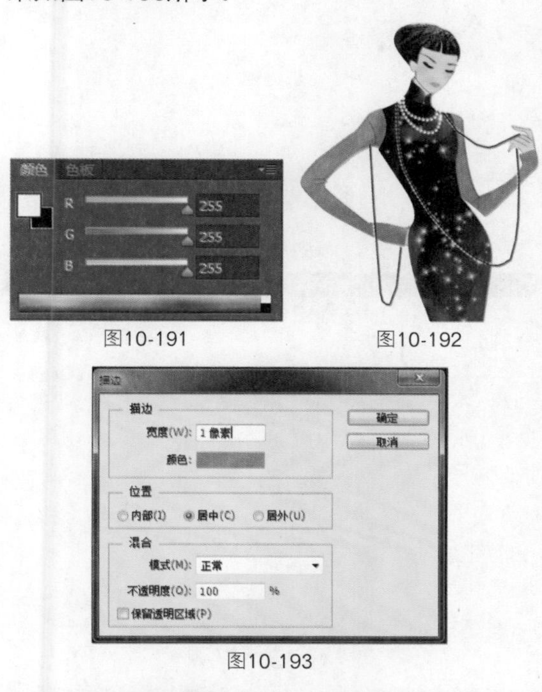

图10-191 图10-192

图10-193

图10-194 图10-195

图10-196

Works 10.5 褶皱晚礼服

01 按快捷键Ctrl+N新建文件，弹出“新建”对话框并设置参数，如图10-197所示。选择“钢

笔工具”，绘制人物路径。选择“画笔工具”，参数设置如图10-198所示。设置前景色为黑色，进入“路径”面板，选择“路径1”，单击“路径”面板底部的“用画笔描边路径”按钮，对路径进行描边，效果如图10-199所示。

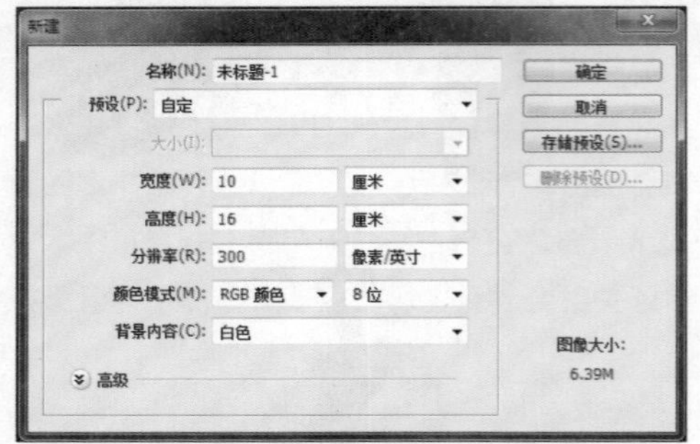

图10-197

图10-198

02 新建“图层2”，选择“画笔工具”，参数设置如图10-200所示，对人物皮肤进行绘制，效果如图10-201所示。新建“图层3”，选择“画笔工具”，参数设置如图10-202所示，对人物衣服进行绘制，效果如图10-203所示。新建“图层4”，选择“画笔工具”，参数设置如图10-204所示，参照图10-205所示对人物头发进行修饰。

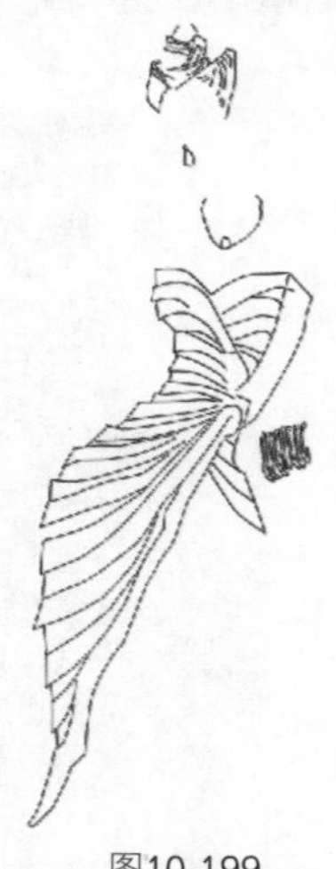

图10-199

图10-200

图10-201

图10-202

图10-203

图10-204

03 新建“图层5”，选择“画笔工具”，绘制人物面部细节，效果如图10-206所示。选择“减淡工具”，参数设置如图10-207所示，对人物皮肤进行提亮处理，效果如图10-208所示。

图10-205　　图10-206

图10-207

图10-208

04 选择“画笔工具”，参数设置如图10-209所示，设置前景色为白色，对衣服进行绘制，效果如图10-210所示。选择“加深工具”，参数设置如图10-211所示，涂抹后的效果如图10-212所示。选择“减淡工具”，参数设置如图10-213所示，涂抹后的效果如图10-214所示。

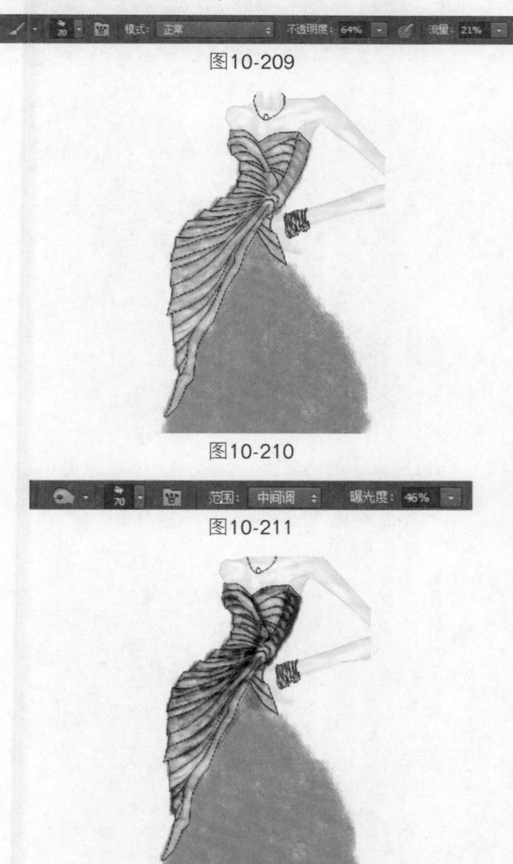

图10-209

图10-210

图10-211

图10-212

范围: 阴影
曝光度: 15%

图10-213

05 导入素材图片，将其摆放在人物的裙子处，效果如图10-215所示。选择“橡皮擦工具”，擦除人物裙子图案的多余部分，效果如图10-216所示。设置此图层的“不透明度”为50%，效果如图10-217所示。

图10-214　　图10-215

图10-216

图10-217

06 选择“画笔工具”，参数设置如图10-218所示，参照图10-219所示绘制配饰，整体效果如10-220所示。最后导入随书光盘中的文件“素材”\“第10章”\“10.5.tif”，将此素材图像所在图层放在所有图层的最底层，最终效果如图10-221所示。

图10-218

图10-219

图10-220

图10-221

Chapter 11

第11章
舞台服装

Works 11.1 华丽舞台服装

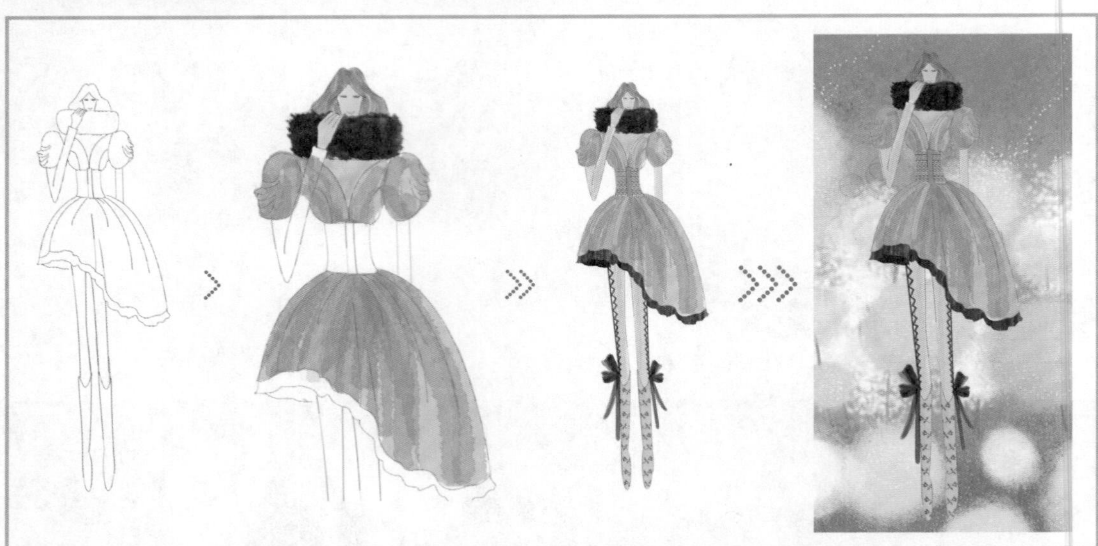

01 按快捷键Ctrl+N新建文件，弹出“新建”对话框并设置参数，如图11-1所示。选择“钢笔工具”，参数设置如图11-2所示。

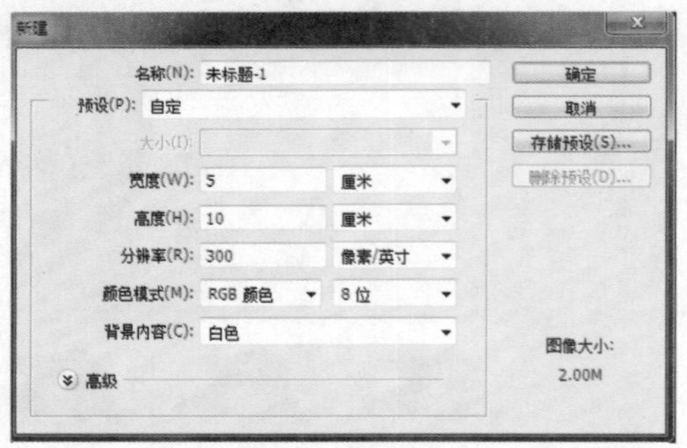

图11-1

图11-2

02 使用“钢笔工具”绘制人物轮廓的路径，效果如图11-3～图11-10所示。

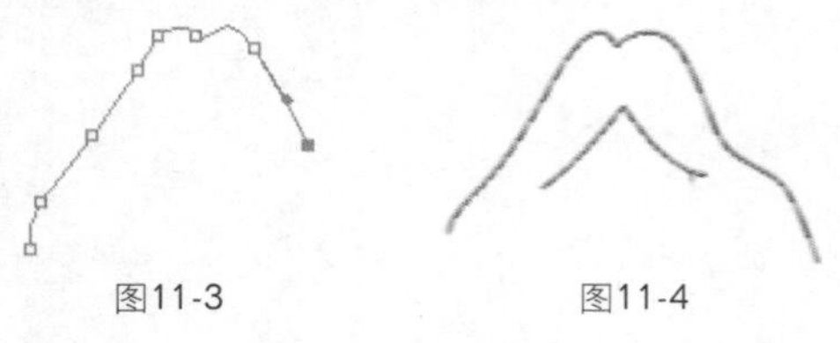

图11-3　图11-4

图11-5　图11-6

图11-7　图11-8

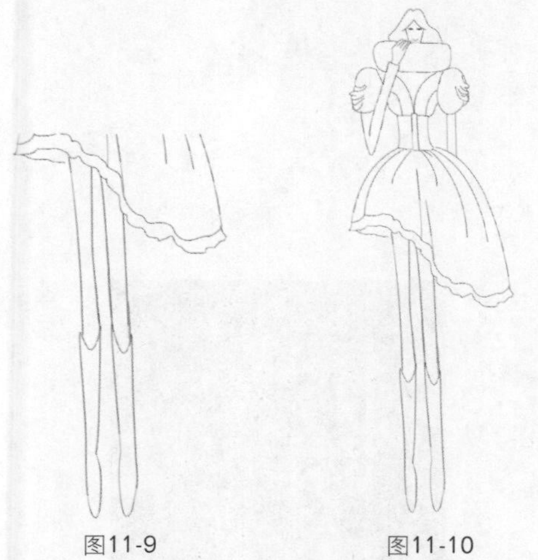

图11-9　　图11-10

03 选择“画笔工具”，导入“湿介质画笔”，对话框如图11-11所示。设置画笔笔刷的大小，如图11-12所示。

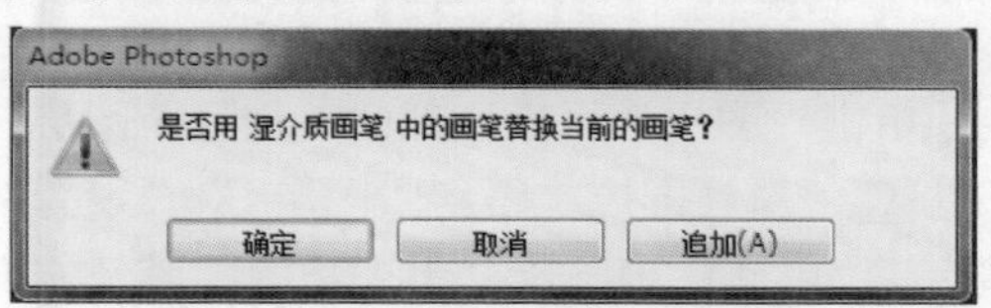

图11-11

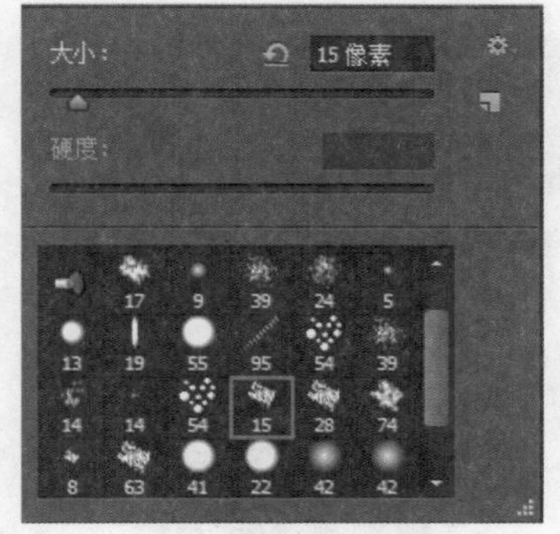

图11-12

04 “画笔工具”其他参数设置如图11-13所示。设置前景色，如图11-14所示。单击“图层”面板底部的“创建新图层”按钮，新建图层，得到“图层1”，如图11-15所示。单击“路径”面板底部的“用画笔描边路径”按钮，效果如图11-16所示。

图11-13

05 单击“图层”面板底部的“创建新组”按钮，得到“组1”。单击“图层”面板底部的“创建新图层”按钮，新建图层，得到“图层2”，如图11-17所示。设置画笔笔刷的大小，如图11-18所示。

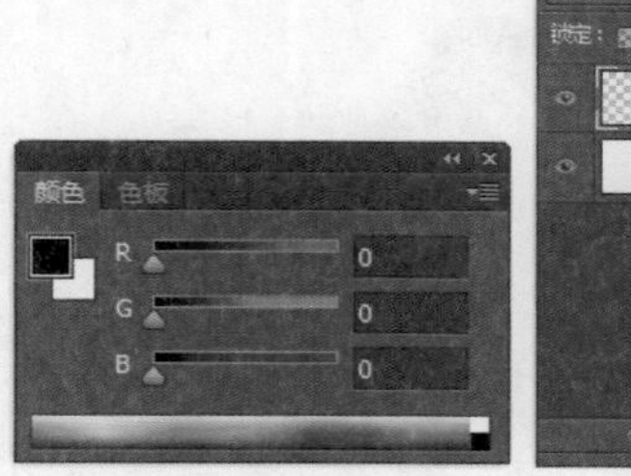

图11-14　　图11-15

图11-16

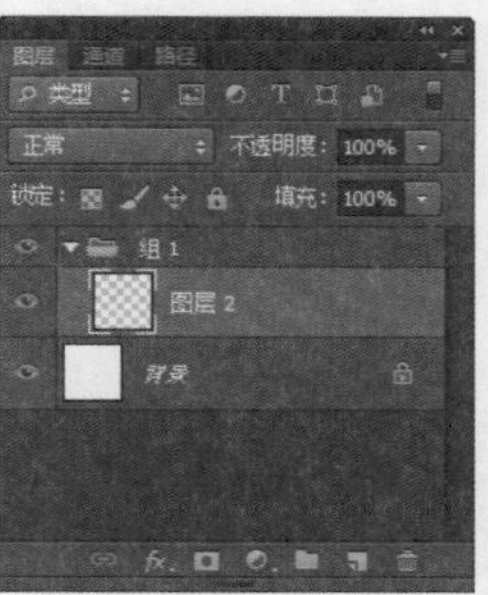

图11-17

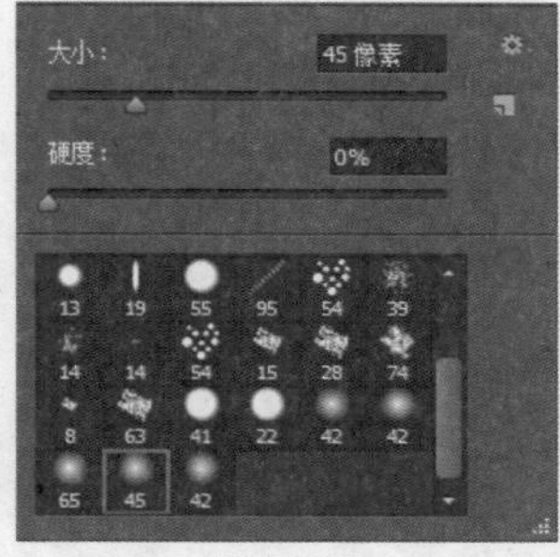

图11-18

06 单击“图层”面板底部的“创建新图层”按钮，新建图层，得到“图层2”。调整“画笔工具”参数设置，如图11-19所示。设置前景色，如图11-20所示。为人物头发填充颜色，效果如图11-21、图11-22所示。

图11-19

图11-20

图11-21

图11-22

07 选择“橡皮擦工具”，参数设置如图11-23所示。将人物头发颜色多余的部分擦除，效果如图11-24所示。

图11-23

图11-24

08 选择“画笔工具”，设置画笔笔刷的大小，如图11-25所示，其他参数设置如图11-26所示。新建图层，得到“图层3”，设置前景色,为人物皮肤填充颜色，效果如图11-27所示。

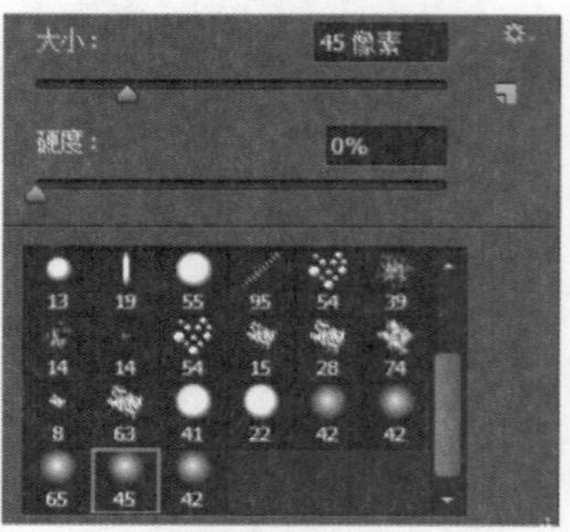

图11-25

图11-26

09 选择“画笔工具”，设置画笔笔刷的大小，如图11-28所示，其他参数设置如图11-29所示。

图11-27

图11-28

图11-29

10 单击“图层”面板底部的“创建新图层”按钮，新建图层，得到“图层4”。设置前景色，如图11-30所示。为人物的围脖填充颜色，效果如图11-31、图11-32所示。

图11-30

图11-31

图11-32

11 选择“橡皮擦工具”，参数设置如图11-33所示，将人物围脖颜色多余的部分擦除，效果如图11-34所示。

图11-33

12 单击“图层”面板底部的“创建新组”按钮，得到“组2”。单击“图层”面板底部的“创建新图层”按钮，得到“图层5”，如图11-35所示。选择“画笔工具”，设置画笔笔刷的大小，如图11-36所示，其他参数设置如图11-37所示。设置前景色，如图11-38所示。

图11-34

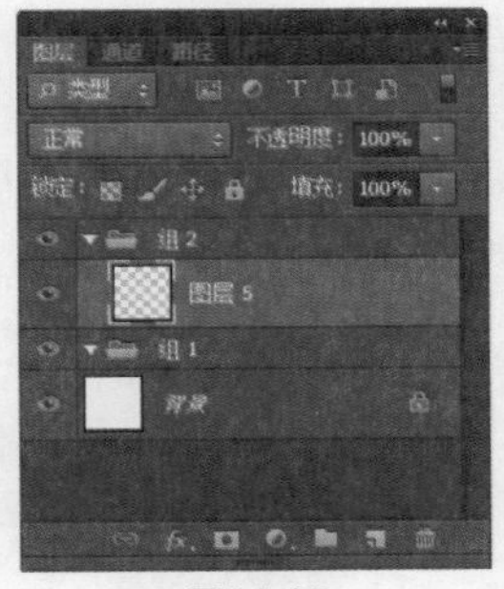

图11-35

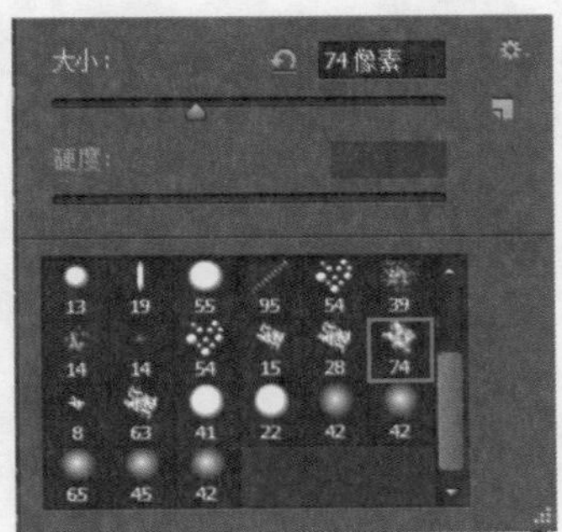

图11-36

图11-37

图11-38

13 为人物衣服填充颜色，效果如图11-39～图11-42所示。

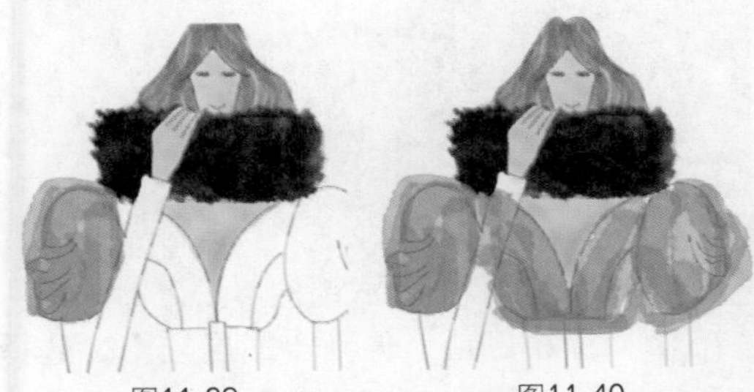

图11-39 图11-40

图11-41

图11-42

14 选择“橡皮擦工具”，参数设置如图11-43所示，擦除人物衣服多余的颜色，效果如图11-44所示。

图11-43

图11-44

15 单击“图层”面板底部的“创建新图层”按钮，新建图层，得到“图层6”。选择“画笔工具”，参数设置如图11-45所示。设置前景色，如图11-46所示。为人物裙子绘制蓝色条纹，效果如图11-47所示。

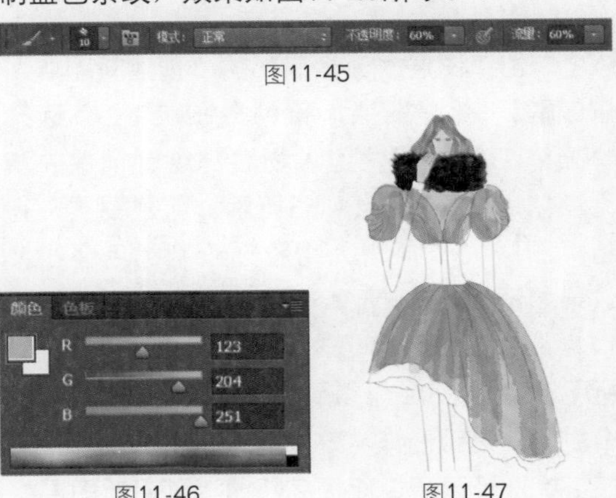

图11-45

图11-46 图11-47

16 单击“图层”面板底部的“创建新图层”按钮，新建图层，得到“图层7”。设置前景色，如图11-48所示。继续在人物裙子上绘制条纹，效果如图11-49所示。

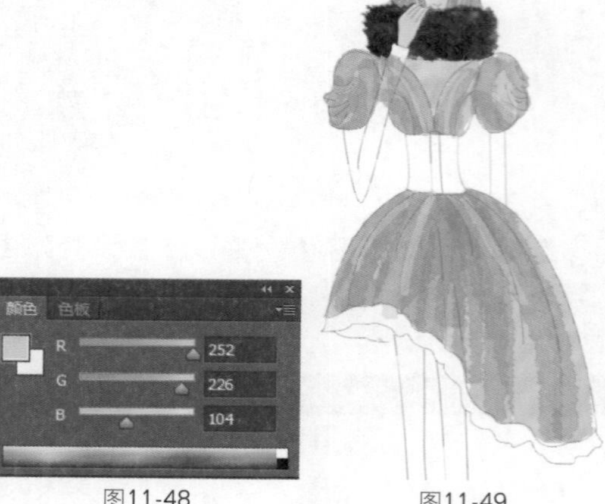

图11-48　图11-49

17 单击“图层”面板底部的“创建新图层”按钮，新建图层，得到“图层8”。设置前景色，如图11-50所示。为人物裙子下摆绘制黑色裙边，效果如图11-51所示。选择“橡皮擦工具”，将人物裙边多余的颜色擦除，效果如图11-52所示。

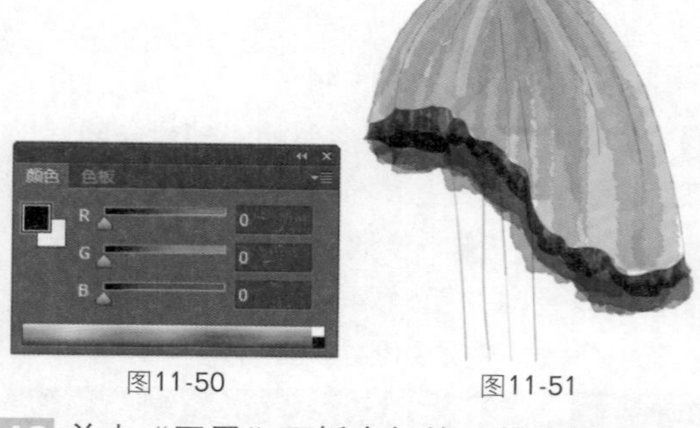

图11-50　图11-51

18 单击“图层”面板底部的“创建新图层”按钮，新建图层，得到“图层9”。选择“画笔工具”，为人物腰部绘制横褶并填充颜色，效果如图11-53所示。新建图层，得到“图层10”，为人物腰部绘制红色竖纹，效果如图11-54所示。新建图层，得到“图层11”，为人物手臂填充颜色，效果如图11-55所示。新建图层，得到“图层12”，在人物右手腕处进行修饰，效果如图11-56所示。

19 单击“图层”面板底部的“创建新图层”按钮，新建图层，得到“图层13”，为人物腿部填充颜色，效果如图11-57所示。新建图层，得到“图层14”。选择“画笔工具”，参数设置如图11-58所示，设置前景色如图11-59所示，为人物右腿绘制花边，效果如图11-60所示。复制“图层14”，得到“图层14副本”，为左腿添加花边，效果如图11-61所示。

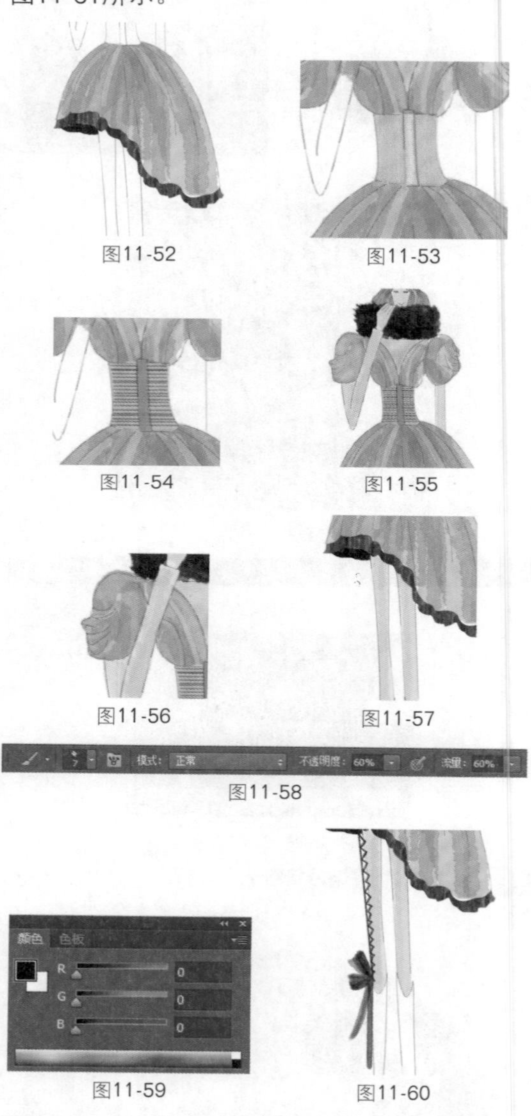

图11-52　图11-53

图11-54　图11-55

图11-56　图11-57

图11-58

图11-59　图11-60

20 单击“图层”面板底部的“创建新图层”按钮，新建图层，得到“图层15”。选择“画笔工具”，为人物靴子填充颜色，效果如图11-62所示。新建图层，得到“图层

16”。选择“自定形状工具”，参数设置如图11-63所示，为人物靴子添加漂亮的花纹，效果如图11-64所示，修饰后的效果如图11-65所示。打开随书光盘中的文件“素材”\“第11章”\“11.1.tif”，使用“移动工具”将素材拖入文件中，放到人物的后面，最终效果如图11-66所示。

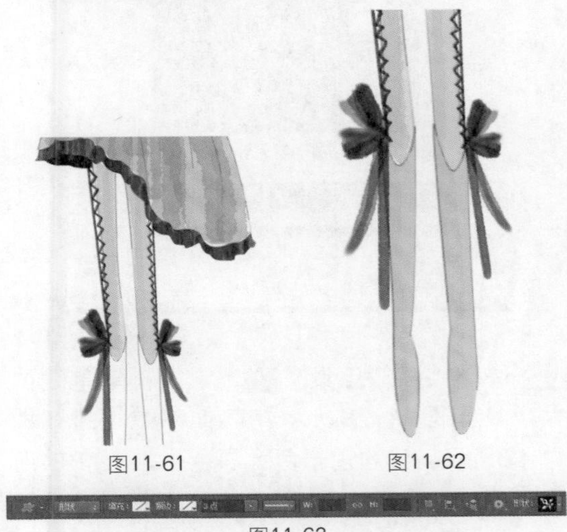
图11-61　图11-62

图11-63

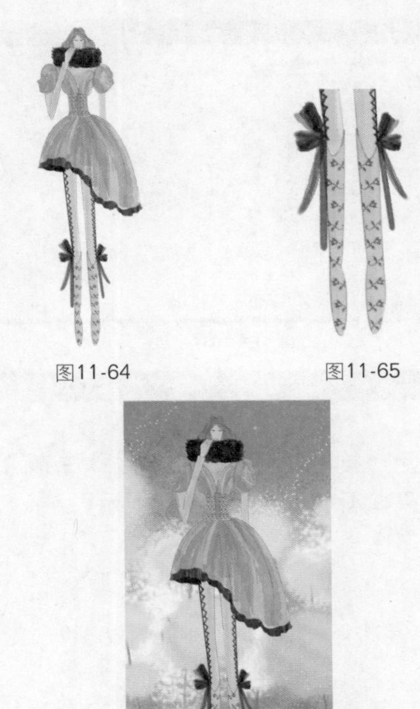
图11-64　图11-65

图11-66

Works 11.2 动感舞蹈服装（一）

01 按快捷键Ctrl+N新建文件，弹出“新建”对话框并设置参数，如图11-67所示。选择“钢笔工具”，参数设置如图11-68所示。

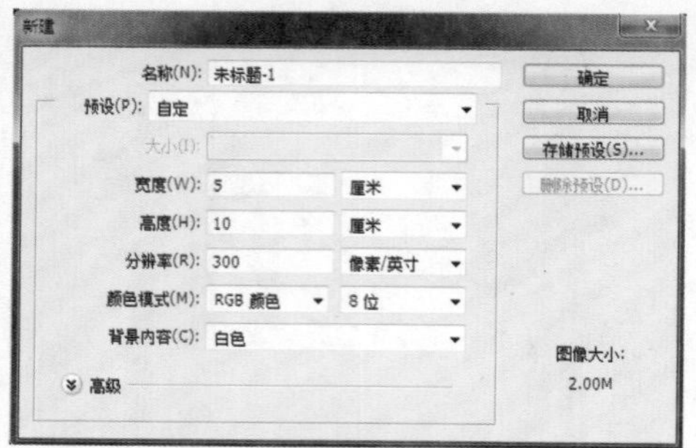

图11-67

图11-68

02 使用“钢笔工具”绘制人物轮廓的路径，效果如图11-69～图11-76所示。

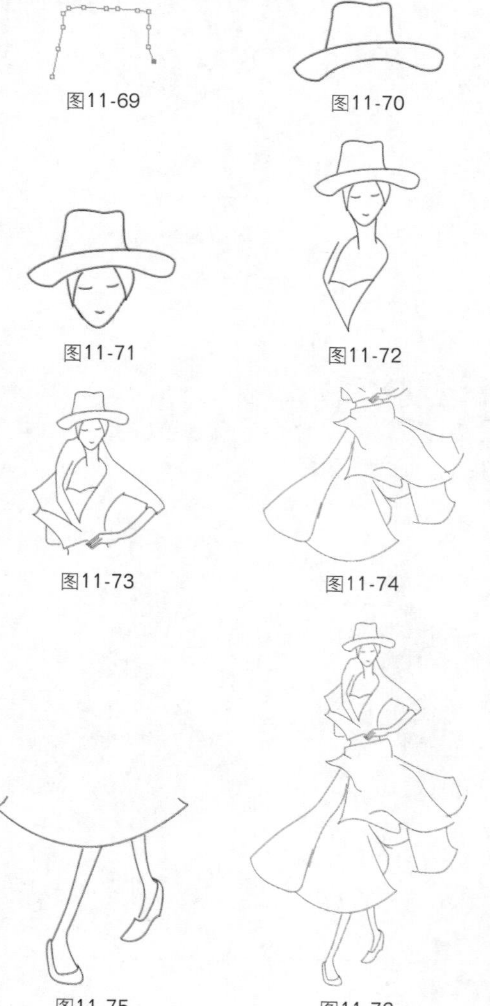

图11-69 图11-70 图11-71 图11-72 图11-73 图11-74 图11-75 图11-76

03 单击“图层”面板底部的“创建新图层”按钮，新建图层，得到“图层1”，如图11-77所示。选择“画笔工具”，导入“书法画笔”，对话框如图11-78所示。

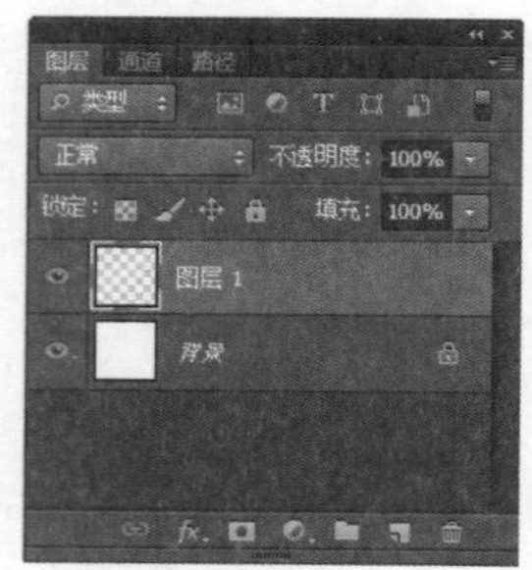

图11-77

图11-78

04 选择“画笔工具”，设置画笔笔刷的大小，如图11-79所示，其他参数设置如图11-80所示。设置前景色为黑色，如图11-81所示。单击“路径”面板底部的“用画笔描边路径”按钮，效果如图11-82所示。

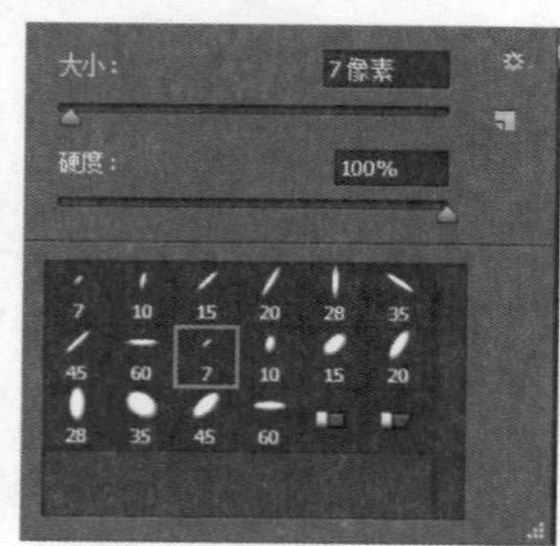

图11-79

图11-80

图11-81

图11-82

05 单击“图层”面板底部的“创建新组”按钮，得到“组1”。单击“图层”面板底部的“创建新图层”按钮，新建图层，得到“图层2”，如图11-83所示。选择“画笔工具”，导入“湿介质画笔”，对话框如图11-84所示，设置画笔笔刷的大小，如图11-85所示。

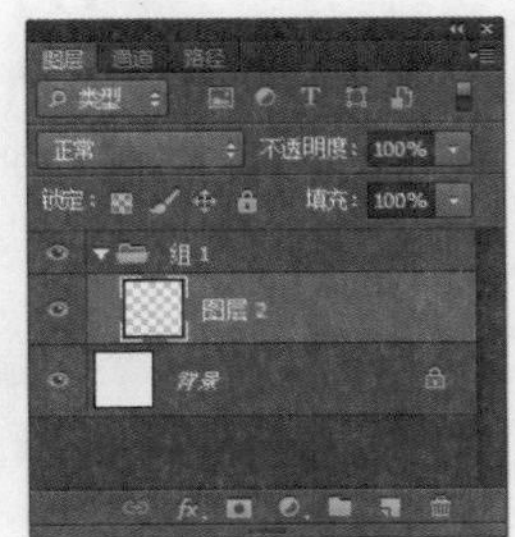

图11-83

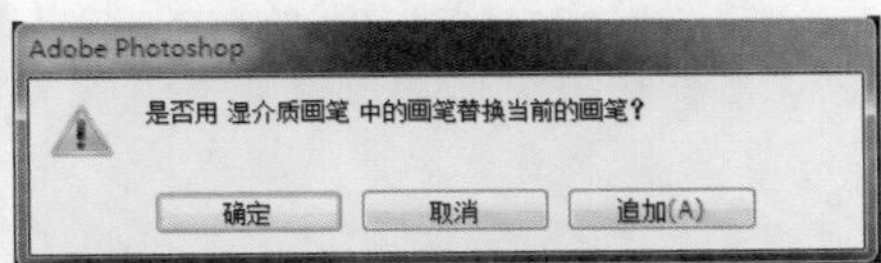

图11-84

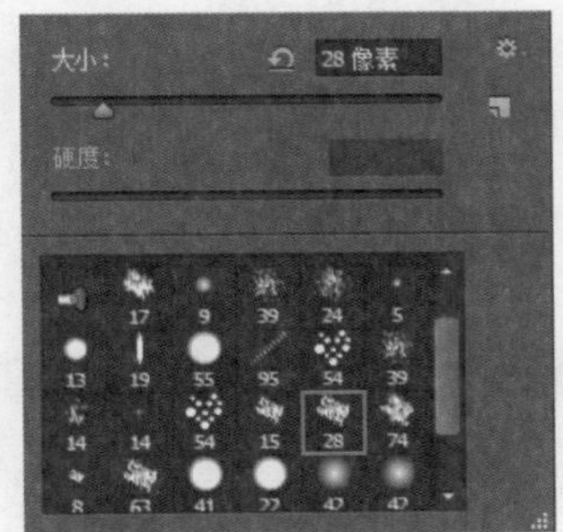

图11-85

06 “画笔工具”其他参数设置如图11-86所示。设置前景色，如图11-87所示。为人物的帽子填充颜色，效果如图11-88、图11-89所示。选择“橡皮擦工具”，将多余的颜色部分擦除，效果如图11-90所示。

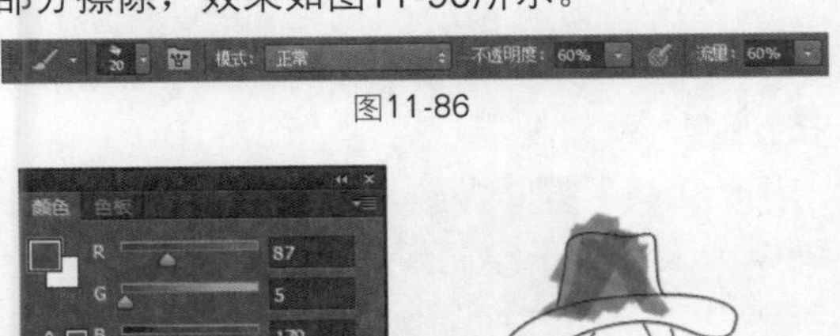

图11-86

图11-87

图11-88

图11-89

图11-90

07 单击“图层”面板底部的“创建新图层”按钮，新建图层，得到“图层3”。设置前景色，如图11-91所示，为人物的皮肤填充颜色，效果如图11-92所示。新建图层，得到“图层4”。选择“画笔工具”，为人物头发填充颜色，效果如图11-93所示。新建图层，得到“图层5”，为人物绘制眼睫毛，效果如图11-94所示。

图11-91

图11-92

图11-93

图11-94

08 单击“图层”面板底部的“创建新组”按钮，新建图层组，得到“组2”。单击“图层”面板底部的“创建新图层”按钮，新建图层，得到“图层6”。选择“画笔工具”，参数设置如图11-95所示。设置前景色，如图11-96所示，为人物上衣填充颜色，效果如图11-97所示。选择“橡皮擦工具”，参数设置如图11-98所示，将多余的颜色部分擦除，效果如图11-99所示。

图11-95

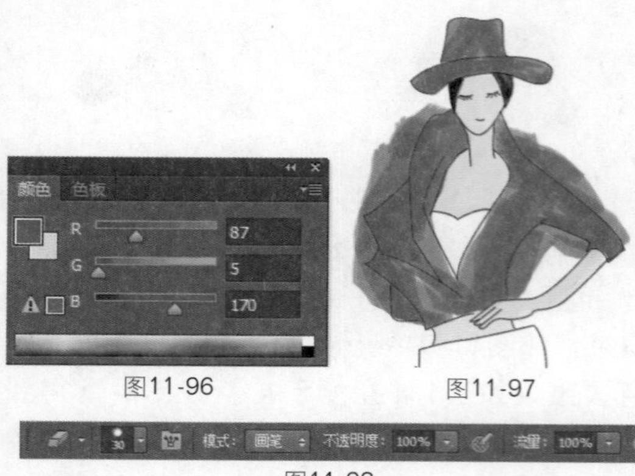

图11-96　　图11-97

图11-98

图11-99

09 单击“图层”面板底部的“创建新图层”按钮，新建图层，得到“图层7”。选择“画笔工具”，参数设置如图11-100所示。设置前景色，如图11-101所示，为人物衣服进行提亮处理，效果如图11-102所示。

图11-100

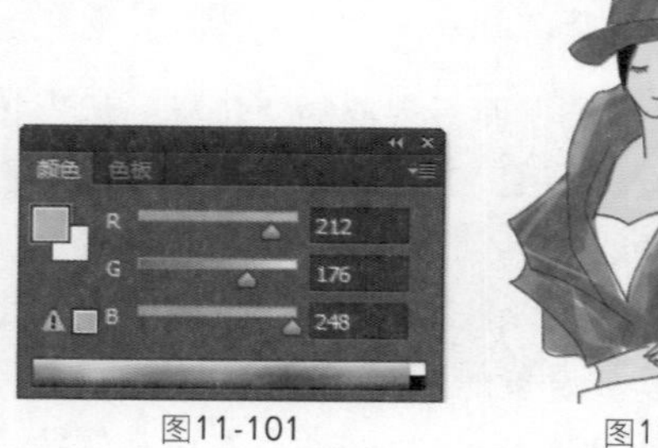

图11-101　　图11-102

10 单击“图层”面板底部的“创建新图层”按钮，新建图层，得到“图层8”。选择“画笔工具”，参数设置如图11-103所示，为人物裙子填充颜色，效果如图11-104所示。新建图层，得到“图层9”。选择“画笔工具”，参数设置如图11-105所示，继续为人物的裙子填充颜色，效果如图11-106所示。

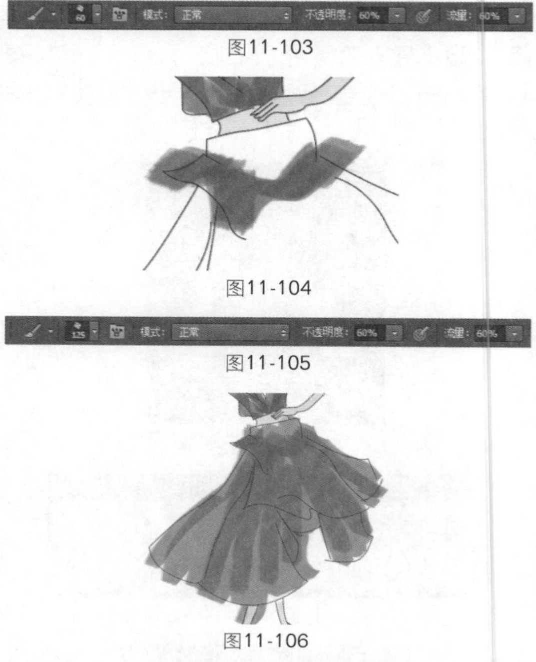

图11-103

图11-104

图11-105

图11-106

11 选择“画笔工具”，参数设置如图11-107所示。设置前景色，如图11-108所示，为人物裙子绘制线条，效果如图11-109所示。

图11-107

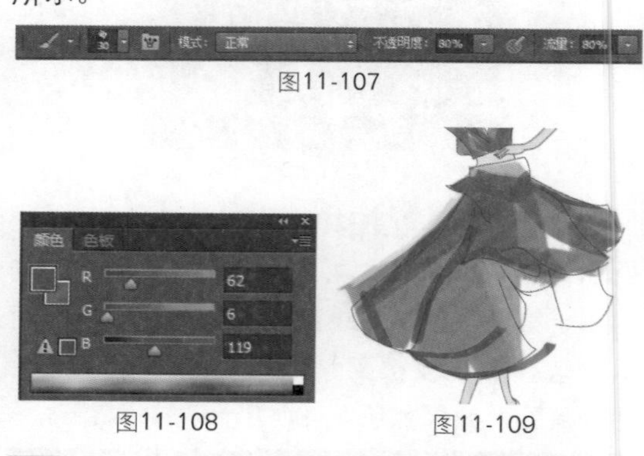

图11-108　　图11-109

12 单击“图层”面板底部的“创建新图层”按钮，新建图层，得到“图层10”。选择“画笔工具”，参数设置如图11-110所示，继续为人物裙子绘制线条，效果如图11-111所示。

图11-110

图11-111

13 单击“图层”面板底部的“创建新图层”按钮，新建图层，得到“图层11”。选择“画笔工具”，参数设置如图11-112所示。设置前景色，如图11-113所示，参照图11-114所示进行绘制。选择“橡皮擦工具”，参数设置如图11-115所示，修饰后的效果如图11-116所示。

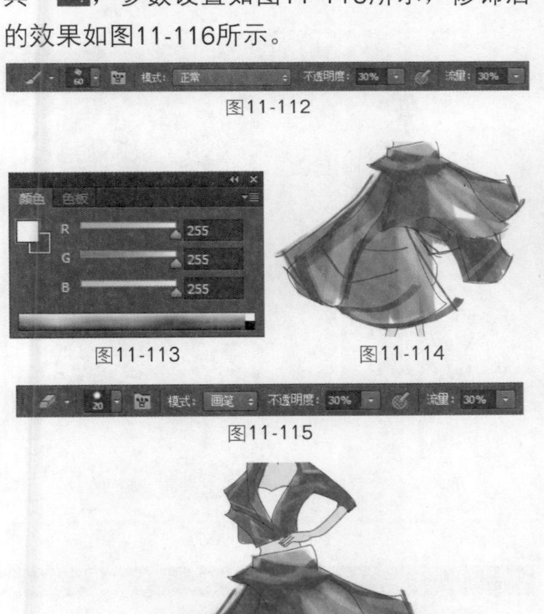

图11-112

图11-113　图11-114

图11-115

图11-116

14 单击“图层”面板底部的“创建新图层”按钮，新建图层，得到“图层12”。选择“画笔工具”，参数设置如图11-117所示，设置前景色如图11-118所示，为人物裙子填充颜色，效果如图11-119所示。

图11-117

图11-118　图11-119

15 单击“图层”面板底部的“创建新图层”按钮，新建图层，得到“图层13”。设置前景色，如图11-120所示，为人物裙子填充颜色，效果如图11-121所示。选择“橡皮擦工具”，参数设置如图11-122所示，将多余的颜色部分擦除，效果如图11-123所示。

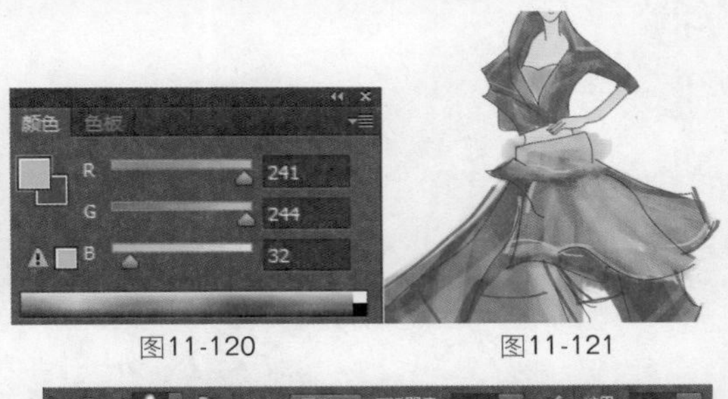

图11-120　图11-121

模式：画笔　不透明度：100%　流量：100%

图11-122

图11-123

16 单击“图层”面板底部的“创建新图层”按钮，新建图层，得到“图层14”。选择“画笔工具”，为人物鞋子填充颜色，效果如图11-124所示。新建图层，得到“图层15”，为人物鞋子表面提亮，效果如图11-125

所示，整体效果如图11-126所示。打开随书光盘中的文件“素材”\“第11章”\“11.2.tif”，使用“移动工具”将素材拖入文件中，放到人物的后面，最终效果如图11-127所示。

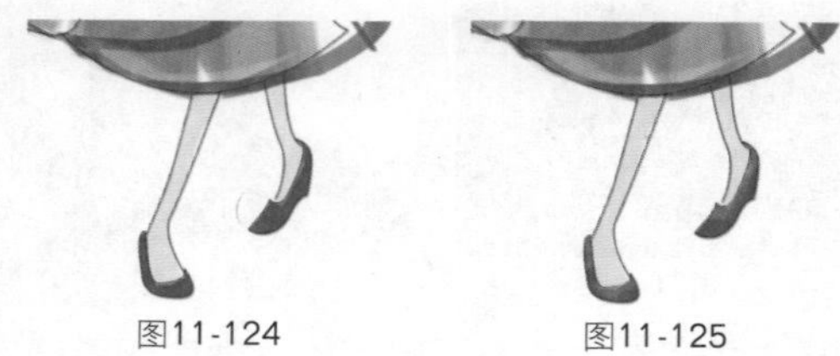

图11-124　　图11-125

图11-126　　图11-127

Works 11.3 动感舞蹈服装（二）

01 按快捷键Ctrl+N新建文件，弹出“新建”对话框并设置参数，如图11-128所示。选择“钢笔工具”，参数设置如图11-129所示。

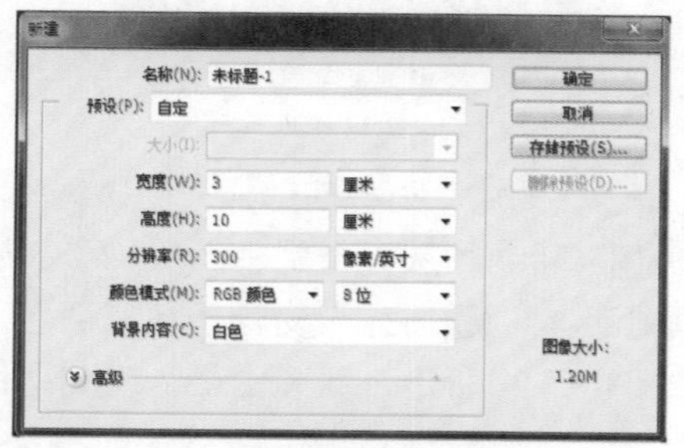

图11-128

图11-129

02 使用“钢笔工具”绘制人物轮廓的路径，效果如图11-130～图11-137所示。

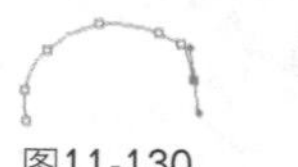

图11-130

图11-131

03 单击“图层”面板底部的“创建新图层”按钮，新建图层，得到“图层1”，如图11-138所示。选择“画笔工具”，导入“书法画笔”，对话框如图11-139所示。

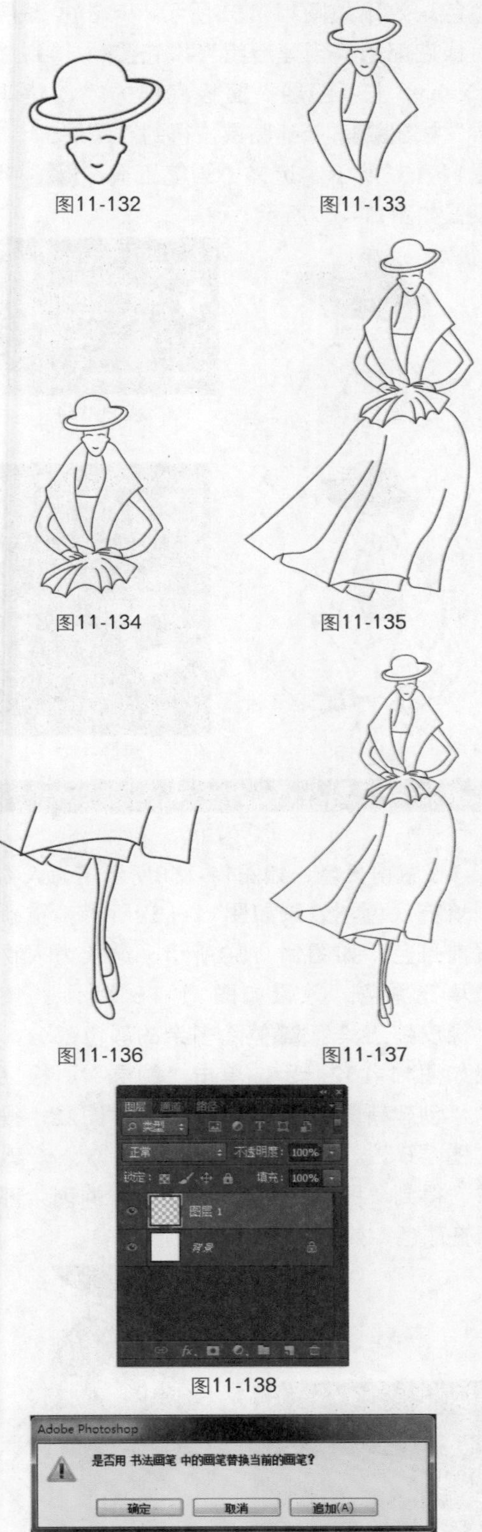

图11-132 图11-133 图11-134 图11-135 图11-136 图11-137 图11-138 图11-139

04 选择“画笔工具”，设置画笔笔刷的大小，如图11-140所示，其他参数设置如图11-141所示。设置前景色，如图11-142所示，单击“路径”面板底部的“用画笔描边路径”按钮，效果如图11-143所示。

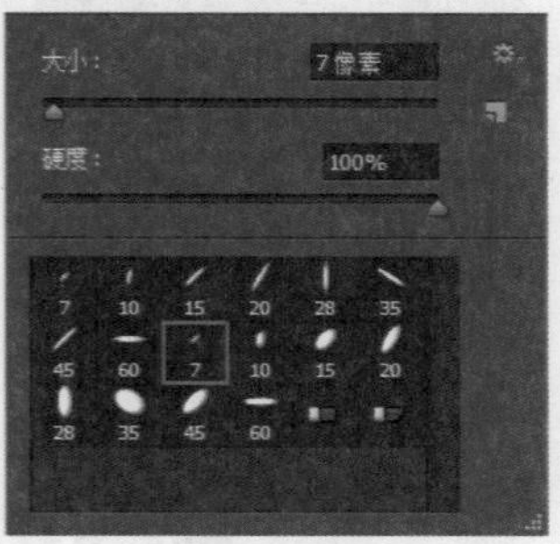

图11-140

图11-141

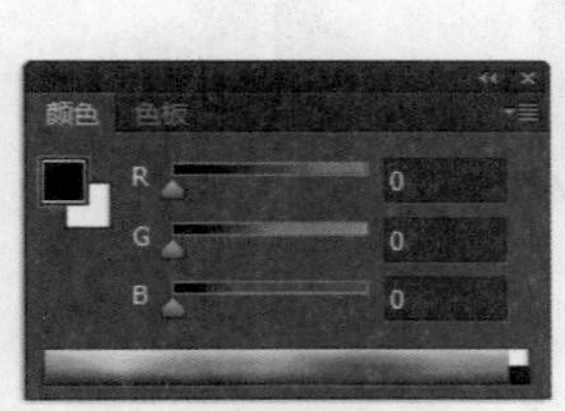

图11-142 图11-143

05 单击“图层”面板底部的“创建新组”按钮，得到“组1”。单击“图层”面板底部的“创建新图层”按钮，新建图层，得到“图层2”，如图11-144所示。选择“画笔工具”，导入“干介质画笔”，对话框如图11-145所示，设置画笔笔刷的大小，如图11-146所示。

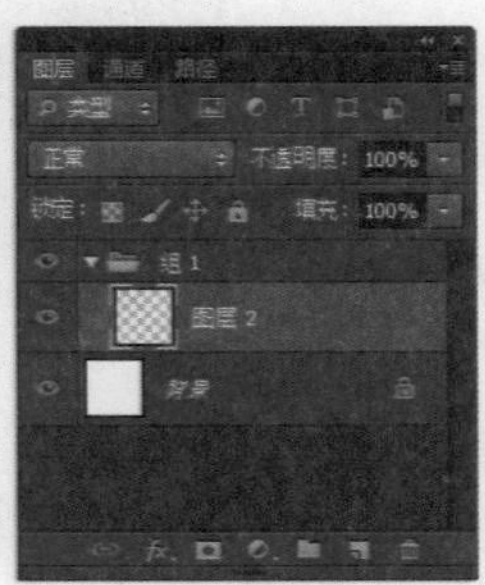

图11-144

图11-145

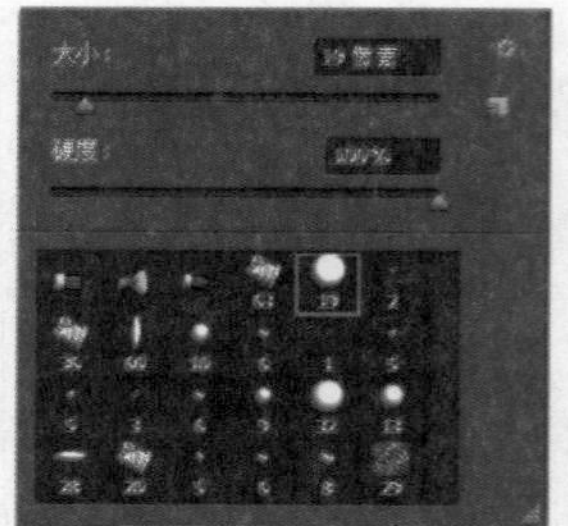
图11-146

06 选择“画笔工具”，参数设置如图11-147所示。设置前景色，如图11-148所示，为人物的帽子填充颜色，效果如图11-149所示。

图11-147

图11-148

图11-149

07 选择“橡皮擦工具”，参数设置如图11-150所示，将帽子上多余的颜色部分擦除，效果如图11-151所示。单击“图层”面板底部的“创建新图层”按钮，新建图层，得到“图层3”。设置前景色，如图11-152所示，继续为帽子填充颜色，效果如图11-153所示。

图11-150

图11-151

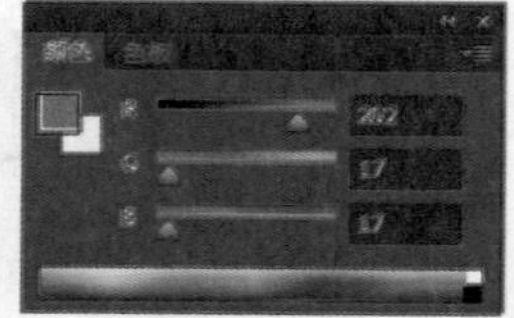
图11-152

08 单击“图层”面板底部的“创建新图层”按钮，新建图层，得到“图层4”。设置前景色，如图11-154所示，为人物的皮肤填充颜色，效果如图11-155所示。单击“图层”面板底部的“创建新组”按钮，得到“组2”，单击“图层”面板底部的“创建新图层”按钮，新建图层，得到“图层5”，如图11-156所示。选择“画笔工具”，参数设置如图11-157所示。

图11-153

图11-154

图11-155

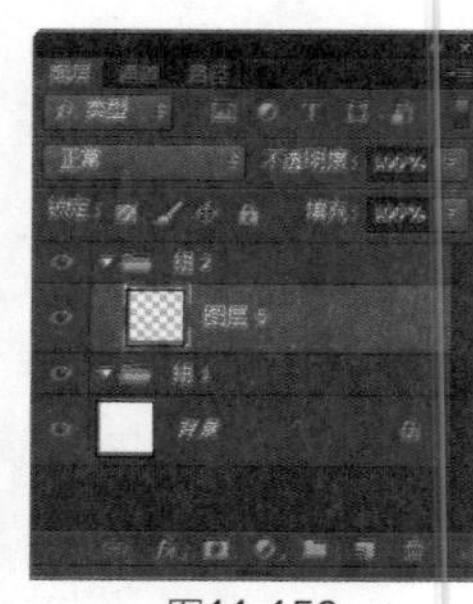
图11-156

图11-157

09 设置前景色，如图11-158所示，为人物衣服填充底色，效果如图11-159所示。重新设置前景色，如图11-160所示，继续为人物衣服填充颜色，效果如图11-161所示。使用“橡皮擦工具”擦除多余的颜色部分，效果如图11-162所示。单击“图层”面板底部的“创建新图层”按钮，新建图层，得到“图层6”，为人物衣服进行修饰。新建图层，得到“图层7”，为人物衣服的剩余部分填充颜色，效果如图11-163所示。

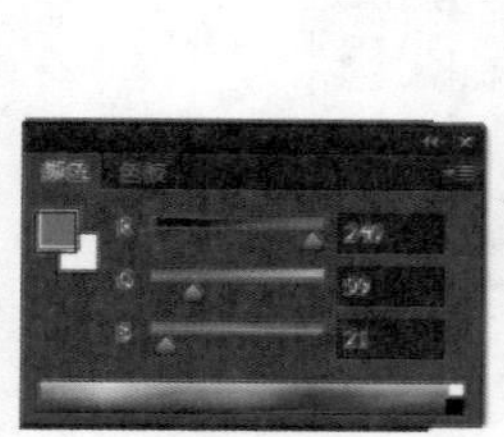
图11-158

图11-159

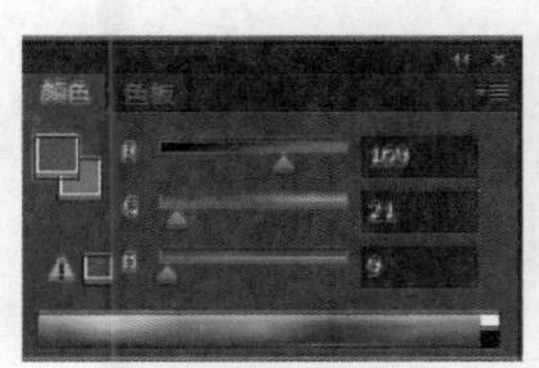

图11-160

图11-161

图11-162

图11-163

10 复制“图层7”，得到“图层7副本”，为人物衣服整体加深颜色，效果如图11-164所示。再次复制“图层7”，得到“图层7副本2”。选择“减淡工具”，参考设置如图11-165所示，为人物衣服绘制淡淡的黄色，效果如图11-166所示。

图11-164

图11-165

图11-166

11 单击“图层”面板底部的“创建新图层”按钮，新建图层，得到“图层8”。选择“自定形状工具”，参数设置如图11-167所示。设置前景色，如图11-168所示。在人物衣服上绘制鲜花图案，效果如图11-169所示。复制“图层8”，得到“图层8副本”，复制花的图案，将其摆放到合适的位置，效果如图11-170所示。

图11-167

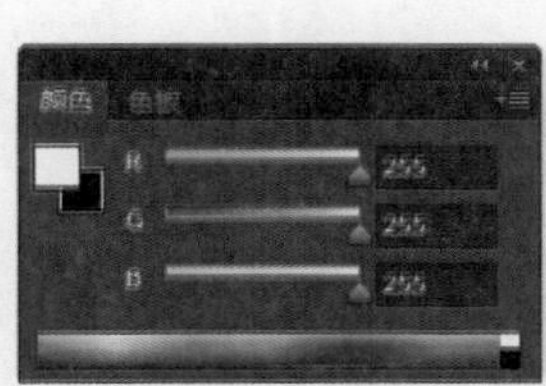

图11-168

图11-169

12 单击“图层”面板底部的“创建新图层”按钮，新建图层，得到“图层9”。选择“画笔工具”，设置画笔笔刷的大小，如图11-171所示，其他参数设置如图11-172所示。设置前景色，如图11-173所示，在人物衣服上绘制图案，效果如图11-174所示。

图11-170

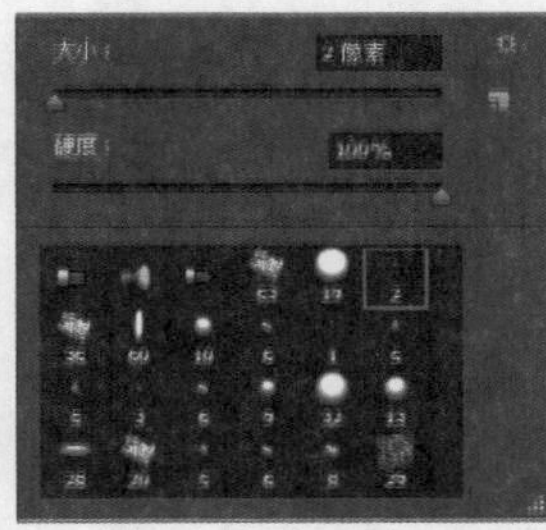

图11-171

图11-172

图11-173

图11-174

13 单击“图层”面板底部的“创建新组”按钮，得到“组3”，单击“图层”面板底部的“创建新图层”按钮，新建图层，得到“图层10”，如图11-175所示。选择“画笔工具”，设置画笔笔刷的大小，如图11-176所示。

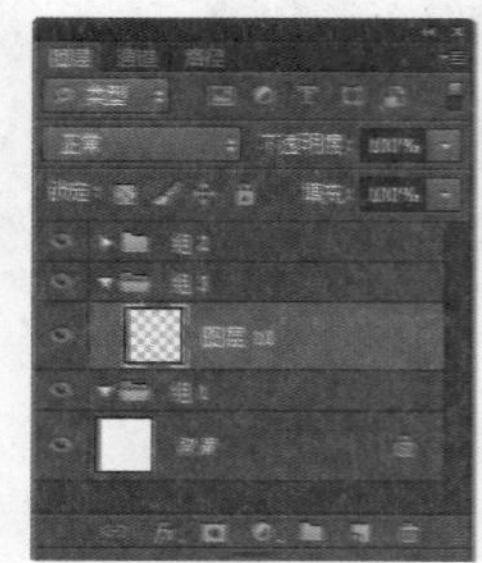
图11-175

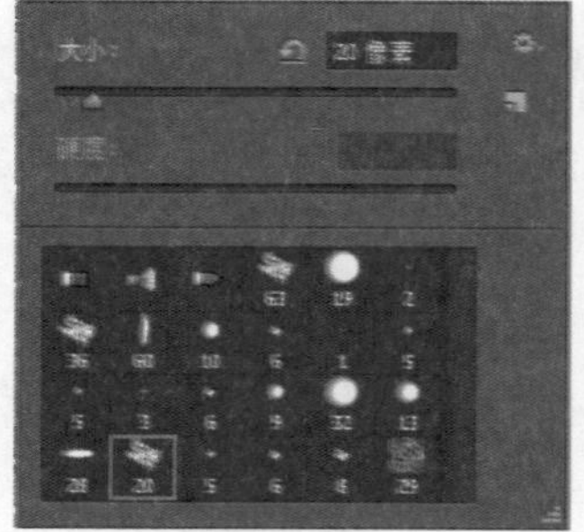
图11-176

14 “画笔工具”其他参数设置如图11-177所示。设置前景色，如图11-178所示，为人物的裙子填充颜色，效果如图11-179所示。

图11-177

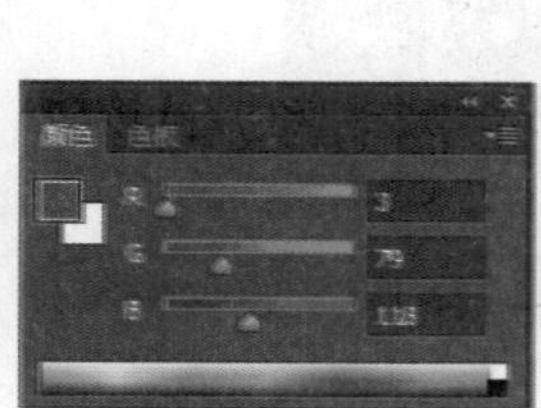
图11-178

图11-179

15 选择“橡皮擦工具”，参数设置如图11-180所示，将人物裙子上多余的颜色擦除，效果如图11-181所示。

图11-180

图11-181

16 单击“图层”面板底部的“创建新图层”按钮，新建图层，得到“图层11”。选择“画笔工具”，参数设置如图11-182所示。设置前景色，如图11-183所示，为人物裙子添加蓝色，效果如图11-184所示。

图11-182

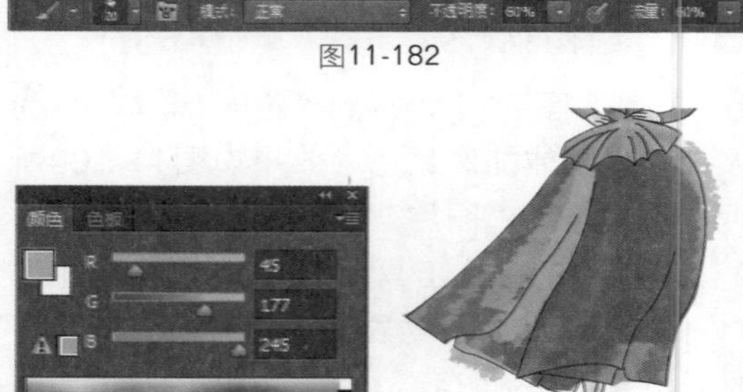
图11-183 图11-184

17 选择“橡皮擦工具”，参数设置如图11-185所示。将人物裙子上多余的颜色擦除，效果如图11-186所示。单击“图层”面板底部的“创建新图层”按钮，新建图层，得到“图层12”。重新设置前景色，继续为裙子添加颜色效果（颜色值自定），效果如图11-187所示。选择“橡皮擦工具”，参数设置如图11-188所示，擦除人物裙子上多余的颜色，效果如图11-189所示。

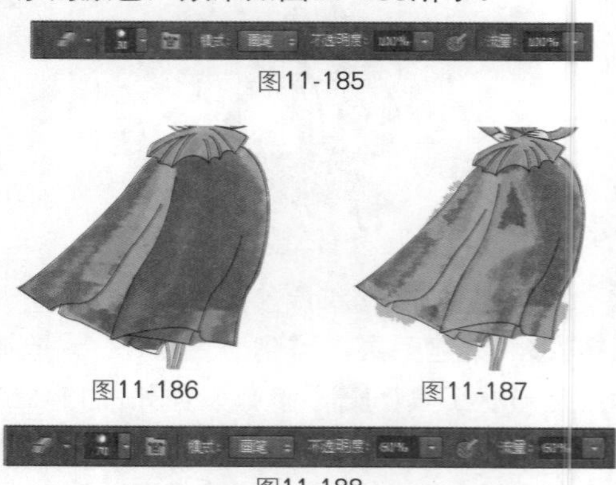
图11-185

图11-186 图11-187

图11-188

图11-189

18 单击“图层”面板底部的“创建新图层”按钮，新建图层，得到“图层13”。设置前景色，如图11-190所示。继续为人物裙子添加白色，效果如图11-191所示。新建图层，得到“图层14”。选择“画笔工具”，在“画笔”面板中设置参数，如图11-192所示；继续选择“形状动态”选项，参数设置如图11-193所示。

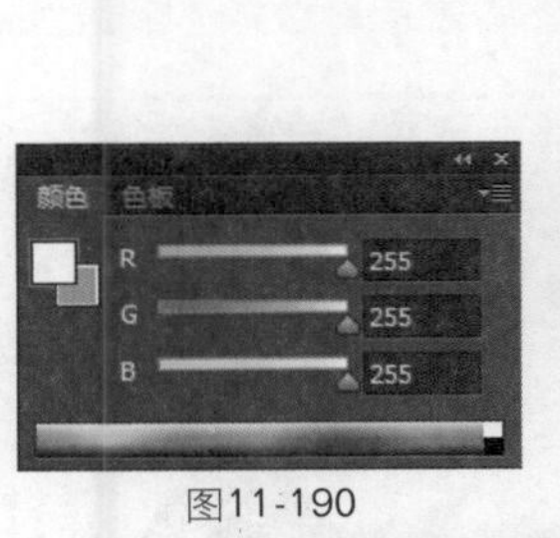

图11-190

图11-191

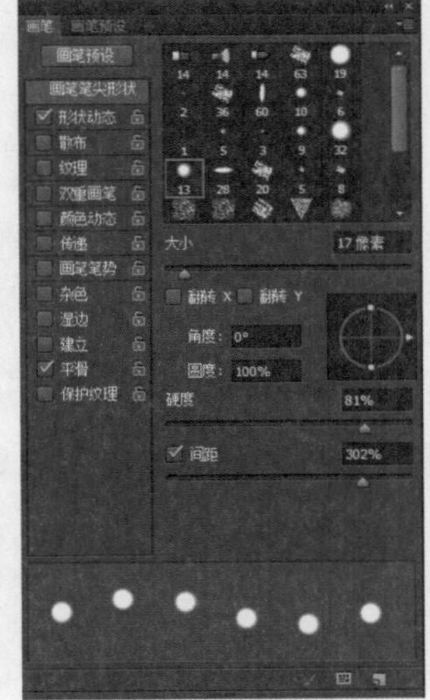

图11-192

19 设置前景色，如图11-194所示。使用设置好的画笔笔刷，在人物裙子上绘制图案，效果如图11-195所示。

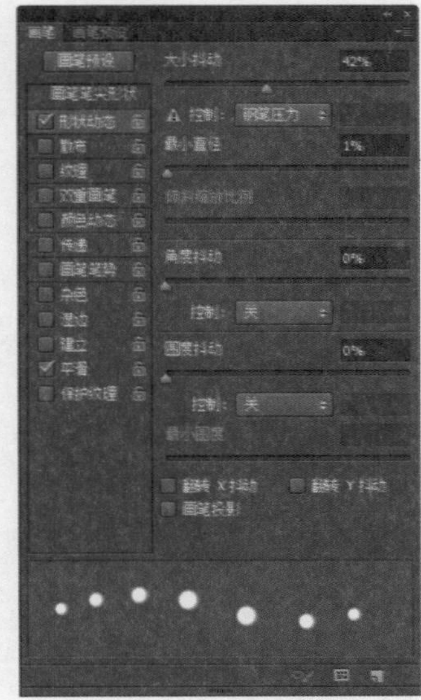

图11-193

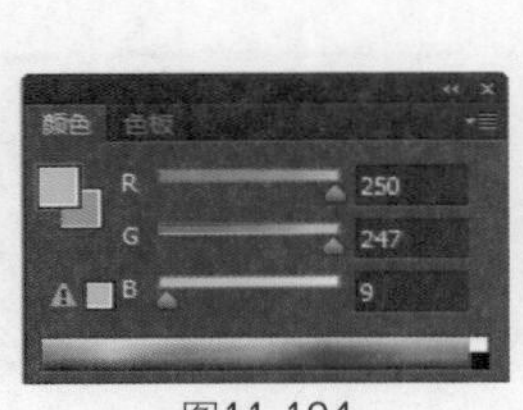

图11-194

图11-195

20 单击“图层”面板底部的“创建新图层”按钮，新建图层，得到“图层15”。选择“画笔工具”，为人物的鞋子填充颜色，效果如图11-196所示，整体效果如图11-197所示。打开随书光盘中的文件“素材”\“第11章”\“11.3.tif”，使用“移动工具”将素材拖入文件中，放到人物的后面，最终效果如图11-198所示。

图11-196

图11-197

图11-198

Works 11.4 谐趣舞台服装

01 按快捷键Ctrl+N新建文件，弹出“新建”对话框并设置参数，如图11-199所示。选择“钢笔工具”，参数设置如图11-200所示。

02 单击“图层”面板底部的“创建新组”按钮，新建图层组，得到“组1”，在“组1”中新建图层，得到“图层1”。选择“钢笔工具”绘制人物轮廓的路径，如图11-201～图11-208所示。

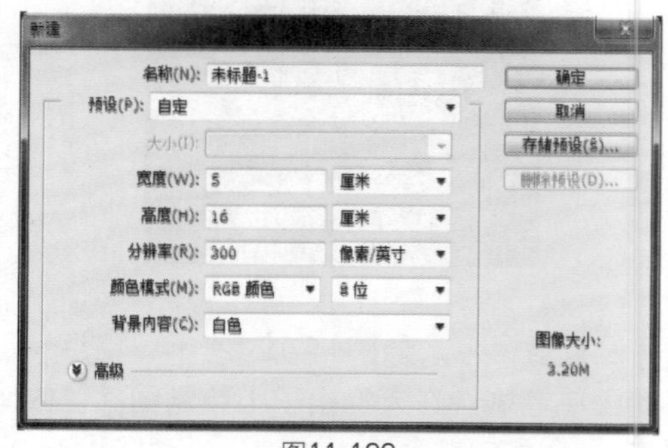

图11-199

图11-200

图11-201　图11-202

图11-203　图11-204

图11-205　图11-206

图11-207　图11-208

03 选择“画笔工具”，导入“书法画笔”，对话框如图11-209所示。选择一种笔刷效果，如图11-210所示。

图11-209

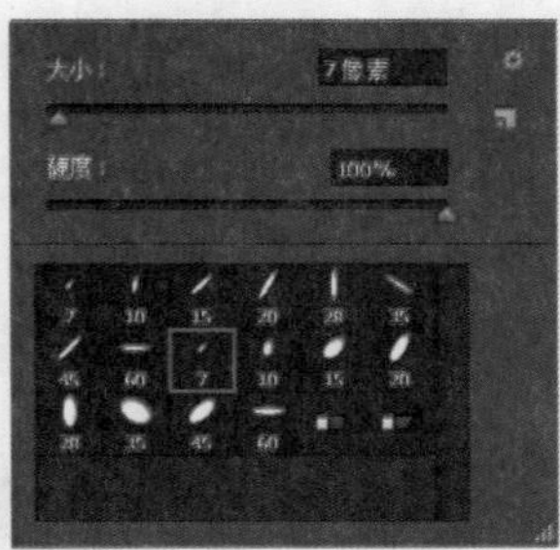

图11-210

04 “画笔工具”其他参数设置如图11-211所示。设置前景色为黑色，如图11-212所示。单击“路径”面板底部的“用画笔描边路径”按钮，效果如图11-213所示。

图11-211

图11-212　图11-213

05 单击“图层”面板底部的“创建新图层”按钮，新建图层，得到“图层2”。设置前景色，如图11-214所示，为人物的头发填充颜色，效果如图11-215所示。

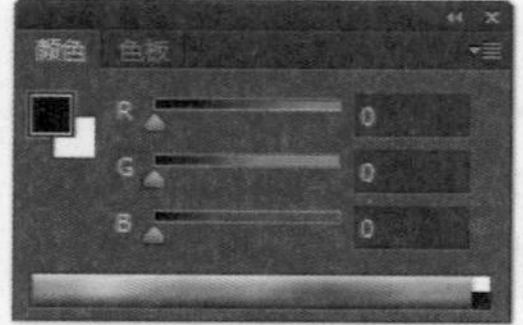

图11-214　　图11-215

06 单击“图层”面板底部的“创建新图层”按钮，新建图层，得到“图层3”。选择“椭圆工具”，参数设置如图11-216所示。设置前景色，如图11-217所示，在人物头发上绘制圆形并填充颜色，效果如图11-218所示。

图11-216

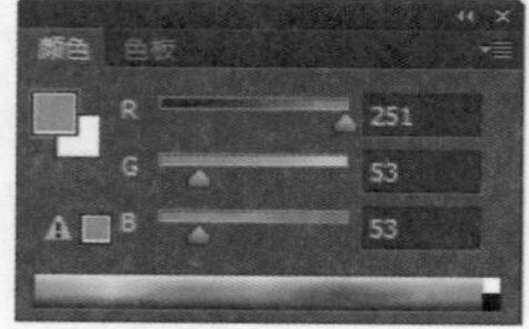

图11-217

图11-218

07 设置前景色，如图11-219所示，继续绘制圆形并填充颜色，效果如图11-220所示。

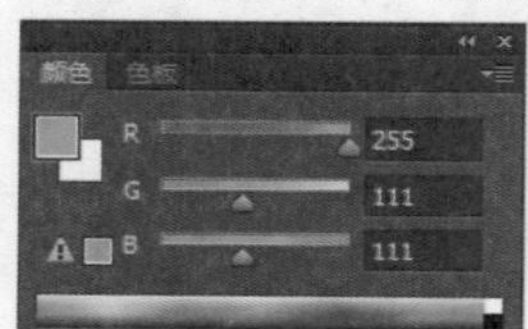

图11-219

图11-220

08 设置前景色，如图11-221所示，为人物绘制圆形并填充颜色，效果如图11-222、图11-223所示。

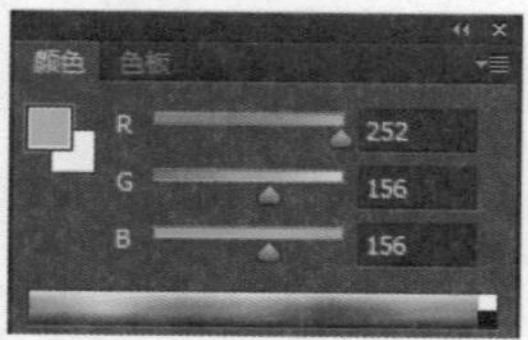

图11-221

图11-222

09 单击“图层”面板底部的“创建新图层”按钮，新建图层，得到“图层4”。设置前景色，如图11-224所示，为人物的皮肤填充颜色，效果如图11-225所示。选择“画笔工具”，选择一种笔刷效果，如图11-226所示，其他参数设置如图11-227所示。

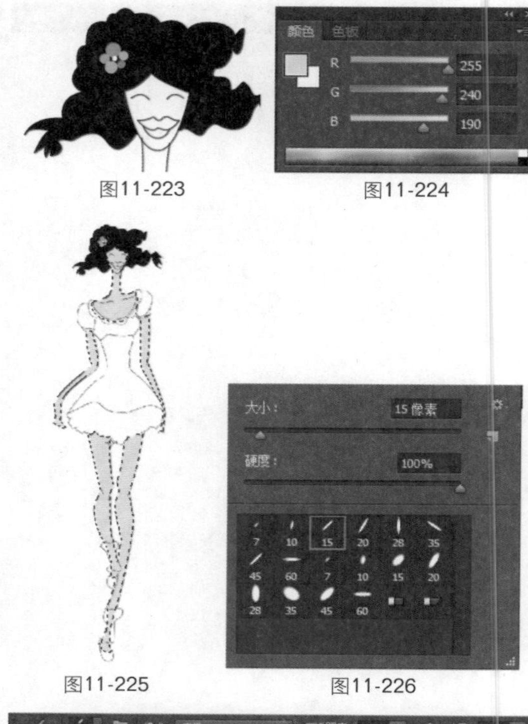

图11-223　　图11-224

图11-225　　图11-226

图11-227

10 设置前景色，如图11-228所示，为人物的皮肤填充颜色，并删除多余的颜色，效果如图11-229、图11-230所示。

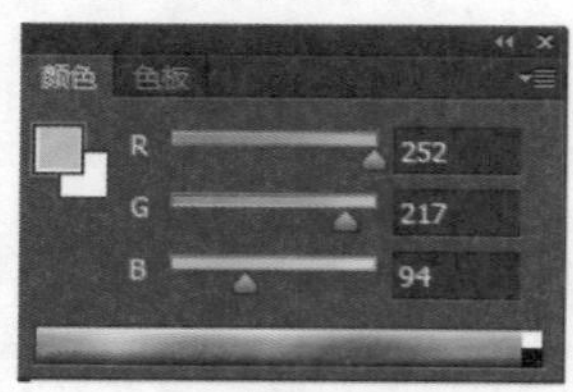

图11-228

图11-229　　图11-230

11 单击“图层”面板底部的“创建新图层”按钮，新建图层，得到“图层5”。选择“画笔工具”，参照图11-231所示，为人物的眼睛、嘴唇、脸颊填充颜色。新建图层，得到“图层6”。设置前景色，如图11-232所示，为人物衣服的局部填充颜色，效果如图11-233所示。

图11-231

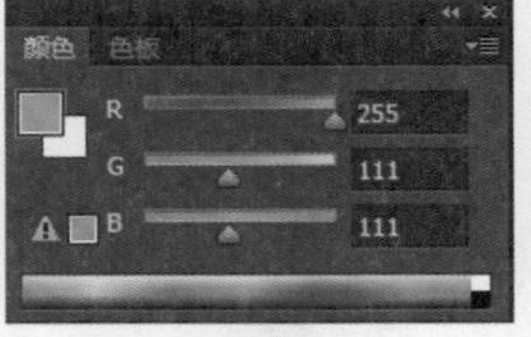

图11-232

12 选择“画笔工具”，在“颜色”面板中设置前景色，如图11-234所示。继续为人物衣服的局部填充颜色，效果如图11-235所示。

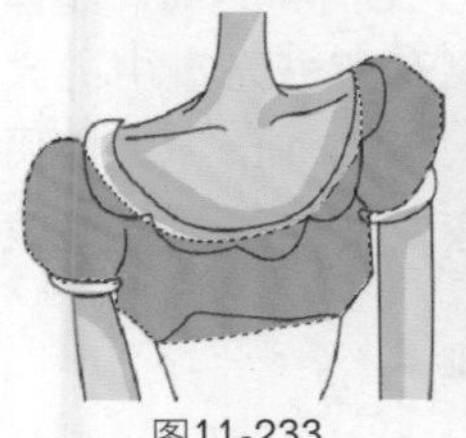
图11-233

图11-234

13 设置前景色，如图11-236所示，为人物衣服的局部填充颜色，效果如图11-237、图11-238所示。

图11-235

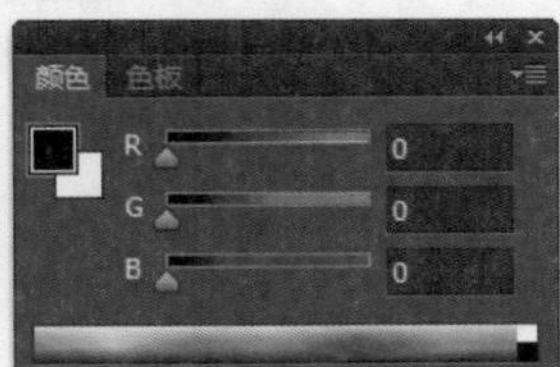

图11-236

图11-237

图11-238

14 单击“图层”面板底部的“创建新图层”按钮，新建图层，得到“图层7”。选择“画笔工具”，参数设置如图11-239所示。设置前景色为白色，如图11-240所示。在人物裙子上绘制白色线条，效果如图11-241所示。

图11-239

图11-240

图11-241

15 选择“橡皮擦工具”，参数设置如图11-242所示。参照图11-243所示，擦除白色线条不需要的部分。单击“图层”面板底部的“创建新图层”按钮，新建图层，得到“图层8”。选择“钢笔工具”，参数设置如图11-244所示，在人物衣服上绘制路径，效果如图11-245所示。

图11-242

图11-243

图11-244

图11-245

16 按快捷键Ctrl+Enter，将路径转换为选区。设置前景色，如图11-246所示，为选区填充颜色，效果如图11-247所示。设置前景色，如图11-248所示，继续在“图层8”中填充颜色，在此要注意两种颜色的不同明暗度，效果如图11-249所示。

图11-246

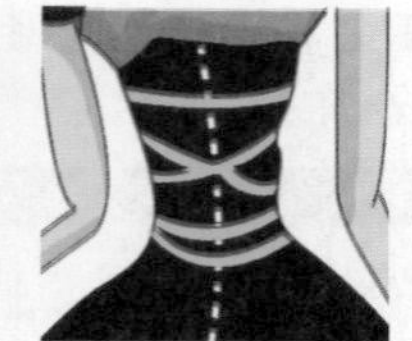
图11-247

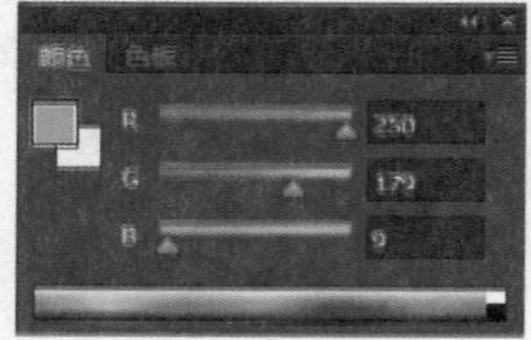

图11-248

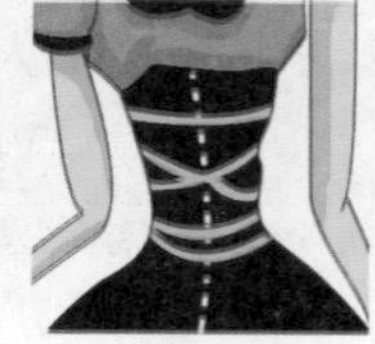
图11-249

17 单击“图层”面板底部的“创建新图层”按钮，新建图层，得到“图层9”。参照前面步骤，绘制如图11-250所示的效果。单击“图层”面板底部的“创建新组”按钮，新建图层组，得到“组2”，新建图层，得到“图层10”。参照图11-251所示，绘制圆形并填充颜色。

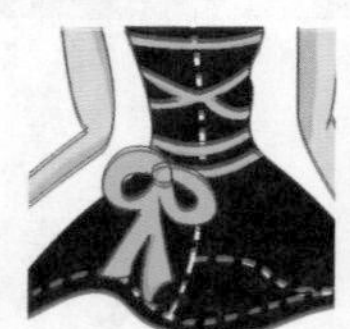
图11-250

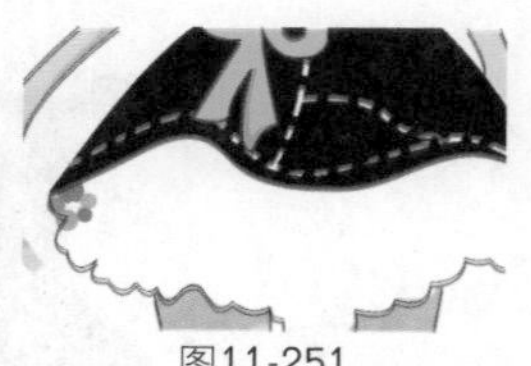
图11-251

18 选择“图层10”，将其中的图像复制多个，并摆放在合适的位置，效果如图11-252所示。使用“橡皮擦工具”删除多余的部分，效果如图11-253所示。新建图层，得到“图层11”。参照图11-254所示，为鞋、袜填充颜色，注意颜色的深浅，效果如图11-255所示。

图11-252

图11-253

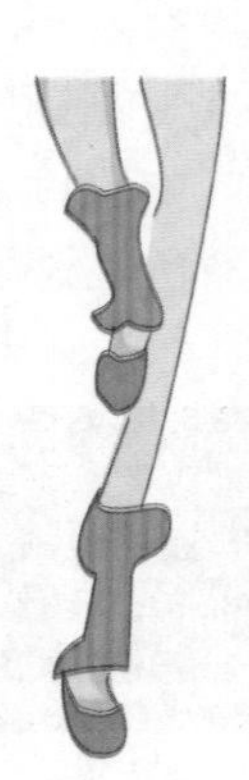
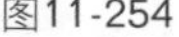
图11-254

图11-255

19 新建图层，得到“图层12”。分别设置前景色为红、黑色，参照图11-256所示绘制人物的项链，注意图形的大小比例和距离，整体效果如图11-257所示。打开随书光盘中的文件“素材”\“第11章”\“11.4.tif”，使用“移动工具”将素材拖入文件中，最终效果如图11-258所示。

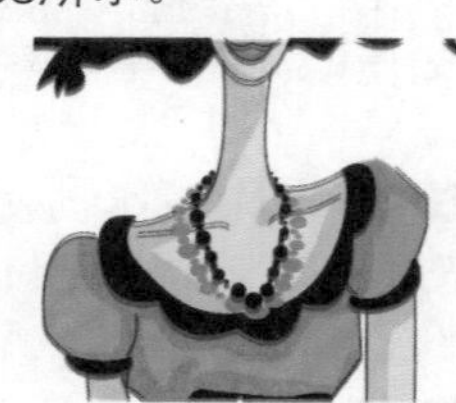
图11-256

图11-257

图11-258

Works 11.5 劲舞服装

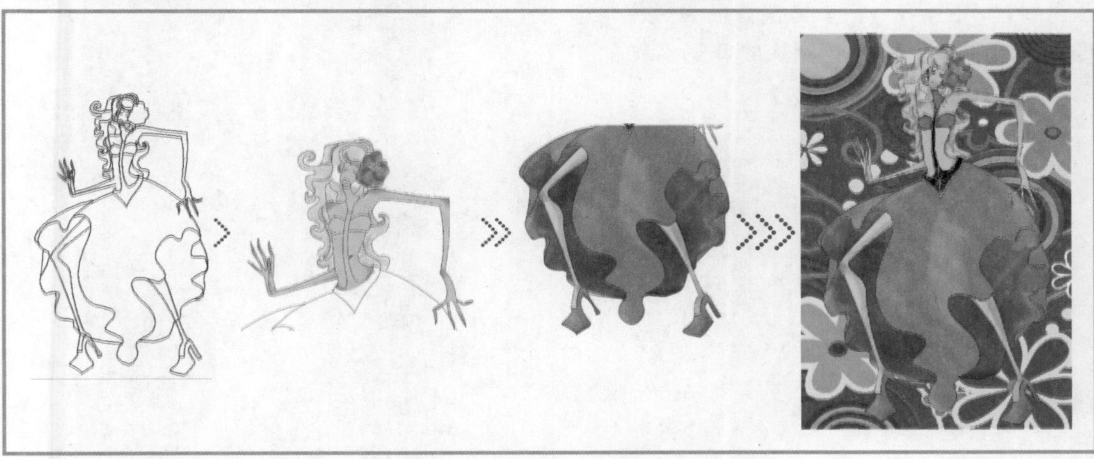

01 按快捷键Ctrl+N新建文件，弹出对话框并设置参数，如图11-259所示。新建“图层1”，选择“钢笔工具”绘制路径，效果如图11-260所示。

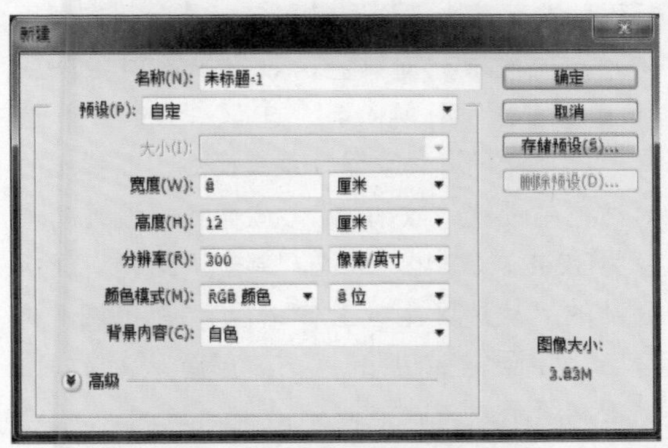

图11-259

02 新建图层组“组1”，新建“图层2”。设置前景色为黑色，选择“画笔工具”，设置画笔类型为硬边机械3像素，将路径转换为选区，单击“路径”面板底部的“用画笔描边路径”按钮，效果如图11-261所示。新建“图层3”，设置前景色为R253、G236、B206，选择“画笔工具”，设置画笔类型为柔边机械10像素，设置“不透明度”和“流量”为60%，绘制人物的头发，效果如图11-262所示。

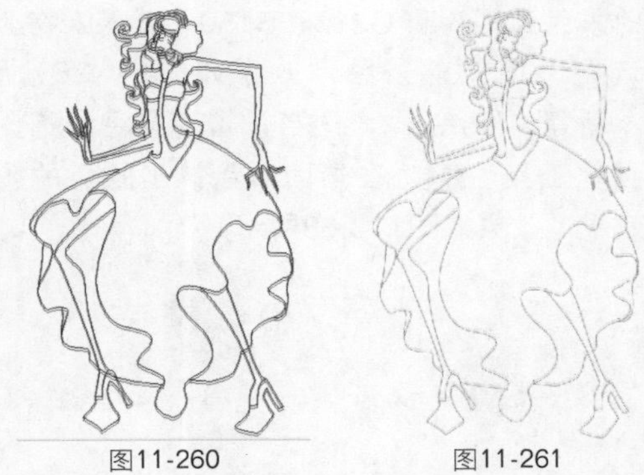

图11-260　　图11-261

03 新建“图层4”，设置前景色为R249、G189、B83。选择“画笔工具”，继续绘制人物的头发，效果如图11-263所示。新建“图层5”，设置前景色为R254、G29、B23，选择“画笔工具”，绘制人物的花形头饰，效果如图11-264所示。

图11-262　　图11-263

04 新建“图层6”，设置前景色为R175、G19、B14。选择“画笔工具”，绘制人物花形头饰的阴影效果，效果如图11-265所示。新建“图层7”，设置前景色为黄色，选择“画笔工具”，绘制人物花形头饰的花蕊，效果如图11-266所示。

图11-264　图11-265

05 新建图层组“组2”，新建“图层8”，设置前景色为R254、G233、B150，载入人物上身选区，填充前景色，效果如图11-267所示。新建“图层9”，适当设置前景色，选择“画笔工具”，在画面中涂抹出肤色的阴影效果，效果如图11-268所示。

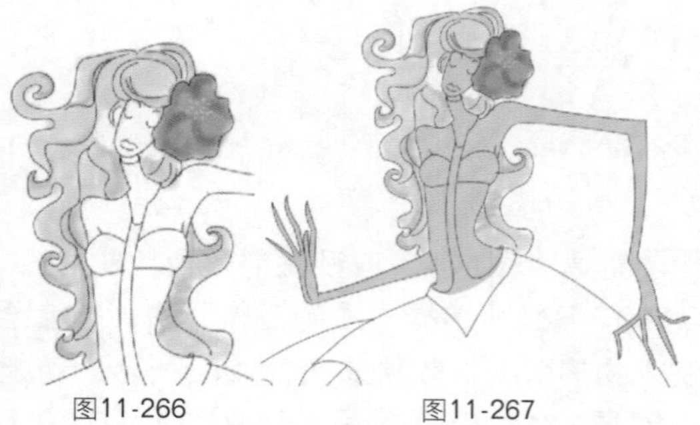
图11-266　图11-267

06 新建两个图层，选择“画笔工具”，使用同样的方法，为人物绘制耳环，效果如图11-269所示。新建“图层12”，设置前景色为R246、G18、B7，选择“画笔工具”，绘制人物局部服饰，效果如图11-270所示。选择“加深工具”，设置画笔类型为中至大头油彩笔20像素，设置“范围”为“阴影”，“曝光度”为30%；选择“减淡工具”，设置画笔类型为中至大头油彩笔40像素，设置“范围”为“中间调”，“曝光度”为50%，在画面中进行加深、减淡处理，效果如图11-271所示。

图11-268　图11-269
图11-270　图11-271

07 新建“图层13”，选择“画笔工具”，在画面中绘制人物服饰的细节，效果如图11-272所示。新建“图层14”，选择“钢笔工具”绘制路径，按快捷键Ctrl+Enter，将路径作为选区载入。设置前景色为黑色，在画面中相应位置填充前景色，效果如图11-273所示。载入“图层14”选区，选择“选择”|“修改”|“收缩”菜单命令，在弹出的对话框中设置“收缩值”为2像素，设置前景色为R248、G240、B12，单击“路径”面板底部的“从选区生成工作路径”按钮，再单击“用画笔描边路径”按钮，效果如图11-274所示。

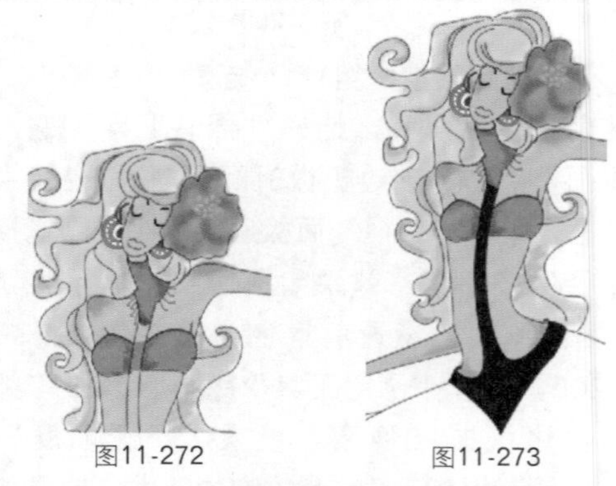
图11-272　图11-273

08 选择“钢笔工具”绘制路径，单击“路径”面板底部的“用画笔描边路径”按钮，效果如图11-275所示。新建图层组“组3”，新建“图层15”，设置前景色为R255、G28、B21，载入人物裙子的选区，填充前景色，效果如图11-276所示。

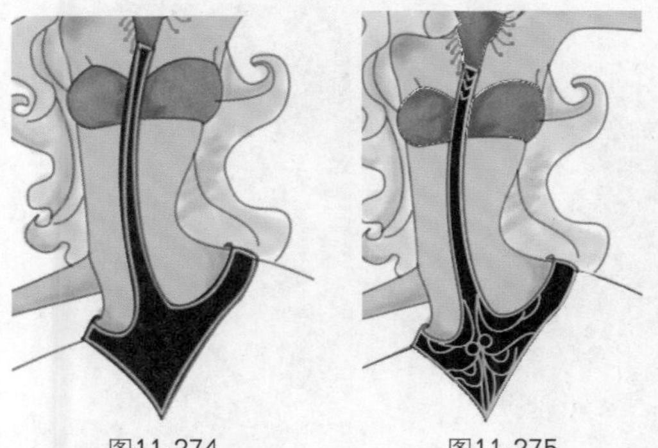

图11-274　　图11-275

09 选择“减淡工具”，设置画笔类型为中至大头油彩笔50像素，设置“范围”为“阴影”，“曝光度”为50%，在画面中进行减淡修饰，效果如图11-277所示。新建“图层16”，设置前景色为R191、G21、B21，载入人物裙子下摆的选区，填充前景色，效果如图11-278所示。选择“加深工具”，设置画笔类型为中至大头油彩笔100像素，设置“范围”为“中间调”，“曝光度”为30%；选择“减淡工具”，设置画笔类型为中至大头油彩笔50像素，设置“范围”为“阴影”，“曝光度”为50%。在画面中进行加深、减淡修饰，效果如图11-279所示。

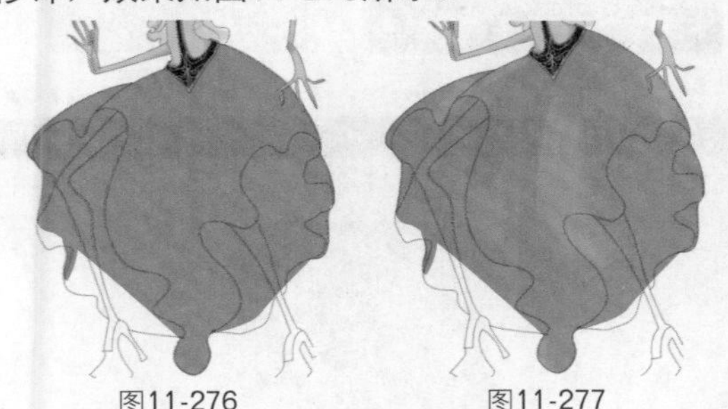

图11-276　　图11-277

10 新建“图层17”、“图层18”，选择“画笔工具”，按照前面的方法，绘制人物的腿部，效果如图11-280所示。新建“图层19”，设置前景色为R255、G28、B21，载入人物鞋子的选区，填充前景色。选择“减淡工具”，在画面中进行减淡修饰，效果如图11-281所示。打开随书光盘中的文件“素材”\“第11章”\“11.5.jpg”，将素材拖入文件中，最终效果如图11-282所示。

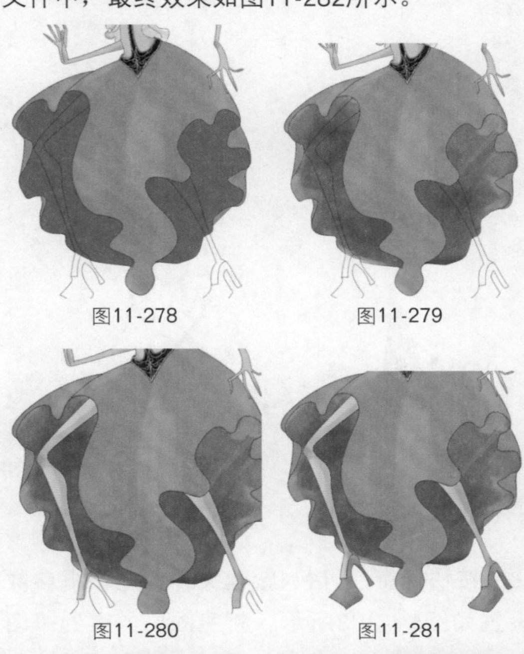

图11-278　　图11-279

图11-280　　图11-281

图11-282

Works 11.6 歌手舞台服装

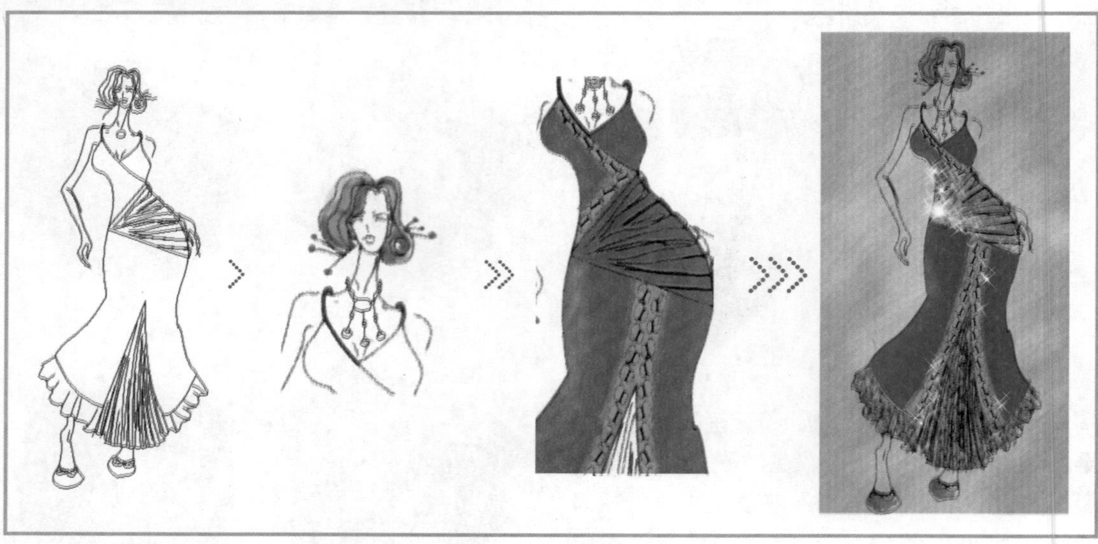

01 按快捷键Ctrl+N新建文件，对话框参数设置如图11-283所示。新建图层，得到“图层1”，设置前景色，如图11-284所示，填充效果如图11-285所示。选择“画笔工具”，参数设置如图11-286所示，在画面中进行绘制，效果如图11-287所示。单击“图层”面板底部的“添加图层样式”按钮，在弹出的菜单中选择“图案叠加”命令，对话框参数设置如图11-288所示，应用后的效果如图11-289所示。

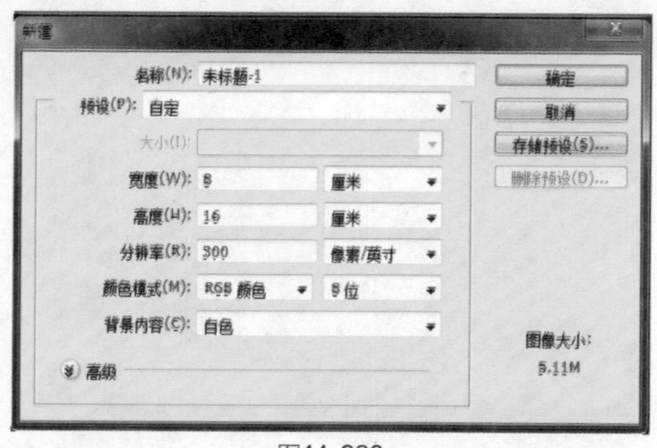

图11-283

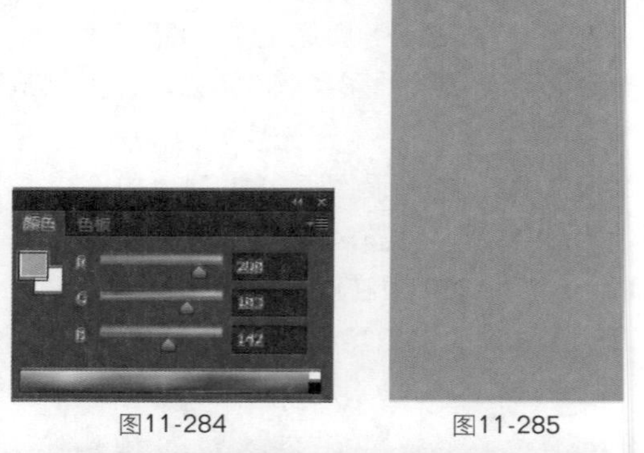

图11-284　图11-285

图11-286

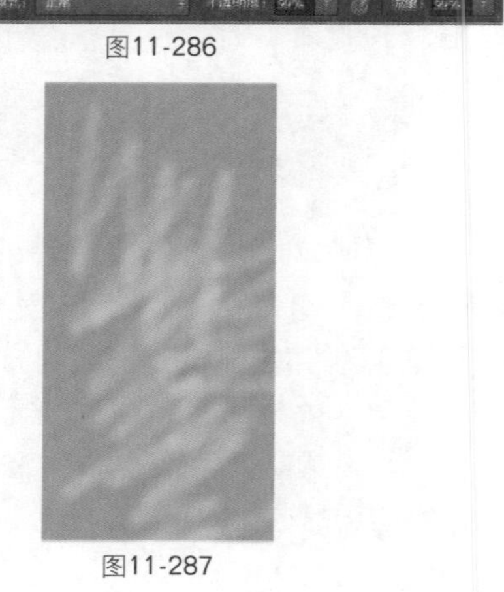

图11-287

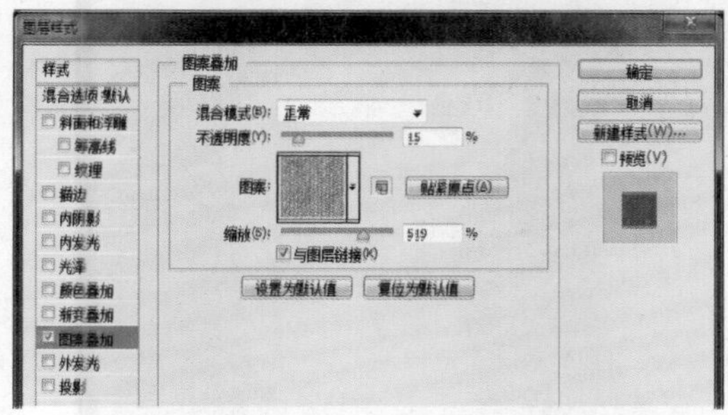

图11-288

图11-289

02 新建图层，得到“图层2”。选择“钢笔工具”绘制路径，效果如图11-290所示，选择“画笔工具”，为路径进行描边，效果如图11-291所示。

图11-290　　图11-291

03 新建图层，得到“图层3”。选择“画笔工具”，参数设置如图11-292所示，设置前景色如图11-293所示，在画面中进行涂抹。选择“减淡工具”，参数设置如图11-294所示，修饰效果如图11-295所示。

图11-292

图11-293

图11-294

04 新建图层，得到“图层4”，选择“钢笔工具”绘制路径，使用“画笔工具”为路径描边，效果如图11-296所示，设置前景色如图11-297所示，填充颜色如图11-298所示。

图11-295

图11-296

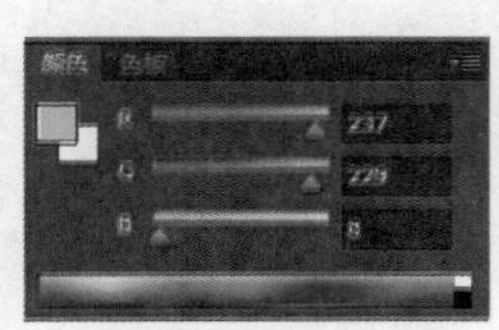

图11-297

图11-298

05 新建图层，得到“图层5”。设置前景色，如图11-299所示，填充颜色的效果如图11-300所示。选择“减淡工具”、“加深工具”，参数设置如图11-301～图11-303所示，在画面中进行加深、减淡处理，效果如图11-304所示。

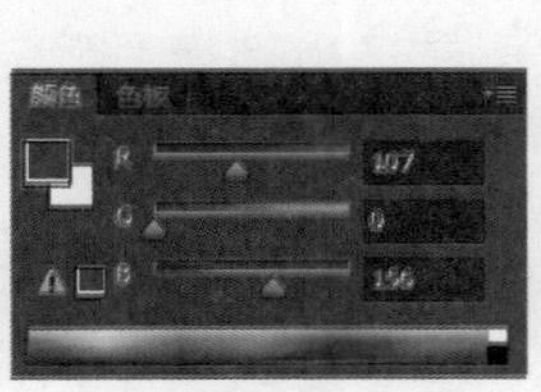

图11-299

图11-300

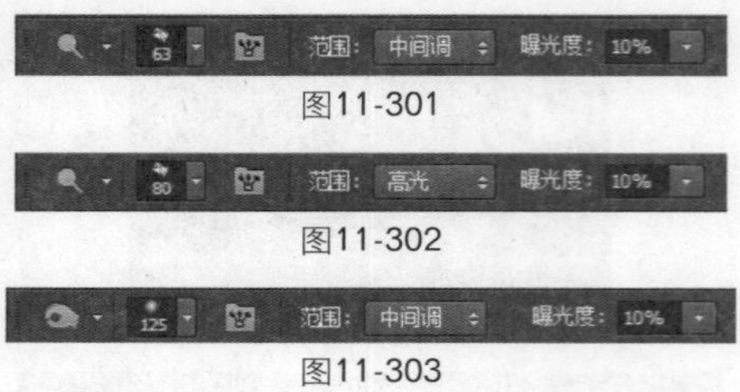

图11-301

图11-302

图11-303

06 新建图层，得到“图层6”。设置前景色为蓝色，如图11-305所示，选择“画笔工具”，在画面中进行绘制，效果如图11-306所示。新建图层，得到“图层7”。设置前景色，如图11-307所示，绘制效果如图11-308所示。

图11-304

图11-305

图11-306

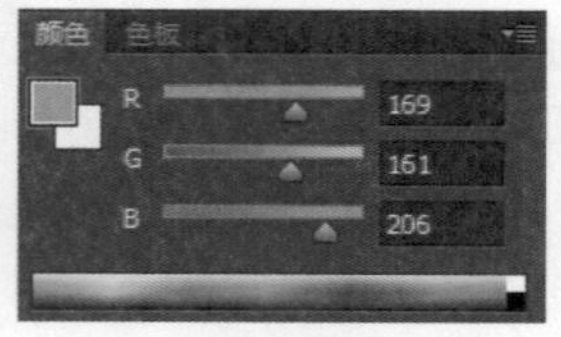

图11-307

07 新建图层，得到“图层8”。选择“椭圆工具”，在画面中绘制路径，效果如图11-309所示，选择“画笔工具”，参数设置如图11-310所示，绘制效果如图11-311所示。

图11-308　　图11-309

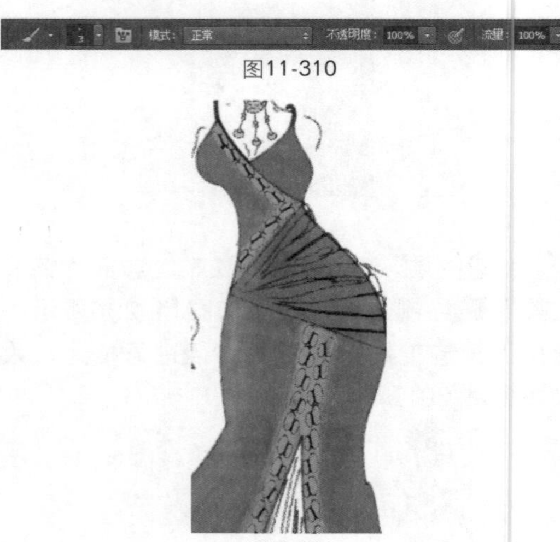

图11-310

图11-311

08 新建图层，图层名称为“图层9”。选择“画笔工具”，参数设置如图11-312所示。设置前景色，如图11-313所示，绘制效果如图11-314所示。单击“图层”面板底部的“添加图层样式”按钮，在弹出的菜单中选择“图案叠加”命令，对话框参数设置如图11-315所示，应用后的效果如图11-316所示。

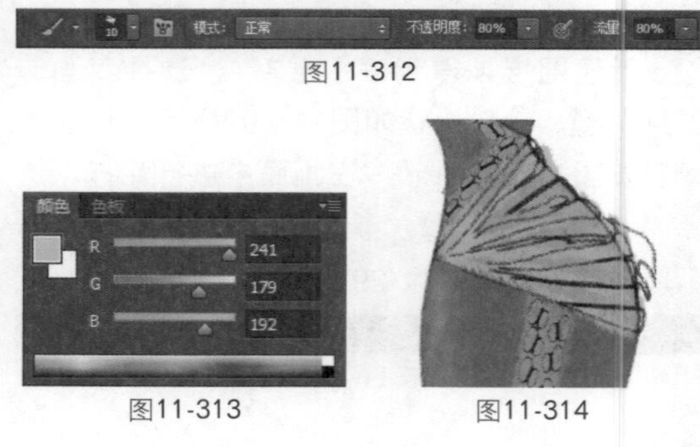

图11-312

图11-313　　图11-314

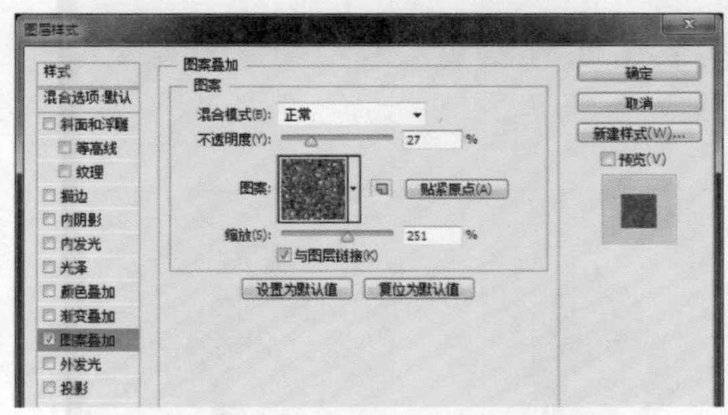

图11-315

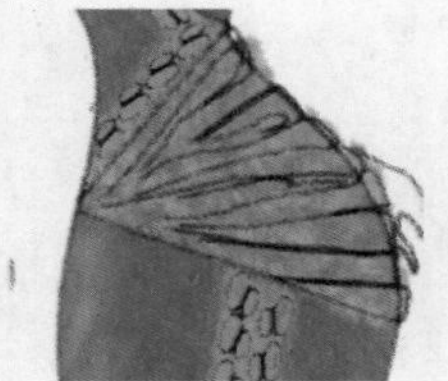

图11-316

09 新建图层，图层名称为“图层10”。设置前景色，如图11-317所示。选择“减淡工具”，对人物裙子进行处理，效果如图11-318所示。单击“图层”面板底部的“添加图层样式”按钮，在弹出的菜单中选择“图案叠加”命令，对话框参数设置如图11-319所示，应用后的效果如图11-320所示。

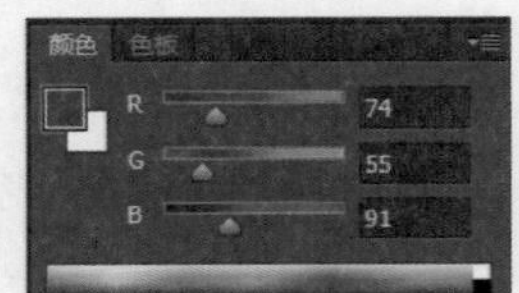

图11-317

图11-318

10 新建图层，得到“图层11”。选择“画笔工具”在画面中绘制，效果如图11-321所示，最终效果如图11-322所示。

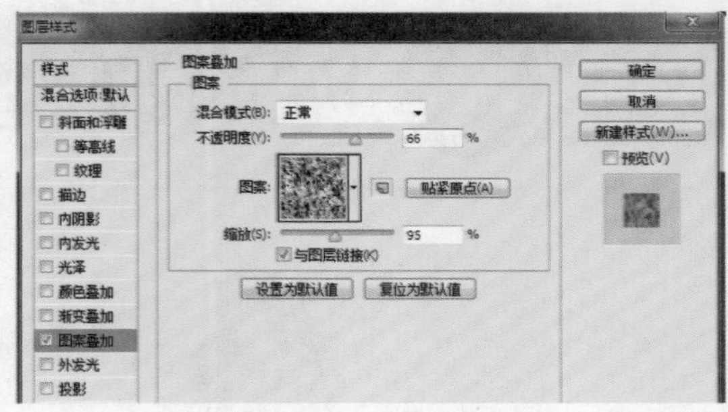

图11-319

图11-320

图11-321

图11-322

Works 11.7 时尚舞台服装

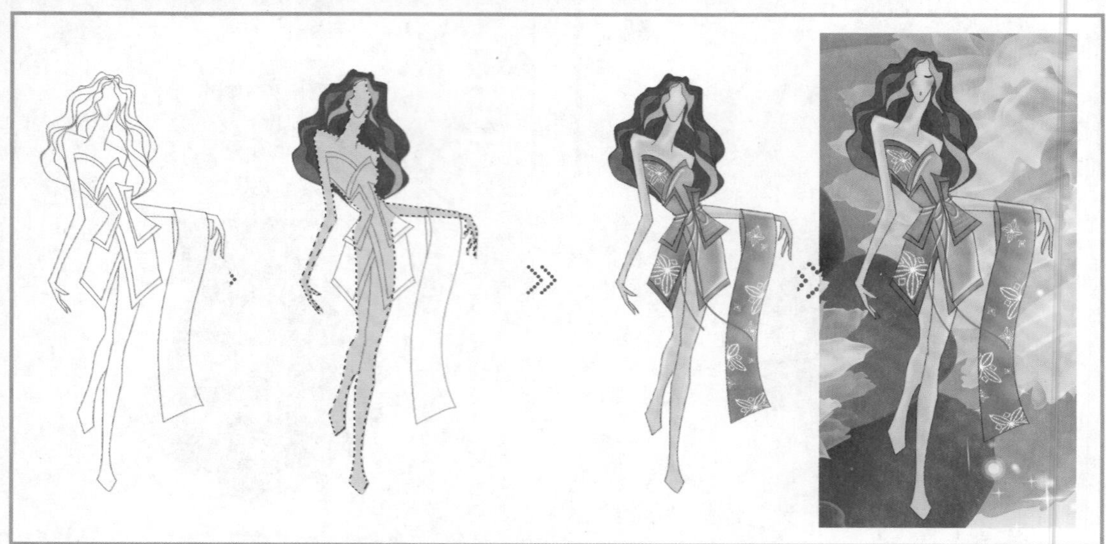

01 按快捷键Ctrl+N新建文件，弹出“新建”对话框并设置参数，如图11-323所示。选择“钢笔工具”，参数设置如图11-324所示。

新建
名称(N): 未标题-1
预设(P): 自定
大小(I):
宽度(W): 5 厘米
高度(H): 10 厘米
分辨率(R): 300 像素/英寸
颜色模式(M): RGB 颜色 8位
背景内容(C): 白色
高级
确定
取消
存储预设(S)...
删除预设(D)...
图像大小:
2.00M

图11-323

路径 建立: 选区... 蒙版 形状 自动添加/删除

图11-324

02 单击“图层”面板底部的“创建新组”按钮，新建图层组，得到“组1”。在“组1”中新建图层，得到“图层1”。选择“钢笔工具”绘制人物轮廓的路径，效果如图11-325～图11-332所示。

图11-325 图11-326

图11-327 图11-328

图11-329 图11-330

图11-331　　图11-332

03 选择“画笔工具”，导入“书法画笔”，对话框如图11-333所示。选择一种笔刷效果，如图11-334所示。

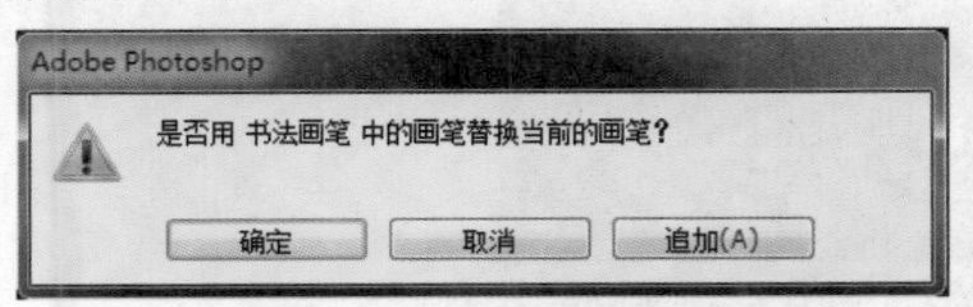

图11-333

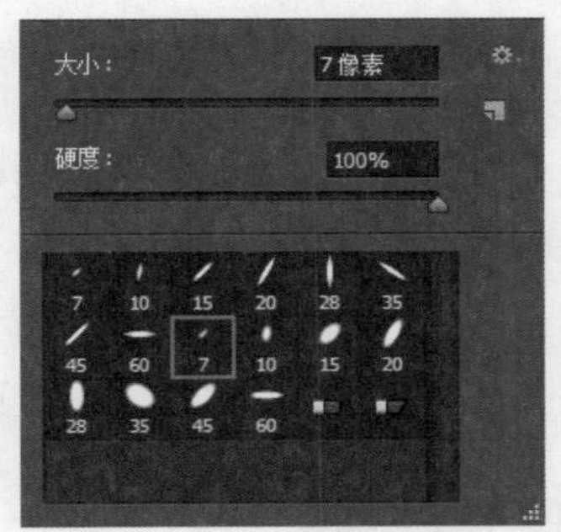

图11-334

04 “画笔工具”其他参数设置如图11-335所示。设置前景色为黑色，如图11-336所示，执行“用画笔描边路径”操作，效果如图11-337所示。

图11-335

05 单击“图层”面板底部的“创建新图层”按钮，新建图层，得到“图层2”。设置前景色，如图11-338所示，为人物的头发填充颜色，效果如图11-339所示。设置前景色，如图11-340所示，继续为人物的头发填充颜色，效果如图11-341所示。

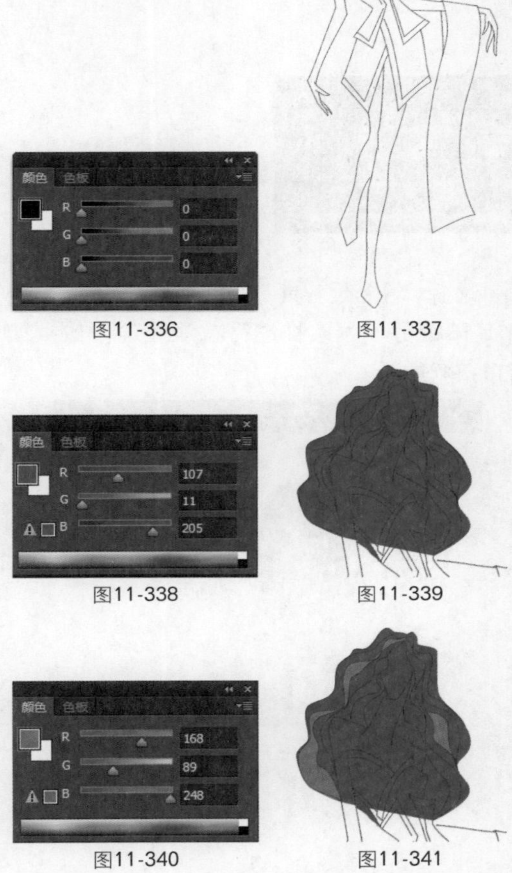

图11-336　　图11-337

图11-338　　图11-339

图11-340　　图11-341

06 设置前景色，如图11-342所示，继续为人物的头发填充颜色，效果如图11-343所示。单击“图层”面板底部的“创建新图层”按钮，新建图层，得到“图层3”。设置前景色，如图11-344所示，为人物的皮肤填充颜色，效果如图11-345所示。

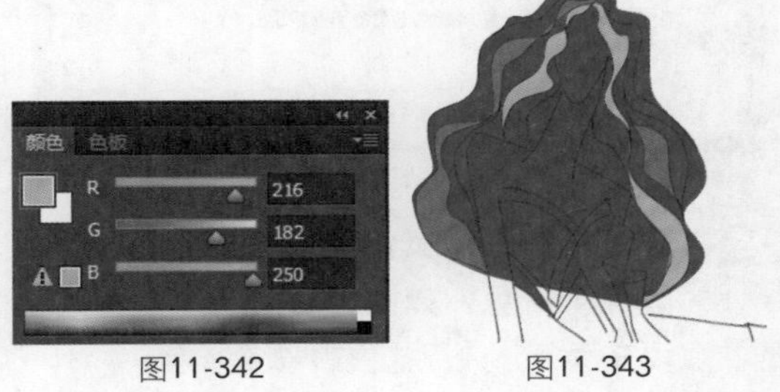

图11-342　　图11-343

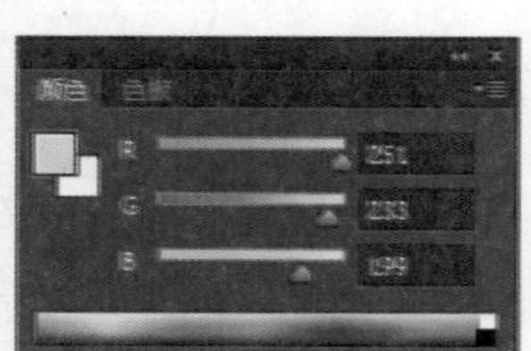

图11-344

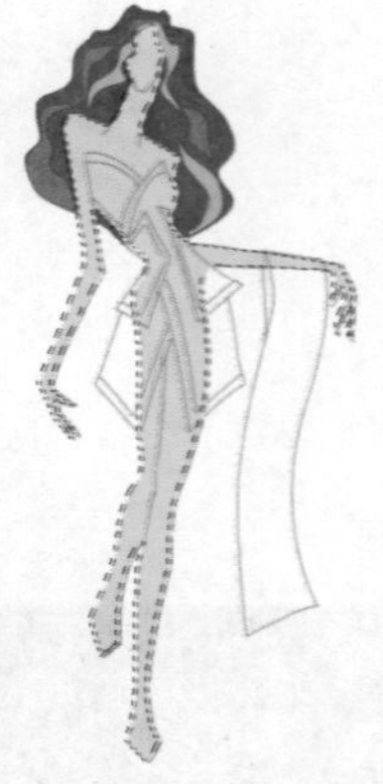

图11-345

07 选择“减淡工具”，参数设置如图11-346所示，为人物进行减淡处理，效果如图11-347所示。

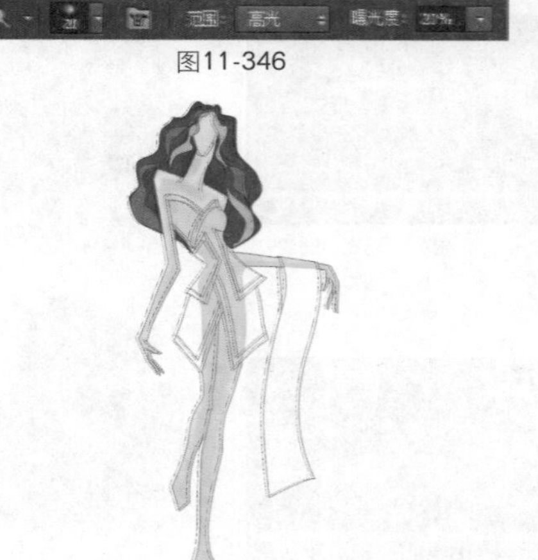

图11-346

图11-347

08 单击“图层”面板底部的“创建新图层”按钮，新建图层，得到“图层4”。选择“画笔工具”，导入“湿介质画笔”，对话框如图11-348所示。选择一种笔刷效果，如图11-349所示。

图11-348

09 “画笔工具”其他参数设置如图11-350所示。设置前景色，如图11-351所示，为人物的衣服填充颜色，效果如图11-352所示。

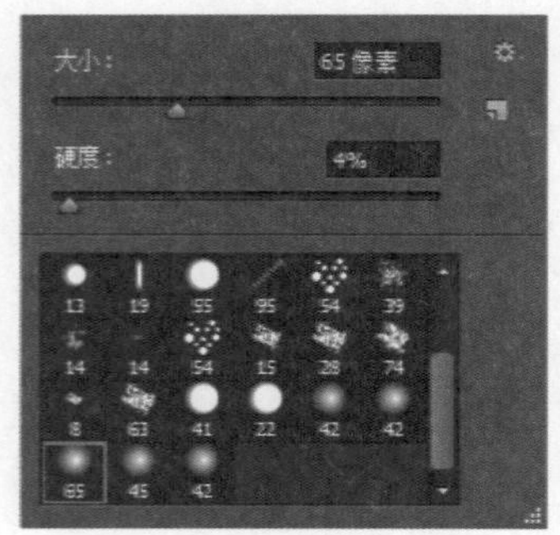

图11-349

图11-350

图11-351

图11-352

10 设置前景色，如图11-353所示，继续为人物的衣服填充颜色，效果如图11-354所示。设置前景色，如图11-355所示，修饰人物衣服颜色的细节，效果如图11-356所示。

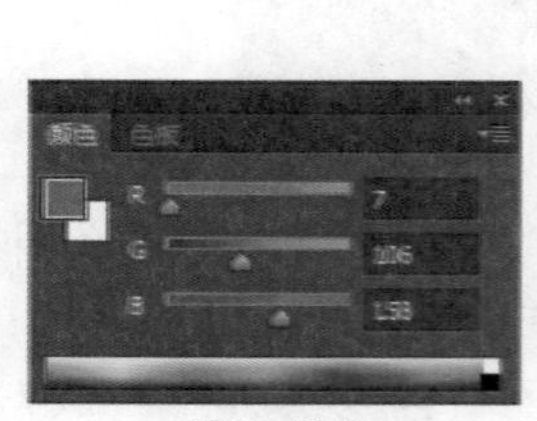

图11-353

图11-354

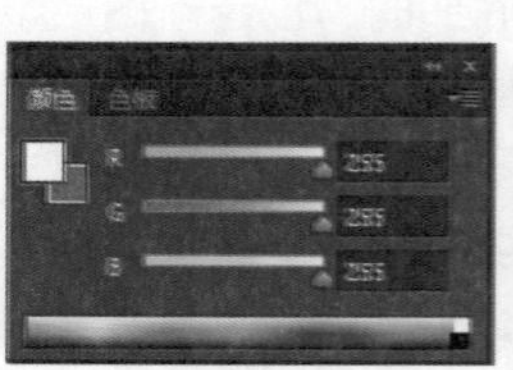

图11-355

图11-356

11 选择“橡皮擦工具”，参数设置如图11-357所示，将人物裙子上多余的颜色擦除，效果如图11-358所示。单击“图层”面板底部的“创建新图层”按钮，新建图层，得到“图层5”。按照前面的步骤，为衣服的另一侧填充颜色，效果如图11-359所示。

图11-357

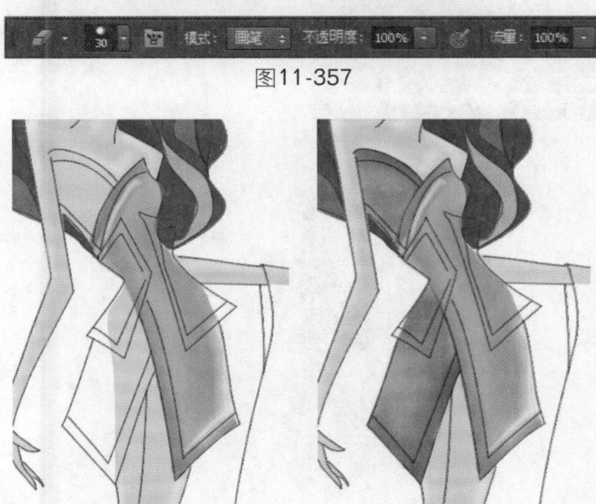

图11-358　　图11-359

12 单击“图层”面板底部的“创建新图层”按钮，新建图层，得到“图层6”。选择“自定形状工具”，参数设置如图11-360所示。设置前景色为白色，如图11-361所示。为人物的衣服添加图案，效果如图11-362所示。

图11-360

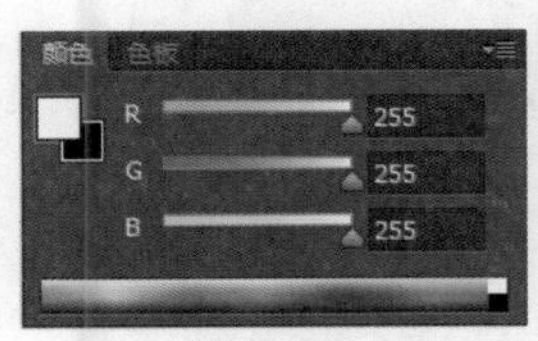

图11-361

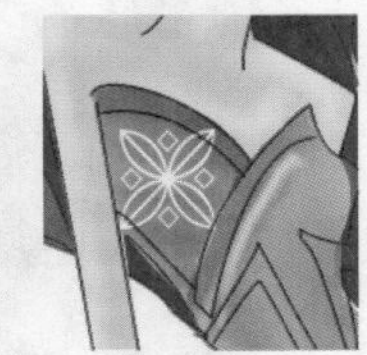

图11-362

13 选择“图层6”，选择“编辑”|“变换路径”|“变形”命令，对前面绘制的图案稍微进行变形，效果如图11-363、图11-364所示。选择“图层6”，将图层的混合模式设置为“溶解”，效果如图11-365所示。复制图案，将复制的图案移动到人物裙子的下面位置并调整其大小，效果如图11-366所示。

图11-363

图11-364

图11-365

14 单击“图层”面板底部的“创建新图层”按钮，得到“图层7”。选择“画笔工具”，为人物手臂上的装饰物填充颜色（注意颜色的深浅）并擦除多余的部分，效果如图11-367所示。复制“图层6”中的图案，将其粘贴到“图层7”中，重复复制多个图案，并将复制后的图案摆放到合适的位置，删除图案多余的部分，效果如图11-368所示。单击“图层”面板底部的“创建新图层”按钮，得到“图层8”，参照图11-369所示，为人物服饰的相应位置填充颜色。

图11-366

图11-367

图11-368

图11-369

15 单击“图层”面板底部的“创建新图层”按钮，新建图层，得到“图层9”。选择“钢笔工具”，参数设置如图11-370所示，绘制路径效果如图11-371所示。

图11-370

图11-371

16 选择“画笔工具”，参数设置如图11-372所示。设置前景色，如图11-373所示。单击“路径”面板底部的“用画笔描边路径”按钮，效果如图11-374所示，整体效果如图11-375所示。打开随书光盘中的文件“素材”\“第11章”\“11.7.tif”，使用“移动工具”将素材拖入文件中，最终效果如图11-376所示。

图11-372

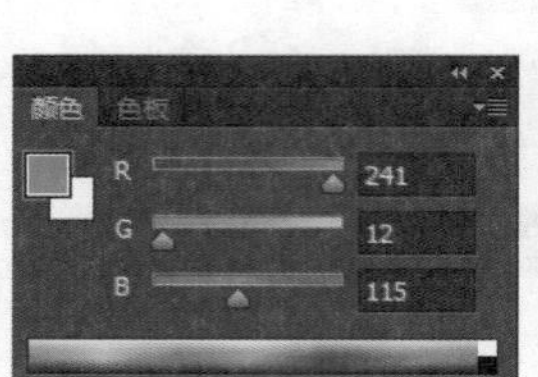

图11-373

图11-374

图11-375

图11-376

Works 11.8 古典舞台服装

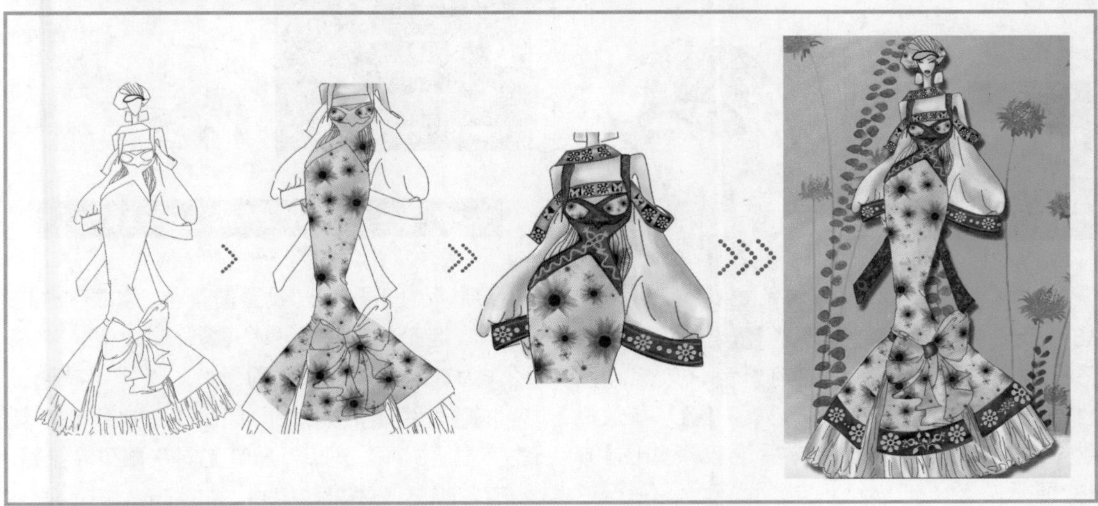

01 按快捷键Ctrl+N新建文件，弹出“新建”对话框并设置参数，如图11-377所示。选择“钢笔工具”绘制路径，参数设置如图11-378所示，绘制路径效果如图11-379所示。

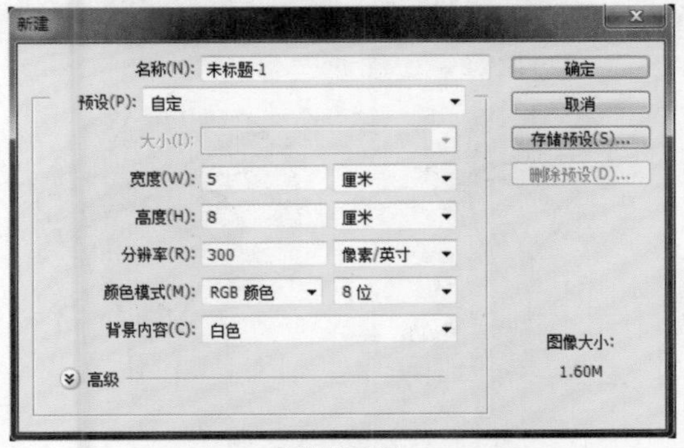

图11-377

图11-378

02 新建“图层1”，选择“画笔工具”，参数设置如图11-380所示，单击“路径”面板底部的“用画笔描边路径”按钮，效果如图11-381所示。

图11-379

图11-380

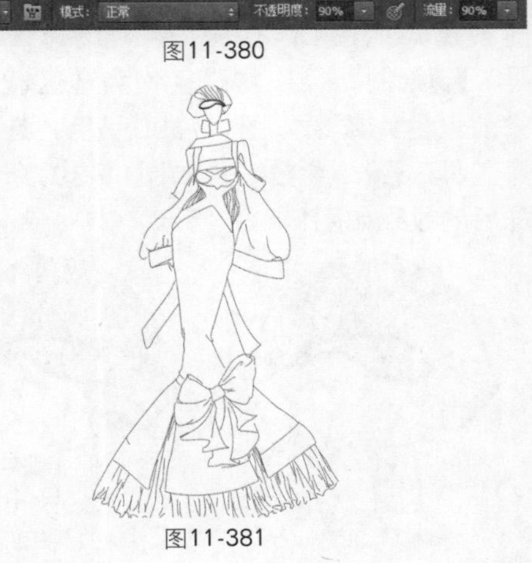

图11-381

03 新建“图层2”，设置前景色，如图11-382所示。选择“钢笔工具”绘制路径，将路径作为选区载入，填充前景色，效果如图11-383所示。

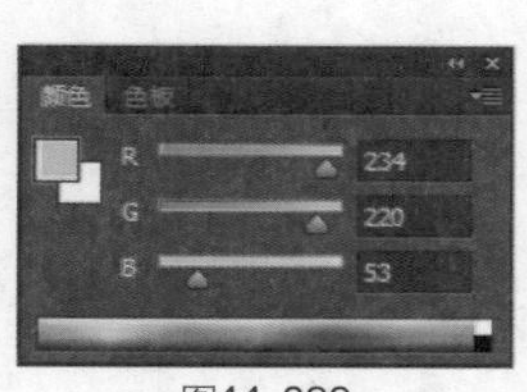

图11-382

图11-383

04 新建“图层3”，设置前景色，如图11-384所示。选择“钢笔工具”绘制路径，将路径作为选区载入，填充前景色，效果如图11-385所示。选择“加深工具”，参数设置如图11-386所示，涂抹后的效果如图11-387所示。

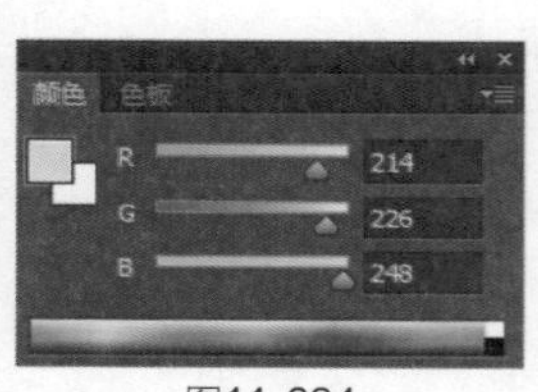

图11-384

图11-385

范围：阴影 曝光度：10%

图11-386

05 导入随书光盘“素材”\“第11章”\“11.8-1.tif”文件，将其放在适当的位置，设置其所在图层的混合模式为“变暗”，效果如图11-388所示。新建“图层4”，设置前景色，如图11-389所示。选择“钢笔工具”绘制路径，将路径作为选区载入，填充前景色，效果如图11-390所示。选择“加深工具”，参数设置如图11-391所示，涂抹后的效果如图11-392所示。

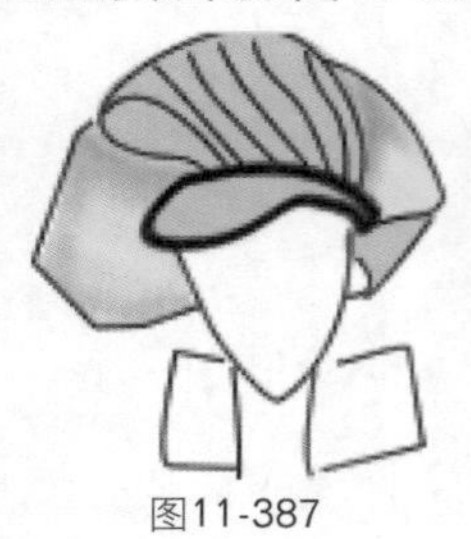
图11-387

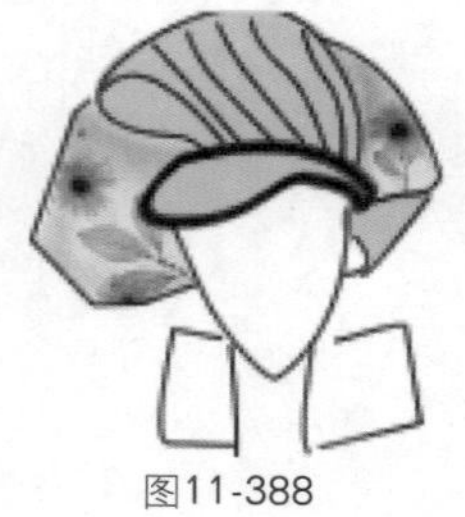
图11-388

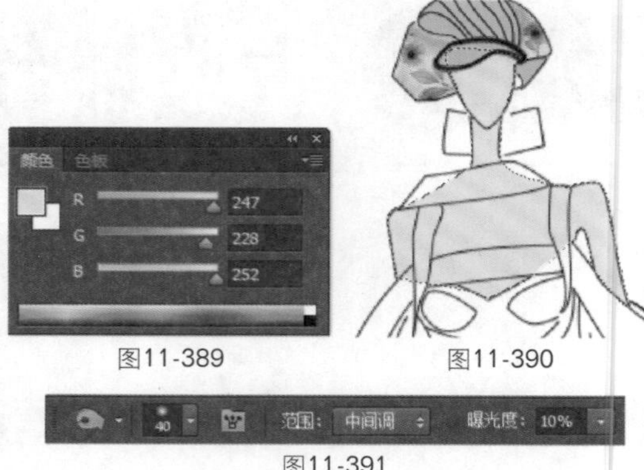

图11-389 图11-390

图11-391

06 新建“图层5”，设置前景色，如图11-393所示。选择“钢笔工具”绘制路径，将路径作为选区载入，填充前景色。选择“减淡工具”，涂抹后的效果如图11-394所示。新建“图层6”，选择“画笔工具”，绘制人物面部细节，效果如图11-395所示。

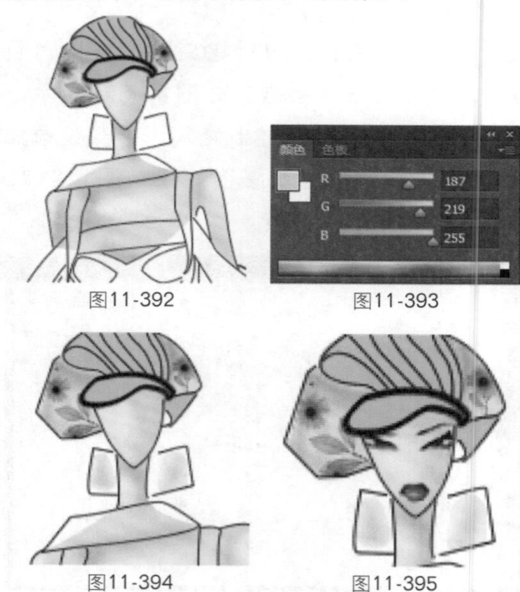

图11-392 图11-393

图11-394 图11-395

07 新建“图层7”，设置前景色，如图11-396所示。选择“钢笔工具”绘制路径，将路径作为选区载入，填充前景色，效果如图11-397所示。选择“加深工具”，参数设置如图11-398所示，涂抹后的效果如图11-399所示。

08 导入随书光盘中的文件“素材”\“第11章”\“11.8.2.jpg”，将其摆放在适当的位置，将素材图像所在图层的混合模式设置为“变暗”，效果如图11-400所示。新建“图层8”，设置前景色，如图11-401所示。选择“钢笔工具”绘制路径，将路径作为选区载入，填充前景色，效果如图11-402所示。选择“减淡工具”，参数设置如图11-403所示，涂抹后的效果如图11-404所示。

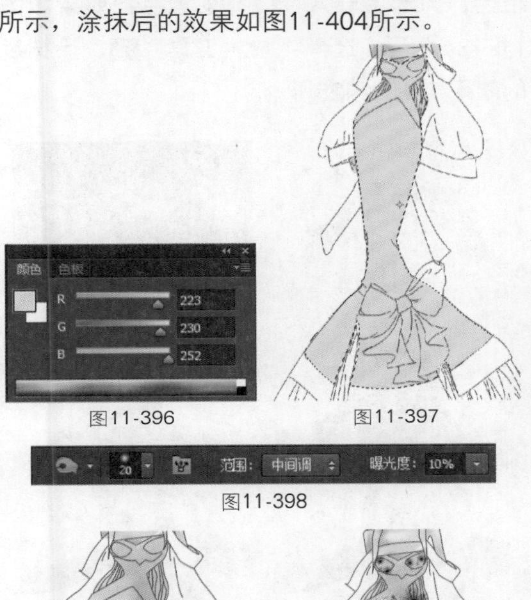

图11-396 图11-397

图11-398

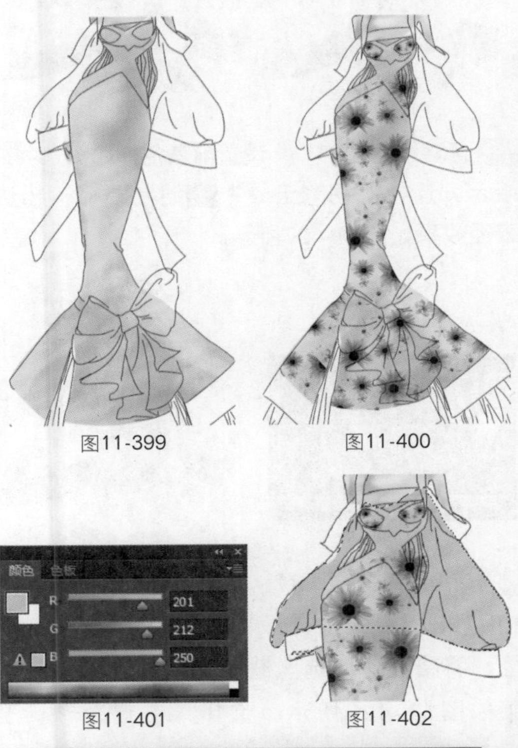

图11-399 图11-400

图11-401 图11-402

图11-403

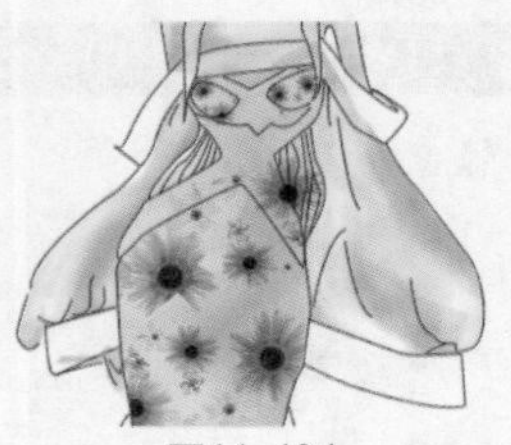

图11-404

09 新建“图层9”，设置前景色，如图11-405所示。选择“钢笔工具”绘制路径，将路径作为选区载入，填充前景色，效果如图11-406所示。选择“减淡工具”，参数设置如图11-407所示，涂抹后的效果如图11-408所示。

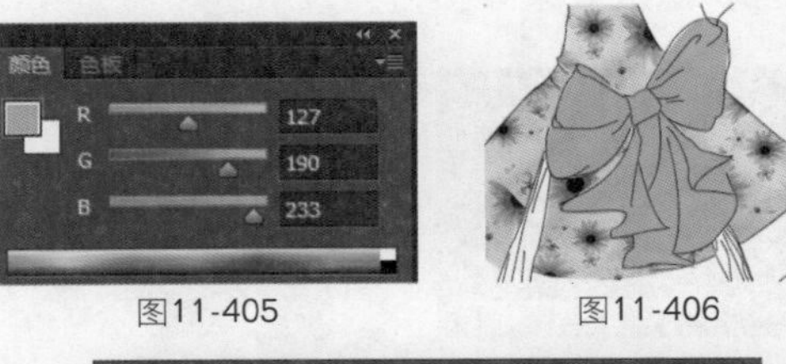

图11-405 图11-406

图11-407

10 复制素材图像并将其摆放到适当的位置，效果如图11-409所示。新建“图层10”，设置前景色，如图11-410所示。选择“钢笔工具”绘制路径，将路径作为选区载入，填充前景色，效果如图11-411所示。选择“减淡工具”，参数设置如图11-412所示，涂抹后的效果如图11-413所示。

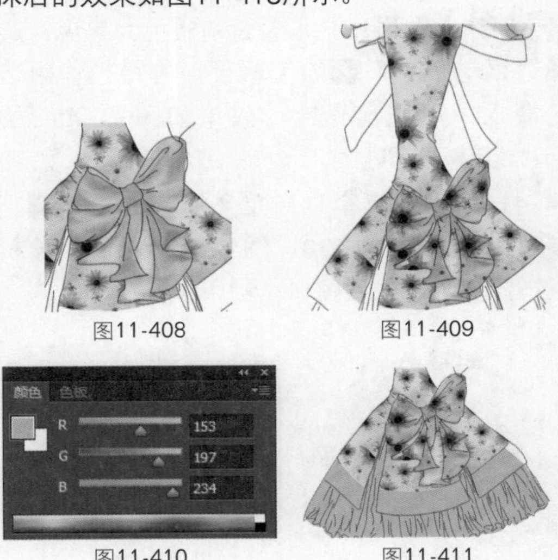

图11-408 图11-409

图11-410 图11-411

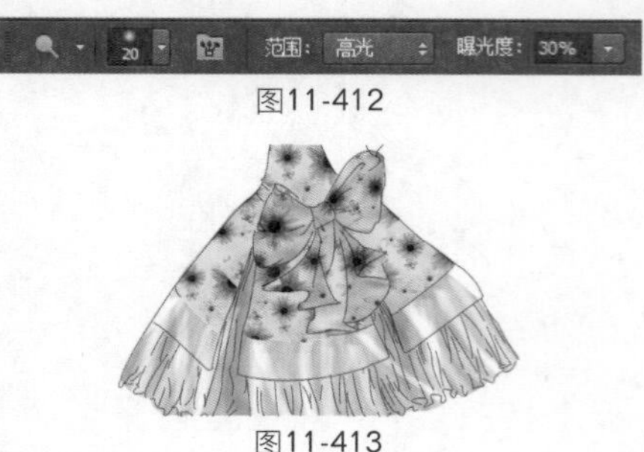

图11-412

图11-413

11 设置前景色，如图11-414所示。选择“钢笔工具” 绘制路径，将路径作为选区载入，填充前景色，效果如图11-415所示。选择“减淡工具” ，参数设置如图11-416所示，涂抹后的效果如图11-417所示。

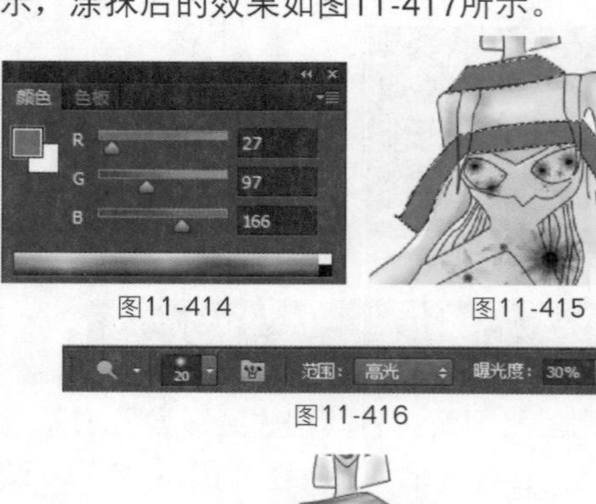

图11-414　图11-415

图11-416

图11-417

12 新建“图层13”，设置前景色为黑色。选择“钢笔工具” 绘制路径，将路径作为选区载入，填充前景色，效果如图11-418所示。新建“图层9”，设置前景色，如图11-419所示。选择“自定义形状工具” ，参数设置如图11-420、图11-421所示，绘制服饰图案，效果如图11-422所示。

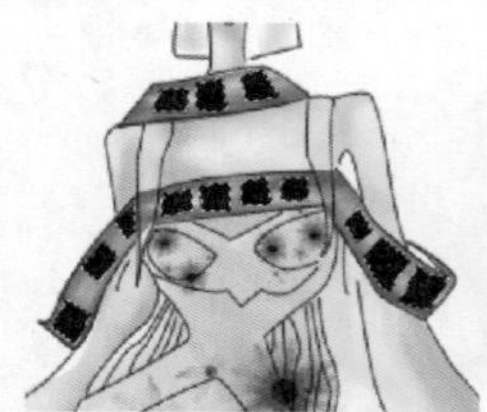
图11-418

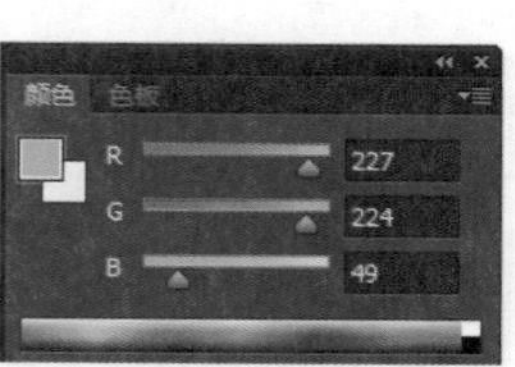

图11-419

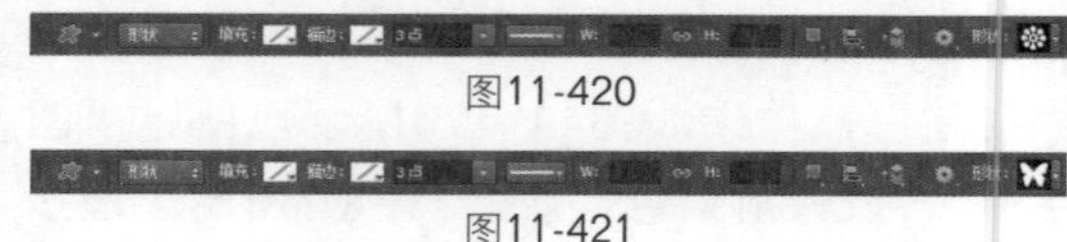
图11-420

图11-421

13 新建“图层16”，设置前景色，如图11-423所示。选择“钢笔工具” 绘制路径，将路径作为选区载入，填充前景色，效果如图11-424所示。选择“减淡工具” ，涂抹后的效果如图11-425所示。

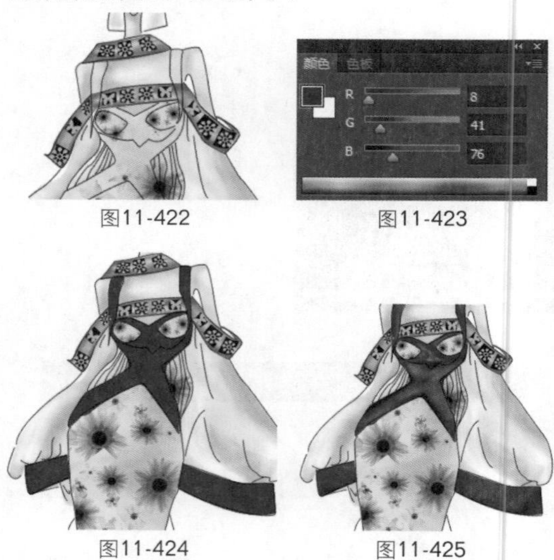

图11-422　图11-423

图11-424　图11-425

14 新建“图层17”，设置前景色，如图11-426所示。选择“钢笔工具” 绘制路径，描边路径效果如图11-427所示。

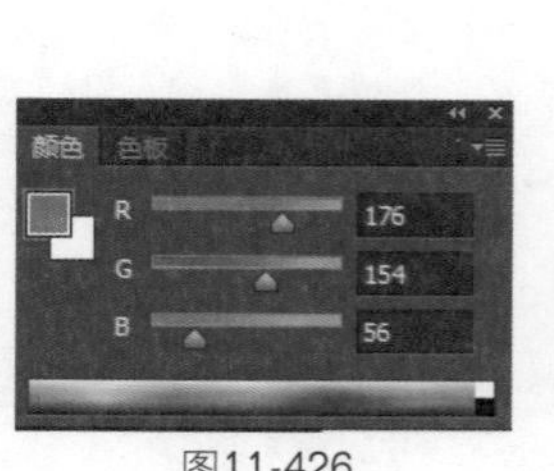

图11-426

图11-427

15 新建“图层18”，设置前景色，如图11-428所示。选择“钢笔工具” 绘制路径，将路径作为选区载入，填充前景色，效果如图11-429所示。选择“自定义形状工具” ，为人物服饰绘制图案，效果如图11-430所示。

图11-428

图11-429

16 新建“图层19”，设置前景色，如图11-431所示。选择“钢笔工具”绘制路径，将路径作为选区载入，填充前景色。选择“减淡工具”，涂抹后的效果如图11-432所示。

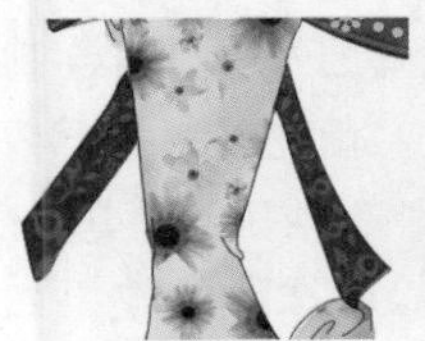

图11-430

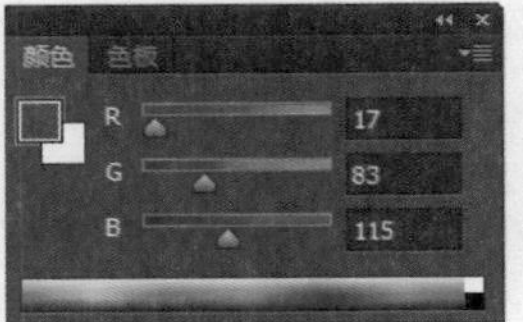

图11-431

17 新建“图层20”，选择“钢笔工具”绘制路径，将路径作为选区载入并填充前景色，选择“加深工具”进行涂抹。选择“自定义形状工具”，绘制人物服饰图案，效果如图11-433所示。导入随书光盘中的文件“素材”\“第11章”\“11.8.tif”，将素材图像所在图层放在所有图层的最底层，最终效果如图11-434所示。

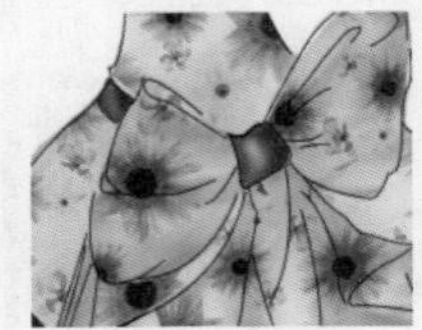

图11-432

图11-433

图11-434

Works 11.9 民族风舞台服装（一）

01 按快捷键Ctrl+N新建文件，弹出“新建”对话框并设置参数，如图11-435所示。选择“钢笔工具”绘制路径，参数设置如图11-436所示，绘制效果如图11-437所示。选择“画笔工具”，参数设置如图11-438所示。单击“路径”面板底部的“用画笔描边路径”按钮，效果如图11-439所示。

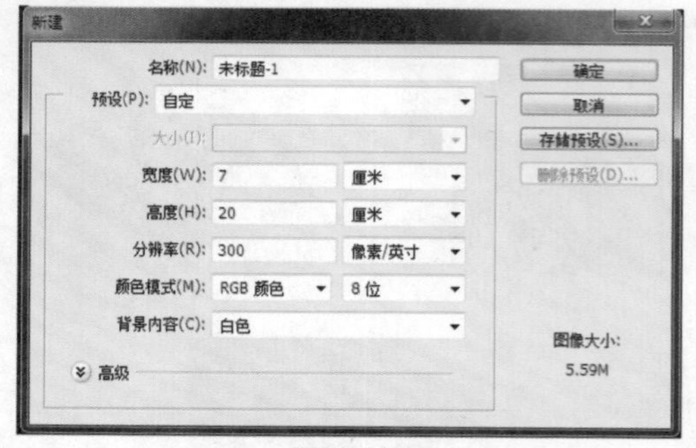

图11-435

图11-436

图11-437

图11-438

图11-439

02 新建“图层1”，设置前景色，如图11-440所示。选择“钢笔工具”绘制路径，将路径作为选区载入，填充前景色，效果如图11-441所示。

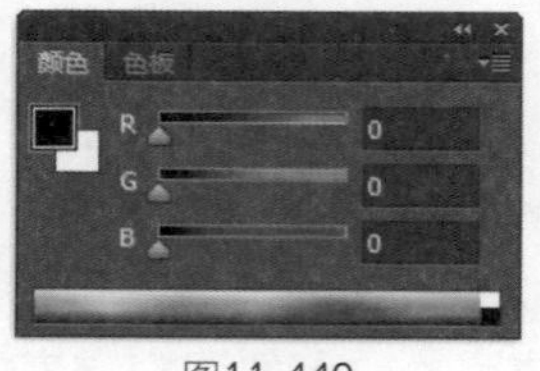

图11-440

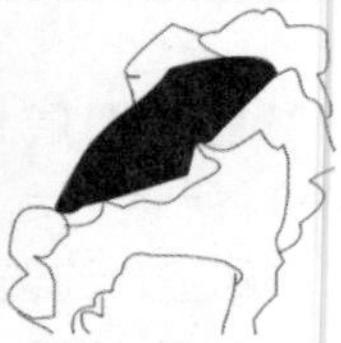

图11-441

03 新建“图层2”，设置前景色，如图11-442所示。选择“钢笔工具”绘制路径，将路径作为选区载入，填充前景色，效果如图11-443所示。选择“减淡工具”，参数设置如图11-444所示，涂抹后的效果如图11-445所示。

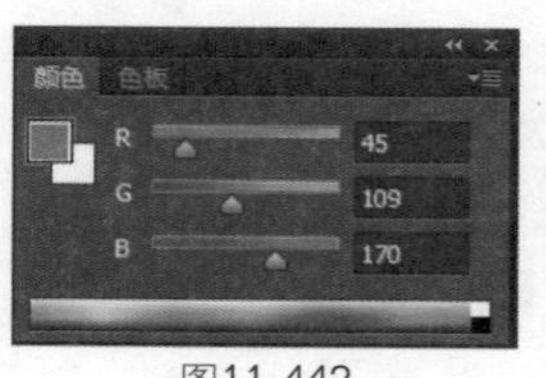

图11-442

图11-443

图11-444

04 新建“图层3”，设置前景色，如图11-446所示。选择“钢笔工具”绘制路径，将路径作为选区载入，填充前景色，效果如图11-447所示。选择“减淡工具”，涂抹后的效果如图11-448所示。

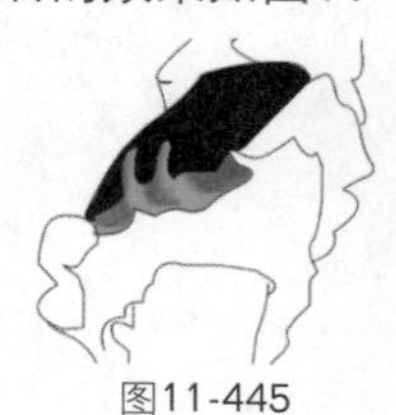

图11-445

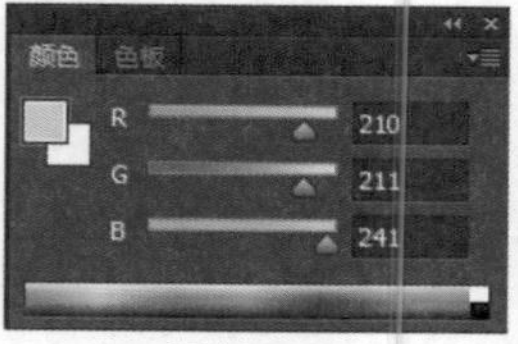

图11-446

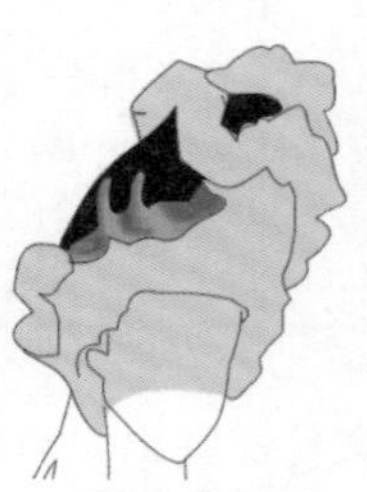

图11-447

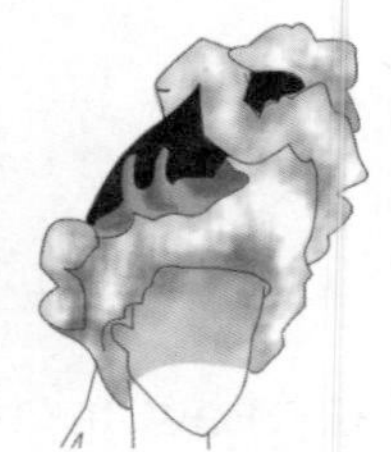

图11-448

05 新建“图层4”，设置前景色，如图11-449所示。选择“钢笔工具”绘制路径，将路径作为选区载入，填充前景色，效果如图11-450所示。选择“加深工具”，涂抹后的效果如图11-451所示。新建“图层5”，选择“画笔工具”，绘制人物面部细节，效果如图11-452所示。

图11-449　图11-450

图11-451　图11-452

06 新建“图层6”，设置前景色，如图11-453所示。选择“钢笔工具”绘制路径，将路径作为选区载入，填充前景色，效果如图11-454所示。选择“加深工具”、“减淡工具”，涂抹后的效果如图11-455所示。单击“图层”面板底部的“添加图层样式”按钮，在弹出的菜单中选择“图案叠加”命令，对话框设置如图11-456所示，应用后的效果如图11-457所示。

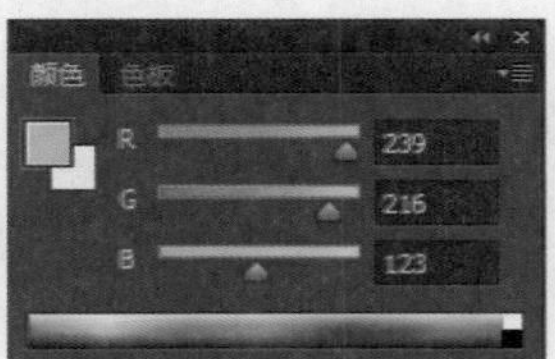

图11-453

图11-454

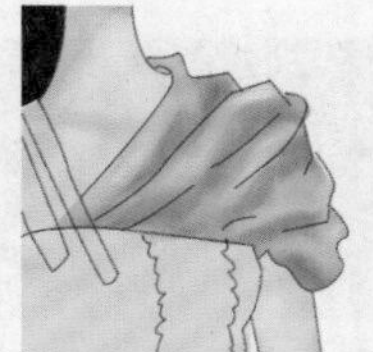

图11-455

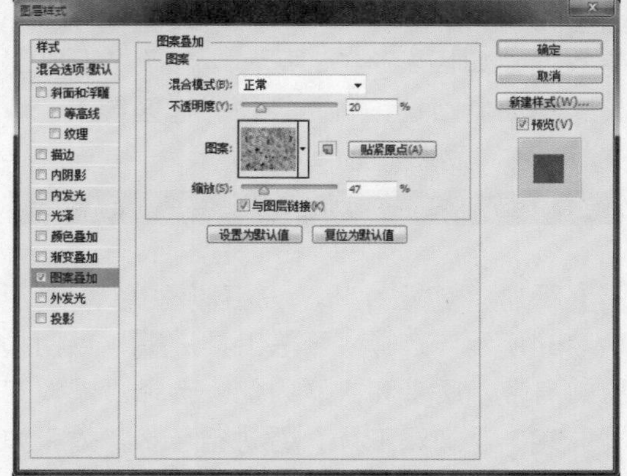

图11-456

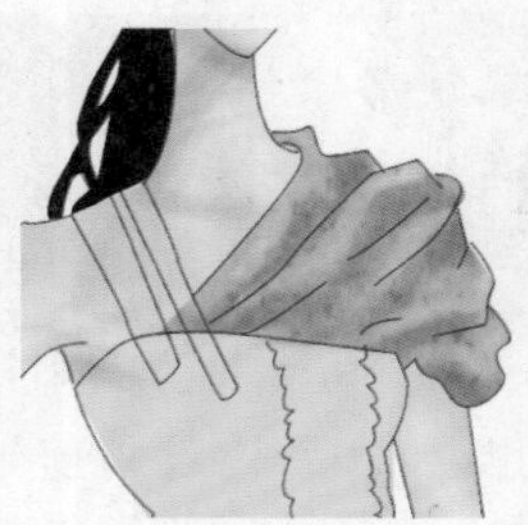

图11-457

07 新建“图层7”，设置前景色，如图11-458所示。选择“钢笔工具”绘制路径，将路径作为选区载入，填充前景色，效果如图11-459所示。新建“图层8”，设置前景色，如图11-460所示。选择“钢笔工具”绘制路径，将路径作为选区载入，填充前景色。选择“加深工具”、“减淡工具”，涂抹后的效果如图11-461所示。

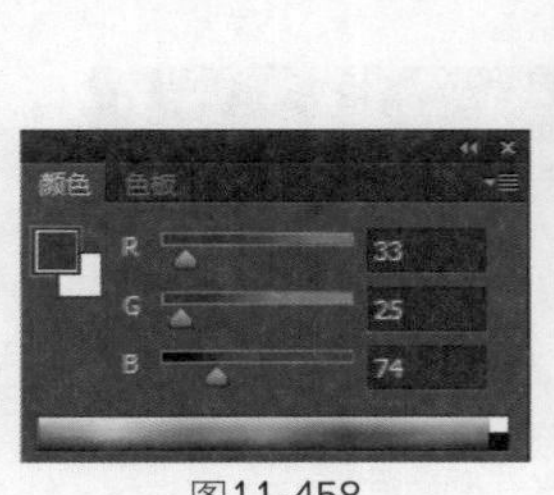

图11-458

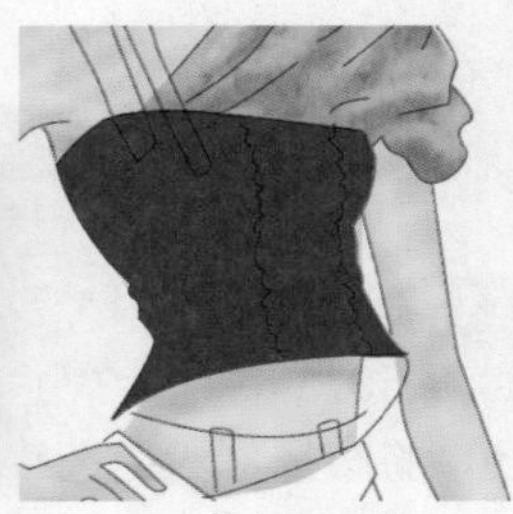

图11-459

图11-460

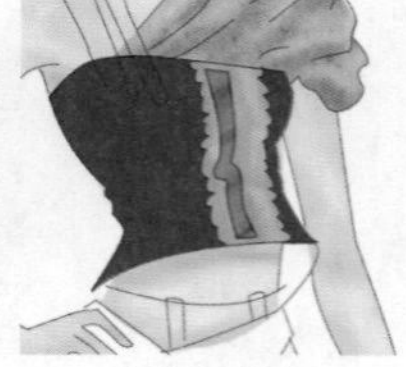
图11-461

08 新建“图层8”，选择“渐变工具”，参数设置如图11-462所示。选择“钢笔工具”绘制路径，将路径作为选区载入，填充渐变色，效果如图11-463所示。

图11-462

09 新建“图层9”，设置前景色，如图11-464所示。选择“画笔工具”，绘制人物的肩带、腰带和衣服内侧。选择“减淡工具”、“加深工具”进行修饰，效果如图11-465所示。

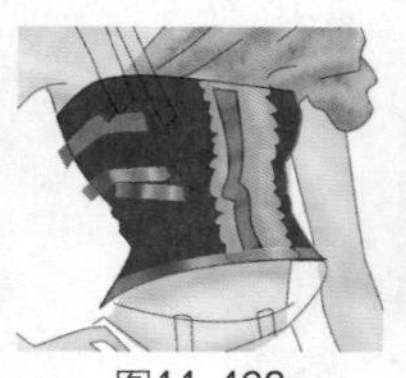
图11-463

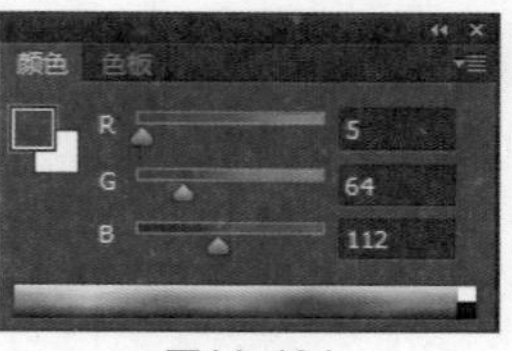

图11-464

10 新建“图层10”，设置前景色，如图11-466所示。选择“钢笔工具”绘制路径，将路径作为选区载入，填充前景色。选择“加深工具”，参数设置如图11-467所示，涂抹后的效果如图11-468所示。

图11-465

图11-466

图11-467

11 新建“图层11”，设置前景色，如图11-469所示。选择“钢笔工具”绘制路径，将路径作为选区载入，填充前景色，效果如图11-470所示。单击“图层”面板底部的“添加图层样式”按钮，在弹出的菜单中选择“图案叠加”命令，对话框设置如图11-471所示，应用后的效果如图11-472所示。

图11-468

图11-469

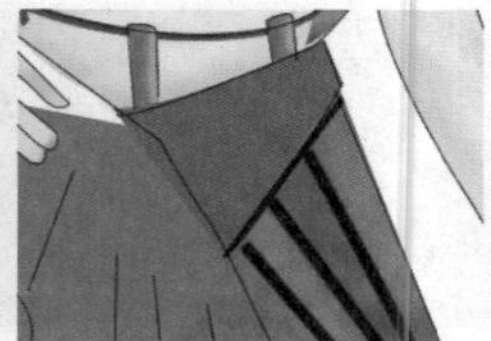
图11-470

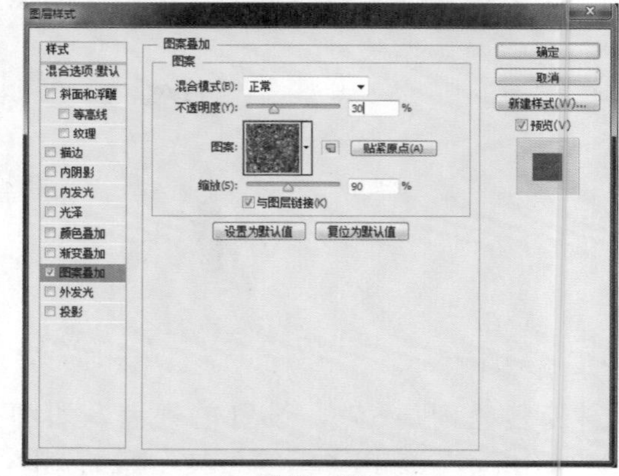

图11-471

12 新建“图层12”，设置前景色，填充效果如图11-473所示。新建“图层13”，选择“钢笔工具”绘制路径，将路径作为选区载入，继续填充颜色。选择“减淡工具”和“加深工具”，涂抹后的效果如图11-474所示。

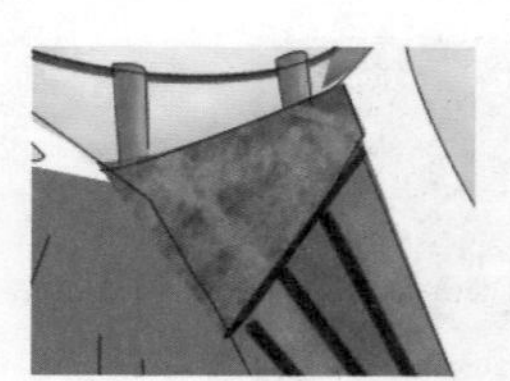
图11-472

图11-473

13 新建“图层13”，设置前景色，如图11-475所示。新建“图层14”，选择“钢笔工具”绘制路径，将路径作为选区载入，填充前景色，效果如图11-476所示。选择“减淡工具”和“加深工具”，涂抹后的效果如图11-477所示。单击“图层”面板底部的“添加图层样式”按钮，在弹出的菜单中选择“图案叠加”命令，应用后的效果如图11-478所示。

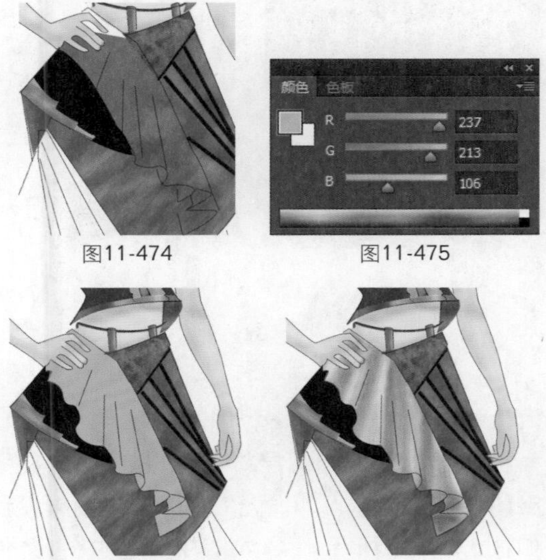

图11-474　图11-475

图11-476　图11-477

14 新建“图层13”，设置前景色，如图11-479所示，填充前景色。选择“减淡工具”和“加深工具”，涂抹后的效果如图11-480所示。新建“图层14”，选择“钢笔工具”绘制路径，将路径作为选区载入，设置并填充前景色。选择“减淡工具”和“加深工具”，涂抹后的效果如图11-481所示。

图11-478

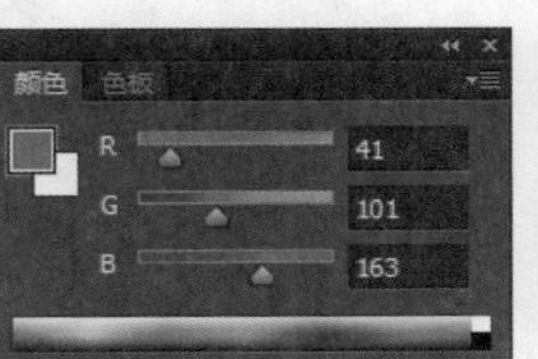

图11-479

图11-480

图11-481

15 新建“图层14”，设置并填充前景色。选择“减淡工具”和“加深工具”，涂抹后的效果如图11-482所示。导入素材图像，如图11-483所示，将其摆放在适当的位置，效果如图11-484所示。

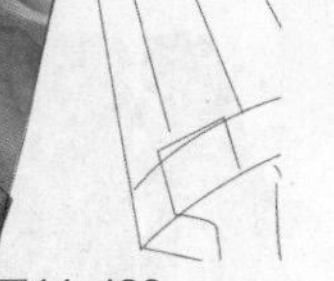

图11-482　图11-483

16 新建“图层15”，设置前景色为黑色。选择“钢笔工具”绘制路径，将路径作为选区载入，填充前景色，效果如图11-485所示。新建“图层16”，设置前景色如图11-486所示。选择“钢笔工具”绘制路径，将路径作为选区载入，填充前景色，效果如图11-487所示。

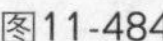

图11-484

图11-485

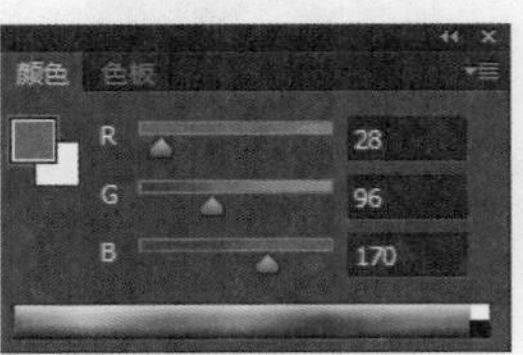

图11-486

图11-487

17 新建“图层17”，设置前景色，如图11-488所示。选择“钢笔工具”绘制路径，将路径作为选区载入，填充前景色。选择“减淡工具”和“加深工具”，涂抹后的效果如图11-489所示。新建“图层18”，设置前景色。选择“钢笔工具”绘制路径，将路径作为选区载入，填充前景色。选择“减淡工具”和“加深工具”，涂抹后的效果如图11-490所示。

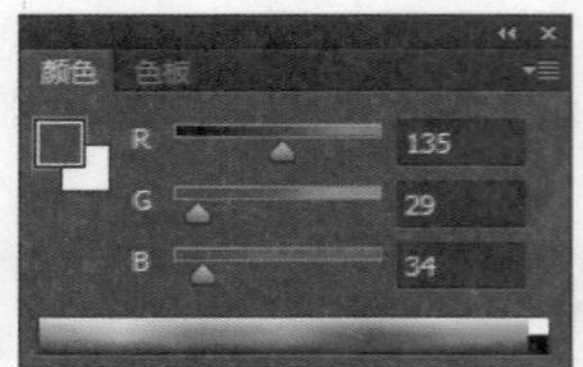

图11-488

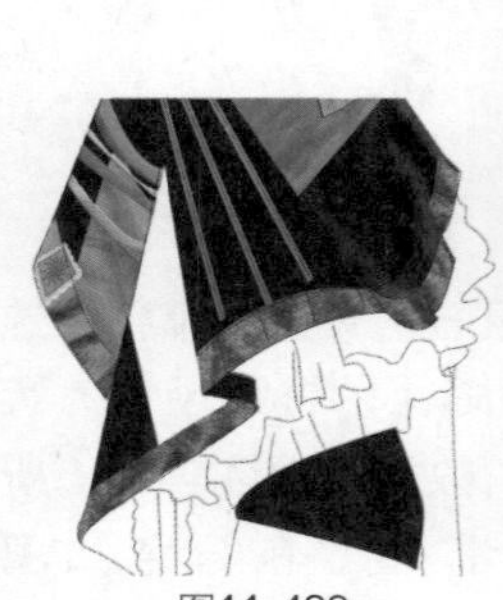
图11-489

图11-490

18 新建“图层19”，设置前景色，如图11-491所示。选择“钢笔工具”绘制路径，将路径作为选区载入，填充前景色。选择“减淡工具”和“加深工具”，涂抹后的效果如图11-492所示。

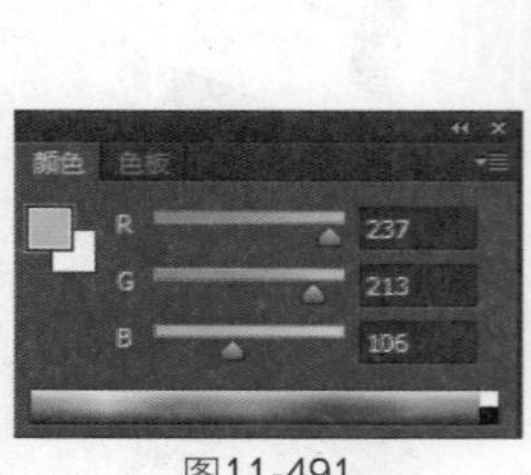

图11-491

图11-492

19 新建“图层20”，设置前景色，如图11-493所示。选择“钢笔工具”绘制路径，将路径作为选区载入，填充前景色，效果如图11-494所示。选择“减淡工具”和“加深工具”，涂抹后的效果如图11-495所示。重新设置前景色，选择“钢笔工具”绘制路径，将路径作为选区载入，填充前景色，效果如图11-496所示。

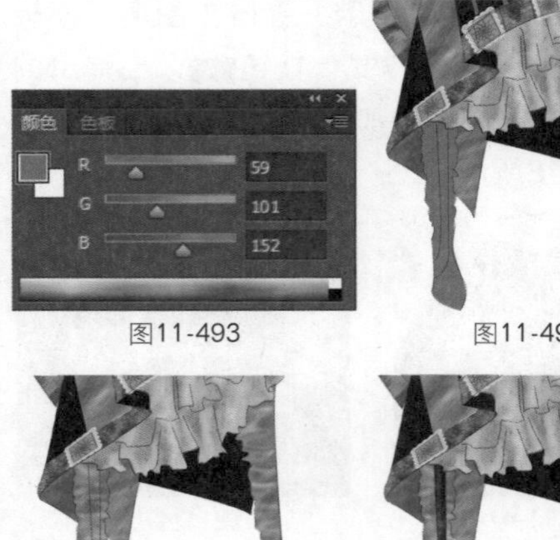

图11-493　图11-494

图11-495　图11-496

20 整体效果如图11-497所示。单击“图层”面板底部的“添加图层样式”按钮，在弹出的菜单中选择“外发光”命令，对话框设置如图11-498所示。导入随书光盘中的文件“素材”\“第11章”\“11.9.tif”，应用后的效果如图11-499所示。

图11-497

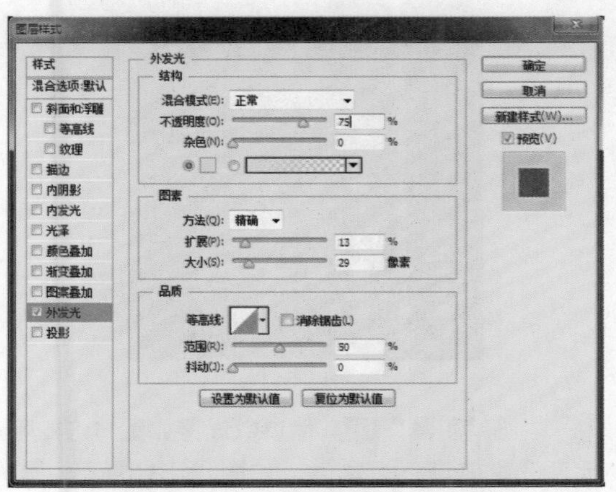

图11-498

图11-499

Works 11.10 民族风舞台服装（二）

01 按快捷键Ctrl+N新建文件，弹出“新建”对话框并设置参数，如图11-500所示。选择“钢笔工具”，参数设置如图11-501所示。

02 单击“图层”面板底部的“创建新组”按钮，新建图层组，得到“组1”。在“组1”中新建图层，得到“图层1”。选择“钢笔工具”，绘制人物轮廓的路径，效果如图11-502～图11-509所示。

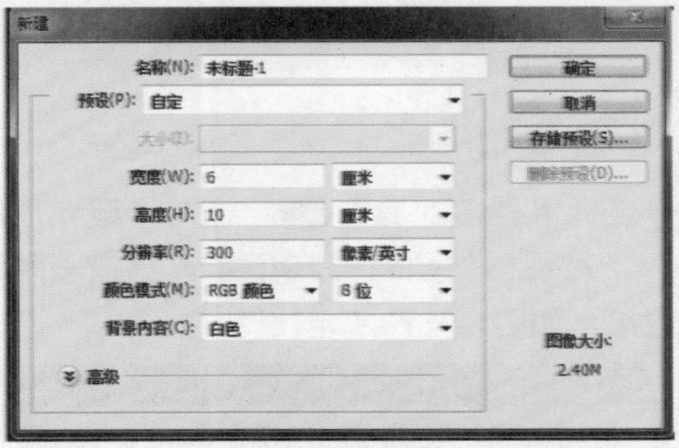

图11-500

图11-501

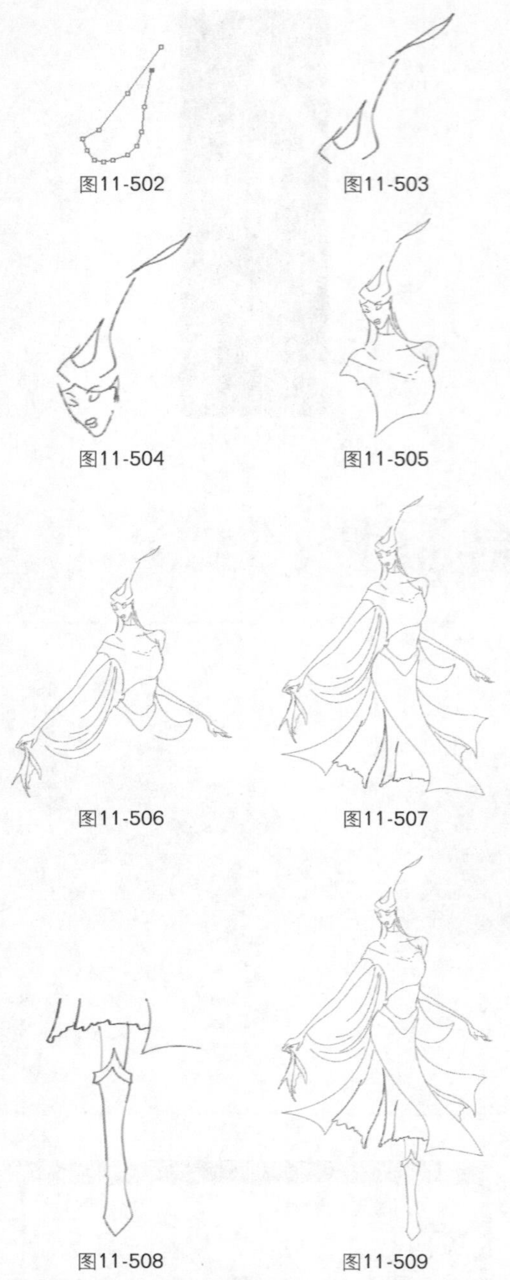

图11-502　图11-503

图11-504　图11-505

图11-506　图11-507

图11-508　图11-509

03 选择“画笔工具”，导入“湿介质画笔”，对话框如图11-510所示。选择一种笔刷效果，如图11-511所示。

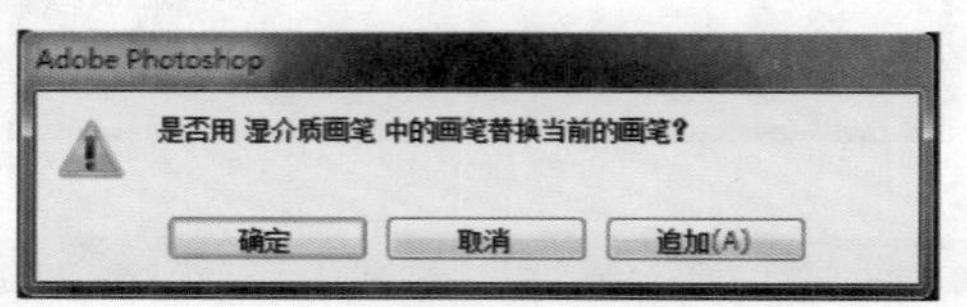

图11-510

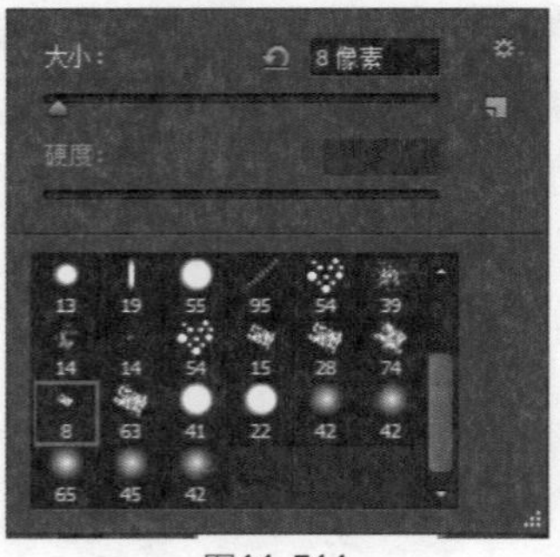

图11-511

04 “画笔工具”其他参数设置如图11-512所示。设置前景色为黑色，如图11-513所示。单击“路径”面板底部的“用画笔描边路径”按钮，效果如图11-514所示。

图11-512

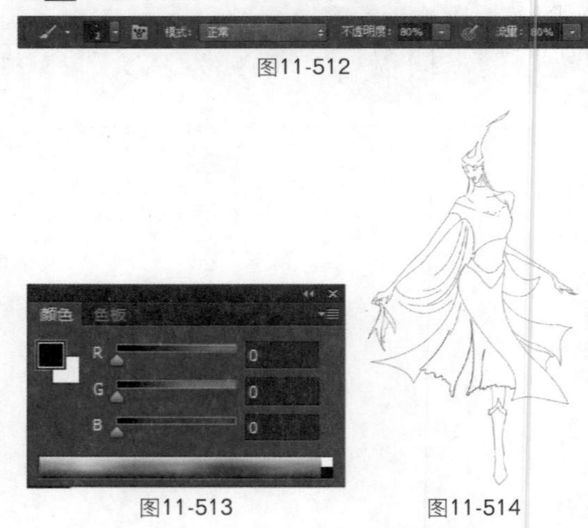

图11-513　图11-514

05 单击“图层”面板底部的“创建新图层”按钮，新建图层，得到“图层2”。选择“画笔工具”，导入“湿介质画笔”，对话框如图11-515所示。选择“画笔工具”，参数设置如图11-516所示。设置前景色，如图11-517所示。为人物帽饰填充颜色，效果如图11-518所示。

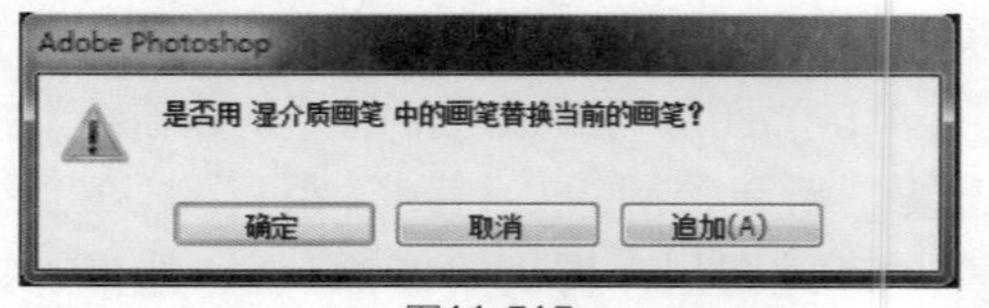

图11-515

06 选择“橡皮擦工具”，参数设置如图11-519所示。将人物帽饰多余的颜色部分擦除，效果如图11-520所示。

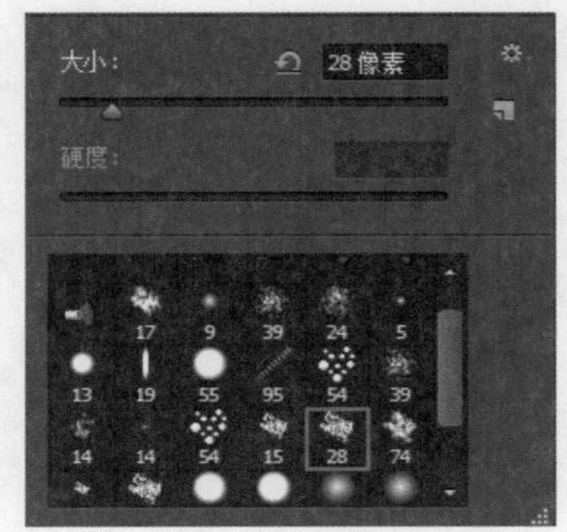

图11-516

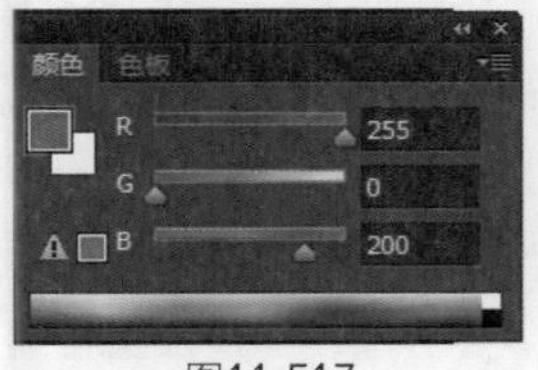

图11-517　　图11-518

模式：画笔　不透明度：100%　流量：100%

图11-519

图11-520

07 选择“画笔工具”，参数设置如图11-521所示。设置前景色，如图11-522所示。为人物帽饰填充前景色，效果如图11-523所示。

图11-521

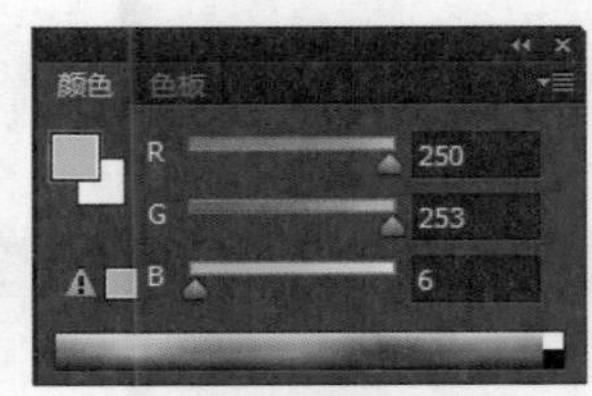

图11-522

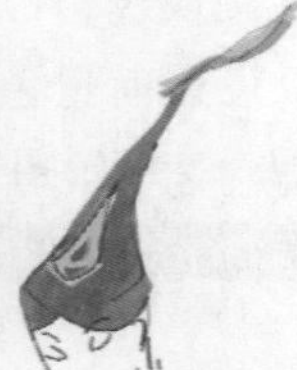
图11-523

08 单击“图层”面板底部的“创建新图层”按钮，新建图层，得到“图层3”。选择“画笔工具”，参数设置如图11-524所示。设置前景色，如图11-525所示。为人物帽饰的披纱填充前景色，效果如图11-526、图11-527所示。

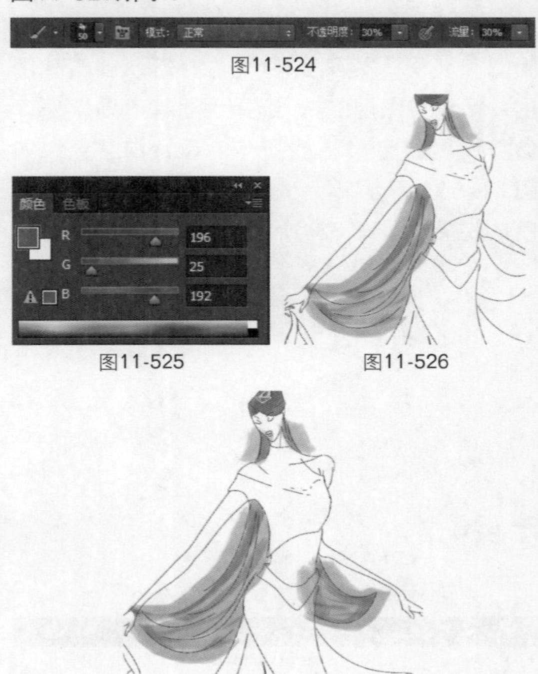

图11-524

图11-525　　图11-526

图11-527

09 选择“橡皮擦工具”，参数设置如图11-528所示。将披纱多余的颜色擦除，效果如图11-529所示。单击“图层”面板底部的“创建新图层”按钮，新建图层，得到“图层4”。设置前景色为浅黄色，为人物皮肤填充前景色。选择“加深工具”，为皮肤局部进行加深处理，效果如图11-530所示。

模式：画笔　不透明度：100%　流量：100%

图11-528

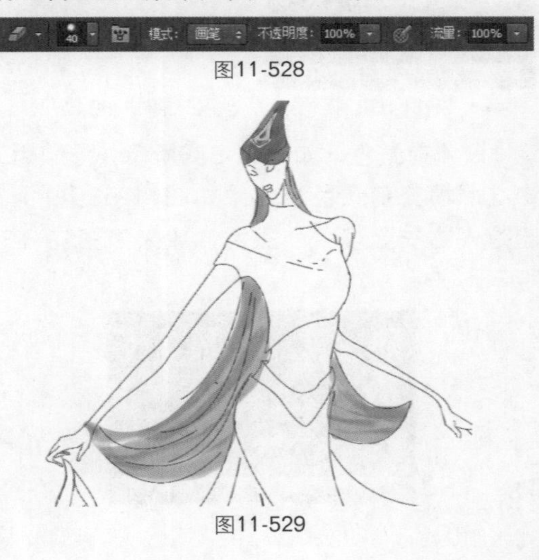
图11-529

10 单击“图层”面板底部的“创建新图层”按钮，新建图层，得到“图层5”。选择“画笔工具”，为人物绘制耳坠、嘴唇、眼眉、头发，效果如图11-531所示。新建图层，得到“图层6”。选择“画笔工具”，参数设置如图11-532所示。设置前景色，如图11-533所示。为人物衣服的局部填充颜色，效果如图11-534所示。

图11-530　　图11-531

图11-532

图11-533　　图11-534

11 设置前景色，如图11-535所示。继续为人物衣服填充前景色，效果如图11-536所示。删除人物衣服多余的颜色，效果如图11-537所示。

图11-535

图11-536　　图11-537

12 单击“图层”面板底部的“创建新图层”按钮，新建图层，得到“图层7”。选择“画笔工具”，参数设置如图11-538所示，为人物颈部、胸前绘制薄纱，效果如图11-539所示。

图11-538

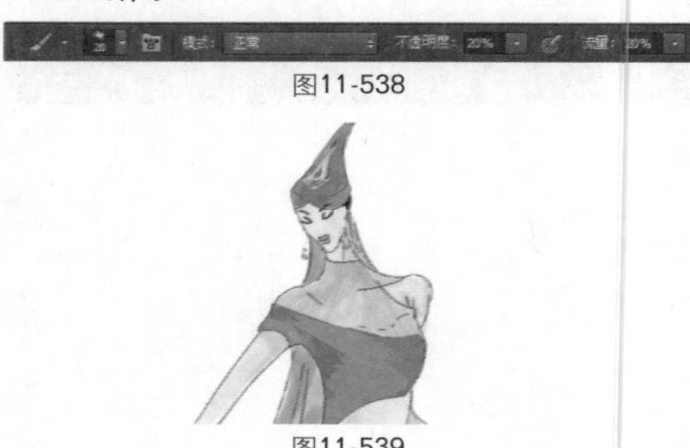

图11-539

13 单击“图层”面板底部的“创建新图层”按钮，新建图层，得到“图层8”。选择“钢笔工具”，参数设置如图11-540所示，在人物胸前绘制路径。设置前景色，如图11-541所示。单击“路径”面板底部的“用画笔描边路径”按钮，效果如图11-542所示。按快捷键Ctrl+Enter，将路径转换为选区。设置前景色，如图11-543所示。填充前景色，效果如图11-544所示。

图11-540

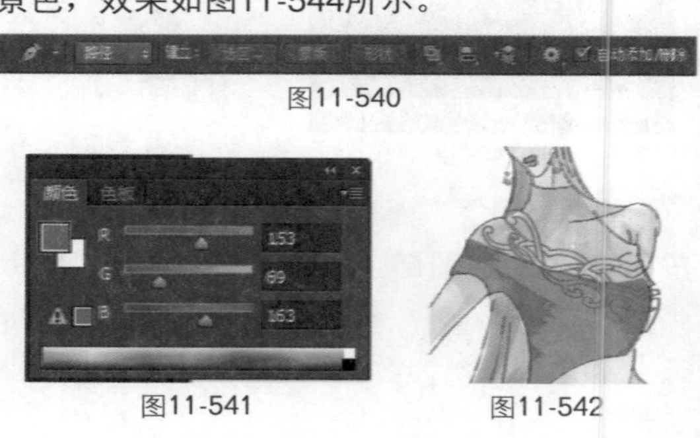

图11-541　　图11-542

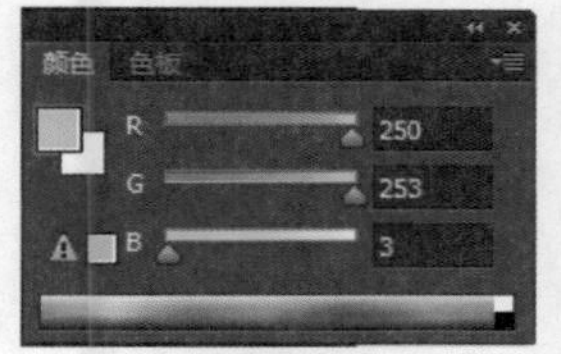

图11-543

图11-544

14 单击“图层”面板底部的“创建新图层”按钮，新建图层，得到“图层9”。使用“钢笔工具”绘制矩形路径，按快捷键Ctrl+Enter将路径转换为选区，填充颜色。使用“加深工具”、“减淡工具”，参照图11-545所示的效果进行涂抹。新建图层，得到“图层10”。使用“钢笔工具”绘制路径，按快捷键Ctrl+Enter将路径转换为选区，为人物腰饰填充颜色，效果如图11-546、图11-547所示。根据前面步骤，为人物裙子的其他部分填充颜色，注意颜色的深浅，效果如图11-548所示。

图11-545

图11-546

图11-547

图11-548

15 单击“图层”面板底部的“创建新图层”按钮，新建图层，得到“图层11”。选择“画笔工具”，参数设置如图11-549所示。设置前景色，如图11-550所示。继续为人物裙子的其他部分填充颜色，删除多余的颜色，效果如图11-551、图11-552所示。

图11-549

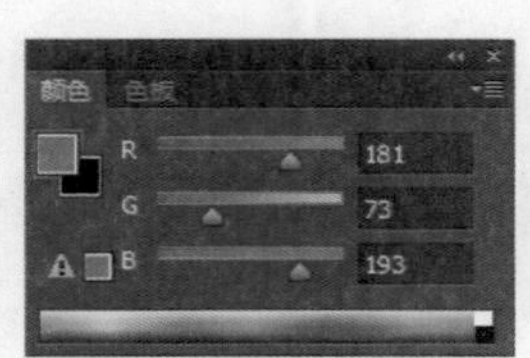

图11-550

图11-551

图11-552

16 单击“图层”面板底部的“创建新图层”按钮，新建图层，得到“图层12”。选择“钢笔工具”，参数设置如图11-553所示。在人物裙摆处绘制路径，效果如图11-554、图11-555所示。

图11-553

图11-554

17 选择“画笔工具”，参数设置如图11-556所示。设置前景色为黑色，如图11-557所示。单击“路径”面板底部的“用画笔描边路径”按钮，效果如图11-558所示。

图11-555

图11-556

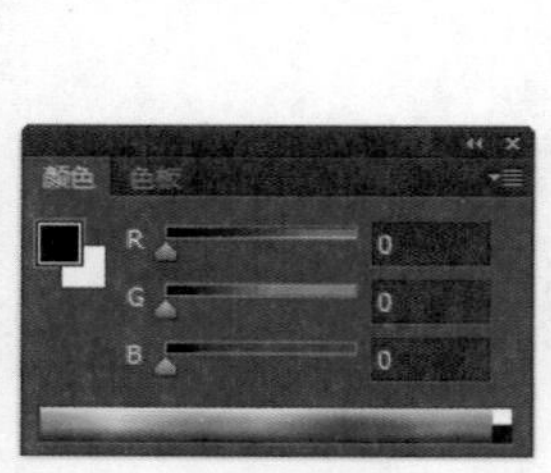

图11-557

图11-558

18 单击“图层”面板底部的“创建新图层”按钮，新建图层，得到“图层13”。选择“画笔工具”，为人物靴子填充颜色，效果如图11-559～图11-561所示。

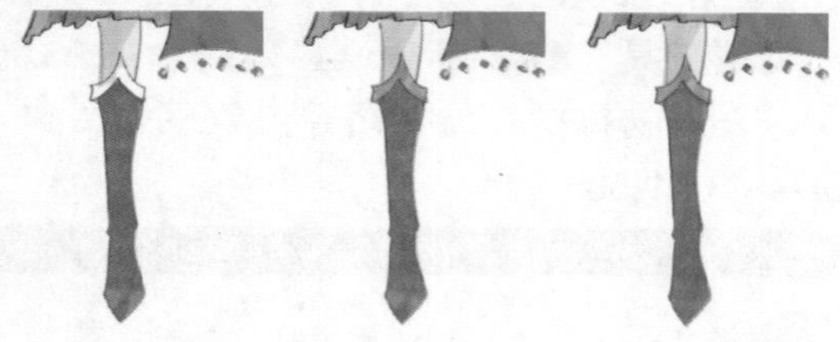

图11-559　　图11-560　　图11-561

19 单击“图层”面板底部的“创建新图层”按钮，新建图层，得到“图层14”。选择“钢笔工具”绘制路径，按快捷键Ctrl+Enter将路径转换为选区，填充白色，效果如图11-562所示。复制“图层14”，载入路径选区，填充深一些的颜色并将其略微向下移动位置，效果如图11-563所示，整体效果如图11-564所示。打开随书光盘中的文件“素材”\“第11章”\“11.10.tif”，使用“移动工具”将素材拖入文件中，最终效果如图11-565所示。

图11-562　　图11-563

图11-564

图11-565

Chapter 12

第12章 男装

案例展示
AN LI ZHAN SHI

Works 12.1 街头男装

01 按快捷键Ctrl+N新建文件，弹出“新建”对话框并设置参数，如图12-1所示。选择“钢笔工具”，参数设置如图12-2所示。

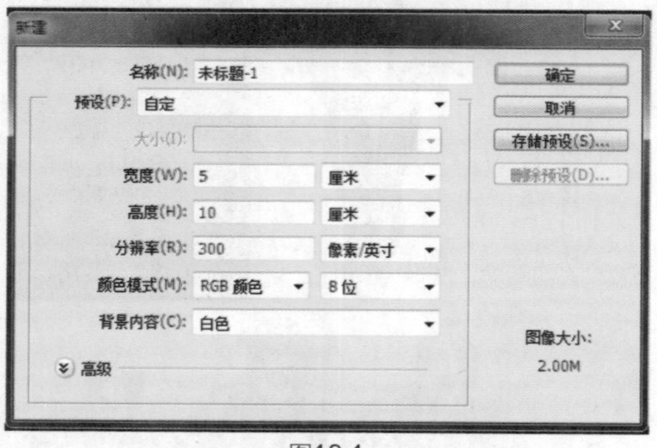

图12-1

图12-2

02 单击“图层”面板底部的“创建新组”按钮，新建图层组，得到“组1”，在“组1”中新建图层，得到“图层1”。选择“钢笔工具”，绘制人物轮廓的路径，效果如图12-3～图12-10所示。

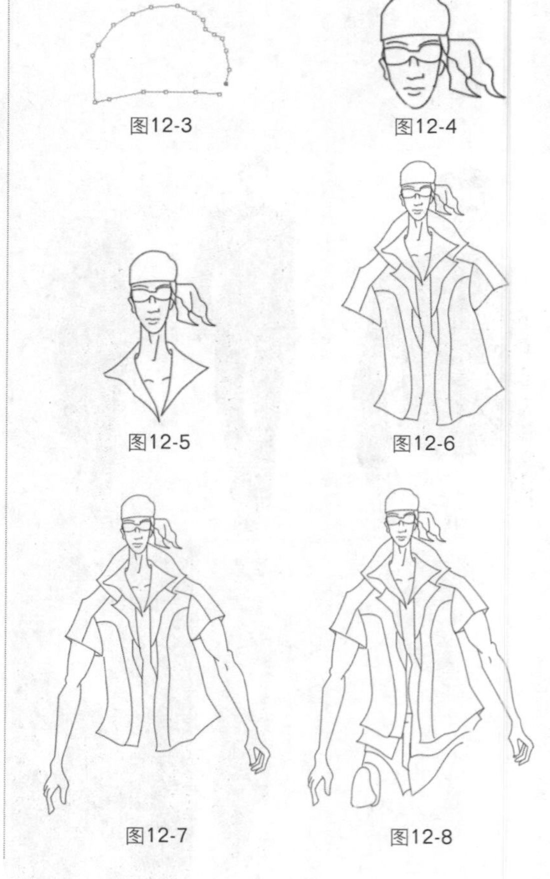

图12-3 图12-4 图12-5 图12-6 图12-7 图12-8

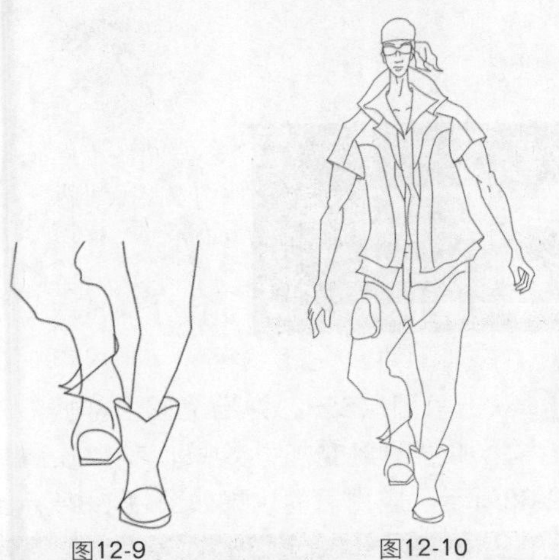

图12-9　　图12-10

03 选择“画笔工具”，导入“书法画笔”，对话框如图12-11所示。选择一种笔刷效果，如图12-12所示。

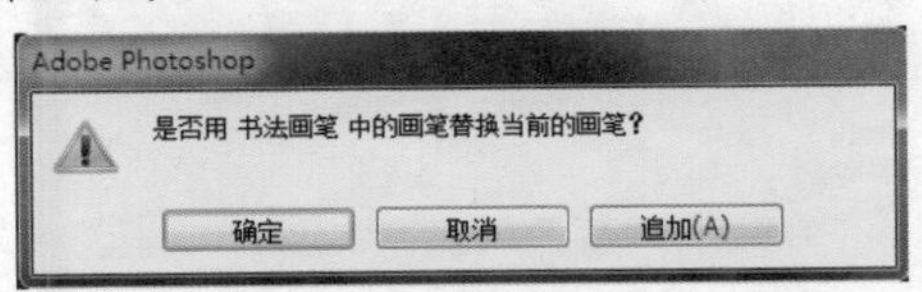

图12-11

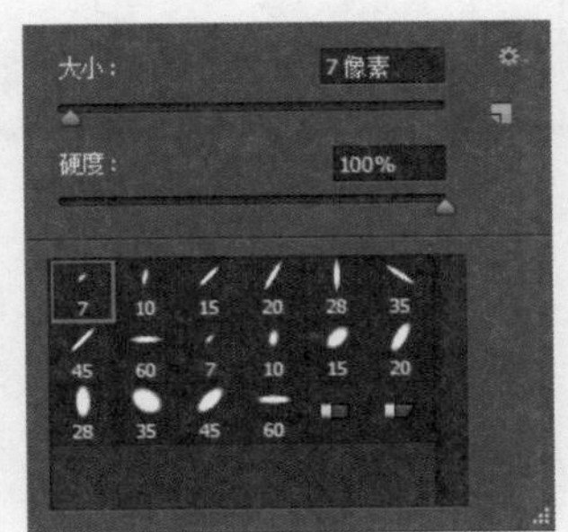

图12-12

04 “画笔工具”其他参数设置如图12-13所示。设置前景色为黑色，如图12-14所示。单击“路径”面板底部的“用画笔描边路径”按钮，效果如图12-15所示。

图12-13

05 单击“图层”面板底部的“创建新图层”按钮，新建图层，得到“图层2”。选择“画笔工具”，选择一种笔刷效果，如图12-16所示，其他参数设置如图12-17所示。设置前景色，如图12-18所示，为人物头巾填充颜色，效果如图12-19所示。

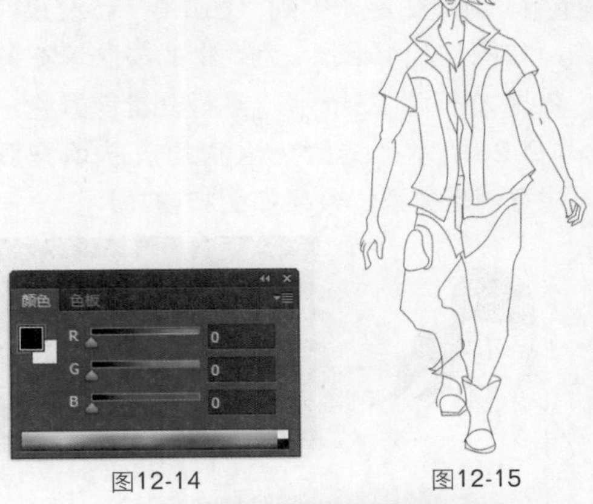

图12-14　　图12-15

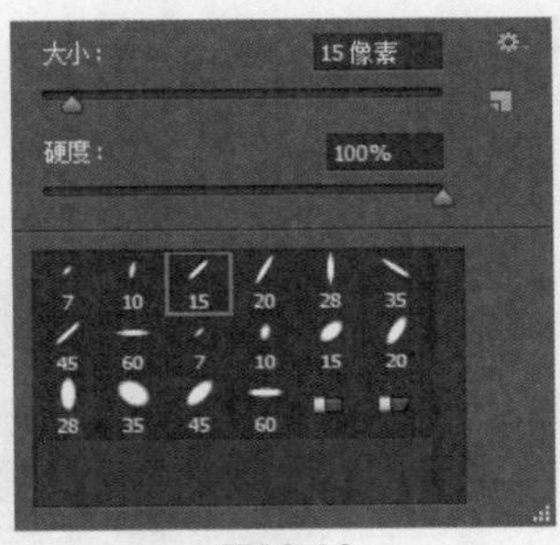

图12-16

模式: 正常　不透明度: 60%　流量: 60%

图12-17

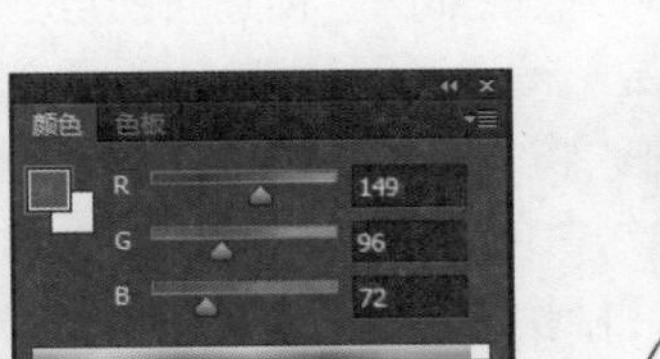

图12-18

图12-19

06 重新设置前景色，如图12-20所示。为人物头巾填充颜色，效果如图12-21所示。选择“橡皮擦工具”，参数设置如图12-22所示，将人物头巾多余的颜色擦除，效果如图12-23所示。

图12-20

图12-21

模式: 画笔　不透明度: 100%　流量: 100%

图12-22

07 单击“图层”面板底部的“创建新图层”按钮，新建图层，得到“图层3”。设置前景色，如图12-24所示。为人物的皮肤填充颜色，效果如图12-25所示。重新设置前景色，如图12-26所示。继续为人物的皮肤填充颜色，注意明暗关系，效果如图12-27所示。

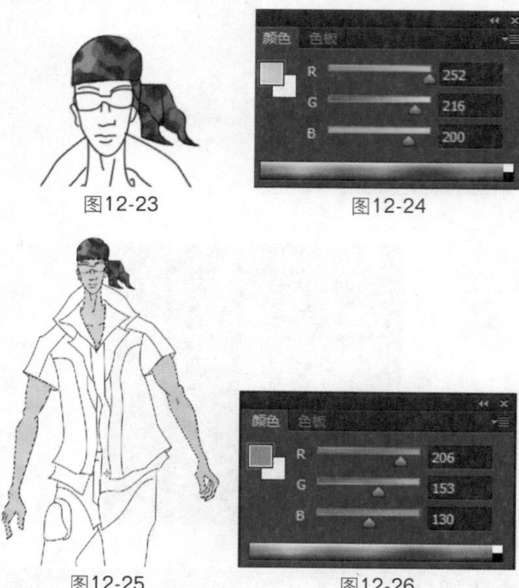

图12-23　图12-24

图12-25　图12-26

08 单击“图层”面板底部的“创建新图层”按钮，新建图层，得到“图层4”。设置前景色为黑色，填充人物的眼镜。设置前景色为白色，在眼镜上绘制白色高光，效果如图12-28所示。新建图层，得到“图层5”。选择“画笔工具”，参数设置如图12-29所示。设置前景色，如图12-30所示。为人物里面的衬衫填充颜色，效果如图12-31所示。

图12-27　图12-28

图12-29

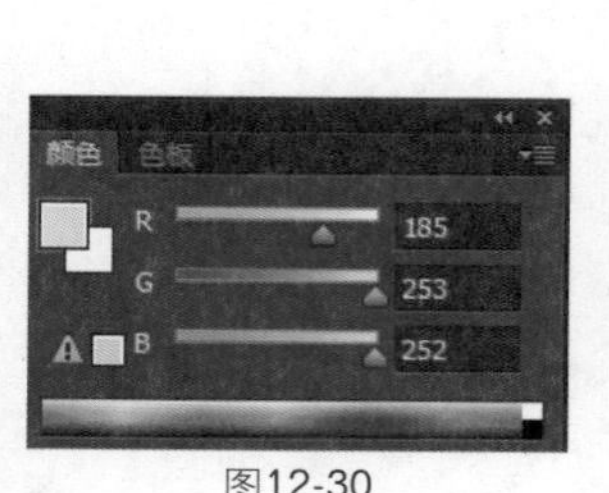

图12-30

图12-31

09 双击“图层5”，弹出“图层样式”对话框，添加“图案叠加”效果，参数设置如图12-32所示，应用后的效果如图12-33所示。

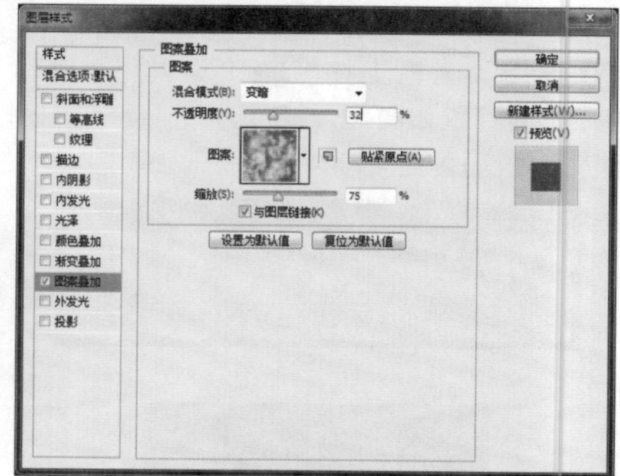

图12-32

图12-33

10 单击“图层”面板底部的“创建新图层”按钮，新建图层，得到“图层6”。选择“画笔工具”，参数设置如图12-34所示。设置前景色，如图12-35所示。为人物的衣服填充颜色，注意颜色的深浅和明暗度，效果如图12-36～图12-38所示。

图12-34

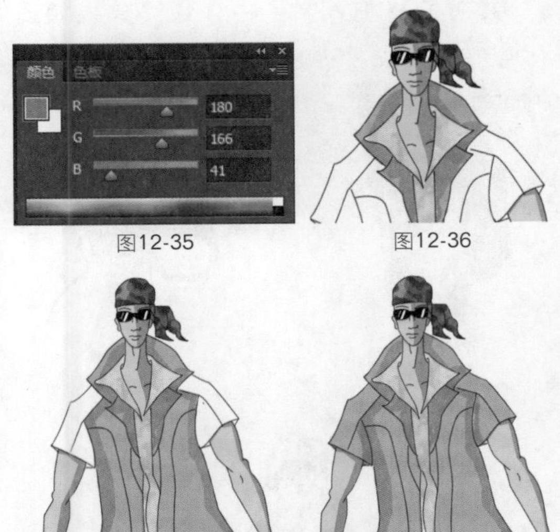

图12-35　图12-36

图12-37　图12-38

11 单击“图层”面板底部的“创建新图层”按钮，新建图层，得到“图层7”。设置前景色，如图12-39所示。为人物衣服的局部填充颜色，效果如图12-40所示。设置前景色，如图12-41所示。在“图层7”中绘制蓝色条纹，效果如图12-42所示。

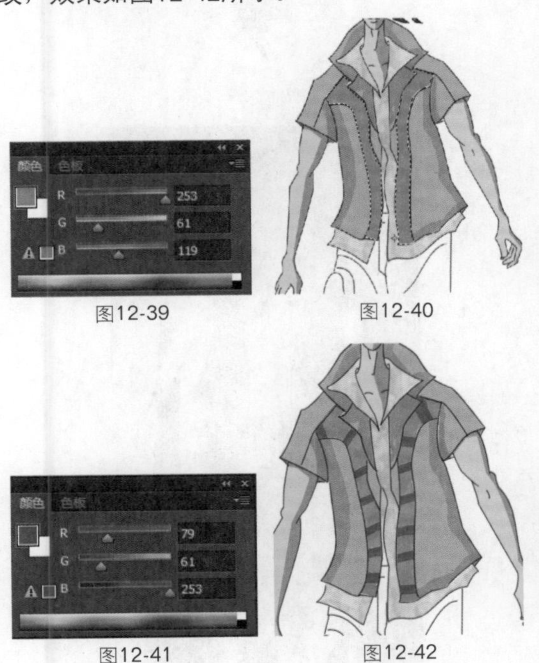

图12-39　图12-40

图12-41　图12-42

12 设置前景色，如图12-43所示。继续在“图层7”中绘制白色条纹，效果如图12-44所示。单击“图层”面板底部的“创建新图层”按钮，新建图层，得到“图层8”。参照“图层7”中的颜色，绘制人物的肩部和衣兜，如图12-45和图12-46所示。

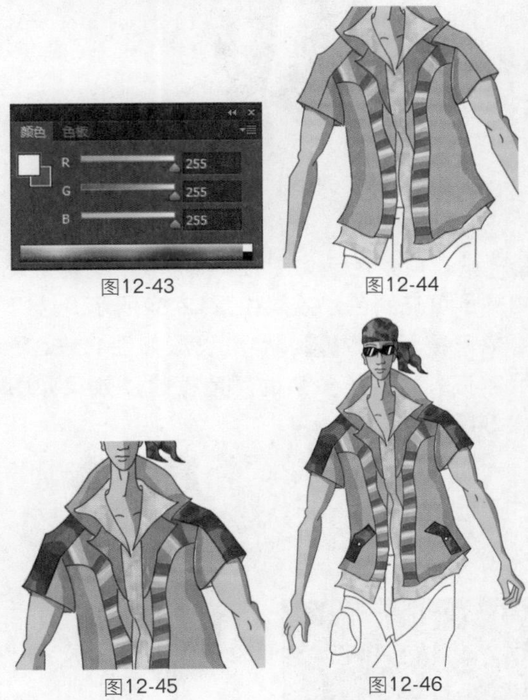

图12-43　图12-44

图12-45　图12-46

13 单击“图层”面板底部的“创建新图层”按钮，新建图层，得到“图层9”。选择“画笔工具”，参数设置如图12-47所示。设置前景色，如图12-48所示。为人物的裤子填充颜色，效果如图12-49、图12-50所示。

图12-47

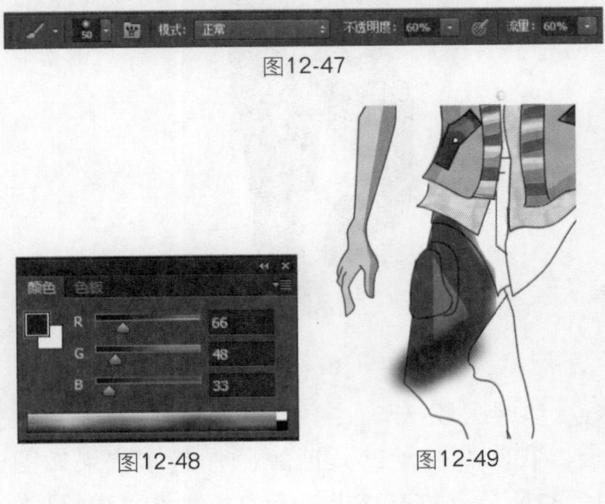

图12-48　图12-49

图12-50

14 设置前景色，如图12-51所示。继续为人物裤子填充颜色，效果如图12-52所示。选择“橡皮擦工具”，参数设置如图12-53所示。将人物裤子多余的颜色擦除，效果如图12-54所示。

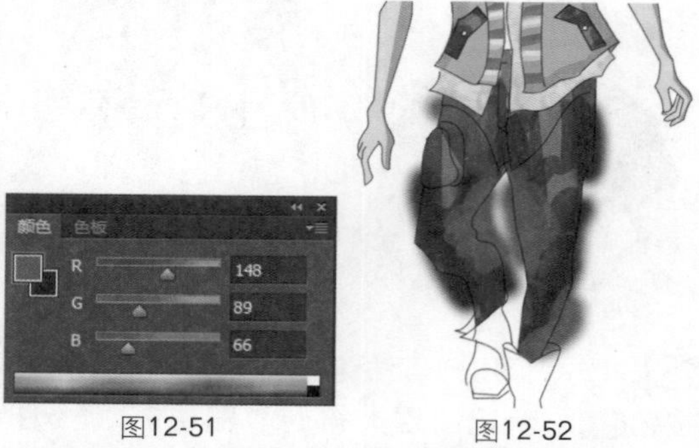

图12-51　图12-52

图12-53

图12-54

15 参照图12-55、图12-56所示，绘制人物裤子、衣服、鞋子的其他颜色，整体效果如图12-57所示。打开随书光盘中的文件“素材”\“第12章”\“12.1.tif”，使用“移动工具”将素材拖入文件中，最终效果如图12-58所示。

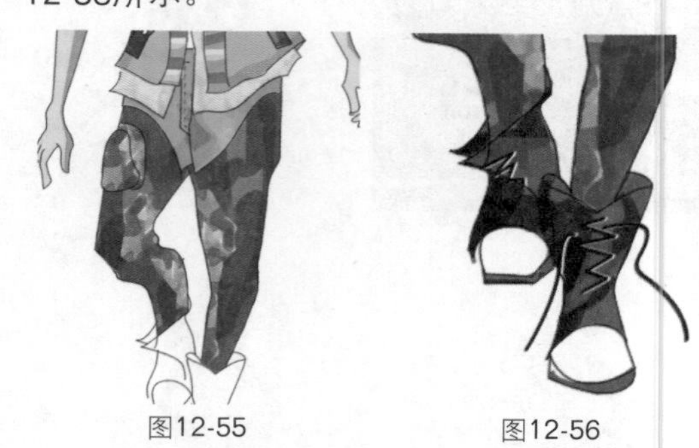
图12-55　图12-56

图12-57

图12-58

Works 12.2 休闲男装

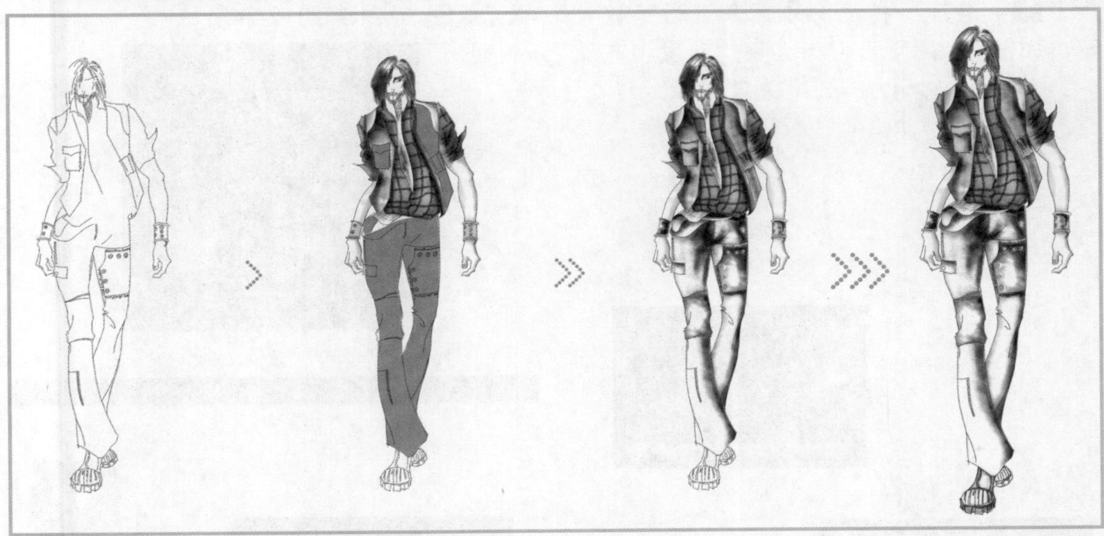

01 按快捷键Ctrl+N新建文件，弹出“新建”对话框并设置参数，如图12-59所示。选择“钢笔工具”，参数设置如图12-60所示。新建图层组，得到“组1”，在“组1”中新建图层，得到“图层1”。选择“钢笔工具”，绘制人物轮廓的路径，效果如图12-61所示。

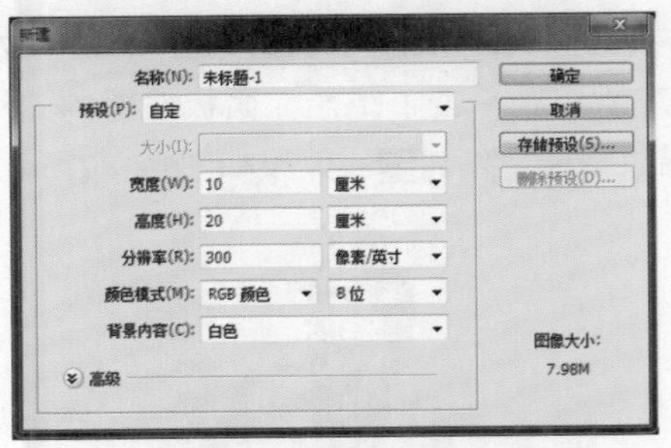

图12-59

图12-60

02 选择“画笔工具”，导入“书法画笔”，对话框如图12-62所示。选择一种笔刷效果，如图12-63所示。单击“路径”面板底部的“用画笔描边路径”按钮，效果如图12-64所示。

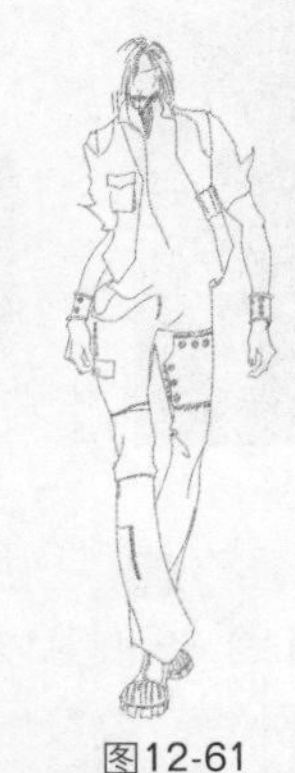
图12-61

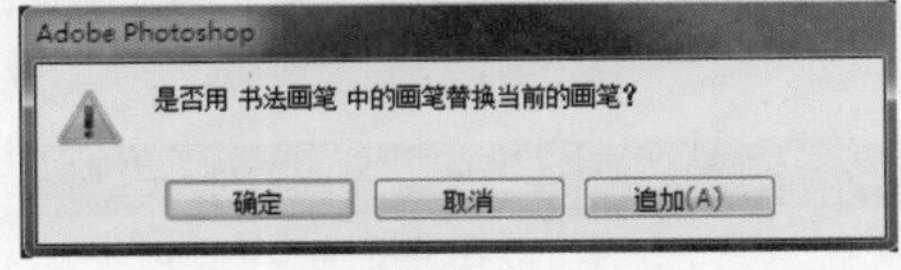

图12-62

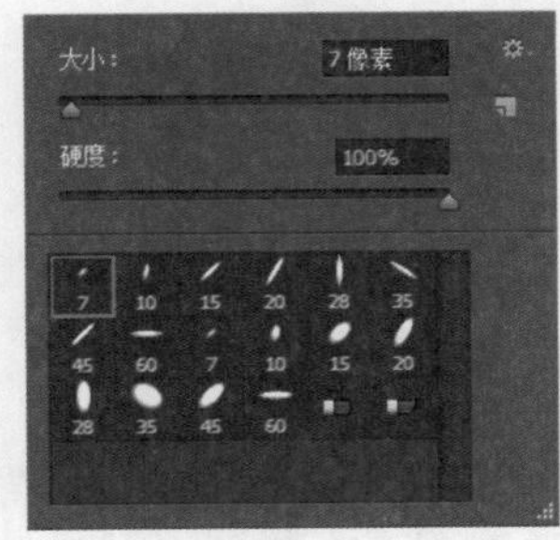

图12-63

03 单击“图层”面板底部的“创建新图层”按钮，新建图层，得到“图层2”。设置前景色为黑色，如图12-65所示。选择“画笔工具”，选择一种笔刷效果并进行参数设置，如图12-66所示。为人物的头发填充颜色，效果如图12-67所示。

图12-64

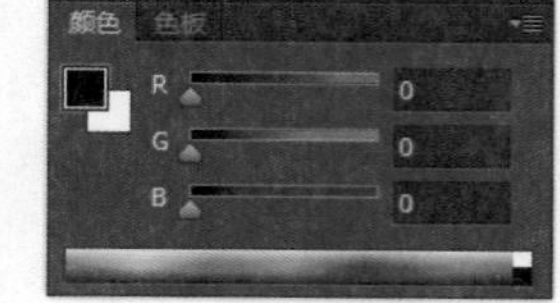

图12-65

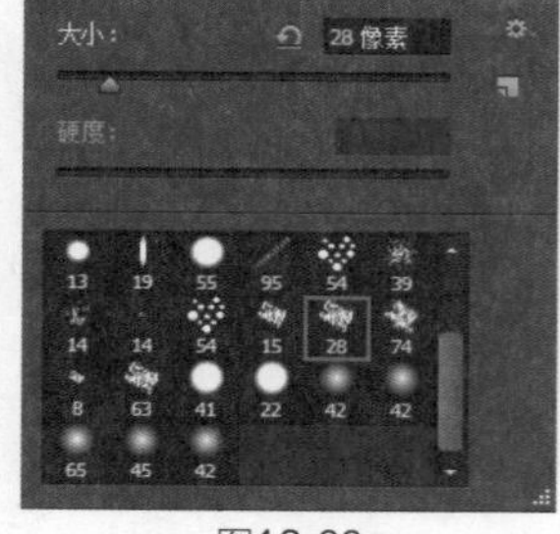

图12-66

图12-67

04 选择“减淡工具”、“加深工具”，参数设置分别如图12-68和图12-69所示。为人物的头发进行提亮处理，效果如图12-70所示。

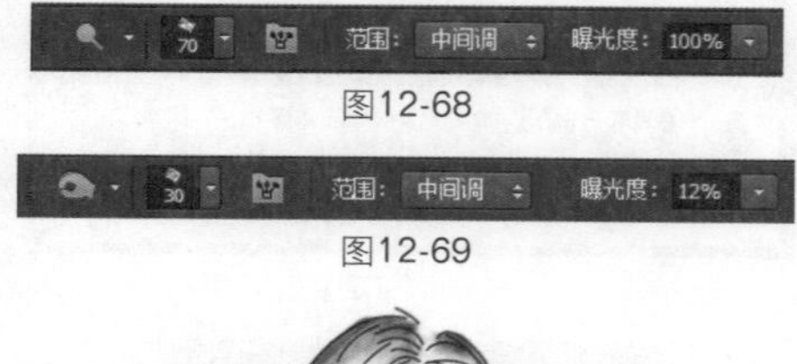

图12-68

图12-69

图12-70

05 单击“图层”面板底部的“创建新图层”按钮，新建图层，得到“图层3”。选择“画笔工具”，选择一种笔刷效果，如图12-71所示，其他参数设置如图12-72所示。设置前景色，如图12-73所示。为人物衣服局部填充颜色，效果如图12-74所示。

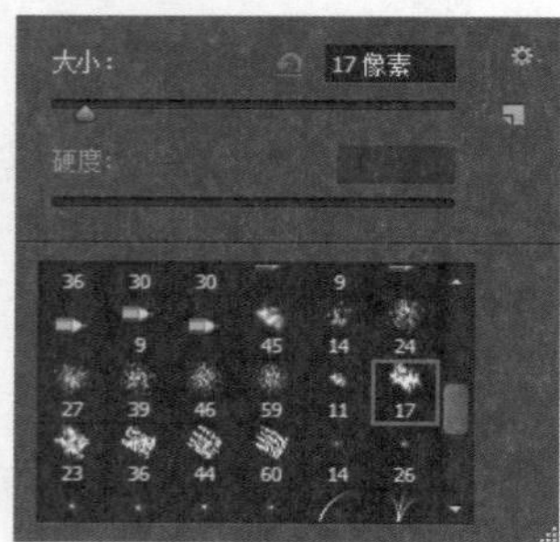

图12-71

图12-72

图12-73

图12-74

06 单击“图层”面板底部的“创建新图层”按钮，新建图层，得到“图层4”。选择“钢笔工具”绘制路径，效果如图12-75所示。选择“画笔工具”，参数设置如图12-76所示。单击“路径”面板底部的“用画笔描边路径”按钮，效果如图12-77所示。

图12-75

图12-76

图12-77

07 选择“减淡工具”，参数设置如图12-78所示。在人物衣服处进行提亮处理，效果如图12-79所示。选择“加深工具”，参数设置如图12-80所示。为人物衣服进行加深处理，效果如图12-81所示。

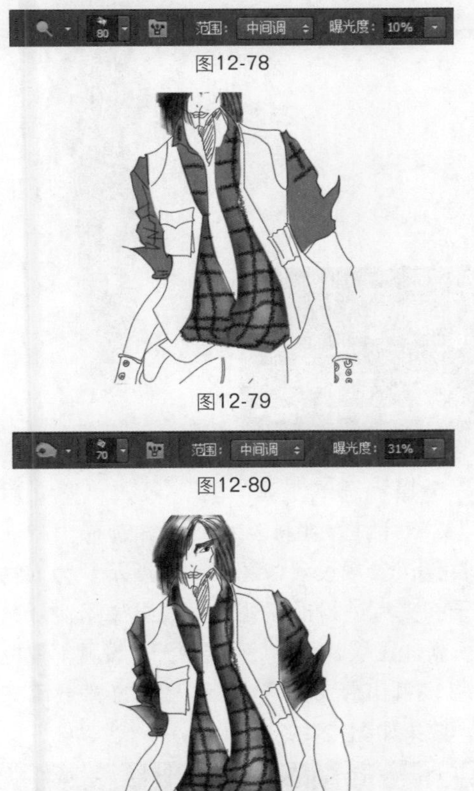

图12-78

图12-79

图12-80

图12-81

08 单击“图层”面板底部的“创建新图层”按钮，新建图层，得到“图层5”。设置前景色，如图12-82所示。为人物的皮肤填充颜色，效果如图12-83所示。

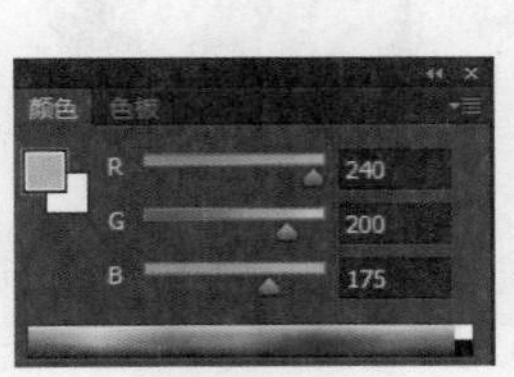

图12-82　图12-83

09 选择“减淡工具”，参数设置如图12-84所示。为人物的脸部进行提亮处理，效果如图12-85所示。选择“减淡工具”，参数设置如图12-86所示。为人物的手臂进行提亮处理，效果如图12-87所示。

图12-84

图12-85

范围: 中间调　曝光度: 67%

图12-86

10 单击“图层”面板底部的“创建新图层”按钮，新建图层，得到“图层6”。参照图12-88所示，为人物衣服的局部调整颜色效果（注意颜色的深浅）。新建图层，得到“图层7”。设置前景色，如图12-89所示。为人物衣服的局部填充颜色，效果如图12-90所示。

图12-87　图12-88

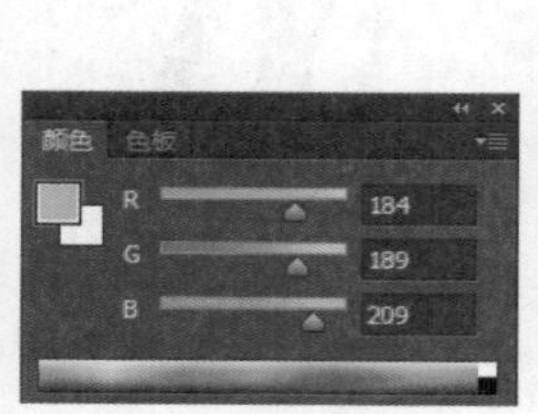

图12-89　　图12-90

11 选择“加深工具”，参数设置如图12-91所示。对人物夹克进行加深处理，效果如图12-92所示。重新设置“加深工具”，如图12-93所示。继续为人物夹克进行加深处理，效果如图12-94所示。选择“减淡工具”，参数设置如图12-95所示。对人物夹克进行提亮处理，效果如图12-96所示。

80 范围：中间调 曝光度：12%

图12-91

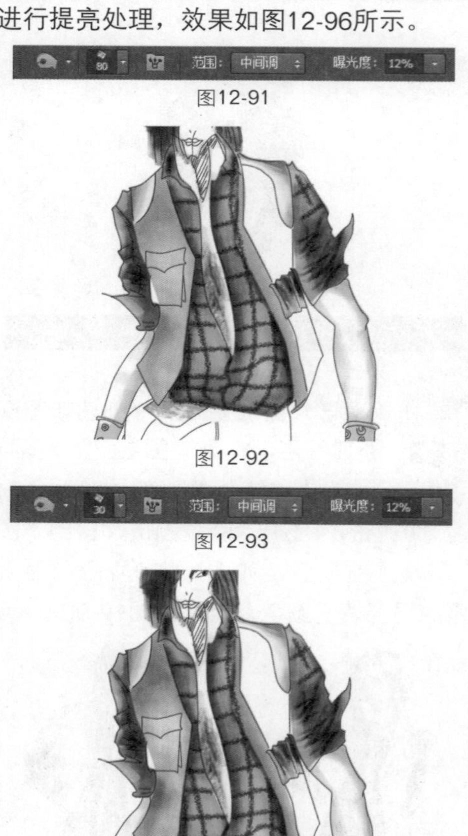

图12-92

30 范围：中间调 曝光度：12%

图12-93

图12-94

60 范围：高光 曝光度：25%

图12-95

图12-96

12 单击“图层”面板底部的“创建新图层”按钮，新建图层，得到“图层8”。设置前景色，如图12-97所示。为人物的裤子和夹克填充颜色，效果如图12-98所示。

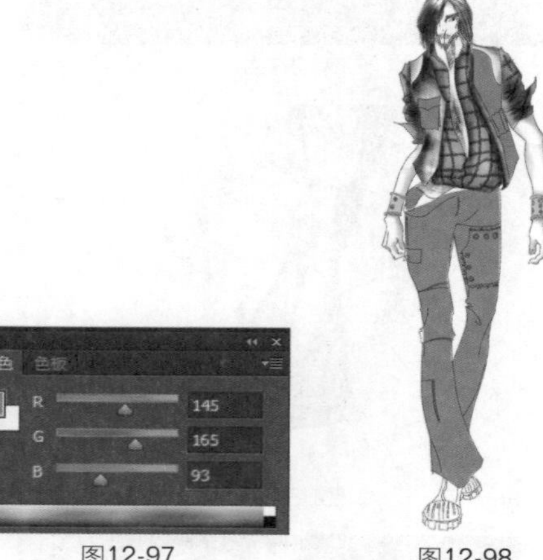

图12-97　　图12-98

13 选择“画笔工具”，导入“湿介质画笔”，对话框如图12-99所示。选择“减淡工具”，参数设置如图12-100所示。为人物的裤子和夹克进行提亮处理，效果如图12-101所示。新建图层，得到“图层9”。设置前景色，如图12-102所示。继续为人物的裤子填充颜色，效果如图12-103所示。

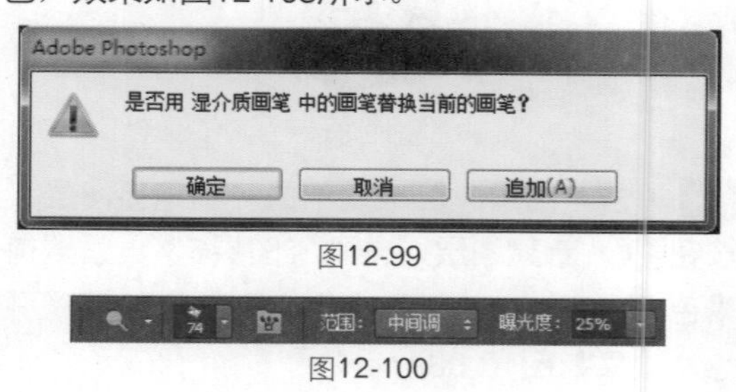

图12-99

74 范围：中间调 曝光度：25%

图12-100

图12-101

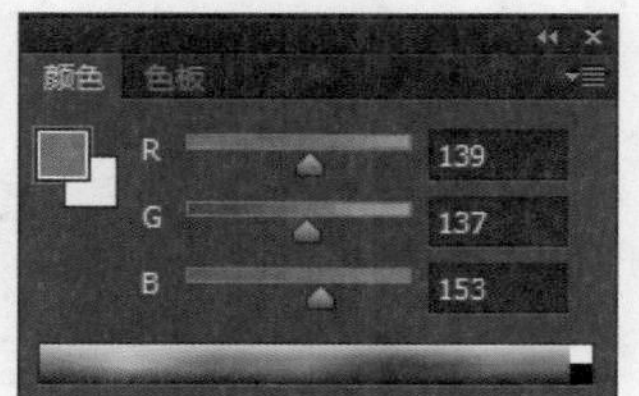

图12-102

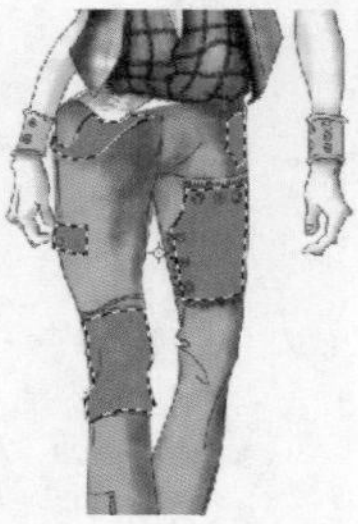

图12-103

14 选择“加深工具”，参数设置如图12-104所示。对“图层9”中人物裤子的局部进行加深处理，效果如图12-105所示。调整“加深工具”的参数设置，如图12-106所示。继续对“图层9”中人物裤子的局部进行加深处理，效果如图12-107所示。选择“减淡工具”，参数设置如图12-108所示。对人物裤子的局部进行提亮处理，效果如图12-109所示。

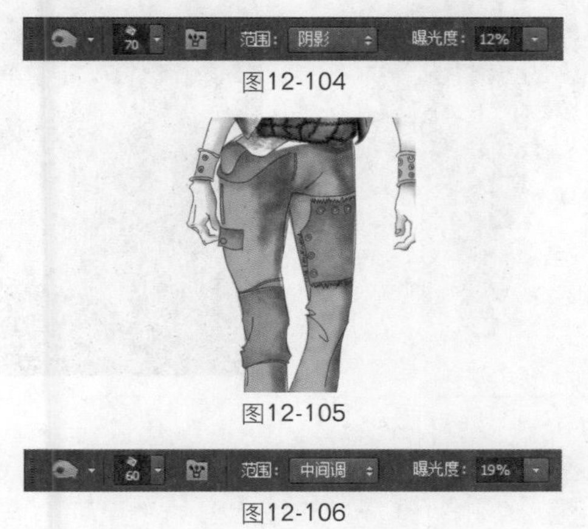

图12-104

图12-105

图12-106

15 调整“减淡工具”的参数设置，如图12-110所示。选择“图层8”，继续为人物的裤子进行提亮处理，效果如图12-111所示。

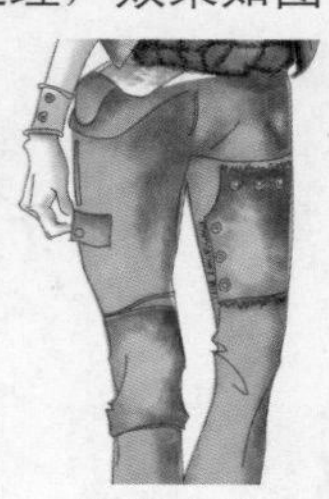

图12-107

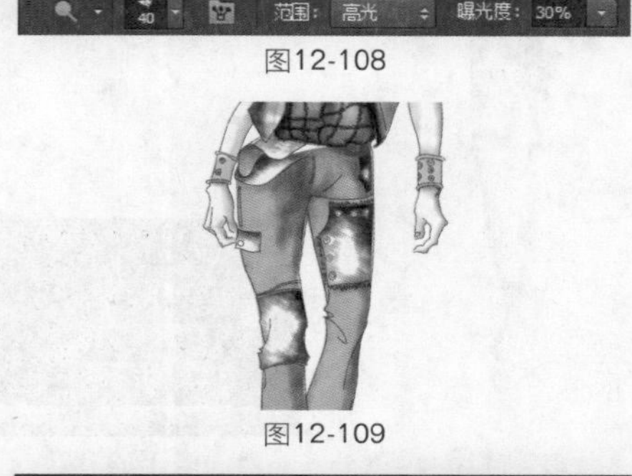

图12-108

图12-109

图12-110

16 单击“图层”面板底部的“创建新图层”按钮，新建图层，得到“图层10”。设置前景色，如图12-112所示。为人物的手腕部位填充颜色并进行加深、减淡处理，效果如图12-113所示。选择“图层8”，参照图12-114所示设置前景色，在人物裤子膝盖上边的位置填充颜色，此时整体效果如图12-115所示。

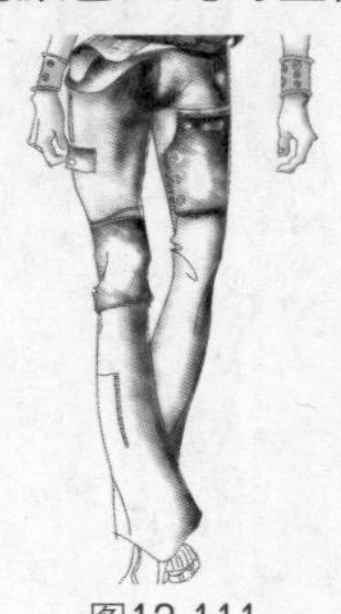

图12-111

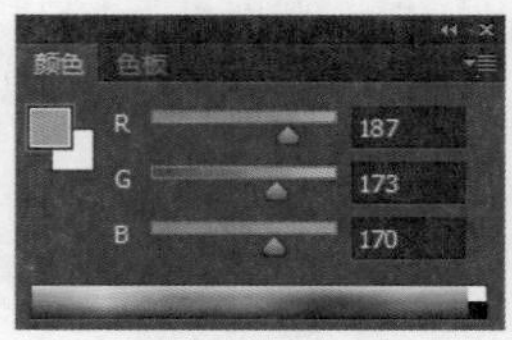

图12-112

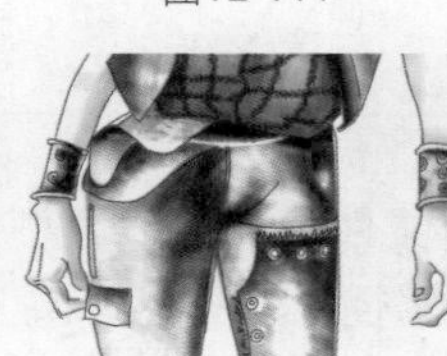

图12-113

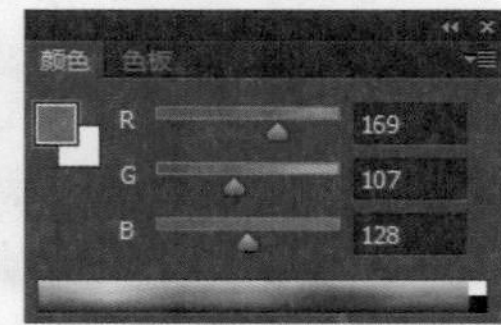

图12-114

17 设置前景色，如图12-116所示。为人物的鞋子填充颜色，效果如图12-117所示。选择“加深工具”、“减淡工具”，参照图12-118所示，对人物的鞋子进行加深、减淡处理，最终效果如图12-119所示。

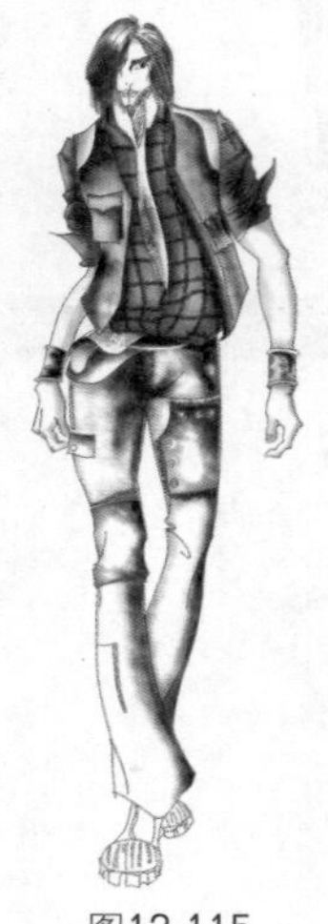

图12-115

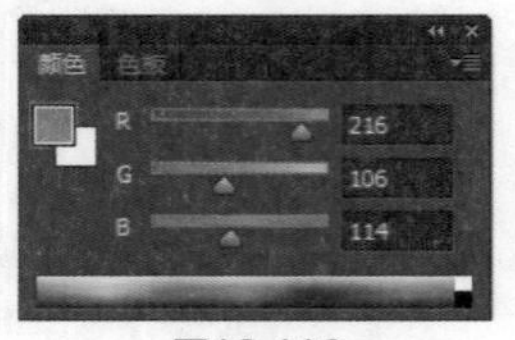

图12-116

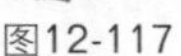

图12-117

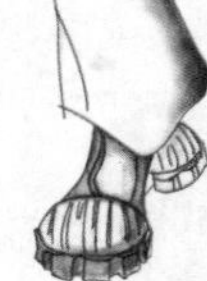

图12-118

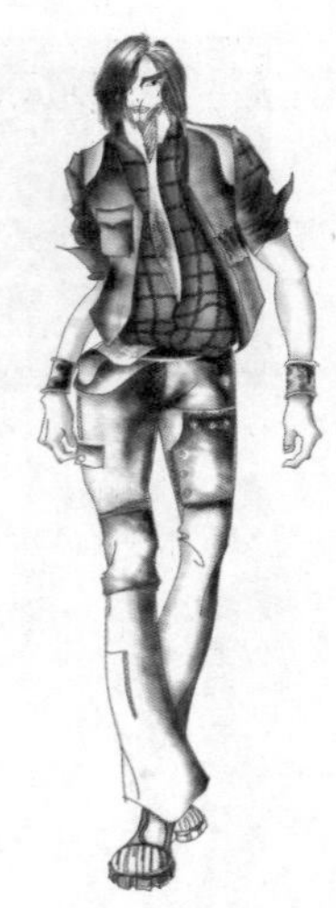

图12-119

Works 12.3 时尚男装

01 按快捷键Ctrl+N新建文件，弹出对话框并设置参数，如图12-120所示。新建“图层1”，选择“钢笔工具”绘制路径，选择“画笔工具”，单击“路径”面板底部的“用画笔描边路径”按钮，效果如图12-121所示。

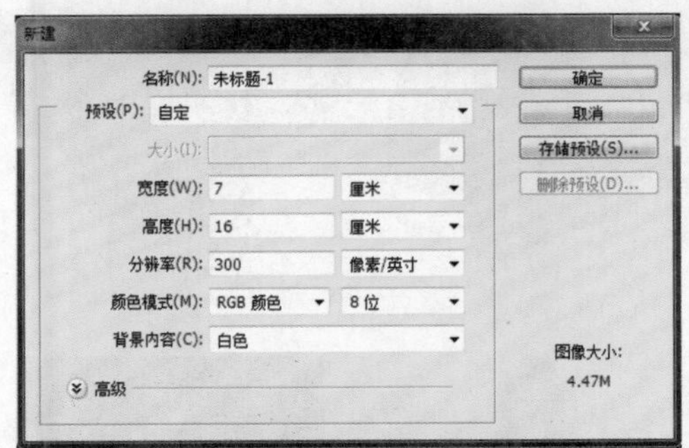

图12-120

图12-121

02 新建图层组“组1”，新建“图层2”。设置前景色为R145、G180、B202，使用“画笔工具”绘制人物的头发，使用“加深工具”、“涂抹工具”进行修饰，效果如图12-122所示。新建“图层3”，设置前景色为R234、G197、B198，使用“画笔工具”绘制人物的面部皮肤，选择“减淡工具”进行修饰，效果如图12-123所示。

图12-122　　图12-123

03 新建“图层4”，选择“画笔工具”绘制出人物的面部细节，效果如图12-124所示。新建“图层5”，选择“钢笔工具”绘制人物里面衣服领子位置的路径，设置前景色为R190、G213、B171，将路径转换为选区并填充前景色。选择“减淡工具”进行修饰，效果如图12-125所示。

图12-124

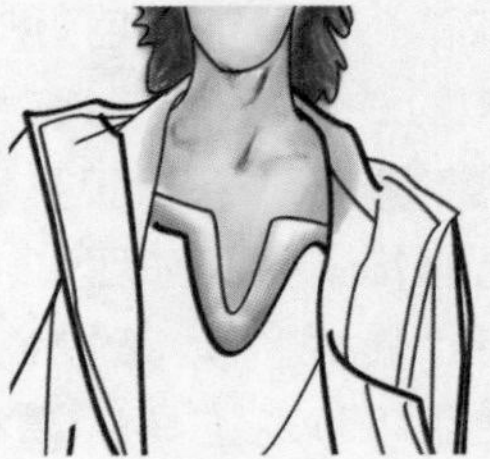

图12-125

04 新建“图层6”，选择“钢笔工具”绘制人物里面衣服的路径，设置前景色为R222、G155、B198，将路径转换为选区并填充前景色。选择“加深工具”、“减淡工具”进行修饰，效果如图12-126所示。新建“图层7”，绘制人物里面衣服的装饰线条，选择“窗口”|“样式”命令，弹出“样式”面板，选择黑色虚线样式，效果如图12-127所示。

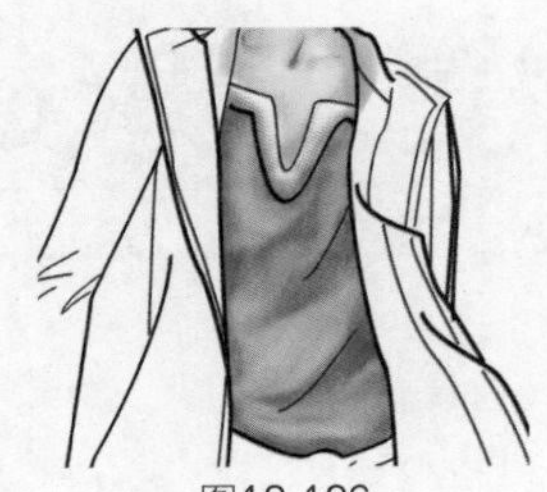

图12-126　　图12-127

05 新建“图层8”，选择“画笔工具”，设置画笔类型为半湿描油彩笔70像素，“不透明度”为60%。设置前景色为R210、G206、B80，绘制人物的外衣；设置前景色为R223、G160、B21，绘制人物衣服的内侧。选择“减淡工具”和“涂抹工具”进行修饰，效果如图12-128所示 。新建“图层9”，设置前景色为R234、G197、B198，绘制人物的手部，效果如图12-129所示。新建图层组“组3”，新建“图层10”，设置前景色为R194、G90、B169，使用“画笔工具”绘制人物的裤子，使用“加深工具”对人物的裤子进行修饰，效果如图12-130所示。

06 新建“图层11”，继续为人物裤子的下面部分填充前景色，选择“减淡工具”进行修饰，效果如图12-131所示。新建“图层12”，设置前景色为R100、G106、B92，为人物的靴子填充前景色。选择“加深工具”和“涂抹工具”，为人物的靴子进行修饰，效果如图12-132所示。导入随书光盘“素材”\“第12章”\“12.3.tif”文件，使用“移动工具”将素材拖入文件中，最终效果如图12-133所示。

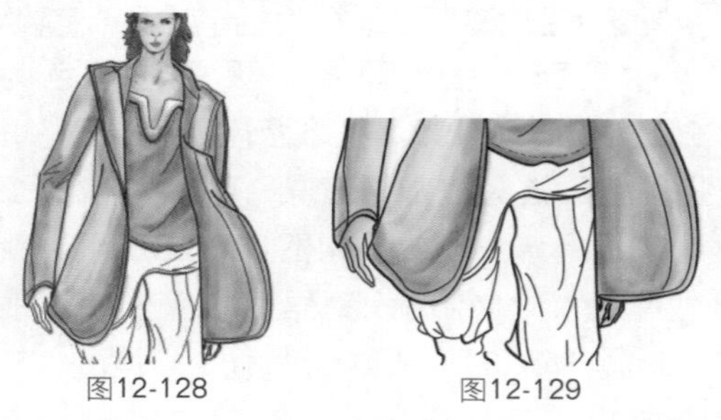

图12-128 图12-129

图12-130 图12-131

图12-132 图12-133

Works 12.4 文艺男装

01 按Ctrl+N键新建文件，弹出对话框并设置参数，如图12-134所示。选择“钢笔工具”，

参数设置如图12-135所示，绘制人物的路径。单击“图层”面板底部的“创建新图层”按钮，得到“图层1”。选择“画笔工具”，参数设置如图12-136所示，设置前景色为黑色。进入“路径”面板，选择“路径1”，单击“路径”面板底部的“用画笔描边路径”按钮，对路径进行描边，效果如图12-137所示。

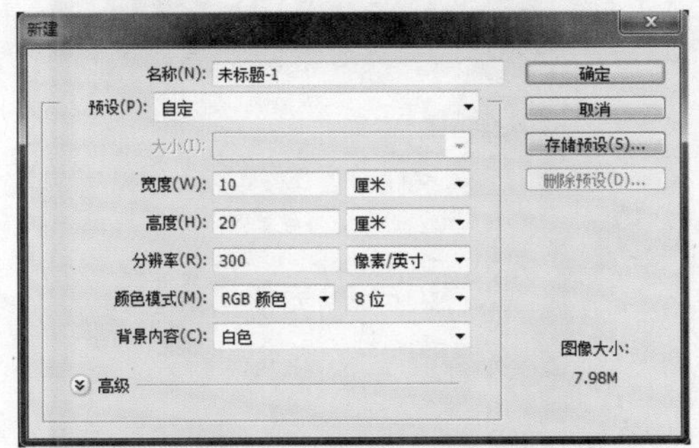

图12-134

图12-135

图12-136

图12-137

02 新建“图层2”，选择“钢笔工具”绘制人物帽子的路径，将路径作为选区载入，设置并填充前景色，效果如图12-138所示。新建“图层3”，选择“钢笔工具”绘制路径，效果如图12-139所示。将路径作为选区载入，选择“选择”|“修改”|“羽化”命令，对话框设置如图12-140所示。选择“加深工具”和“减淡工具”，参照图12-141所示进行修饰。

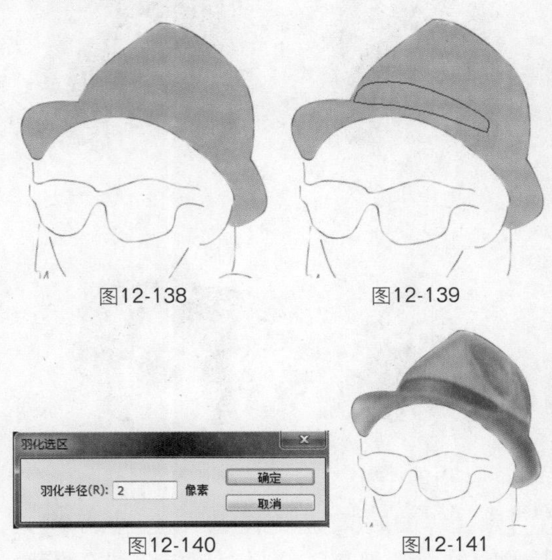
图12-138　图12-139

图12-140　图12-141

03 新建“图层4”，选择“钢笔工具”绘制路径，将路径作为选区载入，设置并填充前景色，效果如图12-142所示。选择“画笔工具”对人物的头发进行绘制，效果如图12-143所示。选择“加深工具”，参数设置如图12-144所示，涂抹后的效果如图12-145所示。

图12-142　图12-143

图12-144

04 新建“图层5，选择“钢笔工具”绘制人物眼镜框的路径，将路径作为选区载入，设置并填充前景色，效果如图12-146所示。按照同样的方法，为人物眼镜片设置并填充前景色，效果如图12-147所示。选择“画笔工具”，设置前景色为白色，参照图12-148所示，修饰人物眼镜片的高光效果。

图12-145　　图12-146

图12-147　　图12-148

05 新建“图层6”，选择“画笔工具”绘制人物的面部细节，选择“钢笔工具”绘制如图12-149所示的路径，将路径作为选区载入。选择“选择”|“修改”|“羽化”命令，对话框设置如图12-150所示。选择“加深工具”，参数设置如图12-151所示，修饰后的效果如图12-152、图12-153所示。

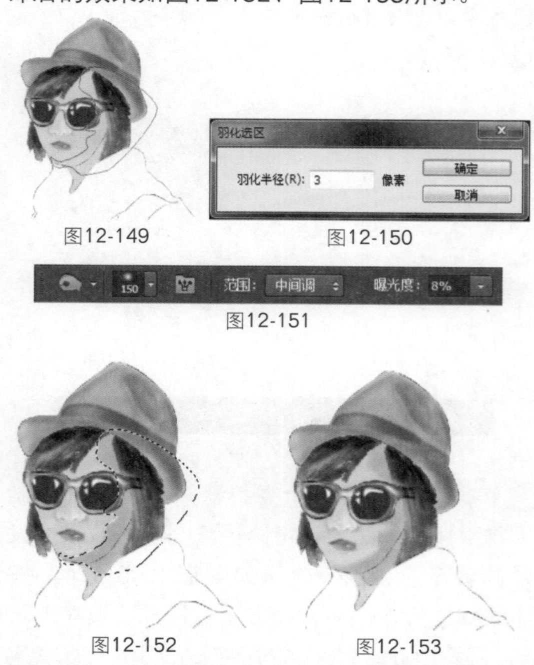

图12-149　　图12-150

图12-151

图12-152　　图12-153

06 新建“图层7”，选择“画笔工具”涂抹人物的帽衫，效果如图12-154所示。单击此图层，载入选区，按Shift+Ctrl+I键将选区反选，按Delete键删除多余的部分，效果如图12-155所示。单击“图层”面板底部的按钮，在弹出的菜单中选择“投影”、“斜面和浮雕”、“图案叠加”命令，对话框设置如图12-156～图12-158所示，应用后的效果如图12-159所示。

图12-154　　图12-155

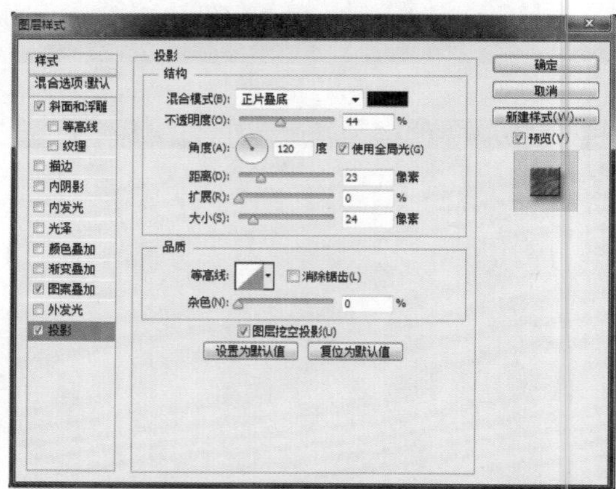

图12-156

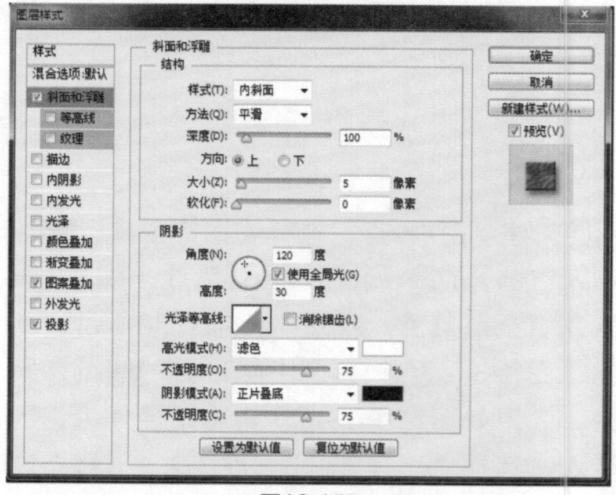

图12-157

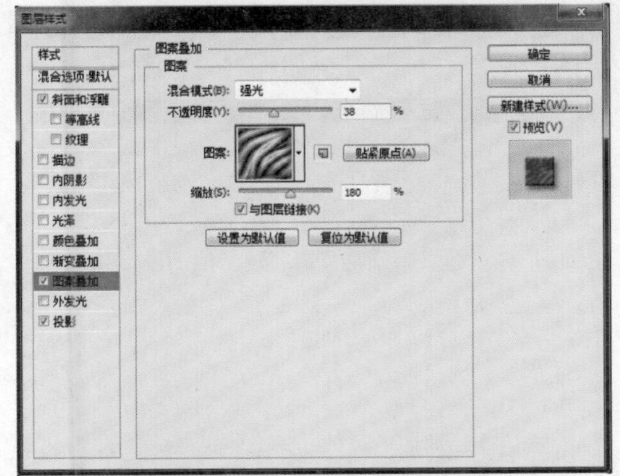

图12-158

07 选择“加深工具”，对人物的帽衫进行处理，效果如图12-160所示。选择“画笔工具”，参数设置如图12-161所示，人物外套的绘制效果如图12-162所示。选择“减淡工具”，人物外套的提亮效果如图12-163所示。

图12-159　图12-160

模式：正常　不透明度：46%　流量：100%

图12-161

图12-162　图12-163

08 再次选择“画笔工具”、“加深工具”和“减淡工具”，对人物的外套进行修饰，效果如图12-164、图12-165所示。在“样式”面板中选择样式，如图12-166所示，人物外套的装饰线效果如图12-167所示。

图12-164 　图12-165

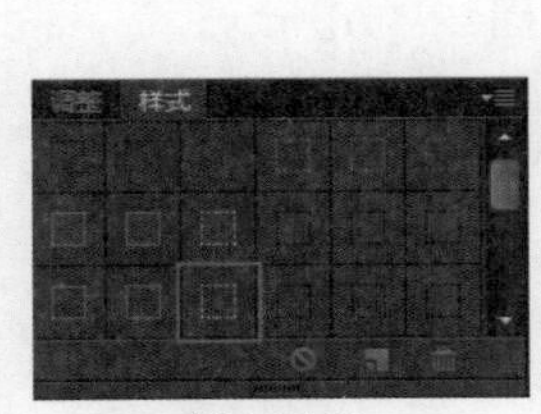

图12-166

图12-167

09 新建“图层8”，设置适当的前景色，选择“画笔工具”，绘制人物的裤子，效果如图12-168所示。选择“减淡工具”，参数设置如图12-169所示，涂抹后的效果如图12-170所示。选择“橡皮擦工具”擦除多余的颜色，效果如图12-171所示。选择“画笔工具”，绘制效果如图12-172所示。

图12-168

范围：高光　曝光度：22%

图12-169

图12-170　　图12-171

10 新建“图层9”，设置适当的前景色，选择“画笔工具”绘制人物的鞋子，效果如图12-173所示。选择“减淡工具”和“加深工具”，对人物的鞋子进行修饰。选择“钢笔工具”，绘制路径，将其转换为选区并填充颜色，效果如图12-174所示。

图12-172　　图12-173

11 新建“图层10”，选择“钢笔工具”，绘制人物鞋带的路径，将路径转换为选区，设置并填充前景色，效果如图12-175所示。单击“图层”面板底部的按钮，在弹出的菜单中选择“纹理”命令，对话框设置如图12-176所示，应用后的效果如图12-177所示。

图12-174　　图12-175

12 选择“橡皮擦工具”擦除多余的颜色，效果如图12-178所示，整体效果如图12-179所示。导入随书光盘中的文件“素材”\“第12章”\“12.4.tif”，放到所有图层的最底层，最终效果如图12-180所示。

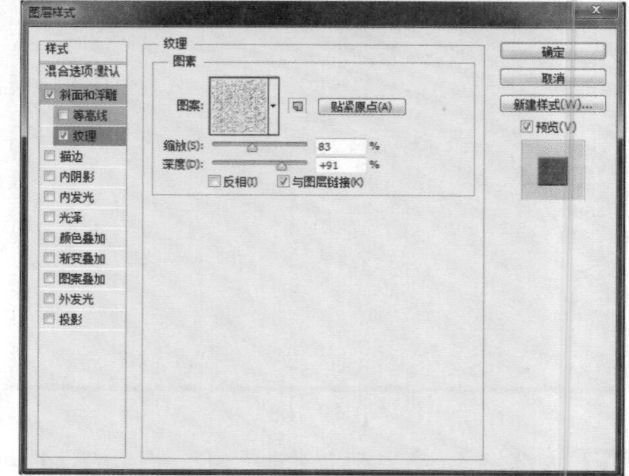

图12-176

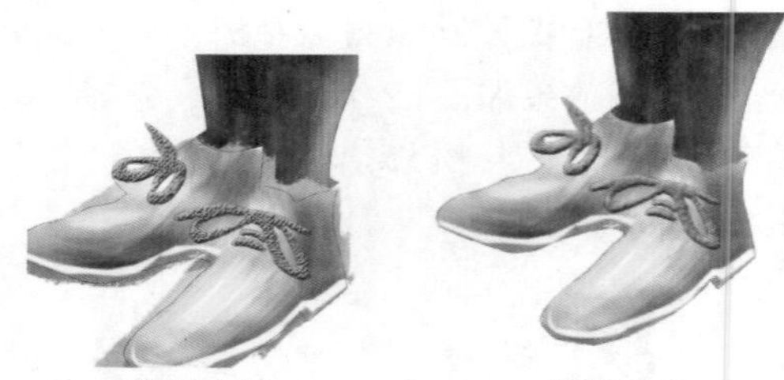

图12-177　　图12-178

图12-179　　图12-180

Works 12.5 职场男装

01 按Ctrl+N键新建文件，弹出对话框并设置参数，如图12-181所示。选择“钢笔工具”，绘制路径，效果如图12-182所示。单击“图层”面板底部的“创建新图层”按钮，得到“图层1”。选择“画笔工具”，参数设置如图12-183所示，设置前景色为黑色。进入“路径”面板，选择“路径1”，单击“路径”面板底部的“用画笔描边路径”按钮，对路径进行描边，效果如图12-184所示。

新建
名称(N): 未标题-1
预设(P): 自定
大小(I):
宽度(W): 9 厘米
高度(H): 23 厘米
分辨率(R): 300 像素/英寸
颜色模式(M): RGB 颜色 8位
背景内容(C): 白色
高级
确定
取消
存储预设(S)...
删除预设(D)...
图像大小: 8.26M

图12-181

02 新建“图层2”，选择“画笔工具”，参数设置如图12-185所示。对人物的头发进行绘制，效果如图12-186所示。使用“橡皮擦工具”，擦除多余的颜色，效果如图12-187所示。选择“减淡工具”，参数设置如图12-188所示，涂抹后的效果如图12-189所示。

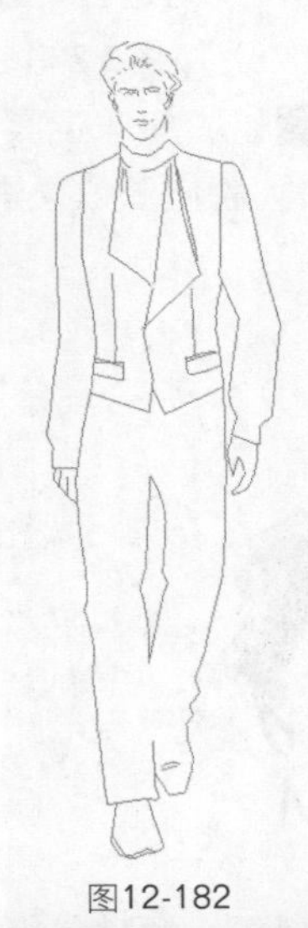

图12-182

模式: 正常 不透明度: 100% 流量: 100%

图12-183

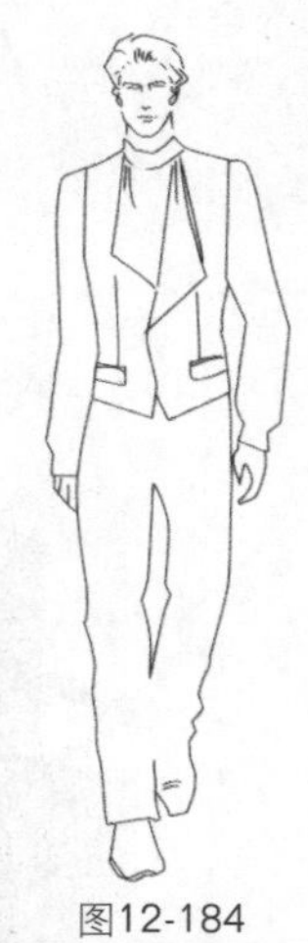

图12-184

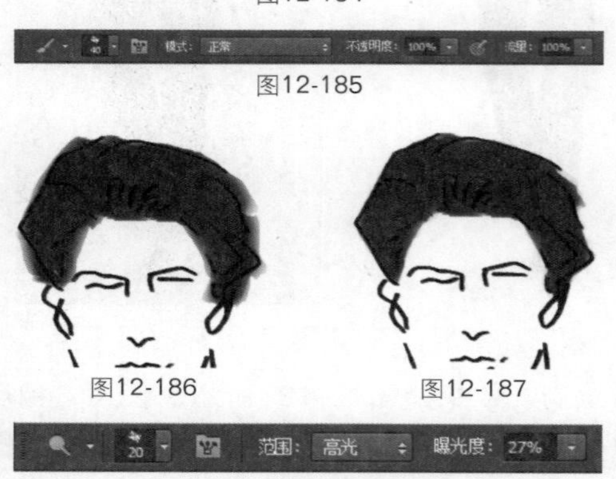

图12-185

图12-186　图12-187

图12-188

03 新建“图层3”，选择“钢笔工具”绘制路径，将路径转换为选区，设置并填充前景色，人物皮肤效果如图12-190所示。选择“减淡工具”和“加深工具”，参照图12-191所示，对人物皮肤效果进行修饰。

图12-189　图12-190

04 新建“图层4”，选择“钢笔工具”绘制人物上装的路径，将路径转换为选区，设置并填充前景色，效果如图12-192所示。单击“图层”面板底部的按钮，在弹出的菜单中选择“图案叠加”命令，对话框设置如图12-193所示，应用后的效果如图12-194所示。

图12-191　图12-192

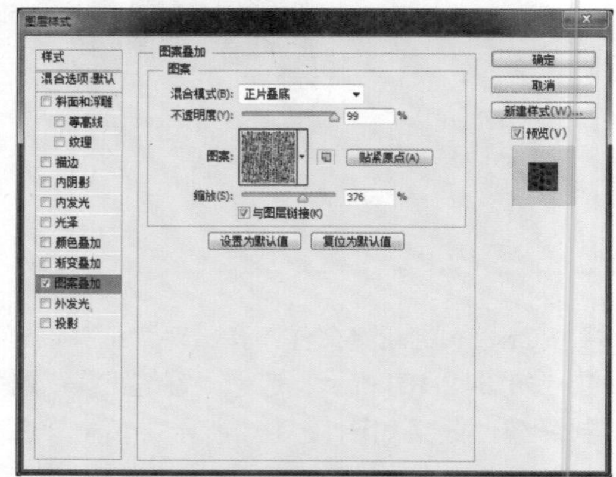

图12-193

05 新建“图层5”，选择“钢笔工具”绘制人物马甲的路径，将路径转换为选区，设置并填充前景色，效果如图12-195所示。单击“图层”面板底部的按钮，在弹出的菜单中选择“图案叠加”命令，对话框设置如图12-196所示，应用后的效果如图12-197所示。

图12-194　图12-195

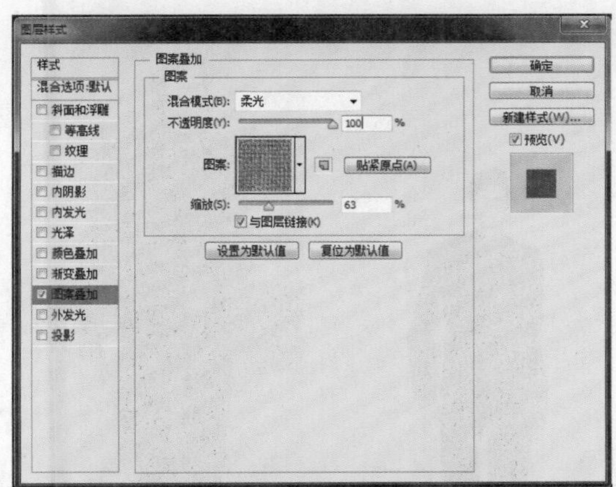

图12-196

图12-197

06 选择“加深工具”，参数设置如图12-198所示，涂抹后的效果如图12-199所示。选择“减淡工具”，参数设置如图12-200所示，涂抹后的效果如图12-201所示。

图12-198

图12-199

图12-200

07 新建“图层6”，设置适当的前景色，选择“画笔工具”绘制人物的裤子及鞋子，效果如图12-202所示。单击此图层，载入人物裤子及鞋子的选区，按Shift+Ctrl+I键将选区反选，按Delete键删除多余的颜色，效果如图12-203所示。

图12-201

图12-202

图12-203

08 选择“画笔工具”，参照图12-204所示，对人物的鞋子进行修饰。选择“钢笔工具”绘制人物裤子褶皱的路径，效果如图12-205所示。单击“图层”面板底部的“创建新图层”按钮，选择 “画笔工具”，参数设置如图12-206所示。设置前景色为白色，单击“路径”面板底部的“用画笔描边路径”按钮，效果如图12-207所示。

图12-204

图12-205

图12-206

图12-207

09 整体效果如图12-208所示。导入随书光盘中的文件“素材”\“第12章”\“12.5.tif”，放到所有图层的最底层，最终效果如图12-209所示。

图12-208

图12-209